2025

한국산업인력공단 필기시험 집중 대비서

핵심 이론과 CBT 대비를 위한

동영상강의
국가기술자격증 사이버교육연수원

실내건축산업기사
필기 문제해설

이 상 화 지음

기본 원리부터 정답에 이르기까지 명확하고 풍부한 해설을 통해 자신감은 물론
모든 문제에 탄력적으로 대응할 수 있는 능력을 키워줍니다.

속성준비 수험생을 위한 **압축핵심정리**
8년간 높은 합격률로 강의해 온 **저자 직접 집필**
새로운 유형에 따른 저자의 **질의 응답**

 유튜브 채널 '실내건축 이상화'에서
문제풀이 영상을 확인하세요
youtube.com/@실내건축기사

**2022년부터
주요 변경사항**
80문제에서 60문제로 축소
과목 및 단원
대폭 변경

도서출판 엔플북스

머리말

실내건축은 21세기에 들어서면서 경제성장 및 건축기술의 발달은 인간의 생활에 대하여 다양한 욕구를 반영하고 있습니다. 국내에서의 실내건축 학문적 역사는 다른 분야와 비교하여 그 기간은 짧지만 빠른 속도로 발전을 이루었습니다.

실내건축은 설계도면을 기준으로 하여 인간의 거주환경을 쾌적하게 만들 수 있는 결과를 제시할 수 있도록 해야 하며 이러한 흐름에 맞추어 사회적으로 더욱 그 필요성과 실용적 가치가 높아지고 있는 실내건축 산업기사 자격증의 필기시험 대비서인 본 교재를 다양한 실무경험과 오랜 학원강의를 바탕으로 만들려고 노력했습니다.

본 교재는 우선 자격증을 준비하는 수험생들의 성향 상 짧은 시기에 핵심적인 내용을 습득할 수 있도록 요약하면서도 기본적이며 핵심적인 내용들을 놓치지 않도록 정리하였습니다.

또한, 실제 기출문제 중 생소하거나 난해한 내용들도 이 책을 통해 혼자서 공부할 수 있도록 쉽게 정리하였습니다.

저자는 최선을 다해 본 교재를 집필하였으나 다소 부족하거나 미진한 면이 발견될 수 있는 점 미리 양해 말씀드리며 차후 부족한 부분은 많은 조언을 통해서 보완하도록 노력하겠습니다.

이 교재를 통해 학습서를 준비하는 많은 수험생들이 반드시 합격의 영광을 누리기를 진심으로 기원하며 끝으로 이 책이 출판될 수 있도록 애써주신 도서출판 엔플북스 관계자 여러분께 감사드립니다.

개정된 실내건축산업기사 필기 출제범위(2022.01~)

과목명	주요항목	세부항목
실내디자인계획 (20문항)	실내디자인 기본계획	디자인 요소, 디자인 원리 공간 기본 구상 및 계획 실내디자인 요소 주거, 업무, 상업, 전시공간
	실내디자인 색채계획	색채 구상, 검토, 계획
	실내디자인 가구계획	가구 자료 조사 가구 적용 검토, 가구 계획
	실내건축설계 시각화작업	2D 표현, 3D 표현 모형제작 계획
실내디자인 시공 및 재료 (20문항)	실내디자인 시공관리	공정계획 관리 안전 관리 실내디자인 협력공사
	실내디자인 마감계획	목공사, 석공사, 조적공사 타일공사, 금속공사 창호 및 유리공사, 도장공사 미장공사, 수장공사
실내디자인 환경 (20문항)	실내디자인 자료분석	주변 환경조사 건축법령, 건축관계법령 분석 화재 및 소방관계 법령 분석
	실내디자인 조명계획	실내조명 자료 조사 및 적용 실내조명 계획
	실내디자인 설비계획	기계설비, 전기설비, 소방설비 계획

목차

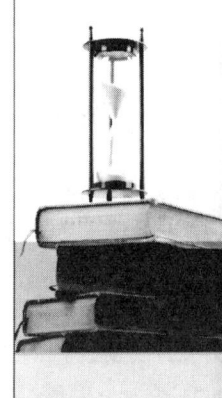

제1편　실내디자인계획

chapter 1. 실내디자인 기본계획
　1.1 디자인의 요소 ···2
　1.2 디자인의 원리 ···10
　1.3 실내디자인 기본 요소 ···14
　1.4 조명 ···21
　1.5 장식 및 디스플레이 ··27
　1.6 공간 계획 ··31

chapter 2. 색채 계획
　2.1 색채지각의 기본원리 ··65
　2.2 색의 분류와 속성 ···69
　2.3 색의 혼합 ··71
　2.4 색체계 ··74
　2.5 색이름 ··84
　2.6 색의 지각적 효과 ···86
　2.7 색의 감정적 효과 ···92
　2.8 색채 조화론 ···95
　2.9 배색 ···105
　2.10 색채 관리 ··109
　2.11 색채 계획 ··111

chapter 3. 가구 계획 및 시각화 작업
　3.1 가구 디자인 ···118
　3.2 실내건축설계 시각화 작업 ···125

제2편 시공 및 재료

chapter 1. 시공관리
1.1 공정 및 안전관리 ··132
1.2 실내건축 협력공사 ··139

chapter 2. 목공사
2.1 개요 ···158
2.2 목재의 조직 ··159
2.3 제재 및 건조 ··161
2.4 목재의 성질 ··162
2.5 제품 및 목공사 ···165

chapter 3. 석공사
3.1 개요 ···177
3.2 석재의 가공 및 성질 ···179

chapter 4. 조적공사
4.1 점토제품 ··183
4.2 조적공사 ··184

chapter 5. 금속재료 및 내장공사
5.1 철강 ···193
5.2 비철금속 ··196
5.3 금속제품 및 주요 공사 ··199

chapter 6. 창호 및 유리공사
6.1 성형 및 분류 ··206
6.2 유리제품 ··207

chapter 7. 미장공사
7.1 일반사항 ··213
7.2 미장재료의 종류 ···214
7.3 미장공사 ··218

chapter 8. 도장공사
8.1 도장재료 ··220
8.2 각종 페인트 ··221

8.3 주요 도장 ···225

chapter 9. 타일공사·수장공사
9.1 타일공사 ···228
9.2 수장공사 ···231

제3편 실내디자인 환경

chapter 1. 실내환경
1.1 열 및 습기환경 ··238
1.2 공기환경 ···249
1.3 빛환경 ···254
1.4 음환경 ···265

chapter 2. 건축관련 법규
2.1 건축법규 총론 ···273
2.2 피난관련규정 ···277
2.3 방화·설비규정 및 기타 ··289
2.4 소방법규 ···305

chapter 3. 건축설비
3.1 급수 및 급탕설비 ··324
3.2 공기조화설비 및 기타 설비 ···340

제4편 모의고사

★ 모의고사 ···361

제5편 필기시험 CBT 복원문제

- ★ 2022년 제1회 ···436
- ★ 2022년 제2회 ···444
- ★ 2022년 제3회 ···452
- ★ 2023년 제1회 ···460
- ★ 2023년 제2회 ···468
- ★ 2023년 제3회 ···476
- ★ 2024년 제1회 ···484
- ★ 2024년 제2회 ···492
- ★ 2024년 제3회 ···500

제6편 모의고사 해설 및 정답

- ★ 모의고사 해설 및 정답 ·································509

제7편 CBT 복원문제 해설 및 정답

- ★ CBT 복원문제 해설 및 정답 ······················565

part 1

실내디자인계획

CHAPTER 01 실내디자인 기본계획

1.1 디자인의 요소

1. 점

점은 실내 공간에서 위치를 지정하며 길이, 너비, 깊이 등을 갖지 않는다. 그러므로 정적이며 방향이 없고 자기중심적이다.

(1) 점의 조형적 특징

① 기하학적으로 크기는 없고, 위치만 존재한다.
② 점은 선의 양끝(한계), 선의 교차, 선의 굴절, 면과 선의 교차에서 나타난다.
③ 점은 색채 또는 명암에 의해 바탕에서 부각되는 가장 작은 면이라고 할 수 있다.
④ 공간에 2개 이상의 점을 가까운 거리로 떼어 놓으면 상호의 장력으로 선이나 형의 효과가 생긴다(점과 점 사이에 장력 발생).
⑤ 공간에 한 점을 두면 집중효과가 있다.
⑥ 나란히 있는 점의 간격에 따라 집합, 분리의 효과를 얻는다.

2. 선

(1) 선의 의미

① 점이 확장되어 선을 이룬다.
② 개념적으로 길이는 있지만, 넓이나 깊이가 없다.
③ 점이 정적인 반면 선은 점의 이동 행로를 나타내고 시각적으로 방향을 표시하며 이동, 성장할 수 있다.

(2) 선의 형성
면의 한계, 면의 교차, 면의 굴절부분에 형성된다.

(3) 선의 역할
① 결합, 연결, 지지, 에워쌈 또는 다른 시각요소와의 교차
② 평면의 테두리와 형상 부여
③ 평면의 표면을 분절

(4) 선의 종류와 느낌
① 직선
  ㉠ 수평선 : 수평선은 직선 중 가장 간단하고 단순하다(안정, 균형, 정적, 무한, 평등, 영원).
  ㉡ 수직선 : 엄격성, 위엄성, 절대, 위험, 단정, 신앙, 고상함
  ㉢ 사선 : 차가움과 따뜻함이 포함된 운동성(약동감)을 나타내며 불안정한 느낌을 준다(운동, 변화, 반항, 공간감).
② 곡선 : 곡선은 공통적으로 우아하고 여성적 이미지를 가지며 유연성을 갖고 감정적이다.
  ㉠ 기하곡선 : 안정적이면서 합리적인 리듬감을 느끼게 한다.
  ㉡ 자유곡선 : 자유분방한 변화와 유연한 리듬감을 느끼게 한다.

(5) 선의 조형적 특징
① 선의 조밀성의 변화로 깊이를 느낀다.
② 지그재그선, 곡선의 반복으로 양감의 효과를 얻는다.
③ 선을 끊음으로써 점을 느낀다.
④ 많은 선의 근접으로 면을 느낀다.
⑤ 선을 포갬으로써 패턴을 얻을 수 있다.

3. 면 · 형태

(1) 면의 의미
① 선이 확장되어 면이 된다.(축방향을 제외한 곳으로 확장)
② 이론적으로 평면은 길이와 너비는 있지만 깊이는 없다.

(2) 면의 형성
① 선의 이동에 의해 생긴 면   ② 절단에 의해 생긴 면

(3) 면의 조형 효과

삼각형	• 안정·부동·차가운 느낌을 나타낸다. • 정각이 예각이면 상승하고 찌르는 느낌, 둔각이면 아래로 밀어붙이는 느낌을 준다. • 정삼각형은 가장 안정된 통합 느낌을 준다.
사각형	단정한 느낌 (정사각형은 엄격하고 경직된 느낌, 마름모는 경쾌함)
다각형	풍요한 느낌이 있으나 변이 많을수록 원에 가까워진다.
원형	단순하고 원만한 느낌을 준다.

(4) 형태

① 형태의 시각작용
  ㉠ 형태시 : 대상을 인식하는 데 가장 기본적인 모서리, 테두리를 의미한다.
  ㉡ 명암시 : 명암에 의해 지각되는 형태를 의미한다.
  ㉢ 색각시 : 형과 색을 통합적으로 인지하는 것을 말한다.

② 형태의 분류
  형태는 크게 이념적 형태와 현실적 형태로 나누어진다. 이념적 형태는 순수형태 또는 추상형태로 나누어지며 현실적 형태는 자연적 형태와 인위적 형태로 나뉜다.
  ㉠ 현실적 형태 : 우리의 주변에서 우리가 지각하여 얻는 형태를 말하며 자연적, 인위적 형태 모두를 포함한다.
    ⓐ 자연적 형태 : 자연물과 같이 불변의 상태에 머물러 있지 않고 항상 변화하며 운동하고 있는 형태
    ⓑ 인위적 형태 : 사용자의 요구로 형성된 타율적·인공적 형태로 그것이 속한 시대성을 가지며 재료와 함께 이것을 처리하는 기술이 요구된다.
  ㉡ 이념적 형태 : 인간의 지각, 즉 시각과 촉각 등으로 직접 느낄 수 없고 개념적으로만 제시될 수 있는 형태로서 순수형태와 추상형태로 나뉜다.
    ⓐ 순수형태 : 순수형태는 현실형태와 대립하는 동시에 모든 형태의 기본이 되는 기초이다. 즉 순수형태의 기본형식은 기하학에 있어서와 같이 점, 선, 면, 입체를 말하며 현실형태를 구성하는 원소로 표현하는 기반이다.
    ⓑ 추상적 형태 : 구체적인 형태를 생략하거나 과장된 표현으로 재구성된 형태이다. 이렇게 재구성된 형태는 원형을 알아보거나 유추하기가 어렵게 된다.

③ 형태의 지각심리(Gestalt psychology) : 인간은 자신이 본 것을 조직화하려는 기본 성

향을 가지고 있다.

㉠ 접근성 : 가까이 있는 시각요소들이 그룹이나 패턴으로 보이는 현상. 형태와 크기가 같은 점의 배열이지만 간격에 따라 왼쪽은 수평선, 오른쪽은 수직선처럼 지각된다.

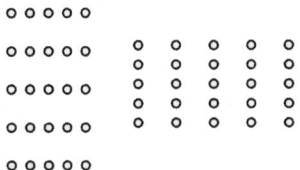

㉡ 유사성 : 형태, 색, 질감 등의 유사한 시각적 요소들이 연관되어 보이는 경향. 접근성과 상관없이 흰색 원과 회색 삼각형이 자연스럽게 구분된다.

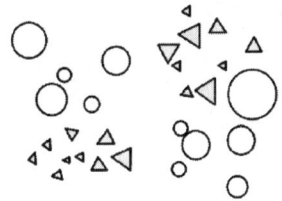

㉢ 폐쇄성 : 불완전한 시각요소들이 폐쇄된 형태로 묶여 지각되는 것이다. 사각형으로 완성되지 않은 직선들은 완성된 사각형처럼, 원형으로 배열된 점들은 완성된 원처럼 지각된다.

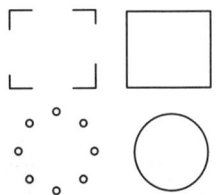

㉣ 연속성 : 유사한 배열이 하나의 묶음으로 인식되는 현상(공동 운명의 법칙)

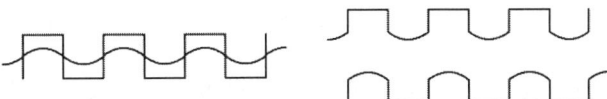

오른쪽 그림을 왼쪽 그림과 같이 결합하면 원래의 형을 지각하기가 어렵고 수평선과 수직선으로 된 연속적인 선과 관통해 지나가는 연속적인 곡선으로 지각한다.

ⓜ 단순성 : 눈에 익숙한 간단한 형태로만 도형을 보게 되는 현상. 맨 왼쪽 그림의 8개의 점은 복잡한 형태보다는 가장 오른쪽의 다각형과 같이 단순하게 인지된다.

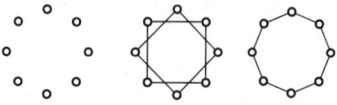

④ 반전도형 : 두 형이 교대로 지각될 수는 있어도 두 형이 동시에 도형이나 배경으로 보이는 경우는 없다.

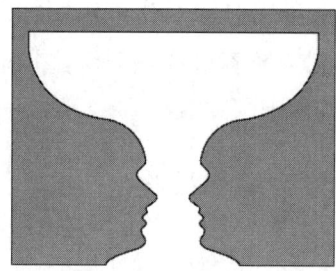

⑤ 착시

헤링(Hering) 착시	체르너(Zollner) 착시	뮐러-라이어 (Müller-Lyer) 착시
평행을 이루는 직선이 만곡되어 보인다.	평행선의 각도가 비틀어져 보인다.	직선 길이가 다르게 보인다.
포겐도르프 (Poggendorf) 착시	분트(Wundt) 착시	헬름홀츠(Helmholz) 착시
직선이 이어져 보이지 않는다.	수직선이 수평선보다 길어 보인다.	수평선 배열이 더 홀쭉해 보인다.

4. 질감

손으로 만지면 어떤 느낌이 든다는 것을 경험을 통해 알고 있는데 이것이 물체의 질감이다. 질감은 재료로서 구체화되기 때문에 재질에 대한 감각적 체험이 중요하다. 이러한 재질의 질감이 갖는 지각적 유형에 의해서 촉각적 질감, 시각적 질감, 구조적 질감으로 분류될 수 있다.

(1) 촉각적 질감

촉각적 질감은 실제 손으로 만져서 알 수 있는 직접적인 질감이다.
① 가용적 질감 : 재료의 성질을 그대로 표현한 가용적 질감
② 조절적 질감 : 재료의 질감을 조절·변형시켜 다른 질감으로 나타내는 질감
③ 유기적 질감 : 여러 질감의 재료를 모아서 만드는 새로운 질감

(2) 시각적 질감

시각적 질감은 눈으로 보이는 느낌, 즉 시각을 통해 촉각을 불러일으킬 수 있는 질감을 의미한다. 이것은 2차원의 평면 위에 색과 명암, 패턴 등 실제로는 존재하지 않는 질감을 느끼게 하는 것이다.
① 자연적 질감 : 형태와 질감이 분리되지 않는 것
② 장식적 질감 : 형태에 영향을 주지 않고 표면에만 질감이 나타나는 것
③ 기계적 질감 : 사진에서 보이는 조직이나 스크린 패턴과 같은 질감

(3) 구조적 질감

어떤 물체가 만들어진 방법이나 재료로부터 생긴 것으로 물질의 표면질감은 대개의 경우 그것이 형성된 본질이나 구성상태가 나타나게 되는데, 실내 공간의 표면에서 인간감각에 와 닿는 모든 재료는 일단 구조적 질감이라 할 수 있다.

5. 문양(Patten)

장식으로써 질서를 만드는 배열을 뜻하며, 2차원보다 3차원적인 장식의 질서를 부여하는 배열로서 공간의 성격이나 스케일에 맞도록 구성한다.

(1) 문양의 모티브

자연적 모티브, 양식화 모티브, 추상적 모티브가 사용된다.

(2) 문양의 특징

① 연속성에 의한 운동감이 있으므로 디자인의 전체 리듬과 적절히 어울려 혼란을 주지 않도록 한다.
② 규모가 크든, 작든, 추상적이든 간에 운동감을 지닌다.
③ 전체적으로 잘 어울리게 하여 디자인에 혼란을 주지 않도록 한다.

6. 공간

(1) 공간의 형태

실내공간은 바닥, 벽, 천장 등과 같은 수평, 수직의 요소가 조합하여 여러 가지 공간으로 구성 전개된다. 인간은 공간의 심리적인 영향 및 공간 감각에 영향을 받기 때문에 인체와 공간의 크기, 공간의 형태에 대한 균형 등은 한정 정도와 함께 공간의식을 형성하게 된다. 한정된 실내 공간은 평면으로가 아닌 체적으로서의 넓이로 이해되어야 한다.

(2) 공간의 균형

실내공간에서의 균형은 사람과의 상대적인 관계를 기본으로, 실내공간의 제요소의 관계에 있어 그 비례로 파악된다.

① 스케일과 휴먼 스케일 : 스케일은 상대적인 크기, 즉 척도를 말하며 휴먼 스케일은 인간의 신체를 기준으로 파악, 측정하는 척도 기준으로 인간의 크기에 비해 너무 크거나 작지 않아야 한다. 휴먼 스케일이 잘 적용된 건물에서 인간은 편안함과 안락함을 느끼게 된다.
② 모듈 : 일종의 치수 특정단위로서 건축 및 실내 공간의 디자인에 있어 종류와 규모에 따라 계획자가 정하는 상대적·구체적인 기준의 단위이다.

미터, 인치 등의 단위는 절대적이며 추상적인 단위이다(모듈과 대응되는 개념).

㉠ 기본 모듈은 1M(10cm)의 배수가 되도록 하고 건물의 높이는 2M(20cm)의 배수가 되도록 한다. 또한 건물의 평면상의 길이는 3M(30cm)의 배수가 되도록 한다.
㉡ 모듈러 플래닝 : 모듈을 기본 척도로 하여 그리드 플래닝(grid planning)을 적용하면 사전에 변경을 예측할 수가 있다. 모듈을 설정하여 계획을 전개시키면 설계 작업이 단순화되어 용이하고 건축구성재의 대량 생산이 가능해져 재료의 생산 비용이 저렴해진다. 가구류나 내부벽체도 가구의 변경, 이동 설치가 쉽고 융통성 있는 평면 계획

이 가능해진다.
　　ⓒ 모듈러 코디네이션(modular coordination : M.C) : 건축의 재료부품에서 설계 시공에 이르기까지 건축 생산 전반에 걸쳐 치수상의 유기적 연계성을 만들어내는 것을 말한다. 설계와 시공을 연결해주는 치수시스템으로 건축 외에 실내나 가구 분야에까지 확장, 적용될 수 있다.
　　　ⓐ 장점 : 호환성, 비용절감, 공기단축, 표준화
　　　ⓑ 단점 : 획일적인 디자인, 개성 상실
③ 공간의 동선

동선이란 사람이나 물건이 움직이는 선을 연결한 것이다. 동선이 짧으면 짧을수록 효율적이나 공간의 성격에 따라 길게 하여 더 많은 시간 동안 머물도록 유도되기도 한다. 동선계획 시 사람이나 물건의 통행량과 함께 동선의 방향, 교차, 그리고 이동하면서 이루어지는 사람의 행위나 물건의 흐름을 고려해야 한다.

> **Point** 동선의 3요소 : 길이(속도), 빈도, 하중
>
> ㉠ 동선의 유형은 직선형, 방사형, 나선형, 격자형, 혼합형으로 구분된다.
> ㉡ 실내의 출입구 위치에 따라 동선 및 시선의 이동이 다르고 실내의 인상과 가구배치 등에 영향을 준다.
> ㉢ 전시공간의 관람동선과 상업공간의 고객동선은 예외적으로 길게 하는 것이 유리하다.

(3) 공간의 분할과 연결

① 공간의 분할

차단적 구획	칸막이에 의해 내부공간을 수평, 수직으로 구획해서 몇 개의 실로 구분하는 것(칸막이는 고정벽, 이동벽, 커튼, 블라인드, 유리창, 열주, 수납장 등)
심리, 도덕적 구획	완전히 공간을 분할하는 것은 아니나, 가구, 기둥, 벽난로, 식물, 조각 등과 같은 구성 요소 또는 바닥, 천장면의 단차의 변화로 인해 구획하는 것
지각적 구획	조명을 사용하거나 마감재료의 변화, 통로나 복도, 공간형태의 변화, 앨코브(alcove)공간을 만들어 하나의 실에서 양분되는 이미지를 가지고 구획하는 것

> **Point** 앨코브(alcove)
> 방의 한 군데가 움푹하게 들어간 곳. 벽면의 일부가 쑥 들어가서 이루어진 조그마한 스페이스

② 공간의 연결

공간을 칸막이로 분할하거나 구획하지 않고 각각의 목적에 따라 공간을 연결 또는 서로 접촉시켜 연결하거나 두 개의 공간을 맞물려 공통공간을 두어 두 공간을 연결하거나 공간 속에 또 하나의 공간을 두기도 한다.

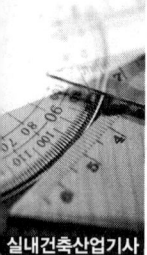

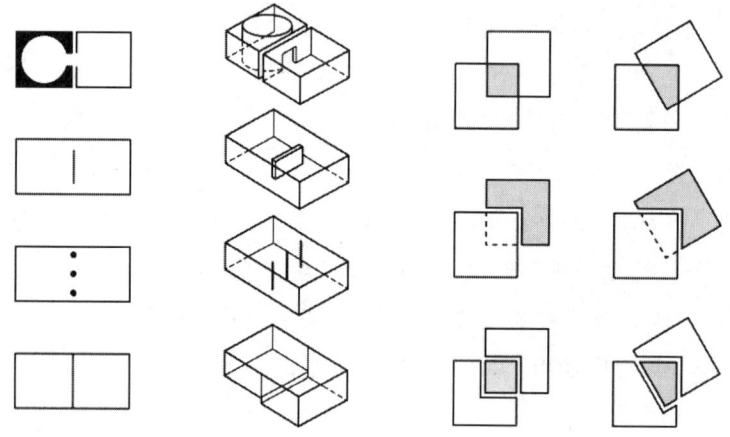

1.2 디자인의 원리

1. 스케일과 비례

(1) 스케일

① 스케일은 물체의 크기와 인체의 관계 그리고 물체 상호간의 관계를 말한다.
② 실내와 그 내부에 배치되는 가구와 같은 요소들의 체적, 인간의 척도와 인간의 동작 범위를 고려한 공간 관계 형성, 그리고 무엇보다도 이런 요소들의 실제적인 크기 등을 고려해야 한다.
③ 실내디자인에서의 스케일은 그 공간의 사용 목적에 따라 적용방법이 다를 수 있다.

(2) 비례

① 건축물이나 조형물의 각 부분 또는 부분과 전체와의 관계
② 인체 측정을 통한 비례의 적용은 추상적, 상징적 비율이 아닌 기능적인 비율을 추구한다.
③ 공간의 비례는 평면, 단면, 입면의 3차원으로 동시에 고려해야 한다.
④ 비례의 원리는 부분과 부분 또는 부분과 전체와의 수량적 관계를 미적으로 분할하는

데 있다.
⑤ 비례의 종류
　㉠ 황금비례 : 주어진 길이를 가장 이상적으로 둘로 나눌 때는 큰 것(a)과 작은 것(b)의 비가 큰 것과 작은 것의 합에 대한 큰 것의 비와 같게 하는 비로, 근사값이 약 1.618인 무리수이다(a : b = a+b : a). 고대 그리스인들이 창안하여 가장 균형 잡힌 아름다운 미적 비례의 전형으로 건축, 미술 등의 분야에서 다양하게 활용하였다.
　㉡ 루트비 : 루트비는 사각형의 한 변을 1로 할 때 긴 변의 길이가 $\sqrt{2}$, $\sqrt{3}$ 등의 무리수로 되어 있는 것을 말한다. 대표적인 예로 우리가 사용하고 있는 종이의 크기는 1 : $\sqrt{2}$ 의 비례를 가진다.

> **Point 금강비례**
> 1 : $\sqrt{2}$ 의 비례, 즉 1 : 1.414의 비례로 이 비율이 편리하고 안락한 형태임을 관습적으로 알게 되어 계승해 왔다.

　㉢ 모듈러 : 모듈러는 르 코르뷔지에(Le Corbusier)의 건축적 비례이며 우리의 인체의 특성과 관계하여 나타낼 수 있는 비례로, 목의 두 배는 허리의 둘레로 또는 양팔까지의 거리를 키로 나타낼 수 있는 법칙을 비례로 하여 구상하였다. 이렇게 구성된 비례의 법칙으로 아파트나 공공건물의 디자인에 많이 이용되었다. 사람의 키를 183cm로 할 때 배꼽의 위치 113cm(183×0.618)를 기준으로 황금비율화한 것이다.
　㉣ 피보나치 비율 : 1 : 2 : 3 : 5와 같이 앞의 두 항의 합이 다음 수와 같은 상가 급수이다. 이 비율은 숫자가 반복될수록 황금비례인 1 : 1.618에 수렴한다.

2. 균형 및 리듬

(1) 균형

균형이란 2개의 디자인 요소의 상호작용이 중심점에서 역학적으로 평형상태가 될 때를 말한다. 즉, 공간에서의 균형은 실내에서 감지되는 시각적 무게의 균형을 말하며 서로 반대되는 힘의 평형상태를 말하기도 한다.
　① 대칭적 균형
　　대칭은 균형에서 가장 정형의 구성 요소이다. 따라서 질서를 주는 방법이 용이하며 통일감을 얻기 쉬우나, 엄격하고 딱딱한 느낌을 주기도 한다. 대칭의 유형에는 좌우 대칭과 방사 대칭이 있다. 대표적인 예로 인간의 얼굴처럼 대칭을 가지는 조형을 쉽게 볼 수 있다.

② 비대칭적 균형

비대칭은 형태상으로는 불균형이지만 시각상의 정돈에 의해 균형 잡힌 것으로 보인다. 고단위 디자인의 요인으로 나타내기 어려운 요소이다. 아주 숙련된 디자이너들이 구상하는 것으로 변화 있는 형태로 개성적인 감정을 느끼게 도와준다.

③ 시각적 균형

㉠ 크기가 큰 것은 작은 것보다 시각적 중량감이 크다.
㉡ 어두운 색상이 밝은 색상보다 시각적 중량감이 크다.
㉢ 거칠고 복잡한 질감은 부드럽고 단순한 것보다 시각적 중량감이 크다.
㉣ 불규칙적인 형태는 기하학적인 형태보다 시각적 중량감이 크다.
㉤ 사선이나 톱니모양의 선은 수직선이나 수평선보다 시각적 중량감이 크다.
㉥ 기하학적인 형태는 불규칙한 형태보다 가볍게 느껴진다.

(2) 리듬

리듬은 각 요소와 부분 사이의 강약이 규칙적으로 연속할 때 생기는 것을 말하며, 규칙적인 요소들의 반복으로 디자인에 시각적인 질서를 부여하는 통제된 운동감각이다.

① 반복

디자인 요소의 반복은 규칙을 어떻게 하느냐로 정해진다. 비교적 크기가 큰 단위형태를 적게 사용하면 단조롭고 대담해 보이며, 크기를 작게 하고 많이 사용하면 디자인 요소를 획일적인 질감의 일부로 보이게 한다.

② 점이

각 디자인 요소의 각 부분 사이에 일정한 단계적인 변화를 주어 점이 효과를 보이게 하는 것으로 힘의 장단이라고 할 수 있다. 점이는 점차적인 변화와 질서 방법을 주는 것으로 반복보다 한층 동적인 느낌을 주며 조형을 보는 사람에게 힘찬 이미지를 준다.

③ 대립(대조, 대비)

점진적 변화가 아닌, 사각형에서 원형으로나 초록색에서 빨간색으로 곧바로 바뀌는 것과 같이 갑작스러운 변화를 줌으로써 상반된 분위기를 조성하도록 하는 리듬의 형태로 자극적인 디자인을 연출한다.

④ 변이

원형 아치, 늘어진 커튼이나 둥근 의자 등에서 볼 수 있는 리듬이다.

⑤ 방사

중심축에서 밖으로 선이 퍼져 나가는 리듬의 일종이다. 이런 유형은 조명 램프나 화환과 같은 액세서리에서 흔히 볼 수 있다.

3. 통일 · 강조 · 조화 · 대비

(1) 통일

통일성은 디자인에 미적 질서를 주는 기본 원리로 디자인 대상의 전체 중 각 부분, 각 요소의 여러 다른 점을 정리해 관계를 맺는다. 모든 디자인 원리의 구심점이 되며 다양한 요소, 소재 또는 조건을 선택하고 정리하여 하나의 완성체로 종합하는 것이다. 변화를 원심적 활동이라 한다면, 통일은 구심적 활동이라 할 수 있으며 통일과 변화는 상반되는 성질을 지니고 있으면서도 서로 긴밀한 유기적 관계를 유지한다.

① 정적 통일 : 반복되는 동일한 디자인 요소가 적용되며 단일 목적의 공간에 주로 이용된다(교육공간, 기념공간).

② 동적 통일 : 변화가 있고 성장이 있는 흐름의 전개가 가능한 방식이며 다목적 공간에 이용된다(상업시설, 레저시설).

③ 양식 통일 : 동시대적 양식의 배열 또는 관련된 기능의 유사성을 이용하는 통일감 형성 (휴양 목적 공간, 교통 관련 공간)

(2) 강조

강조는 시각적인 힘의 장단이 아니라 강약에 단계를 주어 디자인 일부에 주어지는 초점이나 의도적인 변화이다.

① 강조는 공간에서 색채나 형태를 강조함으로써 전체의 성격을 명백하게 규정한다.

② 시각적 초점은 강조의 원리가 적용되는 부분으로 주위가 대칭균형으로 놓였을 때 효과적이다.

(3) 조화

2개 이상의 요소 또는 부분적인 상호관계에서 이들이 서로 배척 없이 서로 어울리면서 통일되어 전체적으로 미적·감각적 효과를 극대화시키며 발휘하는 상태를 말한다.

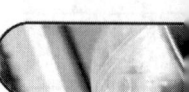

단순조화	• 제반요소를 단순화하여 실내를 조화롭게 한다. • 마감재를 동일한 소재나 색채를 사용하는 등, 뚜렷하고 선명한 이미지를 준다. • 깊은 맛은 부족하나 경쾌한 실내 공간 조성에 유용하다. • 한정된 작은 규모에 적절하다.
복잡조화	• 다양한 주제와 이미지가 적용되어 풍부한 감성과 다양한 경험을 준다. • 서로 다른 요소가 각각의 개체이면서도 공존하도록 구성한다. • 쇼핑, 레저 공간 등 다양한 계층의 사용자와 이용 목적이 요구되는 공간에 사용한다.

(4) 대비

성질이나 질량이 전혀 다른 둘 이상의 것이 동일한 공간에 배열될 때 서로의 특징을 한층 돋보이게 하는 현상이다.

1.3 실내디자인 기본 요소

1. 바닥

바닥면은 건물형태를 위한 물리적, 시각적 기초를 제공하며 걸어 다니는 공간표면을 에워싼다. 바닥면은 건물 안에서의 활동에 영향을 주므로 구조적으로 안전해야 하며 앉고 보고 수행하는 곳으로 신체의 척도와 공간 규모에 맞게 계단을 설치하거나 단을 만들 수 있다. 또, 신성하거나 중요한 장소는 높게 설정될 수 있다.

(1) 바닥의 기능

① 천장과 함께 공간을 구성하는 수평적 요소로서 생활을 지탱하는 가장 기본적인 요소이다.
② 외부로부터 추위와 습기를 차단하고 사람과 물건을 지지하여 생활 장소를 지탱한다.
③ 바닥은 신체와 접촉하므로 촉각적으로 만족할 수 있는 조건을 요구한다.
④ 고저차가 가능하여 필요에 따라 공간의 영역 조정을 한다.
⑤ 바닥차가 없을 때는 색이나 질감, 마감 재료의 변화를 통해 다른 면보다 강조하거나 영역을 구분해 줄 수도 있다.

(2) 바닥재의 종류

콘크리트	기본 구조재로 널리 쓰인다. 관리의 용이성과 내마모성이 좋고, 별도의 미장작업이나 마감재를 활용하기에 용이하다.
석재	견고하고 영구적이어서 널리 쓰인다. 구조적으로 지지능력이 있는 콘크리트나 다른 바닥 위에 깔아 사용한다. 고급스럽고 단단하지만, 소음이 있고 차가운 느낌을 준다.
인조석·테라초	시멘트 모르타르와 화강암이나 대리석 종석을 혼합한 것으로, 그라인더로 갈고 닦아서 표면을 매끄럽게 한 후 금속 줄눈대로 면적을 분할한다. 다양한 색상과 구조 효과가 가능하다.
목재	마루 등으로 널리 사용된다. 기본 구조용으로 사용되며 다른 재료로 마감되거나 노출상태로 사용한다. 자연미를 가지고 있으며 따뜻한 느낌이지만 부패 및 마모, 변형의 우려가 있다.
타일	주방, 욕실, 수영장 등 물을 사용하거나 습기가 있는 공간에 쓰인다. 방수 효과와 단단한 표면 재질 때문에 위생시설에도 널리 쓰인다.
리놀륨, 비닐장판	얇은 판 형식이나 타일의 형태를 띠고 있으며 광범위한 색상과 무늬 선택이 가능하다. 탄력이 있고 청결 유지에 용이하다.

2. 벽

(1) 벽의 높이에 따른 경계

상징적 경계	높이 600mm 이하의 벽이나 담장은 두 공간을 상징적으로 분리한다.
시각적 개방	높이 1200mm 정도의 경계는 두 공간 상호간의 통행이 어렵지만 시선높이인 1500mm보다는 낮아서 시각적으로 개방되어 에워싼 느낌을 갖는다.
시각적 차단	높이 1800mm 정도의 높이는 시각적으로 완전히 차단되므로 프라이버시를 유지할 수 있고 하나의 실을 만들 수 있다.

[상징적 경계의 벽]

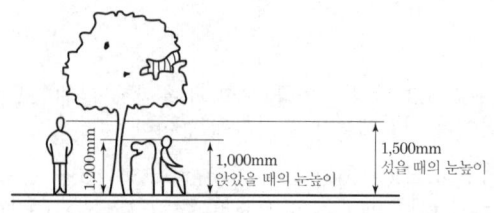

[시각적 개방의 벽]

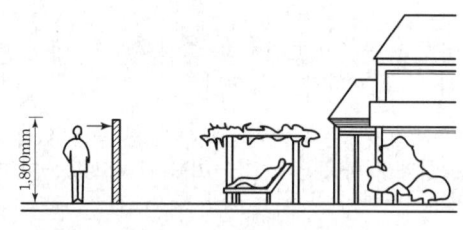

[시각적 차단의 벽]

(2) 벽의 기능

① 공간을 에워싸는 수직적 요소로 수평방향을 차단하여 공간을 형성한다.
② 외부로부터의 방어와 프라이버시를 확보한다.
③ 공간과 공간을 구분한다.
④ 인간의 시선이나 동선을 차단하고 공기의 움직임, 소리의 전파, 열의 이동을 제어한다.

3. 천장

천장은 바닥과 함께 실내 공간을 형성하는 수평적 요소로서 다양한 형태나 패턴의 처리가 가능하면서 바닥과는 달리 하중을 싣지 않으므로 형태에 있어 자유롭다.

(1) 천장의 기능

① 바닥과 함께 공간을 형성하는 수평적 요소로서 바닥과 천장 사이에 있는 내부공간을 규정한다.
② 지붕이나 위층 바닥 부재를 노출시키지 않는 차단의 역할을 한다.
③ 열, 음향, 빛의 조절의 매체로서 방어, 방음, 방진 기능이 있어야 한다.
④ 천장의 형태를 강조하여 요철을 주거나 경사지게 처리하면 공간을 활기 있게 하고 공간의 실제 용적을 증가시키므로 확장감과 방향성을 줄 수 있다.
⑤ 시각적 흐름이 최종적으로 멈추는 곳으로 지각의 느낌에 영향을 준다. 낮은 천장은 아늑한 느낌, 높은 천장은 확장감을 준다.

4. 기둥 및 보

기둥	• 공간 내 수직적 요소로 크기와 형상을 가지고 있다. • 실내에 노출된 기둥은 공간의 영역을 규정하며, 공간의 흐름과 동선에 영향을 미친다.
보	• 바닥에 작용하는 하중을 기둥이나 벽에 전달한다. • 보통 공조·조명설비에 수반되는 배선 및 장치와 함께 천장에 감춰진다. • 조형계획에서는 제한적 요소로 작용한다. • 천장 자체에 리듬을 줌으로써 개성을 강조한다.

5. 개구부

개구부란 벽을 구성하지 않는 부분을 총칭하는 말로 바닥, 벽, 천장과 함께 실내공간의 성격을 규정한다. 개구부의 위치·크기·개수·형태·목적은 실의 성격, 용도, 규모에 따라 다르며 가구 배치와 동선계획에 결정적인 영향을 미친다.

> **Point 개구부의 기능**
> ① 한 공간과 인접된 공간을 연결시킨다.
> ② 채광, 통풍이 가능하게 한다.
> ③ 전망과 프라이버시를 확보한다.

(1) 문(Door)

출입구는 공간과 공간 사이에서 시각적이며 신체적인 이동을 유도하며, 공간 안에서의 동선의 형태에 영향을 미친다. 또한 보안을 유지하기도 하며 공간 사이에서뿐만 아니라 외부로부터의 소음 차단 효과도 있다.

- 사람과 물건이 실내, 실외로 통행하기 위한 개구부이다.
- 문의 위치는 시점 이동에 영향을 주며 내부 공간에서의 동선을 결정하고 가구배치에 중요한 영향을 준다.
- 문의 치수는 사람이나 물건의 동선의 양, 빈도, 유형에 따라 결정된다.

① 유형
  ㉠ 여닫이문 : 작동이 용이하고 간단한 철물로 조작되며 외기를 차단시키고 방음에 매우 효과적이어서 가장 일반적인 형태이다. 개폐 시 회전을 위한 공간이 필요하다.
  ㉡ 미닫이문 : 상부나 바닥의 트랙으로 지지되며 여닫이와는 달리 문의 호를 위한 바닥

공간이 필요 없다. 문틀의 홈이나 벽 옆의 레일로 문이 미끄러져 열고 닫히는 문. 틈새가 생기므로 실내 공간에서만 쓰인다.
- ⓒ 미서기문 : 윗틀과 밑틀에 두 줄로 홈을 파서 문 한 짝을 다른 한 짝 옆에 밀어 붙이게 한 것으로 두 짝 또는 네 짝 미서기가 많이 쓰인다.
- ⓔ 접이문 : 상하트랙으로 지지되는 시각적 공간분할용 스크린에 쓰인다.
- ⓜ 회전문 : 외기를 차단시키고 건물 안으로 들어오는 한기를 막아 열의 손실을 줄이며, 출입동선을 나뉘어지게 하여 많은 사람을 빨리 이동시킬 수 있다.
- ⓗ 자재문 : 문틀 옆에 자유경첩을 달아 안팎으로 자유롭게 여닫는 문이다.

② 구조
- ㉠ 플러시문 : 목재 울거미 안에 중간 살대를 격자 혹은 수평, 수직으로 25~30cm 이내로 배치한 후 양면에 합판을 일체화시킨 문이다.
- ㉡ 패널문 : 평평한 패널구조(가끔 유리가 끼워지기도 함)이거나 가로대와 세로대가 결합된 구조로 되어 있다.
- ㉢ 유리문 : 채광이 잘 되며 시각적인 개방감을 준다.
- ㉣ 금속문 : 도난방지나 화재 전파를 막아주는 방화문으로 쓰인다.

(2) 창문(Windows)

창문은 환기와 빛을 제공하기 위해 벽에 만들어지는 단순한 개구부에 불과했으나 현대건축에서는 자연적인 제요소로부터의 보호, 사생활 제공, 시각적 즐거움이나 전망을 첨가시켜 주는 디자인 요소로서의 역할 같은 부가적 기능을 한다.

① 개폐방식에 의한 분류
- ㉠ 고정창 : 고정창은 열리지 않으며 빛을 유입시키는 것을 목적으로 한다. 상점의 창문이나 밀폐된 냉방공간과 같이 여는 기능이 필요 없을 때 사용된다.
- ㉡ 미서기창 : 두 장의 창으로 구성되어 있으며 좌우로 밀어서 연다. 페어글라스를 사용하여 단열, 방음, 방습의 효과도 부여할 수 있다. 창문의 가장 일반적 형태이다.
- ㉢ 들창 : 창틀의 상단부를 축으로 들어올리는 형식으로 빌딩의 부분 환기창으로 사용된다.
- ㉣ 안젖힘창 : 들창과 비슷하나 아래쪽에 경첩이 달려 있고 환기하기에 좋다.
- ㉤ 양여닫이창 : 두 장의 창으로 이루어져 있으며 창의 좌우측을 축으로 하여 여닫는다.

② 창의 위치
- ㉠ 측창 : 실내 측면의 수직 창에서 빛이 들어오는 형태이다. 이 형식은 공간의 조도

분포가 불균일하고 조도가 작지만 반사로 인한 눈부심이 적으며 입체감이 좋다.
- ⓒ 천창 : 건물의 지붕이나 천장면에 채광 목적으로 수평면이나 약간 경사진 면에 낸 창으로 조도가 균일하고 측창의 3배 정도의 밝기이다. 단, 환기 조절 및 청소는 곤란하며 개방감도 낮다.
- ⓒ 정측창 : 창턱 높이가 눈높이보다 높아야 하고 창의 상부가 천장선과 같거나 그 아래에 위치한 창으로 미술관, 박물관, 공장 등 시선을 분산시키지 않고 채광을 해야 할 공간에 적용된다.

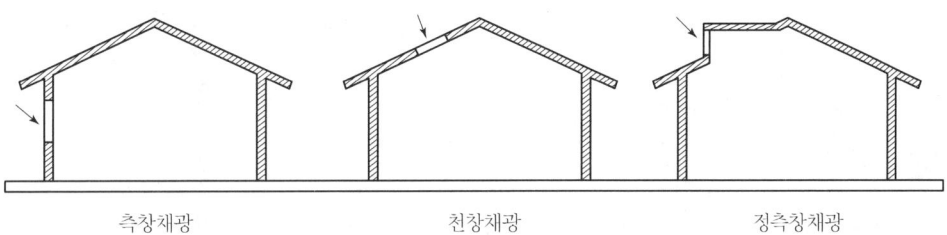

측창채광   천창채광   정측창채광

③ 특수창
- ㉠ 픽처 윈도(picture window) : 바닥부터 천장까지 이어지는 창
- ㉡ 윈도 월(window wall) : 벽면 전체를 창으로 처리한 개방감이 좋은 창이다.
- ㉢ 고창(clearstory) : 천장 가까운 벽 상부에 좁고 길게 뚫린 창으로 주로 환기를 목적으로 설치한다.
- ㉣ 베이 윈도(bay window) : 평면이 밖으로 돌출된 창

④ 일조 조절
- ㉠ 커튼처리 : 커튼은 인테리어적인 기능, 빛과 시선의 조절 기능, 열과 음의 차단 기능(보온성, 단열성, 흡음성)을 가진다.

새시 커튼	창문의 절반 정도만을 친 형태의 커튼으로 주로 투명성이 있는 재료로 만들어진다.
글라스 커튼	투명한 소재로 유리창의 한 부분에 항상 드리워져 있는 형태의 커튼
드로우 커튼	창문의 레일을 이용해 펼쳤다 접을 수 있도록 설치한 커튼
드레이퍼리 커튼	창문에 느슨하게 걸려 있는 중량감 있는 커튼

Point 케이싱(casing)
문선, 트림이라고도 하며 벽과 문틀 사이의 틈새를 막아주는 일종의 몰딩을 말한다.

ⓒ 블라인드

수평 블라인드	얇은 수평 띠나 루버로 이루어져 있고 직물 테이프나 끈으로 엮어서 잡아당겨 작동시킨다. 반사광, 공기의 흐름, 프라이버시를 조절하기 위해 각도를 기울일 수 있는 장치가 되어 있다.
수직 블라인드	천장이나 벽에 수직으로 매달리며 도르래가 달리거나 트랙을 타고 움직인다. 외부경관을 더 많이 보고 내부로 많은 빛을 유입시키기 위해 돌릴 수 있다.
롤 블라인드	상하로 줄을 조절하여 돌돌 말려 올라가고 다시 펼 수 있는 형식의 블라인드

ⓒ 루버 : 평평한 부재를 전면에 설치하여 일조를 차단하는 것으로 수평형, 수직형, 격자형이 있다.

6. 통로

내부공간에서의 통로공간은 사람의 출입과 물건의 통행을 위한 공간이다. 건물의 내·외부를 연결하는 통로로서의 출입구와 실과 실을 수평으로 연결하는 통로로서의 복도, 홀 그리고 수직으로 연결하는 계단, 에스컬레이터, 엘리베이터가 이에 속한다.

(1) 계단 및 경사로

① 수직방향으로 공간을 연결하는 상하통행 공간이다.
② 대규모의 공간일 경우 계단실을 독립시키지 않고 실내에 도입해서 동적인 활력요소로 처리한다.
③ 계단은 통행자의 밀도, 빈도, 연령 및 통행자의 상태에 따라 사용상의 고려가 필요하다.
④ 계단의 재료나 구조방법은 공간의 성격, 공간구성 수법, 강도, 내구성, 경제성 등을 고려하여 결정한다.
⑤ 계단 기본 치수

단너비	15cm 이상	계획가능 각도	20~45°
단높이	23cm 이하	일반적인 각도	30~35°

⑥ 경사로는 계단을 대체하거나 손수레, 휠체어, 자전거 이동을 위해 설치하고 높이 1m당 최소 길이 8m 이상으로 설계하며 바닥은 미끄러지지 않는 마감재로 해야 한다.

(2) 출입구

주출입을 위한 개구부를 의미할 수 있으나 실제 디자인의 개념을 적용시킬 때는 파사드

(Facade)의 일부분으로 처리한다.

> **Point 파사드(Facade)**
> 건물의 정면을 의미함과 동시에 디자인에 있어서 건축물 및 홀의 출입구, 벽 마감재, 쇼윈도, 간판, 광고판, 광고탑, 네온사인 등을 포함한 건축물 또는 점포 전체의 얼굴로서 공간의 첫 인상을 정하는 부분을 말한다. 기업 이미지 또는 상점의 상품에 대한 첫 인상을 주는 부분이므로 강인한 이미지를 줄 수 있도록 계획한다.

(3) 복도(통로)

기능이 같거나 다른 공간을 이어주는 연결공간임과 동시에 각 공간의 독립성을 부여하도록 분리하는 통로공간이다. 또한 창의 위치에 따라서 선룸의 역할도 한다.

(4) 홀

동선이 집중되었다가 분산되는 곳으로 각 공간은 홀을 중심으로 구성되므로 주출입구 가까이에 위치한다.

1.4 조명

조명은 실내 환경에 명도, 위치, 색채, 형태 그리고 빛의 양과 질에 영향을 미치기 때문에 매우 중요한 요소이다. 조명은 개구부를 통한 실내 채광방식의 자연조명과 인공적인 발광체인 광원으로 공간에 빛을 제공하는 인공조명으로 구분된다.

1. 조명의 선택 및 분류

(1) 조명기구 선택 시 고려사항

① 구조상 광원의 교환, 청소 등 보수 유지가 용이해야 한다.
② 실내디자인의 일부로 형태, 색채, 재료 등은 전체 분위기와 어울려야 한다.
③ 점등 시 배광, 명암이 쾌적한 분위기를 만들어야 한다.

> **Point 조명설계 순서**
> 소요조도 결정 – 광원의 선택 – 조명기구 선택 – 조명기구 배치 – 검토

(2) 조명의 분류

① 조명방식에 따른 분류
  ㉠ 전체조명 : 실 전체를 평균적으로 밝고 온화한 분위기로 전체적으로 균일한 조도가 되도록 하고 조명기구를 일정하게 분산시킨다.
  ㉡ 국부조명 : 작고 정해진 공간에 높은 조도로 조명하기 위해 특별히 조명을 집중시킨다. 공간에 초점을 집중시킬 때나 하나의 실에서 영역을 구획할 때 국부조명이 사용된다. ex) 거실의 스탠드
  ㉢ 장식조명 : 조명기구 자체가 예술품과 같이 분위기를 살려주는 역할을 한다. ex) 펜던트, 샹들리에, 브래킷

② 배광 방식에 따른 분류

조명	직접	반직접	전반확산	반간접	간접
배광방식	위 0~10% 아래 100~90%	10~40% 90~60%	40~50% 40~50%	60~90% 40~10%	90~100% 10~0%

③ 설치 형태에 따른 분류
  ㉠ 매입형(down light, 다운라이트) : 조명기구는 천장에 매입되고 빛이 수직으로 하향, 직사된다.
  ㉡ 직부형(ceiling light, 실링라이트) : 천장등이라고도 한다. 배광이 효과적이며 빛이 직접 보이기 때문에 매입형보다 눈부심이 많지만, 조명효율은 좋다.
  ㉢ 벽부형(bracket, 브래킷) : 벽체에 부착하는 조명의 통칭으로 브래킷이라 한다. 장식성이 좋다.
  ㉣ 펜던트(pendant) : 파이프나 와이어에 달아 천장에 매단 조명 방식으로, 조명기구 자체가 빛을 발하는 액세서리 역할을 한다.
  ㉤ 이동형 조명 : 테이블 스탠드, 플로어 스탠드

④ 건축화 조명
  천장, 벽, 기둥 등 건축 부분을 이용하여 조명하는 방식이다. 건축화 조명은 눈부심이 적고 명랑한 느낌을 주며 현대적인 감각을 느끼게 하나 설치 비용도 직접 조명에 비해 많이 들고 유지비용 역시 높기 때문에 경제적 효율성은 떨어진다.
  ㉠ 코브 조명 : 광원의 노출을 가리고 상향 조명으로 천장 또는 벽면을 비춘 반사광에

의해 간접 조명한다. 부드럽고 균등하며 눈부심이 없는 빛을 제공하여 보조조명으로 중요하게 쓰인다.

ⓒ 코니스 조명 : 천장 또는 천장 가까이에 장착되고 옆면을 가려 빛은 아래를 향해서만 떨어진다. 재질감 있는 벽면의 드라마틱한 특성을 강조해 주거나 재미있는 조명 효과를 준다.

ⓒ 밸런스 조명 : 코브와 코니스를 혼합한 형태로 천장 방향과 바닥 방향 양쪽으로 빛을 비춘다.

ⓔ 광천장 조명 : 건축구조체로 천장에 조명기구를 설치하고 그 밑에 창호지나 반투명 아크릴과 같은 확산성 재료를 이용해서 마감 처리하여 마치 넓은 천장 표면 자체가 조명인 것처럼 연출한다.

ⓜ 광창 조명 : 광천장과 같은 방식으로 광원을 넓은 면적의 벽면에 매입, 시선에 안락한 배경으로 작용한다. 지하철 광고판 등에서 사용한다.

ⓑ 코퍼 조명 : 천장에 사각형 또는 원형의 구멍을 뚫어 단차를 두어 천장 내부에 조명을 설치하는 방식

ⓢ 캐노피 조명 : 국부적으로 강한 조도를 주기 위해 벽면이나 천장면의 일부를 돌출시켜 조명을 설치하고 그 아랫부분을 집중적으로 비춘다. 카운터 상부, 욕실의 세면대, 드레싱 룸에 쓰인다.

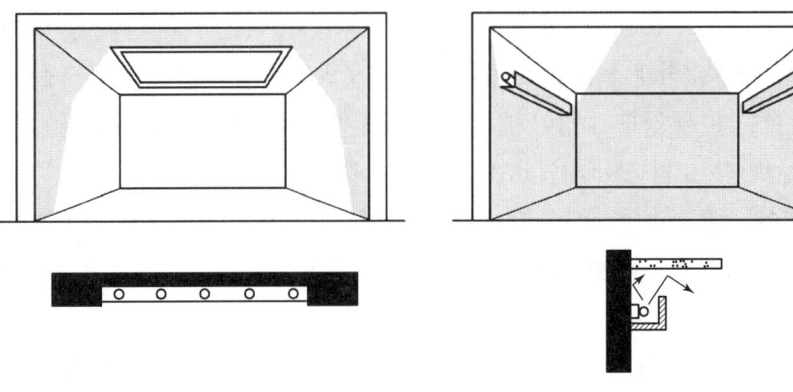

[광천장 조명]　　　　　　　　[코브 조명]

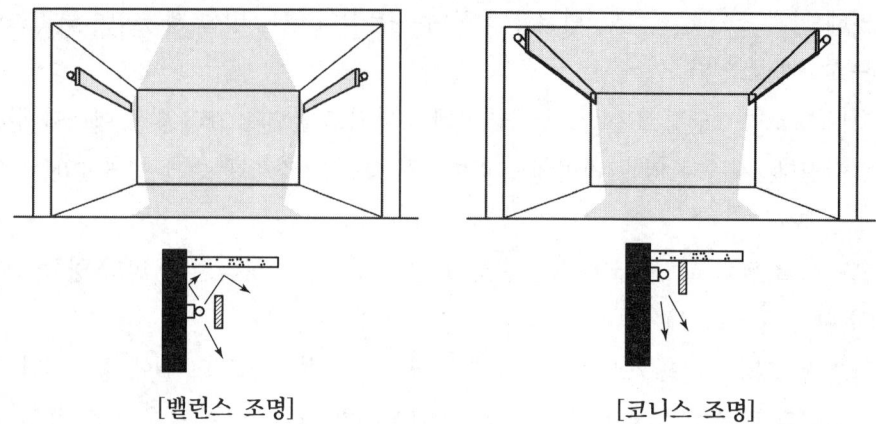

[밸런스 조명]　　　　　　　　[코니스 조명]

(3) 광원

① 백열전구
- ㉠ 고열의 필라멘트의 온도 방사에 의한 발광으로 조명하는 광원으로 형광등과 함께 가장 널리 사용되어 왔다.
- ㉡ 가격이 저렴하고 크기가 작아 빛의 컨트롤이 쉬우며 연색성이 자연채광에 가깝다.
- ㉢ 효율이 낮고 발광온도가 높아 다소 위험하며 광원의 수명도 짧다.
- ㉣ 점멸빈도가 높고 사용시간이 적은 곳, 강조 조명이 필요한 곳에 적합하다.

② 형광등
- ㉠ 수은과 아르곤의 혼합가스를 봉입한 방전관으로 유리관 내에 자외선을 발생하고 이것이 유리관 내벽에 도포된 형광물질을 유도방출하여 발광하는 방전등이다.
- ㉡ 백열등보다 10배 정도 수명이 길고 눈부심도 적으며 발광온도도 낮다. 또한 같은 전력으로 백열등보다 3~4배의 조도를 얻어 에너지가 절약된다.
- ㉢ 형광체의 색을 다양하게 할 수 있고 빛의 확산이 좋지만 자외선이 방출된다.
- ㉣ 점등에 시간이 걸리며 빛의 어른거림이 발생하고 자외선 전구 내부에 흑화가 발생한다.

③ 나트륨등
- ㉠ 수명이 매우 긴 광원으로 도로 가로등 및 체육관, 광장조명 등에 사용되고 있다.
- ㉡ 연색성이 매우 나쁘고 다소 불쾌감을 준다.

④ 메탈할라이드등
- ㉠ 효율이 높고 연색성도 좋은 광원으로 나트륨등과 혼용하여 연색성 개선에 활용된다.
- ㉡ 수명이 비교적 길지만 가격이 다소 높고 램프 점등방향에 제약을 받는다.

ⓒ 천장이 높은 내부조명에 쓰이며 고연색등은 미술관, 상점, 경기장에 사용한다.
⑤ 수은등
  ㉠ 수명이 나트륨등과 비슷하며 하나의 등으로 큰 광속을 얻을 수 있다.
  ㉡ 효율이 높고 수명이 길며 가격도 저렴한 편이며 자외선이 발생하여 살균, 의료, 사진용으로도 쓰인다.
  ㉢ 빌딩, 공장 등의 외벽, 도로 조명으로 많이 쓰인다.
⑥ LED(발광다이오드, Light Emitting Diode)등
  ㉠ 반도체를 이용한 조명으로 발열이 적어 내구성이 길고 낮은 전력으로 효율 높은 조명을 쓸 수 있다.
  ㉡ 눈의 피로도가 낮으며 형광등처럼 자외선이 나오지 않아 피부에도 안전하다.

2. 연출기법

(1) 조명의 연출 요소

① 조명의 연색성 : 어떠한 물체이든지 자연광과 인공조명에서 비교해 보면 색감이 서로 다르게 보이는데 이를 연색성이라 한다.
  ㉠ 백열등의 조명하에서는 빨강색, 노랑색이 강조되어 대체로 붉은 계통의 색은 생생하게 보이는 반면, 회색, 푸른색 계통의 색은 침체되어 보인다.
  ㉡ 형광등의 조명하에서는 파랑색, 녹색이 강조되어 푸른 계통의 색은 선명하고 보다 서늘하게 보이고 빨강색은 흐릿하게 보인다.
  ㉢ 단일 광원으로 전체를 조명하는 것보다 2종류 이상의 광원을 혼합하여 사용하는 것이 연색성을 좋게 한다.
  ㉣ 평균 연색평가 지수(Ra) : 규정된 8종류의 시험 색을 표준 광원에 대비하여 시료 광원 조명 시의 CIE UCS 색도도에 의한 색도 변화의 평균값에서 구한 것을 말한다.

지수(Ra)	25	60	65~75	75~90	80~90	85~95	90 이상
광원	나트륨등	수은등	일반 형광등	메탈 할라이드	LED 램프	3, 5파장 형광램프	백열등, 할로겐램프

② 색온도 : 발광되는 빛이 온도에 따라 색상이 달라지는 것을 절대 온도 단위인 K로 나타낸 것이다. 빛을 전혀 반사하지 않는 완전 흑체를 가열하면 온도가 높을수록 파장이 짧은 청색 계통의 빛이, 온도가 낮을수록 적색 계통의 빛이 나온다.

촛불	백열등	태양(정오)	맑은 하늘
1800~2000K	2500~3600K	5500~6000K	8000K~

③ 조명과 마감재료
  ㉠ 발광면적이 작은 백열등은 지향성(指向性)의 빛이어서 광택이 뚜렷하고 요철이 명쾌하게 나타나 질감의 효과가 뚜렷이 표현된다.
  ㉡ 발광면적이 넓은 형광등은 확산되는 빛을 발하므로 부드러운 재질감을 느끼게 한다.
  ㉢ 조도가 크면 클수록 음영이 뚜렷해져 재질감, 입체감도 지나치게 강조되므로 부드러운 확산광이 필요하다.
④ 조명과 공간감 : 조명은 주어진 공간을 축소, 확대시키거나 긴장, 이완시키므로 시각적, 심리적 효과의 연출 요소로서 해석 가능하다. 조명에 의한 실내의 벽, 바닥, 천장면의 명암은 실내의 표정, 실의 크기, 천장의 높이 변화 등에 영향을 미치는 중요한 요소이다.
  ㉠ 어두운 벽면은 공간을 축소시켜 보이고 밝은 벽면은 공간을 확장시켜 보인다.
  ㉡ 어두운 천장은 시각적으로 낮게 보이나 천장 테두리의 조명은 천장과 벽면을 시각적으로 높아 보이게 한다.

> **Point 조명의 4요소**
> 명도, 대비, 크기, 움직임(노출시간)

(2) 조명의 연출 기법

① 강조기법(High-light) : 물체를 강조하거나 시야 내의 어느 한 부분에 주의를 집중시키는 효과가 있다.
② 빔 플레이(Beam play) : 강조하고자 하는 물체에 의도적인 광선을 조사함으로써 광선 그 자체에 시각적인 특성을 지니게 하는 기법이다.
③ 월 워싱(wall washing) : 수직벽면을 빛으로 쓸어내리는 듯한 효과를 주기 위해 수직벽면에 균일한 조도로 빛을 비추는 기법이다. 코니스 조명과 같은 건축화 조명으로 공간 상승, 확대의 느낌을 주며 광원과 조명기구의 종류·건축화 조명 방식에 따라 다양한 효과를 가질 수 있다. 바닥이나 천장에도 조명을 비추어 같은 효과를 가질 수 있는데 이를 플로어 워싱(floor washing), 실링 워싱(ceiling washing)이라 한다.
④ 그림자 연출 기법(shadow play) : 빛과 그림자의 효과를 이용하여 공간의 질감과 깊이

를 느끼게 하는 기법이다.

⑤ 실루엣 기법(silhouette) : 물체의 형상만을 강조하는 기법으로 눈부심이 없지만 물체의 세밀한 묘사는 할 수 없다. 광원 앞에 있는 사람의 행위가 실루엣으로 나타나므로 시각적으로 인간이 공간과 환경에 종속되는 효과를 준다. 이러한 공간은 친근하고 시적인 분위기를 자아낸다.

⑥ 후광조명기법(Back lighting) : 빛을 아크릴, 스테인드글라스와 같이 반투명 재료를 통과하게 하여 배면의 빛을 확산시키는 방법으로 상품의 배경조명, 간판 후광조명 등으로 효과적이다.

⑦ 글레이징 기법(galzing) : 빛의 각도를 이용하는 방법으로 수직면과 평행한 광선을 벽에 비춘다. 벽면 마감재료의 재질감을 강조시키며 벽면을 분할하여 천장이 낮아 보인다. 글레이징 효과를 내기 위해 매입등은 천장 끝에서 150~300mm 정도 거리를 두고 설치한다.

⑧ 상향조명기법(up lighting) : 윗부분을 강조하고자 할 때 사용하는 기법이다. 공간의 벽면, 천장면을 간접적으로 비추며 낭만적이고 은은한 느낌의 공간 분위기를 자아낸다.

⑨ 스파클 기법(sparkle) : 어두운 배경에서 광원 자체를 이용해 흥미로운 반짝임(스파클)을 연출하는 기법이다.

> **Point 캐스케이드(Cascade)**
> 계단식 폭포를 의미하며, 다른 의미로는 건축설계에서 각 층의 단면을 계단식으로 구성하는 것을 말한다. 조명 용어 중에서 위치 및 높이차를 두고 설치되어 단계적으로 점등, 점멸을 반복하는 조명장치를 캐스케이드식 조명이라 부르기도 한다.

1.5 장식 및 디스플레이

1. 장식(accessory)

- 실내를 구성하는 여러 요소 중 시각적인 요소를 강조하는 오브제를 말한다.
- 공간에 활력과 즐거움을 부여하고 리듬과 짜임새 있는 공간을 구성한다.
- 디자인의 의도, 주제, 크기, 재질감, 색채, 표현방법, 그리고 내부 공간의 성격, 크기, 마감재료, 색채 등을 고려하여 선정한다.

(1) 장식품
실내디자인 완성에 보조적 역할을 하는 비교적 작고 이동이 손쉬운 물품을 말한다.

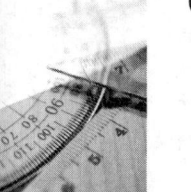

실용적 장식품	생활에 필요한 실질적인 기능이 있는 물품이면서 장식적 효과도 갖는다. (가전제품, 조명기구, 스크린(병풍), 꽃꽂이 용구 등)
감상용 장식품	감상 위주의 물품. 공간과 조화를 이루도록 적당한 크기, 수량, 색채, 주제를 정한다. (골동품, 수석, 분재, 관상수, 어조류, 화초류 등)
기념용 장식품	개인의 취미활동이나 전문직종의 활동 실적에 따른 기념 요소가 강한 물품 (트로피, 상패, 메달, 배지, 펜던트, 탁본 등)

(2) 예술품
동양화, 서양화의 회화를 비롯하여, 판화, 스케치, 벽화, 모자이크, 슈퍼그래픽 등의 평면적 작품과 고가구와 민속품, 조각, 공예 등 입체적 작품이 있다.

 **슈퍼그래픽**
건물 외부나 담장, 벽 등에 이용되는 대형 그림으로 화려한 색상이나 추상적인 디자인이 많다.

2. 디스플레이
디스플레이란 상품의 판매를 목적으로 상품의 특징과 성격을 효과적으로 나타내어 판매공간에 진열함으로써 구매의욕을 돋우어 판매에 이르도록 하는 판매촉진 수단이다.

(1) 디스플레이의 유형
① 상점 외부 디스플레이
  ㉠ 상점의 이미지를 효과적으로 표출하여 상점에 호감을 갖도록 전체 외부 요소를 디자인하는 것이다.
  ㉡ 출입문, 파사드, 쇼윈도, 사인, 차양, 조명장치 등 외부 요소들은 상점의 특성과 점내 활동 내용을 나타내야 한다.
  ㉢ 주변환경과 조화를 이루어야 한다.
  ㉣ 고려사항
    ⓐ 외부의 규모 및 지역적 특성
    ⓑ 영속성 및 차별성
    ⓒ 점포의 성격, 차별상품의 선별법과 고객목표

> **Point 디스플레이의 정보전달 요소**
> ① 사용 목적, 기능성, 신뢰감, 경제성에 관한 상품성
> ② 계절, 행사, 새 상품 입하에 대한 시기성
> ③ 정치, 경제, 문화 등의 생활성

② 쇼윈도 디스플레이

　상품을 진열하여 지나가는 사람들의 시선을 끌어 관심을 갖게 하고 상점 밖에서도 상점을 파악할 수 있게 한다. 또한 점포에 대한 정보를 제공하여 구매의욕을 돋우어 상점 내로 유도해 판매로 연결시키는 기능을 한다.

　㉠ 디스플레이 계획
　　ⓐ 상점 성격을 고려하여 판매정책을 반영해야 한다.
　　ⓑ 주력 상품을 선정하고 머천다이저, 코디네이터, 구매 담당자들과 협조하도록 한다.
　　ⓒ 상품의 특성을 살려 디스플레이 방향을 설정한다.
　　ⓓ 계절, 시기에 적합한 연출을 하며 유행을 선도하는 표현이 되어야 한다.

③ 상점 내부 디스플레이

　㉠ 스테이지 디스플레이 : 마네킹을 올려놓거나 옷을 펼쳐놓는 디스플레이에 쓰이며 매장 중심부에 배치하여 쉽게 고객의 시선을 끌 수 있다. 일반 진열보다 눈에 띄게 진열한다.

　㉡ 아일랜드 디스플레이 : 바닥에서 100~400mm 정도 올라와 있는 단형태의 디스플레이 방법이다.

　㉢ 벽면 디스플레이 : 벽면 상부를 진열 공간으로 쓰고 벽면 하단은 수납공간으로 활용하며 실내 전체 분위기의 바탕이 되도록 디스플레이한다.

　㉣ 행거 디스플레이 : 의류 진열에 필수적이며 주위 진열 공간과 복합적인 진열방법으로 계획한다.

　㉤ 쇼 케이스 디스플레이 : 상품의 저장기능과 진열기능을 겸하는 장점이 있다. 보통 카운터보다 높이가 높고 사방에서 상품을 볼 수 있다.

　㉥ 기둥 디스플레이 : 기둥을 중심으로 선반, 쇼 케이스, 스테이지 등을 설치하여 디스플레이를 입체적으로 처리한다.

　㉦ POP(point of purchase) 디스플레이 : 구매시점 촉진광고란 뜻으로 점포 내의 고객에게 정보 제공 및 구매 설득을 위해 설계된 모든 판매촉진 자극요소를 뜻한다. 구입

하려는 시점에서의 광고 효과를 극대화할 수 있는 윈도 디스플레이나 카운터 진열광고, 바닥진열 및 선반·벽면광고 등이 있다.

(2) 디스플레이의 기본
① 유효 진열 범위

인간공학적 측면에서 신체적 조건과 시선을 고려하여 이에 준한 상품의 진열과 특성, 종류에 따라 합리적인 진열이 되도록 한다.

- ㉠ 눈높이 1400~1500mm를 기준으로 상향 10°, 하향 20° 사이가 고객이 시선을 두기에 가장 편안한 범위이다.
- ㉡ 유효한 상품진열범위는 바닥에서 600mm부터 상한선 2100mm 정도이지만 실제 손이 닿는 높이는 1800~1900mm 정도가 되기 때문에 진열선반은 1700mm 이하로 한다.

② 상품진열 위치
- ㉠ 통로측은 1200mm 이하에 상품을 소량으로 중점상품을 진열한다.
- ㉡ 중간의 진열은 1200~1350mm 높이로 상품을 다량으로 풍부하게 진열한다.
- ㉢ 벽면 진열은 2200~2700mm 높이로 상품을 다양하게 진열하거나 수납공간으로 활용한다.

> **Point 골든 스페이스**
> 고객의 시선이 가장 편하게 머물고 손으로 잡기에도 가장 편안한 850~1,250mm 높이로 이 범위에 주력 상품을 진열한다.

(3) VMD(Visual MerchanDising)

상품과 고객 사이에서 치밀하게 계획된 정보 전달 수단으로 장식된 시각과 통신을 꾀하고자 하는 디스플레이의 기법이 VMD이다. 즉, 상품계획, 상점계획, 판촉 등을 시각화시켜 상점 이미지를 고객에게 인식시키는 판매 전략을 뜻한다.

구 분	주역할	위 치
IP(item presentation)	기본 상품의 분류정리	제반집기(선반, 행거)
PP(point of sale presentation)	한 유닛의 대표 상품 진열	벽면상단 및 집기 상단, 디스플레이 테이블
VP(visual presentation)	상점의 이미지, 패션테마의 종합적인 표현	파사드, 쇼윈도

1.6 공간 계획

1. 주거공간

(1) 주거공간의 실내계획 기본 개념

① 주거계획의 기본 방향
  ㉠ 생활의 쾌적함을 추구한다.
    ⓐ 생리적 쾌적함 : 적당한 온도, 습도, 조명, 환기
    ⓑ 심리적 쾌적함 : 공간의 깊이, 색, 마감재, 빛의 상태
  ㉡ 가족 본위의 주거공간이 되도록 한다.
  ㉢ 개인의 프라이버시나, 개인생활이 존중되도록 한다.
  ㉣ 생활의 편리함을 추구한다. : 합리적 동선계획, 능률적이고 쾌적한 작업공간

② 실내계획 고려사항
  ㉠ 기후 : 기온, 강수량, 일사량, 풍향 등 기후에 대한 물리적 요소는 지붕의 형태, 평면구성, 개구부의 위치 결정 등에 큰 영향을 미친다.
  ㉡ 위치 : 도시, 교외, 해변, 산 등 주택이 위치한 지역적 조건에 따라 도시주택, 전원주택, 별장주택으로 구분되며 이에 따라 생활내용도 달라지므로 계획에 반영해야 한다.
  ㉢ 방위 : 방위는 실의 배치와 개구부 특히 창의 위치와 관련된 요인이며 전망, 바람, 채광 등에 대한 주택의 노출방향을 나타낸다. 개구부 설치를 고려하여 커튼, 차양 등으로 햇빛, 프라이버시를 조정한다.
  ㉣ 디자인 스타일 : 어떤 지역이나 특정사회에서 유행되었던 가구나 실내에서 나타나는 표현양식은 거주자의 기호, 주생활 양식 등에 따라 결정되고 계획에 반영된다. 스타일이 결정된 후 가구나 실내에서부터 외관에 이르기까지 조화로운 디자인 스타일을 추구한다.
  ㉤ 거주자 : 가족유형, 직업, 기호, 취미, 수입정도 등을 조사한다. 각 개인이나 가족의 기호를 조사하여 개성적인 실내가 되도록 한다.
  ㉥ 주생활 양식 : 주택을 중심으로 행해지는 생활양식은 가족의 구성 조건, 사회적인 계층, 지역적인 기후, 풍토 조건 등에 따라 달라진다. 각종 행위의 장소나 시간 사용, 가구 및 물품사용 정도, 배치 유형, 각 실의 꾸밈상태, 거주자의 의식 등을 조사하고 이를 기본으로 각 실 배치에 따른 동선계획, 가구배치와 유형, 실의 규모와 성격, 장

식 등 전반에 대한 실내계획에 반영한다.

> **Point 각 실의 방위**
> ① 동쪽 – 침실, 식당
> ② 서쪽 – 욕실, 건조실, 탈의실
> ③ 남쪽 – 노인실, 아동실, 거실
> ④ 북쪽 – 화장실, 보일러실

③ 공간의 구성
　㉠ 기능·용도에 의한 분류

개인공간	개인의 사생활을 위한 사적 공간으로 개인의 기호, 취미나 개성 등 프라이버시가 요구된다(침실, 공부방, 작업실, 욕실, 서재).
작업공간	가사노동이 이루어지는 주방, 세탁실, 작업실, 다용도실, 서비스 야드 등)
사회적 공간	가족 공동으로 사용하는 공간(거실, 응접실, 식당, 현관 등)

　㉡ 사용시간에 의한 분류

주간 사용 공간	낮에 주로 사용되는 초등학생 이하의 어린이방, 노인실, 거실 등. 조망 방위 등 개구부와의 관계 등을 고려하여 채광을 충분히 고려한다.
야간 사용 공간	중, 고등학생의 침실, 부모 침실 등. 하루에 한두 번 햇빛을 받을 수 있도록 한다.

　㉢ 행동반사에 의한 분류

정적 공간	조용하고 정숙한 분위기를 요구하는 부부침실, 서재, 노인실 등으로 완전히 독립성이 요구되고 소음공해가 없어야 하며 시청각적 프라이버시가 확보되어야 하므로 동적 공간과 분리한다.
동적 공간	실에서의 활동과 능률을 중요시하며 독립성보다 개방성을 필요로 하는 거실, 식당, 부엌, 현관 등이 이에 속한다.

④ 동선 및 평면계획
　㉠ 상호관계가 밀접한 것은 근접시키고, 상반되는 것은 격리시킨다.
　㉡ 빈도를 기준으로 주동선과 부동선으로 분류하되 주동선은 외부와 직접 연결하고 동선은 가능한 한 짧게 직선화한다.
　㉢ 주부는 실내에 머무르는 시간이 길고 작업량이 많으므로 작업공간의 동선이 우선되

어야 한다.

ⓓ 각 실의 동선계획은 가구배치계획에 따라 변하게 된다. 특히 거실, 식당, 부엌, 마루 등은 통로에 근접하되 통로로 이용되는 면적을 최소한으로 줄이며 이들 실을 가로지르거나 하여 가구배치에 영향을 주지 않도록 한다.

> **Point 조닝(Zoning)**
>
> 공간 내에서 이루어지는 다양한 행동의 목적, 공간, 사용시간, 입체 동작 상태 등에 따라 구분되는 공간을 구역(zone)이라 하며, 이 구역을 구분하는 것을 조닝(zoning)이라 한다. 주거공간의 조닝계획은 생활공간, 사용시간, 주 행동, 행동반사, 사용자의 프라이버시 및 사용빈도에 의한 분류 등으로 구분할 수 있다. 상호간의 관련된 기능, 방위, 위치를 결정하며 빛, 난방, 조망, 어프로치 기능의 결합 등을 충분히 고려한다.

⑤ 조명 및 배색계획

㉠ 조명계획

ⓐ 전체 조명은 형광등으로 하고 매입등, 스포트라이트, 펜던트 등의 국부조명과 장식조명을 광원 크기가 작은 백열등, 할로겐등으로 조합한다.

ⓑ 적정조도를 유지해야 하는 실 : 부엌, 서재, 어린이방, 계단 등

ⓒ 분위기를 중시하는 실 : 거실, 식당, 침실 등

㉡ 배색 계획

ⓐ 거주자의 취향을 반영하여 개성적인 분위기를 연출하도록 한다.

ⓑ 공간에서 가장 눈에 잘 띄는 벽면의 색을 우선 결정한다.

ⓒ 개구부가 많거나 벽에 위치한 가구가 많을 때는 차분한 색을 선택하는 것이 바람직하다.

ⓓ 보색이나 원색은 실내에서 악센트 컬러로 사용하여 포인트를 준다.

(2) 거실(living room)

① 거실의 기능

거실은 각 실을 연결하는 동선의 분기점으로 가족의 단란, 휴식, 안락, 여가, 접객, 사교, 가사, 육아, 대화, 독서, 음악감상, TV 시청, 취미, 식사 등의 장소로 사용되는 다목적 다기능 공간이다.

② 거실의 위치

㉠ 여름에는 시원하고 겨울에는 따뜻한 남향 또는 남동, 남서향으로 배치. 현관, 복도,

계단 등과 근접하고 독립성, 안전성을 유지하도록 한다.
ⓛ 창을 통해 옥외의 전망이 보이는 곳이 적당하며 창을 최대한 넓혀 시각적 개방감을 갖도록 한다.
ⓒ 거실과 연결되는 테라스는 거실 공간의 연장으로 거실과 테라스의 유지관리상 10~12cm 정도의 바닥차를 준다.

③ 거실의 규모와 형태
ⓞ 가족 수, 가족구성, 전체 주택의 규모, 접객빈도, 주생활 양식에 따라 규모가 결정된다.
ⓐ 5인 가족이 식당과 겸할 경우 최소 $16.5m^2$의 면적이 필요하며 권장기준인 $18~24m^2$가 적당하다.
ⓑ 최소한 5인이 앉아 최소한의 거리로 TV를 시청할 수 있는 소파 한 세트를 놓을 경우 $10.0~16.5m^2$ 정도가 필요하다.
ⓛ 거실의 평면 형태는 정방형보다 짧은 변이 너무 좁지 않을 정도의 장방형이 가구배치와 TV 시청에 유리하다.

④ 거실의 세부계획
ⓞ 배치 및 가구
ⓐ 거실의 규모, 형태, 개구부의 위치와 크기, 가구 조건, 거주자의 취향 등에 따라 달라진다.
ⓑ 전망이 좋은 경우 벽에 기대는 것보다 시선이 자연스럽게 밖을 향하도록 배치한다.
ⓒ 거실에 벽난로가 설치되어 있을 경우 공간의 초점이 되므로 가구를 벽난로를 중심으로 배치한다.
ⓓ 소파에서 스크린(화면)을 중심으로 텔레비전을 시청하기에 적합한 최대 범위는 60° 이내가 적당하다.
ⓛ 거실의 조명 계획
ⓐ 직접조명과 간접조명을 병행하며 휴식을 취하기 좋은 편안하고 밝은 분위기의 부드러운 조명계획을 한다.
ⓑ 식당과 부엌이 같은 공간에 있거나 근접할 경우 조명을 이용하여 영역을 시각적으로 구분시킨다.
ⓒ 거실의 색채 계획
ⓐ 밝고 안정감이 있는 무난한 색을 선택한다.

ⓑ 엷은 무채색, 중간색, 밝은 계통의 색은 실내를 차분하게 가라앉혀 준다.
ⓒ 거실의 규모가 클 경우 한색보다는 아늑한 난색계통을 사용한다.

(3) 식당(dining room)

식당은 가족실로서의 기능을 갖는다는 의미에서 거실과 함께 가족행위의 중심장소가 되므로 거실과 식당이 연결되는 것이 바람직하다.

① 식당의 기능
  ㉠ 가족실로서 자연채광이 풍부하고 청결하여야 한다.
  ㉡ 연속된 가사작업의 흐름을 위해 식당, 주방, 가사실과 연결되는 것이 좋다.

② 식당의 규모와 유형
  ㉠ 규모
    ⓐ 손님의 접대 빈도가 높거나 주택 규모가 크면 독립공간으로 마련한다.
    ⓑ 식당의 규모는 식사하는 사람의 수에 따른 식탁의 크기와 형태, 의자 배치상태, 주변통로와 음식을 대접하기 위한 서비스동선에 대한 여유 공간 등에 의해 결정된다.
    ⓒ 4~5인을 기준으로 $9m^2$ 정도이며, 1인당 $1.7~2.3m^2$의 면적이 필요하다.
  ㉡ 유형
    ⓐ 다이닝 룸(D) : 부엌 등의 다른 실과 완전히 독립된 식당. 식사 분위기는 가장 좋지만 동선은 가장 불편한 구성이 된다. 대규모 주택 및 별장에 적합하다.
    ⓑ 다이닝 키친(DK) : 가장 전형적인 형태로 주방의 한 부분에 식탁을 설치하는 형식 가사동선상 가장 편리한 형태이며 주방의 조리공간과 근접해 있으므로 식사분위기는 좋지 못하다.
    ⓒ 리빙 다이닝(LD) : 거실의 일부를 식사실로 구성한 형식. 거실이 접하고 있는 외부 조망이나 일조, 환기 등을 공유하는 형태로서 식사 분위기는 좋은 편이다. 단, 주방과의 동선이 길어질 수 있으며 거실의 기능을 방해할 수 있으므로 설계 시 이에 대한 고려가 선결되어야 한다.
    ⓓ 리빙 다이닝 키친(LDK) : 거실, 식당, 부엌이 한 공간에 설치되는 형태로 원룸이나 독신자 아파트 등 소규모 주택에 적합하다.
    ⓔ 다이닝 포치(DP) : 옥외 테라스나 마당 등에 마련되는 옥외의 식사공간을 뜻한다.

> **Point 다이닝 앨코브**
> 리빙 다이닝의 일종으로 거실의 일부 공간을 돌출되거나 오목한 앨코브 형태로 만들어 식사실을 배치한 형태를 뜻한다.

③ 식당의 가구
  ㉠ 식탁 : 1인당 식사에 필요한 크기는 가로 600mm, 세로 350mm 정도이다.
  ㉡ 의자 : 좌판과 식탁의 높이 차이는 280~300mm 정도가 적당하다.
  ㉢ 찬장 : 찬장은 식기, 수저세트, 테이블보, 양초, 식탁소품 등 수납의 용도 외에 식당의 분위기를 형성하는 장식적 요소로도 형성된다.

④ 세부계획
  ㉠ 식당의 조명 : 천장에 부착한 직부등과 천장에 매달아 놓은 펜던트형이 일반적이다.
  ㉡ 식당의 색채 : 즐거운 식사분위기를 만들기 위해 자극적인 색은 피하고 난색계통의 오렌지, 핑크, 크림색, 베이지색이 무난하다.
  ㉢ 식당의 마감재료
    ⓐ 타일과 대리석은 차가운 느낌을 주나 고급스럽고 호화스러운 분위기를 만든다.
    ⓑ 벽과 천장은 타일, 벽지, 목재 등으로 마감할 수 있으나 냄새가 배고 오염되기 쉬운 점을 고려한다.

(4) 부엌(kitchen)

과거에는 식생활만을 해결하기 위한 공간으로 취급되었다가 작업대의 입식화와 더불어 주방공간도 쾌적하게 변화되었다.

① 기본 사항 및 위치
  ㉠ 거실에서 식당, 부엌으로까지 자연스럽게 연결되도록 한다.
  ㉡ 각 가정의 식생활 패턴에 적합하게 계획하며 환기와 통풍이 용이해야 한다.

② 주방의 유형
  ㉠ 독립형 : 부엌이 일실로 독립된 형태이다. 주방의 기능성과 청결감이 크지만 공간점유율도 커진다.
  ㉡ 반독립형 : 부엌이 인접한 거실이나 식사공간과 겸하는 LDK, DK, LD 형식이 해당된다. 작업동선이 짧으며 좁은 공간을 넓게 활용할 수 있다. 칸막이나 해치 도어, 커튼 등으로 공간을 구분하며 환기에 유의한다.
  ㉢ 오픈키친 : 반독립형 부엌과 같으나 칸막이 구획이 없이 완전히 개방된 형식이다.

부엌과 인접한 공간과는 오픈 플래닝으로 처리하되 낮은 수납장, 식탁과 별도로 마련된 카운터로 영역을 구분한다. 여러 기능이 한곳에 모아지므로 환기, 통풍, 난방, 부엌의 설비에 유의한다. 주로 원룸시스템에서 많이 적용한다.

ⓔ 아일랜드키친 : 취사용 작업대가 하나의 섬처럼 실내에 설치되어 있다.

ⓜ 키친네트 : 작업대 길이가 2000mm 이내인 간이 부엌이다. 사무실이나 독신용 아파트에 많이 설치된다.

ⓑ 클로젯 키친 : 단일가구 형태로 통합된 주방 시스템을 말한다.

> **Point 해치**
> 식당과 주방 사이에 접시 등을 출입시키기 위한 작은 개구부

③ 주방의 동선과 규모

㉠ 주방은 움직임이 많고 장시간 일하는 곳이므로 작업동선은 짧고 간단 명료해야 한다.

㉡ 식사공간과 가까이 하며 서비스 야드 성격의 마당이나 다용도실, 가사실과 직접 연결한다.

㉢ 가족의 수와 구성, 손님의 수와 접객빈도 등에 따른 식생활 패턴을 고려하여 주방 규모를 결정한다.

㉣ 주방 면적은 주택 면적의 8~10%가 적당하다.

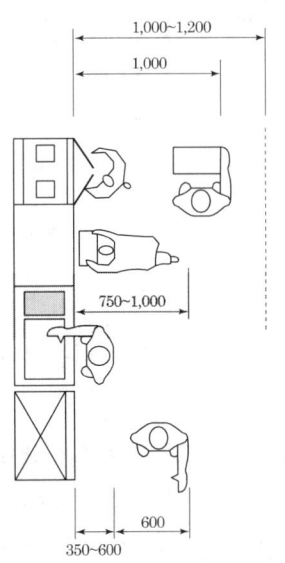
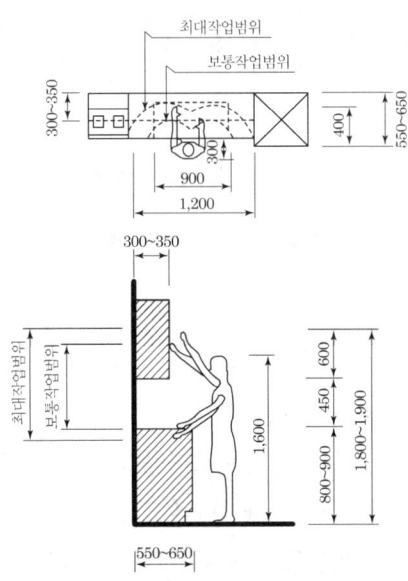

④ 작업대의 배치유형

작업대는 부엌에서 취사가 행해지는 곳으로 준비대 → 개수대 → 조리대 → 가열대 → 배선대로 연결된다.

㉠ 일자형 : 작업대를 일렬로 한 벽면에 배치한 형태이다. 작업대의 총길이가 3000mm 를 넘지 않도록 하며 일반적으로 2700mm 이내가 적합하다.

㉡ 병렬형 : 양쪽 벽면에 작업대를 마주 보도록 배치하는 형태이다. 동선이 짧아 효과적이나 돌아보는 동작이 많아 쉽게 피로를 느낄 수 있다. 작업통로는 700mm~1100mm 정도가 적합하다.

㉢ ㄱ자형 : 인접된 양면의 벽에 ㄱ자형으로 배치하여 동선의 흐름이 자연스러운 형식이다. 여유 공간에 식탁을 배치하면 다이닝 키친이 되므로 공간 사용에 효과적이다.

㉣ ㄷ자형 : 인접된 3면의 벽에 ㄷ자형으로 배치한 형태이다. 가장 편리하고 능률적인 작업대의 배치이나 식탁과의 연결이 다소 불편하다. 작업대의 통로 폭은 1200~1500mm 정도가 적당하다. 대규모의 부엌에 많이 사용된다.

> **Point 주방의 작업삼각형(Work Triangle)**
>
> 개수대, 가열대, 냉장고의 중심을 정점으로 하는 작업 길이를 최소화할 수 있는 선을 연결하여 삼각형 형태를 만든 것을 말한다. 이 삼각형의 각 변 길이의 합계는 5m 내외가 적합하다.

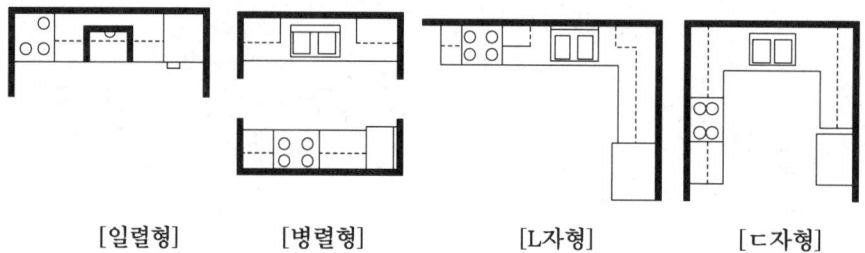

[일렬형] [병렬형] [L자형] [ㄷ자형]

⑤ 세부계획

㉠ 조명 : 전체조명과 작업대를 비추는 국부조명을 병용하는 것이 일반적이며 방습형 조명을 사용한다.

㉡ 색채 : 음식을 만드는 조리공간이므로 밝고 청결한 분위기를 형성하는 색채가 적절하다. 색채는 너무 다양하게 사용하는 것보다 전체를 통일해서 조화시킨다. 또한 벽, 바닥, 천장은 동색계로 처리하되 밝은 색으로 하여 확장감을 주도록 하고 바닥이나

걸레받이는 안정감이 들도록 어두운 색으로 처리한다.

ⓒ 마감재료 : 물과 불, 기름 등을 취급하므로 실내마감에서 많은 성능을 요구한다. 내구성, 내화성, 내열성, 내수성, 내유성 등 재료의 물리적인 특성을 고려하고 청소 및 유지관리도 용이한 것을 고른다.

(5) 침실(bed room)

침실의 주목적은 잠을 자기 위한 취침공간이며 주거공간 중 가장 사적인 공간이다. 독립성이 강한 공간으로 프라이버시가 확보되도록 한다.

① 기능

침실은 취침기능 이외에 수납, 갱의, 작업, 휴식 등의 부가기능을 가지며 사용자의 생활유형에 따라서 각 기능을 부합하여 계획한다.

② 분류

㉠ 부부침실(주침실) : 취침 이후에도 부부생활의 중심이 되므로 기밀성이 요구되며, 특히 다른 실과 인접한 벽면에 수납공간을 두거나 침실과 다른 각 실 사이에 서재, 욕실 등을 배치하여 프라이버시를 강화한다.

㉡ 아동침실 : 아동침실은 취침, 학습, 놀이공간으로 아동의 성장에 따라 계획한다.

㉢ 노인침실 : 주택 중심부에서 어느 정도 분리되고 조용하며 일조조건이 좋은 남향에 위치하도록 하고 2층 주택일 경우 보행하기 쉬운 아래층에 위치하도록 한다.

㉣ 손님침실 : 독립된 실로 마련하지 못할 때는 푸시백 소파, 소파베드로 대용한다.

③ 위치

㉠ 사적인 공간이며 정적인 공간이므로 현관, 출입구에서 떨어진 조용한 곳으로 배치한다.

㉡ 일반적으로 거실을 중심으로 한 공동생활구역과 침실을 중심으로 한 개인생활구역 사이에 화장실, 욕실, 복도 등 완충공간을 두어 양 공간을 분리한다.

㉢ 2층 주택의 경우 1층에는 거실, 식당, 부엌 등의 공동생활구역을 두고 2층에는 침실 등 개인생활 공간을 배치한다.

㉣ 침실은 남향 또는 남동향이 가장 좋은 일조, 통풍조건으로 최소한 1일 1회 일사의 조건을 갖도록 한다.

㉤ 침실은 다른 실을 거치지 않고 바로 개인침실로 가는 동선이 바람직하며 통행이 번잡하지 않아야 한다.

④ 규모

가구의 면적을 고려하지 않으면 1인용 침실은 최소 $6m^2$, 2인용 침실은 최소 $10m^2$ 정도로 계획한다.

⑤ 가구배치

㉠ 침대

ⓐ 나이트테이블과 침대를 벽면에 기대어 설치하기 위해 1인용 침대의 경우 1500~1800mm, 2인용 침대나 트윈베드의 경우 2100~2600mm의 벽면이 확보되어야 한다.

ⓑ 침대 배치는 실의 크기와 침대와의 균형, 통로부분의 확보, 침대의 배치유형이 적절해야 한다.

ⓒ 침대 끝은 벽으로부터 최소 500~600mm 이상, 일반적으로 900mm 정도는 여유가 있어야 통행이 불편하지 않다.

ⓓ 침대 양쪽에는 650mm 이상 공간이 있어야 나이트테이블이 놓일 수 있다.

㉡ 화장대 : 화장-착의-외출이라는 행위의 흐름을 고려해서 화장코너는 옷의 수납장 가까이에 배치하는 것이 이상적이다.

(6) 아동실

아동실은 취침, 학습, 놀이, 휴식 등의 다목적 공간으로 계획하며 성별, 연령, 사회생활, 생활양식 등에 따라 실의 위치, 크기, 가구계획, 색채계획이 조절되어야 한다.

① 위치와 규모

㉠ 채광이 좋고 테라스 등 옥외공간과 연결되는 곳에 위치하는 것이 가장 이상적이다. 화장실이 가깝고 부모의 시선이 자연스럽게 미치는 곳이 좋다.

㉡ 아동실의 경우 최소한 $7m^2$ 정도가 되어야 하며 다목적 기능에 따라 구획하고자 하는 경우에는 $16m^2$ 정도가 이상적이다.

② 가구배치

㉠ 성장에 맞춰 조절되는 유닛가구나 시스템가구가 적당하며 튼튼하고 위험성이 없어야 하며 유지관리가 용이해야 한다.

㉡ 아동실은 다목적 기능이므로 가구 점유면적을 최소화하고 충분한 놀이공간을 확보한다.

ⓐ 침대 : 침대의 길이는 아동의 키보다 최소 200mm 이상 커야 한다. 공간 활용상

수납장 겸용 침대방식이나 소파 겸용 침대방식을 채택하기도 한다.
- ⓑ 책상, 의자, 책장 : 성장속도에 맞춰 높이가 조절 가능한 것이거나 필요에 따라 재조립해서 사용할 수 있는 것이 바람직하다.
- ⓒ 수납장 : 정리정돈의 습관화를 위해 꺼내기 쉬운 방법과 위치를 고려한다.

③ 세부계획
- ㉠ 조명 : 고연색성의 형광등으로 전체조명을 하고 학습이나 취침을 위해서는 형광등이나 백열등으로 국부조명을 한다. 책상면의 국부조명은 조도가 높고 질이 좋은 조명으로 처리하여 시력을 보호한다.
- ㉡ 색채 : 아이들이 좋아하는 순색을 기본으로 배색하되 색 면적이 너무 크면 안정감이 떨어지므로 밝고 안정감 있는 중간색조나 무채색을 바닥, 벽, 천장 등 큰 면적을 차지하는 부분에 사용하고 순색은 악센트 컬러로 사용한다.
- ㉢ 아동실의 마감재료 : 바닥은 청소가 용이한 비닐계 시트를 깔고 부분적으로 카펫이나 러그를 깔아 준다. 벽의 경우 낙서를 했을 때 쉽게 지울 수 있는 비닐벽지 등을 사용한다.

(7) 욕실

생리위생공간인 욕실, 세면실, 화장실의 각 실은 주택의 전체규모, 실의 목적에 따라 서로 근접시켜 배치하거나 한 공간에 모두 통합하여 1실 다목적화를 꾀한다.

① 규모

욕조, 세면기, 변기를 한 공간에 둘 경우 $4m^2$ 이상, 세탁 공간을 포함하여 $5m^2$ 이상으로 한다.

② 유형

입욕, 배설, 세면의 기능 배치에 따라 1실형, 2실형, 3실형으로 구분된다.

③ 세부계획
- ㉠ 조명 : 습기가 많으므로 방습형 조명기구를 사용하며 100lux 전후의 조도가 필요하다. 백열등이나 유백색 형광등을 사용하며 화장을 위한 국부조명의 경우에는 거울 양쪽에 백열등의 벽부등을 달아 얼굴을 밝게 비추도록 한다.
- ㉡ 색채 : 안락하고 편안한 분위기를 위해 한색계통보다 난색계통을 사용하는 것이 바람직하다.
- ㉢ 마감재료 : 방수성, 방오성이 큰 재료를 사용하며 타일이나 석재 계열이 주로 쓰인다.

(8) 현관

현관은 출입을 위한 개구부로서 출입문을 중심으로 실외의 포치와 실내의 현관홀로 구분된다. 현관은 접대, 갱의의 기능이 있으며 주택 전체의 첫인상이 결정되는 부분이기도 하다.

① 위치 및 규모
  ㉠ 현관의 위치는 주택의 위치조건, 도로와의 관계, 대지의 형태에 의해 결정된다. 주택 외부에서 쉽게 보이며 계단, 복도 등 동선을 유도하는 통로공간과 원활히 연결되도록 한다.
  ㉡ 현관의 규모는 가족 구성원, 방문객 수, 주택의 규모 등에 따라 달라지나 최소한 1200mm×900mm는 되어야 한다.
  ㉢ 현관과 거실의 바닥차이를 계단 한 단 정도인 150~210mm로 해서 신발 착용 및 청소의 용이성을 부여한다.

② 가구 및 소품
  신발장, 옷걸이, 우산걸이, 거울, 신발매트 등이나 장식물을 이용해서 매력 있는 공간으로 계획한다.

③ 현관문
  방범에는 안여닫이가 좋으나 비상탈출이나 신발 정리에 용이한 밖여닫이가 많이 쓰인다.

④ 세부계획
  ㉠ 조명
    ⓐ 부드러운 확산광으로 하며 현관에 있는 사람의 얼굴에 잘 조명되고 신발을 벗을 때 그림자에 방해가 되지 않는 곳에 위치하도록 한다.
    ⓑ 브래킷을 신발장 반대편에 설치하면 신발장 안까지 조명할 수 있어 유리하다.
  ㉡ 색채계획 : 현관 전체를 밝은 동색이나 유사색으로 처리하여 넓어 보이도록 하고 바닥은 더러워지기 쉬운 곳이므로 저명도, 저채도의 색으로 계획한다.
  ㉢ 마감재료 : 물청소가 가능한 마감 재료인 타일, 테라초, 대리석, 화강석을 일반적으로 많이 이용한다.

> **Point** 현관 위치 결정의 영향 요소
> 주택의 입지조건, 도로, 대지의 형태, 계단, 복도와의 연결

(9) 다용도실

다용도실은 유틸리티 룸 또는 가사실이라고 하며 세탁, 다림질, 재봉 등 전반적인 가사작업공간의 하나로 여러 작업 목적으로 사용되는 주부의 생활공간이다.

① 소규모 주택의 경우 부엌의 한 부분에 작업대와 통일 배치시키면 공간 활용의 극대화를 꾀할 수 있다.

② 다용도실은 부엌과 직결되며 옥외작업장인 서비스 야드나 장독대 또는 지하실의 출입이 편한 곳에 위치해야 한다.

③ 크기는 간단한 작업 시 2~4m² 정도가 보통이며 다림질, 재봉질을 겸할 경우 8~10m² 정도가 필요하다.

④ 세탁을 위한 급배수설비는 욕실, 세면실, 변소, 부엌 등 물을 사용하는 공간과 집약시켜 코어 시스템으로 계획하는 것이 바람직하다.

(10) 공동주거(아파트)의 형식

① 주동 외관에 따른 분류
  ㉠ 판상형
    ⓐ 가장 보편적 형태로, 단위주거에 균등한 조건을 주며 건물시공이 용이하다.
    ⓑ 건물의 그림자가 커지며 건물 중앙부 저층의 주거공간은 시야가 답답해지는 단점이 있다.
  ㉡ 탑상형
    ⓐ 몇 세대를 조합하여 탑의 형태로 쌓아올린 형식이다.
    ⓑ 용적률면에서 판상형보다 유리하고, 조망이나 녹지공원 확보도 용이하다
    ⓒ 남향을 선호하는 한국 주거 기준으로는 단위주거 조건이 불균등해지는 단점이 있다.
  ㉢ 복합형 : 여러 가지 형을 복합한 것으로 대지의 형태에 제약을 받을 때 사용한다.

② 평면형식별 분류
  ㉠ 홀(계단실)형
    ⓐ 계단실, 엘리베이터 홀에서 마주보는 두 세대가 바로 연결되는 형식이다.
    ⓑ 단위주거의 두 벽면이 외벽에 면하기 때문에 채광, 통풍에 유리하다.
    ⓒ 출입이 편리하고 독립성이 크며 통로면적이 절약되지만, 전용면적이 줄어들고 엘리베이터 이용률이 낮다.

ⓛ 갓복도(편복도)형
  ⓐ 건물 한쪽에 접한 긴 복도에 단위주거가 면하는 형식이다.
  ⓑ 엘리베이터 1대당 이용 단위주거 수가 많아서 고층화에 유리하다.
  ⓒ 단위주거의 독립성이 좋지 않으며 채광, 통풍 등이 다소 불리해진다.
ⓒ 중복도형
  ⓐ 건물의 중앙에 있는 복도 양쪽에 단위주거가 배치되어 고밀도화에 좋은 형식이다.
  ⓑ 단위주거의 평면상 배치계획이 어렵고 채광, 통풍 등의 실내 환경이 불균등하다.
  ⓒ 각 세대의 독립성도 나쁘며 화재 시 방연 및 대피도 까다롭다.
  ⓓ 주로 도시형 1인 주택 및 독신자 아파트에 적용된다.
ⓔ 집중형
  ⓐ 중앙에 엘리베이터와 계단홀을 배치하고 주위에 많은 단위주거를 집중 배치한 형식이다.
  ⓑ 단위주거의 조건에 따라 일조 조건이 나빠지므로 평면계획에 특별한 고려가 필요하다.

③ 단면 형식별 분류
  ㉠ 플랫(단층)형
    ⓐ 단위주거가 1층씩 구성되어 있는 형태로 일반적인 단면 형식이다.
    ⓑ 같은 평면이 수직으로 중첩되어 구조가 단순하다.
  ㉡ 메조넷(복층)형
    ⓐ 1개의 단위주거가 2개 층 이상에 걸쳐 있는 형태로서 편복도형에서 많이 쓰인다.
    ⓑ 공공통로의 면적을 줄이고 엘리베이터의 정지 층을 감소시킨다.
    ⓒ 단위주거의 평면계획에 변화를 줄 수 있으며 거주성, 프라이버시, 일조, 통풍 등의 실내 환경이 좋아진다.
    ⓓ 각 층 평면이 다르므로 구조 및 설비계획과 피난계획이 다소 어려워진다.
    ⓔ 한 세대가 두 층으로 구성되면 듀플렉스, 세 층으로 구성되면 트리플렉스라 한다.
  ㉢ 스킵 플로어형
    ⓐ 건물 각 층 바닥 높이를 일반적인 건물처럼 1층씩 높이지 않고, 계단의 각 층계참마다 반 층 높이로 올라간다.
    ⓑ 한 층씩 걸러서 복도를 설치하고 그 밖의 층은 복도가 없이 계단실에서 단위주거로 들어가는 형식이다.

ⓒ 엘리베이터는 복도가 있는 층만 정지한다.

ⓓ 프라이버시가 좋고 두 벽의 외면이 가능한 홀형과 엘리베이터 이용률이 높은 편복도형의 장점을 취합한 것이다. 다만, 단위주거와 엘리베이터 홀과의 동선은 길어진다.

2. 상업공간

(1) 상업공간의 계획 개념

① 계획 기본 개념

㉠ 상업공간의 실내계획은 실내, 외부공간을 창조적이고 효과적으로 계획하여 판매 신장의 결과와 수익의 증가를 기대하는 의도적인 창조행위로 기능적인 편리성뿐만 아니라 아이덴티티에 의해 표현되는 시각전달의 장으로 공간을 조형화하여 심미적, 심리적 만족을 줄 수 있도록 한다.

㉡ 상업공간은 규모별, 업종별로 요구조건이 다양하므로 디자인에 관련된 사항뿐만 아니라 경영자가 의도하는 구상과 경영방침, 환경의 특이성, 시대의 경향, 유행 등이 포함되고 사회현상, 소비자행동, 상품, 마케팅 등의 이해가 병행되어 종합적인 개념으로 디자인해야 한다.

㉢ 물리적 기능조건보다 상점 내 전체의 통일성과 개성을 추구하는 공간을 지향하고 시각적 조형을 통해 판매 공간의 이미지를 구축한다. 즉, 상업공간 자체가 하나의 디스플레이 대상이 되어 메시지를 전달한다.

㉣ 소재의 구성은 공간의 성격과 질을 좌우하므로 표면적 효과와 내면적 이미지를 조화롭게 연출한다.

② 구매를 충동시키는 판매촉진 5단계(AIDCA 혹은 AIDMA)

㉠ 주의를 끌 것 : Attention

㉡ 고객의 흥미를 끌 것 : Interest

㉢ 구매 욕구를 일으킬 것 : Desire

㉣ 구매를 확신 또는 구매의사를 기억하게 할 것 : Confidence, Memory

㉤ 구매결정을 유발할 것 : Action

(2) 상업공간의 실내계획 프로세스

① 기획 및 계획조건의 파악

㉠ 입지적 특성 : 도시환경규모, 경합지역의 유무, 상권의 성격 및 규모, 교통조건, 대

지, 도로 등
- ⓒ 시장조사 : 타 상점과의 경합관계, 소비경향 등
- ⓒ 상품의 특성과 구성 : 취급상품의 수량, 질 등과 품목별 매상고를 파악하여 적절한 상품의 구성을 꾀한다.
- ⓔ 관리경영적 측면 : 유통경로, 매입, 판매, 제조, 관리, 조직, 운영 등에 대한 사항을 파악한다.
- ⓜ 대상고객 분석 : 연령, 직업, 패션과 유행에 대한 흥미 정도, 구매동기, 라이프스타일 등을 파악한다.

② 기본계획
- ⓐ 전제 설정 : 다양한 표현의 유도와 선택의 폭을 넓히도록 계획의 전제를 세운다. 이 계획의 전제는 기본계획 및 실시설계에서 적용될 설계지침으로 실내디자인과 관련된 분야의 기본원칙 설정, 기본설계에 필요한 프로그래밍의 작성, 다양한 실내디자인의 표현과 기본개념을 제안, 발휘하도록 한다.
- ⓒ 계획의 목적 및 범위 : 대상공간에 대한 미래지향적 사업방향의 설정, 인간환경과 조화될 수 있는 공간여부에 목적을 세우고 수익성 증대 및 개성 있는 특징 표현으로 이미지 부각을 고려하고 공간적 범위와 내용적 범위를 정확히 한다.
- ⓒ 계획의 전개 : 본격적인 디자인의 구상단계로 쾌적하고 개성 있는 분위기의 이미지를 추구한다. 그리고 사용재료의 품질, 새로운 시공법, 새로운 장치, 바닥, 벽, 천장, 기둥, 개구부 등 실내디자인의 제요소를 전체적으로 정리한다. 또한 판매대의 유형과 크기, 테이블, 카운터 등의 크기와 좌석배치의 유형을 결정하고 배치한다. 이들 상품 및 가구배치와 함께 공간별 면적 배분, 디스플레이 효과, 동선계획을 진행한다.

③ 실시설계
- ⓐ 재료마감과 시공법의 확정 : 사용재료의 질, 크기, 색채 등을 지정하고 시공법 제작 법까지 자세히 지시한다.
- ⓒ 집기의 선정 : 판매대의 유형, 형태, 크기, 구조법 등을 결정하여 지시한다. 가구의 색, 형태, 재질, 크기 등도 결정되고 광원, 배광방식, 조명기구, 조명방식이 결정된다.
- ⓒ 제설비의 산정 : 공조, 냉난방, 전기, 급배수, 오수처리 등 설비부분을 고려하여 디자인과 조정한다. 주방기기, 위생기기, 냉난방기기도 결정한다.
- ⓔ 디스플레이의 방법과 위치결정 : 집기, 기구, 마네킹, 소품 등으로 상품진열효과를 극대화시킨다.

　　ⓜ 관련 디자인의 토털 코디네이트 : 로고타임, 심벌, 마크, 파사드를 비롯한 상점 외의 간판류, 사인, POP 광고 등을 조정하여 토털 코디네이트한다.

　　ⓑ 법적 규제와의 대조 : 건축법, 소방법 등 관계법규를 확인하고 디자인을 조정한다.

(3) 상점의 실내계획

① 상점계획 기본요소

대상물	전달하고자 하는 내용물(정보요소)
공간	전달하고자 하는 대상물과 고객이 만나 커뮤니케이션이 이루어지는 장
시간	대상물에 대한 시대, 계절, 발매시기 등
고객	전달하고자 하는 대상물의 내용을 받아들이는 수신자

② 공간구성

　㉠ 판매부분 : 매장을 뜻하며 도입 공간, 통로 공간, 상품전시공간, 서비스 공간으로 구성된다.

　㉡ 부대부분 : 상품관리 공간, 판매원의 후생 공간, 시설 및 영업 관리부분, 주차장으로 이루어진다.

　㉢ 파사드 : 쇼윈도, 출입구 및 홀 등 평면적 구성요소와 아케이드, 광고판, 사인, 외부 장치 등 입체적인 구성 요소의 총체이다.

③ 동선계획

고객동선	• 고객 시선에 들어오는 상품과의 거리에서 이루어지는 시각적 관계로, 고객의 행동·습관·보행 방향 등을 감안하여 결정한다. • 고객동선은 가능한 한 길게 하여 충동구매를 유발하게 한다.
종업원동선	고객동선과 교차되지 않도록 하며 동선을 짧게 하여 피로를 줄인다.
상품관리동선	• 반입, 보관, 포장, 발송 등 상품이 이동하는 동선이다. • 매장, 창고, 작업장 등을 최단거리로 연결하는 것이 바람직하다.

(4) 매장계획

① 상품구성과 배치

중점상품	주력상품은 주통로에 접하는 부분에 상호연관성을 고려하여 연속 배치한다.
보완상품	주력 상품의 판매력을 높이는 보조 상품군은 부통로부분에 품목, 크기 등의 분류로 나누어 배치한다.
전략상품	충동구매 성격의 상품은 눈에 잘 띄는 내부의 전면부분, 주통로에 면한 부분, 중앙코너에 위치시킨다.

② 진열대의 배치

상품을 진열하기 위한 쇼케이스, 행거, 진열장 등을 포함한다.

굴절배열형	쇼케이스와 고객동선이 굴절 또는 곡선으로 구성되는 상점으로 대면판매와 측면판매방식이 조합된 형식이다. 안경점, 문방구점, 양품점 등 상품이 소형이고 고가일 때 적용된다.
직렬배열형	진열대가 입구에서 안으로 향하며 직선적으로 구성된 형식이다. 고객의 흐름이 빠르며 부문별 상품진열이 용이하다. 침구, 가전제품, 식기, 서적 등 상품이 큰 측면판매의 업종에서 많이 볼 수 있다.
환상배열형	매장 중앙에 쇼케이스, 진열스테이지 등이 직선이나 곡선에 의한 고리모양 부분으로 설치되고 고가 상품을 배치하며 벽면에 저가상품을 진열한다. 수예품, 민예품과 같은 업종에 많이 적용된다.
복합형	평면의 크기, 형태, 상품에 따라 위의 방법들을 적절히 혼합하는 형식이다.

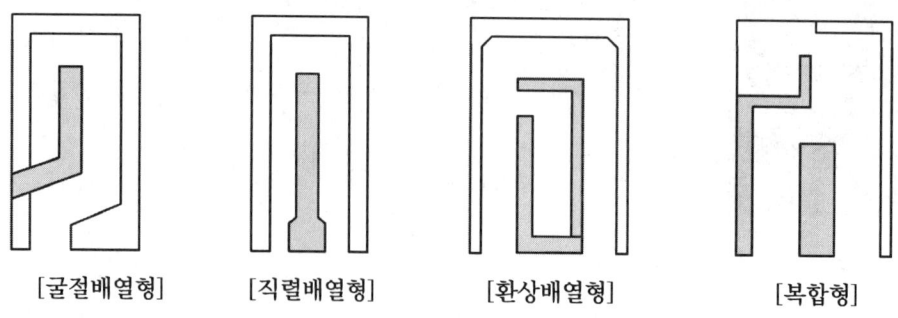

[굴절배열형]　　[직렬배열형]　　[환상배열형]　　[복합형]

③ 매장판매형식

　㉠ 대면판매 : 쇼케이스를 가운데 두고 점원이 고객을 마주보며 판매하는 형식. 상품 설명이 용이하고 점원의 위치가 고정된다. 진열면적이 작은 고가, 소형 상품 매장에 적

합하며 쇼케이스가 넓어지면 상점 분위기가 부드럽지 못하게 된다.

 ⓒ 측면판매 : 점원과 고객이 진열상품을 같은 방향으로 보며 판매하는 형식. 상품을 쉽게 만질 수 있어서 충동적 구매 및 선택이 용이하다. 진열 면적이 넓은 상점에 적합하며 점원의 위치 고정이 어렵고 상품의 설명 및 포장은 다소 불편하다.

(5) 쇼윈도

쇼윈도는 도로변에 설치되는 상점의 얼굴부분에 해당하는 부분이다.

① 쇼윈도의 평면형식

 ㉠ 평면형 : 가장 일반적으로 사용되는 기본형으로 눈부심이 생기기 쉬우나 점내 면적활용이 크다.

 ㉡ 곡면형 : 곡면유리를 사용하여 쇼윈도 구성에 변화를 주어 고객의 시선을 유도하고 흥미를 끈다.

 ㉢ 경사형 : 유리면을 경사지게 처리하여 시선과 동선을 자연스럽게 유도한다. 눈부심이 적다.

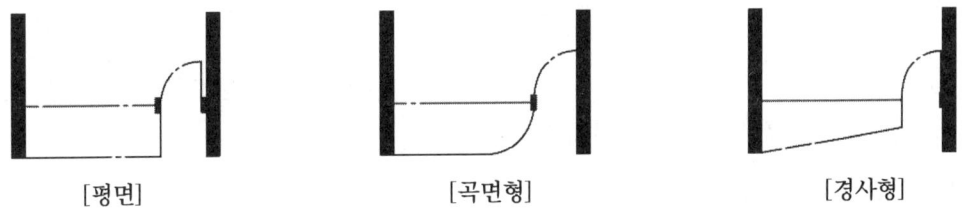

[평면]   [곡면형]   [경사형]

 ㉣ 만입형 : 점두의 일부를 만입시켜서 쇼윈도를 구성하는 방식으로, 도로의 통행을 신경 쓰지 않고 진열된 상품을 볼 수 있으며 상점에 들어가지 않고도 품목을 알 수 있다. 단, 점내 면적이나 자연채광 유입이 감소될 수 있으므로 만입되는 면적을 효과적으로 계획해야 한다.

 ㉤ 홀형 : 만입되는 부분을 더욱 넓게 하여 홀이 되도록 하는 형식이다.

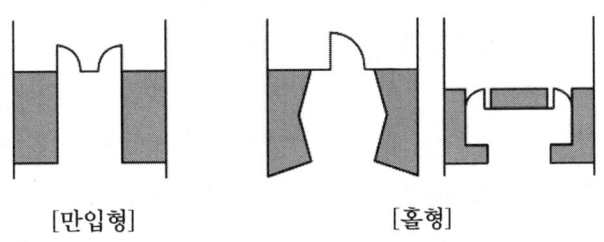

[만입형]   [홀형]

② 쇼윈도 단면형식 : 단층형, 다층형, 오픈스페이스형

 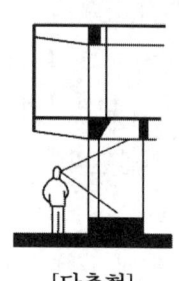 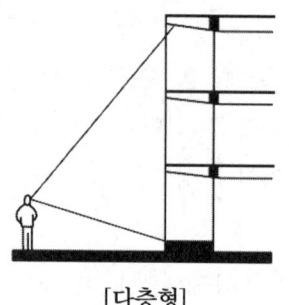 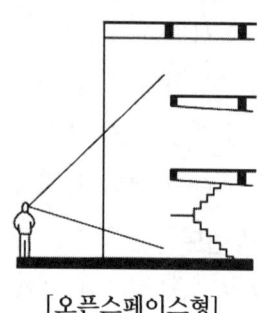

[단층형]　　　　　　[다층형]　　　　　　[오픈스페이스형]

③ 쇼윈도 배면처리
　㉠ 개방형 : 쇼윈도 밖에서 내부를 볼 수 있는 방식으로 상점 내부의 인상을 즉시 전달할 수 있다.
　㉡ 차단형 : 쇼윈도 밖에서 상점 내부가 보이지 않도록 차단한 방식으로 디스플레이에 대한 주목성이 크다.
④ 쇼윈도 전면의 눈부심 방지
　㉠ 차양을 쇼윈도에 설치하여 햇빛을 차단한다. 도로면을 어둡게 하고 쇼윈도 내부를 밝게 한다.
　㉡ 가로수를 쇼윈도 앞에 심어 도로 건너편의 건물이 비치지 않도록 한다.
　㉢ 곡면유리를 사용하거나 경사지게 처리한다.

(6) 상점의 조명계획
① 기본사항
　㉠ 고객이 진열된 상품에 대한 흥미를 갖도록 하며 어느 각도에서든 명료하게 상품을 볼 수 있어야 한다.
　㉡ 쇼윈도 조명은 상품을 강조하고 통행자의 주목을 끌어 내부로 유도하여 구매행위에 이르도록 한다.
　㉢ 조명의 자외선이나 발광열로 인한 상품 손상에 유의해야 한다.
　㉣ 계절, 날씨, 시간 등에 대응할 수 있는 조명계획이 필요하다.
② 조명의 기능
　㉠ 확산기능 : 전체의 분위기를 밝고 균일하게 하는 고조도의 전체조명
　㉡ 집중기능 : 스포트라이트를 이용한 국부조명으로 부분적인 강조
　㉢ 연출기능 : 동적이며 환상적인 분위기를 만들거나 심리적인 변화를 줄 때 이용

③ 조명 방식
- ㉠ 매입형 : 광원을 노출시킬 경우 조명효율이 좋고 천장의 마무리에도 좋다. 전체 조명으로 사용할 경우 균일한 조도를 위해 배치에 주의한다.
- ㉡ 직부형 : 효율이 좋고 매장 전체를 조명할 수 있으며 광원을 확산형 커버로 감싸면 눈부심이 없고 부드러운 분위기의 조명이 된다.
- ㉢ 펜던트형 : 천장에 매달아 늘어뜨린 형태로 특정한 부분을 집중적으로 비출 때 유용하며 조명기구 자체가 액세서리 역할도 하므로 조형적인 면도 고려해야 한다.
- ㉣ 건축화 조명 : 조명효율은 떨어지나 눈부심이 적어 쾌적하며 매장의 분위기를 고급스럽게 연출할 수 있다.

④ 쇼윈도의 조명
- ㉠ 상점 내 전체조명보다 2~4배 높은 조도로 조명한다.
- ㉡ 귀금속, 시계, 보석 등은 1000lux 정도 높은 조도가 필요하므로 스포트라이트를 겸용한다.
- ㉢ 광원이 사람의 눈에 직접 비추지 않도록 주의한다.

(7) 음식점의 실내계획

① 기본사항
- ㉠ 실내계획은 식욕을 자연스럽게 자극하고 편히 쉴 수 있는 편안한 분위기로 전개한다.
- ㉡ 레스토랑의 규모, 독특한 메뉴와 음식의 맛과 가격, 서비스 정도, 좌석의 배치유형 등을 규정한다.
- ㉢ 실내의 청결, 음식의 신선감 등 위생적인 면에 관한 고려와 함께 사인, 메뉴, 식기 등을 토털 코디네이트한다.
- ㉣ 종업원의 피로가 절감되고 효과적인 서비스가 될 수 있도록 서비스시설을 계획한다.

② 음식점의 분류
- ㉠ 요리에 의한 분류 : 한식당, 양식당, 중식당, 일식당
- ㉡ 서비스에 의한 분류
  - ⓐ 셀프서비스 : 가격이 저렴하고 음식 선정이 자유롭다.
  - ⓑ 카운터서비스 : 좌석이 카운터와 의자로 되어 있는 형식. 회전율이 빨라서 소규모 음식점에 적합하다.
  - ⓒ 테이블서비스 : 주방에서 요리가 서비스되는 보편적인 유형으로 비교적 고가의 식당에 적합하다.

ⓓ 객실서비스 : 호텔, 항공 등에서 쓰이며 서비스 질이 높은 편이다.
ⓒ 식음형태별 분류 : 카페, 레스토랑, 스낵바, 주점 등

③ 공간구성
㉠ 영업부분 : 식당, 라운지, 로비, 현관입구, 화장실, 클록룸, 담화실로 고객이 머무는 공간이며 수익을 가져오는 부분이다.
㉡ 조리부분 : 주방을 포함한 매입실, 배선실, 팬트리, 세척실, 주류창고, 식품 저장고
㉢ 관리부분 : 식당을 경영하기 위한 부분으로 접수, 사무실, 지배인실, 준비실, 기계실, 라커룸, 종업원실 등이다.

> **Point 팬트리**
> 주방과 식당 사이에 식품, 식기 등을 저장하기 위해 설치한 공간

④ 동선계획
㉠ 고객동선 : 고객동선과 주요 서비스동선은 교차되지 않도록 한다.
㉡ 음식서비스 동선 : 주문받은 음식이 조리되어 테이블에서 서비스되기까지의 동선으로 가능한 한 짧고 단순화시킨다.
㉢ 식품동선 : 음식재료의 반입과 쓰레기의 반출을 위한 동선이다.
㉣ 음식점의 규모에 따라 다르지만 주요 통로는 2인이 지날 수 있어야 하며 보통 900~1200mm, 주통로에서 갈라진 부통로는 600~900mm, 박스석에 이르는 최종 통로의 부통로는 400~600mm가 필요하다.

⑤ 테이블
㉠ 4인용 테이블 : 정사각형인 경우 850~960mm 정도가 쓰이고 직사각형의 경우 1000~1200×700~800mm 정도가 표준크기이다.
㉡ 2인용 테이블 : 600~750mm 정도의 치수가 적합하다.
㉢ 6인용 테이블 : 1350~1800×650~800mm 정도의 크기가 적당하다.

⑥ 조명계획
㉠ 식사에 치중할 경우 음식을 돋보여 미각을 자극하는 조명으로, 음료나 주류 위주일 경우 침착하고 편안한 분위기의 조명으로 계획한다.
㉡ 펜던트 조명의 높이는 테이블 상판 위 600mm 정도가 되어야 일어설 때 머리가 부딪치지 않고 시선의 방해가 없다.

ⓒ 백바(back bar)의 선반에도 조명하여 술병이나 잔을 비추도록 하되 전면에서 보이지 않도록 한다.

⑦ 색채계획
  ㉠ 난색계는 모두 식욕을 돋우는 경향이 있으므로 빨강, 주황의 중채도 색을 쓰는 것이 좋다.
  ㉡ 한색계에서 청록의 중간채도색은 음식물에 직접 배경이 될 때 보색관계인 빨강, 주황의 음식을 더욱 맛있어 보이게 한다. 단, 너무 강하지 않은 배경색이 되어야 한다.
  ㉢ 어두운 빨강, 자주색과 남색-보라를 많이 포함한 한색은 고기의 부패를 연상시키므로 단색의 경우 피한다.
  ㉣ 파란색의 연색성이 높은 형광등은 난색에는 적절치 못하므로 백열등을 중심으로 조명한다.
  ㉤ 음식점의 배색은 난색을 주조색으로 하여 즐겁고 편안한 분위기가 되도록 한다.

(8) 백화점 및 호텔 실내계획

① 백화점의 공간구성 : 고객공간, 점원공간, 상품공간, 판매공간
② 상품배치 및 층별 구성
  ㉠ 상품계획과 VMD 전략에 기초를 두고 품목별로 상품을 선정, 배치한다.
  ㉡ 전략상품과 수익성이 큰 상품을 주동선인 에스컬레이터, 엘리베이터 등에 접하도록 배치한다.
  ㉢ 층별 구성

지하층	생필품, 식료품, 주방용품
1층	충동구매 제품, 선택 시간이 짧은 소형 상품(액세서리, 패션잡화)
2~3층	비교적 고가이고 선택 시간이 긴 상품(정장, 명품의류)
4~5층	일반 잡화류, 다양한 품목(침구, 서적, 문구, 완구, 의류)
6층 이상	비교적 넓은 면적이 필요한 상품(가구, 전자기기, 예술품)

③ 매장배치 유형
  ㉠ 직각배치법 : 가장 일반적 배치방법으로 판매장의 유효면적을 최대로 할 수 있고 설치 및 유지비용이 저렴하다. 그러나 전체적으로 단조롭고 국부적 혼란이 발생하기 쉽다.
  ㉡ 사선 배치 : 매장을 약 45도 사선으로 배치하여 동선상의 변화감을 주는 방식으로,

구석구석까지 구매고객이 도달할 수 있지만 많은 이형 진열장이 요구된다.

ⓒ 자유곡선 배치 : 유기적인 자유 곡선형으로 매장을 배치하는 방식으로 공간에 유연성을 줄 수 있는 반면, 동선 이용상 혼란이 있을 수 있으며 진열대 제작비가 상승한다.

② 방사배치법 : 에스컬레이터나 엘리베이터 홀을 중심으로 방사 형태를 이루는 것으로 일반적인 적용은 어려우며 건축설계 단계에서부터 계획되어야 가능하다.

④ 호텔 계획

ⓐ 현관은 로비와 라운지로 분기되는 접객 장소이다.

ⓑ 로비는 고객 동선의 중심으로 휴식, 독서, 면회, 담화 등이 이루어지는 다목적 공간으로 객실당 $0.8\sim1.0m^2$ 정도로 한다.

ⓒ 프런트 데스크는 안내와 계산이 이루어지는 운영의 중심으로 호텔 사무를 관장한다. 안내, 객실, 회계로 편성된다.

② 객실 유형 : 싱글, 더블, 트윈, 스위트, 프레지덴셜 룸

3. 업무공간

(1) 평면유형

① 코어

건물의 기계·수송설비 관련 부분과 서비스 공간 등을 핵(core) 형태로 집중시킨 공간. 설비가 집중되어 배관배선이 절약되고, 설비를 중심으로 사람의 움직임이 집약되므로 낭비 없는 간결한 평면구성이 가능해진다.

외부코어	대규모의 실을 형성하는 건물에 적합하다. 분할과 개방이 용이하여 오픈 오피스에 적용된다.
중앙코어	각 층의 평면이 매우 넓은 고층 건물에 적용된다.
편심코어	각 층 평면이 작고 길이도 짧은 형태의 건물에 적용된다.
양단코어	비교적 평면이 긴 형태의 중·대규모 사무용 건물에 적합하다. 내부에서 직통계단까지의 피난거리 법규에 따라 2방향 피난이 가능하게 만든 형태이다.

Point 코어에 설치되는 공간

계단실, 엘리베이터, 통로 및 홀, 전기 배선 공간, 덕트, 파이프 샤프트, 공조실, 화장실 등

② 실 형태에 따른 분류
  ㉠ 싱글 오피스(개실형, 복도형)
    ⓐ 복도를 중심으로 작은 공간의 실로 구획되는 유형으로 편복도·중복도식으로 분류된다.
    ⓑ 1~2인용 세포형 오피스와 여러 명을 위한 집단형 오피스로 구분된다.
    ⓒ 업무의 독립성과 쾌적한 환경이 보장되며 소음차단에 유리하다.
    ⓓ 경제성과 효율성이 낮고 공간의 융통성이 떨어진다.
  ㉡ 오픈 오피스(개방형)
    ⓐ 단일공간에 경영관리, 직급에 따라 업무별로 분할해서 배치하는 형식으로 간부급을 중심으로 서열대로 평행 배치된다.
    ⓑ 가구와 비품이 이동하기 쉽고 부서 간에 벽과 문이 없어 시설비, 관리비가 적게 든다.
    ⓒ 그리드 플래닝을 적용하여 복도, 통로면적이 최소화로 절약되고 공간낭비가 없어 사용할 수 있는 면적이 커진다.
    ⓓ 싱글 오피스의 경우 7.5~8.5m²/인이나 오픈 오피스의 경우 4~5m²/인으로 공간이 절약되고 시설·관리비가 절감된다.
    ⓔ 동선이 자유롭고 커뮤니케이션도 용이하며 일반직에 대한 관리직의 감독이 용이하다.
    ⓕ 소음과 프라이버시의 미확보, 산만한 분위기로 인한 능률저하의 단점이 있다.
  ㉢ 오피스 랜드스케이프(office landscape)
    ⓐ 오픈 오피스의 문제점을 보완한 것으로 액션 오피스라고도 한다.
    ⓑ 전체적으로 질서 없이 업무의 흐름에 따라 배치하여 전통적 계획의 기하학적 양상과 모듈에 대한 개념을 없애 버렸다.
    ⓒ 그리드 플래닝에서 벗어나서 작업의 흐름과 긴밀도를 감안하여 능률적인 레이아웃을 구현한다.
    ⓓ 고정 칸막이벽과 복도를 없애고 스크린, 서류장 등을 활용하여 융통성 있게 계획한다.
    ⓔ 마감재는 흡음성 재료를 사용하고 소음이 발생하는 회의실과 휴게실은 격리시킨다.

> **Point** 그리드 플래닝
> 규칙적 격자선으로 만들어진 패턴에 맞춰 단위공간을 구성하는 것

(2) 업무공간의 실내계획

① 동선계획
  ㉠ 같은 층의 모든 작업평면은 하나의 코어에 기능적으로 집약되도록 한다.
  ㉡ 모든 가구는 단위그룹별로 순환동선 내에 배치하도록 하며 간결하게 동선 처리한다.
  ㉢ 회의용 가구나 휴식용 테이블은 작업공간에서 쉽게 닿을 수 있는 위치에 배치한다.
  ㉣ 주통로는 폭이 2000mm 이상, 일반통로는 1000mm 이상, 단위그룹 간의 통로는 700mm 이상이 되도록 한다.

② 평면 및 입면계획
  ㉠ 칸막이는 기둥, 보의 위치를 고려하여 구획하고 창의 한가운데에 칸막이가 오지 않도록 한다.
  ㉡ 평면, 입면 계획은 인원의 변화, 부서의 발전, 축소에 의한 변화에 대응 가능하도록 한다.
  ㉢ 조명, 콘센트, 전화선의 아웃렛 등도 가구나 실의 배치 변동 시 융통성 있게 대응 가능하도록 한다.

> **Point** 모듈러 시스템
> 바닥, 벽, 천장을 구성하는 각 부재의 크기를 기준단위로 한 모듈을 계획의 보조도구로 삼아 생활, 의장, 구조, 공법 등 다양한 면에서의 요구를 종합적으로 조정·해결하는 것이다. 모듈의 단위치수를 얼마로 하느냐에 따라 실의 크기, 각 부재의 치수가 정해진다.

(3) 가구계획

① 워크스테이션
  ㉠ 사무실 내 한 사람이 차지하는 면적을 기준으로 정해지는 사무작업공간의 기본단위
  ㉡ 사용자의 직위, 업무성격, 서류의 양에 따른 기본가구로 구성된다.

② OA 가구
  사무자동화 기기의 도입에 따라 적용되는 한 사람이 필요한 작업공간은 책상, 컴퓨터 테이블, 의자 등으로 구성되는데 최소 $4.8m^2$가 필요하며 취급업무에 따라 기기면적이 포함되어야 한다.

③ 시스템가구

원하는 형태로 분해, 조립이 용이하게 만든 가변적 가구를 뜻한다.

㉠ 구성 요소 : 칸막이, 수납장, 서류 캐비닛, 서류함, 테이블

㉡ 치수산출의 기준 : 가구-인간, 가구-가구, 가구-건축구체와의 관계

㉢ 특징

ⓐ 넓은 공간에 다양한 배치가 가능하고 가구배치계획에 합리성을 부여한다.

ⓑ 동선흐름에 근거하여 배치함으로써 명확한 공간구분이 가능하다.

ⓒ 색채, 재료, 형태가 통일되고 계급의식의 제거가 가능하다.

㉣ 기능 : 수납, 작업, 공간분할

㉤ 디자인 조건

ⓐ 규격화된 디자인, 융통성과 경제성

ⓑ 견고한 조립과 이동의 편리함, 설비의 신축성 있는 디자인

ⓒ 인체치수 및 동작에 적합한 디자인

ⓓ 개폐, 이동으로 인한 소음의 최소화

④ 책상배치 유형

유형	설명
동향형	• 책상을 같은 방향으로 배치하는 유형으로 통로 구분이 명확해진다. • 프라이버시 침해가 최소화되나 대향형에 비해 면적효율이 떨어진다.
대향형	• 책상이 서로 마주보는 형식으로 커뮤니케이션에 유리한 유형이다. • 전화, 전기 배선관리가 용이하지만 마주보기 때문에 프라이버시가 침해된다.
좌우대향형	• 조직의 융합을 꾀하기 쉽고 정보처리나 잡무동작의 효율이 좋은 형식 • 배치에 따른 면적손실이 크고 커뮤니케이션 형성에 불리하다.
십자형	• 4개의 책상이 맞물려 십자를 이루도록 배치한 형식으로 커뮤니케이션이 좋다. • 그룹작업을 하는 전문직업류에 적합한 유형이다.
자유형	• 낮은 칸막이로 1인 작업 공간이 주어지는 형태로 독립성을 요하는 전문직이나 간부급에 적당하다.

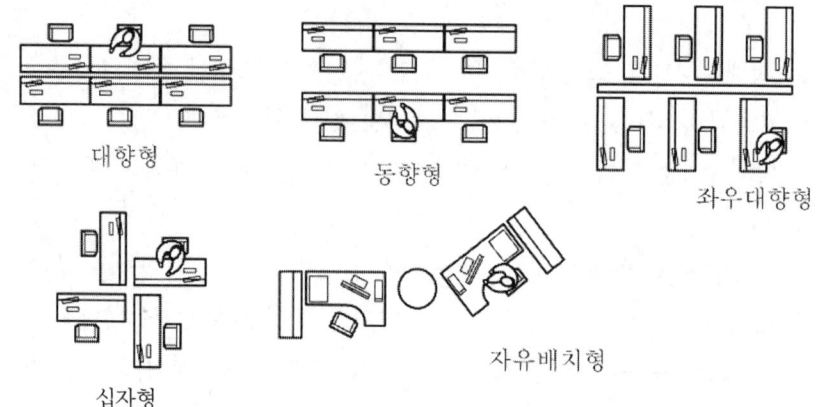

대향형　　　　동향형　　　　좌우대향형

십자형　　　　자유배치형

(4) 세부계획

① 로비 계획

　㉠ 건물 입구부분에서 내방객을 처음 맞이하는 공간이다.

　㉡ 건물 내외를 유기적으로 연결시켜 주는 전이공간이다.

　㉢ 수직적으로 다른 공간보다 높고 평면적으로도 개방성이 강한 공간이다.

　㉣ 외부에서 들어와 각 개실로 배분되는 통과공간뿐만 아니라 휴식·행사·정보전달공간으로서의 기능을 갖는다.

　㉤ 대지조건, 도로 위치, 건물의 평면, 코어의 위치, 도시의 타 기능성과의 관련성을 고려하여 계획한다.

② 조명 및 색채

　㉠ 충분한 조도와 눈부심이 없도록 하고 휘도 분포를 일정하게 해야 한다.

　㉡ 능률적이고 쾌적한 업무와 안정감 있는 분위기를 연출할 수 있는 색채계획을 한다.

(5) 은행 실내계획

① 영업장

　행원이 카운터를 경계로 고객과 접하고 행정사무와 부기업무를 처리하는 공간이다.

　㉠ 객장과 영업장의 비율은 약 6 : 4 정도이다.

　㉡ 행원 1인당 소요면적 : $4\sim5m^2$

　㉢ 영업장 후방과 벽 사이는 2m 정도의 공간이 필요하다.

　㉣ 양측 벽면으로 1.5m의 통로를 확보한다.

　㉤ 책상의 뒤나 옆은 최소 600mm 이상의 여유 공간을 확보한다.

② 은행의 영업 카운터
   ㉠ 높이는 1000~1050mm, 폭은 600~750mm 정도로 한다.
   ㉡ 창구 하나의 길이는 1500~1700mm 정도로 고객 2~3명이 설 수 있는 길이이다.
   ㉢ 영업장 1m²당 카운터 길이의 비율은 10cm이며 책상면의 조도는 300~400lx로 한다.
③ 객장
   객장은 은행의 구성공간 중 고객이 많이 출입하는 공간으로 은행의 대중화정책에 따라 대고객서비스측면과 고객확보를 위한 전략의 하나로 중요한 의미를 갖는다.

4. 전시공간

(1) 기본개념

① 전시공간의 분류형

| 영리적 전시 | 유명 작가의 작품이나 기업의 상품 판매를 촉진하기 위한 전시 |
| 비영리적 전시 | 예술작품 발표, 일반 대중의 문화적 사고 개발 및 교육을 위한 전시 |

Point 전시공간 계획 시 고려사항

전시물의 특징, 관람객 동선, 관람 형식

② 쇼룸

진열매장, 전시실, 회사 내, 혹은 전시·기획 컨벤션 홀 등의 일정한 스페이스에 영구적 또는 일정기간 기업의 PR이나 판매촉진을 목적으로 각종 소재나 상품, 제조공정 등을 전시해서 일반대중에게 공개하는 장소 혹은 전시행위를 말한다.
   ㉠ 물품을 전시하여 관람자들에게 전시물을 쉽게 해설해 주는 목적을 가진다.
   ㉡ 메이커의 쇼룸은 상품을 전시하고 그 품질, 성능, 효용 등에 관해 소비자의 이해를 돕고 구매의욕을 촉진시킨다.
   ㉢ 공간구성
      ⓐ 상품전시공간 : 진열되는 상품을 디스플레이하기 위한 공간으로 진열대와 진열기구, 연출기구 등이 필요하다.
      ⓑ 상담공간 : 관람자에게 상품에 대한 지식, 효율성 등의 정보를 설명하거나 구매상담에 응하기 위한 공간

ⓒ 어트랙션(attraction) 공간 : 입구에서 관람객의 시선을 집중시켜 쇼룸의 내부로 관람객을 유인하는 역할을 한다. 전시의도와 내용을 전달하기 위해 영상 디스플레이 장치, 모형, 동적 디스플레이 장치, 또는 실물 등의 기타 상징물이 놓여지는 공간이다.

ⓓ 서비스 공간 : 전시상품에 대한 정보를 알리거나 관람자를 안내하기 위한 공간이다.

ⓔ 파사드 : 쇼윈도의 출입구, 홀의 입구뿐만 아니라 광고판, 광고탑, 사인 등을 포함한다.

> **Point 전시공간의 건축적 조건**
> 단위 전시공간의 규모, 순회형식, 평면형식 등의 건축적 조건은 이미 주어져 변경할 수 없는 요소들이므로 계획의 기본으로 이해되어야 한다.

(2) 규모

① 천장고

㉠ 천장고는 조명, 음향, 공조방법 등의 환경공학적 조건, 공간의 지지적 조건, 전시물의 크기, 건축구조 조건 등에 의해 좌우된다.

㉡ 자연채광방식에서의 천장고는 5.4~6m로 높았으나 인공조명의 발달로 3.6~4m의 낮은 천장도 가능해졌다.

㉢ 소규모 전시실의 경우 3m까지 가능하며 최소 관람자 눈높이의 2배 이상을 확보해야 한다.

② 실의 폭

㉠ 천장고와 폭의 비가 5 : 7 기준으로 최적 가시거리는 4m이며 전시물 상한을 4.38m로 한정하고 2개의 유닛이 있을 경우 중앙통로를 포함해서 10m폭을 유지해야 한다.

㉡ 실의 폭은 평균 5.5m가 최소이나 보통 6~8m로 하고 길이는 폭의 1.5~2배가 적당하다.

(3) 순회유형

① 연속순회형식

㉠ 긴 직사각형 또는 다각형 평면의 전시실이 연속적으로 연결된 형식이다.

㉡ 동선이 단순하고 공간을 절약할 수 있는 장점이 있으나 많은 실을 순서대로 관람하다 보면 피곤하고 지루해질 수 있다.

　　ⓒ 전시실을 폐쇄하게 되면 전체 동선이 막히게 된다.

② 갤러리 및 복도형

　　㉠ 연속된 전시실의 한쪽 복도에 의해서 각 실을 배치한 형식이다.

　　㉡ 각 전시실을 자유롭게 선택할 수 있으며 독립적으로 폐쇄 가능하다.

③ 중앙홀형

　　㉠ 중심부에 하나의 큰 홀을 두고 그 주위에 전시실을 배치하는 형식이다.

　　㉡ 중앙홀이 크면 동선의 혼란은 없으나 장래의 확장에는 많은 무리가 있다.

　　ⓒ 프랭크 로이드 라이트의 구겐하임미술관에서 이 형식을 기본으로 응용했다.

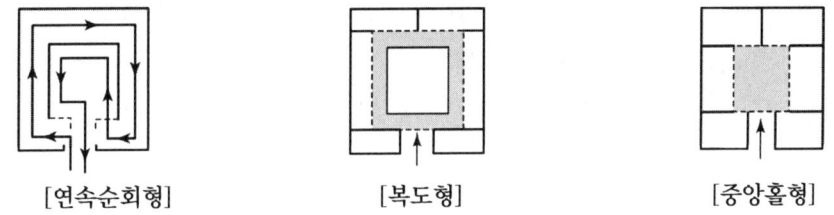

[연속순회형]　　　　[복도형]　　　　[중앙홀형]

(4) 공간계획

① 전시공간의 실내계획

　　㉠ 자료 보존을 위해 직사광선에 자료가 직접 노출되지 않아야 한다.

　　㉡ 바닥재는 관람에 집중할 수 있도록 발소리가 나지 않는 재료로 선택한다.

　　ⓒ 메시나 루버식 천장으로 설비기기를 눈에 띄지 않게 처리할 수 있다.

② 관람자를 위한 고려사항

　　㉠ 쾌적한 환경조건과 편안한 감상조건을 만족시킨다.

　　㉡ 관람 도중 쉴 수 있는 휴식의자나 소파 등을 100m마다 1개소 이상 배치한다.

　　ⓒ 눈의 움직임은 가까운 곳에서 먼 곳으로, 작은 것에서 큰 것으로, 밝은 색에서 어두운 색으로 움직이므로 이에 따라 전시물을 배치하며 너무 단조롭지 않은 배치계획을 세운다.

(5) 전시방법

① 개별전시

벽면전시	벽면 전시판, 앨코브벽 전시, 벽면 진열장 전시, 앨코브 진열장 전시, 돌출 진열대 전시, 돌출 진열장 전시
바닥전시	바닥면 전시, 성큰된 바닥면 전시, 경사 바닥면 전시, 바닥면과 입체복합 전시
천장전시	달아매기 전시, 천장면 전시, 동적 전시

② 특수전시

　㉠ 디오라마 전시 : 현장감을 가장 실감나게 표현하며 한정된 공간 속에서 배경스크린과 실물의 종합전시로 이루어진다.

　㉡ 파노라마 전시 : 벽면전시와 오브제 전시를 병행하는 유형으로 연속적인 주제를 연관성 깊게 표현하기 위해 연출되는 전시방법이다.

　㉢ 아일랜드 전시 : 사방에서 감상할 필요가 있는 조각물이나 모형을 벽면에서 띄어놓아서 전시장 중앙에 전시하는 방법

　㉣ 하모니카 전시 : 전시평면이 하모니카 흡입구처럼 동일한 공간으로 연속되어 배치되는 전시기법으로 전시내용이 통일된 형식 속에서 반복되어 나타나는 방법으로 동일 종류의 전시물을 전시할 때 유리하다.

　㉤ 영상 전시 : 실물을 직접 전시하지 못할 때 영상매체를 사용하는 전시방법이다.

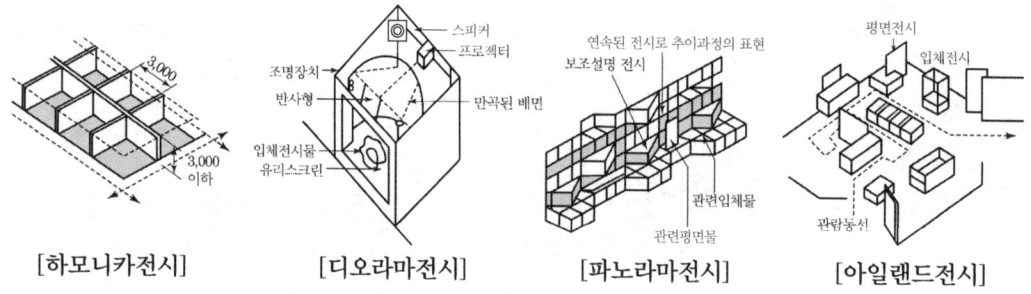

[하모니카전시]　　[디오라마전시]　　[파노라마전시]　　[아일랜드전시]

(6) 세부계획

① 시거리

　㉠ 전시물이 시선의 중앙에 위치할 때 정시야에 들어올 수 있는 전시물의 높이는 약 2배이다.

　㉡ 최대로 짧은 관람거리는 전시물의 높이와 같거나 높이의 1.2배를 넘지 않도록 한다.

② 조명계획

　㉠ 자연조명은 명시성이 좋고 색 온도가 높으나 직사광선으로 인한 반사광과 전시물의 퇴색이 발생하므로 직접 전시물을 비추는 것은 좋지 않다.

　㉡ 인공조명은 자연 채광의 단점을 보완하며 부분조명, 국부조명으로 사용한다.

　㉢ 눈부심이 적고 연색성이 좋아야 하며 입체 전시의 경우 입체감을 살릴 수 있게 한다.

③ 색채계획

　㉠ 전시 주제에 맞춰 공간색을 지정하고 전시장 전체에 통일된 주조색을 사용한다.

ⓒ 조명의 영향과 전시물의 색채를 고려하여 색을 정한다.

5. 공연장

(1) 평면유형

① 프로시니엄(proscenium)형
　ⓐ 연기자가 일정한 방향으로 공연하고 관객은 무대정면을 바라보는 형태이다.
　ⓑ 강연, 콘서트, 독주, 연극 등에 좋은 유형이다.

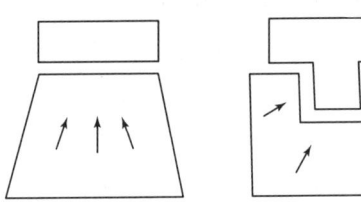

② 오픈 스테이지(open stage)형
　ⓐ 관객이 3방향을 둘러싼 형태로 연기자에게 좀 더 근접하여 관람할 수 있다.
　ⓑ 연기자는 혼란된 방향감 때문에 통일된 효과를 내는 것이 쉽지 않다.

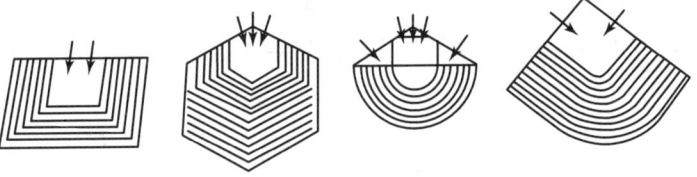

③ 아레나(arena)형
　ⓐ 관람석이 사방을 둘러싼 형태로 관객은 연기자에게 좀 더 근접하여 관람할 수 있다.
　ⓑ 배경이 없는 스포츠경기, 마당놀이, 판소리 등에 적합하다.

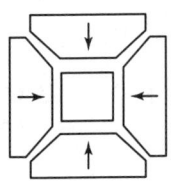

④ 가변형 무대
　ⓐ 필요에 따라서 무대와 객석이 변화될 수 있는 형이다.
　ⓑ 최소한의 비용으로 극장표현에 대한 최대한의 선택가능성을 부여한다.

(2) 세부계획

① 관람거리

ㄱ) A구역 : 배우의 표정이나 동작을 상세히 감상할 수 있는 사선 거리의 생리적 한도는 15m이다.

ㄴ) B구역 : 실제의 극장 건축에서는 될 수 있는 한 수용을 많이 하려는 생각에서 22m까지 제1차 허용 한도로 정한다.

ㄷ) C구역 : 현재 연극, 그랜드오페라, 발레, 뮤지컬은 배우의 일반적인 동작만 보이면 감상하는 데는 별 지장이 없으므로 이를 제2차 허용한도라고 하며 35m까지 둘 수 있다. 심포니오케스트라 같은 것은 이 거리에서는 감상이 곤란하다.

> **Point**
> 무대 예술의 감상에 있어서 배우 상호간, 배우와 배경과의 관계 때문에 수평편각의 허용 각도는 중심선에서 60°의 범위로 한다.

② 무대 용어

ㄱ) 에이프런 스테이지 : 막을 경계로 하여 바깥 부분, 즉 객석 쪽으로 나온 부분의 무대 (앞무대)

ㄴ) 그리드 아이언(grid iron) : 무대 천장 밑부분에 철골로 틈 없이 바닥을 만들어 조명 기구나 연기자가 매달리도록 만든 기구이다.

ㄷ) 플라이 갤러리(fly gallery) : 그리드 아이언에 올라가는 계단과 벽을 만들어 설치하는 좁은 통로

ㄹ) 록 레일(lock rail) : 와이어로프를 한 곳에 모아 조정하는 기구이다.

ㅁ) 사이클로라마(cyclorama) : 극장 무대의 배경장치. 완만한 U자형의 가동 또는 고정 곡면판으로 프로시니엄 아치의 상부 또는 좌우 측면에 마스킹 보드로 쓰거나 사이클로라마의 연장이 무대 후면을 가리는 데 쓰기도 한다.

ㅂ) 플라이 로프트(fly loft) : 무대의 상부공간(프로시니엄 높이의 4배)이다.

CHAPTER 02 색채 계획

2.1 색채 지각의 기본 원리

1. 빛

가시광선	인간의 눈으로 지각될 수 있는 범위의 전자기파
350nm 이하 영역	자외선(Ultra-Violet), X선, 감마선
780nm 이하 영역	적외선(infrared), 전파, 열선 등

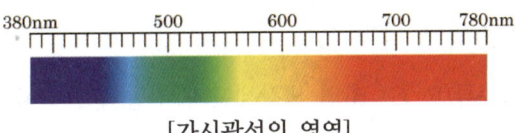

[가시광선의 영역]

2. 색각 학설

(1) 헤링의 반대색설(4원색설)

① 망막에 존재하는 빨강-초록, 노랑-파랑, 흰색-검정의 감각을 수용하는 3종의 시각세포가 있다고 주장했다.

② 빛에 의해 분해(이화작용)와 합성(동화작용)이라는 반대의 작용을 동시에 일으켜, 그 반응의 비율에 따라 색의 지각이 이루어지게 된다는 학설이다.

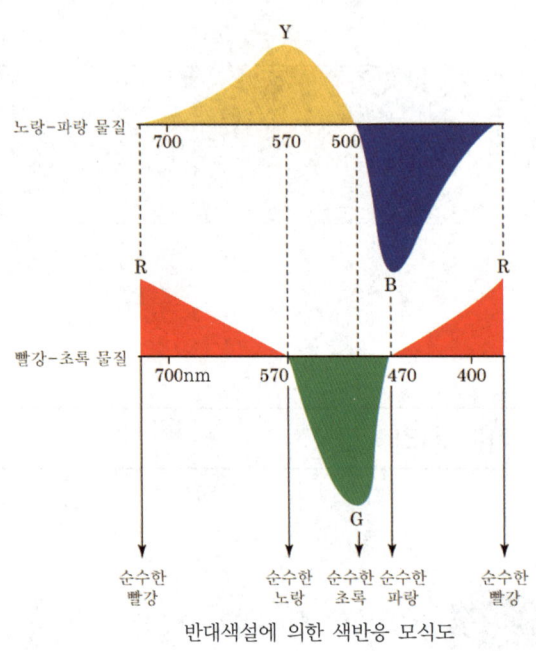

반대색설에 의한 색반응 모식도

반대색설은 대비 및 잔상 등의 현상의 설명에 용이하다.

(2) 영·헬름홀츠의 3원색설

① 망막에 존재하는 3종류(R, G, B)의 색각세포와 색광을 감광하는 수용기인 시신경세포가 색 지각을 일으킨다는 학설로 영이 발표 후 헬름홀츠가 분광감도를 구체적으로 제시하였다.

② TV, 모니터 등의 색 재현에 널리 응용되며 기본적인 색각이상을 설명하기에는 적합하나, 다양한 대비현상과 잔상 등에 대해서는 설명이 불가능하다.

(3) 색각단계설

반대색설과 3원색설을 통합한 이론으로 망막 시세포 단계에는 3원색설을, 시신경 및 대뇌에서는 반대색설을 대응시켜 설명한 학설이다.

(4) 색의 지각단계

① 광학적 단계 : 빛 → 각막 → 전방수 → 동공(홍채로 광량 조절) → 수정체(모양체근 두께 조절) → 유리체 → 망막

② 신호 변환 : 망막에서 받아들인 상을 인간이 사용할 수 있는 신호로 변환한다.

③ 대뇌 전달 : 망막 → 색소층 → 시세포 → 시신경(신호로 변환) → 대뇌
④ 색채, 형태 등의 정보로 대뇌에서 인식

3. 색각이상과 시각의 특성

(1) 색각이상의 분류

1색형	추상체 1색형 색각	3가지 추상체 중 하나만 기능하여 세상을 1색으로 지각한다.
	간상체 1색형 색각	추상체 불능으로 세상을 무채색으로 지각한다.
2색형	제1색각이상(적색맹)	L추상체의 결락으로 빨강-청록-회색을 혼동한다.
	제2색각이상(녹색맹)	M추상체의 결락으로 초록-자주-회색을 혼동한다.
	제3색각이상(청색맹)	S추상체의 결락으로 파랑-황록-회색을 혼동한다.
3색형	색각이상 제1색약(적색약)	L추상체 부족, 빨강에 둔감
	색각이상 제2색약(녹색약)	M추상체 부족, 초록에 둔감
	색각이상 제3색약(청색약)	S추상체 부족, 파랑에 둔감
	정상 3색형	

(2) 시각의 특성

① 시감도와 비시감도 곡선
  ㉠ 각 파장의 단색광에 의해 생긴 밝기의 감각을 뜻한다.
  ㉡ 단색광의 에너지가 같아도 인간의 눈은 같은 밝기로 느끼지 않는다.
  ㉢ 가장 밝게 느끼는 555nm의 파장인 황록색을 최대시감도로 하고 각 파장별 감도를 비교하여 표시한 곡선을 비시감도 곡선이라 한다.

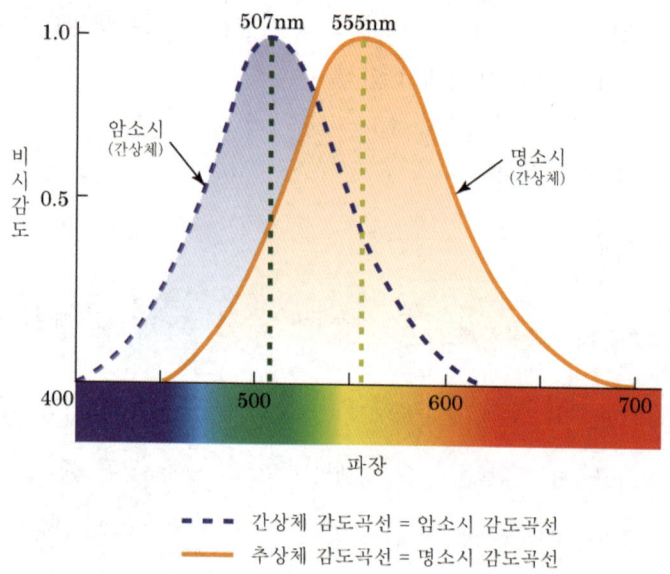

비시감도 곡선

② 암순응
  ㉠ 영화관이나 불을 끈 방에서처럼 갑자기 어두워질 때 눈이 순응하는 현상
  ㉡ 암순응에 의해 민감해진 눈의 감수성은 최저일 때보다 10만 배 정도 증가한다.
③ 명순응
  ㉠ 암순응과 반대로 갑자기 밝아질 때 눈이 적응하는 것을 말한다.
  ㉡ 순응 시간은 빛의 세기에 따라 다르나 암순응보다는 현저하게 빠르다.
④ 색순응
  ㉠ 눈이 조명이나 색광에 대하여 익숙해지면서 순응하는 것이다.
  ㉡ 형광등 조명에서 백열등 조명으로 이동하거나 선글라스의 사용 시 나타난다.
  ㉢ 광원의 분포에 따라 3종류의 추상체 감도를 스스로 보정하여 색 환경이 달라져도 올바른 판단을 한다.
⑤ 항상성
  ㉠ 빛의 강도와 분광분포가 바뀌거나 눈의 순응상태가 바뀌어도 눈으로 지각되는 색이 변화하지 않는 것을 색의 항상성이라 한다.
  ㉡ 어두운 공간에서 종이를 보면 회색이 아닌 흰색으로 인지하는 것은 항상성과 관계가 있다.

⑥ 연색성과 조건등색
　㉠ 태양광(주광)을 기준으로 하여 어느 정도 주광과 비슷한 색상을 연출할 수 있는가를 나타내는 지표를 연색성이라 한다.
　㉡ 같은 물체색이라도 조명에 따라서는 다르게 보이기도 한다.
　㉢ 조건등색((Metamerism)이란 빛의 스펙트럼 상태가 서로 다른 두 개의 색자극이 특정한 조건에서 같은 색으로 보이는 경우를 뜻한다.
　㉣ 조건등색은 연색성에 의한 일종의 가상색이므로 조건이 다른 상황에서는 색이 서로 달라져 보인다.
⑦ 분광반사율(spectral reflection factor)
　㉠ 물체 표면이 스펙트럼 효과에 의해 빛을 반사하는 각 파장별 단색광의 세기를 말한다.
　㉡ 물체의 색은 표면에서 반사되는 빛의 각 파장별 분광 반사율에 따라 특정 색으로 정의된다.
　㉢ 분광 반사율의 척도는 가시광선의 전체 파장대역에 대해 반사율 100%가 되는 완전(이상) 확산 반사면을 기준으로 한다.
⑧ 색온도 : 발광되는 빛이 온도에 따라 색상이 달라지는 것을 절대온도 단위인 K로 나타낸 것이다. 빛을 전혀 반사하지 않는 완전 흑체를 가열하면 온도가 높을수록 파장이 짧은 청색 계통의 빛이, 온도가 낮을수록 적색 계통의 빛이 나온다.

2.2 색의 분류와 속성

1. 색의 분류

(1) 물리적 분류

색의 구분	설명
면색(Film color)	하늘의 파란색과 같이 음영이나 질감이 없이 균일하고 물체의 느낌이 들지 않은 채 색만 보이는 형태를 의미한다.
표면색(Surface color)	물체의 표면에 속하여 물체 자체를 구성하듯 지각되는 색. 표면색을 지각하는 관찰자는 그 색의 질감과 경연감, 색까지의 거리도 지각한다.

색의 구분	설명
경영색(Mirrored color)	고유의 색을 가진 거울 표면이 지각되고 거울 표면에 비친 대상물이 거울 표면의 배후에서 지각되는 색을 경영색이라 한다.
공간색(Volume color)	유리병 속 액체나 얼음 덩어리처럼 3차원 공간의 투명한 물질로 채워진 부피에서 느끼는 색
간섭색(Interference color)	비누거품이나 수면에 뜬 기름이나 CD 표면에서 나타나는 무지개색처럼 빛의 간섭에 의하여 나타나는 색
기타	투명면색, 투명표면색, 광택, 광휘, 작열 등

(2) 감각·지각적 분류

① 무채색 : 색상·채도가 없이 명도만으로 구별되는 색. 가시영역 파장대의 반사율에 따라 85% 정도를 흰색, 3% 정도를 검정, 그 사이를 회색으로 본다.
② 유채색 : 색의 3속성인 색상·명도·채도를 모두 지닌, 무채색이 아닌 모든 색을 칭한다.

> **Point 기억색**
> - 사과는 빨갛고 하늘은 파란색으로 대표되는 것처럼 이미 알려진 대상과 연계되어 기억되는 색
> - 실제 관찰대상의 색은 기억색과 다르게 지각된다.

2. 색의 3속성

(1) 색상(Hue)

① 빨강, 노랑, 파랑이라는 고유 이름으로 구분되는 색의 특성을 말한다.
② 색상들을 단계적으로 둥글게 나열한 것을 색상환이라 한다.
③ 색상환에서 거리가 가까울수록 유사색이며, 반대일수록 보색에 가까워진다.

(2) 명도(Value)

① 색의 밝고 어두운 정도를 말하며 보통 0부터 10까지 11단계로 나뉜다.
② 명도의 단계별 구분
  ㉠ 고명도(light color) : 명도 7~10(4단계)이며, tint라고 한다.

ⓒ 중명도(middle color) : 명도 4~6(3단계)이며, pure라고 한다.
　　ⓓ 저명도(dark color) : 명도 0~3도(4단계)이며, shade라고 한다.

(3) 채도(Chroma)
① 색의 강약, 맑기, 선명도를 말한다.
② 채도 0인 무채색보다 강도가 증대하는 정도로 수치를 할당한다.
③ 가장 채도가 높은 색을 순색이라 하며 혼합될수록 채도는 낮아진다.

2.3 색의 혼합

1. 가산혼합

(1) 기본 개념
① 빛(색광)의 혼합이며, 혼합할수록 명도가 높아진다.
② 가산혼합의 1차색은 빨강(Red), 초록(Green), 파랑(Blue)이다.

(2) 혼합식
① 빨강(Red)+초록(Green)=노랑(Yellow)
② 파랑(Blue)+초록(Green)=시안(Cyan)
③ 파랑(Blue)+빨강(Red)=마젠타(Magenta)
④ 빨강(Red)+초록(Green)+파랑(Blue)=흰색(White)

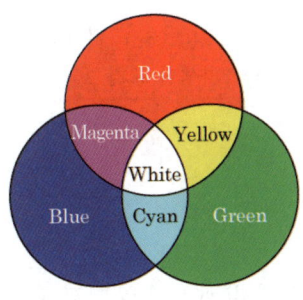

Point
노랑(Yellow), 시안(Cyan), 마젠타(Magenta)를 가산혼합의 2차색이라 한다.

2. 감산혼합

(1) 기본 개념
① 물감(색료)의 혼합이며, 혼합할수록 명도가 낮아진다.
② 감산혼합의 1차색은 시안(Cyan), 마젠타(Magenta), 노랑(Yellow)이다.

(2) 혼합식
① 마젠타(Magenta)+노랑(Yellow)=빨강(Red)
② 노랑(Yellow)+시안(Cyan)=초록(Green)
③ 시안(Cyan)+마젠타(Magenta)=파랑(Blue)
④ 마젠타(Magenta)+노랑(Yellow)+파랑(Cyan)=검정(Black)

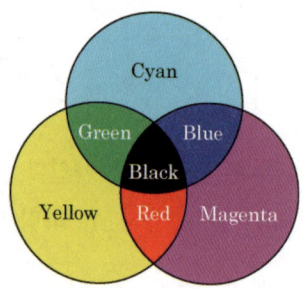

실제로는 감산혼합의 1차색 3가지를 섞어도 완전한 검정을 얻을 수 없다. 따라서 컬러 프린터와 같은 장치에서는 별도로 검정(K) 카트리지를 추가하며, 이런 형식을 CMYK라 한다.

감산혼합의 2차색인 빨강(Red), 초록(Green), 파랑(Blue)은 가산혼합의 1차색이다. 즉, 가산혼합과 감산혼합은 1차색과 2차색이 교차 호환된다.

3. 중간혼합

(1) 회전혼합
① 망막의 동일부에 2개 이상의 색자극이 매우 빠르게 번갈아 도달하면 각각의 색자극을 구별하지 못하고 혼색된 상태로 지각한다. 이러한 혼색을 회전혼합 또는 계시혼합이라 한다.
② 2색 이상이 칠해진 팽이나 돌림판의 회전에서 나타난다.

③ 혼색 결과는 칠해진 색의 면적대비에 의한 평균값으로 나타난다.

정지   회전

> 이 혼색은 물리학자 맥스웰이 이론화 한 것으로 이때 사용되는 원판을 맥스웰 회전판이라 한다.

(2) 병치혼합
① 서로 다른 색이 조밀하게 병치되어 있어 서로 혼합되어 보이는 현상이다.
② 신인상파 화가인 쇠라와 시냑이 점묘화를 통해 표현한 방식이다.
③ 실제로는 색의 혼합이기보다 옆에 배치해두고 본다는 시각적인 혼합이다.
④ 사진 인쇄와 컬러 모니터 등에서 널리 사용되고 있다.

[조르주 쇠라 – 그랑드 자트 섬의 일요일 오후]

2.4 색체계

1. 혼색계와 현색계

(1) 혼색계(Color mixing system)

① 색감각을 일으키는 빛의 특성을 3자극치의 양으로 나타내는 물리적 체계이다.
② 모든 색은 적절하게 선정된 3가지 색광을 가산혼합시켜 등색시킨다는 원리의 색광표시 체계이다.
③ 대표적 혼색계는 CIE 표준색체계이다.

(2) 현색계(Color appearance system)

① 색 전체를 합리적으로 질서 있게 표시하고 구체적인 색표로 나타내는 시스템이다.
② 구체적인 특정 착색물체를 색표 등으로 표준을 정하고 번호와 기호 등을 붙여 표시한다.
③ 먼셀 색체계, 오스트발트 색체계, NCS 색체계, PCCS 색체계 등이 해당된다.

> 오스트발트 표색계는 현색계로 분류되지만 혼색계의 특성도 가지고 있다.

2. 먼셀 색체계

(1) 개요

① 미국의 색채연구가 먼셀이 창안한 것으로 색상, 명도, 채도의 3속성에 의해 기술한 색체계이다.
② 색의 3속성이 다른 색표를 순서에 따라 배열하여 일련의 수치를 할당하여 H V/C의 형식으로 표시한다. (ex : 빨강 - 5R 4/14)
③ 무채색의 경우 기호 N을 부가하여 명도 숫자로 표시한다. (ex : N5, N8)

(2) 기본색과 먼셀 색상환

① 빨강(R), 노랑(Y), 초록(G), 파랑(B), 보라(P)의 5개 기본 색상에 주황(YR), 황록(GY), 청록(BG), 청자(PB), 적자(RP)의 5개의 중간 색상을 더해서 10색상으로 하고 각각 10단위로 분할하여 총 100색상이 된다.

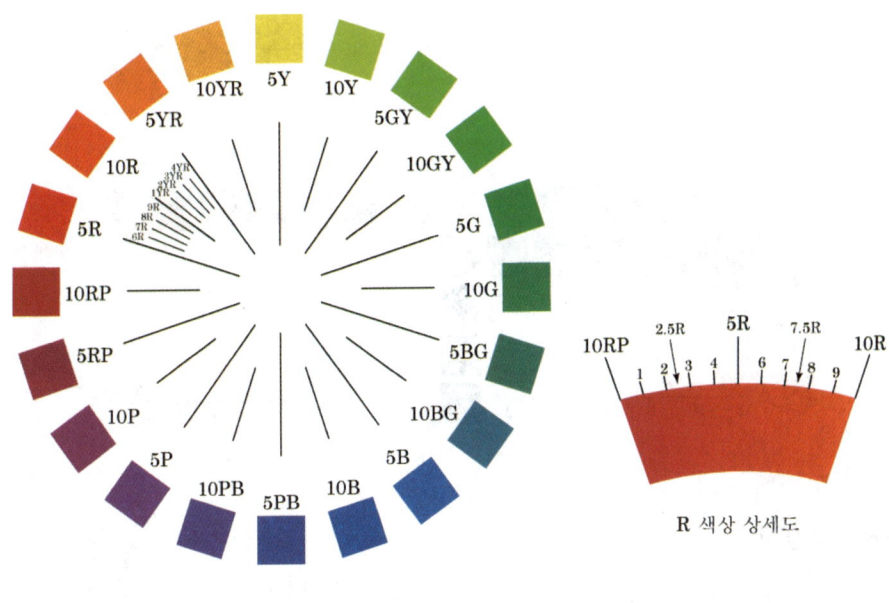

먼셀 색상환

② 색상환은 기본 10색에 중간색을 하나씩 추가한 20색상환이 주로 사용된다.
③ 각 색상은 5R·5GY·5Y와 같이 중심에 있는 5번째 색을 대표색으로 한다.

먼셀 색상환은 우리나라 한국산업규격(KS A 0062·71)에서 기본색상으로 규정하여 사용한다.

 먼셀 기본 10색상의 표준색 기초

색명	빨강 (R)	주황 (YR)	노랑 (Y)	연두 (GY)	녹색 (G)	청록 (BG)	파랑 (B)	남색 (PB)	보라 (P)	자주 (RP)
H V/C	5R 4/14	5YR 6/12	5Y 8/14	5GY 7/10	5G 5/10	5BG 5/10	5B 5/10	5PB 4/12	5P 4/10	5RP 4/12

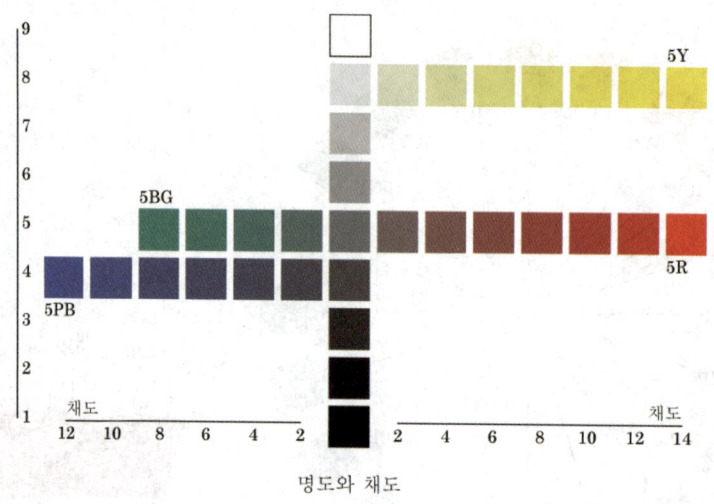

명도와 채도

(3) 먼셀 색입체

① 색상은 원 둘레에 색상환의 배열로, 명도는 중심 수직축에, 채도는 중심에서 방사상으로 뻗어 나가는 형식으로 표시된다.
② 색입체를 수직면으로 자르면 무채색 축 좌우에 등색상면이 보이고 수평으로 자르면 등명도면이 보인다.
③ 비대칭으로 성장하는 나무의 형상을 본따 먼셀 색채나무(Munsell color tree)라고도 불린다.

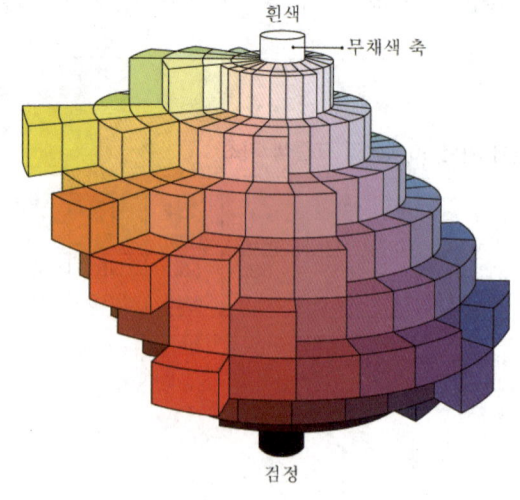

먼셀 색입체 모형과 개념도

(4) 먼셀 표색계의 특징

① 장점
  ㉠ 3속성에 의한 원통 좌표계로 표시되어 단순하고 인지하기 쉽다.
  ㉡ 각 속성이 10진수인 실수에 의해 표기되므로 무한히 세분화될 수 있다.
  ㉢ 먼셀 색체계의 3속성은 C.I.E XYZ 색체계의 시감반사율 및 색도 좌표와의 대응관계가 확립되어 있어 상호변환이 가능하다.
  ㉣ 세계 각국에서 산업기준으로 많이 채용되고 있다.

② 단점
  ㉠ 색상 분할을 5가지 기본색과 이들과의 보색관계 유지를 위해 전체적으로는 색상 간격이 다르다. 특히 자주색 부분과 남색 부분의 차이가 크다.
  ㉡ 채도가 다르면 명도에 대한 느낌도 달라지며, 특히 형광색에서 위화감이 큰 편이다.

3. 오스트발트 색체계

(1) 개요

① 1909년 노벨 화학상을 수상한 독일의 화학자 오스트발트가 창안한 색체계이다.
② 3속성에 따른 배열이 아닌, 혼색량의 다소에 따라 만들어진 형식이다.
③ 오스트발트 색체계의 3가지 요소
  ㉠ 모든 파장의 빛을 완전히 흡수하는 이상적인 검정(B, black)
  ㉡ 모든 파장의 빛을 완전히 반사하는 이상적인 흰색(W, white)
  ㉢ 특정 파장영역의 빛만 완전히 반사하고 다른 파장은 모두 흡수하는 이상적인 순색(C, full color)
④ 오스트발트 색체계의 모든 색은 3가지 요소의 혼합량에 의해 나타낼 수 있다.
  ㉠ 유채색 : B+W+C=100%   ㉡ 무채색 : B+W=100%

(2) 오스트발트 색상환

① 헤링의 4원색설을 기초로 원을 4등분하여 노랑(Yellow), 빨강(Red), 진청(Ultramarine Blue), 청록(Sea Green)을 마주 보도록 배치하고, 중간에 주황(Orange), 보라(Purple), 파랑(Turquoise), 연두(Leaf Green)를 배치하였다.
② 이 8색상을 3등분하여 24색상이 되도록 한 후 시계방향으로 번호를 붙였으며, 각 색상의 보색은 12번씩 차이가 나도록 배열하였다.

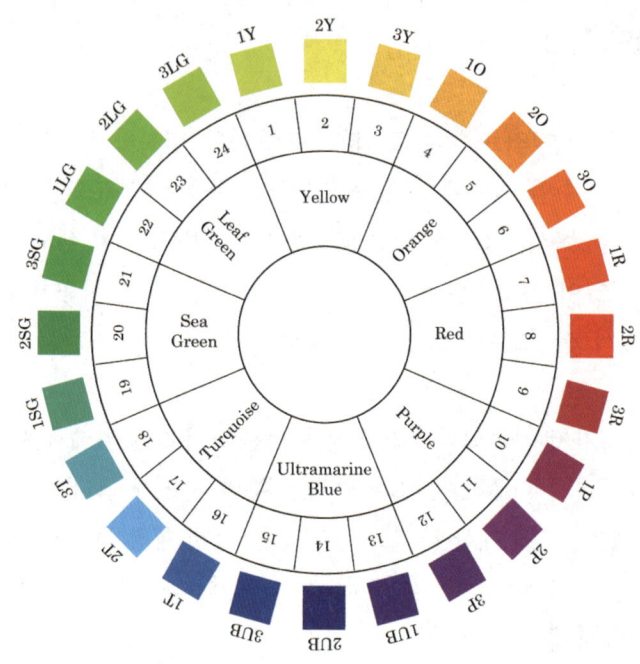

(3) 등색상 삼각형과 색입체

① 명도단계의 무채색 축을 수직변으로 하고 흰색, 검정색, 순색을 꼭짓점으로 하는 정삼각형을 구성한다.

② 삼각형 내부에 혼합량에 따라 등백계열, 등흑계열로 배열하고 각 변을 8등분하여 28색으로 나눈다.

③ '감각량은 자극량의 대수값에 비례한다'는 페히너의 법칙을 적용하여 지각적 차이를 등간격으로 배열한다.

　㉠ 등백색 계열 : 앞글자가 같은 색의 배열. ex) pn-pl-pg

　㉡ 등흑색 계열 : 뒷글자가 같은 색의 배열. ex) ca-ea-ga

　㉢ 등순색 계열 : 무채색 축에 평행하는 수직배열. ex) ea-gc-ie

　㉣ 무채색 계열 : 흰색과 검정의 사이에 배열되는 삼각형의 수직 축. ex) a-p

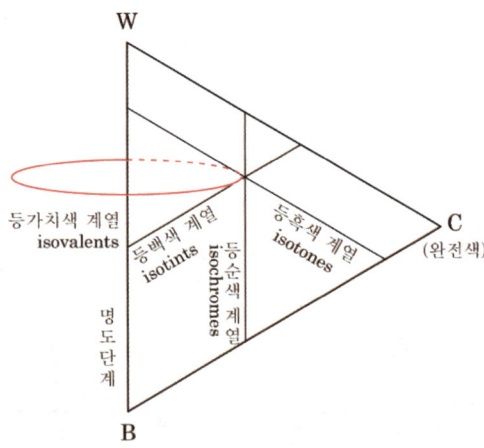

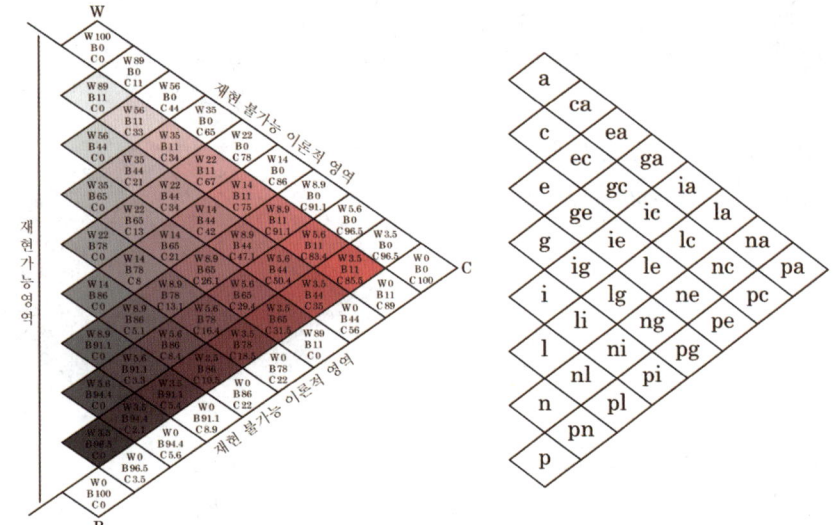

> **Point** 오스트발트 알파벳 기호 암기법
>
> <u>a</u> – <u>c</u> – <u>e</u> – <u>g</u> – <u>i</u> – <u>l</u> – <u>n</u> – <u>p</u>
> (에이스)의   (길)은   (너)무 (피)곤해

④ 표기법

기호	a	c	e	g	i	l	n	p
흰색량	89%	56%	35%	22%	14%	8.9%	5.6%	3.5%
검정색량	11%	44%	65%	78%	86%	91.1%	94.4%	96.5%

㉠ 색상번호-흰색량-검정색량 순으로 표기한다.
㉡ 예를 들어 5gc의 경우 다음과 같이 회색빛을 띠는 주황색이 된다.

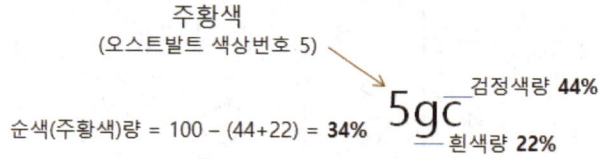

Point 기호별 백색량 암기법(등색상삼각형 기준 아래에서 위로)

기호	p	n	l	l	g	e	c	a
백색량	3.5%	5.6%	8.9%	14%	22%	35%	56%	89%
	355689 − 14, 22 − 355689 (14, 22를 사이에 두고 355689가 앞·뒤로 중복)							

⑤ 색입체 : 무채색 축을 중심으로 색상환에 따라 등색상 삼각형을 배열하면 복원추체 모양이 된다.

(4) 오스트발트 색체계의 특징

① 물체 표면색의 혼합비율에 의한 체계화를 근본 원리로 하므로 혼색계에 해당되면서도, 표준화된 색표에 의해 활용되므로 현색계의 성격도 띠고 있다.
② 각 계열로부터 조화하는 색의 조합을 쉽게 고를 수 있어 배색조화 계획에 용이하다.
③ 모든 색이 같은 형태의 삼각형 안에 배치되지만 먼셀 색체계와 달리 3속성에 근거하지 않아 측색을 위한 척도로 삼기에는 부족하다. 가령, 색상에 따라 기호가 같은 색이어도 명도, 채도의 감각이 같지 않고 명도의 구분도 명확하지 않다.
④ 직관적이지 못해 이해하기 어렵지만 색료를 만드는 공업 분야에서는 정량 조제에 널리 쓰인다.

4. CIE 색체계

(1) CIE 표준표색계

① 개요 : 1931년 국제조명위원회(CIE)에서 가법혼색의 원리를 기본으로 심리·물리적인 빛의 혼색실험에 기초한 색을 표시하는 방법으로 가장 과학적이고 국제적인 기준이 되는 색표시방법이다.

② CIE 색도도
  ㉠ 색도좌표를 평면 위에 나타낸 것으로 말발굽 형태의 선 위 숫자는 각 스펙트럼광의 파장을 나타낸다.
  ㉡ 무채색은 색도도 중심부에 있으며 테두리로 갈수록 채도가 높아진다.
  ㉢ 모든 색은 색도도의 말발굽 형태 내에 존재하며 테두리선을 스펙트럼 궤적이라 한다.

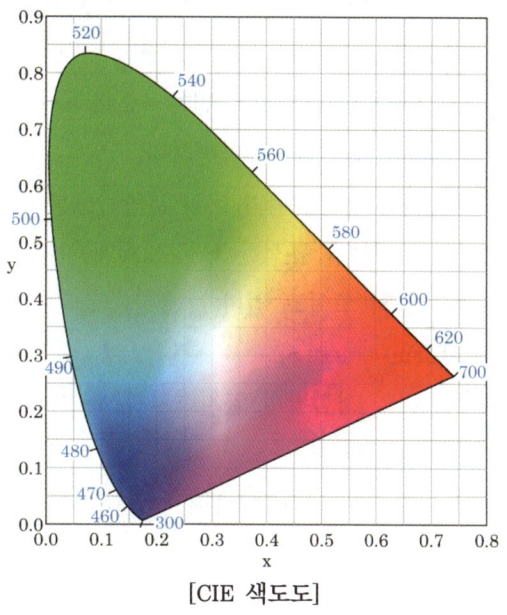

[CIE 색도도]

(2) CIE 표준광원

① 색을 관찰하거나 측정할 때 사용하는 조명광의 표준을 규정하였다.
② 표준광원의 종류
  ㉠ 표준광원 A : 텅스텐 전구(상관 색온도 2,856K)
  ㉡ 표준광원 B : 태양 직사광선(상관 색온도 4,874K)
  ㉢ 표준광원 C : 북창 주광(상관 색온도 6,774K)

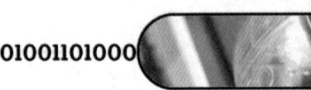

ⓔ 표준광원 D : 표준광 D65라고도 한다(상관 색온도 6,504K).

표준광 D65를 실현하는 인공광원이 개발되어 있지 않아 크세논램프 등을 상용광원으로 활용한다.

(3) CIE의 세부 색체계

① RGB 색체계
  ㉠ 3종류의 추상체는 서로 다른 분광감도를 가지고 있어 이를 가산혼합으로 조절할 수 있다.
  ㉡ CIE에서 이러한 등색실험을 통해 원자극 R은 700nm, G는 546nm, B는 435.8nm인 단색광의 혼합량에 의해 임의의 색을 표현하는 RGB 색체계를 제정했다.

② XYZ 색체계
  ㉠ RGB 색체계는 실재하는 3개의 단색광을 원자극으로 하지만 순도가 높은 색에 대해서 3자극치가 음수가 되는 등 취급이 불편하다.
  ㉡ 따라서 기준이 되는 광원의 분광특성과 눈의 분광감도를 규정하고 물체의 분광반사율에 따라 색을 표시하는 방법을 규정한 XYZ 색체계를 제정하여 공업제품의 색채관리와 색채연구 분야에 널리 쓰이고 있다.

③ 균등색공간(UCS, Uniform Color Space)
  ㉠ 색도 위의 좌표상 거리와 시감각이 일치하지 않는 점을 조정하기 위해 만들어진 좌표계를 뜻한다.
  ㉡ 우리나라에서는 KS A0067에 L*a*b 색체계와 L*u*v 색체계가 규정되어 있다.

5. 기타 색체계

(1) NCS(Natural Color System)

① 개요
  ㉠ 헤링의 반대색설에 기초하여 창안되었으며 스웨덴과 노르웨이의 국가규격으로 쓰이고 있다.
  ㉡ 흰색, 검정, 빨강, 초록, 파랑, 노랑의 6가지 색을 원색으로 구성한다.

② 표기법

㉠ NCS에서의 모든 색은 '뉘앙스-색상'으로 표기한다.
㉡ 아래의 색 표기에서 S는 NCS 색표집 두 번째 판(Second edition)임을 나타낸다.
㉢ 2060에서 20은 검정색도, 60은 유채색도이다. 따라서 흰색도는 100-(20+60)=20이 된다.
㉣ B10G에서 10은 뒤에 오는 색상의 유채색도를 뜻한다. 따라서 총 60%의 유채색도를 파랑이 90%, 초록이 10% 차지하므로 전체 색에서 파랑과 초록은 각각 54%와 6%를 차지한다.

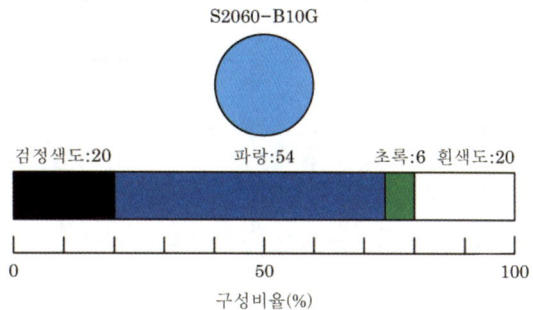

㉤ 무채색은 유채색도가 0이므로 다음과 같이 표기한다.
  (ex : 4000-N → 검정색 40%, 흰색 60%의 회색)

(2) PCCS(Practical Color Co-ordinate System)
① 일본 색채연구소가 1964년 발표한 색체계이다.
② 명도와 채도의 복합개념인 톤(tone)과 색상의 조합에 의해 색채조화의 기본 색채계열을 표현한다.

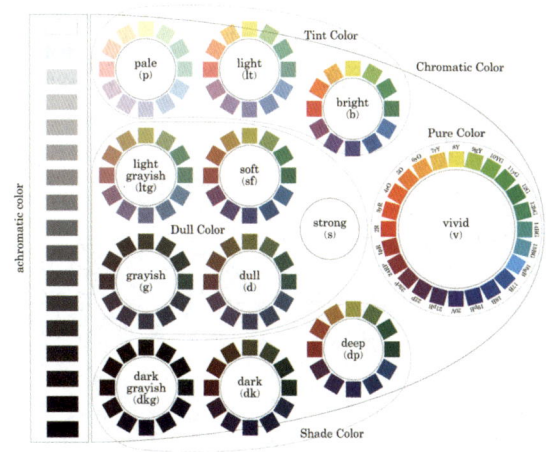

(3) DIN(Deutsches Insitue fur Normung) 색체계
① 오스트발트 색체계를 개량 발전시킨 것으로 독일공업규격에 제정되었다.
② 색상(T), 포화도(S), 암도(D)의 3가지 지각속성에 의해 색을 표기한다.
③ 색상은 오스트발트 색체계와 같이 24색이며 포화도는 0~7, 암도는 0~10의 범위로 나타낸다.

2.5 색이름

1. 관용색이름(고유색이름)
(1) 기원을 알 수 없는 색이름
① 흰색, 검정, 빨강, 노랑, 보라 등의 순수한 우리말 색이름
② 흑, 백, 적, 황, 청, 자 등 한자어

(2) 동물의 이름에서 유래된 색이름
① 쥐색, 낙타색, 샐먼 핑크(연어살색), 세피아(오징어 먹물)
② 피콕 블루(공작새 날개의 파란빛깔), 카나리아색(카나리아 날개의 초록빛 노랑)

(3) 식물의 이름에서 유래된 색이름
① 밤색, 복숭아색, 올리브색, 이끼색(moss green)

(4) 광물, 보석, 원료에서 유래된 색이름
① 금색, 은색, 호박색, 상아색
② 밝은 초록빛의 에머랄드색(emerald green)
③ 목탄의 어두운 보랏빛 회색인 차콜 그레이(chacoal gray)

(5) 인명이나 지명에서 유래된 색이름
① 쿠바 수도 하바나의 담배색인 하바나 브라운(havana brown)
② 프랑스 보르도 와인의 붉은빛에서 유래된 보르도색(bordeaux)
③ 베를린에서 발견된 안료의 진한 파랑인 프러시안 블루(prussian blue)

(6) 기타
① 음식 : 커피색, 초콜릿색, 우유색

② 자연현상 : 하늘색(sky blue), 바다색(marin blue)
③ 의류, 직물 : 군복의 카키색(khaki), 원모 모직물의 베이지색(beige)

2. 일반색이름(계통색이름)

관용색이름은 색의 이미지를 쉽게 전달할 수 있으나, 같은 색이라도 속성에 따라 여러 종류로 나뉘므로 각종 산업분야에서는 정확한 구분이 요구된다. 이에 따라 정확성을 부여하고 일정 규칙에 의해 색을 표현하도록 만든 색명을 일반색이름 또는 계통색이름이라 한다.

(1) ISCC · NBS 색이름법

미국의 전미색채협의회(ISCC : Inter Societry Color Council)와 국립표준국(NBS : National Bureau of Standards)이 공동으로 제정한 계통색이름법으로, 먼셀의 색입체를 267개 단위로 나누고 현생활에 실제로 쓰고 있는 이름과 일치하도록 만들어진 것이다.

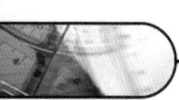

[ISCC-NBS 색상 수식어 배열]

(2) 수식형용사

형용사	대응영어	형용사	대응영어
선명한	vivid	어두운	dark
흐린	soft	진(한)	deep
탁한	dull	연(한)	pale
밝은	light		

(3) 주요 계통색이름 비교

색이름	대응 계통색	3속성	대응 영어
벚꽃색	흰 분홍	2.5R 9/2	cherry blossom
당근색	주황	2.5YR 6/14	carrot
카키색	탁한 황갈색	2.5Y 5/4	khaki
올리브그린	어두운 녹갈색	5GY 3/4	olive green
피콕그린	청록	7.5BG 3/8	peacock green
물색	연한 파랑	5B 7/6	aqua blue
인디고블루	어두운 파랑	2.5PB 2/4	indigo blue
포도색	탁한 보라	5P 3/6	grape
로즈핑크	분홍	10RP 7/8	rose pink
시멘트색	회색	N6	cement

2.6 색의 지각적 효과

1. 색채 대비와 동화

(1) 동시 대비

서로 가까이 놓인 두 개 이상의 색을 동시에 볼 때 일어나는 색의 대비

① 명도 대비
  ㉠ 명도가 다른 두 색이 근접하여 서로 영향을 주는 대비현상
  ㉡ 흰색 바탕 속의 회색보다 검은색 바탕 속의 회색이 더 밝게 보인다.
  ㉢ 명도차가 클수록 대비 현상이 강하게 일어난다.
  ㉣ 유채색의 명도 사이에서도 대비 현상이 일어난다.

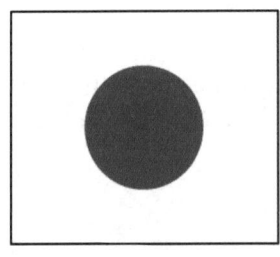 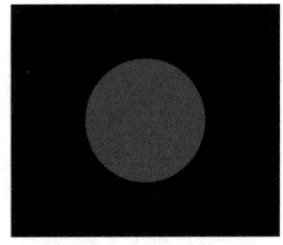

② 색상 대비
  ㉠ 색상이 서로 다르게 보이는 두 색을 서로 대비시켰을 때 차이가 더욱 크게 느껴지는 것이다.
  ㉡ 배경과 도형은 서로 각 색상환 둘레에서 반대 방향으로 기울어져 보이는 현상이다.
  ㉢ 노랑 배경의 주황은 배경보다 멀어져 빨간색에 가까워진다.
  ㉣ 빨강 배경의 주황은 배경보다 멀어져 노란색에 가까워진다.

③ 채도 대비
  ㉠ 두 색의 채도차가 클수록 채도가 더 높아 보이는 대비현상
  ㉡ 중채도의 녹색은 회색 배경 위에 있을 때, 고채도 녹색 배경 위에 있을 때보다 채도가 더 높아 보인다.

④ 보색 대비
  ㉠ 보색 관계인 두 색을 주위에 놓으면, 서로의 영향으로 원래의 색상이 더욱 뚜렷해지는 현상
  ㉡ 이런 현상은 색채의 보색 잔상이 상대방 색과 일치하기 때문에 나타나는 대비효과이다.

⑤ 연변 대비
  ㉠ 나란히 배치된 색의 경계에서 일어나는 대비현상을 말한다.
  ㉡ 아래 그림처럼 명도가 단계적으로 변하는 배치의 경계는 대비효과에 의해 입체적으로 보인다.

⑥ 면적 대비
  ㉠ 색이 가진 면적의 크고 작음에 따라 서로 다르게 보이는 현상
  ㉡ 같은 색이라 해도 면적이 커지면 명도 및 채도가 더욱 증대되어 보인다.

(2) 계시 대비
① 어떤 색을 보고 난 후 다른 색을 볼 때 먼저 본 색의 영향으로 다르게 보이는 현상
② 즉, 먼저 본 색과 나중에 보는 색이 혼색으로 되어 시간적으로 연속해서 생기는 대비현상이다.
③ 빨간색만을 잠시 주시한 후 노란색을 보면 연두색에 가까워 보인다.

(3) 동화 현상(color assimilation)

대비현상과는 반대로 어느 영역의 색이 근접한 색에 동화되는 현상이다.

① 명도 동화 : 흰색 바탕의 회색은 검정 바탕의 회색보다 더 밝아 보인다.

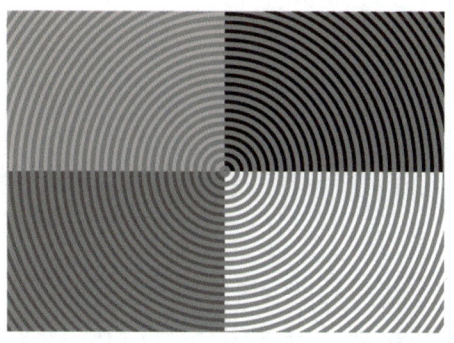

② 색상 동화 : 연두 위의 녹색은 보다 밝은 연두의 영향을, 파랑 위의 녹색은 보다 어두운 파랑의 영향을 받는다.

③ 채도 동화 : 동일한 붉은 계열의 바탕색이지만, 빨간 줄무늬의 배경색이 더 붉게 보인다.

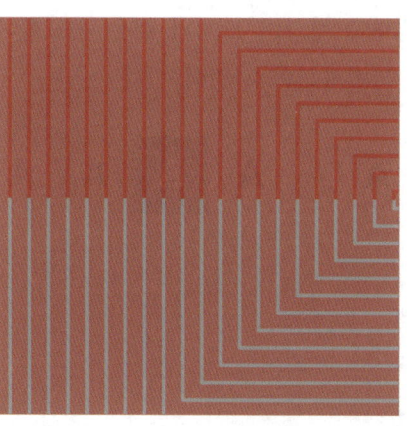

 베졸드 동화 현상

바탕에 비해 무늬가 가늘고 좁을수록 효과가 나타나기 쉽고 배경색과 도형의 명도와 색상 차이가 작을수록 효과가 현저하게 나타난다. 이러한 효과를 베졸드 동화 현상이라 한다.

2. 색의 효과

(1) 잔상

먼저 주어진 자극의 색채, 밝기, 배치 등을 제거한 후에도 시각적 상이 남는 현상

① 양성 잔상
  ㉠ 원자극과 색이나 밝기가 같은 잔상으로 '정의 잔상'이라고도 한다.
  ㉡ 어두운 밤에 불꽃놀이를 보면 불꽃과 같은 밝기나 색상의 잔상이 보인다.
  ㉢ 영화, 애니메이션 등에 활용된다.

② 음성 잔상
  ㉠ 색이나 밝기가 원자극의 반대로 나타나는 잔상으로 '부의 잔상'이라고도 한다.
  ㉡ 무채색의 경우 반대되는 명암이 나타나며, 유채색의 경우 원자극의 보색이 잔상으로 나타난다.

의사의 수술복이 녹색인 것은 혈액의 붉은색에 의해 보색잔상이 일어나서 수술에 방해가 되는 것을 막기 위해서이다.

(2) 시인성(명시도. visibility of color)

① 시인성이란 대상의 존재나 형상이 보이기 쉬운 정도를 뜻한다.
② 색을 구분할 수 있는 식별거리와 관련이 있다.

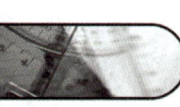

서 열	내용색	배경색
1	검정	노랑
2	노랑	검정
3	녹색	흰색
4	빨강	흰색
5	검정	흰색
6	흰색	파랑
7	파랑	노랑
8	파랑	흰색
9	흰색	검정
10	녹색	노랑
11	검정	주황
12	빨강	노랑
13	주황	검정
14	노랑	파랑
15	흰색	녹색
16	검정	빨강
17	파랑	주황
18	노랑	녹색
19	파랑	빨강
20	노랑	빨강

[시인성 서열표]

도로의 표지판은 위험성 및 중요성 등을 감안하여 시인성 순위에 따른 배색을 한다.

  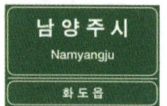

(3) 주목성(attractive of color)
① 특별히 주의를 갖지 않아도 색이 눈에 잘 띄는 성질을 뜻한다.
② 일반적으로 고명도, 고채도 색이, 또 한색보다 난색이 주목성이 높다.

2.7 색의 감정적 효과

1. 수반감정

(1) 온도감
색상에 따라서 따뜻하고 차갑게 느껴지는 감정효과
① 난색 : 빨강, 주황, 노랑 등의 장파장 색상. 무채색 중 저명도색
② 한색 : 파랑, 청록, 남색 등의 단파장 색상. 무채색 중 고명도색
③ 중성색 : 초록과 보라. 무채색 중 중명도인 회색

(2) 무게감
① 무게감은 색의 명도에 의해 좌우된다.
② 고명도일수록 가볍게, 저명도일수록 무겁게 느껴진다.
③ 색상, 채도의 영향은 작은 편이나, 난색은 비교적 가볍고 한색은 비교적 무겁게 느껴진다.

(3) 경연감
① 딱딱하고 부드러운 느낌은 채도 및 명도의 영향을 받는다.
② 고명도 저채도 색은 부드러운 느낌을, 저명도 고채도의 색은 딱딱한 느낌을 준다.
③ 색상에서는 난색이 한색보다 부드러운 느낌을 준다.
④ 대비가 강한 배색일수록 딱딱한 느낌을 준다.

(4) 기타 감정효과
① 강약감
  ㉠ 채도가 높을수록 자극적이며 강한 느낌을 준다.
  ㉡ 단색의 강약감에는 배경색도 영향을 준다.
② 화려함과 수수함
  ㉠ 색의 3속성이 복잡하게 적용되며, 채도의 영향이 가장 크다.
  ㉡ 3속성이 비슷할 경우 난색이 한색보다, 밝은 색이 어두운 색보다 화려한 느낌을 준다.
③ 흥분 및 진정·시간성·속도감
  ㉠ 난색은 흥분효과가 있고 한색은 진정 효과가 있다.
  ㉡ 고명도·고채도, 난색, 장파장 색은 시간이 길게, 속도감은 빠르게 느껴진다.
  ㉢ 저명도·저채도, 한색, 단파장 색은 시간이 짧게, 속도감은 느리게 느껴진다.

④ 진출과 후퇴, 팽창과 수축
   ㉠ 진출, 팽창색 : 고명도, 고채도, 난색 계열의 색(ex : 빨강, 노랑)
   ㉡ 후퇴, 수축색 : 저명도, 저채도, 한색 계열의 색(ex : 청록, 파랑)
   ㉢ 같은 색상일 경우 명도가 높으면 팽창해 보이고, 명도가 낮으면 수축해 보인다.
   ㉣ 같은 크기의 실내에서 후퇴색을 벽면에 사용하면 공간이 넓어 보인다.

2. 색의 연상과 상징

(1) 기본색의 연상 및 상징

색 채	연 상	상 징
빨강(R)	태양, 피, 불, 장미	정열, 경고, 열기, 피, 흥분, 혁명, 야망, 위험, 권력
주황(YR)	노을, 석양, 오렌지	생동감, 경쾌함, 화사함, 온정, 친근함, 식욕
노랑(Y)	개나리, 봄, 참외	명랑, 낙천적, 이기심, 희망, 황금, 활동, 팽창
연두(GY)	초원, 목장, 새싹	청순, 안정, 평화, 생동, 순진, 평온
녹색(G)	풀, 에메랄드, 풋과일	안전, 생명력, 신뢰, 평화, 건전, 편안함, 휴식
청록(BG)	호수, 바다	상쾌, 청순, 순진, 냉정
파랑(B)	하늘, 물, 남성	청결, 냉혹, 젊음, 차가움, 신비, 지혜, 이성
남색(PB)	포도, 심해	침울, 고독, 냉정, 청결, 시원, 무거움
보라(P)	나팔꽃, 가지	예술, 고귀함, 신비, 독창성, 판타지, 영웅, 우아함
자주(RP)	자두, 팥	사랑, 화려, 흥분, 불안, 슬픔
흰색(W)	눈, 겨울, 병원	청결, 순결, 순수, 결백, 거룩함, 정직, 가벼움
검정(K)	어두운 밤, 가톨릭	비밀, 엄중함, 단순함, 암흑, 죽음, 진지함, 무게감

(2) 색의 다양한 연상

① 공감각
   ㉠ 어떤 감각기관에 주어진 자극으로 인해 다른 감각기관도 반응을 일으키는 것을 말한다.
   ㉡ 어느 특정 음을 들으면 일정 색이 떠오르는 것을 색청(color-hearing)이라 한다.
   ㉢ 어느 색을 보면 음이 느껴지는 것을 음시(音視)라고 한다.

ⓔ 난색·한색의 연상도 일종의 공감각에 해당된다.

② 색채와 미각

㉠ 음식의 색채는 식욕의 증진 및 감퇴뿐 아니라 신선도의 판단에도 영향을 준다.

㉡ 각종 색과 맛의 연상

단맛	짠맛	신맛	쓴맛
빨강, 분홍	청록, 회색, 흰색	노랑, 연두	밤색, 올리브 그린

(3) 전통 오정색의 상징

색 채	오행	계절	방위	풍수	오륜	신체
파랑	목(木)	봄	동	청룡	인	간장
빨강	화(火)	여름	남	주작	예	심장
노랑	토(土)	토용(土用)	중앙	황룡	신	위장
흰색	금(金)	가을	서	백호	의	폐
검정	수(水)	겨울	북	현무	지	신장

(4) 오륜기

① 올림픽의 상징으로 쓰이는 문양으로 처음 만들어질 때는 각 색상이 5대륙을 상징하는 것으로 고안되었다.
(파랑-유럽, 노랑-아시아, 검정-아프리카, 녹색-오세아니아, 빨강-아메리카)

② 인종차별 논란으로 1976년부터는 공식적으로 다섯 가지 색의 대륙별 상징성을 삭제했다.

2.8 색채 조화론

1. 색채조화론의 발달

(1) 색채조화의 목적과 의의
① 색채조화란 2색 이상의 배색에 질서를 부여하고 조화를 추구하는 것이다.
② 구체적으로 색채조화와 배색감정, 구성색채와 기호, 조화경향의 특성 등을 이해해야 한다.
③ 궁극적인 목적은 색채미의 보편적 법칙과 원리를 확립하는 것이다.

(2) 색채조화의 유형
① 색채조화 연구의 유형
  ㉠ 다빈치 이후 예술가들에 의해 기록된 경험적 법칙
  ㉡ 철학자, 문학가에 의한 사변적 고찰
  ㉢ 과학자의 관찰결과와 실험에 기초한 분석 및 평가
  ㉣ 색채를 취급하는 각 분야 기술전문가의 설명서
  ㉤ 미술교육가에 의해 제시된 지침
② 색채조화론의 특징
  ㉠ 음악의 음계, 화음처럼 색채조화에도 기하학적, 수학적 비율이 있다.
  ㉡ 기하학적으로 체계화된 색 공간에서 규칙성을 가진 색의 조합은 조화한다.
③ 색채조화의 기본 원리
  ㉠ 질서의 원리 : 색채조화는 질서 있는 계획에 따라 선택된 색채들에서 생긴다.
  ㉡ 비모호성의 원리(명료성의 원리) : 색채조화는 명백하게 구분되는 두 색 이상의 배색에서 얻어진다.
  ㉢ 동류의 원리 : 가장 가까운 색끼리의 배색은 보는 사람에게 친밀감을 주며 조화를 느끼게 한다.
  ㉣ 유사의 원리 : 배색된 색채들이 서로 공통되는 상태와 속성을 가질 때 그 색채군은 조화된다. '친근성의 원리'라고도 한다.
  ㉤ 대비의 원리 : 배색된 색채들의 상태와 속성이 서로 반대되면서도 모호한 점이 없을 때 조화된다.

2. 오스트발트의 색채조화론

오스트발트는 색채 사이에 질서가 성립되면 그 배색은 조화한다는 원칙을 기초로 자신이 개발한 색채계에 의해 독자적인 색채조화론을 저술하였다. 오스트발트 색채조화론은 매우 조직적이고 배색의 처리방법이 명쾌하여 이해하기 쉬우나 색표집 없이는 이용할 수 없고 측색학적으로 결함을 가지고 있으며, 같은 기호의 색이 가진 3속성이 일정하지 않고 기억이 어려운 등의 문제점이 있다.

(1) 무채색의 조화

등색삼각형의 8단계 무채색에서 등간격으로 선택한 3색에 의한 배색은 조화한다.
(ex : e-i-n)

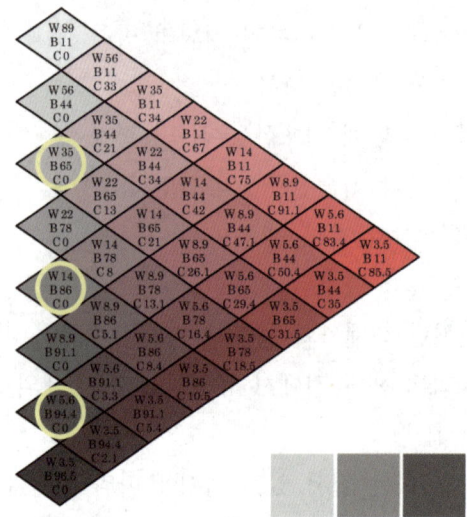

(2) 동일색상의 조화

① 등백색 계열의 조화
  ㉠ 등색삼각형의 검정-순색 직선에 평행하는 직선 위의 색은 흰색 함유량이 같아 조화한다.
  ㉡ 오스트발트 색상 기호에서 앞단어가 같은 색들의 조합이다.

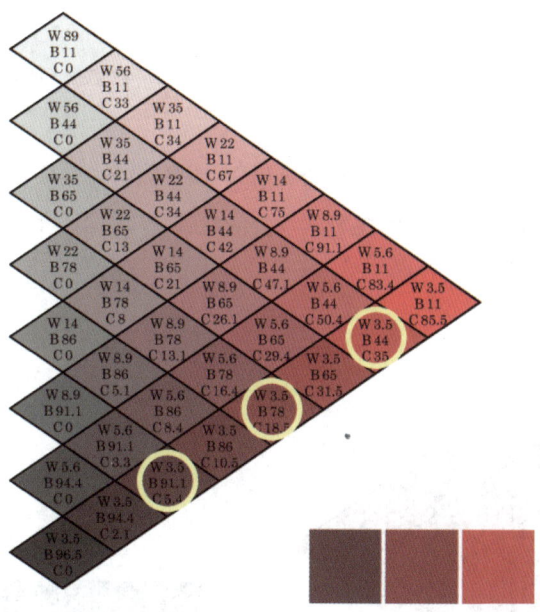

(pc-pg-pl의 조합으로 흰색의 함유량이 모두 3.5%이다.)

② 등흑색 계열의 조화
  ㉠ 등색삼각형의 흰색-순색 직선에 평행하는 직선 위의 색은 검정색 함유량이 같아 조화한다.
  ㉡ 오스트발트 색상 기호에서 뒷단어가 같은 색들의 조합이다.

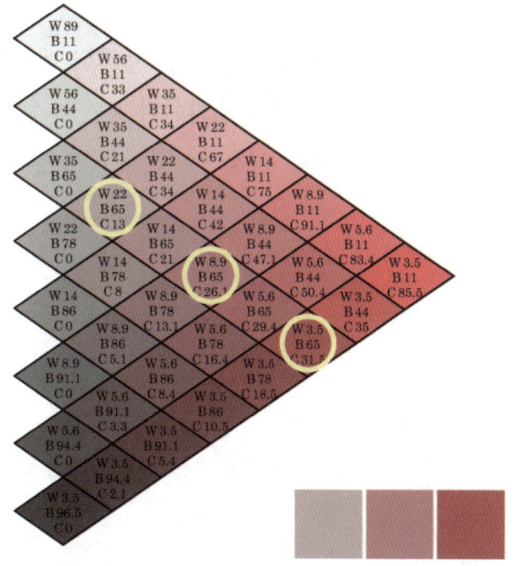

(ge-le-pe의 조합으로 검정의 함유량이 모두 65%이다.)

③ 등순색 계열의 조화
  ㉠ 등색삼각형의 무채색 축에 평행하는 직선 위의 색은 오스트발트 순도가 거의 같아서 조화한다.
  ㉡ 오스트발트 순도란 흰색과 순색 함유량의 비율이다.
  ㉢ 아래 그림처럼 ge-li-pn의 조합은 다음 표와 같은 순도를 가진다.

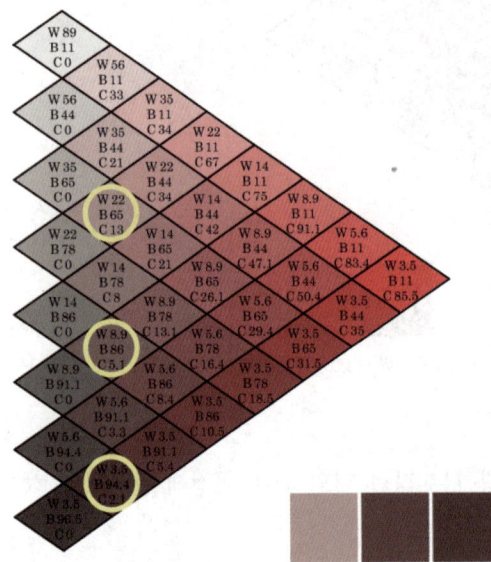

	흰색량	순색량	비율(순도)
ge	22%	13%	약 1.7 : 1
li	8.9%	5.1%	약 1.7 : 1
pn	3.5%	2.1%	약 1.7 : 1

④ 등색상 삼각형의 조화(이등변삼각형의 조화)
  ㉠ 등색삼각형 위에서 선택한 하나의 색은 등백색, 등흑색 계열을 통해 2개의 무채색과 연결되며 이렇게 조합된 3색의 배색도 조화한다.
    (a-ga-g, c-ic-i의 조합으로 모두 이등변삼각형을 이룬다.)

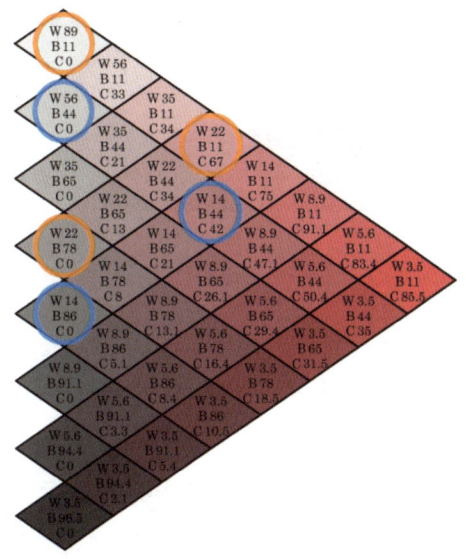

ⓛ 유채색-유채색 간의 이등변삼각형 조합도 조화를 이룬다.
　(ex : ca-ga-ge. 앞의 두 색은 등흑계열 조화, 뒤의 두 색은 등백계열 조화가 된다.)

(3) 등가치색 계열의 조화
색상기호의 두 글자는 같고 색상번호만 다른 색들의 조합을 뜻한다.
① 유사 조화 : 색상차 2~4 이내의 범위. 약한 대비를 이룬다.
　(ex : 2ie-4ie, 6ni-10ni)

② 이색 조화 : 색상차 6~8의 범위. 중간 정도의 대비효과
　(ex : 16ga-22ga, 1pa-7pa-14pa)

③ 반대색 조화 : 색상차 12간격. 즉 보색대비를 이룬다.
   (ex : 7lg-19lg)

(4) 윤성조화(다색조화)

① 오스트발트 색입체의 등색상 삼각형 속의 한 색을 지나는 수직선의 등순계열과 아래, 위 사변의 평행하는 선 등흑계열, 등백계열 및 수평으로 자른 원 등가색환에 놓인 색은 모두 조화를 이룬다.

② 윤성조화에서는 37개의 조화색을 얻어낼 수 있다. 예를 들어 1ie의 경우 등백계열 4색(i, ig, ie, ia), 등흑계열 5색(e, ge, le, ne, pe), 등순계열 5색(ea, gc, lg, ni, pl), 등가치색 23색(2ie~24ie)까지 도합 37색의 조화색이 얻어진다.

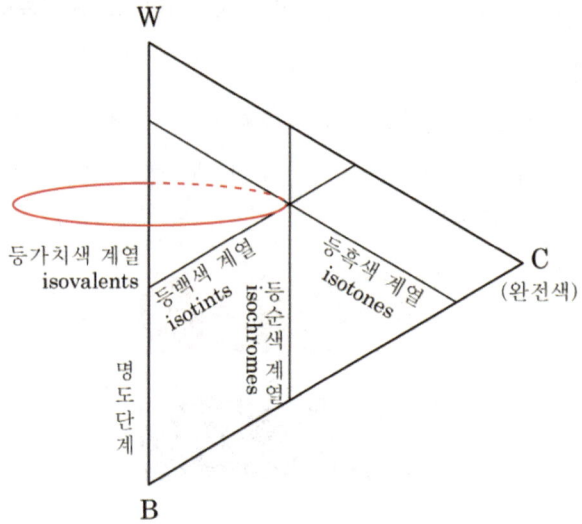

3. 문-스펜서의 조화론

- 1944년 미국광학협회잡지에 발표된 논문으로 구성되어 있다.
- 범위·면적효과·배색의 미도 3가지로 나누어서 정량적으로 체계화한 것이다.
- 배색조화에 대한 면적비나 아름다움의 정도를 계산에 의한 계량이 가능하도록 시도했다.

- 정량적 취급을 위해 색채의 연상·기호·상징성과 같은 복잡한 요인은 생략, 단순화시 켰다는 비판이 있다.

(1) 조화와 부조화의 범위

① 조화
  ㉠ 동일조화 : 같은 색의 조화(톤은 다른 색)
  ㉡ 유사조화 : 유사한 색의 조화
  ㉢ 대비조화 : 반대색의 조화

② 부조화
  ㉠ 제1불명료 : 아주 유사한 색의 부조화
  ㉡ 제2불명료 : 약간 다른 색의 부조화
  ㉢ 눈부심

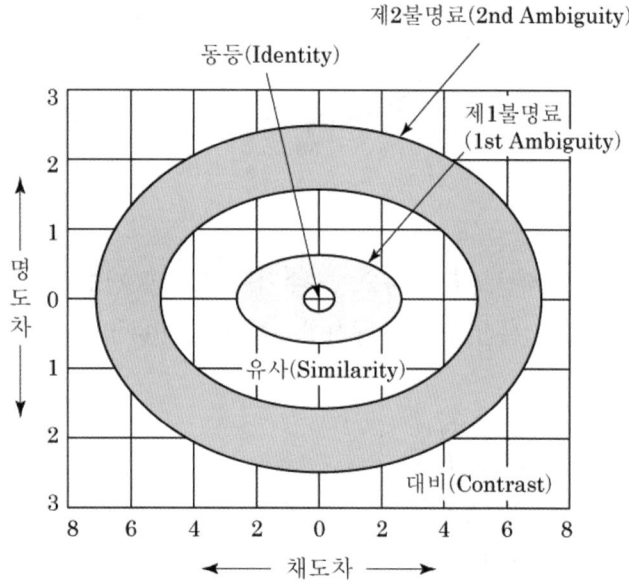

(2) 조화·부조화 영역과 먼셀 3속성과의 관계

	먼셀 색상차(100색 기준)	먼셀 명도차	먼셀 채도차
동일조화	0 ~ 1j.n.d	0 ~ 1j.n.d	0 ~ 1j.n.d
제1불명료	1j.n.d ~ 7	1j.n.d ~ 0.5	1j.n.d ~ 3
유사조화	7 ~ 12	0.5 ~ 1.5	3 ~ 5

	먼셀 색상차(100색 기준)	먼셀 명도차	먼셀 채도차
제2불명료	12 ~ 28	1.5 ~ 2.5	5 ~ 7
대비조화	28 ~ 50	2.5 ~ 10	7 이상
눈부심	초과 영역		

※ j.n.d(just noticeable difference) : 최소식별역. 색의 차이를 분별할 수 있는 최소치를 의미한다.

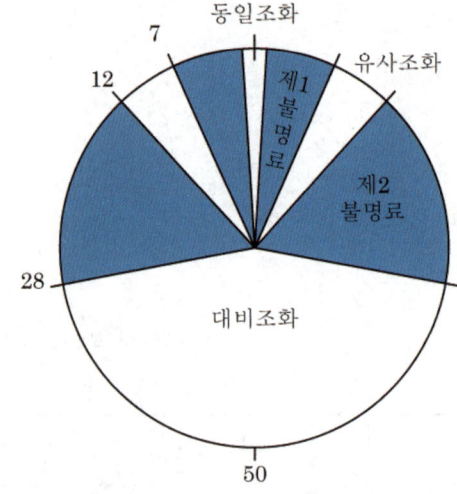

(3) 미도(美度)

① 배색의 아름다움을 계산으로 구하고 그 수치로 조화된 정도를 비교한다는 것이다.
② 버크호프가 '미(美)는 복잡성 속의 질서성을 가진 것이다'라는 명제로 수량적 공식을 제안했다.

$$미도(M) = \frac{질서의\ 요소(O)}{복잡성의\ 요소(C)}$$

㉠ 질서의 요소=색상 미적계수+명도 미적계수+채도 미적계수
㉡ 복잡성의 요소=색 수+색상 차가 있는 색 조합의 수
　　　　　　　　+명도 차가 있는 색 조합의 수
　　　　　　　　+채도 차가 있는 색 조합의 수

4. 파버-비렌의 색채 조화론

(1) 7개의 기본범주

① 개요 : 독자적인 색채체계에 의거하여 7가지 색조군(Color Triangle)을 분류하였다.

② 사용되는 색조군

 ㉠ 흰색(White)

 ㉡ 검은색(Black)

 ㉢ 순색(Color)

 ㉣ 그레이(Gray) : 흰색(White)+검은색(Black)

 ㉤ 틴트(Tint) : 흰색(White)+순색(Color)

 ㉥ 셰이드(Shade) : 검은색(Black)+순색(Color)

 ㉦ 톤(Tone) : 흰색(White)+검은색(Black)+순색(Color)

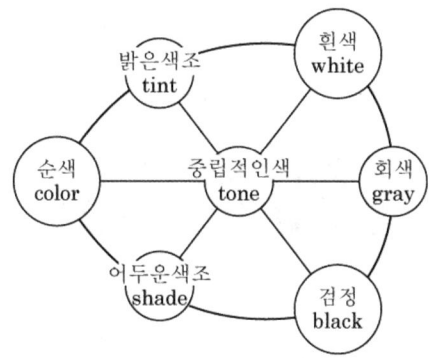

(2) 색 조합과 상징

① 색채조화의 원리

 ㉠ 흰색+회색+검정 : 순색과 전혀 상관없는 무채색의 안정된 조화

 ㉡ 순색+틴트+흰색 : 깨끗하고 신선한 조화

 ㉢ 순색+셰이드+검정 : 색채의 깊이와 풍부함이 있는 조화

 ㉣ 틴트+톤+셰이드 : 색조군에서 가장 세련되고 감동적인 조화

 ㉤ 틴트+톤+검정(회색)

 ㉥ 흰색+톤+셰이드

 ㉦ 순색+흰색+검정

 ㉧ 틴트+셰이드+톤+회색

② 비렌의 색과 상징형태

빨강	주황	녹색	노랑	파랑	보라
정사각형	직사각형	육각형	삼각형	원	타원

5. 기타 조화론

(1) 저드의 색채조화론(정성적 조화론)

- 색채조화는 좋고 싫음의 기호의 문제이다.
- 어느 배색에 익숙해지거나 싫증이 나도 기호가 변할 수 있는 등 해석에 따라 달라진다.
- 색채조화에 대한 선행연구를 종합하여 다음과 같이 4가지 조화유형을 정립했다.

① 질서의 원리

　㉠ 질서 있는 계획에 따라 선택될 때 색채는 조화된다.

　㉡ 균등 색공간에 기초를 둔 오스트발트나 문-스펜서 조화론에 근거한다.

　㉢ 색공간 내부의 규칙(직선상 혹은 원 위)으로 선정된 어떠한 색도 조화한다.

② 친근성(숙지)의 원리

　㉠ 관찰자에게 잘 알려져 있는 배색이 조화를 이룬다.

　㉡ 자연을 지표로 하는 베졸드, 브뤼케 등의 이론과 공통된다.

③ 동류(공통·유사성)의 원리

　㉠ 배색된 색들끼리 공통된 양상과 성질이 내포되어 있을 때 조화된다.

　㉡ 조화를 이루지 못하는 배색에도 공통성을 부여하는 한 가지 색을 추가하면 조화를 이룬다.

④ 비모호성(명료성)의 원리
　㉠ 색상 차나 명도, 채도, 면적의 차이가 분명한 배색이 조화롭다.
　㉡ 명도의 차가 어느 정도 있는 배색이 명료성을 나타내기가 용이하다.

(2) 슈브뢸의 색채조화론
- 자신이 고안한 톤과 스케일의 개념으로 설명하였다.
- 톤(tone) : 순색에 흰색이나 검정색을 더해 만들어지는 점진적 변화
- 스케일(scale) : 각 색상별로 구성된 20단계 톤의 집합체

① 유사조화
　㉠ 스케일 조화 : 단일 색상-톤의 단계가 다른 조화
　㉡ 색상의 조화 : 인접 색상-근사 톤에 의한 조화
　㉢ 주색광 조화 : 지배적 색조를 갖는 다른 색끼리의 주조색에 의한 조화

② 대비조화
　㉠ 스케일 대비 조화 : 같은 색상-명암 톤이 대조적인 조화
　㉡ 색상 대비 조화 : 인접 색상-명암 톤이 대조적인 조화
　㉢ 색채 대비 조화 : 색상과 톤이 모두 대조적인 조화

2.9 배색

1. 개념과 요소

(1) 배색의 기본 개념
① 배색이란 어떤 목적을 위해 색과 색을 조합하여 새로운 효과를 도출해내는 것이다.
② 단색으로 쉽게 표현하기 어려운 이미지를 명확하게 전달하거나 중요한 정보를 효과적으로 강조한다.

(2) 배색의 구성 요소

① 기조색(base color)
  ㉠ 배색에서 가장 넓은 면적의 부분을 차지하는 색
  ㉡ 주로 바탕색이나 배경색인 경우가 많고 가장 억제된 색이 주로 쓰인다.

② 주조색(dominant color)
  ㉠ 배색에서 가장 출현 빈도가 높거나 대상에 강한 영향을 끼치는 색
  ㉡ 같은 계열의 색이나 동화되기 쉬운 유사색이 쓰이는 경우가 많다.

③ 보조색(assort color)
  ㉠ 주조색 다음으로 면적비가 크거나 출현 빈도가 높은 색
  ㉡ 주로 주조색을 보조하는 역할을 한다.

④ 강조색(accent color)
  ㉠ 사용 면적은 가장 작지만 가장 눈에 띄는 포인트 색이다.
  ㉡ 전체 색조에 긴장감을 주거나 집중을 유도하는 효과가 있다.

2. 배색 효과

(1) 톤을 이용한 배색

① 동일 톤의 배색 : 명도와 채도가 동일한 색상의 배색
② 유사 톤의 배색 : 인접한 톤을 가진 색상의 배색
③ 대조 톤의 배색 : 명도차 또는 채도차를 강조한 배색, 둘 다 대조적인 배색

(2) 도미넌트 배색

① 도미넌트 컬러 배색
  ㉠ 배색에 통일감을 주기 위해 지배적인 색상으로 전체를 통일시키는 배색
  ㉡ 동일 색상 또는 유사 색상의 범위에서 색을 선택하기도 한다.

② 도미넌트 톤 배색
  ㉠ 배색에 통일감을 주기 배색 전체의 톤을 통일시키는 배색
  ㉡ 전체적인 톤을 하나 선택한 후 색상은 자유롭게 배색할 수 있다.

(3) 기타 배색

① 톤 온 톤 배색(tone on tone)
  ㉠ 겹쳐진 톤이란 의미로, 동일 색상으로 명도차를 비교적 크게 설정하는 배색
  ㉡ 색상은 동일·유사의 범위에서 선택한다.
  ㉢ 톤은 특히 명도 차에 유의하여 유사 톤에서 대조 톤에 이르는 범위에서 고른다.

② 톤 인 톤 배색(tone in tone)
  ㉠ 비슷한 톤의 조합에 의한 배색을 뜻한다.
  ㉡ 종래의 개념은 동일 색상을 원칙으로 인접·유사색상의 범위 내에서 배색한다.
  ㉢ 최근에는 톤을 통일하고 색상은 자유롭게 선택한 배색도 톤 인 톤으로 분류한다.

③ 토널 배색(tonal)
  ㉠ 톤의 형용사로 '색의 어울림' 또는 '색조의'라는 의미가 된다.
  ㉡ 중명도·중채도인 중간색조를 덜(dull)톤을 기본으로 사용하는 경우가 많다.

④ 카마이외 배색(camaieu)
  ㉠ 하나의 색상을 몇 종류의 색조로 변화시켜 그리는 단채화법을 카마이외(camaieu)라 한다.
  ㉡ 3속성 모두 미묘한 차이가 있는 조합으로 애매한 느낌의 배색기법을 뜻한다.
  ㉢ 동일한 색의 질감만을 변화시키는 배색을 뜻하기도 한다.

⑤ 포 카마이외 배색(faux camaieu)
  ㉠ '모조품'이란 의미의 포(faux)를 붙인 배색으로 '가짜 카마이외'의 의미가 된다.
  ㉡ 카마이외 배색이 거의 동일색상인 반면 포 카마이외 배색은 보다 차이를 느끼는 배색이다.

⑥ 트리콜로르 배색
  ㉠ 3색의 배색을 의미하며 상징적 배색에 많이 쓰인다.
  ㉡ 변화와 리듬 혹은 적당한 긴장감을 주며 3색의 색상과 톤의 조합에 의해 명쾌한 대비가 표현된다.

[프랑스와 독일 국기]

2.10 색채 관리

1. 색채조절과 관리

(1) 색채조절의 4요소

능률성	• 조명의 특징을 정확히 파악하여 조명의 효율성을 높인다. • 실내광의 조도분포를 만들어 물건의 입체시를 높인다. • 시야에 적절한 배색으로 시각적 판단을 쉽게 하게 한다.
안전성	• 시야 내에 눈부심 등의 눈의 긴장요소를 배제하여 눈의 피로를 줄인다. • 사고나 오염을 방지하고 위험물과 위험장소에 안전색채를 표시한다. • 청결과 위생을 유지한다.
쾌적성	• 친숙하고 쾌적한 환경을 유지하고 작업심리에 어울리는 기능적 배색을 한다. • 건축의 레이아웃과 실내공간의 기능에 일치하는 색을 사용한다. • 조도와 온도감 등을 효율적으로 조절한다.
심미성	• 스마트한 색채환경으로 사용자의 애착을 고취시킨다. • 대외적인 시각전달의 목적에 맞게 색채를 조절한다. • 대내적으로 작업원의 원기를 높이고 작업의욕을 촉진시키는 색을 사용한다.

(2) 안전과 색채

① 개념
　㉠ 인간은 외부 정보의 85% 이상을 시각에 의존하며 대상의 인식은 '색 → 형 → 질감' 의 순서로 한다.
　㉡ 따라서 위험 신호 등의 전달수단으로는 색채를 활용하는 것이 가장 효율적이다.

② 안전색채
　㉠ 빨강 : 방화(소화기·소화전), 금지(바리케이드), 정지(긴급 정지버튼)
　㉡ 주황 : 위험(위험표지, 기계 안전커버 내면)
　㉢ 노랑 : 주의(과속 방지턱), 명시(출구)
　　※ 검정 : 노랑과 주황을 눈에 잘 띄게 하는 배경, 보호색으로 사용
　㉣ 녹색 : 안전(안전 깃발), 구급(구급상자, 보호구 상자), 피난(비상구)
　㉤ 파랑 : 지시(주차 방향, 소재 표시), 주의(수리 중)
　㉥ 자주 : 방사능

(3) 색채조절 사례

① 병원
  ㉠ 전반적인 색채는 저채도(2~4), 고명도(7~8)의 노랑, 베이지 등이 선호된다.
  ㉡ 수술실은 녹색계통을 사용하여 진정효과를 주고 보색잔상을 감소시킨다.
  ㉢ 접수, 수납 업무가 이루어지는 공간은 단파장계열의 색을 고명도, 저채도로 배색한다.

② 공장
  ㉠ 계기류와 조작장치의 색을 주변과 다르게 하여 실수와 오류를 줄인다.
  ㉡ 위험개소는 주황색으로 명시하고 통로는 흰색 선으로 표시한다.

③ 주택
  ㉠ 거실은 안정감을 주도록 너무 밝지 않은 무채색이나 중간색 계통으로 한다.
  ㉡ 벽은 연결성을 위해 동일색채를 배색하고 천장, 벽, 바닥 순으로 반사율을 점점 낮게 한다.
  ㉢ 징두리벽은 벽보다 낮은 명도로 하고 걸레받이는 더 어두운 색을 쓴다.
  ㉣ 식당은 난색 계통으로 하고 욕실은 반사광이 심할 수 있으므로 저채도의 색으로 한다.

④ 학교
  ㉠ 교실은 명도 6~7 정도로 하되, 고채도는 피한다.
  ㉡ 미술실은 무채색으로 하여 작품 등에 주목성을 준다.
  ㉢ 도서관, 교무실은 엷은 녹색 등의 차분한 배색을 한다.

⑤ 기타
  ㉠ 청과물점은 과일이 눈에 잘 띄도록 파랑, 청록 등 보색대비가 되는 배색을 한다.
  ㉡ 음식점은 난색계의 중채도 배색을 하여 과일, 고기, 양념 등을 맛있어 보이게 하거나 한색계의 중채도 배색으로 음식물의 채도를 강해 보이게 하기도 한다.
  ㉢ 꽃집은 강한 배색을 금하고 밝은 꽃은 어두운 색, 어두운 꽃은 밝은 색 배경을 사용한다.

2.11 색채 계획

1. 색채 계획 및 색채 디자인

(1) 색채 계획
다양한 색채이론을 바탕으로 인간생활에 실용화하는 단계로, 색의 성질, 표시, 배색, 효과 등을 고려, 목적한 바를 사람들에게 가장 적절하게 인식시키는 과정의 시작이다.

(2) 순서
① 색채 환경 분석
  ㉠ 기업 및 상품의 색채, 선전색, 포장색 등 경합 업체의 관용색 분석과 색채 예측 데이터의 수집이 필요하다.
  ㉡ 색채의 예측 데이터 수집 능력, 색채의 변별, 조색 능력이 필요하다.
② 색채 심리 분석
  ㉠ 기업 이미지, 색채, 유행 이미지를 측정한다.
  ㉡ 심리 조사 능력, 색채 구성 능력이 필요하다.
③ 색채 전달 계획
  ㉠ 기업 및 상품의 색채와 광고 색채를 결정한다.
  ㉡ 타사의 제품과 차별화시키는 마케팅 능력과 컬러 컨설턴트 능력이 필요하다.
④ 디자인에 적용
  ㉠ 색채의 규격 및 시방서의 작성, 컬러 매뉴얼의 작성이 필요하다.
  ㉡ 아트 디렉션의 능력이 요구된다.

(3) 디자인 영역과 색채
① 환경디자인과 색채
  ㉠ 환경색채의 분류
    ⓐ 거리를 멀리서 바라보는 원경색(landscape color)
    ⓑ 가로 중에서 개개의 건축물을 보는 중경색(townscape color)
    ⓒ 가로의 건축물에 둘러싸인 근경색(streetscape color)
    ⓓ 건축물과 마감재의 재질이 인지되는 근접색(wallscape color)
  ㉡ 도시환경과 색채
    ⓐ 거리의 시설물에 선택된 배색은 도시의 표정을 결정한다.

ⓑ 도로 표지를 비롯한 각종 표지는 도시 환경 형성에 중요한 역할을 한다.
ⓒ 간판과 광고탑 등은 경쟁적 설치를 지양하고 철저한 계획을 통해 조화로운 디자인이 요구된다.
ⓒ 슈퍼그래픽
ⓐ 건축물 표면이나 공간에 그래픽 의미를 부여하는 것을 뜻한다.
ⓑ 건물, 아파트, 주차장 등의 벽에 이르러 다양하게 도입되고 있다.
ⓒ 공간의 장식 역할을 하고 도시환경의 긴장감을 완화시킨다.

② 포장디자인과 색채
㉠ 제품의 속성을 강조하고 제품의 개성을 표현한다.
㉡ 구매자의 시각에 강한 자극을 주고 각인효과를 얻을 수 있다.
③ 제품디자인과 색채
㉠ 제품이 놓이게 될 주변환경에 대한 제반 조건을 파악 후 색채를 선택한다.
㉡ 소비자의 기호색과 유행색, 연상 이미지나 상징성을 고려한다.
㉢ 사용 시기 및 시간(계절, 시간)을 파악하고 제품 표면의 물리적 특성도 고려한다.

2. 디지털 색채

(1) 디지털 체계

① 비트(bit)
  ㉠ 컴퓨터 데이터의 가장 작은 단위이며 하나의 2진수 값을 가진다.
  ㉡ 실현 가능성이 동일한 N개의 대안이 있고 총 정보량이 H일 때 단위는 bit를 쓰며 다음과 같이 구한다.
    $H = \log_2 N \quad (N = 2^H)$
  ㉢ 16비트 컬러는 2의 16제곱인 65,536색을, 24비트 컬러는 2의 24제곱인 16,777,216색을 표현한다.

② 픽셀(pixel)
  ㉠ 디지털 이미지를 구성하는 최소의 점을 화소라 하며 단위로 픽셀을 쓴다.
  ㉡ X·Y축 좌표로 표시되는 디지털 이미지 평면 위에 나타낼 수 있는 이미지의 최소단위가 픽셀이다.

③ 해상도(resolution)
  ㉠ 어떤 패턴을 어느 정도의 세밀한 밀도로 표시할 수 있는지의 척도로 그래픽의 선명도를 표시한다.
  ㉡ 모니터상의 해상도인 PPI(pixel per inch)와 인쇄물의 해상도인 DPI(dot per inch)가 주로 쓰인다.
  ㉢ 해상도는 1인치당 찍을 수 있는 픽셀의 수를 뜻하며, 해상도가 높으면 그림은 섬세해진다.

(2) 디지털 색채 유형

① RGB
  ㉠ 모니터, 스크린과 같은 빛의 원리로 색을 구현하는 장치에 적용된다.
  ㉡ 빨강(R), 녹색(G), 파랑(B)을 혼합하여 우리가 볼 수 있는 모든 컬러를 재생한다.
  ㉢ 0~100% 혹은 0~255까지의 값으로 표현되는 3색의 혼합으로 색이 결정된다.
    (255, 0, 0=빨강/255, 255, 255=흰색/0, 0, 0=검정)
  ㉣ 대부분의 편집 프로그램은 RGB를 기본 색환경으로 사용한다.
  ㉤ 스캐너, 모니터, 프린터 등의 여러 장치를 함께 사용할 때는 이 형식이 적합하지 않다.

② HSV 또는 HSB
  ㉠ 색공간의 3차원 모델에 색상(hue), 채도(saturation), 명도(value 또는 brightness)의 3가지 축으로 위치시켜서, 이 3가지 값으로 색을 설명하고 측정하는 체계를 뜻한다.
  ㉡ 모든 색은 3차원 공간의 중심축 주위에 배열되며 축에서 멀어지면 채도가 높아진다.
  ㉢ 중심축은 명도를 나타내며 위로 가면 흰색, 아래로 가면 검정이 된다.
  ㉣ 대부분의 색상은 명도의 중간지점에서 고채도를 가진다.

③ CMYK
  ㉠ 인쇄물이나 그림과 같은 장치에서 사용되는 체계로 빛의 일부 파장을 흡수하고 표현색만 반사하는 잉크의 특성을 이용하여 색을 표현한다.
  ㉡ 감법혼합의 원리상 시안(C), 마젠타(M), 노랑(Y)을 모두 혼합해도 순수한 검정을 얻을 수 없으므로 별도의 검정(K) 잉크를 추가하여 색을 나타낸다.

④ Lab 유형
  ㉠ CIE에서 제정한 균등 색공간(CIE L*a*b 색공간)에 의한 색채 형식이다.
  ㉡ L은 명도, a는 빨강과 녹색의 보색, b는 노랑과 파랑의 보색 축으로 색을 표시한다.
  ㉢ L=100은 흰색, L=0은 검정이 된다.
  ㉣ +a는 빨강, -a는 녹색, +b는 노랑, -b는 파랑이 되며 중심에서 멀어질수록 채도가 높아진다.
  ㉤ 이 형식은 RGB와 CMYK의 범위를 모두 포함하고 있으며 더 광범위하다.

(3) 그래픽 이미지

① BMP
  ㉠ MS사가 윈도우 사용자를 위해 개발한 고유의 그래픽 파일형식이다.
  ㉡ 윈도우의 시작과 종료에 쓰이는 이미지들과 바탕화면 배경 등에는 모두 BMP가 쓰였다.
  ㉢ 데이터를 비효율적으로 저장함으로써 파일의 용량이 심하게 커지는 경향이 있다.

② JPEG
  ㉠ 사진 전문가들에 의해 만들어진 형식으로 이미지 손상을 최소화시키며 압축하는 파일형식이다.
  ㉡ GIF 포맷이 256색인 반면 JPEG는 24비트를 전부 구현할 수 있다.
  ㉢ 압축률이 높을수록 이미지 손상이 커지므로 압축정도를 적절히 조절해야 한다.
  ㉣ 정교한 색의 표현이 가능하여 웹 디자인에 많이 쓰이며 호환성이 좋은 포맷이다.

③ GIF
  ㉠ 미국 통신회사에서 개발한 형식으로, 통신상에서 빠르게 주고받을 수 있도록 개발됐다.
  ㉡ 256 이하의 컬러만을 사용하여 파일 크기를 최소화할 수 있고 애니메이션 기능을 지원한다.

④ PNG
  ㉠ JPEG와 GIF의 장점을 합친 파일 포맷으로, 다른 파일로 변환 시 이미지 손상이 없다.
  ㉡ 풍부한 색 표현이 가능하면서 GIF처럼 투명한 배경을 만들 수 있다.
  ㉢ 지원되지 않는 브라우저나 프로그램들이 있다.

(4) 색영역 맵핑

① 색영역(color gamut) : 사람의 눈에 지각되거나 디지털 카메라, 스캐너, 모니터, 프린터 등의 장비에 의해 처리되는 색의 범위를 말한다. 여러 기계장치의 색영역은 종류, 제조업체에 따라 조금씩 차이가 있으며, 어떤 기계 장치도 인간의 눈보다 넓은 영역의 색을 처리할 수는 없다.

② 색영역 맵핑(color gamut mapping) : 카메라, 스캐너 등으로 입력된 영상 및 사진은 모니터와 같은 디스플레이 또는 프린터 출력물로 재현된다. 이 과정에서 입력장치와 출력장치의 색 차이가 발생하게 된다. 이 차이를 줄이는 방법 중 하나가 색영역 맵핑이다.

③ 색영역 맵핑의 기본 원칙
  ㉠ 색상이 바뀌지 않아야 한다.
  ㉡ 명도 축이 바뀌지 않아야 한다.
  ㉢ 채도를 압축시킨다.
  ㉣ 명도를 압축시킨다.
  ㉤ 어떤 색도 재현 장비의 색영역 밖에 존재하지 않도록 한다.

④ 맵핑 방법의 분류
  ㉠ 색영역 클립핑 : 재현 장치의 색영역 밖에 존재하는 색의 좌표 위치만 재현 장치 색영역의 가장자리로 이동시켜서 클립핑(끌어다 붙이기)하는 것이다. 재현 색영역의 명도 밖에 존재하는 색은 명도의 압축을 우선 실행한 후 색영역의 클립핑이 이루어지며, 이 방법은 영역 밖의 색만 바뀌는 방식이다.
    ⓐ 명도 불변 클립핑 방법 : 색영역 밖에 존재하는 각각의 색이 가진 명도는 그대로

유지하면서 채도 축에 평행하게 클립핑하는 방법이다. 재현 색영역의 명도 범위가 원본보다 좁은 경우에는 명도 압축을 먼저 실행하고 클립핑을 실행한다.

ⓑ 명도 중심점 클립핑 방법 : 색영역 밖에 존재하는 색들을 명도 축의 중심점 방향으로 이동시켜 재현 영역의 가장자리와 만나는 점에 클립핑한다.

ⓒ 돌출점 클립핑 방법 : 가장자리 계산단계에서 설정한 각각의 색상 각에 대하여 재현 색영역의 최대 채도 값을 갖는 점을 찾아 이를 돌출점으로 정하고, 이 돌출점에서 채도 축에 평행하게 이동하여 명도 축과 만나는 점(닻점)을 향해 재현 색영역 밖에 존재하는 색들을 이동시켜 재현 색영역 가장자리와 만나는 점에 클립핑한다.

ⓓ 최단거리 클립핑 방법 : 색공간에서 재현 색영역 밖에 존재하는 각 컬러의 좌표와 재현 색영역 가장자리와의 가장 최단거리 점을 찾아 이동시킨다.

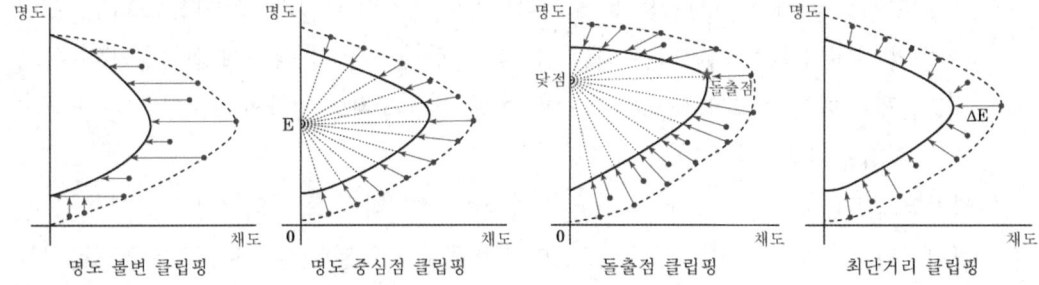

ⓛ 압축 맵핑 : 원본 색영역과 중심선까지의 거리를 일정 비율로 압축하여 재현 색영역 안으로 이동시킨다. 클립핑 방법과의 가장 큰 차이는 원본 영역의 모든 색이 압축과정을 거쳐 변화한다는 점이다.

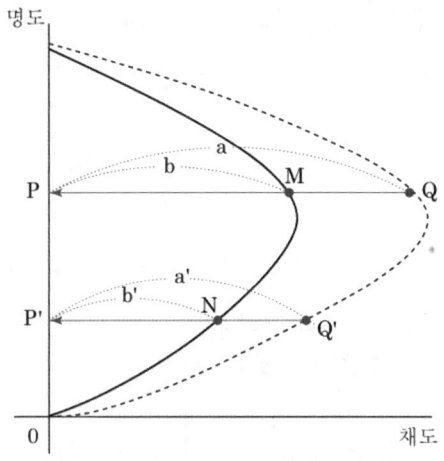

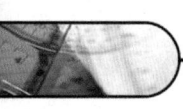

ⓐ 명도 불변 압축법 : 명도 값은 유지한 채로 원본 색영역의 모든 색 좌표를 채도 축에 평행하게 이동시켜 재현 색영역 범위 안으로 압축시킨다.

ⓑ 명도 중심점 압축법 : 원본 색영역의 모든 색 좌표를 명도 축 중심점 방향으로 이동시켜 재현 색영역 범위 안으로 압축시킨다.

ⓒ 돌출점 압축방법 : 가장자리 계산단계에서 설정한 각각의 색상 각에 대하여 재현 색영역의 최대 채도값을 갖는 돌출점을 찾고, 이 돌출점에서 채도 축에 평행하게 이동하여 명도축과 만나는 닻점을 향해 원본 색영역의 색을 재현 색영역 범위 안으로 압축시킨다.

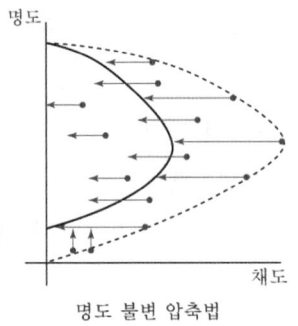
명도 불변 압축법

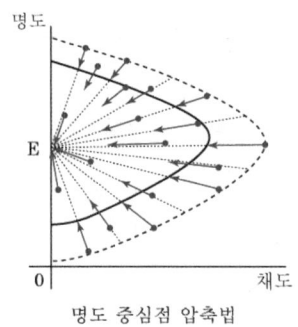
명도 중심점 압축법

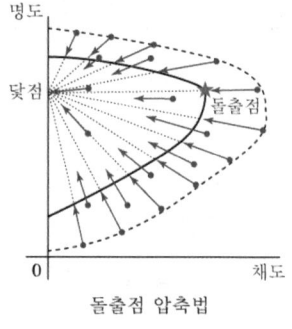
돌출점 압축법

03 가구 계획 및 시각화작업

3.1 가구 디자인

실내공간에서의 가구는 인간과 건축물을 연결하는 요소의 하나로서 인체를 지지하여 휴식, 작업 등의 행위를 보다 안락하고 능률적으로 행하게 하는 인간생활행위의 수단으로 사용된다. 또한 생활에 필요한 물품 등을 보관, 정리, 진열하는 수납의 기능을 가지며 실내장식적 요소로도 작용하여 미적 효과를 증대시켜 준다.

1. 기능 및 분류

(1) 가구의 기능

① 대공간적 기능 : 공간을 구성하는 디자인요소로서 수납공간을 형성하거나 각 공간을 분할하는 역할을 하기도 하며 동선을 결정하고 대화 공간 등을 결정한다.

② 대인적 기능 : 인간의 공간 사용행위 척도와 관련되는 것으로 작업, 휴식, 수납의 기능이 충족될 수 있는 인간행위 척도에 맞는 가구를 말한다. 인간공학적 입장에서 인체척도는 물론 심리적 휴먼 스케일까지 고찰하는 것이다.

③ 대환경적 기능 : 생활환경의 질을 높이기 위한 기능을 말하는 것으로 통일성 있는 디자인과 크기로 미적 효과를 높이며 타 기물과 함께 공간의 순위질서체계를 형성하고 유기적으로 변동시켜 공간을 만들어 나갈 수 있어야 한다.

④ 대사회적 기능 : 사회적 여건을 고려하여야 한다. 재료면에서 재료의 재순환, 대체자원의 연구가 계속 이루어져야 하며 환경적으로 재생의 연구면에서도 대처할 수 있는 기능을 가져야 한다.

(2) 가구의 분류

① 인체공학적 분류

인체지지용 가구 (인체계 가구)	인체와 밀접하게 관계되는 가구로서 직접 인체를 지지한다. 작업의자, 휴식의자, 침대 등이 이에 속한다.
작업용 가구 (준인체계 가구)	간접적으로 인간에 관계하고 인간 동작에 보조가 되는 가구로서 테이블, 주방작업대, 책상 등이 이에 속한다.
정리수납용 가구 (건축계 가구)	수납의 크기, 수량, 중량 등과 관계하며 실내 기둥 간의 치수, 벽의 길이, 천장의 높이 등의 조건에 지배되는 것이다. 벽장, 서랍, 선반, 칸막이 등이 이에 속한다.

② 가구의 이동에 따른 분류

이동가구	이동식 단일 가구로서 현대가구의 대부분이 이에 속한다.
붙박이가구	건물과 일체화시킨 가구로서 공간을 최대한 이용할 수 있는 장점이 있다.
모듈러가구	이동식이면서 시스템화되어 공간의 낭비 없이 가동성, 적응성의 편리함이 있다.

2. 배치

(1) 배치 시 유의사항

① 생활습관, 주행위, 생활기능, 동선계획에 맞도록 한다.
② 크고 작은 가구를 적당히 조화롭게 배치한다.
③ 의자나 소파 옆에는 보조 조명기구를 배치한다.
④ 큰 가구는 벽체에 붙여 놓아 실의 통일감을 갖도록 한다.

(2) 가구의 배치유형

① 대면형 : 테이블을 두고 마주앉는 형으로 가족 중심의 거실보다 응접실용으로 적당하다.
② ㄱ자형 : 시선이 마주치지 않아 안정감이 있고 1인용 의자의 배치에 의해 변화를 꾀할 수 있다.
③ ㄷ자형 : 전통적인 단란형으로 TV, 정원, 벽난로를 보고 있는 편안한 분위기를 꾀할 수 있다.
④ ㅁ자형 : 테이블을 중심으로 주위에 의자를 배치하는 형식으로 대화를 많이 하는 장소에 적합하다.

⑤ 직선형 : 일렬로 의자를 배치하는 방법으로 상대가 보이지 않으므로 대화는 부자연스럽다. 좁은 공간에 좋다.

⑥ 복합형 : 여러 형을 복합적으로 편성한 것이다.

[대면형]   [ㄱ자형]   [직선형]

[ㄷ자형]   [자유형]   [ㅁ자형]

3. 가구의 유형

(1) 의자 및 소파

① 의자

㉠ 의자 디자인 고려사항

ⓐ 정확히 바닥에서 300~450mm 높이로 반드시 발이 바닥에 닿아야 한다.

ⓑ 허벅지 아래로 압박감이 없어야 하고 좌판은 편안하기 위해 너무 깊지 않아야 한다.

ⓒ 등받이는 척추의 곡선을 유지하기 위해 등 아랫부분을 받쳐주어야 한다.

ⓓ 팔걸이는 충분히 길어서 팔과 손을 받쳐주어야 한다.

㉡ 의자의 종류

ⓐ 라운지 체어(lounge chairs) : 가장 편하게 휴식을 취할 수 있는 의자로 비교적 크다. 반쯤 기댄 자세에서 휴식을 취할 수 있으며 팔걸이, 발걸이, 머리받침이 조합되는 것이 보통이며 안락감을 위해 각도 조절, 회전 등이 가능한 기계장치가 부수적으로 추가된다.

ⓑ 이지 체어(easy chairs) : 라운지 체어와 유사하지만 상대적으로 작고 기계적 장치

나 부수적인 기능이 제외된다. 그러나 등받이 각도는 편한 휴식을 위해 완만하게 설치한다. 담소, 독서용으로 적합하다.

ⓒ 사이드 체어(side chairs) : 보통 이지 체어보다 가볍고 작으며 팔걸이가 없다. 위로 세워진 등받이는 식사에 적합하고 앉은 이에게 긴장감을 주므로 학습용으로도 좋다.

ⓓ 폴딩 체어(folding chairs) : 접어서 보관, 운반할 수 있는 의자로 집회 장소나 보조용 의자로 쓰인다.

ⓔ 풀업 체어(pull-up chairs) : 이동하기 쉽고 잡기 편하며 여러 개를 겹쳐 들고 운반하기 쉬운 간이 의자이다.

ⓕ 스툴 체어(stool chairs) : 등받이는 없고 좌판과 다리만 있는 형태의 의자로서 가벼운 작업이나 잠시 휴식을 취할 때 유용하다.

> **Point 오토만**
>
> 스툴의 일종으로 소파에 부속된 의자를 말한다.

[라운지 체어]　　[회전식 라운지 체어]　　[재래식 이지 체어]

[현대식 이지 체어]　　[재래식 풀업 체어]　　[현대식 풀업 체어]

ⓒ 유명 건축가 및 디자이너의 작품

ⓐ 바르셀로나 의자(Barcelona Chair) : 1929년 바르셀로나 국제 전시회인 독일 전시장에 비치된 의자로 건축가 미스 반 데 로에가 디자인했다. 스틸 소재의 X자 다리가 인상적이다.

ⓑ 바실리 의자 : 마르셀 브로이어에 의해 디자인된 것으로 처음으로 스틸 파이프를 휘어서 골조를 만들고 좌판, 등받이, 팔걸이는 가죽으로 하였다. 바우하우스의 교

수였던 바실리 칸딘스키를 위해 만들었다.

ⓒ 체스카 의자 : 마르셀 브로이어가 디자인한 의자로 자신의 딸 체스카(Chesca)의 이름을 인용했다. 프레임이 강철 파이프를 구부려서 캔틸레버 형태를 띠고 있다.

ⓓ 파이미오 의자 : 핀란드 건축가 알바 알토에 의해 디자인된 것으로 자작나무 합판을 성형하여 만들었으며 접합부위가 없고 목재가 지닌 재료의 단순성을 최대로 살린 의자이다.

ⓔ 토넷 의자 : 1800년대 중반 토넷 형제가 나무를 수증기로 가열한 뒤 금형 안에 넣어 구부리는 벤트우드 기법을 개발하여 디자인에 적용한 의자이다.

ⓕ 투겐하트 의자 : 투겐하트 주택을 위해 디자인된 이 의자는 프레임이 상당한 탄력성을 가지고 있어서 캔틸레버식 구조와 잘 조화되었다.

ⓖ 레드블루 의자 : 1918년 게릿 리트펠트가 디자인한 의자로 데 스틸 건축의 대표작인 슈뢰더 하우스에 비치되었다. 뼈대만 앙상하게 남은 형태와 빨강과 파랑의 조합이 특징이다.

ⓗ 판톤 의자 : 1953년 베르너 판톤이 디자인한 의자. 플라스틱의 가공성을 이용하여 사출성형 방식으로 생산되어 등받이부터 다리까지 한 덩어리인 세계 최초의 일체형 의자이다.

바르셀로나 의자 / 체스카 의자 / 바실리 의자 / 파이미오 의자

토넷 의자 / 투겐하트 의자 / 레드블루 의자 / 판톤 의자

② 소파
- ㉠ 체스터필드(chesterfield) : 속을 아주 많이 넣고 천으로 씌운 커다란 전형적인 소파
- ㉡ 카우치(couch) : 고대 로마시대에 음식을 먹거나 취침을 위해 사용한 긴 의자에서 유래된 것으로, 한쪽만 팔걸이가 있고 등받이가 낮은 소파 또는 좌판 한쪽을 올려 몸을 기대거나 침대로 겸용할 수 있도록 한 의자를 뜻한다.
- ㉢ 라운지(lounge) : 편히 누울 수 있도록 쿠션이 좋으며 머리와 어깨를 받칠 수 있도록 한쪽 부분이 경사져 있다.
- ㉣ 세티(settee) : 동일한 두 개의 의자를 나란히 합해 2인이 앉을 수 있도록 한 의자이다.
- ㉤ 다이밴(Divan) : 헤드보드와 풋보드가 없는 침대 혹은 팔걸이와 등받이가 없이 긴 소파의 형태

[체스터 필드]

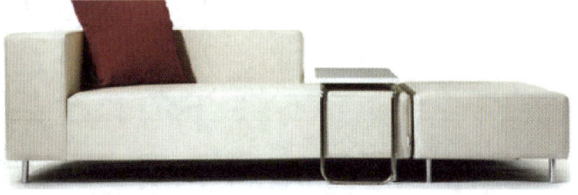

[카우치]

③ 모듈러 좌석(modular seating) : 의자 유닛을 분리, 결합할 수 있는 것으로 공항이나 로비, 라운지와 같은 대중을 위한 넓은 공간에 적합하다. 필요에 따라 장소와 형태를 바꿔 배치할 수 있으며 연속적인 받침대에 단위 좌석이나 부품을 더할 수 있어 시스템(system) 좌석이라고도 한다.

 시스템 가구

통일된 치수로 모듈화된 유닛들이 가구를 형성하므로 질이 높고 생산비가 저렴하며, 공간배치가 자유롭다.

(2) 테이블

테이블은 식사, 작업, 수납, 게임, 전시 및 회의 등 다양한 기능에 쓰인다. 한 사람이 차지하는 너비는 600mm 정도의 공간이 필요하며 사용 목적, 형태 또는 놓여질 장소 등에 따라 구별된다.

(3) 침대

① 침대의 크기
  ㉠ 싱글 베드(single bed) : 900~1000mm×1900~2000mm
  ㉡ 더블 베드(double bed) : 1350~1400mm×2000mm
  ㉢ 퀸 베드(queen bed) : 1500mm×2000mm
  ㉣ 킹 베드(king bed) : 2000mm×2000mm

② 침대의 종류
  ㉠ 하우스 베드(house bed) : 침대가 벽장에 수직으로 수납되는 형식
  ㉡ 푸시백 소파(push-back sofa) : 소파의 등받이를 밀쳐내어 침대로 전환하는 형식
  ㉢ 하이라이저 : 하나의 침대 밑에 저장된 또 하나의 침대
  ㉣ 스튜디어 카우치 : 천으로 씌운 윗부분의 매트가 젖혀지며 트윈 베드로 전환되는 형식
  ㉤ 데이 베드(day bed) : 간단히 낮잠을 자거나 소파 대용으로 쓰는 가구

1인 침대 두 개의 배치를 트윈이라 한다.

(4) 수납장

수납장에는 선반, 서랍, 캐비닛이 있다. 수납장은 붙박이 형태이기도 하고 천장에서 내려 달기도 하며 벽에 걸기도 하고 또는 독립된 가구의 형태를 지니기도 한다.

- 수납장은 쉽게 물건을 넣고 꺼낼 수 있어야 한다.
- 필요성, 편리함이나 사용횟수, 수납할 물건의 크기와 형태, 시각적인 효과, 즉 물건을

전시할 것인지 숨겨야 할 것인지를 먼저 정한다.

3.2 실내건축설계 시각화 작업

1. 2D 표현

(1) 설계도면의 종류

① 계획설계도
  ㉠ 구상도 : 설계에 대한 최초 생각을 자유롭게 표현하는 스케치 등의 작업
  ㉡ 동선도 : 사람, 차량, 화물 등의 흐름을 도식화
  ㉢ 조직도 : 공간의 용도 및 내용을 관련성 있게 정리하여 조직화
  ㉣ 면적도표 : 소요 공간의 면적 비율을 산출하여 검토작업을 하는 도면

② 기본설계도
  건축주에게 설계계획을 전달하는 등의 목적을 위한 도면으로, 계획설계도를 바탕으로 작성한 평면도, 입면도, 배치도, 투시도 등이 속한다.

③ 실시설계도
  ㉠ 일반도 : 배치도, 평면도, 입면도, 단면도, 상세도, 전개도, 창호도 등
  ㉡ 구조설계도 : 구조평면도, 구조 일람표, 골조도 및 각 부 상세도
  ㉢ 설비도 : 전기, 가스, 상하수도, 환기, 냉난방 및 승강기 등의 표시

(2) 2D 설계도면 작성 기준

① 평면도
  ㉠ 바닥면에서 1.2m 높이에서 수평 절단한 수직 투상도를 표현한 도면이다.
  ㉡ 설계 진행의 기본이 되는 도면으로 1/50~1/300의 축척을 사용한다.
  ㉢ 실의 배치와 면적, 개구부의 너비와 위치, 창문과 출입구의 구분 등이 표현된다.
  ㉣ 동선, 각 실 규모 등 생활공간의 구성을 가장 잘 볼 수 있는 도면이다.

② 천정도
  ㉠ 천정의 조명 위치와 설비기구 등을 표시하는 도면이다.
  ㉡ 보통은 평면도와 같은 축척이지만, 경우에 따라 다르게 그릴 수 있다.

③ 입면도
  ㉠ 건물의 외형 혹은 실내의 각 면을 직립투상한 도면이다.
  ㉡ 각 면의 마감재료 및 천장높이, 창호 등을 나타낸다.
  ㉢ 평면과 단면 계획을 종합적으로 고려하여 입면을 계획한다.
④ 단면도
  ㉠ 건물을 수직으로 절단하여 수평방향으로 본 도면이다.
  ㉡ 입면도와 같은 축척으로 그리는 것이 일반적이다.
  ㉢ 평면상 이해가 어렵거나 전체구조의 이해를 돕기 위해 그린다.
  ㉣ 건물의 높이, 층고, 처마 높이, 창 높이 등이 표현되며 지반과 바닥의 차이를 그린다.

(3) 2D 그래픽

① 2D 컬러링
  ㉠ 2D 그래픽 프로그램을 통해 비워져 있는 도면에 마감재나 색을 넣는 작업이다.
  ㉡ 일반적인 도면과 차별화할 수 있고, 동선 검토나 실의 구분에도 용이하다.
② 보드 및 패널 제작
  ㉠ 설계도면을 비롯해서 2D 컬러링 등을 클라이언트가 쉽게 알아보고 비교해 볼 수 있도록 각종 마감재를 포함하여 출력 사이즈에 맞게 제작된 판을 말한다.
  ㉡ 세부 투시도와 다이어그램 등을 활용하여 공간의 이해를 도울 수 있다.

 EPS(Encapsulated PostScript) 파일

Adobe system에서 개발한 컴퓨터 파일 형식으로, 이미지나 문자 레이아웃 데이터를 다른 응용 프로그램에 입력하기 위해 캡슐화한 포스트스크립트 파일이다. 그래픽 손실률이 낮고 기존 이미지 파일보다 용량이 작아서 전자출판이나 패널 제작에 널리 쓰인다. 설계도면을 각종 2D 그래픽으로 표현하기 위해 EPS 파일로 변환하여 작업한다. 변환된 EPS 파일은 도면의 선만 가져오므로 빈 공간에 채색을 쉽게 할 수 있다.

2. 3D 표현

(1) 투시도(Perspective)

① 특징
  ㉠ 공간을 사람의 눈높이에 맞춰서 직접 카메라로 찍은 것처럼 그린 도면을 뜻한다.
  ㉡ 공간의 내외부에 따라 실내 투시도와 실외 투시도로 구분한다.

② 구분
  ㉠ 1소점 투시도(평행 투시)
    ⓐ 수평과 수직은 평행으로 보이며, 깊이는 눈높이를 따라 소점으로 진행된다.
    ⓑ 정면은 수평, 수직으로 보이고 나머지 선들은 모두 소점을 향해 기울어져 보인다.
    ⓒ 실내공간이나 정적인 건축물의 표현은 1소점 투시도가 가장 효과적이다.

  ㉡ 2소점 투시도(유각 투시)
    ⓐ 수직은 평행이 되며 그 외의 좌표는 두 소점으로 진행된다.
    ⓑ 어떤 사물을 비스듬히 놓고 보았을 때 적용된다.

  ㉢ 3소점 투시도
    ⓐ 평행이 되는 좌표가 없이 모든 꼭짓점이 소점으로 진행된다.
    ⓑ 어떤 사물을 위에서 올려다보거나 내려다보았을 때 적용된다.

ⓒ 공간 원근법이라고도 하며 소실점이 3개로 양쪽과 위, 밑으로 향하게 된다.

(2) 조감도 및 아이소메트릭

① 조감도

　㉠ 새의 눈높이와 같이 높은 곳에서 바라본 그림을 뜻한다.

　㉡ 사람 눈높이에 맞춘 투시도와는 달리 실제 건물의 지붕을 표현하게 된다.

② 아이소메트릭

　일정 높이에서 건물을 절단하여 속을 볼 수 있도록 한 그림이다.

> **Point 렌더링**
> 영상에서는 여러 장면의 이미지를 한 장씩 하나의 영상으로 만드는 과정을 렌더링이라고 하며, 건축에서는 설계된 도면에 오브제를 만들고 여러 가지 컬러를 접목시켜 한 장의 이미지를 만들어 내는 작업을 말한다.

3. 모형 제작

(1) 모형 제작 계획

① 모형 제작의 목적
  ㉠ 모형 제작은 공간의 흐름, 성격, 조형성, 스케일 등의 검토를 가능하게 한다.
  ㉡ 설계자의 의도를 클라이언트에게 전달하여 시각적 체험을 제공할 수 있다.

② 모형의 구분
  ㉠ 스터디 모형
    ⓐ 설계자의 디자인 발상을 간략하게 만들어서 확인 및 변경을 할 수 있는 모형이다.
    ⓑ 너무 정교하게 만들면 많은 시간이 소모되므로 아이디어를 3차원적인 형태로 바꾼다는 정도로 모형을 만들어보는 것이 좋다.
    ⓒ 기초적인 모형이지만 계획안을 확인해야 하므로 엉성하게 만들어서도 안 된다.
    ⓓ 스터디 모형의 단계
      • 1단계 : 초기의 형태를 정하는 이미지 모형
      • 2단계 : 입면 등의 건축적 표정을 스터디하는 전체 모형
      • 3단계 : 실내 및 다른 건축 부문의 디자인을 스터디하는 부분별 모형
  ㉡ 전시용 모델(Presentation Model)
    ⓐ 클라이언트에게 보이기 위한 세부모형이자 최종 모델을 의미한다.
    ⓑ 스터디 모형을 통해 각종 오차와 수정을 통해 변경된 디자인을 디테일한 모형으로 완성시킨다.

(2) 모형 제작

① 모형 재료
  ㉠ 목재(발사, 베이스 우드, 각종 목재류), 아크릴
  ㉡ 우드락 : 압축 스티로폼의 일종. 잘 부서지지 않고 표면이 매끄럽고 강도가 높다.
  ㉢ 폼보드 : 우드락 양면에 종이를 붙여서 더 단단하고 강하다.

   ⓔ 하드 보드지 : 매우 두꺼운 종이로 강도가 높지만 절단이 다소 어렵다.
   ⓜ 접착제 : 모형재료에 따라 다양한 접착제가 쓰이며, 크게 수지형과 무수지형으로 나뉜다.
  ② 모형 제작 순서
   ㉠ CAD나 3D 프로그램을 이용하여 모형 제작에 필요한 파일을 출력한다.
   ㉡ 3D 모델링을 이용하여 전개도를 제작한다.
   ㉢ 재료에 모형 도안을 스케치하거나 출력된 도면을 모형 재료에 붙인다.
   ㉣ 모형 칼, 열선 커팅기, CNC 모빌 등을 이용하여 모형 재료를 자른다.

part 2

시공 및 재료

CHAPTER 01 시공관리

1.1 공정 및 안전관리

1. 공정관리

(1) 공정표

① 횡선식 공정표

세로축에 공사종목별 각 공사명을 배열하고 가로축에 날짜를 표기한 후 각 공사의 소요 시간을 횡선의 길이로 나타내는 공정표

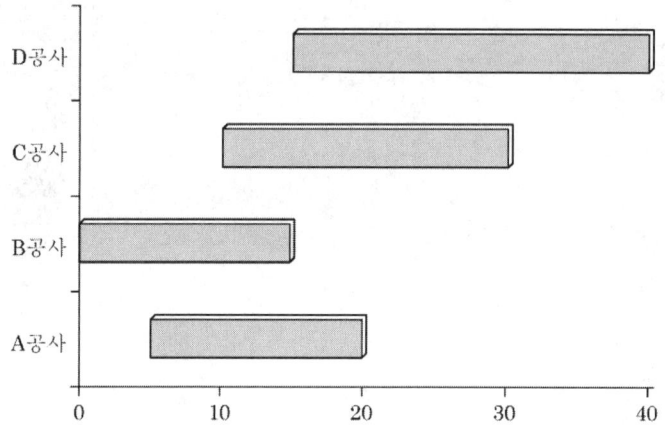

㉠ 장점

ⓐ 각 공정별 공사와 전체의 공정 시기 등이 일목요연하다.

ⓑ 공정별 공사의 착수 및 완료일이 명시되어 판단이 용이하다.

ⓒ 공정표의 형태가 단순하여 경험이 적은 사람도 쉽게 이해할 수 있다.

ⓒ 단점
　　ⓐ 작업 상호 간의 관계가 불분명하고, 공정선을 파악할 수 없어서 관리통제가 어렵다.
　　ⓑ 작업 상호 간의 유기적인 관련성과 종속관계 파악이 어렵다.
　　ⓒ 작업상황이 변동되었을 때 탄력성이 없다.
　　ⓓ 한 작업이 다른 작업 및 프로젝트에 미치는 영향을 파악할 수 없다.
② 사선식 공정표
　세로에 공사량과 총 인부 등을 표시하고, 가로에 월, 일수 등을 표시하여 일정한 사선 절선을 가지고 공사의 진행상태(기성고)를 수량적으로 나타낸다. 작업의 관련성을 나타낼 수는 없으나 공사의 기성고를 표시하는데 편리하다.
　㉠ 장점
　　ⓐ 전체 기성고 파악이 쉽고 자재, 장비, 노무 수배에 유리하다.
　　ⓑ 공사지연에 따른 조속한 대책을 세울 수 있다.
　　ⓒ 네트워크 공정표의 보조수단으로 사용할 수 있다.
　㉡ 단점
　　ⓐ 각 단위작업의 기성고 및 조정이 불가능하다.
　　ⓑ 주공정선 파악이 불가능하고 각 작업 간 상호관계 파악이 불분명하다.
③ 열기식 공정표
　부분 공정표로서 재료, 노무 등을 글자로 나열한 것이다. 재료 및 노무 수배에 유리하다.
④ 네트워크 공정표
　전체 공정계획 속에 개개의 작업을 ○와 →로 구성되는 망형도로 표시하며, 이에 각 작업에 필요한 시간을 구하여 총괄적 견지에서 관리를 진행하는 공정표로 PERT 방식과 CPM 방식이 있다.

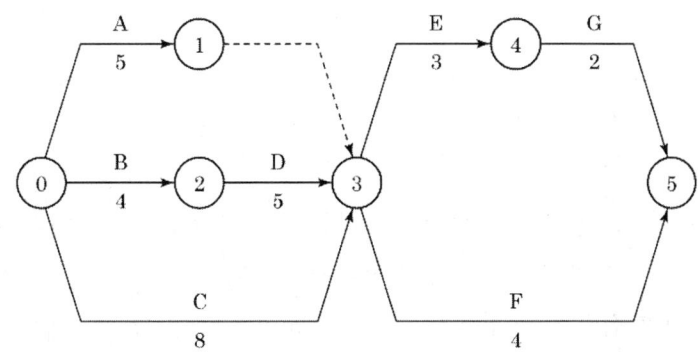

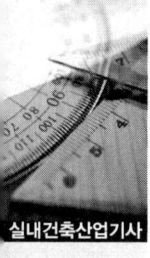

㉠ 장점
  ⓐ 공사계획의 전모와 공사 전체의 파악이 용이하다.
  ⓑ 각 작업의 흐름을 분해하여 작업 상호관계가 명확하게 표시된다.
  ⓒ 계획단계에서 문제점이 파악되므로 작업 전에 수정이 가능하다.
  ⓓ 공사의 진척상황을 누구나 쉽게 알 수 있다.
  ⓔ 주공정선(C.P)이 명확하고, 각 작업의 여유산출이 가능하다.

㉡ 단점
  ⓐ 작성시간이 오래 걸린다.
  ⓑ 작성 및 검사에 특별한 지식이 요구된다.
  ⓒ 기법의 표현상 세분화에 한계가 있다.

㉢ 주요 용어
  ⓐ 결합점(event, node) : 작업의 시작과 종료를 표시하는 개시점, 종료점, 연결점은 ○로 표시하며 작업의 진행방향으로 번호를 순차적으로 부여한다.
  ⓑ 작업(activity, job) : 프로젝트를 구성하는 작업단위 → 위에 작업명, 아래에 작업일수를 표시한다.
  ⓒ 더미(dummy) : 작업 상호관계를 연결시키는 점선 화살표로 명목상 작업이나 시간적 요소는 없다.
  ⓓ 주공정선(C.P : Critical Path) : 개시 결합점에서 종료 결합점에 이르는 경로 중 가장 긴 경로
  ⓔ 여유 : 공사가 종료되는 데 지장을 주지 않는 범위 내에서의 잔여시간

(2) 진도관리
  ① 공기단축
    ㉠ 시기
      ⓐ 지정 공기보다 계산 공기가 긴 경우
      ⓑ 진도관리(follow up)에 의해 작업이 지연되고 있는 경우
    ㉡ 시간과 비용의 관계
      ⓐ 총 공사비는 직접비와 간접비로 구성되고 일반적으로 시공 시 시공량에 비례하므로 시공속도를 빠르게 할수록 간접비는 감소되고 직접비는 증가한다.
      ⓑ 직접비와 간접비의 총 합계가 최소가 되도록 한 시공속도를 최적 시공속도 또는 경제속도라 한다.

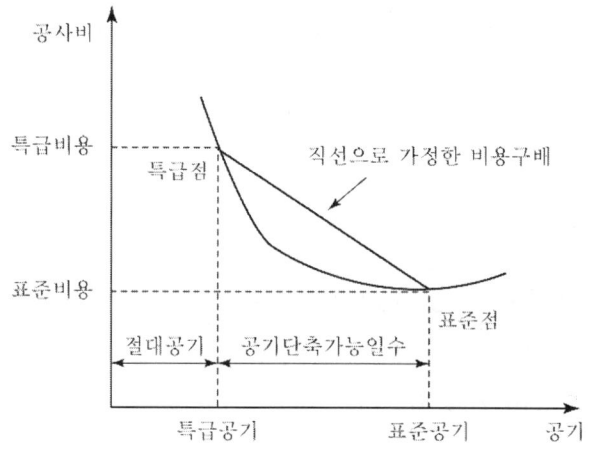

② 비용구배(cost slope)
  ㉠ 공기를 1일 단축할 때 증가하는 비용을 말한다.
  ㉡ 시간 단축 시 증가하는 비용의 곡선을 직선으로 가정한 기울기의 값이다.

  ※ 비용구배 = $\dfrac{\text{특급비} - \text{표준비}}{\text{표준공기} - \text{특급공기}}$

  ㉢ 단위는 원/일이며 공기단축 가능일수는 표준공기에서 특급공기를 뺀 일수이다.
  ㉣ 특급점이란 더 이상 단축할 수 없는 절대공기를 말한다.

2. 재료검수 및 안전관리

(1) 재료검수

① 비강도와 경제강도
  ㉠ 재료의 강도를 비중량으로 나눈 값을 비강도라 한다.
  ㉡ 강도를 kg/mm^2, 비중량(단위부피당 무게)을 kg/mm^3로 나타내면, 비강도는 mm, cm로 표시된다.
  ㉢ 항공기, 선박 등 가볍고 튼튼한 재료가 요구되는 곳에서 척도로 쓰인다.
  ㉣ 경제강도는 파괴강도를 허용강도로 나눈 것으로 안전율이라고도 한다.

② 목재 관리
  ㉠ 평균 연륜폭, 연륜밀도
    선분의 길이가 6cm이고, 연륜의 개수가 6개이면
    ⓐ 평균 연륜폭 : 60mm÷6개=10mm/개

ⓑ 연륜밀도는 평균연륜폭의 역수이다. 따라서 연륜밀도는 6개÷60mm=0.1개/mm가 된다.

ⓛ 함수율(%)= $\dfrac{\text{건조 전 중량} - \text{건조 후 중량}}{\text{건조 후 중량}} \times 100(\%)$

③ 콘크리트 관리

㉠ 슬럼프 시험

슬럼프 콘에 콘크리트를 3회로 나누어 다져넣기를 한 후, 슬럼프 콘을 들어올려서 가라앉은 콘크리트 더미의 최상단 높이와 슬럼프 콘의 높이 차를 통해 콘크리트의 시공연도(Workability)를 확인하는 시험

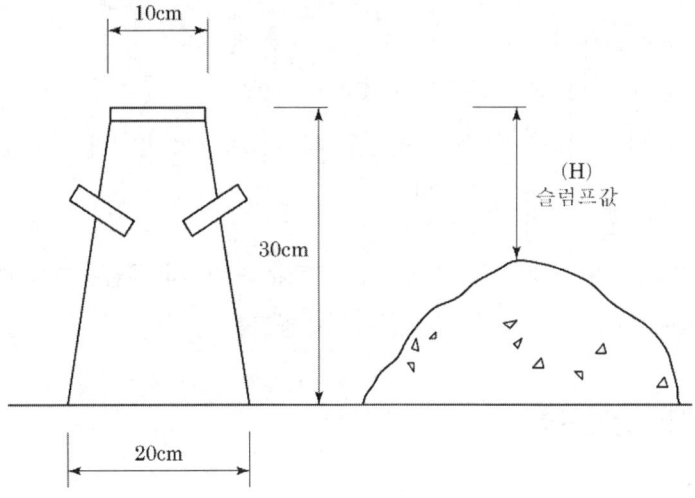

㉡ 골재의 함수율

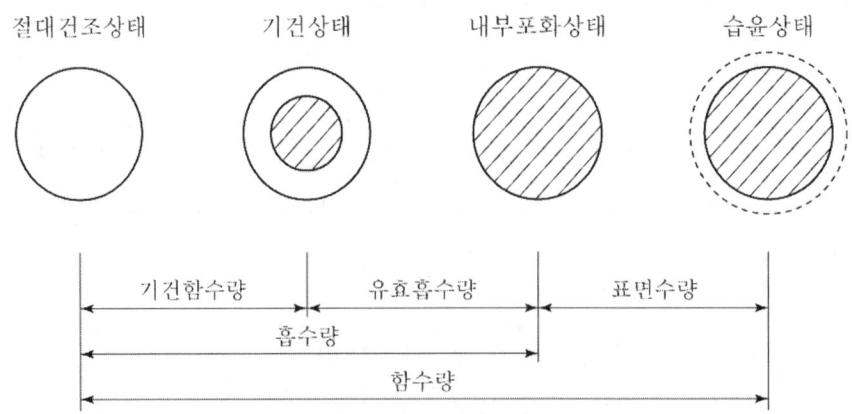

ⓐ 절건상태 : 중량변화가 없을 때까지 골재를 건조시킨 상태
　　ⓑ 기건상태 : 실내에 방치한 골재의 표면과 내부공극 일부가 건조한 상태
　　ⓒ 표면건조상태(내부포수상태) : 골재 표면에는 물이 없으나 내부공극은 물로 완전히 채워진 상태
　　ⓓ 습윤상태 : 내부공극도 모두 물로 채워지고 표면도 흥건히 젖어 있는 상태
　　ⓔ 각종 비율의 계산

흡수율	유효 흡수율	표면수율
$\dfrac{흡수량}{절대건조상태 중량} \times 100\%$	$\dfrac{유효흡수량}{절대건조상태 중량} \times 100\%$	$\dfrac{표면수량}{표면건조상태 중량} \times 100\%$

　③ 압축강도 : 최대 하중 ÷ 시험체의 단면적

(2) 안전관리

① 안전관리계획

　㉠ 안전관리의 목적 : 인명 존중, 사회복지 증진, 생산성 향상, 경제성 향상
　㉡ 사고통계 이론

하인리히의 법칙 (1 : 29 : 300)	1명의 중대사고가 일어나기 전에 29명의 경상자, 300명의 잠재적 부상자 발생
버드의 법칙 (1 : 10 : 30 : 600)	중상자 1명 발생 ← 경상자 10명 발생 ← 30번의 물적 손실 ← 600번의 위험한 순간

　㉢ 안전점검
　　ⓐ 의의 : 설비의 안전 확보, 설비의 안전상태 유지, 인적 안전행동 상태 유지
　　ⓑ 종류 : 정기점검, 수시점검, 특별점검, 임시점검

② 안전시설

추락방호망	• 작업면으로부터 가까운 지점에 수평으로 설치 • 작업면에서 설치 지점까지의 수직거리는 1m를 초과하지 않을 것 • 망의 처짐은 짧은 변 길이의 12% 이상이 되도록 할 것 • 건축물 바깥쪽으로 설치하는 경우 내민 길이는 벽면으로부터 3m 이상
낙하물 방지망 또는 방호선반	• 높이 10m 이내마다 설치하고, 내민 길이는 벽면으로부터 2m 이상 • 수평면과의 각도는 20도 이상 30도 이하 유지

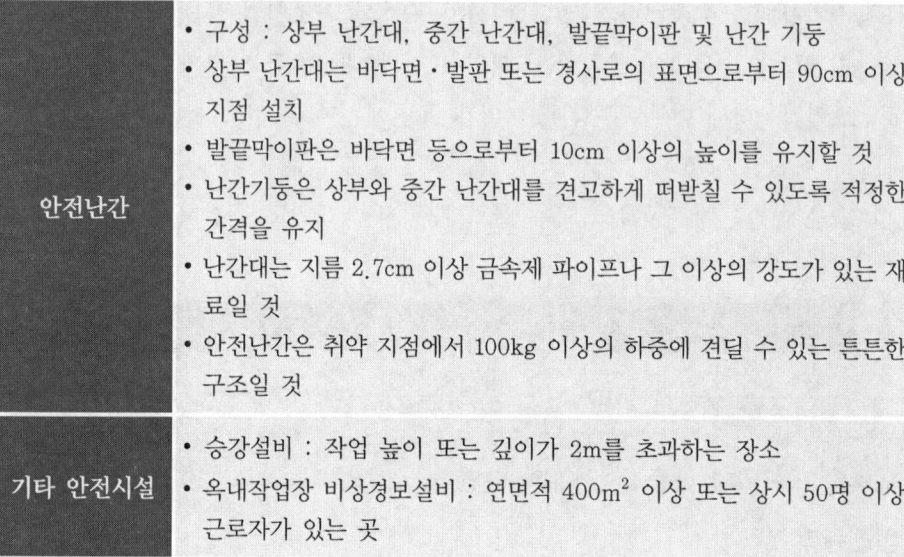

안전난간	• 구성 : 상부 난간대, 중간 난간대, 발끝막이판 및 난간 기둥 • 상부 난간대는 바닥면·발판 또는 경사로의 표면으로부터 90cm 이상 지점 설치 • 발끝막이판은 바닥면 등으로부터 10cm 이상의 높이를 유지할 것 • 난간기둥은 상부와 중간 난간대를 견고하게 떠받칠 수 있도록 적정한 간격을 유지 • 난간대는 지름 2.7cm 이상 금속제 파이프나 그 이상의 강도가 있는 재료일 것 • 안전난간은 취약 지점에서 100kg 이상의 하중에 견딜 수 있는 튼튼한 구조일 것
기타 안전시설	• 승강설비 : 작업 높이 또는 깊이가 2m를 초과하는 장소 • 옥내작업장 비상경보설비 : 연면적 400m² 이상 또는 상시 50명 이상 근로자가 있는 곳

③ 안전관리계획

㉠ 안전관리계획의 주요 내용

ⓐ 건설공사의 개요 및 안전관리조직

ⓑ 공정별 안전점검계획(계측장비, CCTV 등 안전 모니터링 장비 설치 및 운용계획)

ⓒ 현장 주변 안전관리대책

ⓓ 통행안전시설 설치 및 교통 소통에 관한 계획

ⓔ 안전관리비 집행계획

ⓕ 안전교육 및 비상시 긴급조치계획

ⓖ 공종별 안전관리계획(대상 시설물별 건설공법 및 시공절차)

㉡ 안전점검의 시기 및 방법

건설사업자와 주택건설등록업자는 공사기간 동안 매일 자체안전점검을 하고, 법률에서 정하는 기관에 의뢰하여 기준에 따라 정기안전점검 및 정밀안전점검 등을 해야 한다.

ⓐ 주요사항

• 공사의 종류 및 규모 등을 고려하여 국토교통부장관이 정하여 고시하는 시기와 횟수에 따라 정기안전점검을 할 것

• 정기안전점검 결과 건설공사의 물리적·기능적 결함 등이 발견되어 보수·보강 등의 조치를 위하여 필요한 경우에는 정밀안전점검을 할 것

- 법률에서 정하는 안전관리계획을 수립해야 하는 건설공사의 경우, 그 건설공사를 준공(임시사용 포함)하기 직전에 정기안전점검 수준 이상의 안전점검을 할 것. 또한 해당 공사가 시행 도중 중단되어 1년 이상 방치된 시설물이 있는 경우, 그 공사를 다시 시작하기 전 그 시설물에 대하여 정기안전점검 수준의 안전점검을 할 것

ⓑ 정기 및 정밀안전점검 의뢰기관
- 시·도지사가 등록증을 발급한 안전진단전문기관
- 국토안전관리원

ⓒ 안전교육
ⓐ 안전관리책임자 또는 안전관리담당자는 법률에서 정하는 안전교육을 당일 공사작업자를 대상으로 매일 공사 착수 전에 실시하여야 한다.
ⓑ 안전교육은 당일 작업의 공법 이해, 시공상세도면에 따른 세부 시공순서 및 시공기술상의 주의사항 등을 포함해야 한다.
ⓒ 건설사업자와 주택건설등록업자는 안전교육 내용을 기록·관리하며, 준공 후 발주청에 관계 서류와 함께 제출해야 한다.

1.2 실내건축 협력공사

1. 가설공사

(1) 개요

가설공사는 건축 공사를 실시하기 위해 임시로 설치하는 제반시설 및 수단의 총칭이다. 공사가 완료되면 해체, 철거, 정리되는 임시적인 공사에 해당된다.

① 종류
㉠ 공통 가설공사
공사 전반에 걸쳐 공통으로 사용되는 것으로 운영 및 관리에 필요한 가설시설
ⓐ 가설 운반로, 가설 울타리, 가설 창고
ⓑ 현장 사무실, 임시 화장실, 공사용수 설비, 공사용 동력설비
㉡ 직접 가설공사
건축 공사의 직접적인 수행을 위해 필요한 시설

　　　　ⓐ 규준틀, 비계, 안전시설, 건축물 보양설비
　　　　ⓑ 낙하물 방지설비, 양중 및 운반시설, 타설시설
　② 시멘트 가설창고 설치 기준
　　㉠ 방습을 위해 지면에서 30cm 이상 띄어 저장한다.
　　㉡ 쌓기 포대수는 13포 이하로 한다.(장기 저장 시 7포 이하)
　　㉢ 출입구 이외의 개구부는 되도록 설치하지 않으며 반입, 반출로는 따로 낸다.
　　㉣ 창고 주위에 배수도랑을 설치하여 우수침입을 방지한다.
　③ 기준점 및 규준틀
　　㉠ 기준점
　　　　ⓐ 공사 중 건물의 높이 및 기준이 되는 표식으로 건물 인근에 설치한다.
　　　　ⓑ 이동의 염려가 없는 곳에 설치한다.
　　　　ⓒ 현장 어느 곳에서든 바라보기 좋으며 공사의 지장이 없는 위치에 설치한다.
　　　　ⓓ 최소 2개소 이상, 가급적 여러 곳에 설치한다.
　　㉡ 규준틀
　　　　ⓐ 수평 규준틀 : 건축물의 각 부 위치 및 높이, 기초 너비를 결정하기 위해 설치한다.
　　　　ⓑ 세로 규준틀 : 벽돌, 블록, 돌쌓기 등 조적공사에서 고저 및 수직면의 기준을 삼기 위해 설치한다. 쌓기 단수, 줄눈 표시, 앵커 볼트와 매립 철물 위치, 창문틀 위치 및 치수 표시, 테두리보나 인방보의 설치 위치 등이 표시된다.

(2) 비계

　① 사용 목적
　　작업의 용이, 재료의 운반 및 작업자의 통로, 작업 시 발판 역할
　② 분류
　　㉠ 재료상의 분류 : 통나무 비계, 파이프 비계(단식, 강관틀)
　　㉡ 위치상의 분류
　　　　ⓐ 외부 비계 : 외줄 비계, 겹비계, 쌍줄 비계, 달비계, 선반 비계
　　　　ⓑ 내부 비계 : 수평 비계, 말비계

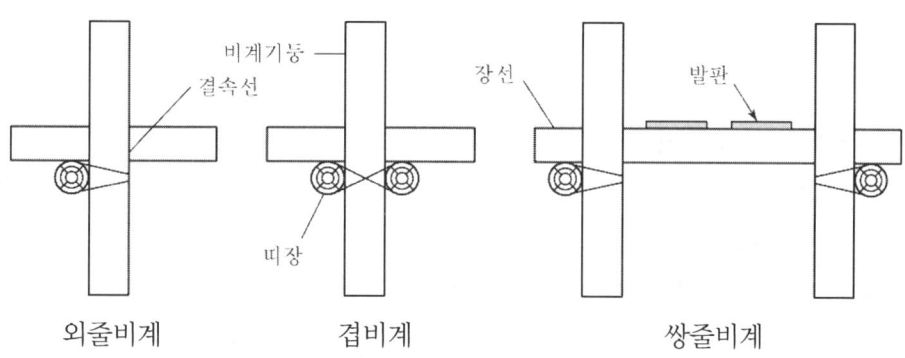

외줄비계	겹비계	쌍줄비계

말비계

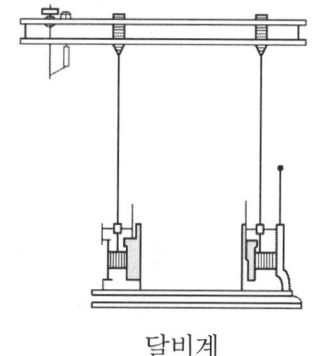
달비계

외줄 비계	소규모 공사에서 사용한다. 한쪽을 벽체에 걸치고 기둥에 띠장, 장선 및 발판을 대며 겹비계는 발판없이 도장공사 등에서 사용한다.
쌍줄 비계	비교적 대규모, 고층 건물 공사 등에 사용한다. 강관틀 비계가 대표적인 쌍줄 비계에 해당된다.
말비계	이동이 간편한 발돋움용 소규모 비계. 여러 개를 연결해서 사용하기도 한다.
달비계	건축물 완공 후 외부 수리, 치장공사, 유리창 청소 등을 위해 사용한다. Wire Rope로 작업대를 달아 내린 것으로 손 감기나, 작은 동력장치로 상하 조절을 하도록 제작한다.

③ 통나무 비계

㉠ 재료

ⓐ 형상이 곧고 흠이 없는 낙엽송, 삼나무 등을 사용한다.

ⓑ 직경 10~12cm 이내, 끝마무리 지름 3.5cm 정도로 한다.

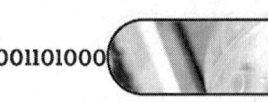

ⓒ 결속선은 #8~10 철선, #16~18 아연도금 철선을 불에 구운 것을 사용한다.
ⓒ 구조
  ⓐ 비계기둥 간격은 2.5m 이하로 하고 지상으로부터 첫 번째 띠장은 3m 이하의 위치에 설치한다.
  ⓑ 기둥이 미끄러지거나 침하하는 것을 방지하기 위하여 비계기둥의 하단부를 묻고, 밑둥잡이를 설치하거나 깔판을 사용하는 등의 조치를 한다.
  ⓒ 비계기둥의 이음이 겹침 이음인 경우 이음 부분에서 1m 이상을 서로 겹쳐서 두 군데 이상 묶고, 비계기둥의 이음이 맞댄이음인 경우 비계기둥을 쌍기둥 틀로 하거나 1.8m 이상의 덧댐목을 사용하여 네 군데 이상을 묶는다.
  ⓓ 비계기둥·띠장·장선 등의 접속부 및 교차부는 철선이나 그 밖의 튼튼한 재료로 견고하게 묶는다.
  ⓔ 교차 가새로 보강할 것
  ⓕ 벽 이음 및 버팀 설치 기준
    • 간격은 수직 방향에서 5.5m 이하, 수평 방향에서는 7.5m 이하로 할 것
    • 강관·통나무 등의 재료를 사용하여 견고한 것으로 할 것
    • 인장재와 압축재로 구성되어 있는 경우, 인장재와 압축재의 간격은 1m 이내로 할 것
ⓒ 통나무 비계는 지상높이 4층 이하 또는 12m 이하인 건축물·공작물 등의 건조·해체 및 조립 등의 작업에만 사용할 수 있다.

④ 강관 비계
  ㉠ 비계기둥 간격은 띠장 방향에서는 1.85m 이하, 장선 방향에서는 1.5m 이하로 한다.
  ㉡ 띠장 간격은 2.0m 이하로 할 것(쌍기둥 틀 등에 의해 보강한 경우 제외)
  ㉢ 비계기둥 제일 윗부분으로부터 31m되는 지점 밑부분의 비계기둥은 2개의 강관으로 묶어세울 것
  ㉣ 비계기둥 간 적재하중은 400kg을 초과하지 않도록 할 것

⑤ 틀비계
  ㉠ 비계기둥의 밑둥에는 밑받침 철물을 사용하여야 하며 밑받침에 고저차가 있는 경우 조절형 밑받침 철물을 사용하여 각각의 강관틀비계가 항상 수평 및 수직을 유지하도록 한다.
  ㉡ 높이가 20m를 초과하거나 중량물의 적재를 수반하는 작업을 할 경우, 주틀 간의 간

격을 1.8m 이하로 한다.

ⓒ 주틀 간에 교차 가새를 설치하고 최상층 및 5층 이내마다 수평재를 설치한다.

ⓒ 수직 방향으로 6m, 수평 방향으로 8m 이내마다 벽이음을 한다.

ⓒ 길이가 띠장 방향으로 4m 이하이고 높이가 10m를 초과하는 경우, 10m 이내마다 띠장 방향으로 버팀기둥을 설치한다.

> 실내건축 공사 시 주로 사용되는 이동식 비계의 안전조치에 관한 설명으로 옳지 않은 것은? [2022년 3월 출제]
> ① 갑작스런 이동 및 전도를 방지하기 위하여 아웃트리거(outrigger)를 설치한다.
> ② 작업발판 위에서 사다리를 안전하게 사용할 수 있도록 작업발판은 항상 수평을 유지한다.
> ③ 작업발판의 최대 적재하중은 250kg을 초과하지 않도록 한다.
> ④ 비계의 최상부에서 작업을 하는 경우에는 안전난간을 설치한다.
> [정답] ②
> [해설] 이동식 비계의 안전조치
> - 갑작스러운 이동 또는 전도를 방지하기 위하여 브레이크, 쐐기 등으로 바퀴를 고정시킨 다음 비계의 일부를 견고한 시설물에 고정하거나 아웃트리거(outrigger) 등을 설치할 것
> - 승강용 사다리는 견고하게 설치할 것
> - 비계의 최상부에서 작업을 하는 경우 안전난간을 설치할 것
> - 작업발판은 항상 수평을 유지하고 작업발판 위에서 안전난간을 딛고 작업을 하거나 받침대 또는 사다리를 사용하여 작업하지 않도록 할 것
> - 작업발판의 최대적재하중은 250kg을 초과하지 않도록 할 것

2. 콘크리트 공사

(1) 시멘트와 골재

① 시멘트

㉠ 포틀랜드 시멘트

| 보통 포틀랜드 시멘트 (KS 1종) | • 일반적으로 가장 많이 쓰이는 표준 시멘트
• 재령 4주 압축강도를 기준강도로 한다. |

중용열 포틀랜드 시멘트 (KS 2종)	• C_3S와 C_3A를 적게 하여 수화열을 낮추고 안정성을 높인 시멘트 • 화학저항성 및 내구성이 좋으며 방사선 차단 효과가 있다. • 댐 축조, 콘크리트 포장, 매스콘크리트, 원자로 차폐용으로 쓰인다.
조강 포틀랜드 시멘트 (KS 3종)	• 분말도가 커서 수화열이 많이 발생하여 경화가 빠르다. • 조기강도가 높다.(1주 경화 = 보통시멘트 4주 압축강도) • 공기를 단축시킬 수 있어 긴급공사, 수중공사, 동기공사 등에 쓰인다.
저열 포틀랜드 시멘트 (KS 4종)	• 중용열 시멘트보다 C_2S의 함량을 높이고, C_3A와 C_3S를 줄여 수화열을 더 낮춘 시멘트이다. • 대규모 매스콘크리트 등 2종 시멘트와 유사한 용도로 쓰인다.
내황산염 포틀랜드 시멘트 (KS 5종)	• 내황산염 저항성이 큰 C_4AF를 증가시킨 시멘트 • 온천공사, 해양구조물, 폐수처리장, 하수공사 구조물에 쓰인다.
백색 포틀랜드 시멘트	• 산화철을 가능한 한 포함하지 않게 하여 흰색을 띠도록 만든 시멘트 • 내마모성이 우수하고 박리·침식에 강하여 수중에서도 경화한다. • 안료에 의한 착색이 가능해 도장, 치장, 인조대리석 등에 쓰인다.

  ⓛ 주요 성질
   ⓐ 분말도
    분말도가 높으면 응결이 빠르고 조기강도가 높아지며 시공연도가 좋고 시공 후 투수성도 낮아진다. 그러나 콘크리트 응결 시 초기균열 발생이 생기며 저장 시 풍화작용도 일어나기 쉽다.
   ⓑ 응결 및 경화 요인
    석고량이 많아지면 응결이 늦어지고 풍화된 시멘트 역시 응결속도는 느려진다. 물시멘트비가 크면 응결이 지연되며 온도가 높을수록, 알칼리가 많을수록 빨라진다.
 ② 골재
  ㉠ 강도 및 품질
   ⓐ 골재의 형태는 표면이 거칠고 구형에 가까운 것이 좋으며 진흙이나 불순물이 포함되지 않도록 한다.
   ⓑ 적당한 비율로 모래와 자갈이 혼합되어야 한다.
   ⓒ 쇄석을 사용하면 접착력은 좋으나 공극률이 많고 연도가 저하된다.
   ⓓ 운모(돌비늘)가 함유되면 강도 저하 및 풍화가 생기기 쉽다.

　　ⓒ 실적률과 공극률
　　　ⓐ 실적률 : 전체 부피 중 골재 입자가 차지하는 실제 용적의 백분율
　　　ⓑ 공극률 : 전체 부피 중 공극 부분이 차지하는 백분율
　　　ⓒ 실적률+공극률=100%
　　　ⓓ 잔골재와 굵은 골재의 공극률은 각각 30~40% 정도이며 적당히 혼합하면 20% 정도로 공극률이 감소하고 단위 용적당 무게가 커진다.

(2) 콘크리트

① 주요 성질
　㉠ 워커빌리티(Workability)
　　ⓐ 반죽의 질기에 따른 작업의 난이 정도 및 재료 분리저항 정도를 나타내는 굳지 않은 콘크리트의 성질을 말한다. 시공연도라고도 한다.
　　ⓑ 너무 크거나 너무 작아도 문제가 되는 복잡한 지표이므로 용도나 타설하는 건축물 부위에 따라 적합한 워커빌리티를 얻어내는 것이 바람직하다.
　　ⓒ 가장 많이 쓰이는 측정방법은 슬럼프 시험이며 플로우 시험, 리몰딩 시험, 낙하 시험, 구 관입시험 등도 워커빌리티 측정에 쓰인다.
　㉡ 재료 분리
　　콘크리트 비비기, 운반, 다지기 중 각각의 재료가 골고루 섞이지 않고 재료별로 집중되는 현상을 뜻한다.

재료 분리의 원인	• 자갈 최대 치수가 지나치게 큰 경우 • 입자가 거친 잔골재를 사용한 경우 • 단위수량 또는 단위골재량이 너무 많은 경우 • 단위배합이 적절치 못한 경우
블리딩	콘크리트 타설 후 무거운 골재가 가라앉고 가벼운 물과 미세물질들이 콘크리트 표면에 떠오르는 현상을 뜻한다. 콘크리트 상부를 다공질로 만들어 품질을 저하시키고 내부에 수로를 형성하여 수밀성과 내구성을 저하시킨다.
레이턴스	블리딩 현상으로 인해 콘크리트 표면에 침적된 미립물에 의한 얇은 피막층을 뜻한다. 철근과의 부착력 저하, 콘크리트 이음 타설 부분의 밀착성과 수밀성을 저하시키는 원인이 된다.

ⓒ 체적 변화

건조수축 감소 조건	• 단위 수량, 공기량을 적게 한다. • (동일 물시멘트비에서) 단위 시멘트량을 적게 한다. • 온도는 낮을수록, 습도는 높을수록 감소 • 골재가 경질이고 탄성계수가 클수록 감소 • 콘크리트 부재 치수가 크면 건조가 느려지므로 감소 ※ 습윤양생기간은 건조수축과 직접적 연관이 적다.
온도변화	온도에 의한 체적 변화는 골재의 종류에 영향을 받는다. 석영일 때 체적변화가 가장 크고, 사암, 화강암, 현무암, 석회석 순으로 작아진다.
내화성	260℃ 이상이면 강도가 저하되고, 300~350℃ 이상이면 저하현상이 현저해지며, 500℃ 이상이면 구조체로 사용할 수 없게 된다.

② 특수 콘크리트

㉠ 경량 콘크리트

ⓐ 중량 경감을 목적으로 만든 콘크리트로 단열 및 방음, 흡음을 목적으로 사용된다.

ⓑ 다공질의 경량골재를 사용하거나 발포제를 넣어 기포를 형성시켜 만들며, 골재 사이 공극 형성을 위해 잔골재 사용을 제한해서 만들기도 한다.

㉡ A.L.C(autoclaved light weight concrete)

ⓐ 실리카분이 풍부한 모래와 생석회를 주원료로 하여 발포·팽창시킨 성형품이다.

ⓑ 주로 단열 및 방음재로 쓰이며 소규모 주택의 재료로도 많이 활용된다.

ⓒ 다공질이므로 습기에 취약하고 강도가 낮은 편이다.

㉢ AE 콘크리트

ⓐ AE(air entrained)제를 사용하여 공기를 연행한 다공질 콘크리트이다.

ⓑ 연행공기가 볼 베어링 역할을 하여 시공연도가 좋아지고 블리딩이 감소한다.

ⓒ 단위 수량을 감소시킬 수 있고 시공한 표면이 평활하게 된다.

ⓓ 동결, 융해, 건습 등에 의한 용적변화가 작아 내구성이 증진된다.

ⓔ 압축강도와 부착강도가 저하되고 마감 모르타르나 타일 부착력이 저하된다.

㉣ 프리스트레스트 콘크리트

ⓐ 철근 대신 고강도 PC강재를 사용하여 인장강도를 증가시키고 특수시공에 의해 프리스트레스를 콘크리트에 가하는 것이다.

ⓑ 콘크리트의 인장응력 발생 부위에 미리 압축력을 주어 콘크리트의 휨 저항을 증대

　　시킨다.
　ⓒ 내구성이 커지며 균열이 방지되고 보 춤이 같은 경우 힘이 1/3 정도로 긴 스팬에 유리하여 넓은 공간의 건축물이나 고층 건축물에 사용된다.
　ⓓ 제작이 까다롭고 콘크리트를 양질 제품으로 사용해야 하며 비용이 많이 든다.
　ⓔ 부재의 두께가 얇아지므로 진동에는 다소 취약해진다.
　ⓕ 공법별 분류

프리텐션 공법	먼저 PC강재를 인장시켜 설치한 후 콘크리트를 타설하여 경화가 된 후에 인장력을 제거하여 콘크리트가 압축 프리스트레스를 받도록 한다. 소규모 건축부품(벽판, 디딤판), T slab 등을 만들 때 사용한다.
포스트텐션 공법	콘크리트 타설 전에 관을 집어넣고 경화 후에 관 속으로 PC강재를 집어넣어 한쪽 끝을 정착하고 다른 쪽을 유압, 잭 등을 써서 긴장시켜 압축력이 주어지면 나사 등으로 정착시키거나 모르타르를 주입하는 방법으로 시공한다. 큰보, 교량, 터널 등 주로 대규모 구조물에 사용한다.

ⓜ 레디믹스트 콘크리트
　ⓐ 개요
　　• 콘크리트 제조 공장에서 주문자의 요구 품질 및 수량에 맞게 배합하여 특수 운반 자동차로 현장까지 배달 공급하는 것으로, 현장에서는 레미콘이라 줄여 부른다.
　　• 현장이 협소한 경우에 유용하며, 품질이 균일하고 우수한 콘크리트를 사용할 수 있다.
　　• 운반 중의 재료 분리, 시간 경과에 따른 강도 저하를 방지해야 한다.
　　• 현장에 도착하여 바로 타설할 수 있도록 현장 준비 및 이동 간 긴밀한 연락이 필요하다.
　ⓑ 운반 방식

센트럴 믹스 (central mix)	10분 내 단거리 운송방식. 교반이 거의 완료된 콘크리트를 트럭믹서에 넣고 운반한다.
슈링크 믹스 (shrink mix)	20~30분 거리 운송방식. 어느 정도 교반이 된 콘크리트를 트럭믹서에 넣고 출발한 후, 운반 중 교반을 마무리한다.
트랜싯 믹스 (transit mix)	1시간 내외의 장거리 운송방식. 시멘트는 가수 후 1시간이 지나면 응결이 시작되므로 미리 물을 섞지 않고 트럭믹서에는 건비빔 재료만 넣고 별도의 물탱크를 장착하고 출발한 후 적정한 시간에 급수하여 교반을 하는 방식이다.

제2편 시공 및 재료　147

ⓗ 매스 콘크리트
　ⓐ 개요 및 조건
　　• 댐이나 교각과 같이 단면 치수가 매우 두꺼워서 수화열에 따른 온도 변화에 의해 콘크리트의 과도한 팽창과 수축이 발생하지 않도록 시공상 고려가 필요한 콘크리트를 말한다.
　　• 평판 구조의 경우 부재 단면의 최소 치수가 80cm 이상, 하단 구속 벽체는 50cm 이상, 콘크리트 내부 온도와 외기 온도와의 차이가 25℃ 이상인 콘크리트로 정의하고 있다.
　　• 프리스트레스트 콘크리트 구조물과 같이 부배합의 콘크리트가 쓰이는 경우에는 더 얇은 부재라도 구속 조건을 검토하여 매스 콘크리트로 적용하기도 한다.
　ⓑ 균열 방지대책
　　• 저열시멘트를 사용한다.
　　• 굵은 골재의 최대 치수를 가능 범위 안에서 되도록 크게 한다.
　　• 잔골재율은 가능 범위 안에서 되도록 작게 하고 단위 수량도 최소로 한다.
　　• 물시멘트비, 슬럼프값은 가능 범위 안에서 되도록 작게 한다.
　　• 파이프 쿨링 : 파이프를 미리 묻어두고 냉각수를 통하게 하여 콘크리트를 냉각한다.
　　• 프리 쿨링 : 콘크리트나 자갈 등의 재료 일부 또는 전부를 미리 냉각한다.

ⓘ 기타 특수 콘크리트
　ⓐ 프리플레이스트 콘크리트(구 프리팩트 콘크리트)
　　• 적당한 입도의 자갈을 미리 거푸집에 넣고 공극에 모르타르를 압입 시공한다.
　　• 콘크리트의 밀실성이 좋아서 내수성, 내구성이 좋고 동해나 융해에 강하다.
　　• 모르타르를 강한 압력으로 주입하므로 거푸집을 견고하게 만들어야 한다.
　ⓑ 프리캐스트 콘크리트
　　• 공장에서 제작한 철근콘크리트 부재를 현장 이송하여 벽, 바닥, 지붕 등으로 조립하는 방식이다.
　　• 기성 제품화하여 비용이 절감되고 공기 단축이 가능해진다.
　　• 주로 교량의 상판이나 아파트의 외벽 등에 사용된다.
　ⓒ 폴리머 콘크리트
　　• 합성수지 계통인 폴리머를 결합한 콘크리트로 시멘트와 함께 쓰는 것은 폴리머 시멘트 콘크리트라 하고, 시멘트를 쓰지 않고 폴리머에 중탄산칼슘이나 플라이애

시 등을 혼합한 것은 폴리머 콘크리트 또는 레진 콘크리트라고도 한다.
- 수밀성, 내화학성, 내염성이 우수하여 기존의 시멘트 콘크리트에 비하여 내구성이 좋다.
- 해양구조물, 각종 수로, 공장배수시설 등에 적합하다.

3. 방수공사

(1) 분류

① 재료별 분류
  ㉠ 아스팔트 방수
  ㉡ 시멘트 액체 방수
  ㉢ 합성고분자 방수
    ⓐ 도막 방수
    ⓑ 시트 방수
    ⓒ 실(seal)재 방수
    ⓓ 혼화제 모르타르 방수

② 공법상 분류
  ㉠ 멤브레인 방수
    ⓐ 아스팔트 방수 : 열공법, 상온공법, 토치공법
    ⓑ 합성고분자 시트 방수
      - 재료 : 합성고무계, 합성수지계, 고무화 아스팔트계
      - 공법 : 노출공법, 보호누름공법, 단열공법
    ⓒ 도막 방수
      - 재료 : 용제형, 유제형, 에폭시형
      - 공법 : 라이닝공법, 코팅공법
  ㉡ 합성고분자 방수
    ⓐ 도막 방수(멤브레인과 공통 적용)
    ⓑ 합성고분자 시트 방수(멤브레인과 공통 적용)
    ⓒ 실(seal)재 방수

(2) 아스팔트 방수

① 재료

분류		특징	용도
천연 아스팔트	레이크 아스팔트	지표면 낮은 곳에 괴어 반액체, 고체로 굳은 형태	도로포장, 내산공사
	로크 아스팔트	역청분이 사암, 석회암 등의 암석에 침투한 것	
	아스팔타이트	많은 역청분을 함유한 검고 견고한 것	방수, 포장, 절연재료
석유 아스팔트	스트레이트 아스팔트	반액체 상태. 아스팔트 및 루핑의 바탕재에 침투	아스팔트 펠트 루핑 바탕재
	블론 아스팔트	고체상태. 내열성과 내후성이 크다.	지붕 방수, 아스팔트 콘크리트
	아스팔트 콤파운드	블론 아스팔트에 광물질 미분 등을 혼입하여 품질 개량한 것	방수재료, 아스팔트 방수공사
	아스팔트 프라이머	아스팔트를 휘발성 용제로 녹인 것. 방수 시공 시 밑바탕에 도포하여 모재와 방수층의 부착을 좋게 한다.	
기타 아스팔트	컷백 아스팔트, 아스팔트 모르타르, 내산 아스팔트 모르타르		

② 품질검사 항목

  ㉠ 침입도 : 아스팔트 경도를 나타내는 것으로 25℃에서 100g추로 5초 동안 바늘을 누를 때 0.1mm 들어가는 것을 침입도 1이라 한다.

  ㉡ 감온비 : 아스팔트의 온도변화에 따른 침입도의 변화 정도를 나타내는 수치

  ㉢ 연화점 : 아스팔트를 가열하여 액상의 점도에 도달했을 때의 온도

  ㉣ 인화점 : 아스팔트를 가열하여 불꽃을 대면 불이 붙을 때의 온도

  ㉤ 신도 : 아스팔트가 늘어나는 정도

③ 제품

  ㉠ 아스팔트 펠트 : 무명, 삼, 펠트 등의 유기성 섬유로 직포를 만들고 스트레이트 아스팔트를 침투시킨 후 압착하여 제조한 두루마리 제품. 방수 및 방습성이 좋고 가볍고 넓은 면적을 쉽게 덮을 수 있어 기와 지붕 밑에 깔거나 방수공사 시 루핑과 병용한다.

  ㉡ 아스팔트 루핑 : 아스팔트 펠트의 양면에 아스팔트 콤파운드를 피복한 후 그 위에

활석, 운모 등의 미분말을 부착시킨 것

ⓒ 아스팔트 싱글 : 품질 개량된 아스팔트 사이에 강인한 글라스 매트나 다공성 원지를 심재로 하고, 표면에 돌입자로 코팅한 것으로 주로 지붕재로 사용한다. 다양한 색상의 소재 사용으로 미려한 외관을 창출하고 방수성과 내수성, 내변색성이 우수한 재료이다.

ⓔ 아스팔트 에멀젼 : 스트레이트 아스팔트를 가열하여 액상으로 만들고 유화제를 혼입한 것. 주로 도로포장에 사용된다.

④ 시공 시 유의사항

㉠ 시공바탕의 결함부분은 보수하고 청소한 뒤 모르타르 배합 1 : 3으로 15cm 정도 바르고 완전 건조시킨다. 이때 함수율은 8% 이하여야 한다.

㉡ 배수구 주위를 1/100 정도 물흘림 경사를 주고 구석, 모서리 치켜올림 부분은 부착이 잘 되도록 둥글게 3~10cm 면접어둔다(일반적인 물매 1/200 정도).

㉢ 펠트의 겹침은 엇갈리게 하고 가로와 세로 90cm 이상, 귀와 모서리는 30cm 이상 망상 루핑으로 덧붙임한다.

㉣ 신축줄눈은 3~5m마다(모르타르 얇은 줄눈일 때는 1m마다) 너비 1.5cm 깊이로 방수층까지 자르고 마무리 3cm 밑까지 모래 충전, 그 위 줄눈은 아스팔트 콤파운드나 블론 아스팔트로 충전한다.

㉤ 기온이 0℃ 이하가 되면 작업을 중지한다.

(3) 시멘트 액체 방수

① 시공 순서

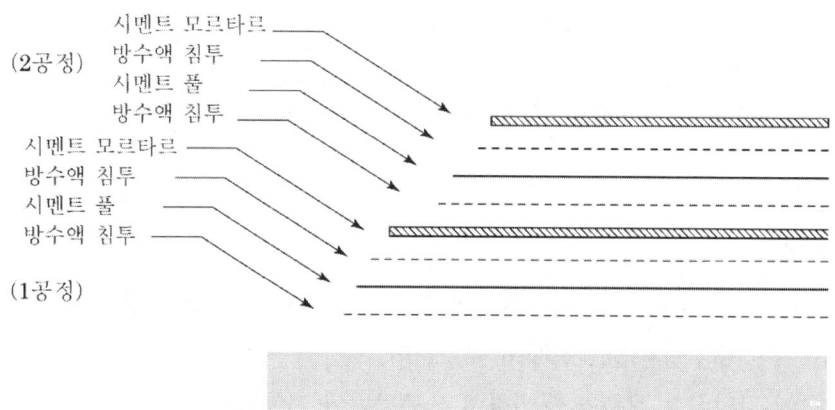

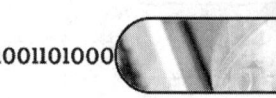

② 시공 시 유의사항
　㉠ 바탕처리는 수밀하고 견고하게, 평탄하게 한다(물매 : 1/200 정도).
　㉡ 배수구로 물매 1/100 정도, 깊이 6mm, 너비 9mm, 간격 1m 내외의 줄눈을 설치한다.
　㉢ 원액을 5~10배 희석한 것을 모체에 1~3회 침투시킨다.
　㉣ 방수 모르타르 배합비 1 : 2 ~ 1 : 3 정도, 매회 바름두께 6~9mm, 전체 두께 1.2 ~ 2.5cm 정도로 한다.
　㉤ 방수 모르타르는 강도에 관계없이 방수능력이 큰 것으로 하고, 바름 바탕은 거칠게 한다.

Point 아스팔트 방수와 시멘트 방수의 비교

비교	아스팔트 방수	시멘트 방수
바탕처리	필수	불필요
외기 영향	작다.	크다.
신축성	크다.	거의 없다.
균열 발생	거의 없다. 작은 균열	잘 생긴다. 굵은 균열
방수층 무게	자체 무게는 작지만 보호 누름은 크다.	비교적 작다.
시공 난이도	복잡하고 오래 걸린다.	용이하고 공기가 짧다.
보호 누름	필수	불필요
비용	고가	다소 저렴한 편
결함 발견	어렵다.	쉽다.
보수성	전면적이며 비용이 크다.	부분적이며 비용이 적다.
방수 성능	신뢰할 수 있다.	시공은 간단하나 신뢰성이 낮다.

(4) 기타 방수

① 도막 방수
　㉠ 도료상의 방수제를 여러 번 칠하여 상당한 두께의 방수막을 형성하는 공법
　㉡ 경량이며 내후성과 내약품성이 우수하다.
　㉢ 시공이 간단하고 보수가 용이하며 노출공법이 가능하다.
　㉣ 균일한 두께를 얻는 것은 어렵다.

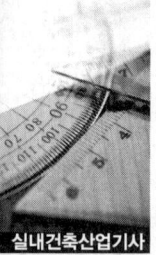

ⓜ 핀홀이 생기거나 바탕 균열에 의한 파단의 우려가 있다.
ⓑ 방수의 신뢰성은 낮은 편이며, 단열을 요하는 옥상 층에는 불리하다.
② 시트 방수
㉠ 분류
  ⓐ 재료별 분류
   • 합성고무계 : 가황고무계, 비가황고무계
   • 합성수지계 : 염화비닐고무계, 에틸렌비닐고무계
   • 고무화 아스팔트계
  ⓑ 공법별 분류 : 노출공법, 보호누름공법, 단열공법
㉡ 시공 순서
  ⓐ 일반적 시공 순서
   바탕처리 → 프라이머 칠 → 접착제 칠 → 시트붙이기 → 보호층 설치 및 마무리
  ⓑ 단열공법 시공 순서
   바탕처리 → 단열재 깔기 → 접착제 도포 → 시트붙이기 → 보강붙이기 → 조인트 실(seal) → 물채우기 시험
㉢ 특징
  ⓐ 방수능력이 우수하고, 시공이 간단하며, 공기단축이 가능하다.
  ⓑ 제품이 규격화되어 균일한 두께로 시공이 가능하며 마감면이 미려하다.
  ⓒ 시트 이음부의 결함이 우려되고 누수 발생 시 국부적인 보수가 곤란하다.

Point 안 방수와 바깥 방수의 비교

구분	안 방수	바깥 방수
사용환경	수압이 작고 얕은 지하실	수압이 크고 깊은 지하실
공사 시기	자유롭다.	본공사에 선행한다.
내수압성	작다.	크다.
보호 누름	필요하다.	없어도 무방하다.
비용	저렴하다.	고가이다.

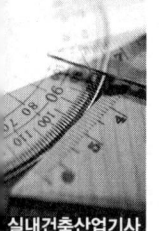

4. 합성수지 공사

(1) 일반사항

① 개요

합성수지는 석유, 석탄, 섬유소, 녹말, 고무 등의 원료를 인공적으로 합성시켜 만든 고분자 물질을 말하며, 일반적으로 플라스틱이라고도 한다.

② 장·단점

장 점	• 비중이 작고, 경량이며, 강도는 큰 편이다. • 내화학성 및 전기절연성이 우수한 재료가 많다. • 흡수 및 투수성이 적다. • 착색이 가능하고 광택이 좋은 재료이다. • 가공성이 크고 접착성이 좋다.
단 점	• 경도가 낮아서 잘 긁히며, 햇빛에 의해 변색이 쉽다. • 내열성이 작아서 비교적 저온에서 연화, 연질되며 연소 시 유독가스가 발생한다. • 온도 및 습도에 의한 변형이 크고 내후성이 부족하여 풍화의 우려가 있다.

(2) 구분

① 열경화성 수지

㉠ 특징

ⓐ 강도 및 열 경화점이 높다.

ⓑ 내후성이 좋고, 고가이며, 성형성은 부족하다.

㉡ 종류

ⓐ 페놀 수지

- 전기절연성과 내후성이 양호하고 매우 견고하다.
- 수지 자체는 취약하여 성형품 등에는 충진제를 첨가한다.
- 전기통신기재, 합판 접착제로 사용. 베이클라이트라고도 칭한다.

ⓑ 요소 수지

- 무색의 수지이기에 착색이 자유롭다.
- 약산 및 약알칼리에 견디며 벤젠, 알코올 등의 유류에는 거의 침해받지 않는다.
- 완구, 식기 등의 일용잡화로 사용된다.

ⓒ 멜라민 수지
- 요소 수지와 성질이 유사하면서 더 향상된 수지이다.
- 내열성과 기계적, 전기적 성질 등이 우수하다.
- 벽판, 천장판, 조리대, 냉장고 등에 사용된다.

ⓓ 폴리에스테르 수지

포화 폴리에스테르	• 내후성·밀착성·가요성이 우수하다. • 변성하는 유지·수지에 따라 성질이 다르다. • 래커, 바니시, 페인트 등의 원료로 사용된다.
불포화 폴리에스테르	• 유리섬유로 보강한 섬유강화플라스틱(FRP)의 원료가 된다. • 기계적 강도가 우수하고, 아케이드 천장·루버·칸막이 등에 사용된다.

포화 폴리에스테르는 제조법에 따라 열가소성이 될 수도 있다.

ⓔ 실리콘 수지
- 내열성과 내한성(-60 ~ 200℃)이 모두 우수하며 발수성과 방수력이 우수하다.
- 안정하고 탄성이 좋으며 내화학성이 크다.
- 접착제, 개스킷, 패킹, 윤활유 및 접착제 등으로 사용된다.

ⓕ 에폭시 수지
- 접착성이 매우 우수하여 금속, 유리, 고무의 접착제로 사용한다.
- 경화 시 용적의 감소가 극히 적으며 산과 알칼리에 강하다.
- 내약품성과 내용재성이 뛰어나다.

② 열가소성 수지
㉠ 특징
  ⓐ 자유로운 형상으로 성형이 가능하고 강도 및 연화점이 낮다.
  ⓑ 유기용제에 녹고 2차 성형도 가능하다.
㉡ 종류
  ⓐ 염화비닐 수지
   - 내산, 내알칼리성 및 내후성이 크고, 내수성은 양호한 편이다.
   - 경질성이지만 가소제의 혼합으로 유연한 고무형태 제품을 제조한다.

- 필름, 시트, 지붕재, 벽재, 블라인드, 도료, 접착제 등의 건축재료로 사용한다.
ⓑ 폴리에틸렌 수지
- 유백색의 불투명한 수지이며 저온에서 유연성이 크다.
- 내화학성, 전기절연성, 내수성이 우수한 수지이다.
- 방수 및 방습시트, 전선피복, 일용잡화, 도료 및 접착제로 사용한다.

ⓒ 폴리프로필렌 수지
- 비중이 0.9 정도로 가볍고 기계적 강도가 우수하다.
- 내화학성과 내약품성, 전기절연성 및 가공성이 우수하다.
- 섬유제품, 의료기구 등으로 사용한다.

ⓓ ABS 수지
- 충격성, 경도, 치수안정성이 우수한 수지이다.
- 파이프 및 판재, 전기부품 등으로 사용한다.

ⓔ 아크릴 수지
- 유기유리라고도 하며 광선 및 자외선의 투과성이 좋다.
- 내후성 및 내약품성이 크지만 마모가 쉽고 고가이다.
- 스크린, 칸막이판, 창유리, 문짝, 조명기구 등으로 사용한다.

(3) 시공 주요사항

① 시공 온도

종 류		시공온도의 한계
열가소성 수지		50℃(단시간 60℃) 이상
열경화성 수지	경화 폴리에스테르, 요소 수지	80℃(단시간 100℃) 이상
	페놀, 멜라민 수지	100℃(단시간 120℃) 이상

② 현장 작업 시 주의사항
㉠ 열가소성 플라스틱 재료들은 열팽창계수가 크므로 경질판의 정착에 있어서는 열에 의한 팽창 및 수축 여유를 고려해야 한다(아크릴, 폴리에틸렌 평판은 10℃의 온도차에 대해 1m마다 1~1.5mm, 비닐 평판에서는 0.7~0.8mm의 신축 여유를 두는 것을 표준으로 한다).
㉡ 마감부분에 사용하는 경우, 표면에 흠 또는 얼룩 변형이 생기지 않도록 하고 필요에 따라 종이, 천 등으로 보호하여 양생한다.

ⓒ 양생 후, 부드러운 헝겊에 물, 비눗물 및 휘발유 등을 적셔서 청소한다.

ⓔ 열가소성 평판의 곡면가공은 반지름을 판 두께의 300배 이내로 하고, 휠 경우에는 가열온도(110~130℃)를 준수한다.

Point 합성수지 성형방법

압축성형, 압출성형, 사출성형, 주조성형, 압송성형

CHAPTER 2 목공사

2.1 개요

1. 목재의 분류 및 특징

(1) 분류

침엽수 (연질, 구조용)	소나무, 삼나무, 낙엽송, 잣나무, 측백나무
활엽수 (경질, 가구·수장재)	떡갈나무, 참나무, 오동나무, 버드나무, 나왕

(2) 특징

장점	• 비중이 비교적 작으면서도 강도가 크다(비강도). • 가공성이 좋고 공급이 풍부하며 수종이 다양하다. • 목재면에 아름다운 무늬가 있어 의장효과가 우수하다. • 열전도율이 낮아 단열효과가 좋으며 재질이 부드럽고 탄성이 있다.
단점	• 낮은 온도에서 타기 쉬워 화재에 위험하다. • 부패균에 의한 부식과 충해 및 풍화로 인해 재료의 성질이 나빠진다. • 건조수축으로 인한 변형이 크다. • 재질 및 섬유방향에 따라서 강도 차이가 생긴다.

(3) 용도·검수·보관

① 목재의 용도별 요구 성능

구조재	· 강도가 크고 곧고 길 것 · 수축과 변형이 적을 것 · 충해에 대한 저항성이 클 것 · 양질이며 공작이 용이할 것
수장재	· 무늬와 결, 빛깔이 아름다울 것 · 건조가 잘 된 부재일 것 · 수축과 변형이 적을 것 · 재질감이 좋을 것

② 검수사항 : 길이, 흠, 수량, 수종

③ 보관 시 주의사항

  ㉠ 땅바닥에 목재가 닿지 않도록 보관할 것

  ㉡ 종류, 규격, 용도별로 구분하여 보관할 것

  ㉢ 습기가 차지 않도록 자주 환기시킬 것

  ㉣ 흙, 먼지, 시멘트 가루가 묻지 않도록 보관할 것

2.2 목재의 조직

1. 목재의 조직

(1) 섬유세포

① 침엽수의 섬유세포

  ㉠ 가도관이라 하며 수목 용적의 90% 이상을 차지한다.

  ㉡ 침엽수는 도관이 따로 없으며 섬유세포가 수분과 양분의 통로가 된다.

② 활엽수의 섬유세포

  ㉠ 목섬유라 하며 수목의 강하고 견고한 성질을 주는 조직이다.

(2) 도관

활엽수에만 존재하는 양분과 수분의 통로로서 섬유세포와 평행한다.

(3) 수선
① 연륜을 횡단하여 수심에서 방사형으로 배열된 세포의 줄을 뜻한다.
② 침엽수와 활엽수가 다르게 나타나며, 참나무와 떡갈나무의 수선이 가장 큰 편이다.
③ 펄프 등의 제조에 있어서는 품질저하의 원인이 된다.

(4) 수지공
침엽수에 많이 나타나며 수지의 이동이나 저장을 하는 곳

(5) 나이테
① 춘재와 추재가 한 쌍으로 겹쳐져 나타내는 무늬를 나이테 혹은 연륜이라 한다.
② 춘재 : 봄, 여름에 생성된 넓은 목질부분. 부드럽고 가벼우며 연한 색을 띤다.
③ 추재 : 늦가을, 겨울에 생성된 좁은 띠. 치밀하고 단단하며 짙은 색을 띤다.
④ 춘재의 비율이 작을수록, 즉 추재의 간격이 좁을수록 목재의 강도가 크다.

2. 심재와 변재

(1) 심재(Heart wood)
① 목질부 중 수심 주위를 둘러싼 부분으로 세포가 거의 죽고 기계적 지지기능만 남은 부분이다.
② 세포벽에 리그닌이나 폴리페놀 등이 침착하여 짙은 색을 띠는 것이 일반적이다.
③ 재질이 단단하고 강도가 크며 함수율 및 신축변형이 작아서 목재로서 이용가치가 높은 부분이다.

(2) 변재(Sap wood)
① 목질부 중에서 심재 외측과 수피 내측 사이의 색이 옅은 부분을 말한다.
② 심재에 비해 비중이 낮고 강도가 약하며 흡수성이 커서 건조 시 수축변형이 큰 편이다.
③ 가공성이 풍부하여 곡선형과 같은 이형 제품을 제조하는 것에 주로 쓰인다.

 **심재와 변재의 특성 비교**

	비중	수축률	강도 및 내구성	품질
심재	크다	작다	크다	양호
변재	작다	크다	작다	나쁨

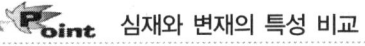

2.3 제재 및 건조

1. 제재

(1) 벌목

벌목시기는 늦가을부터 겨울이 적당하다. 이 시기에는 함수율이 낮아 건조가 빠르며 또한 인건비도 적을 뿐 아니라 운반도 편하다.

(2) 제재 계획

① 취재율(원목 무게÷제재한 목재 무게)을 최대한 높일 수 있도록 계획해야 한다.
② 침엽수는 70% 이상, 활엽수는 50% 이상이 되도록 한다.
③ 완성된 제품의 결을 고려하여 계획한다.

2. 건조

(1) 건조의 목적

① 목재는 섬유포화점 이하에서 강도가 높아지므로 건조해서 사용하는 것이 좋다.

② 내구성이 증진되고 수축에 의한 균열과 변형을 방지하기 위함도 주요 목적이다.
③ 구조재는 15~20%, 수장재 및 가구재는 10~15%의 함수율까지 건조시킨다.

(2) 건조방법

① 자연건조법

특정 장치를 이용하지 않고 자연적으로 건조하는 방법

대기건조법	직사광선과 비를 피하고 통풍이 잘 되는 곳에서 건조시키는 방법이다. 2~3개월에 한 번씩 뒤집어 쌓아줌으로써 균일하게 건조가 되도록 한다. 나무 마구리에는 페인트를 칠해서 부분적인 급속 건조를 막는다. 목재 간의 간격을 유지하고 땅에서 30cm 이상 떨어지도록 굄목을 받친다.
수침법	건조하기 전에 목재를 물 속에 담그고 목재 내 수액을 빼낸 후 건조한다 (삼투압의 원리를 이용). 부패 및 뒤틀림이 방지되며 건조시간을 단축시킬 수 있다.

② 인공건조법 : 기계장치에 의해 단시간에 건조시키는 방법이다.
㉠ 장점 : 건조시간이 짧고 함수율 등을 조절할 수 있다.
㉡ 단점 : 비용이 많이 든다.

증기법	건조실을 증기로 가열하여 건조하는 방법. 가장 많이 쓰인다.
열기법	건조실 내 공기를 가열하거나 가열공기를 넣어 건조하는 방법
훈연법	목재 등을 태운 연기를 건조실에 도입하여 건조하는 방법
진공법	원통형 탱크에 넣고 밀폐 후 고온, 저압 상태를 유지하여 수분을 제거하는 방법

2.4 목재의 성질

1. 함수율

목재에 포함되어 있는 수분을 완전히 건조시킨 목재의 중량에 대한 비율(일반적으로 살아 있는 생나무의 함수율은 심재 40~100%, 변재 80~200% 정도)

$$함수율(\%) = \frac{W_1 - W_2}{W_2} \times 100\%$$

W_1 : 건조하기 전 목재중량 W_2 : 절대건조 시 목재중량

(1) 섬유포화점
목재 내 유리수가 증발하고 세포의 수분이 포화상태일 때를 말한다. 이때 목재의 함수율은 약 30%이다.

(2) 기건재
대기 중 습도와 균형상태인 목재의 함수율로 보통 15% 정도이다.

(3) 전건재
완전히 건조되어 함수율이 0%가 된 상태를 말한다.

2. 목재의 강도

(1) 함수율은 벌목 직후 100% 정도에서 점차 섬유포화점 상태로 감소한다. 섬유포화점까지는 강도의 변화가 거의 없으나 그 이하에서는 점점 증가하여 전건재가 되면 섬유포화점 강도의 3배로 증가한다.

(2) 목재의 각종 강도와의 비율 관계(섬유의 평행방향의 압축강도를 1로 한 비교)

	섬유의 평행방향	섬유의 직각방향
압축강도	1	0.1~0.2
인장강도	2	0.07~0.2
휨 강도	1.5	0.1~0.2
전단강도	침엽수 0.16 / 활엽수 0.2	

3. 목재의 비중과 공극률

(1) 목재의 강도는 비중에 정비례한다.
(2) 공극을 포함하지 않는 목재의 실제 부분 비중을 진비중이라 하며, 수종 및 수령에 관계없이 약 1.54 정도이다.
(3) 목재는 절대건조 상태의 비중이 수종, 수령 등의 조건에 의해 다르게 나타난다. 따라서 다음의 공식에 의하여 목재 내부의 공극률을 산출할 수 있다.

공극률(%) $= \left(1 - \dfrac{r}{1.54}\right) \times 100\%$ [r : 전건재의 비중, 1.54 : 목재의 진비중]

4. 목재의 내구성

(1) 목재의 흠

① 껍질박이(입피) : 목재가 성장 도중, 외상에 의하여 나무껍질이 목재 내부로 말려들어 간 것이다.

② 옹이
  ㉠ 본줄기가 줄기 조직에 말려들어 나이테가 밀집되고 수지가 뭉쳐지는 부분
  ㉡ 성장 중의 가지가 말려들어간 것을 생옹이라 하며, 강도에 미치는 영향은 적다.
  ㉢ 말라 죽은 가지가 말려 들어가서 생긴 것을 죽은 옹이라 하며 강도 저하와 외관 손상을 유발한다.

③ 갈라짐 : 불균등한 건조나 수축에 의해 생기며 주로 노목에서 나타난다.

④ 썩음(부패) : 주로 균에 의해 부패되며 강도 및 착화점 저하의 원인이 된다.
  ㉠ 온도 : 25~35℃에서 가장 왕성하며 4℃ 이하나 70℃ 내외에서는 사멸한다.
  ㉡ 습도 : 80%에서 왕성하며 20% 이하에서는 사멸한다.
  ㉢ 공기 : 산소를 차단하면 부패균은 사멸된다.

(2) 풍화 및 충해

① 풍화 : 오랜 기간 햇볕과 비바람 등 기상변화에 노출된 목재의 수지성분이 증발하여 광택이 떨어지고 변색 및 변질되는 현상. 이를 방지하기 위해서 페인트와 바니시 등을 발라준다.

② 충해 : 흰개미와 굼벵이 등에 의한 피해가 가장 많으며 춘재를 갉아먹는다.

5. 목재의 방부처리

(1) 방부제의 종류

① 유성 및 유용성 방부제
  ㉠ 크레오소트 : 흑갈색의 용액으로 저렴하다. 침투성이 좋지만 냄새가 강하여 외부용으로만 쓰인다.
  ㉡ 콜타르 : 방부성은 좋지만 침투성이 나쁘다. 흑색을 띤다.
  ㉢ 페인트 : 피막을 형성하여 표면을 보호하며 착색효과도 있다.
  ㉣ PCP(pentachlorophenol) : 방부력이 강한 무색의 유용성 방부제로서 착색이 가능하나 독성이 강해 사용에 주의를 요한다.

② 수용성 방부제
  ㉠ 황산구리 1% 용액 : 철근부식의 우려가 있으며 인체에 유해. 방부력은 좋다.
  ㉡ 염화아연 4% 용액 : 흡수성이 있으며 목질부를 약화시켜 페인트칠은 못함.
  ㉢ 염화제2수은 1% 용액 : 방부효과가 우수하며 철재 부식현상. 인체에 유해
  ㉣ 플루오르화나트륨 2% 용액 : 황색 분말. 철재, 인체에 무해하며 페인트 도장이 가능하나 고가이며 내구성이 비교적 좋지 않다.

(2) 방부제의 처리법
① 도포법 : 목재를 건조 후 균열부나 이음부에 바름. 침투깊이 5~6mm
② 침지법 : 목재를 방부액에 담금. 침투깊이 15mm
③ 상압 주입법 : 80~120℃의 크레오소트 오일액에 3~6시간 담금
④ 가압 주입법 : 원통에 7~31kg/cm^2 가압
⑤ 생리적 주입법 : 벌목 전에 뿌리에 약액 주입하는 방식

2.5 제품 및 목공사

1. 합판

(1) 개요
① 3장 이상의 얇은 단판(veneer)을 섬유방향이 직교하도록 겹쳐서 접착제로 붙여 만든 제품이다.
② 접합하는 판의 숫자는 홀수(3, 5, 7)로 겹쳐 양면의 결방향을 같게 한다.
③ 두께는 보통합판 기준 3mm~24mm까지 3mm 간격으로 제조된다.

(2) 특징
① 건조에 의한 수축, 변형이 적고 방향성이 없다.
② 일반 판재에 비해 균질하며 강도가 높은 제품을 만들 수 있다.
③ 균열 발생이 적고, 곡면 가공도 가능하다.
④ 표면의 가공을 통해 흡음효과도 낼 수 있다.

(3) 단판 제법

로터리 베니어 (rotary veneer)	• 원목을 길게 절단한 후 회전시키며 넓은 대패로 나이테에 따라 두루마리 펴듯이 연속적으로 벗겨낸다. • 넓은 베니어판을 제조할 수 있고 원목의 낭비가 적어서 가장 많이 쓰인다. • 단판이 널결이어서 표면의 질은 떨어진다.
소드 베니어 (sawed veneer)	• 판재나 각재의 원목을 톱으로 얇게 켜낸 단판이다. • 아름다운 나뭇결을 얻을 수 있어 고급 수장재 등으로 쓰인다.
슬라이스드 베니어 (sliced veneer)	• 원목을 미리 적당한 각재로 만든 후 칼날, 대패 등으로 얇게 켜낸다. • 곧은결 또는 널결을 나타낼 수 있다.
반로터리 베니어 (half rotary veneer)	• 미리 껍질을 벗긴 원목을 반원으로 켜서, 긴 날에 원호를 그리며 상하로 움직여 단판을 벗겨낸다. 고급 무늬목을 얻을 때 사용한다.

(4) 합판 제품의 종류

① 보통합판(ordinary plywood)
  ㉠ 원목 재질 그대로 단판을 붙이고 표면처리를 따로 하지 않는 합판을 말한다.
  ㉡ 제조법에 따라 일반·무취·방충·난연 합판으로 구분된다.
② 내수합판(water proof plywood)
  ㉠ 내수성이 있는 합성수지 접착제로 접착시킨 합판이다.
  ㉡ 내수 정도에 따라 1급, 2급으로 분류되며 거푸집 및 외장재 등으로 쓰인다.
③ 무늬목치장합판(sliced veneer fancy plywood) : 보통합판 표면에 티크, 괴목 등 결이 좋은 무늬목을 얇게 붙인 제품이다.
④ 화장합판(decorated plywood)
  ㉠ 보통합판 표면에 프린트된 종이 등을 붙이고 그 위에 합성수지를 입힌 제품이다.
  ㉡ 멜라민, 폴리에스테르, 염화비닐 등이 쓰인다.
⑤ 프린트 합판(printing plywood) : 보통합판 표면을 천연목 나뭇결이나 여러 모양으로 인쇄 가공 또는 인쇄한 종이를 붙인 합판

2. 집성목재

얇은 판재(두께 1.5~3cm) 또는 소형 각재를 모아서 접착제로 붙여 가공한 것이다.

(1) 합판과의 구분
① 합판과 달리 각 재료의 섬유방향은 직교가 아닌 평행으로 접착한다.
② 판재가 아니라 기둥, 보, 계단과 같이 단면과 길이가 큰 재료로 사용한다.

(2) 특징
① 목재의 강도를 인공적으로 조절할 수 있으며 응력에 따라 필요한 단면을 만들 수 있다.
② 크고 긴 재료를 만들 수 있으며 아치와 같은 굽은 형태로도 제작이 가능하다.
③ 외관이 좋고 비틀림, 변형이 없어서 구조재와 장식재 등 다양한 용도로 쓸 수 있다.

3. 기타 목제품

(1) 파티클 보드 및 O.S.B

파티클 보드 (chip board)	• 목재의 작은 조각을 합성수지 접착제 등을 첨가하여 열압 제판한 것이다. • 표면에 무늬목·시트·도료 등을 사용하여 치장판으로 쓰기도 한다. • 온·습도에 의한 변형이 거의 없으나 부패방지를 위해 방습처리를 한다. • 음 및 열의 차단성이 우수하여 방음 및 단열재로 쓰인다. • 방향성이 없으며 못이나 나사 등의 지보력도 일반 목재와 같다. • 합판에 비해 휨강도는 떨어지나 면내 강성은 우수하다.
O.S.B (oriented stand board)	• 파티클 보드의 유형 중 하나로 가전제품 포장 등에 쓰인 것이 명칭의 유래이다. • 약 35×75mm의 장방형으로 자른 얇은 나뭇조각을 서로 직교하게 겹쳐 배열하고 방수성 수지로 압착 가공한 제품이다. • 파티클 보드의 조각은 타 제품 공정의 부산물인 반면, O.S.B의 조각은 원목에서 자른 것이므로 강도와 경도가 더 높다. • 칸막이벽, 가구, 내장재 등으로 쓰이며 목조주택 외장재로 쓰기도 한다.

(2) 벽, 천장재

코펜하겐 리브	두께 50mm, 너비 100mm 정도의 긴 판에 표면을 곡선 리브로 가공한 제품. 강당, 극장 등의 음향 조절용으로 쓰이며 일반 수장재로도 사용한다.
코르크판	코르크 나무표피를 원료로 하여 분말로 된 것을 판형으로 열압한 것으로 보온재 및 흡음재로 사용한다.

(3) 섬유판

저밀도 섬유판 (LDF)	• 비중 0.35 미만 • 흡음재, 하부 마감재, 단열재로 쓰인다.
중밀도 섬유판 (MDF)	• 비중 0.35 이상, 0.85 미만, 휨강도 15~35MPa • 마감이 깔끔하고 가공성이 좋아서 내장재 및 가구재로 많이 사용된다.
고밀도 섬유판 (HDF)	• 비중 0.85 이상. 바탕 및 치장용 • 보통 HDF(휨강도 20~40MPa), 강화 HDF(휨강도 35~50MPa)

Point 접착제에 따른 섬유판의 구분

종류	접착제	용도
U형	요소 수지 (이와 동등한 것)	가구, 캐비닛 등
M형	요소·멜라민 공축합 수지계 (이와 동등 이상의 것)	가구, 마루·지붕 바탕
P형	페놀 수지 (이와 동등 이상의 것)	가구, 마루·지붕·외벽 바탕
NAF형	비폼알데히드계(이소시아네이트 등)	

4. 가공 및 접합

(1) 철물

① 못
  ㉠ 못은 재의 섬유방향에 대하여 엇갈리게 박는다.
  ㉡ 경미한 곳 외에는 1개소에 4개 이상 박는 것을 원칙으로 한다.
  ㉢ 못의 길이 : 박는 나무두께의 2.5~3배(마구리는 3~3.5배)
  ㉣ 부재 두께는 못 지름의 6배 이상
② 볼트
  ㉠ 인장력을 받을 때 사용하며, 볼트 구멍은 볼트 지름보다 3mm 이상 작게 한다.
  ㉡ 구조용은 12mm 이상, 경미한 곳은 9mm 정도의 지름을 사용한다.
③ 듀벨
  ㉠ 볼트와 같이 사용하여 전단에 견디도록 한 보강철물

ⓒ 듀벨 배치는 동일 섬유방향에 대해서 엇갈리게 배치한다.
④ 기타 철물

안장쇠	큰보+작은보	양나사볼트	처마도리+깔도리
띠쇠	ㅅ자보+왕대공	감잡이쇠	평보+왕대공
감잡이쇠	왕대공+평보	주걱볼트	보+처마도리

(2) 가공

① 순서
  ㉠ 건조처리
  ㉡ 먹매김 : 목재의 마름질, 바심질을 위해 심먹을 넣고 가공형태를 그리는 것
  ㉢ 마름질 : 목재를 크기에 따라 각 부재의 소요길이로 잘라내는 것
  ㉣ 바심질 : 구멍뚫기, 홈파기, 면접기 등 대패질 등으로 목재를 다듬는 것
  ㉤ 세우기

② 먹매김

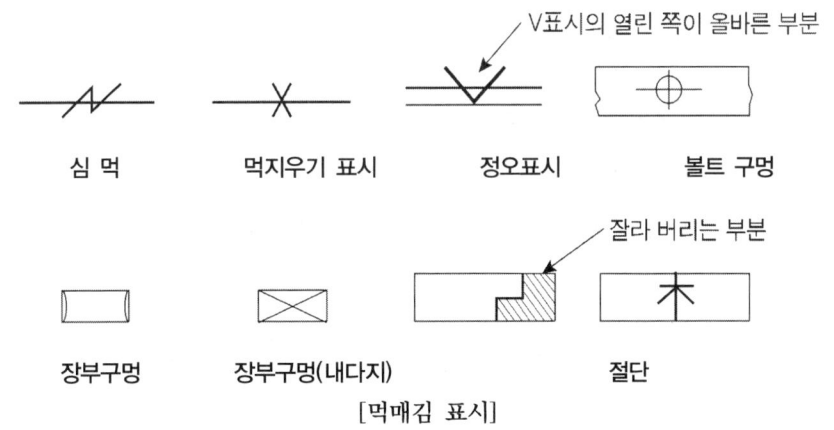

[먹매김 표시]

③ 마무리 정도
  ㉠ 막대패질(거친 대패질) : 제재 톱자국이 간신히 없어질 정도의 대패질
  ㉡ 중대패질 : 제재 톱자국이 완전히 없어지고 평활한 정도의 대패질
  ㉢ 마무리 대패질(고운 대패질) : 미끈하여 완전 평활한 대패질

④ 모접기
대패질한 재는 사용 개소에 따라 모접기(면접기)를 한다.

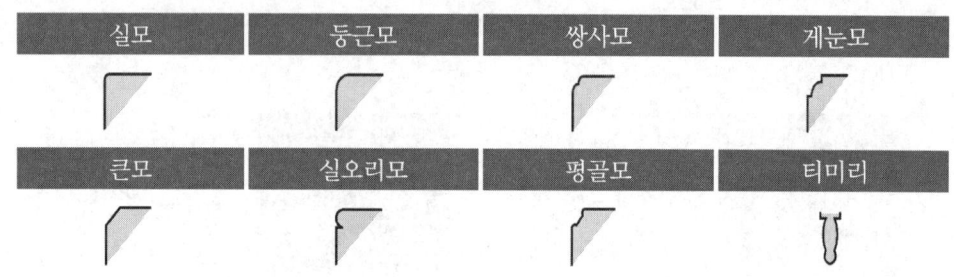

⑤ 목재 가공 시 주의사항
  ㉠ 목재의 결점에서 이음, 맞춤을 피할 것
  ㉡ 이음, 맞춤은 응력이 작은 곳에서 행할 것
  ㉢ 심재, 변재 등 목재의 건조변형을 고려할 것
  ㉣ 치장부분은 먹줄이 남지 않게 대패질을 할 것
  ㉤ 줄 구멍, 볼트 구멍은 깊이를 정확하게 유지할 것

(3) 접합

① 이음

부재를 길이 방향으로 길게 접합하는 것 또는 그 자리

㉠ 주요 이음판

구분	방법	용도
맞댄이음	재를 서로 맞대고 덧판(널, 철판)을 써서 볼트 또는 못을 친다.	평보
겹친이음	재를 겹쳐대고 못, 볼트, 듀벨 등을 친다.	간단한 구조 통나무 비계
반턱이음	서로 턱을 내어 재를 겹쳐대고 못, 볼트, 듀벨 등을 친다.	장선
주먹장이음	가장 손쉽고 비교적 좋은 이음	토대, 멍에, 도리
메뚜기장이음	주먹장보다 더 튼튼한 이음. 공작이 까다롭다.	
빗이음	경사로 맞대어 잇는 방법	서까래, 지붕널
엇빗이음	가위처럼 갈라진 두 개의 촉이 서로 반대경사로 빗이음한 것	반자틀, 반자살대
턱솔이음	옆으로 물러나는 것을 막는 용도로 쓰는 이음촉	일반수장재 이음
엇걸이이음	이음 부위에 비녀(산지) 등을 박아 더욱 튼튼하게 한 이음	중요 가로재 이음
빗걸이이음	이음재의 밑에 보나 기둥, 도리 등의 받침이 있는 부재의 이음	통나무부

㉡ 위치에 따른 분류

심이음	부재의 중심에서 이음한 것
내이음	중심에서 벗어난 위치에서 이음한 것
베개이음	가로 받침대를 대고 이음한 것
보아지이음	심이음에 보아지(받침대)를 댄 것

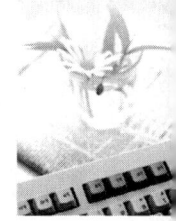

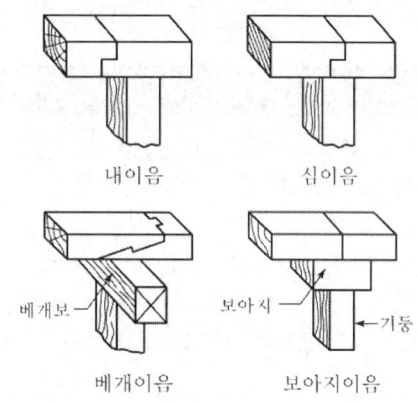

② 맞춤

부재를 직각이나 경사를 두어 접합하는 것

구분	방법	용도
반턱맞춤	가장 간단한 직교재 맞춤	일반용
걸침턱맞춤	부재의 턱을 따내고 직교하는 재가 통으로 내려 끼워지는 목재의 맞춤	지붕보+도리 층보+장선
안장맞춤	작은 재를 두 갈래로 중간을 파내고 큰 재의 쌍구멍에 끼우는 맞춤	평보+ㅅ자보
주먹장부맞춤	장부모양이 주먹장형으로 된 것	토대 T형 부분 토대+멍에
턱장부맞춤	장부에 작은 턱을 붙인 것	토대, 창호의 모서리 맞춤
연귀맞춤	직교되거나 경사로 교차되는 부재의 마구리가 보이지 않게 45°로 빗잘라 대는 맞춤	가구, 창문의 모서리 맞춤

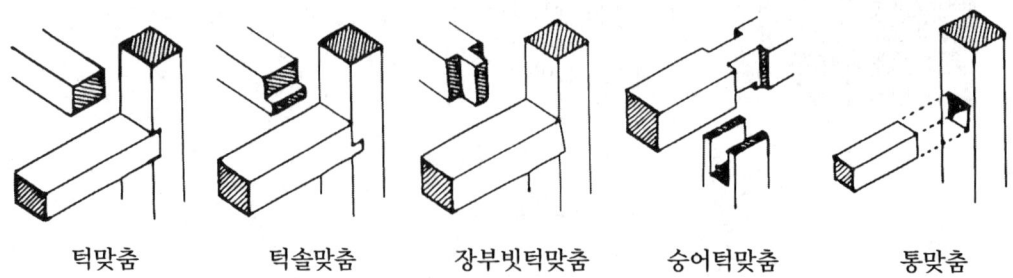

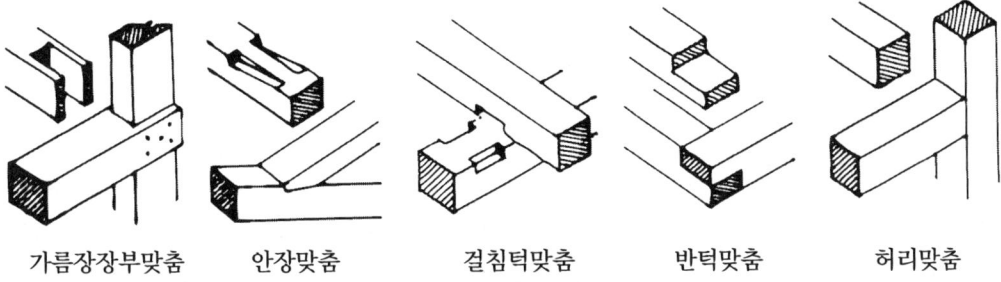

| 가름장장부맞춤 | 안장맞춤 | 걸침턱맞춤 | 반턱맞춤 | 허리맞춤 |

③ 쪽매

부재를 섬유방향과 평행으로 옆으로 대어 붙이는 것

구분	용도	형태
맞댄쪽매	경미한 구조	
반턱쪽매	거푸집, 두께 15mm 미만 널에 사용	
빗쪽매	반자틀, 지붕널에 사용	
제혀쪽매	가장 많이 사용. 마루널 깔기	
오늬쪽매	흙막이 널말뚝	
딴혀쪽매	마루널 깔기	
틈막이쪽매	징두리판벽, 천장	

④ 접합 시 주의사항
  ㉠ 응력이 작은 곳에서 한다.
  ㉡ 단면방향은 응력에 직각되게 한다.
  ㉢ 적게 깎아서 약해지지 않게 한다.

㉣ 모양에 치우치지 않게 간단하게 한다.
　㉤ 응력이 균등하게 전달되게 한다.

5. 목공사 주요사항

(1) 순서
① 목조 전체 세우기 : 토대 → 1층 벽체 뼈대 → 2층 마루틀 → 2층 벽체 뼈대 → 지붕틀
② 벽체 뼈대 세우기 : 기둥 → 인방보 → 층도리 → 큰보

(2) 기둥
① 통재기둥 : 아래층에서 위층까지 1개의 부재로 된 기둥
② 평기둥 : 1층 높이로 세워지는 기둥. 약 2m 간격으로 배치한다.
③ 샛기둥 : 통재기둥과 평기둥 사이 45cm 내외 간격으로 설치하며 가새의 옆 휨을 막는다.

(3) 도리 및 보강재
① 층도리 : 2층 마룻바닥이 있는 부분에 수평으로 대는 가로재
② 깔도리 : 기둥 또는 벽 위에 놓아 지붕보 또는 평보를 받는 도리(절충식에서는 생략)
③ 처마도리 : 양식 구조에서는 깔도리 위에 걸친 보 위에 깔도리와 같은 방향으로 처마도리를 걸쳐대어 서까래를 받는다.
④ 횡력에 대한 보강재 : 가새, 귀잡이, 버팀대

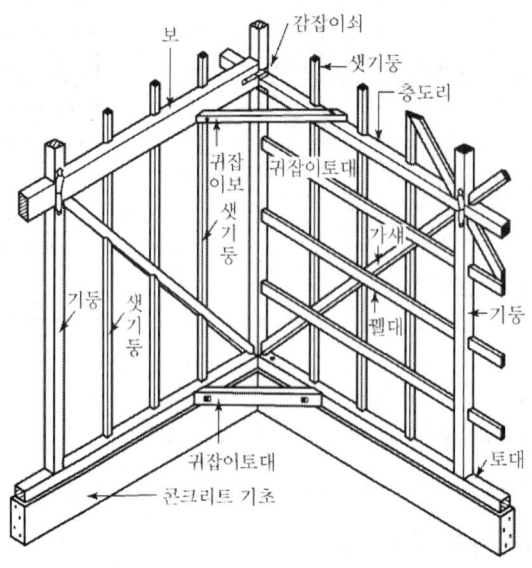

(4) 반자

① 종류 : 바름반자, 널반자, 넓은판 반자, 구성반자

② 반자틀 설치 순서
  ㉠ 달대받이   ㉡ 반자돌림대
  ㉢ 반자틀받이   ㉣ 반자틀
  ㉤ 달대

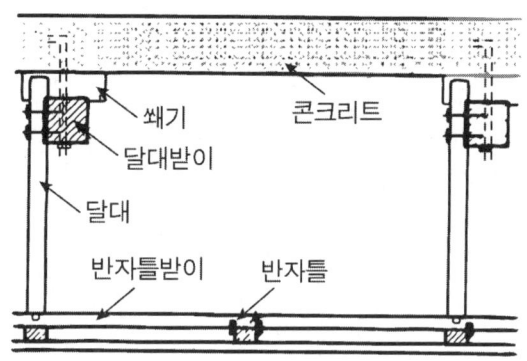

(5) 마루 및 계단

① 1층 마루
  ㉠ 동바리마루 : 주춧돌 → 동바리기둥 → 멍에 → 장선 → 마루널(밑창널 → 방수지 → 마루널)
  ㉡ 납작 마루 : 주춧돌 → 멍에 → 장선 → 마루널

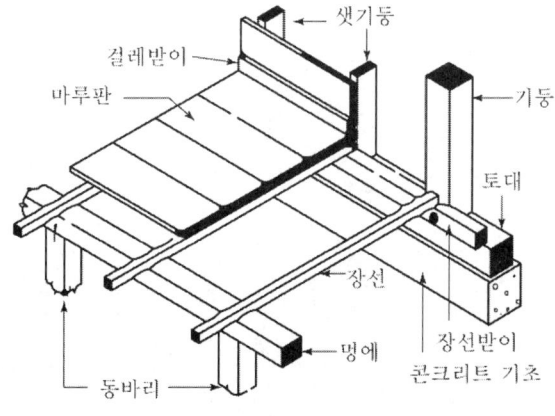

② 2층 마루
  ㉠ 홑마루(장선마루) : 장선 → 마루널. 간사이 2.4m 미만
  ㉡ 보마루 : 보 → 장선 → 마루널. 간사이 2.4~6.4m
  ㉢ 짠마루 : 큰보 → 작은보 → 장선 → 마루널. 간사이 6.4m 초과
③ 목조계단 설치 순서
  ㉠ 1층 멍에, 계단참, 2층받이 보
  ㉡ 계단옆판, 난간엄지기둥
  ㉢ 디딤판, 챌판
  ㉣ 난간동자
  ㉤ 난간두겁

CHAPTER 3 석공사

3.1 개요

석재는 고대부터 구조재 및 장식재로서 큰 역할을 하였다. 그러나 최근 철골, 철근콘크리트 구조와 같은 발달된 기술로 인해 구조재료로서의 용도는 현저히 떨어졌지만 여전히 장식재 등으로 널리 쓰이고 있다.

1. 석재의 장·단점

장점	• 압축강도가 크다. • 불연성, 내구성, 내마모성, 내수성 등이 우수하다. • 장중하고 미려한 외관을 가지고 있다.
단점	• 중량이 크고 가공이 어렵다. • 내화도가 낮고 인장강도가 작다. • 장대재를 얻기 어렵다.

2. 석재의 분류

(1) 화성암
지구 내부에서 유래하는 고온의 규산염 용융체(마그마)가 고결하여 형성된 암석
① 화강암
  ㉠ 석영, 장석, 운모, 각섬석 등의 광물질이 포함되어 백색, 흑색, 홍색, 청색 등 다양한 무늬와 색을 띠는 수려한 외관의 석재
  ㉡ 압축강도가 높아서 구조재로도 쓰이며 내장재나 콘크리트의 골재로도 쓰인다.

ⓒ 내화도가 낮고 세밀한 가공이 어려운 것이 단점이다.
② 안산암
  ㉠ 가공성이 좋고 내화성도 높은 무광택의 석재로 판석이나 비석 등으로 쓰인다.
  ㉡ 휘석, 안산암, 각섬, 안산암, 석영안산암으로 나뉘어진다.
③ 감람석
  ㉠ 크롬, 철광석으로 형성된 흑록색의 화성암. 석질이 치밀하다.
  ㉡ 변질로 인해 사문암, 활석, 각섬석 등의 2차 광물이 된다.
④ 화산암
  ㉠ 화산지표면에 유출된 마그마가 급냉각되어 응고된 다공질의 석재
  ㉡ 비중이 0.7~0.8 정도로 가볍고 경량골재나 내화재 등으로 쓰인다.

(2) 수성암
암석의 조각, 물 속의 광물질, 동식물의 유해 등이 침전되어 형성되는 석재
① 사암
  ㉠ 모래입자가 교착제와 같이 압력을 받다가 경화된 것
  ㉡ 경질사암은 외벽재, 경구조재로, 연질사암은 내장재로 쓰인다.
② 점판암
  ㉠ 점토분이 지열, 지압으로 변질, 응고되어 형성된 석재
  ㉡ 석질이 치밀하고 판재로 만들 수 있어 지붕, 외벽, 숫돌, 비석으로 사용된다.
③ 응회암
  ㉠ 마그마가 쌓여 응고된 것
  ㉡ 다공질이고 내화도가 높은 석재. 경량골재, 내화재
④ 석회석 : 시멘트, 석회의 주원료

(3) 변성암
화성암이나 수성암이 강한 압력과 높은 열에 의하여 변질된 암석
① 대리석
  ㉠ 석회암이 변화되어 결정화된 암석
  ㉡ 견고하나 열과 산에는 약하다.
  ㉢ 색채와 반점이 수려하며 갈면 고운 광택이 난다.
  ㉣ 실내장식재, 조각재로 사용

② 트래버틴
  ㉠ 대리석의 일종, 다공질이고 황갈색
  ㉡ 석질이 불균일하며 특수 장식재로 사용
③ 사문암
  ㉠ 감람석 또는 섬록암이 변질된 것으로, 색조는 암녹색 바탕에 흑백색의 아름다운 무늬가 있다.
  ㉡ 경질이지만 풍화성이 있어 외벽보다는 실내장식용으로 사용된다.

3.2 석재의 가공 및 성질

1. 가공

(1) 손다듬기

공정	개요	공구·재료
혹두기	돌 표면의 거친 돌출부를 대강 다듬는 작업	쇠메, 망치
정다듬	표면을 정으로 쪼아 평평하게 다듬는 작업	정
도드락다듬	정다듬한 표면을 더 매끈하게 다듬는 작업 바닥면의 미끄럼 방지 및 내외벽 마감용으로 쓰인다.	도드락망치
잔다듬	표면을 평행방향으로 세밀하게 깎아 다듬는 작업	양날망치
물갈기	물을 뿌리고 수공구 또는 기계를 이용하여 표면광택을 내는 작업	숫돌, 모래, 금강사

 손다듬기 순서

> 혹두기 → 정다듬 → 도드락다듬 → 잔다듬 → 물갈기

(2) 특수 표면마무리 공법
① 모래 분사법 : 석재 표면에 고압공기의 압력으로 모래를 분출시켜 면을 곱게 마무리하는 공법
② 화염 분사법 : 버너 등으로 석재 표면을 달군 후 찬물을 뿌려 급랭시켜서 표면을 거칠

게 마무리하는 공법
③ 플래너 마감법 : 석재표면을 연마기계로 매끄럽게 깎아내어 다듬는 마감법
④ 착색법 : 석재의 흡수성을 이용하여 석재의 내부까지 착색시키는 공법

(3) 모치기

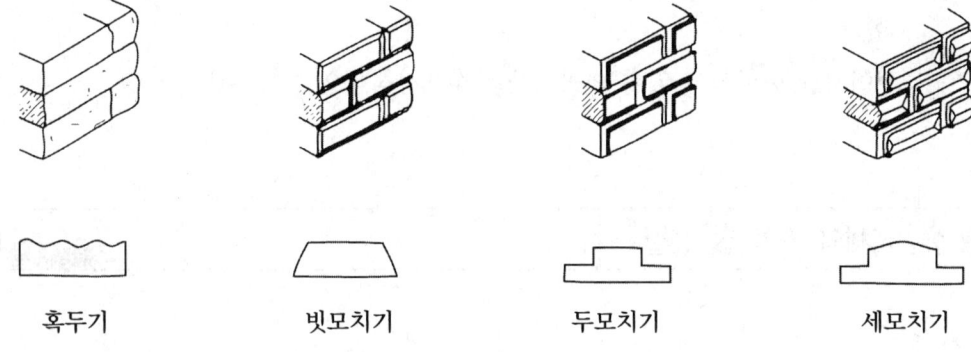

혹두기　　　　　빗모치기　　　　　두모치기　　　　　세모치기

 석재 가공 후 검사내용
마무리 및 치수의 정도, 다듬기 정도, 면의 평활도, 모서리 각 여부

2. 성질

(1) 물리적 성질

① 석재의 비중은 기건 상태를 표준으로 한다.
② 압축강도는 비중이 클수록 좋다.
③ 인장강도는 압축강도의 5~10%에 불과하다.

석재	평균압축강도(kg/cm^2)	비중	흡수율(%)
화강암	1450~2000	2.62~2.7	0.3~0.5
안산암	1050~1150	2.53~2.58	1.8~3.2
응회암	90~370	2~2.4	13.5~18.2
사암	360	2.5	13.2
대리석	1000~1800	2.7~2.72	0.1~0.12
슬레이트	1890	2.74	0.24

(2) 내화성

① 석재의 고온파괴 및 강도저하 현상의 원인
  ㉠ 석재구성 조암광물의 열팽창계수의 차이
  ㉡ 조암광물 중 용융점이 낮은 부분이 녹아서 전체가 붕괴
  ㉢ 열전도율이 작아서 열에 대한 응력 발생
② 안산암, 응회암 및 사암은 1000℃ 이하에서는 압축강도의 저하가 작으며 오히려 어느 정도까지 상승하기도 한다.
③ 화강암은 석영분이 570℃ 정도가 되면 팽창으로 인해 붕괴되므로 600℃ 정도에서 강도가 급격히 저하된다.
④ 석회암, 대리석 등은 600℃ 이상이 되면 완전히 생석회로 변화된다.

3. 석재 제품

(1) 암면
① 안산암, 사문암을 고열로 녹여 작은 구멍으로 분출 : 솜모양
② 흡음, 단열, 보온성이 우수하여 단열재, 음향 흡음재로 쓰인다.

(2) 질석
① 운모계 광석을 800~1000℃로 가열 팽창시켜 다공질 경석으로 만든 것이다.
② 비중이 0.2~0.4로 경량이며, 단열, 흡음, 보온, 내화성이 우수하다.
③ 단열재·내화재·흡음재 및 경량골재로 사용된다.

(3) 펄라이트
① 진주암·흑요석 등을 적당한 입도로 분쇄하여 1000℃ 정도로 급속가열 팽창시켜 만든 것이다.
② 경량이고 불연성이 있어 단열재·보온재·흡음재 및 모르타르·플라스터의 골재로도 사용된다.

(4) 인조석·테라초
① 화강암·대리석 등의 쇄석을 종석으로 하여 백색포틀랜드 시멘트에 광물질 안료를 넣고 물로 혼합·반죽하여 경화 후 물갈기·잔다듬·씻어내기 등으로 마무리 한 일종의 모조석이다.
② 화강암을 종석으로 한 것은 인조석으로 총칭하며, 바닥 및 내외벽의 마감재·치장재로

사용된다.

③ 대리석을 종석으로 한 것을 테라초(인조대리석)이라 하며, 첨가재료에 따라 시멘트계·수지계·유리계로 나뉜다.

④ 테라초는 천연대리석보다 내오염성이 우수하고 산·유기용제에 강하며 유지 및 보수가 용이하여 실내장식재·바닥마감재·싱크대·세면대 등으로 널리 사용되고 있다.

CHAPTER 4 조적공사

4.1 점토제품

1. 제품

(1) 벽돌

① 벽돌 품질
  ㉠ 1종 벽돌 : 압축강도 24.50N/mm² 이상, 흡수율 10% 이하
  ㉡ 2종 벽돌 : 압축강도 14.70N/mm² 이상, 흡수율 15% 이하

② 특수벽돌

명칭	개요
이형벽돌	아치, 쌤돌 등 특정형태로 제작한 벽돌(보통벽돌을 마름질한 것 포함)
중공벽돌	벽돌에 구멍을 뚫은 것으로 단열·방음벽 또는 경량칸막이벽 등에 쓰인다.
다공질벽돌	톱밥이나 겨를 혼합하여 소성한 것으로 연소 후 공극이 생겨 가벼워진다. 비중이 낮고 무게가 가벼워 가공이 용이해지며 보온과 흡음성이 있어 방음 및 단열용으로 사용된다.
포도벽돌	도로나 바닥용으로 제조한 두꺼운 벽돌. 연화토나 도토를 사용하며 경질이고 흡수성이 작으며 내마모성과 내구성이 크다. 제조 시 색소를 넣기도 한다.
내화벽돌	내화점토로 만든 황백색 제품으로 SK26 이상의 내화도를 가진 것이다. 벽난로, 사우나, 굴뚝 등에 쓰인다. (규격 : 230×114×65mm)
과소품벽돌	아주 높은 온도로 소성하여 견고하고 두드리면 청음이 나는 벽돌. 흡수율은 낮으나 형상이 다소 불규칙하여 구조용으로는 부적당하다. 주로 장식용이나 기초 조적재 등으로 쓰인다.

명칭	개요
오지벽돌	오짓물(salt glaze)을 칠해 구운 치장벽돌로 표면이 매끄럽고 깨끗하다.

(2) 기와

① 지붕재료로 쓰이며 유약의 종류에 따라 기와의 색이 달라진다.

② 한식 기와, 일식 기와, 양식 기와 등으로 나누어진다. 한식형(한식 기와), 오금형(일식 기와), S형(양식 기와)

4.2 조적공사

1. 벽돌공사

(1) 벽돌 및 모르타르

① 벽돌 치수

(단위 : mm)

구분	길이	마구리	두께
재래형	210	100	60
표준형	190	90	57
내화벽돌	230	114	65
허용오차	±3mm	±3mm	±4mm

② 모르타르

㉠ 시멘트의 응결은 가수 후 1시간부터 시작되므로 배합 후 1시간 이내에 사용한다.

㉡ 줄눈두께는 10mm를 표준으로 한다. (단, 내화벽돌은 6mm)

㉢ 조적조의 줄눈은 응력분산을 위해 막힌줄눈을 원칙으로 한다.

ㄹ) 배합비

구분	시멘트 : 모래
조적용	1 : 3 ~ 1 : 5
아치쌓기	1 : 2
치장줄눈	1 : 1

③ 치장줄눈

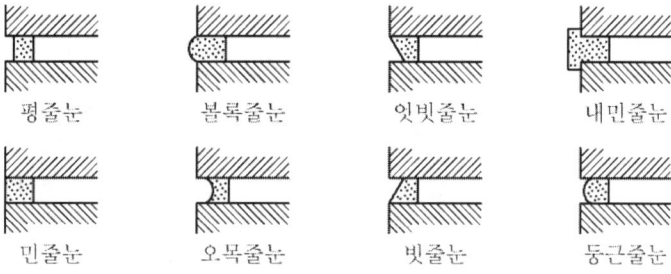

평줄눈 　볼록줄눈 　엇빗줄눈 　내민줄눈
민줄눈 　오목줄눈 　빗줄눈 　둥근줄눈

구분	용도	특징
평줄눈	벽돌의 형이 고르지 않을 때	거친 느낌의 질감
민줄눈	형태가 고르고 깔끔한 벽돌	깨끗한 질감
빗줄눈	색조 변화가 클 때	벽면의 음영차가 크고 질감이 강조된다.
볼록줄눈	벽돌형이 고르고 반듯할 때	순하고 부드러운 느낌
오목줄눈	면이 깨끗한 벽돌	약한 음영표시
내민줄눈	벽면이 고르지 못할 때	줄눈 효과 강조

(2) 벽돌 쌓기

① 주요 형식

종류	특징	비고
영식 쌓기	한 켜에 길이쌓기, 다음 켜는 마구리쌓기로 하며 모서리에 반절 또는 이오토막을 사용하여 통줄눈을 없앤다.	가장 튼튼한 형식
화란식 쌓기	한 켜에 길이쌓기, 다음 켜는 마구리쌓기로 하며 모서리에 칠오토막을 사용하여 모서리가 튼튼하다.	우리나라에서 많이 사용

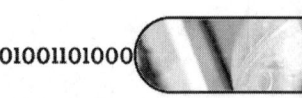

종류	특징	비고
불식 쌓기	한 켜에 길이, 마구리를 번갈아 쌓는 형식	비내력벽 치장용
미식 쌓기	전면에 5켜를 길이쌓기로 하고, 다음 켜를 마구리쌓기로 하며, 뒷벽돌에 물리고 뒷면은 영식 쌓기로 한다.	치장용

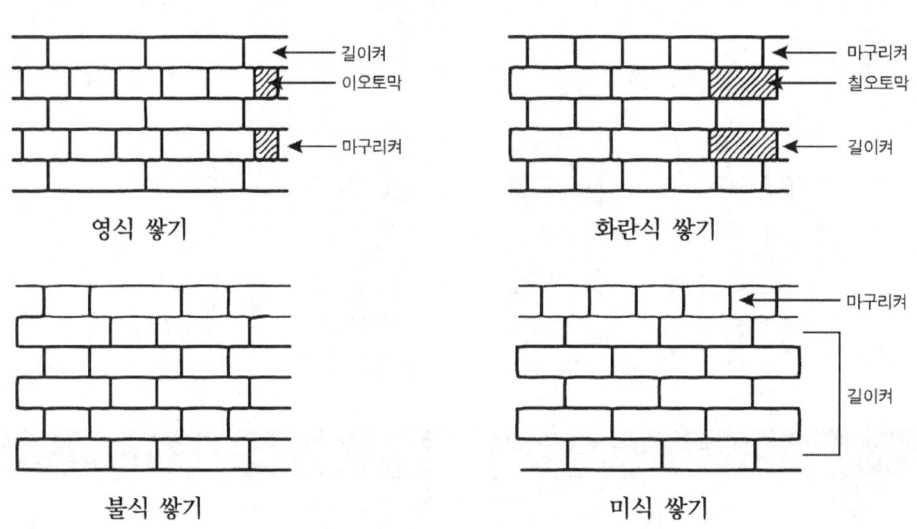

② 특수 벽돌쌓기

종류	특징	비고
영롱쌓기	벽면에 벽돌을 비워 구멍을 두어 쌓는 방식	치장용
엇모쌓기	45°로 모서리를 보이게 쌓는다.	벽면에 변화와 음영감을 준다.
길이쌓기	길이방향이 보이도록 벽돌을 쌓는다.	두께 0.5B
마구리쌓기	마구리방향이 보이도록 벽돌을 쌓는다.	두께 1.0B
길이세워쌓기	길이방향을 수직으로 세워 벽돌을 쌓는다.	내력벽이면서 의장적 효과
옆세워쌓기	마구리방향을 수직으로 세워 벽돌을 쌓는다.	

③ 벽돌쌓기 일반사항

㉠ 쌓기 순서

청소 → 벽돌 물축임 → 모르타르 건비빔 → 세로규준틀 설치 → 벽돌 나누기 → 규준

벽돌쌓기 → 수평실 설치 → 중간부 쌓기 → 줄눈 누르기 → 줄눈파기 → 치장줄눈 → 보양

ⓒ 공간쌓기
  ⓐ 목적 : 방습, 방음, 단열
  ⓑ 공간 너비 : 50~90mm 정도로 하며 50mm를 표준으로 한다.
  ⓒ 연결철물 간격 : 수직간격 45cm, 수평간격 90cm, 벽면적 $0.4m^2$ 이내마다 하나씩 들어가도록 설치한다.

ⓒ 내쌓기
벽면에 마루널 설치 시 박공벽, 수평띠 등의 모양을 내기 위해 벽면에서 벽돌을 내밀어 쌓는 방식으로 한 켜씩 내밀 때는 1/8B씩, 두 켜씩 내밀 때는 1/4B씩 내밀며, 최대 내미는 길이는 2.0B 이내로 한다. 이때 내쌓기는 마구리쌓기로 한다.

ⓔ 아치쌓기
개구부 상부에서 오는 수직 하중이 아치 축선에 따라 나누어 직압력으로 전달되게 하여 부재의 하부에 인장력이 생기지 않도록 하는 것으로 조적조에서는 폭이 작은 개구부도 상부에 아치를 트는 것을 원칙으로 한다.

본 아치	아치벽돌을 사용하여 쌓는 방식
막만든 아치	보통벽돌을 아치벽돌처럼 다듬어 쌓는 방식
거친 아치	보통벽돌을 그대로 사용하여 줄눈을 쐐기모양으로 하여 쌓는 방식
층두리 아치	아치의 폭이 클 때 층을 지어 겹쳐 쌓은 아치

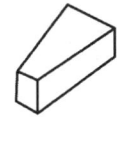

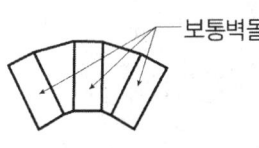

본 아치 　　　　　막만든 아치 　　　　　거친 아치

ⓜ 벽쌓기 시 주의사항
  ⓐ 하루쌓기 높이는 1.2m~1.5m(18~22켜) 정도로 한다.
  ⓑ 벽돌쌓기 전 충분히 물축임을 한다.
  ⓒ 도중쌓기를 중단할 때에는 벽 중간은 층단 떼어쌓기, 벽 모서리는 켜걸름 들여쌓기

로 한다.

ⓓ 굳기 시작한 모르타르는 사용하지 않는다.(가수 후 1시간 이내)

ⓔ 통줄눈이 생기지 않도록 영식 쌓기나 화란식 쌓기로 한다.

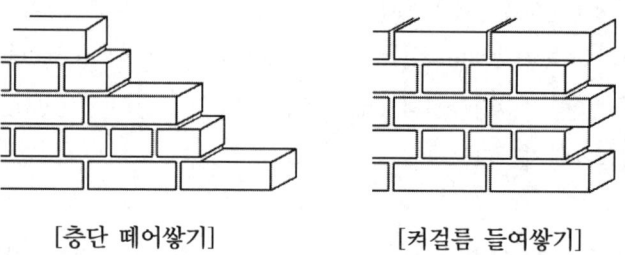

[층단 떼어쌓기]   [켜걸름 들여쌓기]

(3) 균열·백화·누수

① 균열 원인

계획, 설계상의 미비로 인한 원인	시공상 결함에 의한 원인
• 기초의 부동침하 • 건물의 평면, 입면의 불균형 • 불균형 하중 • 벽돌 벽체의 강도 부족 • 불합리한 개구부 크기 및 배치의 불균형	• 벽돌 및 모르타르 강도 부족 • 재료의 신축성 • 모르타르 바름의 들뜨기 현상 • 다져넣기의 부족 • 이질재와의 접합부

② 백화현상

벽체의 표면에 흰가루가 생기는 현상

원인	• 재료 및 시공의 불량 • 모르타르 채워넣기 부족으로 빗물침투에 의한 화학반응 (빗물+소석회+탄산가스)
대책	• 소성이 잘된 벽돌을 사용한다. • 벽돌 표면에 파라핀 도료를 발라서 염류 유출을 방지한다. • 줄눈에 방수제를 발라 밀실 시공한다. • 비막이를 설치하여 물과의 접촉을 최소화시킨다.

③ 벽체의 누수현상 원인

㉠ 사춤 모르타르가 충분하지 않을 때

㉡ 치장줄눈의 시공이 완전하지 않을 때

㉢ 이질재의 접촉부

ⓔ 벽돌쌓기 방법이 완전하지 못하게 되었을 때
　　ⓜ 물흘림, 물끊기 및 비막이 시설 미비

2. 블록공사

(1) 블록의 종류 및 치수

① 종류
　㉠ 인방블록 : 문꼴 위에 쌓아 철근과 콘크리트를 다져 넣어 보강하는 U자형 블록
　㉡ 창쌤블록 : 창문틀 옆에 창문이 잘 끼워지도록 만들어진 블록
　㉢ 창대블록 : 창문틀의 밑에 쌓는 블록
　㉣ 가로근용 블록 : 가로철근을 집어넣고 콘크리트를 다져넣을 수 있는 블록

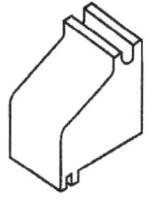
[창대블록]
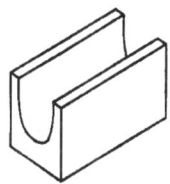
[인방블록]
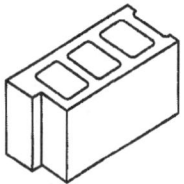
[창쌤블록]
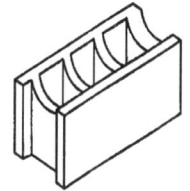
[가로근용블록]

② 블록치수

치수(mm)			허용오차(mm)
길이	높이	두께	
390	190	100 150 190	길이, 두께 ±2 높이 ±3

(2) 블록쌓기

① 시공도 기입사항
　㉠ 블록나누기, 블록 종류 선택
　㉡ 벽과 중심 간 치수
　㉢ 창문틀 등 개구부의 안목치수
　㉣ 철근 삽입 및 이음 위치, 철근의 지름 및 개소

ⓜ 나무벽돌, 앵커볼트, 급배수관, 전기 배선관 위치

② 시공 시 주의사항

㉠ 일반 블록쌓기는 막힌 줄눈으로 보강 블록조는 통줄눈으로 한다.

㉡ 블록의 모르타르 접촉면은 적당히 물축임을 한다.

㉢ 블록 살두께가 두꺼운 쪽이 위로 가게 쌓는다.

㉣ 하루 쌓는 높이는 1.2~1.5m(6~7켜) 정도로 쌓는다.

㉤ 쌓기용 모르타르 배합비는 1 : 3(시멘트 : 모래) 정도를 사용한다.

(3) 인방보 및 테두리보

① 인방보

㉠ 개구부 위에 건너질러서 상부 하중을 좌우 벽으로 전달시키는 보

㉡ 인방블록을 좌우 벽면에 20cm 이상 걸치고 철근의 정착길이는 40d 이상으로 한다.

② 테두리보

㉠ 설치 목적

ⓐ 분산된 벽체를 일체로 하여 하중을 균등하게 분산시킨다.

ⓑ 수직 균열을 방지한다.

ⓒ 세로 철근을 정착시킨다.

ⓓ 집중하중을 받는 부분의 보강재 역할을 한다.

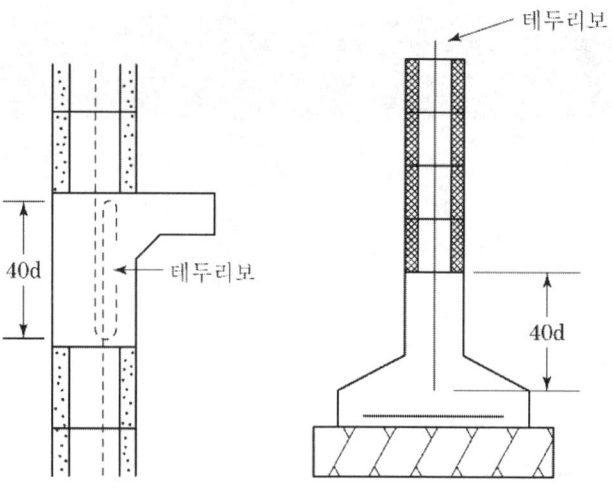

㉡ 치수

ⓐ 춤 : 벽 두께의 1.5배 이상 또는 30cm 이상

ⓑ 나비 : 벽 두께 이상으로 한다.

ⓒ 철근 정착 : 40d 이상으로 하고 콘크리트로 사춤한다.

(4) 보강 블록조

① 특징

통줄눈 쌓기를 한 블록벽 중공부에 철근을 넣고 콘크리트를 채워 보강한 구조

② 시공방법

㉠ 세로근은 이어대지 않고 기초보 하단에서 테두리보 상단까지 40d 이상 정착시킨다.

㉡ D10 이상 철근을 사용하고 내력벽 끝부분, 모서리, 개구부 주변은 D13을 사용한다.

㉢ 철근의 간격은 40~80cm 이내로 한다.

㉣ 가로근의 이음은 25d 이상으로 하고 정착길이는 40d 이상으로 한다.

③ 기타 사항

㉠ 철근은 굵은 것보다 가는 것을 많이 사용하는 것이 유리하다.

㉡ 세로 철근을 댄 부분은 반드시 콘크리트를 채운다.

㉢ 모서리, 교차부, 개구부 주위, 벽 끝은 반드시 사춤 모르타르를 채운다.

(5) 블록량 산출

① 계산식

㉠ 블록량=벽면적×단위수량(장)

㉡ 단위수량에 블록 할증률 4%가 포함되므로 별도로 계산하지 않는다.

② 단위수량

(m^2당, 할증률 4% 포함)

형상	치수(mm)	블록량(장)
기본형	390×190×210 390×190×190 390×190×150 390×190×100	13장
장려형	290×190×190 290×190×150 290×190×100	17장

③ 산출법

벽면적 $1m^2$를 벽돌 1장의 면적으로 나누어 산출한다.

$(\dfrac{1}{0.39+0.01}) \times (\dfrac{1}{0.19+0.01}) = 12.5$

∴ 할증률 4%를 가산하여 12.5×1.04=13장

CHAPTER 5 금속재료 및 내장공사

5.1 철강

제련된 철강은 철(Fe)을 주체로 하며 탄소(C)와 규소(Si), 망간(Mn), 황(S), 인(P) 등을 함유하고 있다. 특히 탄소의 함유량에 따라 철강의 성질이 달라진다.

구분	탄소량	특징
연철(순철)	0.04% 이하	연질이며 가단성이 크다.
(탄소)강	0.04~1.7% 이하	가단성, 주조성, 담금질 효과가 좋다.
주철	1.7% 이상	주조성이 좋고 경질이며 취성이 크다.

1. 가공 및 성형

(1) 가공 온도에 따른 구분

열간가공	900~1200℃에서 가공. 구조용재 가공에 사용한다.
냉간가공	700℃ 이하에서 가공. 조직이 치밀해지지만 변형이 생기고 소성변형은 어렵다.

(2) 성형방법

단조	가열된 강괴를 해머나 프레스로 두드려 조직을 치밀하게 하는 성형법
압연	가열된 강을 롤러 사이로 통과시켜 강판, 형강 등을 제조한다.
인발(견인)	다이스라는 틀의 작은 구멍을 통과시켜 강을 인출하는 것으로 철선 등을 제조하는 방법

(3) 열처리

구분	열처리방법	특성
풀림(소준) Annealing	800~1000℃에서 가열 성형 후 노 속에서 서냉	강의 연화 내부 응력 제거
불림(소둔) Normarlizing	800~1000℃에서 가열 성형 후 대기 중에서 냉각	결정립의 미세화 조직 균일화
담금질(소입) Hardening	가열한 강을 물 또는 기름 등에 담가 급속 냉각	경도 증대 내마모성 증가
뜨임(소려) tempering	담금질한 강을 다시 가열(200~600℃) 후 서냉	강성, 인성, 연성 증가

2. 강(탄소강)의 성질

(1) 물리적 성질

① 상온에서 탄소의 양이 증가하면 비중, 열전도율, 열팽창계수는 감소하고 비열과 전기저항은 증가한다.
② 강의 열팽창계수는 콘크리트와 거의 같아서 철근콘크리트 구조로 만들 수 있다.

(2) 역학적 성질

① 응력변형도 곡선

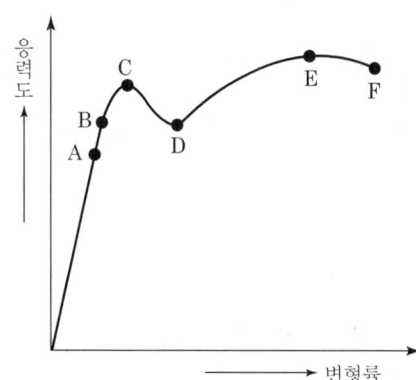

A. 비례한도 : 응력이 작을 때는 응력에 비례해서 변형이 커진다. 이 비례관계가 성립되는 한도를 말한다.
B. 탄성한도 : 외력이 제거되면 변형이 0으로 돌아가는 관계가 성립되는 한도
C, D 상위, 하위 항복점 : 외력이 더욱 작용되어 상위 항복점에 도달하면 응력이 조금 증가해도 변형이 급격히 증가하며 하위 항복점에 도달한다.
E. 최대 인장강도 : 응력과 변형이 비례하지 않는 상태이다.
F. 파괴강도 : 응력이 증가하지 않아도 스스로 변형이 커져서 파괴되는 상태이다.

② 탄소량과 강도의 관계
   ㉠ 인장강도는 탄소량 0.85% 정도에서 최대이며 그 이상이 되면 감소한다.
   ㉡ 압축 및 전단강도는 0.85% 이상에서 오히려 증가한다.
③ 온도와 강도의 관계
   ㉠ 상온에서 100℃까지는 거의 변화가 없으며 100℃부터 증가하여 250℃에서 최대가 되며 그 이상부터는 감소한다.
   ㉡ 500℃에서는 0℃일 때의 강도의 1/2로, 900℃일 때는 1/10로 감소한다.

3. 주철과 합금강

(1) 주철 및 주강
① 탄소함유량이 1.7~6.67% 범위의 철을 뜻하며, 실용화되는 것은 2.5~4.5% 범위이다.
② 압연, 단조 등의 가공은 어려워서 주조성형으로 제품을 만든다.
③ 신장률은 강보다 작고 내식성은 일반 강보다 큰 편이다.
④ 종류
   ㉠ 보통주철 : 창의 격자, 장식철물, 계단, 교량 손잡이, 방열기, 하수관뚜껑 제작
   ㉡ 가단주철 : 백선을 700~1000℃로 오랜 시간 풀림하여 연성과 전성을 증가시킨 것으로 탄소함유량은 2.4~2.6%. 듀벨, 창호철물 등에 쓰인다.
⑤ 주강
   ㉠ 탄소함유량이 1% 이하인 용융강을 주조용으로 쓰는 것이다.
   ㉡ 기본적 성질은 탄소강에 가깝지만 인성이 조금 낮다.
   ㉢ 주철로서는 강도가 불충분한 주조용재에 쓰이며 주로 철골조의 주각, 기둥과 보의 접합부 등에 쓰인다.

(2) 특수강
탄소강에 특수한 성질을 주기 위해 다른 금속을 첨가한 합금강을 뜻한다.

구조용 합금강	• 니켈, 크롬, 망간 등을 각각 5% 이하로 첨가하여 뜨임처리한 것 • 인장강도, 항복점이 높고 인성이 크며 충격에도 잘 견딘다. • 프리스트레스트 콘크리트에 사용되는 강선은 구조용 특수강에 해당된다.
스테인리스강	• 크롬과 니켈을 첨가하여 내식성과 내열성을 높이고 기계적 성질을 개선한 것 • 건축 내·외장재, 창호재, 설비재, 위생기구, 주방용품으로 널리 쓰인다. • 부식성이 높은 환경에 유용하게 쓰이며 광택이 좋고 납땜도 가능하다. • 크롬과 니켈 함유량에 따라 다양한 종류로 구분되어 쓰인다.
내후성 강	• 내식성은 일반 강보다 크고 재질이나 가공성은 동등하거나 개선된 합금 • 망간, 구리, 규소, 크롬, 니켈 등을 첨가한다. • 표면에 발생한 녹이 안정된 산화막으로 고착되어 부식을 막아준다. • 구조용 재료, 강재 널말뚝, 박강판 등으로 널리 쓰인다.

> **Point** TMCP강(Thermo-Mechanical Control Process steel)
> • 가열-압연-냉각에 이르는 공정 전체를 특수 기술로 제어하여 제조되는 고강도, 고인성의 강재
> • 용접성을 개선하여 용접성이 매우 우수하다.
> • 강재 단면이 증가해도 항복강도가 저하되지 않는다.

5.2 비철금속

1. 구리

원광석을 용광로, 전로에서 녹인 후 전기분해에 의하여 정련

(1) 특성

① 열, 전기 전도율이 크고 연성과 전성이 매우 좋다.

② 건조공기에서 산화하지 않으나 습기가 있으면 녹청색으로 부식된다.

(2) 용도

전기재료, 철사, 못, 홈통 등

(3) 구리합금

① 황동(놋쇠) : 구리+아연(10~45%)

　　　㉠ 외관이 아름답고 주조 및 가공이 쉽다.
　　　㉡ 내구성이 좋아서 창호철물로 사용
　　② 청동 : 구리+주석(4~12%)
　　　㉠ 청록색의 광택이 난다. 황동보다 내식성이 크고 주조하기 쉽다.
　　　㉡ 장식, 공예재료로 쓰임
　　③ 포금 : 구리+주석(10%), 아연, 납
　　　㉠ 강도와 경도가 크다.
　　　㉡ 기계 톱니바퀴, 건축용 철물 등으로 쓰임
　　④ 인청동 : 청동+인
　　　㉠ 탄성과 내마멸성이 크다.
　　　㉡ 금속재 창호의 가동부분
　　⑤ 알루미늄 청동 : 구리+알루미늄(5~12%)
　　　㉠ 변색되지 않으며 장식철물로 사용

2. 알루미늄

보크사이트의 알루미나(Al_2O_3)를 전기 분해하여 제조하는 대표적 경금속으로 철강 다음으로 많이 쓰인다.

(1) 특징

① 비중이 2.7 정도로 철과 구리에 비해 매우 가벼우면서도 강도가 높은 편이다.
② 가공성이 높고 전기와 열의 전도가 잘 되며 저온에 강하다.
③ 공기 중에서 안정된 산화피막을 형성하여 내식성이 좋다.
④ 위생적이고 빛과 열을 잘 반사하며 광택이 아름답다.
⑤ 산과 알칼리 및 해수에 침식이 되므로, 콘크리트·해수 접촉부·흙에 매립되는 부분은 사용을 금하거나 특별히 주의를 기울여야 한다.

(2) 용도 및 합금

① 용도 : 마감재, 창호철물 및 창호재료, 각종 설비 및 가구, 전열 및 반사재료로 쓰인다.
② 알루미늄 합금
　㉠ 내식성, 내열성, 강도를 높이기 위해 구리·마그네슘·규소·아연 등을 첨가하여 제조한다.

　　ⓒ 장식재, 멀리온, 커튼 월 등으로 널리 쓰인다.
　③ 두랄루민
　　㉠ 알루미늄에 구리, 마그네슘, 망간 등을 첨가한 합금 (20C 초부터 사용)
　　ⓒ 가벼우면서 강도가 크고 내식성이 높아서 고층 건물 내·외장재, 항공기 재료 등으로 사용된다.

3. 기타 금속

(1) 아연
　① 건조 공기에서는 거의 산화되지 않으며 습기나 탄산가스가 존재하면 표면에 염기성 탄산염의 막이 생성되어 내부 산화를 막는다.
　② 철과 구리에 대해 전기적 양성이 강하며 이들 금속의 부식 방지 용도로 쓰인다.
　③ 강도가 크고 연성 및 내식성이 좋아서 부식을 방지하는 도금재료 및 합금재료로 사용된다.
　④ 인장강도나 연신율이 낮기 때문에 열간 가공하여 결정을 미세화하여 가공성을 높일 수 있다.
　⑤ 함석판(아연 도금 강판), 지붕재료, 못, 피복재 등으로 사용된다.

>  양은
> 구리에 니켈(16~20%), 아연(15~35%)을 첨가한 합금으로 화이트 브론즈라고도 한다. 기계적 성질이 우수하고 내식성, 내마모성, 내열성이 높은 합금으로 스프링 재료, 온도 및 전기 저항체, 식기, 장식품으로 널리 쓰이고 있다.

(2) 납(鉛)
　① 비중이 매우 크며(11.5), 전연성이 커서 주조, 단조 등의 가공성이 우수하다.
　② 열전도율이 작으나 온도에 의한 신축은 큰 편이다.
　③ 산성에는 강하지만 알칼리에는 침식되므로 콘크리트와의 접촉은 주의해야 한다.
　④ 지붕재, 홈통, 급배수, 가스관 등으로 쓰이며 주석과 섞어 땜납 재료로도 쓰인다.
　⑤ 방사선을 잘 흡수하여 X선 사용 장소의 천장, 바닥, 방호용으로도 사용한다.

(3) 주석
　① 비중이 7.3 정도로 큰 금속으로 내식성이 크고 인체에 무해하다.

② 식품용 금속재, 청동, 철재 방식 도금재로 사용한다.

(4) 니켈
① 주로 합금용으로 사용되며 청백색을 띤다.
② 전성과 연성이 크고 내식성이 좋다.

5.3 금속제품 및 주요 공사

1. 판재·관재·선재

(1) 강판 및 강관
① 두께에 따른 강판의 구분
  ㉠ 박강판 : 두께 3mm 이하
  ㉡ 중강판 : 두께 3mm 초과, 6mm 이하
  ㉢ 후강판 : 두께 6mm 이상
② 제조공정별 강판의 분류
  ㉠ 열간압연강판 : 강을 재결정온도(1,200℃ 내외) 이상으로 압연하여 내부조직을 치밀하게 하고 결함을 개량한 강판
  ㉡ 냉간압연강판 : 가열하지 않고 상온에서 압연한 제품으로 열간압연강판보다 훨씬 얇고 표면이 곱다.
  ㉢ 아연도강판 : 산화방지를 위해 아연도금한 강판으로 함석판이라고도 한다.
  ㉣ 내후성강판 : 일반강판에 구리·크롬 등을 첨가한 저합금 강판. 외장재, 새시 등으로 사용된다.
  ㉤ 기타 : 착색아연도강판, 프린트강판, 무늬강판, 스테인리스강판 등
③ 강관
  ㉠ 탄소강관 : 이음매 없이 강대(steel strip)나 강관을 용접하여 제조한 강관. 비계·말뚝·지주 및 기타 구조물에 사용된다.
  ㉡ 각형강관 : 각형으로 제조되어 건축·토목·가구 등에 사용된다.
  ㉢ 배관용 강관 : 급수·급탕·배수 및 기름·가스·공기 등의 배관에 사용된다.

(2) 선재

① 철선
  ㉠ 연강을 상온으로 인발하여 가늘게 한 것. 철사라고도 한다.
  ㉡ 2가닥의 철선을 꼬아서 그 사이에 가시를 넣어 만든 것을 가시철선이라 하며 철조망 제조에 쓰인다.

② 와이어 라스 : 철선을 그물 모양으로 만든 것으로 모르타르 등의 바탕에 사용한다.

③ 와이어 메시
  ㉠ 연강철선을 격자형으로 짜서 용접한 것으로 용접철망이라고도 한다.
  ㉡ 벽체·바닥 등의 보강재로 사용하며 철근 대용으로도 쓰인다.

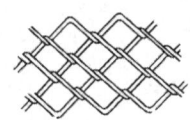
[와이어 라스]

[와이어 메시]

④ 와이어로프
  ㉠ 몇 개의 철사를 꼬아서 1줄의 스트랜드(새끼줄)를 만들고, 다시 6가닥의 스트랜드를 1줄의 마(麻)로프를 중심으로 꼬아서 만든 로프이다.
  ㉡ 로프의 꼬임에는 보통 꼬임과 랭 꼬임이 있으며, 또 스트랜드의 꼬임 방향에 따라서 S꼬임 로프와 Z꼬임 로프로 나뉜다.
  ㉢ 케이블카, 크레인, 오르내리창, 삭도(로프웨이) 등에 많이 쓰인다.

⑤ PC강선
  ㉠ PS 콘크리트에 프리스트레스를 주기 위해 사용하는 고강도의 강선
  ㉡ 피아노선재를 패턴팅(patenting)한 후 상온에서 인발·제조한다.

(3) 성형·가공제품

① 메탈라스
  ㉠ 0.4~0.8mm의 연강판에 그물눈을 내고 늘여 철망 모양으로 만든 것
  ㉡ 천장, 벽 등의 모르타르 바름 바탕용 철물로 사용된다.
  ㉢ 두께 6~13mm의 연강판을 늘여 만든 것은 익스팬디드 메탈이라 하며, 콘크리트 보강용으로 쓰인다.

② 플레이트(plate)
  ㉠ 데크플레이트 : 얇은 강판을 골 모양으로 성향한 것으로 콘크리트 슬래브의 거푸집 패널 또는 바닥 및 지붕판으로 사용된다.
  ㉡ 키스톤 플레이트 : 작은 간격의 골이 주름잡은 형태로 된 강판. 데크플레이트보다 춤이 작고 지붕, 외벽 등에 쓰인다.
③ 기타
  ㉠ 펀칭 메탈 : 금속판에 여러 가지 무늬의 구멍을 펀칭한 것. 배수구 및 환기구 커버로 쓰인다.
  ㉡ 코너비드 : 기둥, 벽의 모서리면 미장작업 용이 및 모서리 보호를 위해 설치하는 철물

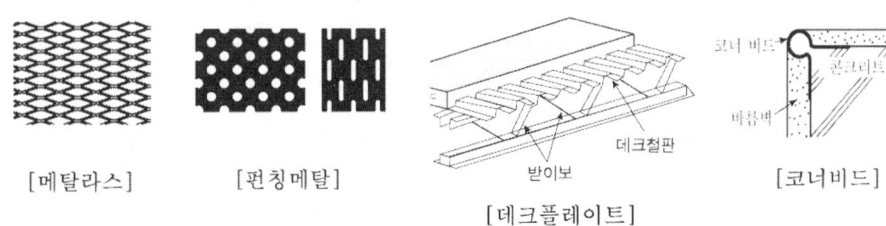

[메탈라스]   [펀칭메탈]   [데크플레이트]   [코너비드]

(4) 긴결철물
① 인서트
  ㉠ 반자틀 등의 구조물을 달아 매기 위해, 콘크리트 타설 전 미리 묻어 넣는 고정철물이다.
  ㉡ 차후 달대 등을 걸칠 수 있는 갈고리, 나사, 볼트 등의 형식으로 되어 있다.
② 익스팬션볼트 : 콘크리트 표면의 띠장, 문틀 등에 다른 부재를 고정하기 위해 묻어두는 특수 볼트로, 벽체 등에 박으면 끝이 벌어져서 구멍 내부에 고정이 된다.
③ 기타
  ㉠ 스크루 앵커 : 삽입된 연질금속 플러그에 나사못을 끼운 것
  ㉡ 드라이브 핀 : 타카 등을 사용하여 콘크리트나 강재 등에 박는 특수 못
  ㉢ 줄눈대 : 인조석 등의 바름에 신축균열방지 및 의장을 위해 구획하는 줄눈
  ㉣ 조이너 : 천장, 벽 등에 보드류를 붙이고 그 이음새를 감추고 누르는 데 쓰인다.

(5) 창호철물
① 정첩·돌쩌귀·지도리

　㉠ 정첩 : 문짝을 문틀에 달아 여닫는 축이 되는 철물
　㉡ 자유정첩 : 정첩에 스프링을 장치하여 양쪽으로 열리도록 한 철물
　㉢ 돌쩌귀 : 정첩 대신 촉으로 돌게 한 철물로, 암톨쩌귀는 문설주에 박고 수톨쩌귀는 문짝에 박는다.
　㉣ 지도리 : 장부를 구멍에 끼워 돌게 한 철물로 회전문에 사용한다.

② 힌지
　㉠ 플로어 힌지 : 힌지와 스프링 유압밸브 장치가 된 상자를 바닥에 넣고 돌쩌귀처럼 상부에 무거운 여닫이문을 달아 사용하는 철물
　㉡ 피벗 힌지 : 창이나 문의 상하에 지도리를 달아 개폐하게 만든 돌쩌귀 정첩의 일종
　㉢ 래버토리 힌지 : 접히며 열리는 일종의 스프링 힌지로 공중전화, 공중화장실 등의 문에 사용한다.

③ 도어 클로저·도어 스톱
　㉠ 도어 클로저 : 도어 체크라고도 한다. 문짝 상부와 벽에 장치를 설치하여 자동으로 문을 닫히게 한다.
　㉡ 도어 스톱 : 보통 도어 체크와 한 세트가 되어 사용하거나 단독으로 사용되어 문을 개방한 상태로 유지하기 위해 바닥에 고정시키는 고무 등의 소재가 끝에 달린 지지철물을 말한다.

④ 기타
　㉠ 나이트 래치 : 밖에서는 열쇠로 열고 안에서는 손잡이를 틀어 여는 철물
　㉡ 크레센트 : 오르내리창을 걸어 잠그는 철물
　㉢ 레일 : 미서기·미닫이 문에 달린 바퀴가 굴러가도록 길을 만드는 철물

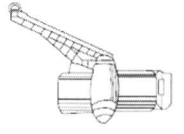  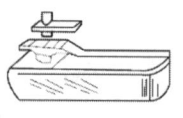 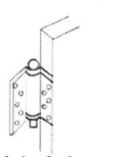 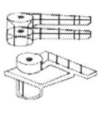

　　도어체크　　래버토리 힌지　　크레센트　　플로어 힌지　　자유정첩　　피벗힌지

(6) 구조용 긴결철물

리벳	• 철골구조 리벳접합에 쓰이는 긴결재 • 둥근머리 리벳이 가장 많이 쓰인다.
볼트	• 재질에 의한 분류 　- 흑 볼트 : 가조임, 인장력 받는 곳, 경미구조물에 이용 　- 중 볼트 : 내력용, 리벳 대용 　- 상 볼트 : 핀 등의 중요부분, 장식효과 • 형상에 의한 분류 : 양나사 볼트, 외나사 볼트, 주걱 볼트
듀벨	• 목재 이음 시 부재 사이에 끼워서 전단력에 저항한다.

2. 주요 금속공사

(1) 철골내화피복

① 습식공법

타설공법	• 철골구조체 주위에 거푸집을 설치하여 콘크리트를 타설하는 공법 • 치수 제작 및 표면마감이 쉽고 구조체와 일체화되어 시공성이 좋다. • 공기가 길고 하중은 커진다.
뿜칠공법	• 강재 주변에 접착제를 도포한 후 내화재료를 뿜칠하는 공법 • 복잡한 형상도 시공 가능하고 작업속도가 빠르며 비교적 저렴한 편이다. • 피복두께, 비중 등 관리가 어렵다.
미장공법	• 부착력 증가를 위해 메탈라스, 용접철망 부착 후 단열 모르타르로 미장한다. • 내화피복과 표면마무리가 동시에 완료된다. • 공기가 길고 기계화시공이 곤란하며 부착성, 균열, 방청을 검토해야 한다.
조적공법	• 강재 표면을 블록, 벽돌쌓기 등으로 내화 피복하는 공법 • 충격에 강하며 박리의 우려가 없다. • 공기가 길며 하중이 커진다.

② 건식공법

개요	• 내화, 단열이 우수한 경량의 성형판을 접착제나 연결철물로 부착한다. • 성형판 붙임공법이라고도 한다.
특징	• 공장제조판을 사용하므로 품질 신뢰성이 높고 부분적 보수가 용이하다. • 시공 시 절단 및 가공에 의한 재료손실이 크다. • 접합부 시공이 불량하면 결함에 의한 내화성능 저하가 우려된다. • 충격에 약하며 흡수성이 크다
시공 시 유의사항	• 강재면의 방청 확인 및 청소 철거 • 버팀붙임재는 내화피복판과 동일재질로 사용 • 줄눈부분의 틈 발생 방지 • 흡수성에 의한 접착력 저하 유의 • 충격에 의한 파손방지를 위해 보양처리 철저 • 접착제가 완전히 경화될 때까지 못 또는 꺾쇠로 보강

(2) 경량철골 반자틀

① 반자의 설치 목적

　미관적 구성, 분진(먼지) 방지, 차음 및 차열, 배선 및 배관의 차폐

② 경량철골 천장틀 설치 순서

　㉠ 인서트 매입(앵커 설치)

　㉡ 달대

　㉢ 행거

　㉣ 경량구조틀 설치

　　ⓐ 캐링채널 설치 → ⓑ 클립 설치 → ⓒ M-BAR 설치

◎ 텍스(천장판) 붙이기

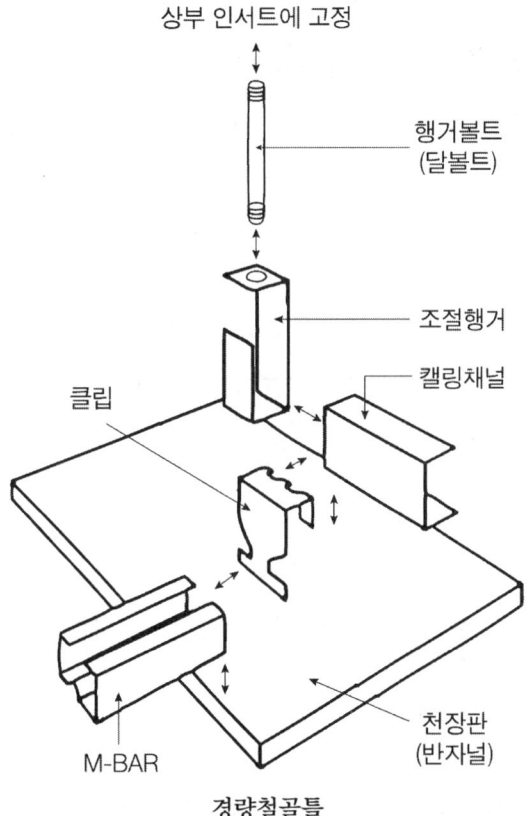

CHAPTER 6 창호 및 유리공사

6.1 성형 및 분류

1. 성형

판인법	좁은 틈으로 흘러내리게 하여 얇은 막이 되게 하고 냉각탑에서 식히는 방법으로 6mm 이하 얇은 유리 제조 시 사용
롤러법	6mm 이상의 두꺼운 판유리, 요철이 있는 무늬유리 제조

2. 성분별 분류

종류	특성	용도
소다 석회유리	• 용융점이 낮고 풍화의 우려가 있다. • 비교적 팽창률이 크고 강도가 크다. • 산에는 강하나 알칼리에는 약하다.	일반 건축 창유리 음료수병 제품
칼리 석회유리	• 용융점이 높고 내약품성이 크다. • 투명도가 크다.	고급장식품, 식기 공예품, 이화학용 기기
칼리 납 유리	• 용융점이 가장 낮고 가공이 쉽다. • 산, 열에 약하다. • 광선의 굴절률과 분산율이 크다.	고급기기, 광학용 렌즈 인조보석, 진공관
붕규산 유리	• 용융점이 가장 높고 전기절연성이 크다. • 내산성이 크고 팽창성이 작다.	내열기구 및 식기 글라스울 원료
석영 유리	• 내열성, 내식성이 크고 자외선 투과성이 크다.	전등, 살균 제품
물 유리	• 소다석회유리에서 석회를 제거하여 물에 녹게 한 것	방화 및 내산도료

3. 유리의 성질

비중	• 보통 판유리는 2.5 정도 • 납, 아연, 산화알루미늄 등 금속산화물이 포함되면 증가한다.
경도	모스 경도 기준 5.5~6.5
연화점	보통유리는 740℃ 내외, 칼리유리는 1000℃ 내외

> 유리의 강도는 휨강도를 말한다.

6.2 유리제품

1. 판유리 및 2차 제품

(1) 판유리

서리유리	• 유리면을 불화수소 등으로 부식시켜서 빛을 확산시킨다. • 투과성을 나쁘게 하여 프라이버시용으로 쓰인다.
무늬유리	무늬가 새겨진 롤러 사이를 통과시켜 제조하는 판유리
표면연마유리	• 판유리를 규사 등으로 연마 후 산화제이철로 닦아낸다. • 고급 창유리, 거울용 유리

(2) 유리의 2차 제품

유리블록	• 속빈 상자모양의 유리 2장을 맞대어 붙이고 저압 공기를 넣은 것 • 실내가 보이지 않은 상태로 채광을 하며 환기는 불가능하다. • 칸막이벽, 방음 및 단열, 장식용 벽체 등으로 사용된다.
프리즘타일	• 입사광선의 방향을 바꾸거나 확산 혹은 집중시키는 기능이 있다. • 지하실, 옥상 채광용 유리
폼글라스	• 다포질의 흑갈색 유리판 • 광선 투과가 안 되며 방음 및 보온성이 좋은 경량 제품이다.
유리섬유	• 용융된 유리를 작은 구멍을 통과시켜 섬유로 제조한다. • 환기장치 먼지 흡수, 화학공장 산 여과 등에 쓰인다.

3. 창호공사

(1) 개폐방법에 따른 명칭

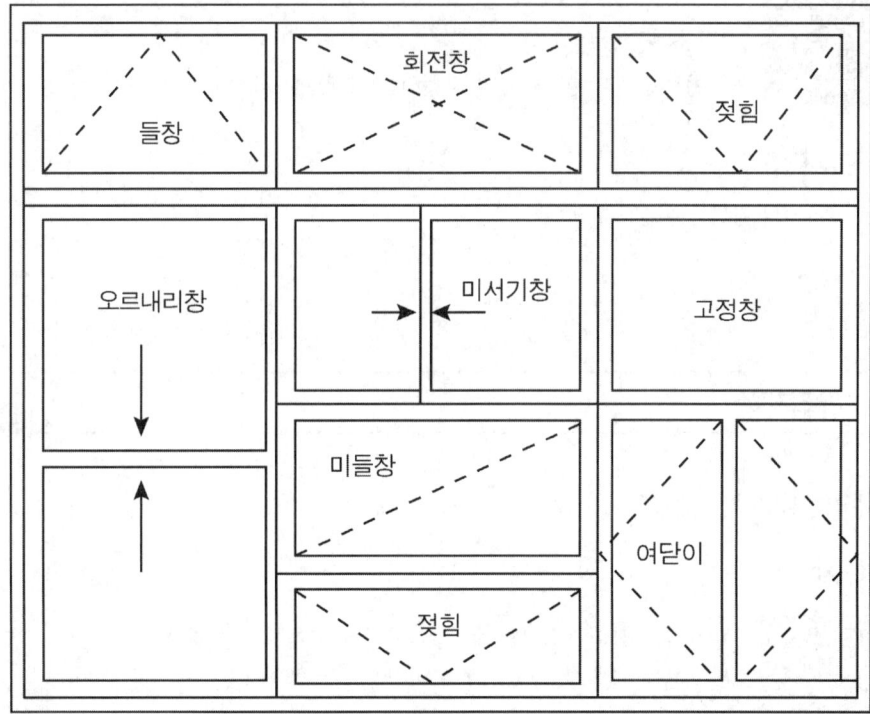

(2) 목재창호

양판문	울거미 중심에 넓은 판재를 댄 문
플러시문	중간 띠장을 10~20cm 간격으로 배치하고, 양면에 3~4mm 정도의 합판을 붙인 문
허니컴 플러시문	플러시문 울거미 속에 벌집모양으로 된 종이, 나무, 합성수지 등의 심재를 넣어 표면에 합판 등을 교착하여 만든 문
합판문	울거미의 중간에 합판을 대어 만든 문

(3) 알루미늄 창호

① 특징

㉠ 비중이 철의 1/3 정도로 가볍다.

㉡ 녹슬지 않고 사용 내구연한이 길다.

  ⓒ 공작이 자유롭고 기밀성이 유리하다.

  ⓔ 여닫음이 경쾌하다.

 ② 시공 시 주의사항

  ㉠ 강도가 약하므로 취급에 주의한다.

  ㉡ 모르타르, 회반죽 등 알칼리성에 약하므로 직접 접촉은 피한다.

  ㉢ 동질의 재료로 하거나 녹막이칠을 한다.

(4) 특수 창호

종 류	특 징	용 도
행거도어	대형호차를 레일 위와 문 양 옆에 부착	창고, 격납고, 차고
주름문	세로살, 마름모살로 구성, 상하 가드레일을 설치	방도(防盜)용
무테문	강화유리(12mm), 아크릴판(20mm) 등을 이용, 울거미 없이 설치한 문	현관 출입용
아코디언 도어	상부는 행거롤러, 하부는 중앙 지도리를 써서 접혔다 펼쳐지도록 설치한 문	칸막이용
회전문	회전 지도리를 사용	방풍용, 출입빈번한 장소
셔터	홈대, 셔터 케이스, 로프, 홈통, 핸들상자로 구성	방화(防火)용

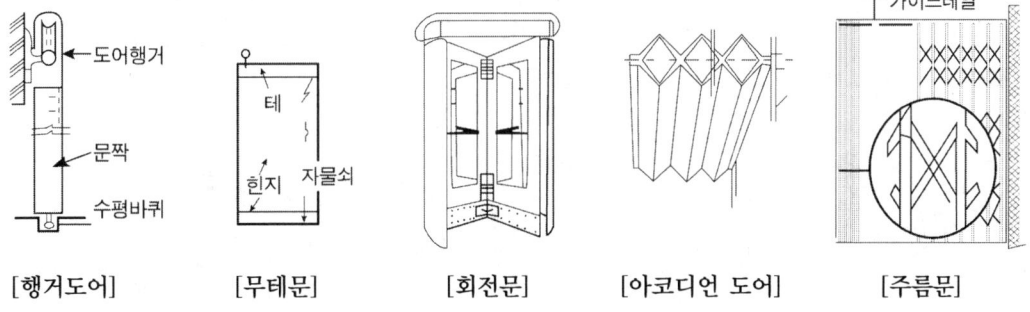

[행거도어]   [무테문]   [회전문]   [아코디언 도어]   [주름문]

(5) 창호철물

종류	용도 및 특징
정첩	한쪽은 문틀에, 다른 한쪽은 문에 고정(여닫이)
레일	바퀴의 경로, 문틀의 마모 방지(미서기, 미닫이, 아코디언문)
바퀴(호차)	창호가 잘 움직이도록 설치(미서기, 미닫이)
크레센트	오르내리기 창의 걸쇠(잠금장치)
오목손걸이	창호의 손잡이 역할
도르래	오르내리기 창호의 하중을 감소
지도리	회전문 등의 축으로 사용되는 철물
자유정첩	스프링이 설치되어 자동적으로 닫혀지는 철물(자재문)
플로어 힌지	오일 또는 스프링 장치가 내장된 힌지(무거운 여닫이문)
피벗 힌지	경쾌한 개폐가 가능하다.(무테문, 일반 방화문)
레버토리 힌지	공중전화 박스, 공중화장실 문
도어 클로저	현관문 상부, 문을 자동으로 닫히게 하는 장치

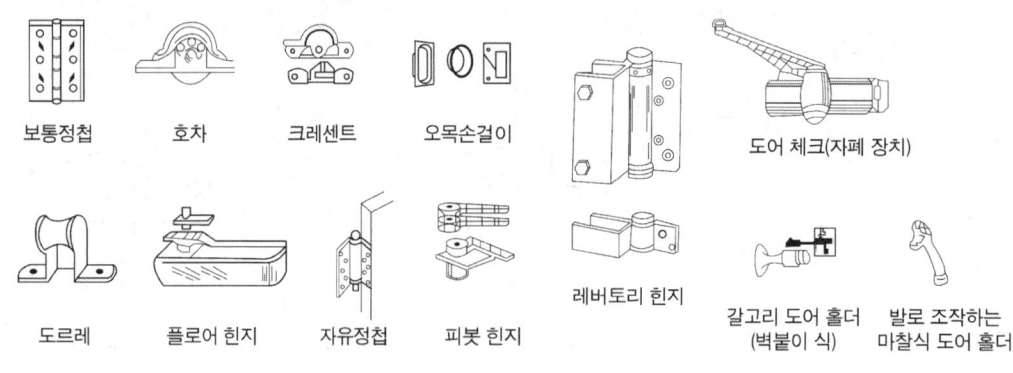

[각종 창호 철물]

> **Point 논슬립**
> - 계단의 디딤판 끝에 대어 미끄럼방지의 역할을 한다.
> - 고정방법 : 고정매입법, 나중매입법, 접착제법

4. 유리공사

(1) 유리 끼우기
① 재료의 종류 : 반죽퍼티, 나무퍼티, 가스켓(고무, 합성수지)
② 끼우기 공법 : 반죽퍼티 대기, 나무퍼티 대기, 고무퍼티 대기, 누름대 대기
③ 절단 및 가공물

보통유리	유리칼(glass cutter, diamind cutter)로 절단
두꺼운 유리	유리칼로 금을 수차례 긋고 뒷면에서 고무망치로 두드려 절단
합판 유리	양면을 유리칼로 자르고 필름은 면도칼로 절단
강화유리 복층유리	절단이 불가능한 유리이므로 사용치수로 주문 제작
망입유리	유리는 칼로 자르고 꺾기를 반복하여 철을 절단

④ 유리 설치 후 보양 : 종이붙이기, 판 붙이기, 글자 붙이기

(2) 기타 사항
① 안전유리 : 강화유리, 접합유리, 망입유리
② 플로트 판유리 검사항목 : 만곡, 두께, 치수, 겉모양
③ 대형 판유리
  ㉠ 서스펜션(suspension) 공법
    ⓐ 대형의 판유리를 멀리온없이 유리만으로 세우는 공법
    ⓑ 유리 상단을 금속 클램프로 매달고 접합부는 리브 유리(stiffener)로 연결하여 개구부를 만들 수 있으며 유리 사이의 연결은 실런트로 메워 누름한다.
    ⓒ 종류 : 리브 보강 그레이징 시스템, 현수 및 리브 보강 그레이징 시스템, 현수 그레이징 시스템
  ㉡ SGS(Structural sealant Glazing System) 공법
    ⓐ 건물의 창과 외벽을 구성하는 유리와 패널류를 구조 실런트(Structural sealant)를 사용하여 실내측의 멀리온이나 프레임 등에 접착 고정하는 방법
    ⓑ 검토사항 : 풍압력, 온도변화 시 부재의 팽창·수축, 지진에 대한 검토, 유리중량 검토

Point 관련 용어

- 박배 : 창문을 창문틀에 설치하는 작업
- 마중대 : 미닫이 또는 여닫이 문짝이 서로 맞닿는 선대
- 여밈대 : 미서기 또는 오르내리기창이 서로 여며지는 선대
- 풍소란 : 창호가 닫혀졌을 때 틈새로 바람이 들어오지 않도록 덧대어 주는 것
- 멀리온 : 창 면적이 클 때 기존 창틀을 보강하는 중간 선대
- 세팅 블록(setting block) : 창틀에 유리판을 끼워 넣을 때 유리판의 파손을 방지하기 위하여 하단 아래쪽에 미리 삽입하는 나무, 고무, 합성수지 등의 재료에 의한 끼움재
- 정일푼 유리 : 두께 3mm의 판유리
- 컷 글라스(cut glass) : 판유리 가공품의 하나로서 표면에 광택이 있는 홈줄을 새겨 모양을 낸 유리
- 샌드 블라스트(sand blast) : 모래나 기타 연마제를 물이나 압축공기로 노즐을 통해 고속 분출하는 것으로 표면을 거칠게 하는 방법
- 트리플렉스 유리(triplex glass) : 접합유리의 일종으로 2겹의 유리 사이에 투명 플라스틱을 끼운 것
- LOW-e 유리 : 가시광선은 통과시키고 적외선을 반사하여 단열성능을 높인 특수유리

7 미장공사

7.1 일반사항

1. 특징 및 분류

(1) 미장재료의 정의와 특징
① 건축물의 내외벽, 바닥, 천장 등에 장식, 보온, 보호 등을 목적으로 일정 두께로 흙손, 스프레이 등을 이용하여 바르는 점성재료를 말한다.
② 넓은 표면을 이음매 없이 마무리할 수 있으며 숙련공의 기능이 요구되고 습식 공사로 공기가 길어진다.

(2) 미장재료의 구성
① 결합재 : 물질 자체가 물리적 또는 화학적으로 고화하여 미장바름의 주체가 되는 재료. 시멘트, 석회, 석고, 돌로마이트석회, 점토 등이 있다.
② 골재 : 결합재가 가진 수축·균열과 같은 결점이나 점성 및 보수성 부족을 보완하고 경화시간 조절 및 치장을 목적으로 쓰이는 재료이다. 모래, 종석, 돌가루 등이 있다.
③ 보강재 : 바름재료의 성질을 개선하기 위해 사용하는 재료. 여물, 풀, 수염 등이 있다.
④ 혼화재료 : 작업성 증대, 착색, 방수, 내화, 단열, 차음, 방재, 음향 등의 효과를 얻기 위해서 사용하거나 응결시간을 단축 혹은 연장시키기 위해 사용하는 재료를 뜻한다.

(3) 미장재료의 분류
- 기경성 미장재료 : 공기 중 탄산가스와 반응하여 경화하는 미장재료(수축성)
- 수경성 미장재료 : 물과 반응하여 경화하는 미장재료(팽창성)

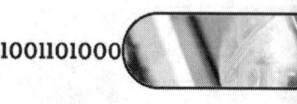

분류	미장재료	특징	표면 성질
기경성	진흙	진흙, 모래, 짚여물의 물반죽 흙벽 시공	
	회반죽, 회사벽	소석회+모래+여물+해초풀	알칼리성
	돌로마이트 플라스터	돌로마이트 석회+모래+여물 건조수축이 크다.	
수경성	순석고 플라스터	소석고+석회죽+모래+여물의 물반죽 경화속도가 빠르다.	중성
	석고계열 혼합석고 플라스터	혼합석고+모래+여물의 물반죽 약한 알칼리성을 띤다.	알칼리성
	경석고 플라스터	무수석고+모래+여물의 물반죽 표면의 경도가 크고 광택이 있다.	산성
	시멘트 모르타르	시멘트+물+모래	알칼리성
	인조석	백시멘트+종석+안료+물	
용액성	마그네시아 시멘트	바닥마감재인 리그노이드의 주원료	산성

7.2 미장재료의 종류

1. 회반죽 및 회사벽

(1) 회반죽

① 원료
  ㉠ 소석회, 해초풀, 여물, 모래 등을 혼합하여 바르는 미장재료이다.
  ㉡ 균열 방지를 위해 사용되는 여물은 짚여물, 삼여물, 종이여물, 털여물 등이 쓰인다.
  ㉢ 풀은 점성을 높이기 위해 사용한다.

② 특성 및 용도
  ㉠ 경도가 낮고 내수성이 약해서 실내 위주로 사용되며 경화시간이 오래 걸린다.
  ㉡ 외관이 부드럽고 시공정도에 따라 균열 및 박락의 우려가 적으며 저렴한 편이다.
  ㉢ 주로 목조 바탕, 벽돌 바탕 등에 쓰인다.

(2) 회사벽

① 석회죽에 모래를 넣어 반죽한 것으로 시멘트 또는 여물을 섞기도 한다.
② 석회죽과 모래, 황토, 회백토를 섞어 쓴 것을 회삼물이라고도 한다.
③ 재래식 흙벽의 정벌바름에 쓰이며 회삼물은 내부 벽돌벽면, 회반죽바름의 고름질 등에 쓰인다.

2. 돌로마이트 플라스터

(1) 원료

① 돌로마이트 석회에 모래 및 여물을 혼합하여 만들며, 시멘트를 섞기도 한다.
② 건조, 경화 시 수축률이 매우 커서 균열 방지를 위해 여물이나 무수축성 석고 플라스터를 섞는다.
③ 점성이 높아서 풀을 사용하지 않는다.

(2) 특성

① 강도 및 마감의 표면경도가 회반죽에 비해 크다.
② 풀을 쓰지 않아 변색, 냄새, 곰팡이 등이 없다.
③ 수증기나 물에 약해서 주로 실내 바름벽에서 사용한다.

3. 석고 플라스터

(1) 제법

생석고를 100℃ 이상 가열하여 소석고를 만들거나 230℃ 이상 가열하여 무수석고를 만들어 주원료로 하고 골재, 보강재, 혼화재를 혼합하여 반죽한 수경성 미장재료이다.

(2) 성질

① 다른 미장재료에 비해 응고가 빠르고 점성 및 내수성이 크다.
② 경도가 높고 수축 및 균열이 적다.

(3) 종류

① 혼합석고 플라스터
  ㉠ 소석고, 소석회, 완경제를 혼합한 혼합석고에 대리석 등을 공장에서 미리 혼합하여 제조된 것이다.

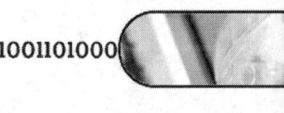

ⓒ 현장에서 물만 섞어 바로 사용할 수 있어서 기배합 석고 플라스터라고도 한다.
ⓒ 석고의 팽창성과 석회의 수축성을 상호 보완한 것이다.
ⓓ 석고 플라스터 중 가장 많이 사용하는 제품이다.

② 경석고 플라스터
ⓐ 소석고를 300℃ 이상으로 가열하여 얻은 무수의 경석고를 주원료로 한다.
ⓑ 물로 경화되지 않아서 명반, 붕사, 규사 등을 혼합하여 경화시킨다.
ⓒ 은은한 붉은빛을 띠는 흰색의 마감 광택을 가지며, 경화속도는 느리지만 경도가 매우 높다.
ⓓ 표면이 산성을 띠므로 작업 시 스테인리스 스틸 흙손을 사용하고 방청처리가 된 금속 재료만 접촉시킨다.
ⓔ 벽 및 바닥 바름에도 쓰이며 킨스 시멘트라고도 부른다.

③ 순석고 플라스터
ⓐ 소석고와 석회죽을 혼합해 만들며 석회죽이 응결 지연 및 작업성 증진 역할을 한다.
ⓑ 현장에서의 석회죽 제작이 어려워서 많이 사용되지 않는다.
ⓒ 크림용 석고 플라스터라고도 부른다.

④ 보드용 석고 플라스터
ⓐ 소석고의 함유량을 많게 하여 부착강도를 크게 한 제품이다.
ⓑ 주로 석고보드 붙임용이나 콘크리트 바탕의 초벌 바름 재료로 많이 사용된다.

4. 셀프 레벨링제

(1) 개요
자체 유동성이 있어서 평탄하게 되는 성질을 이용하여 바닥마름질 공사 등에 사용하는 재료이다.

(2) 종류
① 석고계 셀프 레벨링재 : 석고에 모래, 경화 지연제, 유동화제 등을 혼합한 것으로, 물이 닿지 않는 실내에서만 사용한다.
② 시멘트계 셀프 레벨링재 : 포틀랜드 시멘트에 모래, 분산제, 유동화제 등을 혼합한 것으로, 필요에 따라 팽창성 혼화재료를 사용한다.

(3) 시공 시 주의사항
① 경화 시 표면에 물결무늬가 생기지 않도록 창문 등을 밀폐하여 통풍과 기류를 차단한다.
② 시공 중이나 시공 완료 후 기온이 5℃ 이하가 되지 않도록 한다.

5. 시멘트 모르타르

종류		용도
보통 모르타르	보통 시멘트 모르타르	구조용, 일반수장용
	백시멘트 모르타르	착색, 치장용
특수 모르타르	바라이트 모르타르	방사선 차단용
	질석 모르타르	경량 구조용
	석면 모르타르	단열, 균열 방지용
	합성수지 모르타르	광택용
방수 모르타르		방수용
아스팔트 모르타르		내산성 바닥용

6. 기타 미장재료

(1) 합성 고분자 바름
① 합성고분자계 재료에 촉진제, 경화제, 골재 등을 배합한 미장재료이다.
② 에폭시, 폴리우레탄, 폴리에스테르 3종류가 가장 많이 쓰인다.
③ 방진·방수성, 탄력성, 내수성, 내약품성 등이 필요한 장소의 바닥재로 사용된다.

(2) 리신바름
돌로마이트에 화강암 부스러기, 색모래, 안료 등을 섞어 바른 후 굳기 전에 거친 솔, 얼레빗 등으로 표면을 긁어 거칠게 마무리한 인조석 바름의 일종이다.

(3) 러프코트
시멘트, 모래, 자갈, 안료 등을 섞고 이긴 것을 바탕바름이 마르기 전에 뿌려 붙이거나 바르는 것으로 인조석 바름의 일종으로 거친바름이라고도 한다.

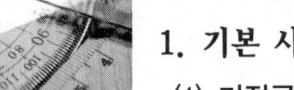

7.3 미장공사

1. 기본 사항

(1) 미장공사 시 주의사항
① 양질의 재료를 사용한다.
② 바탕면을 거칠게 하고 적당한 물축임을 한다.
③ 바름 두께는 균일하게 한다.
④ 초벌 후 재벌까지의 기간을 충분히 잡는다.
⑤ 급격한 건조를 피하고 시공 및 경화 중에는 진동을 피한다.

(2) 미장공사 치장마무리 방법
① 시멘트 모르타르 바름
② 회반죽 바름
③ 플라스터 바름
④ 흙바름
⑤ 인조석 바름

2. 시멘트 모르타르 바름

(1) 바름 두께
① 1회의 바름 두께는 바닥을 제외하고 6mm를 표준으로 한다.
② 부위별 두께

외벽, 바닥	내벽	천장
24mm	18mm	15mm

③ 실내바닥 마무리 공법 : 바름마무리, 붙임마무리, 깔기마무리

(2) 시공 순서
① 바르기 순서
　㉠ 일반적 순서 : 위 → 아래(밑)
　㉡ 실내 순서 : 천장 → 벽 → 바닥
　㉢ 외벽 순서 : 옥상난간 → 지층

② 시멘트 모르타르 3회 바름(벽)

바탕처리 → 물축이기 → 초벌바름 → 고름질 → 재벌 → 정벌

③ 시멘트 모르타르 바닥 바름

청소 및 물씻기 → 순시멘트풀 도포 → 모르타르 바름 → 규준대 밀기 → 나무흙손 고름질 → 쇠흙손 마감

3. 회반죽, 인조석·테라조

(1) 회반죽

① 시공 순서

반죽처리 → 재료반죽 → 바탕처리 → 수염붙이기 → 초벌바름 → 재벌바름 → 정벌바름 → 마무리 및 보양

② 해초풀의 역할

점도 증대, 부착력 증대, 강도 증대, 점도 증가에 의한 균열 방지

(2) 인조석·테라조 바름

① 재료 : 백시멘트, 종석, 안료, 석분

② 테라조 현장갈기 순서

황동줄눈대기 → 테라조 종석바름 → 양생 및 경화 → 초벌갈기 → 시멘트풀 먹임 → 정벌갈기 → 왁스칠

③ 줄눈대

㉠ 설치 목적

ⓐ 재료의 수축, 팽창에 대한 균열 방지

ⓑ 바름 구획 구분 및 보수의 용이성

㉡ 설치 간격 : 최대 간격 2m 이하, 보통은 90cm 각을 많이 이용한다.

(면적 $1.2m^2$ 이내)

CHAPTER 8 도장공사

8.1 도장재료

도장재료는 유동상태로 재료의 표면에 얇게 부착되어 시간이 흐름에 따라 표면에 부착한 채로 고화하여 소기의 성능(표면보호, 외관 및 형상의 변화)을 갖는 막으로 형성되는 재료를 말한다.

1. 도료의 분류
(1) 분류

구분		정의	종류
성분별 분류	페인트	바니시류에 안료를 첨가한 것 (불투명 피막형성 도료)	유성페인트, 수성페인트
	바니시	안료가 첨가되지 않은 것	유성바니시, 에나멜페인트, 휘발성 바니시
성분별 분류	합성수지 도료	안료와 합성수지 시너를 주원료로 한 것	용제형, 에멀션형, 무용제형
	옻칠		생칠 및 정칠
건조과정 분류	자연건조	도장만으로 상온에서 경화	바니시, 래커, 에멀션도료, 비닐수지
	가열건조	도장 후 가열하여 경화	아미노알키드수지, 에폭시수지, 페놀수지
용도별 분류			목재, 금속, 콘크리트용 방청용, 내산용, 전기절연용 등

구분	정의	종류
도장방법별 분류		솔칠용, 뿜칠용, 정전도장용, 에어리스 도장용 등

2. 도장 일반사항

(1) 도장의 목적
① 방습, 방청 등으로 인한 내구성 향상
② 색채, 무늬, 광택 등의 미적 효과
③ 전기절연성, 내수성, 방음성, 방사선 차단 등의 특수 성능 부여

(2) 도료 선택 시 주의사항
① 도장하고자 하는 물체의 사용목적
② 표면의 재료
③ 도장 시 기후조건
④ 경제성

(3) 보관 시 주의사항
① 직사광선이 들지 않도록 한다.
② 환기가 잘 되는 곳에 보관한다.
③ 화기로부터 격리시킨다.
④ 밀폐된 용기에 보관한다.
⑤ 도장에 사용한 걸레는 한적한 곳에서 소각한다.

8.2 각종 페인트

1. 수성페인트
(1) 재료 및 특징
① 재료
안료, 교착제(카세인, 아라비아고무, 아교), 물

② 특징
  ㉠ 건조가 빠르다.
  ㉡ 물을 용제로 사용하므로 경제적이며 공해가 없다.
  ㉢ 알칼리성 표면에 도장할 수 있다.
  ㉣ 도장이 쉽고 보관의 제약도 적은 편이다.

(2) 분류

유기질 수성페인트	습기 없는 곳에서만 사용
무기질 수성페인트	마그네시아 시멘트, 백시멘트를 교착제로 사용. 실내외 모두 사용
에멀젼 페인트	수성페인트에 합성수지와 유화제를 섞어 제조

2. 유성페인트

(1) 재료

재료	내용	종류
안료	도료의 색채를 결정	• 백색 - 아연화(亞鉛華) • 적색 - 연단(鉛丹), 산화제이철 • 황색 - 아연노랑(亞鉛黃) • 청색 - 코발트청
기름(용제)	광택과 피막의 강도 증대	아마유, 오동유, 들기름, 삼씨기름, 콩기름
희석재	점도 유지와 작업성 증가	• 송진건류품 - 테레핀유 • 석유건류품 - 휘발유, 벤진, 석유 • 콜타르 증류품 - 벤졸, 솔벤트 • 알코올 - 에틸알코올, 메틸알코올 • 에스테르 - 초산아밀, 초산부틸 • 송근 건류품 - 송근유
건조제	기름(용제)의 건조 촉진	리사지(litharge), 연단(鉛丹), 수산화망간, 붕산망간, 염화코발트

(2) 특징
  ① 저렴하고 두꺼운 도막을 형성할 수 있다.

② 건조가 늦고 도막의 성질(변색성, 내약품성, 내알칼리성 등)이 나쁘다.
③ 목재, 석고판류, 철재 등에 사용된다.
④ 알칼리(회반죽, 돌로마이트, 시멘트 및 콘크리트) 표면에는 부적합하다.

3. 바니시

천연수지, 합성수지 또는 역청질 등을 건성유와 같이 열반응시켜 건조제를 넣고 용제에 녹인 것을 말한다.

(1) 유성바니시

① 재료 : 수지, 건성유, 희석제
② 특징
  ㉠ 유성페인트보다 건조가 빠른 편이다.
  ㉡ 광택이 좋고 투명하고 단단한 도막을 만든다.
  ㉢ 내후성이 적어 실내 목재표면에 많이 이용된다.
  ㉣ 내화학성이 나쁘고 시간이 지나면 누렇게 변색한다.
③ 분류

종류	특징
스파 바니시 (spar varnish)	내수성, 내마모성이 우수하다.(목부 외부용)
코팔 바니시 (copal varnish)	건조가 빠르다.(목부 내부용)
골드 사이즈 바니시 (gold size varnish)	건조가 빠르고 연마성이 좋다.
흑 바니시 (black varnish)	미관이 요구되지 않는 곳의 방청, 내수, 내약품용 도장

(2) 래커

① 클리어 래커(안료 첨가 ×)
  ㉠ 유성 바니시에 비하여 도막이 얇고 견고하다.
  ㉡ 담갈색 빛으로 시공 후에는 우아한 광택이 있다.
  ㉢ 내수성, 내후성이 다소 부족하여 실내용으로 주로 사용된다.

ⓔ 목재면의 무늬를 살리기 위한 투명 도장재료로 쓰인다.
　　ⓜ 빨리 건조되므로 스프레이 시공하는 것이 좋다.
② 에나멜 래커(클리어 래커+안료)
　　㉠ 유성 에나멜 페인트에 비하여 도막은 얇지만 견고하고 기계적 성질도 우수하다.
　　㉡ 닦으면 광택이 나는 불투명 도료이다.
③ 하이 솔리드 래커
　　㉠ 니트로셀룰로오스 수지와 가소제의 함유량을 보통 래커보다 많게 한 래커
　　㉡ 도막이 두터워 능률을 높이고 경제적이다.
　　㉢ 탄력이 있는 도막을 만들며 내후성도 좋지만 경화와 건조는 늦다.

(3) 래크(Lack)

① 휘발성 용제에 천연수지류를 녹인 것
② 건조가 빠르고 피막은 유성 바니시보다 약하다.
③ 내장재나 가구재에 사용한다.

4. 합성수지 도장재료

(1) 재료

용제형과 무용제형	합성수지+용제+안료
에멀견형	합성수지+중화제+안료

(2) 특징 및 종류

① 특징
　　㉠ 도막이 단단하고, 유성페인트보다 건조가 빠르다.
　　㉡ 내마모성이 좋고, 내산성·내알칼리성이 있다.
② 종류
　　㉠ 요소수지 도료　　　㉡ 멜라민수지 도료
　　㉢ 비닐계수지 도료　　㉣ 프탈산수지 도료
　　㉤ 석탄산수지 도료

8.3 주요 도장

1. 특수 도장

(1) 녹막이칠

광명단	철골, 철판의 녹막이칠
징크로메이트 도료	알루미늄, 아연철판 녹막이칠
알루미늄 도료	내열성, 열반사 효과를 필요로 하는 곳
기타	아연분말도료, 산화철 녹막이 도료, 역청질 도료

(2) 색올림(stain : 착색제)

① 특징
  ㉠ 작업 용이성을 개선한다.
  ㉡ 색을 자유롭게, 선명하게 할 수 있다.
  ㉢ 표면을 보호하여 내구성을 증대시킨다.
  ㉣ 색올림이 표면으로부터 분리되지 않도록 주의한다.

② 종류

수성 스테인	작업성이 좋고 색상이 선명하지만 건조가 늦다.
유성 스테인	작업성이 좋고 건조가 빠르지만 얼룩이 생길 수 있다.
알코올 스테인	퍼짐이 우수하고, 색상이 선명하며 건조가 빠르다.

(3) 기타

① 방화도장 : 규산소다 도료, 붕산카세인 도료, 합성수지 도료
② 콤비네이션 칠 : 색체의 콤비네이션을 도모한 마무리로서 단색 정벌칠을 한 위에 솔 또는 문지름으로써 빛깔이 다른 무늬를 돋우어 마무리한 것이다.

2. 도장 공법

종류	도구	특징
솔칠	솔	가장 일반적인 공법이다. 건조가 빠른 래커 등에는 부적합하다.
롤러칠	롤러	평활하고 넓은 면을 타공법에 비해 빨리 칠할 수 있다.

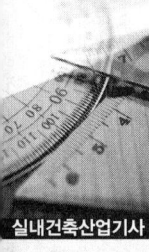

종류	도구	특징
문지름칠	솜, 헝겊	면이 고르고 광택이나 특수효과를 내기 위해 사용한다.
뿜칠	스프레이건 콤프레서	• 래커 등 속건성 도료의 시공에 적당하다. • 스프레이건은 면에 직각이 되도록 평행 이동시킨다. • 뿜칠거리는 약 30cm 정도가 적당하다. • 1/3씩 겹쳐서 칠한다.

3. 각종 바탕만들기

(1) 개요

도료가 바탕에 부착을 저해하거나 부풀음, 터짐, 벗겨지는 원인이 될 수 있는 요소(유분, 수분, 진, 녹)을 사전에 제거하는 작업

(2) 목부 바탕처리 순서

① 오염, 부착물 제거
② 송진처리(긁어내기, 휘발유 닦기)
③ 연마지 닦기
④ 옹이땜(셀락니스 칠)
⑤ 구멍땜(퍼티먹임)

(3) 철부 바탕처리

① 오염, 부착물 제거
② 유류 제거(휘발유, 비눗물 닦기)
③ 녹 제거(샌드블라스트, 와이어 브러시)
④ 화학처리
⑤ 피막 마무리(연마지 닦기)

(4) 콘크리트, 모르타르 등의 바탕처리

① 건조
② 오염, 부착물 제거
③ 구멍 땜(석고)
④ 연마지 닦기

4. 칠하기 순서

(1) 수성페인트 칠하기 순서
바탕처리 → 초벌 → 연마지닦기 → 정벌칠

(2) 유성페인트 칠하기 순서
① 목부바탕

바탕처리 → 연마지닦기 → 초벌 → 퍼티먹임 → 연마지닦기 → 재벌 1회 → 연마지닦기 → 재벌 2회 → 연마지닦기 → 정벌칠

② 철부바탕

바탕처리 → 녹막이칠 → 연마지닦기 → 구멍땜 및 퍼티먹임 → 재벌 → 정벌칠

(3) 바니시 칠하기 순서
① 일반 순서

바탕처리 → 눈먹임 → 색올림 → 왁스 문지름

② 목재면 외부 공정순서

바탕처리 → 눈먹임 → 초벌착색 → 연마지닦기 → 정벌착색 → 왁스 문지름

(4) 도장작업 시 주의사항
① 우천 시, 습도 80% 이상, 기온 5℃ 이하, 강풍 시에는 도장을 중지한다.
② 도료보관 창고는 화기를 절대 금한다.
③ 직사광선을 피하고 환기가 되어야 한다.

> - 스티플 칠 : 표면에 잘잘한 요철 모양이나 질감을 내도록 하는 도장 마감
> - 시딩(seeding) 현상 : 도료 저장 중 온도의 상승 및 저하의 반복 작용에 의해 도료 내에 작은 결정이 무수히 발생하여 칠을 하면 도막에 좁쌀모양이 생기는 현상이다.

CHAPTER 9 타일공사 · 수장공사

9.1 타일공사

1. 점토재료 및 타일

(1) 점토재료의 분류

종류	소성온도(℃)	흡수율(%)	용도
토기	790~1000	20% 이상	기와, 벽돌, 토관
도기	1100~1230	15~20%	타일, 테라코타
석기	1160~1350	3~8%	타일, 클링커타일
자기	1230~1460	0~1%	자기질타일, 위생도기

※ 흡수성 : 토기 > 도기 > 석기 > 자기
※ 강도 : 자기 > 석기 > 도기 > 토기

(2) 타일

① 제조법에 의한 분류

종류	성형방법	용도
건식법	• 원재료를 건조 분말하여 프레스(가압)성형한 것 • 제조 능률이 좋고 치수도 정확하다.(단순형태)	내장, 바닥타일
습식법	• 원재료를 물반죽하여 형틀에 넣고 압출성형한 것 • 복잡한 형태의 제품에 좋다.	외장타일

② 용도상 분류

종류	특징
외부벽용 타일	• 흡수성이 적은 것 • 외기에 저항력이 강하고 단단한 것
내부벽용 타일	• 흡수성이 다소 있는 것 • 미려하고 위생적이며 청소가 용이한 것
내부바닥용 타일	• 단단하고 내구성이 강한 것 • 흡수성이 적은 것 • 내마모성이 좋고 충격에 강한 것 • 자기질, 석기질의 무유로 표면이 미끄럽지 않을 것

2. 타일 시공

(1) 동결현상

① 동결현상의 유형 : 박리, 균열, 백화, 동해
② 동해(凍害) 방지법
  ㉠ 붙임용 모르타르 배합비를 정확히 한다.
  ㉡ 소성온도가 높은 타일을 사용한다.
  ㉢ 흡수성이 낮은 타일을 사용한다.
  ㉣ 줄눈 누름을 충분히 하여 빗물의 침투를 방지한다.

(2) 타일 붙이기

① 바탕처리
  ㉠ 타일 부착 후 잘 되게 표면은 약간 거칠게 한다.
  ㉡ 바탕처리 후 1주일 이상 경과 후 타일붙임이 원칙이다.
② 배합비(시멘트 : 모래)

경질 타일	연질 타일
1 : 2	1 : 3

③ 벽타일 붙이기 및 줄눈 파기 순서
  ㉠ 벽타일 붙이기 순서

바탕처리 → 타일나누기 → 벽타일 붙이기 → 치장줄눈 → 보양
ⓒ 벽타일 줄눈 파기 순서
세로 → 가로
④ 바닥 플라스틱 타일 시공 순서
바탕고르기 → 프라이머 도포 → 접착제 도포 → 타일 붙이기 → 타일면 청소 → 타일면 왁스 먹임

(3) 타일 붙이기 공법

구분		특징
떠붙이기 공법	떠붙임	타일 이면에 모르타르를 얹어서 바탕면에 직접 붙인다.
	개량 떠붙임	벽돌 벽면 또는 거친 콘크리트 면에 먼저 평활하게 미장바름하고, 타일 이면에 모르타르를 3~6mm 정도로 얇게 발라 붙인다.
압착붙이기 공법	압축붙임	바탕면은 미리 미장바름하여 평활하게 하고, 그 위에 접착 모르타르를 얇게 바른 후, 타일을 한 장씩 눌러 붙인다.
	개량 압착붙임	바탕면에 모르타르 나무흙손 바름한 후 타일면과 흙손 바름면에 붙임 모르타르를 발라서 눌러 붙여 타일 주변에 모르타르가 빠져나오게 하는 공법
접착제 붙임공법		유기질 접착제나 수지 모르타르를 바탕면에 바르고, 그 위에 타일을 붙이는 공법

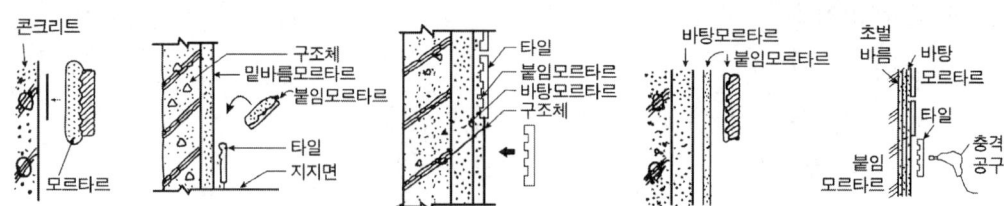

[떠붙임공법]　[개량떠붙임공법]　[압착붙임공법]　[개량압착붙임공법] [밀착(동시줄눈)공법]

(4) 비교

떠붙임공법	압착공법
• 타일과 붙임 모르타르의 접착성이 비교적 양호하다. • 박리하는 수가 적다. • 타공법에 비해 시공관리가 용이하다. • 한 장씩 쌓아가므로 작업속도가 더디고 작업에 숙련을 요한다.	• 타일 이면에 공극이 적으므로 백화현상이 적다. • 직접 붙임공법에 비해 숙련도를 요하지 않는다. • 작업속도가 빠르고 능률이 높다. • 동해의 발생이 적다.

 타일 줄눈

구분		줄눈크기
대형	외부	9mm
	내부	6mm
소형 타일		3mm
모자이크 타일		2mm

9.2 수장공사

1. 도배공사

(1) 벽도배

① 준비작업

㉠ 시공 전 72시간, 시공 후 48시간 경과 시까지는 온도가 16℃ 이상 유지 (평상시 보관온도는 4℃)

㉡ 바탕면 건조상태(석고보드 곰팡이 발생, 미장보수 부위 미건조 등) 확인

㉢ 녹발생 예상부위는 방청도료 등으로 바탕처리

② 도배지의 종류

종이벽지	종이에 무늬와 색채를 프린트한 벽지, 저렴하고 많이 쓰인다.
지사벽지	종이를 실처럼 꼬아서 만든 벽지
섬유벽지	벽지의 색채, 무늬, 촉감, 흡음성 등이 좋다.
비닐벽지	방수성이 있고 청소가 쉽다.(주방, 어린이방)
발포벽지	• 종이벽지 위에 플라스틱 기포를 뿜어서 만든다. • 탄력성이 있어 흡음성과 질감이 좋고 물세척이 가능하다. • 기포의 크기별로 나뉘며, 기포가 클수록 좋고 고가이다.
갈포벽지	• 종이벽지 위에 칡 섬유의 줄기를 붙여 만든다. • 자연적인 거친 질감으로 흡음성이 좋고 아늑한 느낌을 준다. • 표면이 거칠어 먼지가 쉽게 앉으므로 관리가 불편하다.

③ 시공 순서
  ㉠ 3단계 시공 : 바탕처리 → 초배지바름 → 정배지바름
  ㉡ 5단계 시공
   • 바탕처리 → 초배지바름 → 정배지바름 → 걸레받이 → 굽도리
   • 바탕처리 → 초배지바름 → 재배지바름 → 정배지바름 → 굽도리

④ 풀칠 방법
  ㉠ 봉투 바름 : 도배지 주위에 풀칠하여 붙이고 주름은 물을 뿜어둔다.
  ㉡ 온통 바름 : 도배지 전부에 풀칠하며 순서는 중간부터 갓 둘레로 칠해 나간다.
  ㉢ 재벌정 바름 : 정배지 바로 밑에 바르며 순서는 밑에서 위로 붙여 나간다.

(2) 바닥깔기
① 장판깔기 순서
   바탕처리 → 초배 → 재배 → 장판지 → 걸레받이 → 마무리칠
② 리놀륨 깔기 순서
   바탕처리 → 깔기계획 → 임시깔기 → 정깔기 → 마무리 및 보양

(3) 카펫 공사

① 카펫의 특징

장점	단점
• 탄력성이 있다. • 방음(흡음)성이 있다. • 내구성이 있다.	• 유지관리 및 보수가 번거롭다. • 습기와 오염에 약하다. • 패턴이 단조롭다.

② 파일(pile)의 종류

[고리(loop)] [컷(cut)] [고리+컷]

③ 깔기공법

그리퍼공법	주변 바닥에 그리퍼 설치 후 카펫 고정. 가정 보편적이다.
못박기공법	벽 주변을 따라 카펫을 30mm 정도 꺾어 넣고 롤러로 끌어 당기면서 못을 50mm 정도 간격으로 박아 고정시킨다.
직접 붙이기 공법	콘크리트 바닥에 접착제 도포 후 카펫을 붙인다.
필업공법	발포고무 등 쿠션재를 대지 않는 카펫 타일 붙임. 교체가 쉽다.

④ 시공 시 유의사항

㉠ 시공 전 바닥에 먼지, 오물, 습기 등 이물질과 틈새가 없어야 한다.
㉡ 타일의 배열이 바둑판 모양이 되도록 한다.
㉢ 카펫 제거 시에는 바닥을 상하게 하지 않게 한다.

4. 석고보드 공사

(1) 특징 및 종류

① 특징

장점	단점
• 내화성이 크다. • 경량이며 신축성이 거의 없다. • 가공이 용이하고 도료 도표가 가능하다.	• 재료의 강도가 약하다. • 파손되기 쉽다. • 습윤에 약하다.

② 용도에 따른 종류

　　일반 석고보드, 방화 석고보드, 방수 석고보드, 미장 석고보드

③ 형상별 분류

평보드

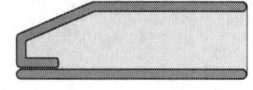
테퍼보드

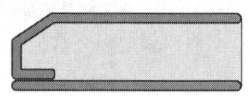
벨벳보드

(2) 시공 순서 및 주의사항

① 이음새 시공 순서

　　바탕처리 → 하도 → 조인트 테이프 부착 → 중도 → 상도 → 샌딩처리

② 시공 시 주의사항

　　㉠ 이음매 처리 작업 전에 못이나 나사못머리가 보드 표면과 일치하는지 확인한다.

　　㉡ 컴파운드를 너무 두껍게 바르면 경화시간이 길어지고 크랙 등의 하자가 발생한다.

5. 커튼공사

(1) 주름

종류	특징
홑주름	• 소탈하며 다소 가벼운 느낌의 커튼형태로 보통 요척의 1.5배 소요. • 장식성이 적은 심플한 커튼에 사용된다.
겹주름	요척 1.5~2배. 캐주얼한 느낌이다.
3겹주름	요척 2~3배. 높은 장식성을 지닌다.
박스형 주름	• 플리츠에 간격을 잡을 땐 2배, 그렇지 않을 경우 요척의 3배 필요 • 중량감이 있고 고상한 분위기의 형태
게더 주름	게더 파이프를 이용해서 만들어지는 경쾌한 느낌의 커튼
플레인 스타일	민자 커튼. 요척의 1.2~1.5배가 소요된다.

※ 요척 : 커튼으로 가리고자 하는 장소의 폭

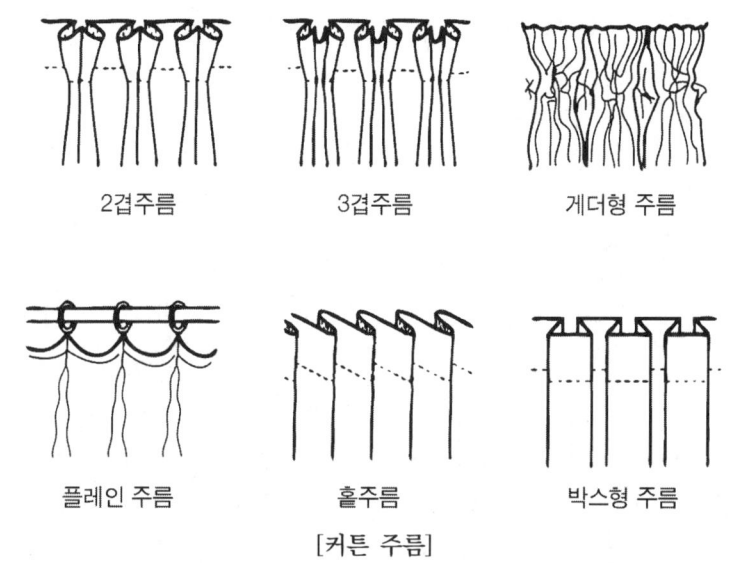

[커튼 주름]

(2) 커튼 선택 시 주의사항
① 천의 특성과 시각적 효과를 고려한다.
② 세탁 후 형의 변화나 치수변화가 없어야 한다.
③ 불연재로 선택해야 한다.
④ 탈색이 되지 않는 재료를 선택한다.

(3) 블라인드
① 정의 : 유리창 등에 직사광선과 시선 차단을 위해 설치하는 커튼 대용의 수장재
② 종류 : 수직블라인드, 수평블라인드, 롤블라인드, 로만블라인드

memo

part 3

실내디자인 환경

CHAPTER 01 실내환경

1.1 열 및 습기환경

1. 자연환경

(1) 일교차 및 연교차

일교차	• 하루 중 최고-최저 온도차. 보통 오후 2시 온도와 일출 직전의 온도차이다. • 맑은 날, 환절기가 크며, 해안보다 내륙지방이 크다. • 저위도 지방보다 고위도 지방이 크고, 표고가 높을수록 일교차는 작다. • 분지가 평지보다, 토지지대가 녹지지대보다 크다.
연교차	• 1년 중 가장 추운 달(1~2월)과 가장 더운 달(7~8월)의 월평균 기온차이다. • 위도에 따른 영향이 크며, 저위도보다 고위도로 갈수록 커진다. • 해안지역보다 내륙지역으로 갈수록 크고, 섬 지역은 대체로 작다.

(2) 비와 눈

① 강수 : 비·눈·우박 등 대기 중의 수증기가 응결하여 지면에 떨어지는 모든 것
② 강수량 : 강우량과 강설량의 총합
③ 강수일 : 하루의 연강수량이 0.1mm 이상인 날

(3) 바람

① 압력차 및 온도차에 의한 공기의 이동현상
② 계절풍 : 대륙과 해수의 온도변화로 인해 계절에 따라 일정하게 부는 바람
③ 해안풍 : 낮에는 해안에서 육지로, 밤에는 육지에서 해안으로 분다.

(4) 일조와 일사

태양으로부터의 복사에 의한 에너지

① 일조율 : 가조시간(일출-일몰)에 대한 일조시간의 비를 백분율로 나타낸 것

$$일조율 = \frac{일조시간}{가조시간} \times 100(\%)$$

② 일조 조정과 일사 차폐

건축계획	• 건물의 형태는 정방형보다 동서로 긴 장방형이 좋다. • 창의 크기는 채광, 조명, 환기 등을 고려하여 크기를 결정한다.
차양장치	• 남면에 설치한 차양이나 발코니는 여름 일사를 효과적으로 차단한다. • 차양은 채광상으로는 약간 불리하지만 비가 올 때 개구부를 지켜준다.
인동 간격	• 건축물이 다수일 땐 그림자에 가리지 않도록 적당한 남북 간격을 두어야 한다. • 차양은 채광상으로는 약간 불리하지만 비가 올 때 개구부를 지켜준다.

2. 실내환경과 체감

(1) 대사

① 기초대사량

   공복 시 쾌적한 환경에서 편안한 자세로 누운 자세로 있을 때에 인체의 단위 시간당 생산 열량

② 에너지 대사율(relative metabolic rate, RMR)

$$에너지\ 대사율 = \frac{작업시간의\ 전체산소소비량 - 작업시간\ 중\ 안정\ 시\ 산소소비량}{작업시간의\ 기초대사량}$$

③ 열손실

   ㉠ 인체의 열손실 비율 : 복사 45~50%, 대류 25~30%, 증발과 호흡 20~30%
   ㉡ 혈관이 추운 외기에 접하면 수축하여 혈액공급은 감소하고 피부온도는 떨어진다.
   ㉢ 혈관이 더운 외기에 접하면 팽창하여 혈액공급이 증가하고 피부온도는 증가한다.

(2) 쾌적환경 및 지표

① 열환경 4요소(물리적 요소)

   ㉠ 기온(DBT)

      ⓐ 인체의 쾌적에 가장 큰 영향을 미친다.
      ⓑ 건구온도의 쾌적범위 : 16~28℃

ⓒ 우리나라 권장실내온도는 겨울철 18~20℃, 여름철 24~26℃이다.
ⓛ 습도
ⓐ 저온에서는 낮은 습도에서 더 춥게, 고온에서는 높은 습도에서 더 덥게 느낀다.
ⓑ 쾌적온도 범위 내에서 쾌적습도 범위는 40~70%이다.
ⓒ 기류
ⓐ 옥외에서 체감온도는 풍속이 1m/s 증가할 때마다 기온보다 1℃씩 떨어진다.
ⓑ 공기조화를 하는 실내의 기류는 0.5m/s 이하를 권장하고 있다.
ⓔ 복사열
ⓐ 기온 다음으로 인체의 쾌적환경에 영향이 크다.
ⓑ 차가운 유리창 부근에 있으면 인체열을 빼앗겨서 찬바람이 들어오는 것으로 착각을 일으킨다.
ⓒ 복사열이 기온보다 2℃ 정도 높은 상태일 때가 가장 쾌적하다.

② 주관적 요소
  ㉠ 착의량
    ⓐ 착의상태의 단위는 의복의 단열성능을 나타내는 clo(clothes)로 나타낸다.
    ⓑ 1clo란 기온 21℃, 상대습도 50%, 기류 0.1m/s의 실내에서 착석, 휴식상태의 사람이 쾌적한 피부 표면 평균온도를 33℃로 유지하기 위한 의복의 열전도 저항을 뜻한다.
    ⓒ 착의량의 총 clo=0.82×Σ(각 의복의 clo)
  ㉡ 인체 활동
  ㉢ 기타 : 연령과 성별, 피하 지방, 건강상태, 음식과 음료

③ 쾌적지표
  ㉠ 유효온도(ET)
    ⓐ 기온, 습도, 풍속의 3요소가 체감에 미치는 종합효과를 나타내는 단일 지표이다.
    ⓑ 3요소의 조합에 의한 체감과 전적으로 같은 체감을 주는 습도 100%, 풍속 0m/sec인 때의 기온으로 나타낸다.
    ⓒ 복사열이 고려되지 않고 습도가 과다 평가되어 있다.
  ㉡ 수정 유효온도(CET)
    ⓐ 글로브 온도를 건구 온도 대신에 사용하고 상당 습구온도를 습구온도 대신에 사용한 쾌적지표

ⓑ 기온, 습도, 기류 및 복사열의 영향을 동시에 고려하였다.

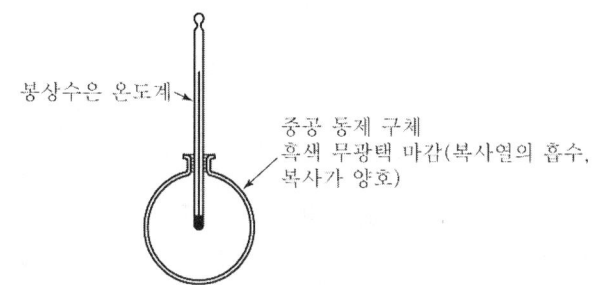

> **Point 글로브 온도계**
> ① 기온과 복사의 종합효과를 측정하는 것을 목적으로 만든 온도계로 1930년 버논(H. M. Vernon)에 의해 고안되었다.
> ② 외부 표면을 흑색 무광택으로 처리한 직경 15cm의 속이 빈 밀폐 구리공 중심에 온도계의 구부(球部)가 위치한다.
> ③ 풍속이 작을 때는 기온과 복사의 종합효과를 잘 나타내므로 이용해도 되나, 풍속이 큰 곳에서의 측정은 적절하지 못하다(1m/sec 이하 사용).

ⓒ 신유효온도(ET′)

ⓐ 유효온도의 습도에 대한 과대평가를 보완하여 상대습도 100% 대신 50%선과 건구온도의 교차로 표시한 쾌적지표

ⓓ 표준유효온도(SET)

ⓐ 상대습도 50%, 풍속 0.125m/s, 활동량 1met, 착의량 0.6clo의 동일한 표준환경에서 환경변수를 조합한 쾌적지표로서 활동량, 착의량 및 환경 조건에 따라 달라지는 온열감, 불쾌감 및 생리적 영향을 비교할 때 유용하다.

ⓔ 불쾌지수

ⓐ 기상상태로 인해 인간이 느끼는 불쾌감의 정도
ⓑ 온습도지수(THI)라 하여 ET를 간략화한 것이다.
- 무풍인 경우 $dI = 0.72(t+t') + 40.6$
- 풍속이 v인 경우 $dI = 0.72(t+t') - 7.2\sqrt{v} + 21.6G + 40.6$

여기서, t : 건구온도(℃) t' : 습구온도(℃)
v : 풍속(m/s) G : 일사량(kcal/cm^2·min)

ⓒ dI=70에서 10%, 75에서 50%, 80에서 대부분의 사람이 불쾌감을 느낀다.

ⓕ 기타 : 작용온도, 등가온도, 등온감각온도

3. 전열

(1) 열전도

① 건축에서는 열이 벽체 내부의 고온측에서 저온측으로 이동하는 현상을 말한다.
② 열전도율의 단위 : $\lambda(W/m \cdot K)$
③ 공극이 많은 재료일수록 열전도율은 작고, 열전도율은 비중량에 비례한다.
④ 전도열량(Q_c) 계산

계산	비고
$Q_c = \dfrac{\lambda}{d} \cdot A \cdot \Delta t \,(\text{W})$	λ : 열전도율[W/m·K]　　d : 재료의 두께[m] A : 재료의 표면적[m²]　　Δt : 온도차[℃]

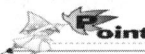

두께 20cm의 철근 콘크리트 벽체의 내측표면온도가 15℃, 외측표면온도가 5℃일 때, 이 벽체를 통과하는 단위 면적당 열량은? (단, 벽체의 열전도율은 1.3W/m·K이다.)
　[2010년 3월 출제]
㉮ 6.5W　　㉯ 13W　　㉰ 65W　　㉱ 130W

[풀이] $Q = \dfrac{\lambda}{d} \cdot A \cdot \Delta t = \dfrac{1.3}{0.2} \times 1 \times (15-5) = 65\text{W}$

※ 열전도 열량 계산 공식은 벽두께만 반비례(분모)하며 나머지 변수는 비례(분자)함을 기억하면 쉽다.

(2) 열전달

① 고체인 건축물의 벽체와 이에 접하는 공기층과의 전열현상이다.
② 벽체와 공기층 사이의 전열과정은 대류뿐만 아니라 복사와 전도를 동반한 복잡한 전열현상이며, 이들 전열과정을 일괄하여 열전달이라 한다.
③ 벽 표면적 1m², 벽과 공기의 온도차 1℃일 때 단위시간 동안에 흐르는 열량이다.
④ 전달열량(Q_v) 계산

계산	비고
$Q_v = a \cdot A \cdot \Delta t \,(\text{W})$	a : 열전달률[W/m²·K] A : 벽체와 공기접촉면적[m²] Δt : 온도차[℃]

> 실내 공기와 벽체 내측 표면의 열전달 열량은 열관류 열량과 같은 것으로 본다.

(3) 열관류

① 고체로 격리된 공간의 한쪽에서 다른 한쪽으로의 전열현상이다.

② 건축에서는 난방에 의해 높아진 실내의 열이 벽체를 통해 외부로 빠져나가는 것을 뜻한다(여름에는 반대).

③ 벽의 양측 유체온도가 다를 때, 열은 고온측에서 저온측으로 흘러 전달·전도·전달의 과정을 거쳐 두 유체 간의 전열이 행하여지고, 이 전 과정에 의한 전열을 종합하여 열관류라 한다.

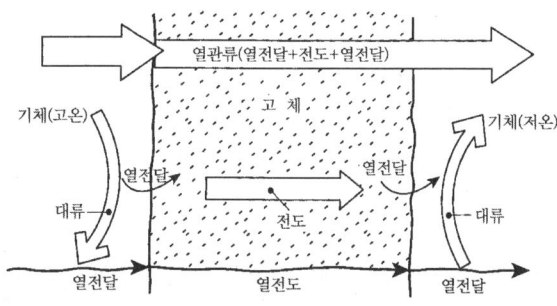

④ 열관류율

계산	비고
$k = \dfrac{1}{\dfrac{1}{a_0} + \sum \dfrac{d}{\lambda} + \dfrac{1}{a_1}} (\text{W/m}^2 \cdot \text{K})$	a_1, a_0 : 실내외 열전달률[$\text{W/m}^2 \cdot \text{K}$] d : 벽체의 두께[m] λ : 벽체 열전도율[$\text{W/m} \cdot \text{K}$]

> - 열관류저항, 열전도저항, 열전달저항은 각각 열관류율, 열전도율, 열전달률의 역수이다.
> - 열관류저항 : 1/k   • 열전도저항 : d/λ   • 열전달저항 : 1/a

그림과 같은 구조를 갖는 벽체의 열관류 저항은? [2011년 6월 출제]

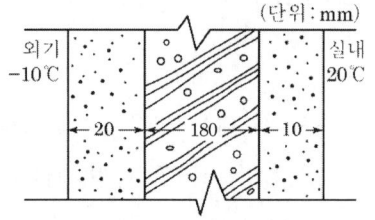

[조건]
- 실내측 표면열전달률 : 9.3W/m² · K
- 실외측 표면열전달률 : 23.2W/m² · K
- 콘크리트 열전도율 : 1.6W/m² · K
- 모르타르 열전도율 : 1.5W/m² · K

[풀이] 열관류율(k) = $\dfrac{1}{\dfrac{1}{a_1}+\sum\dfrac{d}{\lambda}+\dfrac{1}{a_0}}$ = $\dfrac{1}{\dfrac{1}{9.3}+\dfrac{0.02}{1.5}+\dfrac{0.18}{1.6}+\dfrac{0.01}{1.5}+\dfrac{1}{23.2}}$

= 3.53W/m² · K

열관류저항은 열관류율의 역수인 $1/k$이므로 1/3.53 = 약 0.28m² · K/W이다.

⑤ 열관류량

계산	비고
$Q = k \cdot A \cdot \Delta t$ (W)	k : 열관류율[W/m² · K] A : 면적[m²] Δt : 실내외 온도차[℃]

다음과 같이 구성된 구조체에서 1m²당 관류열량은? (단, 실내온도 25℃, 외기온도 10℃, 내표면 열전달률 8W/m² · K, 외표면 열전달률 20W/m² · K) [2010년 5월 출제]

재료	열전도율(W/m² · K)	두께(mm)
석고	0.1	10
모르타르	1.1	15
콘크리트	1.3	150

① 15.66W   ② 21.36W   ③ 25.36W   ④ 37.13W

> [풀이] 열관류율(k)을 먼저 구하고 관류열량을 계산한다.
>
> ㉠ 열관류율(k) = $\dfrac{1}{\dfrac{1}{a_1}+\dfrac{d}{\lambda}+\dfrac{1}{a_2}}$ = $\dfrac{1}{\dfrac{1}{8}+\left(\dfrac{0.01}{0.1}+\dfrac{0.15}{1.3}+\dfrac{0.015}{1.1}\right)+\dfrac{1}{20}}$
>
> $= 2.48\,W/m^2 \cdot K$
>
> 여기서, a : 열전달률($W/m^2 \cdot K$), λ : 열전도율($W/m^2 \cdot K$), d : 두께(m)
>
> ㉡ 관류열량 $Q = k \cdot A \cdot (t_i - t_o) = 2.475 \times 1 \times (25-10) = 37.125\,W$
>
> 여기서, k : 열관류율($W/m^2 \cdot K$), A : 표면적(m^2)
> Δt : 두 지점 간의 온도차($t_i - t_o$)

(4) 열복사

① 어떤 온도의 물체에서 발하는 열에너지가 복사선을 투과하는 공간을 빛과 같이 일정속도로 나아가 발열체에서 떨어진 다른 물체에 도달하면 다시 열에너지로 바뀌는 것과 같은 전파에 의한 전열을 뜻한다.

② 어떤 물체에 입사한 열복사는 일부가 반사되거나 흡수되며 나머지는 투과한다.

③ 입사에너지를 1로 하면 흡수율(a)+투과율(τ)+반사율(γ)=1이다.

④ 완전흑체로부터 단위면적($1m^2$)과 단위시간(1s)에 방사되는 열에너지는 표면의 절대온도 T의 4승에 비례한다.

(5) 단열

단열은 건축물 외피와 주위환경과의 열류를 차단하는 역할을 한다.

① 단열형태

㉠ 저항형(기포형) 단열 : 기포 단열재는 단열재 내부에서 공기를 정지시켜 대류가 생기지 않으므로 단열효과가 좋다.

㉡ 반사형 단열

ⓐ 반사형 단열은 복사의 형태로 열 이동이 이루어지는 공기층에 유효하다.

ⓑ 중공벽 내의 저온측면에 흡수율이 낮은 광택성 금속박판을 설치하면 표면 저항이 증가된다.

ⓒ 반사하는 표면이 다른 재료와 접촉되어 있으면 전도열이 생겨 단열효과가 떨어진다.

ⓓ 벽에 생긴 결로나 금속 표면의 먼지층은 흡수율과 복사율을 증가시키며 반사형 단열재료의 효율을 감소시킨다.

ⓒ 용량형 단열
　ⓐ 외피의 축열용량을 이용한 단열방식으로, 단위면적당 질량과 비열이 큰 재료를 건축물 외부 표면에 사용하여 건물 내부에 영향을 주는 시간을 지연시키는 방식이다.
　ⓑ 벽의 열용량은 단위 면적당 질량(kg/m^2)과 재료의 비열($kcal/kg℃$)의 곱으로 표시한다.
　ⓒ 전체 전열량은 큰 차이가 없지만 열전도를 지연시켜 실내 공간의 온열감각을 오래 지속시킬 수 있다.

② 단열계획
　㉠ 최적단열두께 산정
　㉡ 경제성 검토
　㉢ 난방방식에 따른 단열계획
　㉣ 타임 래그의 이용 : 건물 외피의 축열용량을 이용한 것으로, 건물 외벽에 작용하는 복사열에 의한 주간 온도변화의 시간 지연을 이용한 것이다.

> **Point** 타임 래그(Time-lag)
> 열용량이 0인 벽체 내에서 발생하는 열류의 피크에 대하여 주어진 구조체에서 일어나는 피크의 지연시간

③ 단열공법
　㉠ 내단열
　　ⓐ 벽, 바닥, 창호 주변의 내부 표면에 단열재를 설치하는 방식이다.
　　ⓑ 실내온도가 비교적 높고 단시간 간헐난방을 하는 곳에 적합하다.
　　ⓒ 시공은 가장 간편하나 내부결로 발생의 우려가 크다.
　　ⓓ 타임 래그가 짧고 실온변동이 크며, 열교현상으로 인해 국부적 열손실이 발생한다.
　㉡ 중단열
　　ⓐ 공간쌓기와 같이 벽체 중앙에 단열재를 설치하는 공법이다.
　　ⓑ 단열재 양쪽에 벽체가 시공되므로 별도의 마감은 필요 없으나 벽체 두께는 매우 커진다.
　㉢ 외단열
　　ⓐ 구조체의 외기측에 단열재를 설치하는 방식이다.

ⓑ 실온변동이 작고 타임 래그가 길며 내부결로 위험이 적다.
ⓒ 일체화된 시공으로 열교현상은 잘 일어나지 않는다.
ⓓ 시공은 까다롭지만 열에너지 효율상 유리하다.

4. 습기와 결로

(1) 습기

공기 또는 재료가 기체(수증기) 및 액체(물)의 형으로 함유하는 수분을 습기라고 한다.

건조공기	수증기를 전혀 함유하고 있지 않으며, 질소나 산소 등과 같이 상온 가까이에서는 액화, 증발을 하지 않는 분자만으로 구성된 공기
습공기	수증기를 갖는 보통의 공기
포화공기	공기 속의 수분이 수증기의 형태로만 존재할 수 없는 상태의 공기. 상대습도 100%

① 습공기의 특성
  ㉠ 절대습도(AH, Absolute Humidity)
    ⓐ 단위중량(1kg)의 건조 공기 중에 포함되어 있는 수증기의 양(kg)
    ⓑ 절대습도는 급격한 기상변화가 없는 한, 하루 중 거의 일정하다.
  ㉡ 상대습도(RH, Relative Humidity)
    ⓐ 습공기의 수증기압과 같은 온도의 포화 수증기압과의 비를 뜻한다.
    ⓑ 공기를 가열하면 상대습도는 낮아지고 냉각하면 상대습도는 높아진다.
    ⓒ 상대습도는 기온의 변화에 반비례한다.
  ㉢ 노점온도
    ⓐ 습공기가 포화상태일 때의 온도
    ⓑ 공기 속의 수분이 수증기의 형태로만 존재할 수 없어 이슬로 맺히는 온도
    ⓒ 노점온도 이하로 냉각되면 공기 속의 일부 수증기는 응축하여 안개나 물방울이 된다.
  ㉣ 엔탈피
    ⓐ 0℃의 건조공기와 0℃의 물을 기준으로 하여 측정한 습공기가 갖는 열량을 엔탈피라 한다.
    ⓑ 비체적 : 건공기 1kg과 수증기 $x$kg을 포함한 습공기 $(1+x)$kg의 체적
    ⓒ 습공기가 가열되거나 습도가 높아지면 엔탈피는 증가한다.

ⓜ 습공기선도

ⓐ 표시사항 : 건구온도, 습구온도, 노점온도, 절대습도, 상대습도, 엔탈피, 비체적 등

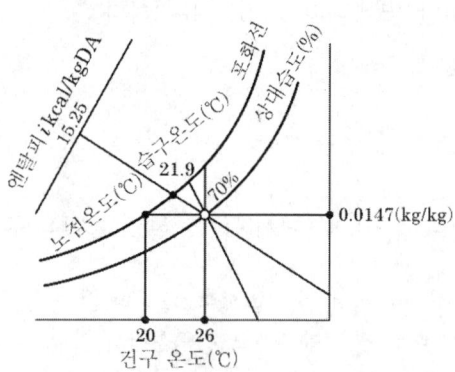

[습공기 선도 보는 법]

ⓑ 그림과 같이 26℃ 공기 속 수증기량(절대습도)이 0.0147(kg/kg)일 때 상대습도는 약 70%이다.

ⓒ 이때 습공기를 냉각하여 포화선에 닿을 때(상대습도가 100%)의 온도인 20℃가 노점온도가 된다.

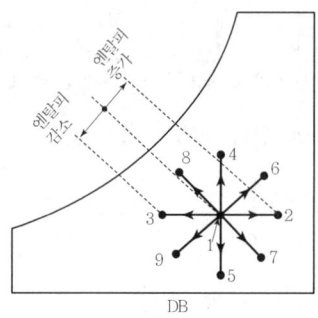

1 → 2 : 현열 가열(sensible heating)
1 → 3 : 현열 냉각(sensible cooling)
1 → 4 : 가습(humidification)
1 → 5 : 감습(dehumidification)
1 → 6 : 가열 가습(heating and humidifying)
1 → 7 : 가열 감습(heating and dehumidifying)
1 → 8 : 냉각 가습(cooling and humidifying)
1 → 9 : 냉각 감습(cooling and dehumidifying)

[공기조화의 각 과정]

(2) 결로

공기 중의 수증기가 건축물의 표면에 맺히는 현상을 결로라 한다.

① 결로의 원인

㉠ 실내외의 온도차

㉡ 실내의 습기발생 과다 : 조리, 세탁, 호흡

㉢ 환기부족, 시공불량, 시공 후 미건조

② 열교 현상
- ㉠ 구조상 일부 벽이 얇아지거나 재료가 다른 열관류 저항이 작은 부분이 생기면 결로하기 쉬운데, 이러한 부분을 열교(heat bridge)라 한다.
- ㉡ 열교 현상은 구조체 전체의 단열성을 저하시킨다.
- ㉢ 단열구조의 지지부재, 중공벽의 연결철물 통과부위, 벽체와 바닥·지붕과의 접합부, 창틀 등에서 발생하기 쉽다.
- ㉣ 방지대책
    - ⓐ 접합 부위의 단열재가 연속되도록 시공한다.
    - ⓑ 열전도율이 큰 구조재일 경우 가급적 외단열 시공한다.

1.2 공기환경

1. 실내공기의 오염과 환기

(1) 자연환기
① 풍력환기(바람에 의한 환기)
- ㉠ 자연풍이 건물에 부딪치는 기류에 의한 환기를 풍력환기라 한다.
- ㉡ 바람의 압력차가 커지면 환기량은 증가하며 창문이 닫혀 있는 경우에도 극간풍에 의한 환기가 일어나기도 한다.

② 중력환기(온도차에 의한 환기)
- ㉠ 실내와 실외의 온도 차이에 의해 공기밀도가 달라서 환기가 일어난다.
- ㉡ 실내에서는 천장부분의 차가운 공기의 밀도가 작고 바닥부분의 따뜻한 공기의 밀도가 커서 대류가 일어난다.
- ㉢ 굴뚝효과(stack effect : 연돌효과) : 실 외벽에 개구부가 있으면 실내 공기는 위쪽으로 나가고 실외 공기는 아래로 유입되는 현상으로 연돌효과라고도 한다.
- ㉣ 중성대 : 실내외 압력차가 0(공기의 유출입이 없는 면)

③ 개구부를 통한 환기
- ㉠ 환기량은 개구부 면적과 풍속에 비례하고 압력차·온도차·밀도차·개구부 높이차·풍압계수차에 비례한다.

㉡ 개구부 환기는 병렬 합성보다 직렬 합성의 경우 더 효과가 좋다.
㉢ 공기 유입구가 유출구보다 낮을 경우 가장 효율적이다.
㉣ 유출구의 폭은 고정되어 있고 유입구의 폭만 증가하면 실내의 기류 속도는 변화가 작다.

(2) 인공환기

① 환기방식

방식	급기	배기	환기량	비고
제1종 환기	기계	기계	임의, 일정	병원, 공연장
제2종 환기	기계	자연	임의, 일정	반도체 공장, 무균실, 수술실
제3종 환기	자연	기계	임의, 일정	주방, 화장실 등 열·냄새가 있는 곳
제4종 환기	자연	자연	한정, 부정	필요환기량이 적은 경우

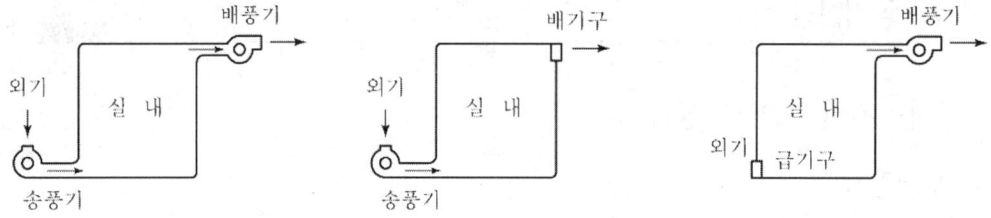

[1종 환기 : 실내압력 조정] [2종 환기 : 실내압력 정압(+)] [3종 환기 : 실내압력 부압(−)]

② 위치에 따른 분류

상향 환기법	하향 환기법
• 배기구는 천장이나 벽의 상부에 구성한다. • 흡기구는 벽의 하부에 설치하여 상승 환기가 된다. • 난방 효율은 좋지만 냉방 효율은 저하된다. • 기류 상승 시, 바닥의 먼지, 세균들이 실내에 확산된다. • 식당, 다방 등의 환기만을 목적으로 하는 곳에 사용한다.	• 흡기구는 벽 상부나 천장에 설치한다. • 배기구는 벽 하부에 두어 기류가 하강하게 된다. • 냉방용으로 많이 사용한다. • 공기의 방향에 따라 분산식과 수평식이 있다. • 학교, 병원, 공장 등 혼잡한 곳에 적합하다.

③ 국부환기

열, 수증기나 오염물질이 국부적으로 발생할 경우 실 전체에 확산되기 전에 배기하는 효율적 환기 방법이다.

2. 환기량과 기준

(1) 필요환기량

① 환기량의 단위

㉠ 1인당의 환기량($m^3/h \cdot 인$)

㉡ 단위 면적당의 환기량($m^3/h \cdot m^2$)

② 풍속에 의한 환기량

- 환기량 $Q = EAv \times C$

여기서, Q : 환기량(m^3/sec) A : 유입구의 면적(m^2)
E : 개구부효율(0.5~0.6) v : 풍속(m/sec)
C : 수정계수

> 풍력에 의한 환기량을 계산하려고 한다. 유입구 면적과 건물이 받고 있는 풍속을 각각 2배로 증가시켰을 경우 환기량의 변화는? (단, 기타 조건은 동일함) [2012년 3월 출제]
> ① 2배 증가   ② 4배 증가   ③ 6배 증가   ④ 8배 증가
> [풀이] 위의 공식에 따라 환기량은 유입구 면적과 풍속에 비례하므로 환기량은 4배 증가한다.

③ 환기횟수

- 환기횟수 $N = \dfrac{Q}{V}$ (회/h)

여기서, Q : 환기량 V : 실의 용적(m^3)

> 실용적이 $3000m^3$인 집회장에 500명이 있을 경우, 1시간당 최소 환기횟수는? (단, 1인당 필요한 신선공기량은 $30m^3/h$로 한다) [2012년 9월 출제]
> ㉮ 2회   ㉯ 3회   ㉰ 4회   ㉱ 5회
> [풀이] 환기량(Q)=n·V
> 여기서, Q : 환기량(m^3/h), n : 환기횟수(회/h), V : 실용적(m^3)
> 환기횟수 $N = \dfrac{Q}{V}$ 이므로 (500×30)/3000=5회

(2) 공기오염 종류별 환기량

① 연소에 의한 환기량

$$Q = \frac{S}{R_0 - R}$$

여기서 S : O_2 소비량(m^3/h) R_0 : 신선외기의 농도(m^3/h)
R : 실내허용농도(m^3/h)

② CO_2 농도에 따른 필요 환기량

$$Q = \frac{K}{C - C_0}$$

여기서 K : CO_2 발생량(m^3/h) C : 실내허용농도(m^3/m^3)
C_0 : 신선외기의 CO_2 농도(m^3/m^3)

> **Point**
>
> 다음과 같은 조건에서 60명을 수용하는 강의실에 필요한 환기량은? [2013년 5월 출제]
> [조건] • 대기 중의 탄산가스 농도 : 300ppm   • 실내의 탄산가스 허용농도 : 1000ppm
>   • 1인당 탄산가스 토출량 : 0.017m^3/h
> ① 약 665m^3/h ② 약 845m^3/h
> ③ 약 1085m^3/h ④ 약 1460m^3/h
> [풀이] ※ 1ppm=1/1000000m^3
>
> $$Q = \frac{K}{C - C_0} = \frac{0.017 \times 60}{0.001 - 0.0003} = \frac{1.02}{0.0007} = 1457 m^3/h = 약\ 1460 m^3/h$$
>
> 여기서, Q : 필요환기량, C : 실내허용 CO_2 농도, C_0 : 외기의 CO_2 농도

③ 온도유지를 위한 필요환기량

$$Q = \frac{H}{C \times r \times (t_1 - t_0)}$$

여기서, Q : 환기량 H : 실내의 발생열량
t_1 : 실내공기온도(℃) t_0 : 신선외기온도(℃)
C : 공기의 비중 r : 공기의 비열

Point

1000명을 수용하는 강당에서 실온을 20℃로 유지하기 위한 필요환기량은? (단, 외기온도 10℃, 1인당 발열량 30W, 공기의 비열 1.21kJ/m³·K이다.) [2016년 5월 출제]

① 2479.3m³/h ② 5427.6m³/h
③ 8925.6m³/h ④ 9842.5m³/h

[해설] $Q = \dfrac{H}{C \times r \times (t_1 - t_0)}$

여기서, Q : 환기량, H : 발생열량, C : 공기의 비중
 r : 공기의 비열, t_1 : 유지온도, t_0 : 외기온도

H에서 1W=1J/s이므로 30W=0.03kJ/s이며, 시간당 환기량이므로 인원과 3,600초를 곱한다.

$Q = \dfrac{1000 \times 0.03 \text{kJ/s} \times 3600\text{s}}{1.21\text{kJ/m}^3 \cdot \text{k} \times (20-10)} = 8925.6\text{m}^3/\text{h}$

※ 문제 조건에 공기 비중이 주어지지 않았으므로 1로 가정하고 계산한다.

④ 습도유지를 위한 필요환기량

$Q = \dfrac{W}{1.2(G_1 - G_0)}$

여기서 W : 실내의 수증기 발생량(kg/h)

 G_1 : 실내공기의 절대습도(kg/kg′)

 G_0 : 신선공기의 절대습도(kg/kg′)

 1.2 : 1m³의 건조공기의 질량

Point

수증기의 제거를 목적으로 환기를 하려고 한다. 수증기 발생량이 12kg/h이고 환기의 절대습도가 0.008kg/kg′ 일 때 실내 절대습도를 0.01kg/kg′ 으로 유지하기 위한 환기량은? (단, 공기의 밀도는 1.2kg/m³이다.) [2010년 9월 출제]

① 4800m³/h   ② 5000m³/h   ③ 5200m³/h   ④ 5400m³/h

[풀이] $Q = \dfrac{W}{1.2(G_1 - G_0)} = \dfrac{12}{1.2(0.01 - 0.008)} = 5000\text{m}^3/\text{h}$

여기서, W : 실내의 수증기 발생량(kg/h)
 G_1 : 실내공기의 절대습도(kg/kg′)
 G_0 : 신선공기의 절대습도(kg/kg′)
 1.2 : 1m³의 건조공기의 질량(kg), 즉 밀도

(3) 환기의 기준

① 실내공기 오염원
  ㉠ 실내인원의 호흡과 연소 등에 의한 O_2의 감소, CO_2의 증가
  ㉡ 난방에 의한 CO, CO_2의 발생
  ㉢ 먼지 : 재실자의 거동, 의복에서 발생
  ㉣ 석면, 라돈, 폼알데히드 등의 건축자재 부산물

② 공기 오염의 척도
  ㉠ CO_2 농도에 비례하여 다른 유독기체의 농도가 변화하므로 실내 오염지표로 사용한다.
  ㉡ 실내허용한도 : 장시간 0.01%, 단시간 0.1%

③ 다중이용시설 등의 실내공기질관리법령에 따른 신축 공동주택의 실내공기질 측정항목
  ㉠ 대상시설 및 측정 지점수 : 100세대 이상의 신축공동주택, 기숙사, 연립주택
  ㉡ 100세대를 기본으로 3개 지점(저층부, 중층부, 고층부), 추가 100세대마다 1개 지점씩 추가(중 → 저 → 고층부 순)
  ㉢ 쾌적한 공기질 유지를 위한 실내공기질 권고 기준

폼알데히드	벤젠	톨루엔	에틸벤젠	자일렌	스티렌	라돈
$210\mu g/m^3$ 이하	$30\mu g/m^3$ 이하	$1000\mu g/m^3$ 이하	$360\mu g/m^3$ 이하	$700\mu g/m^3$ 이하	$300\mu g/m^3$ 이하	$148Bq/m^3$ 이하

※ μg : 마이크로그램(백만분의 1그램)
※ Bq : 베크렐(방사능 단위. 1초 동안에 1개의 원자핵이 붕괴하는 방사능(1dps)을 1베크렐이라 한다.)

1.3 빛환경

1. 빛과 빛환경

(1) 일조와 빛 환경

① 태양광선의 분류
  ㉠ 가시광선 : 380~780nm 범위의 파장으로 눈에 보이는 광선
  ㉡ 적외선 : 가시광선보다 파장이 긴 전자기파(780~2500nm 이상). 열적 효과를 가지

며 기후에 영향을 준다.

ⓒ 자외선 : 가시광선보다 파장이 짧은 전자기파(200~380nm). 생육작용과 살균작용

② 태양 남중고도의 계산(북반구 기준)

태양고도 $R = 90° - \phi + \theta$

(ϕ=위도, θ=태양적위 〈춘추분=0°, 하지=23.5°, 동지=-23.5°〉)

③ 일사조건에 따른 건축계획

ⓐ 건축물의 체적에 비해 외피면적이 작을수록 열손실이 적다.

ⓑ 태양열을 이용하는 주택은 서쪽으로 기울어진 방위가 좋다.

ⓒ 건축물의 형태가 동서로 긴 남향으로 지어지면 여름철에는 태양 남중고도가 높아 실내로 들어오는 일사가 적고 겨울철은 반대로 많아지게 된다.

(2) 빛의 성질과 단위

① 빛의 성질

ⓐ 투과 : 같은 매질 속에서 3×10^8m/s로 직진하며 반투명체는 빛의 직진을 교란·확산시킨다.

ⓑ 반사

　ⓐ 경면반사 : 빛의 방향을 한 방향으로만 변화시키는 것(입사각=반사각)

　ⓑ 확산반사 : 빛의 반사광선이 여러 방향으로 확산되는 것. 무광택면으로부터의 반사

ⓒ 굴절

　ⓐ 빛이 하나의 투명매체에서 다른 매체로 들어갈 때 빛의 방향이 바뀌는 것이다.

　ⓑ 입사각과 굴절각은 매질의 종류에 따라 빛의 속도가 차이가 생겨 굴절된다(스넬의 법칙).

② 빛의 단위와 용어

ⓐ 시감도와 비시감도

시감도	파장마다 느끼는 빛의 밝기의 정도를 에너지량 1W당의 광속으로 나타낸 것
비시감도	최대 시감도를 단위로 하여 각 파장의 빛의 시감도를 비로 나타낸 것

ⓑ 광속

　ⓐ 광원에서 발산되는 빛의 양. 기호는 F, 단위는 lm(lumen)

ⓒ 광도

　ⓐ 광원으로부터 단위거리만큼 떨어진 곳에서 빛의 방향에 수직으로 놓인 단위면적을

단위시간에 통과하는 빛의 양

ⓑ 1cd는 점광원을 중심으로 $1m^2$의 면적을 관통해 나오는 광속이 1lumen일 때 그 방향의 광도이다.

ⓔ 조도
ⓐ 점광원에서 어떤 물체나 표면에 도달하는 빛의 단위면적당 밀도. 기호는 E, 단위는 lx(lux)
ⓑ 빛이 수직으로 입사할 경우 조도=광도/거리^2(m)
ⓒ $\theta°$로 기울어진 경우 조도=광도/거리^2(m)$\times\cos\theta$

ⓜ 휘도
ⓐ 빛을 발산하는 면의 밝기에 대한 척도. 기호는 L, 단위는 cd/m^2(nit, asb, fL 등이 쓰이기도 한다.)
ⓑ 자체가 발광하고 있는 광원뿐만 아니라 조명되어 빛나는 2차적인 광원에 대해서도 밝기를 나타낸다.

ⓗ 광속발산도
ⓐ 면의 단위면적에서 발산하는 광속. 기호는 M, 단위는 lm/m^2
ⓑ 광속발산도와 휘도 모두 빛을 발산하는 면에 관한 측광량이지만 광속발산도는 면적당 면에서 나오는 모든 광속을 차지하고 있으며 휘도는 어느 특정 방향에 대하여 정의하는 것이다.

2. 시각과 조명

(1) 시각과 명시

① 순응

안구의 내부에 입사하는 빛의 양에 따라 망막의 감도가 변화하는 상태

암순응	어두운 곳에서 감광도가 높아지는 순응. 밝은 곳에서 어두운 곳으로 들어가면 잘 안 보이다가 간상체가 작용하여 점차 어둠이 눈에 익어 사물을 인식할 수 있게 된다.
명순응	밝은 곳에서 감광도가 낮아지는 순응. 어두운 곳에서 밝은 곳으로 나왔을 때 추상체가 작용하여 눈이 점차 밝음에 적응하는 것이다.

② 시각·시력·시야

㉠ 시각

ⓐ 시각이란 보는 물체에 의한 눈에서의 대각이며, 일반적으로 분(′) 단위로 나타낸다.

ⓑ 시각 계산

$$시각(分) = \frac{57.3 \times 60 \times L}{D}$$

여기서, L : 시선과 직각으로 측정한 물체의 크기
   D : 물체와 눈 사이의 거리

- 57.3과 60은 시각이 600분 이하일 때 radian 단위를 분으로 환산시키기 위한 상수이다.
- 시력 1.0이란 최소 시각이 1분(分)인 시력을 말한다.

㉡ 시력

ⓐ 사물의 형태를 자세히 식별하거나 접근한 2개의 점이나 선 등을 선별하여 판별하는 능력

ⓑ 시력의 측정 방법에는 란돌트(Landolt) 링을 사용한다.

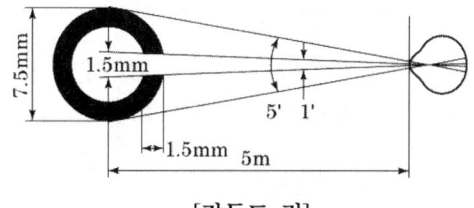

[란돌트 링]

㉢ 시야

ⓐ 안구를 움직이지 않고 사물을 볼 수 있는 범위

ⓑ 시야의 범위는 보통 상향 60°, 하향 70°, 수평 180°이지만 사물을 선명하게 볼 수 있는 시각은 1° 내외이다.

③ 눈과 카메라의 구조상 비교

㉠ 동공 : 조리개의 역할. 동공 주위 조직인 홍채가 들어오는 빛의 양을 조절한다.

㉡ 수정체 : 렌즈의 역할. 눈으로 들어오는 빛을 굴절시킨다.

㉢ 망막 : 필름의 역할. 빛에 대한 정보를 전기적 정보로 전환하여 뇌에 전달한다.

㉣ 유두 : 셔터의 역할. 시신경의 다발이 모여 있다.

> **Point 푸르킨예(Purkinje) 현상**
> 명소시에서 암소시로 이동할 때 빨간 계통의 색은 어둡게 보이고 파란 계통의 색은 시감도가 높아져서 밝게 보이는 시각적 현상을 말한다.

(2) 빛의 분포

① 휘도 분포
  ㉠ 실내의 인공 광원이나 창문의 휘도가 너무 크면 눈부심(현휘현상, glare)을 느끼거나 또는 사물을 보기 어렵다. 또한 휘도의 높은 부분에 신경이 쓰여 작업성이 저하하거나 피로의 원인이 된다.
  ㉡ 공장의 경우 창문과 그 주위의 휘도비 및 그 밖의 각 부의 휘도비는 20 : 1과 40 : 1 정도이며, 사무실의 경우는 이보다 좀 낮다.

② 조도 분포
  ㉠ 실내에서 천장이나 벽, 바닥 등의 실내마감면이나 가구, 집기 등의 표면은 대부분 반사하므로, 조도의 분포는 물론 휘도의 분포에 주의하여야 한다.
  ㉡ 실내의 최대, 최저 조도비를 주광조명일 경우 10 : 1 이하, 인공조명일 경우 3 : 1 이하로 하는 것이 바람직하다. 병용조명의 경우는 6 : 1 정도가 적당하다.

③ 균제도
  ㉠ 휘도나 조도, 주광률 등의 분포를 나타내는 지표
  ㉡ 균제도 U는 휘도나 조도, 주광률 등의 최대치에 대한 최소치의 비이다.

$$U = \frac{(휘도, 조도, 주광률의) 최소치}{(휘도, 조도, 주광률의) 최대치}$$

(3) 눈부심과 피로

① 글레어(glare)
  ㉠ 시야 내에 휘도가 높은 광원, 반사물체 등이 있어 이들로부터 빛이 눈에 들어와 대상을 보기 어렵게 하거나 눈부심으로 불쾌감을 느끼거나 하는 상태를 말한다.
  ㉡ 글레어에 대한 시각 반응은 망막 위의 광속의 분배에 의해 일어나며, 시야 내의 비균등 휘도는 망막의 흥분을 일으키고 행동을 저지하게 된다.
  ㉢ 글레어는 시선에서 30° 이내에 생기기 쉬우며, 이 범위를 글레어 존(glare zone)이라고 부른다.

② 글레어(현휘, 눈부심)의 발생 원인
  ㉠ 주위가 어둡고 눈이 순응되어 있는 휘도가 낮은 경우
  ㉡ 광원의 휘도가 높은 경우
  ㉢ 광원이 시선에 가까운 경우
  ㉣ 광원의 겉보기 면적이 큰 경우와 광원의 수가 많은 경우
③ 글레어(현휘, 눈부심)를 방지하기 위한 방법
  ㉠ 광원에 대한 방지
    ⓐ 광원의 휘도를 감소시키고 광원 수를 늘린다.
    ⓑ 시선에서 광원을 멀게 하고 휘광원 주위를 밝게 하여 휘도비를 감소시킨다.
    ⓒ 광원에 가리개, 갓, 차양 등을 설치한다.
  ㉡ 자연채광에 대한 방지
    ⓐ 창문을 높게 설치하고 창문의 상부에 차양을 설치한다.
    ⓑ 블라인드나 커튼 등을 설치한다.
  ㉢ 반사휘광에 대한 방지
    ⓐ 발광체의 휘도를 감소시키고 간접조명 수준을 높인다.
    ⓑ 반사광이 눈에 직접 비추지 않게 하고 무광택 도료 등의 마감을 한다.
④ 글레어의 종류
  ㉠ 불능 글레어(disability glare) : 잘 보이지 않게 되는 눈부심
  ㉡ 불쾌 글레어(discomfort glare) : 신경이 쓰이거나 불쾌감을 느끼게 하는 눈부심
  ㉢ 반사 글레어(reflection glare) : 인쇄물 등의 표면에서 반사한 빛이 눈에 들어와 인쇄물이 잘 보이지 않거나 광막반사(반사 글레어 중 대비의 저하에 따라 보기를 해치는 것)로 인해 쇼윈도 내부가 잘 보이지 않는 것

(4) 자연채광

① 주광
  ㉠ 직사일광 : 태양이 직접 노출되어 비추는 빛. 변동이 심해 광원으로서 직접 이용하기가 까다롭다.
  ㉡ 천공광 : 대기와 구름에 산란, 반사되어 비추는 빛
② 주광률
  ㉠ 실내 조도를 자연채광에 의해 얻을 경우 야외조도는 매순간 변화하므로 실내의 조도도 변화한다. 채광 설계에서 이와 같은 변화의 기준을 정하기는 어려우므로 주광률

을 적용한다.

ⓛ 주광률 DF = $\dfrac{\text{실내작업면 조도}(E)}{\text{실외수평면 조도}(E_s)} \times 100\%$

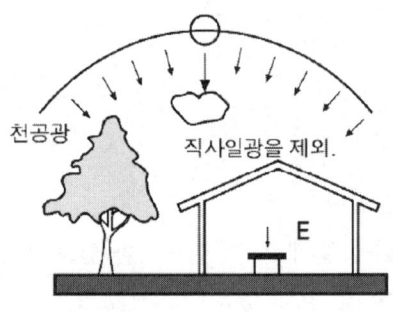
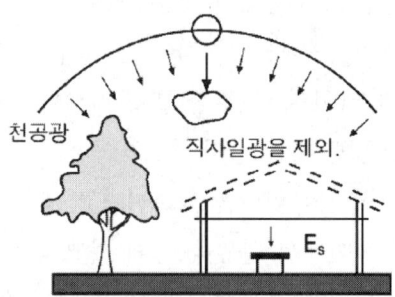

ⓒ 주광 계획 시 주의사항
  ⓐ 실내 작업면은 직사광선을 직접 받지 않게 한다.
  ⓑ 주광은 확산·분산시키고 다른 요소와 조합하여 계획한다.
  ⓒ 천창, 고창 등 가급적 높은 곳에서 주광을 도입하고 측창의 경우 양측 채광을 한다.
  ⓓ 작업 위치는 창과 평행하게 하고 가능한 한 창을 근접시킨다.

ⓔ 창의 위치
  ⓐ 측창 : 실내 측면의 수직창에서 빛이 들어오는 형태이다. 이 형식은 공간의 조도 분포가 불균일하고 조도가 작지만 반사로 인한 눈부심이 적으며 입체감이 좋다.
  ⓑ 천창 : 건물의 지붕이나 천장면에 채광 목적으로 수평면이나 약간 경사진 면에 낸 창으로 조도가 균일하고 측창의 3배 정도의 밝기이다. 단, 환기 조절 및 청소는 곤란하며 개방감도 낮다.
  ⓒ 정측창 : 창턱 높이가 눈높이보다 높아야 하고 창의 상부가 천장선과 같거나 그 아래에 위치한 창으로 미술관, 박물관, 공장 등 시선을 분산시키지 않고 채광을 해야 할 공간에 적용된다.

(5) 인공조명

① 광원
  ㉠ 백열전구
    ⓐ 고열의 필라멘트의 온도 방사에 의한 발광으로 조명하는 광원으로 형광등과 함께 가장 널리 사용되어 왔다.

　　ⓑ 광원의 가격이 저렴하고 크기가 작아 빛의 컨트롤이 용이하며 연색성이 자연채광에 가깝다.
　　ⓒ 효율이 낮고 발광온도가 높아 다소 위험하며 광원의 수명도 짧다.
　　ⓓ 점멸빈도가 높고 사용시간이 적은 곳, 강조 조명이 필요한 곳에 적합하다.
　ⓛ 형광등
　　ⓐ 수은과 아르곤의 혼합가스를 봉입한 방전관으로 유리관 내에 자외선을 발생하고 이것이 유리관 내벽에 도포된 형광물질을 유도방출하여 발광하는 방전등이다.
　　ⓑ 백열전구보다 10배 정도 수명이 길고 눈부심도 적으며 발광온도도 낮은 편이다. 또한 같은 전력으로 백열등보다 3~4배의 조도를 얻어 에너지 절약효과가 있다.
　　ⓒ 형광체의 색을 다양하게 할 수 있고 빛의 확산이 좋지만 자외선이 방출된다.
　　ⓓ 점등에 시간이 걸리며 빛의 어른거림이 발생하고 자외선 전구 내부에 흑화가 발생한다.
　ⓒ 나트륨등
　　ⓐ 수명이 매우 긴 광원으로 도로 가로등 및 체육관, 광장조명 등에 사용되고 있다.
　　ⓑ 연색성이 매우 나쁘고 다소 불쾌감을 준다.
　ⓔ 메탈할라이드등
　　ⓐ 효율이 높고 연색성도 좋은 광원으로 나트륨등과 혼용하여 연색성 개선에 활용된다.
　　ⓑ 수명이 비교적 길지만 가격이 다소 높고 램프 점등방향에 제약을 받는다.
　　ⓒ 천장이 높은 내부조명에 쓰이며 고연색등은 미술관, 상점, 경기장에 사용한다.
　ⓜ 수은등
　　ⓐ 수명이 나트륨등과 비슷하며 하나의 등으로 큰 광속을 얻을 수 있다.
　　ⓑ 효율이 높고 수명이 길며 가격도 저렴한 편이며 자외선이 발생하여 살균, 의료, 사진용으로도 쓰인다.
　　ⓒ 빌딩, 공장 등의 외벽, 도로 조명으로 많이 쓰인다.
　ⓗ LED(발광다이오드, Light Emitting Diode)등
　　ⓐ 반도체를 이용한 조명으로 발열이 적어 내구성이 길고 낮은 전력으로 효율 높은 조명을 쓸 수 있다.
　　ⓑ 눈의 피로도가 낮으며 형광등처럼 자외선이 나오지 않아 피부에도 안전하다.
② 건축화 조명

천장, 벽, 기둥 등 건축 부분을 이용하여 조명하는 방식이다. 건축화 조명은 눈부심이 적고 명랑한 느낌을 주며 현대적인 감각을 느끼게 하나 설치비용도 직접 조명에 비해 많이 들고 유지비용 역시 높기 때문에 경제적 효율성은 떨어진다.

㉠ 코브 조명 : 일반적으로 천장 주위를 둘러 설치된 홈 안에 광원이 가려져 있다. 높이에 대한 느낌을 표현할 수 있는 장점이 있다. 부드럽고 균등하며 눈부심이 없는 빛을 제공하여 보조조명으로 중요하게 쓰인다.

㉡ 코니스 조명 : 천장 또는 천장 가까이에 장착되고 옆면을 가려 빛은 아래를 향해서만 떨어진다. 재질감 있는 벽면의 드라마틱한 특성을 강조해 주거나 재미있는 조명효과를 준다.

㉢ 밸런스 조명 : 코브와 코니스를 혼합한 형태로 천장 방향과 바닥 방향 양쪽으로 빛을 비춘다.

㉣ 광천장 조명 : 건축구조체로 천장에 조명기구를 설치하고 그 밑에 창호지나 반투명 아크릴과 같은 확산성 재료를 이용해서 마감 처리하여 마치 넓은 천장 표면 자체가 조명인 것처럼 연출한다.

㉤ 광창 조명 : 광천장과 같은 방식으로 광원을 넓은 면적의 벽면에 매입, 시선에 안락한 배경으로 작용한다. 지하철 광고판 등에서 사용한다.

㉥ 코퍼 조명 : 천장에 사각형 또는 원형의 구멍을 뚫어 단차를 두어 천장 내부에 조명을 설치하는 방식

㉦ 캐노피 조명 : 사용자의 얼굴에 적당한 조도를 주기 위해 벽면이나 천장면의 일부를 돌출시켜 조명을 설치하며 강한 조명을 아래로 비춘다. 카운터 상부, 욕실의 세면대, 드레싱 룸에 설치된다.

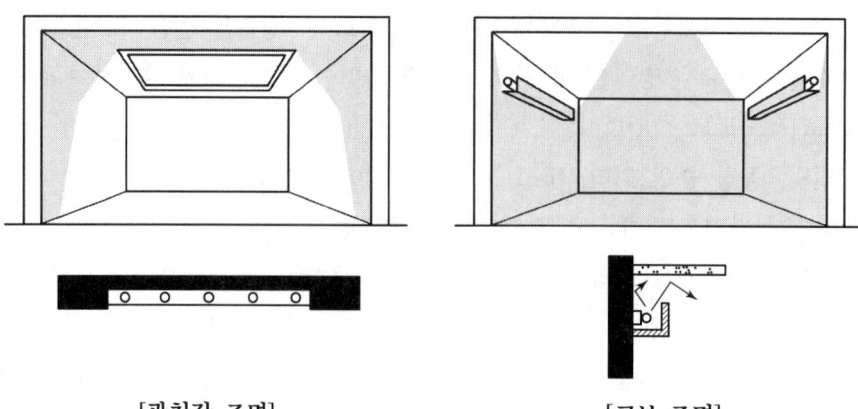

[광천장 조명]   [코브 조명]

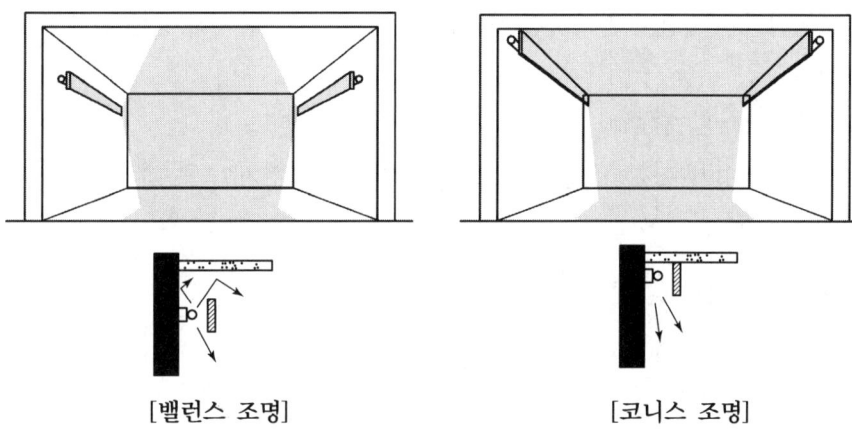

[밸런스 조명]   [코니스 조명]

3. 시각 환경의 구성

(1) 조명설계

① 조명계획의 순서

소요조도 결정 → 광원 선택 → 조명방식 선정 → 조명기구 선정 → 광속 계산(조명기구 수 산정) → 광원 배치

② 조명 계산

㉠ 조명률

ⓐ 광원에서 나온 빛은 작업면에 직접 도달하기도 하고 천장이나 벽 등에 반사되어 도달되기도 하며 조명기구 반사판이나 확산재에서 흡수되거나 창밖으로 빠져나가기도 하며 마감재나 가구에 흡수되기도 한다.

ⓑ 위와 같이 광원에서 나온 빛 가운데 작업면에 도달하는 빛의 합계가 몇 %인지를 나타내는 것을 조명률이라 하며 항상 1보다 작은 수로 나타난다.

㉡ 실지수

ⓐ 실의 형상에 따라 조명의 효율이 달라지는 것을 나타낸 것이다.

ⓑ 천장이 낮고 가로, 세로가 넓은 경우에는 실지수가 커지고 반대의 경우에는 작아진다.

ⓒ 실지수 $R = \dfrac{x \times y}{(x+y) \times H}$

(x : 실의 폭, y : 실의 안목길이, H : 작업면에서 광원까지의 높이)

㉢ 보수율

ⓐ 조명시설을 일정기간 사용 후 작업면에 도달하는 조도와 초기 조도와의 비이다.

　　ⓑ 조명시설은 시간이 경과하면 광속감쇠, 오염, 반사율 저하 등에 의해 조도가 낮아진다.

　　ⓒ 보수율 M=E_t/E_i

　　　(E_t : 조명기구 교환 및 청소 전의 조도, E_i : 초기의 조도)

　ⓔ 실내조명 계산

　　ⓐ 평균조도 $E = \dfrac{F \times U \times N}{A \times D} = \dfrac{F \times U \times N \times M}{A}$

　　ⓑ 광속 $F = \dfrac{E \times A \times D}{N \times U} = \dfrac{E \times A}{N \times U \times M}$

　　ⓒ 광원개수 $N = \dfrac{E \times A}{F \times U \times M}$

　　여기서, U : 조명률　　　　M : 보수율
　　　　　　D : 감광보상률(보수율의 역수)
　　　　　　A : 방의 면적(m^2)

(2) 조명기구배치

① 광원간의 간격(S)

　S≤1.5H(작업면과 광원까지의 거리)

② 벽면과 광원 간격

　㉠ S≤H/2 : 벽 가까이에서 작업을 하지 않는 경우

　㉡ S≤H/3 : 벽 가까이에서 작업을 하는 경우

③ 조명의 높이

　㉠ 직접조명 : 광원과 작업면의 거리는 천장과의 거리의 2/3 정도가 적당하다.

　㉡ 간접조명 : 광원과 천장의 거리는 천장과 작업면 바닥까지의 거리의 1/5 정도가 적당하다.

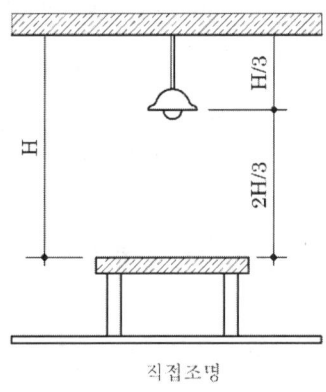
직접조명

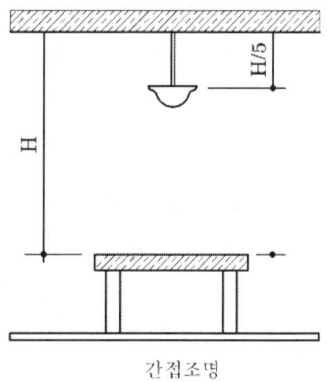
간접조명

1.4 음환경

1. 음의 기초

음은 객관적, 물리적으로 모든 탄성체 내에서 전달되어 가는 파동으로서 음파라 불리고, 주관적으로는 음파의 자극에 의해 인간의 귀에 생기는 감각이다.

(1) 음의 성질
① 음파(sound wave)
  ㉠ 음파는 관성과 탄성을 가진 매질을 전파하는 압력의 변동으로서 매질입자가 전파방향과 같은 방향으로 운동하는 종파이다.
  ㉡ 주파수(진동수) : 음은 전파될 때 파동현상을 나타내는데 이때 1초간의 왕복운동수를 말한다.
    ⓐ 단위 : Hz(c/s)
    ⓑ 가청주파수 : 20~20000Hz, 청력손실은 4000Hz 전후에서 나타난다.
    ⓒ 초음파 : 초저주파수음(20Hz 미만), 초고주파수음(20000Hz 이상)
    ⓓ 표준음 : 63, 125, 250, 500, 1000, 2000, 4000, 8000Hz의 순음
  ㉢ 음속
    ⓐ 음파가 전달되는 속도는 기온 15℃의 공기에서 약 340m/s이며 기온 1℃의 증가에 따라 0.6m/s씩 증가한다.
    ⓑ 음속 c=331.5+0.6t (t : 기온)

ⓒ 음속은 주파수의 영향은 받지 않고 통과하는 물질의 성질에 영향을 받는다.

② 음의 3요소 : 강도, 높이, 음색

㉠ 강도(크기)

ⓐ 음의 크기는 감각량이며 음파의 진행방향에 수직인 단위면적을 통하여 단위시간에 운반되는 진동에너지의 양이다.

ⓑ 사람이 듣는 음의 주파수가 같다면 면적이 크고 진폭이 클수록 큰 음이 된다.

㉡ 높이

ⓐ 주파수가 큰 음은 높고, 작은 음은 낮게 느낀다. 그러나 음의 크기나 파형의 영향도 받으므로 매우 복잡하다. 또 음의 지속 시간이 짧으면 높이의 감각이 없어진다.

ⓑ 피아노의 낮은 '도'에서 높은 '도'를 1옥타브라고 한다. 즉, 1옥타브 위의 음은 기본 주파수에 대해 2배, 2옥타브 위의 음은 4배만큼 높은 주파수의 음을 의미한다.

㉢ 음색

ⓐ 음파를 구성하는 배음구조에 따라 소리가 다르게 느껴지는 것을 말한다.

ⓑ 외형상으로 비슷한 악기라 해도 음의 배열과 크기가 다르면 음색이 달라지게 된다.

③ 음의 특성

㉠ 회절 : 음의 진행 중에 장애물이 있으면 파동은 직진하지 않고 그 뒤쪽으로 돌아가는 현상으로 칸막이벽 뒤의 소리가 들리는 것은 회절현상 때문이다.

㉡ 간섭 : 양쪽에서 나온 음이 어떤 점에 도달하면 서로 강하게 하거나 약화시키거나 하는 현상이다.

㉢ 울림(에코) : 진동수가 조금 다른 두 음의 간섭에 의해 생기는 현상

㉣ 공명 : 음을 발생하는 하나의 물체로부터 나오는 음에너지를 다른 물체가 흡수하여 같이 소리를 내기 시작하는 현상. 실내에서 공명이 발생하면 균등한 음의 분포를 얻기가 힘들다.

㉤ 확산 : 음파가 구부러진 표면에 부딪쳐 여러 개의 작은 파형으로 나뉘는 것

㉥ 반사 : 음파가 경계면에 부딪혀 일부 파동이 진행방향을 바꿔 되돌아오는 현상. 반듯한 면에서는 정반사가 일어나고 울퉁불퉁한 면에서는 난반사가 일어나며, 굴절되는 빛이 전혀 없이 모두 반사되는 것은 전반사라고 한다.

㉦ 잔향 : 실내에서 어떤 음원이 갑자기 사라져도 그 음이 남아 있는 현상

㉧ 굴절 : 매질이 다른 곳을 통과하는 음의 속도가 달라져서 전파방향이 바뀌거나 소리가 흡수될 때 일어나며 진동수는 변하지 않는다.

ⓒ 정재파(定在波) : 진행되는 음파가 반사면에 부딪칠 때 반대방향으로 되돌아오는 음파와의 중첩으로 음압의 변동이 중복되면서 실내에 머물러 있는 상태를 말한다.

(2) 음압과 음의 세기 레벨

① 데시벨(dB)
  ㉠ 소리의 상대적인 크기를 나타내는 단위
  ㉡ 소리의 전파에 있어 매체 속을 진행하는 에너지는 음압의 제곱에 비례한다. 귀가 최대의 가청범위로부터 최소 가청범위까지의 비례 범위를 취급하는 데에는 벨(bel)을 쓴다. 두 음의 강도 차는 이 비의 상용대수를 따서 벨이라고 하고, 보통 이 벨을 10으로 나눈 데시벨(dB)을 쓰고 있다.
  ㉢ 데시벨은 소리의 강도(E)의 비례대수의 10배, 또는 음압(P)의 비례대수의 20배가 된다. 에코나 정재파 등과 같은 반사나 바람, 굴절에 의한 방해가 없는 한 소리의 크기는 거리의 제곱에 반비례한다.

② 음압(P)
  ㉠ 음파에 의해 공기 진동으로 생기는 대기 중의 변동으로 단위 면적에 작용하는 힘
  ㉡ 단위 : $dyne/cm^2$(mbar), N/m^2(PA)
  ㉢ dB 수준 = $20\log\left(\dfrac{P_1}{P_0}\right)$

  (P_0=기준음압, P_1=주어진 비교음의 음압)

③ 음의 세기레벨
  ㉠ 어떤 음의 세기가 기준치의 몇 배인가를 나타내는 것
  ㉡ 기준치 : $10^{-12}W/m^2 = 10^{-16}W/cm^2$
    (건강한 귀로 들을 수 있는 1000Hz의 순음의 세기)
  ㉢ dB 수준 $I_L = 10\log\left(\dfrac{I_1}{I_0}\right)$ (I_0=기준음의 세기, I_1=측정음의 세기)

(3) 음의 크기와 청각적 감각

① 감각량
  ㉠ 음의 대소를 나타내는 감각량의 단위는 sone을 쓴다.
  ㉡ 1000Hz, 40dB의 음압레벨을 가진 순음의 크기를 1sone으로 한다.

② 주관적 레벨
  ㉠ 귀의 감각적 변화를 고려한 주관적 척도를 폰(phon)이라 한다.
  ㉡ 1sone은 40phon에 해당되며 sone값을 2배로 하면 10phon씩 증가한다.
    (1sone=40phon, 2sone=50phon, 4sone=60phon)
③ 음의 합성과 분해

두 음의 레벨차	0	1	2	3	4	5	6	7	8	9	10
큰 음의 가산값	3.0	2.5	2.1	1.8	1.5	1.2	1.0	0.8	0.6	0.5	0.4

2. 실내 음향

(1) 흡음

벽체 등에 입사한 음파의 반사율을 가능한 한 낮추어 실내의 음에너지를 최대한 소멸시키는 작용을 흡음이라 한다.

① 다공질형 흡음재

글라스울, 암면 등의 광물, 식물섬유류처럼 모세관이나 연속기포로 되어 있는 재료에 음이 입사하면 음파는 그 세공 속으로 전파하여 주벽과의 마찰이나 점성저항 및 재료 소섬유의 진동 등으로 음에너지의 일부가 열에너지로 소비된다.

  ㉠ 고주파음의 흡음률이 높고 재료의 두께나 공기층 두께를 증가시킴으로써 저주파수의 흡음률을 증가시킬 수 있다.
  ㉡ 다공질 재료의 표면이 다른 재료에 의하여 피복되어 통기성이 저해되면 중·고주파수에서의 흡음률이 저하된다.
  ㉢ 재료 표면의 공극을 막는 마감을 하지 말고 부착법과 배후공기층 관리를 철저히 해야 한다.

② 판(막)진동형 흡음재

얇은 합판, 석고보드 등의 기밀한 재료에 음파가 오면 표면의 진동에 의해 음에너지의 일부가 마찰로 소비된다.

  ㉠ 저음역의 공진주파수에서 볼 수 있고 흡음률은 크지 않다.
  ㉡ 흡음률은 저음역에서는 0.2~0.5이고, 고음역에서는 0.1 내외이므로 반사판 구실을 한다.
  ㉢ 판류는 진동하기 쉬운 것이거나 얇은 것일수록 크다. 또 같은 판이라도 풀로 붙인

것보다는 못으로 고정한 것이 진동하기 쉽고 흡음률이 크다.
　　ⓔ 흡음률의 피크는 대체로 200~300Hz 이하에 있으며 재료의 중량이 클수록, 판의 배후 공기층이 클수록 저음역으로 옮겨간다.
③ 구멍판 흡음재
　　합판, 석고보드 등의 경질판에 다수의 구멍을 관통시킨 것으로 구멍과 배후공기층으로 구성된다.
　　㉠ 중저음역 흡음률이 크며 판의 두께나 구멍크기와 간격에 따라 특성이 달라진다.
　　㉡ 배후공기층을 크게 하면 흡음주파수역이 넓어지며 흡음재를 추가로 넣어 흡음률을 높일 수도 있다.

(2) 차음

① 투과 손실
　㉠ 음원이 재료나 구조물에 부딪치고 흡수되어 얼마나 감소하였는지의 정도를 투과손실이라 한다.
　㉡ 음의 투과율이 작을수록 차음력은 커지며 벽체의 두께와 질량에 차음력은 비례한다.
② 부분별 차음
　㉠ 이중벽
　　ⓐ 단층벽은 두께를 증가시켜도 투과손실의 증가가 크지 않지만 완전히 독립한 이중벽은 두 벽 각각의 투과손실의 합이 된다. 실제로는 두 벽체를 완전히 독립시키는 것은 불가능하여 두 결합을 어떻게 차단하느냐가 문제가 된다.
　　ⓑ 각각 독립한 샛기둥을 두고 주변의 장치부분을 유연한 재료로 띄워 가능한 한 연속이나 접속을 하지 않도록 한다.
　　ⓒ 공기층에 의한 결함을 차단하는 데는 공기층을 가능한 한 두껍게 하고 공간을 흡음 처리하는 것이 좋다.
　㉡ 개구부와 틈새
　　ⓐ 벽체가 기밀하다고 가정해도 일부 재료의 틈에서 음이 새어나기 때문에 투과손실은 예상한 값보다 작아진다.
　　ⓑ 일정 이상의 큰 개구부가 있으면 그 부분의 투과율로 전체 투과손실을 계산한다.
　　ⓒ 작은 틈이 있으면 회절 및 투과로 인해 차음성이 낮아지므로 판상 재료의 줄눈, 창, 출입구의 문틈 등은 기밀하도록 설계와 시공에 주의한다.

ⓒ 창과 출입문
　　ⓐ 창과 출입문의 차음은 창문 등 패널의 차음성과 창문 주변의 틈으로 정해진다.
　　ⓑ 창문의 차음성은 일반적으로 틈에 의해 지배되는 경우가 많고, 창과 문이 그 틀과 닿는 부분의 설계시공의 정밀도로 같은 문을 사용하더라도 그 차음성은 큰 차이가 있다.
　　ⓒ 문 패널의 투과손실을 크게 하여도 차음성은 좋아지지 않는다.
ⓔ 고체음의 제어
　　ⓐ 건물의 구조체 등의 고체음은 충격과 진동의 발생을 억제해야 줄일 수 있다.
　　ⓑ 바닥 마감, 문지방 등과 설비 기계류는 진동이 작고 유연한 재료를 사용한다.

(3) 실내음향

① 특성
　㉠ 음원과 수음점과의 거리가 멀어져도 음의 세기는 크게 감쇠하지 않는다.
　㉡ 음원이 정지한 후에도 늦게 도달하는 반사음에 의해 잔향이 생긴다.
　㉢ 실의 형이나 내장재료에 의해 반향, 울림, 기타 여러 특이 현상이 발생할 수 있다.

② 단면의 형태
　㉠ 천장 : 직접음을 보강하는 역할을 하므로, 특히 무대에서 멀리 떨어진 후방 좌석에서 중요하다. 돔과 같이 오목면은 음압 분포를 나쁘게 하므로 평면이나 볼록면으로 한다.
　㉡ 발코니 : 발코니 선단은 반향이나 음의 집중을 만들지 않도록 하면서 동시에 발코니 밑의 천장은 반사면이 되도록 반사재료를 사용한다.
　㉢ 바닥 : 바닥은 좌석이 배치되므로 큰 흡음력을 갖고 직접음은 그 흡음면에 따라 전파하므로 크게 감쇠한다. 이를 막기 위해서는 바닥의 구배를 크게 하여 앞좌석에 직접음이 가려지지 않도록 하는 것이 유일하다.

③ 평면의 형태
　㉠ 천장과 같이 음원 가까이의 벽에서는 반사음을 얻을 수 있도록 하고 음원에서 멀어지면서 확산성 또는 흡음성으로 마감하되 오목한 면은 피한다.
　㉡ 타원이나 원형의 평면은 특이현상을 일으키므로 벽면을 볼록하게 처리한다.
　㉢ 측벽은 부채꼴이 효과적이지만 뒷벽에서 반향의 위험이 많으므로 확산과 흡음을 잘 파악해야 한다.

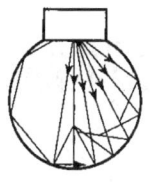   

　　　　불량　　　벽면블록 처리 무난

　　　　[원형 평면]　　　　　　　[부채꼴 평면]

④ 장애현상

　㉠ 에코(반향) : 직접음이 들린 후에 뚜렷이 분리하여 반사음이 들리는 경우로 직접음과 반사음과의 행정차가 17m 이상, 즉 시간차가 50m/s 이상될 때 일어나기 쉬우며 음성의 명확성이나 음악의 연주에 많은 영향을 미친다.

　㉡ 플러터 에코(flutter echo) : 박수 소리나 발자국 소리가 천장과 바닥면 및 옆벽과 옆벽 사이에서 왕복 반사하여 독특한 음색으로 울리는 경우를 말한다.

　㉢ 속삭임의 회랑(回廊) : 음이 커다란 요철면을 따라 반사를 되풀이함으로써 속삭임과 같은 작은 소리라도 먼 곳까지 들리는 경우를 말한다. 런던의 세인트폴 사원의 큰 돔(dome)의 회랑에서 생기는 이 현상이 특히 유명하다.

　㉣ 음의 접점과 사점 : 음파도 그 파장보다 큰 요철면에서는 반사한 음선에 의해 접점이 생긴다. 그리고 음의 분포가 불균일한 사점이 생긴다.

　㉤ 마스킹 효과 : 둘 이상의 음이 동시에 귀에 들어와 한쪽의 음 때문에 다른 음이 작게 들리는 현상

(4) 잔향

① 잔향시간

　㉠ 실내음의 발생을 중지시킨 후 소음레벨이 60dB 감소(음의 세기로는 $1/10^6$, 음압으로는 1/1000 감소)될 때까지 걸리는 시간을 뜻한다.

　㉡ 흡음력과 잔향시간은 반비례 관계이며 청중의 다소와 관계가 있다.

　㉢ 잔향시간은 실용적에 비례하며 실의 표면적에 반비례한다.

　㉣ 적정 잔향시간보다 길어지면 명료성이 저하된다.

② 잔향시간의 계산식

조건	계산식	고안자
흡음률, 반사성이 작은 실	$T = 0.161 \dfrac{V}{aS}$	Sabine
공기 흡수를 무시하는 경우	$T = 0.161 \dfrac{V}{-S\log_e(1-a)}$	Eyring
공기의 흡수를 무시할 수 없는 실의 경우	$T = 0.161 \dfrac{V}{-S\log_e(1a) + 4mV}$	Knudsen

③ 잔향계획

㉠ 명료도가 요구되는 강연은 짧은 편이 좋고, 풍부한 반향이 요구되는 음악에는 저음역이 다소 긴 편이 좋다.

㉡ 저음역은 판재료, 저·중음역은 공동 흡수에 의해, 고음역은 다공질 재료의 사용에 의해 흡음 처리를 한다.

㉢ 무대 쪽은 반사성 재료를, 반대쪽 벽은 흡음성 재료를 사용한다.

CHAPTER 2 건축관련 법규

2.1 건축법규 총론

1. 기본 개념

(1) 건축법의 목적
건축물의 대지·구조·설비 기준 및 용도 등을 정하여 건축물의 안전·기능·환경 및 미관을 향상시킴으로써 공공복리의 증진에 이바지하는 것을 목적으로 한다.

(2) 건축물
① 도로와 건축선
  ㉠ 도로의 정의 : 보행 및 자동차 통행이 가능한 너비 4m 이상의 도로
  ㉡ 지형적 조건에 의해서 차량통행이 곤란하다고 인정하여 시장, 군수, 구청장이 그 위치를 지정, 공고하는 구간에서는 너비를 3m로 적용한다.
  ㉢ 건축선 : 도로와 접한 부분에 있어서 건축물을 건축할 수 있는 선. 도로와의 경계선으로 한다.
  ㉣ 도로 폭이 4m 미만일 경우 건축선은 해당도로의 중심선으로부터 2m씩 떨어진 곳이 된다.
② 건축물
  ㉠ 토지에 정착하는 공작물 중 지붕 및 기둥 혹은 벽이 있는 것(지붕은 필수)
  ㉡ 대문, 담장과 같이 위에 부수되는 시설물
  ㉢ 지하 혹은 고가의 공작물에 설치하는 사무소, 공연장, 점포, 차고 등
③ 기타 용어 및 정의
  ㉠ 지하층 : 바닥이 지표면 아래에 있는 층으로서 해당 층의 바닥으로부터 지표면까지의

높이가 해당 층의 1/2 이상인 층
ⓒ 건축법상의 거실 : 건축물 내에서 거주, 집무, 작업, 집회, 오락 등 다양한 목적으로 사용되는 방을 총칭한다.
ⓒ 건축법규상의 주요 구조부 : 내력벽, 기둥, 바닥, 보, 지붕틀 및 주 계단
※ 사잇기둥, 최하층 바닥, 작은보, 차양, 옥외계단 등 구조상으로 중요하지 않은 부분 및 기초를 제외한다.

(3) 건축행위

① 건축행위 : 신축·증축·재축·개축·이전

행위 전		행위 후
기존 건축물이 없는 대지	신축	새롭게 건축물을 축조
		부속 건축물이 있는 경우의 주용도 건축물을 축조
기존 건축물이 있는 대지	증축	기존 건축물에 건축물의 규모를 증가(면적, 층수, 높이 등)
	재축	기존 건축물이 천재지변이나 그 밖의 재해로 멸실된 경우 그 대지에 다음 요건을 모두 갖추어 다시 축조하는 것을 말한다. ㉠ 연면적 합계는 종전 규모 이하로 할 것 ㉡ 동(棟)수, 층수 및 높이는 다음 중 하나에 해당할 것 　ⓐ 동수, 층수 및 높이가 모두 종전 규모 이하일 것 　ⓑ 동수, 층수 또는 높이의 어느 하나가 종전 규모를 초과하는 경우에는 해당 동수, 층수 및 높이가 건축법령에 모두 적합할 것
	개축	기존 건축물 전부 또는 일부(내력벽·기둥·보·지붕틀 중 셋 이상 포함되는 경우)를 해체하고 그 대지에 종전과 같은 규모의 범위에서 건축물을 다시 축조하는 것 ※ 한옥의 경우 지붕틀의 범위에서 서까래는 제외
	이전	건축물의 주요구조부를 해체하지 않고 동일 대지 내 위치를 변경하는 것

② 대수선 : 주요 구조부의 수선 또는 변경 또는 건축물 외형을 변경하는 것으로 ①의 행위에 해당하지 않는 행위
㉠ 내력벽을 증설 또는 해체하거나 그 벽면적을 $30m^2$ 이상 수선 또는 변경하는 것
㉡ 기둥을 증설 또는 해체하거나 3개 이상 수선 또는 변경하는 것
㉢ 보를 증설 또는 해체하거나 3개 이상 수선 또는 변경하는 것
㉣ 지붕틀(한옥의 경우 서까래 제외)을 증설 또는 해체하거나 3개 이상 수선 또는 변경

하는 것
ⓜ 방화벽 또는 방화구획을 위한 바닥 또는 벽을 증설 또는 해체하거나 수선 또는 변경하는 것
ⓗ 주 계단·피난계단 또는 특별피난계단을 증설 또는 해체하거나 수선 또는 변경하는 것
ⓢ 다가구주택의 가구 간 경계벽 또는 다세대주택의 세대 간 경계벽을 증설 또는 해체하거나 수선 또는 변경하는 것
ⓞ 건축물의 외벽에 사용하는 마감재료를 증설 또는 해체하거나 벽면적 30m² 이상 수선 또는 변경하는 것

2. 규모 산정

(1) 면적

① 대지면적 : 대지의 수평 투영면적으로 하며 건축선으로 둘러싸인 부분을 말한다.
② 건축면적 : 대지 점유면적의 지표로서 건축물의 외벽 중심선에 둘러싸인 부분의 수평 투영면적 또는 아래에 해당하는 선으로 둘러싸인 부분을 말한다.
  ㉠ 외벽이 없을 시 외곽의 기둥 중심선으로 산정
  ㉡ 처마, 차양 등 중심선으로부터 1m 이상 돌출된 부분의 경우 그 끝부분에서 1m 후퇴한 선으로 한다(단, 한옥은 2m, 창고는 3m).
③ 바닥면적 산정
  ㉠ 벽, 기둥 등의 구획의 중심선으로 둘러싸인 부분의 수평 투영면적
  ㉡ 벽, 기둥의 구획이 없는 건축물은 지붕 끝부분으로부터 수평거리 1m 후퇴
  ㉢ 제외 사항 : 공용의 필로티 등, 승강기, 계단탑, 장식탑, 1.5m 이하 다락, 굴뚝 등
④ 연면적
  ㉠ 각 층의 바닥면적의 합계
  ㉡ 다음은 연면적 산정에서 제외된다.
    ⓐ 지하층 면적 및 부속용도로서 지상층의 주차용 면적
    ⓑ 초고층·준초고층 건축물에 설치하는 피난안전구역의 면적
    ⓒ 건축물의 경사지붕 아래에 설치하는 대피공간의 면적

(2) 건폐율과 용적률

용어	설명	계산식
건폐율	건축면적의 대지면적에 대한 비율로, 건축밀도를 나타내는 지표	$\dfrac{건축면적}{대지면적} \times 100(\%)$
용적율	전체 대지면적에서 건물 각 층의 면적을 합한 연면적이 차지하는 비율	$\dfrac{연면적}{대지면적} \times 100(\%)$

(3) 높이와 층

① 건축물의 높이 : 지표면으로부터 당해 건축물의 상단까지의 높이
② 처마높이 : 지표면으로부터 건축물의 지붕틀·깔도리 상단·기둥 상단·테두리보 아래까지의 높이
③ 층고
  ㉠ 각 층의 슬래브 윗면부터 위층 슬래브의 윗면까지를 층고라 정의한다.
  ㉡ 동일한 층에서 높이가 다른 부분이 있을 시 높이에 따른 면적에 따라 가중 평균한 높이로 정한다.
  ㉢ 층수
    ⓐ 층의 구분이 명확치 않을 경우 4m마다 하나의 층으로 분할
    ⓑ 건축물의 부분에 따라 층수가 다를 경우 가장 많은 층수로 한다.
    ⓒ 승강기탑, 계단탑, 옥탑 건축물이 건축면적의 1/8 초과 시 층수에 가산한다.

3. 구조안전 확인

(1) 건축 및 대수선 시 설계자는 법으로 정하는 구조기준 등에 따라 그 구조의 안전을 확인하여야 한다.
(2) 착공신고 시 건축주가 설계자로부터 구조 안전 확인 서류를 받아 허가권자에게 제출해야 하는 건축물(표준설계도서에 따라 건축하는 건축물은 제외)

층수	2층(목구조 건축물은 3층) 이상
연면적	• 200m² (목구조 건축물의 경우 500m²) 이상 • 창고, 축사, 작물재배사는 제외
높이	13m 이상

처마높이	9m 이상
경간(기둥 간 거리)	10m 이상
용도 및 규모 고려 중요도 높은 건축물 중 국토교통부령이 정하는 것	• 위험물 저장 및 처리 시설·국가 또는 지방자치단체의 청사·외국공관·소방서·발전소·방송국·전신전화국·데이터 센터 • 종합병원, 수술시설이나 응급시설이 있는 병원 • 연면적 5000m^2 이상인 공연장·집회장·관람장·전시장·운동시설·판매시설·운수시설(화물터미널, 집배송시설 제외) • 아동관련시설·노인복지시설·사회복지시설·근로복지시설 • 5층 이상인 숙박시설·오피스텔·기숙사·아파트·교정시설 • 학교 • 수술시설과 응급시설 모두 없는 병원, 기타 연면적 1000m^2 이상인 의료시설로서 두 번째 항목에 해당하지 않는 건축물
박물관·기념관 (이와 유사한 것)	국가적 문화유산으로 보존할 가치가 있는 연면적 합계가 5000m^2 이상인 건축물
특수구조 건축물	• 한쪽 끝은 고정되고 다른 끝은 지지되지 않은 구조로 된 보·차양 등이 외벽의 중심선으로부터 3m 이상 돌출된 건축물 • 특수한 설계·시공·공법 등이 필요한 건축물로서 국토교통부장관이 정하여 고시하는 구조로 된 것
주택	단독주택 및 공동주택

2.2 피난관련규정

1. 거실 및 복도

(1) 보행거리

① 피난층이 아닌 층에서의 보행거리 : 거실 각 부분으로부터의 피난층 또는 지상으로 통하는 직통계단(경사로 포함)에 이르는 보행거리

원칙	주요구조부가 내화구조 또는 불연재료인 경우	자동화 생산시설에 스프링클러 등 자동식 소화설비를 설치한 공장 (국토교통부령으로 정하는 공장인 경우)
30m 이하	50m 이하(공동주택 16층 이상의 층은 40m 이하)	75m 이하(무인화 공장은 100m)

② 피난층에서의 보행거리 : 피난층에서 계단 및 거실로부터 건축물 바깥으로의 출구에 이르는 보행거리

구분	원칙	주요구조부가 내화구조, 불연재료인 경우
계단으로부터 옥외로의 출구까지의 거리	30m 이하	50m 이하 (공동주택 16층 이상의 층 : 40m)
거실로부터 옥외로의 출구까지 거리(피난에 지장이 없는 출입구가 있는 것은 제외)	60m 이하	100m 이하 (공동주택 16층 이상의 층 : 80m)

③ 거실의 반자높이

건축물의 용도	반자높이	예외 규정
일반용도의 거실	2.1m 이상	• 공장 • 창고시설 • 위험물 저장 및 처리시설 • 동물 및 식품관련시설 • 분뇨 및 쓰레기처리 시설 • 묘지 관련 시설
• 문화 및 집회시설 (전시장 및 동·식물원은 제외) • 종교시설 및 장례식장 • 위락시설 중 유흥주점 ※ 관람실 또는 집회실로서 바닥면적 200m² 이상	4.0m 이상 (노대 아랫부분 : 2.7m 이상)	기계환기장치를 설치한 경우

(2) 복도

① 유효너비의 규정(연면적 200m² 초과 건축물)

구분	양 옆에 거실이 있는 복도	기타
유치원·초등학교·중학교·고등학교	2.4m 이상	1.8m 이상
공동주택·오피스텔	1.8m 이상	1.2m 이상
당해 층 거실바닥면적 합계 200m² 이상	1.5m 이상 (의료시설 1.8m 이상)	1.2m 이상

② 별도 규정(다음 용도의 관람석 또는 집회장에 접하는 복도의 유효너비)

해당 용도	당해 층 바닥면적 합계	유효너비
• 문화 및 집회시설 중 공연장·집회장·관람장·전시장 • 종교시설 중 종교집회장 • 노유자시설 중 아동 관련 시설·노인복지시설 • 수련시설 중 생활권수련시설 • 위락시설 중 유흥주점 및 장례식장의 관람실 또는 집회실	500m² 미만	1.5m 이상
	500~1000m² 미만	1.8m 이상
	1000m² 이상	2.4m 이상

③ 문화 및 집회시설 중 공연장에 설치하는 복도의 기준
   ㉠ 개별 관람실(바닥면적 300m² 이상인 경우)의 바깥쪽에는 그 양쪽 및 뒤쪽에 각각 복도를 설치해야 한다.
   ㉡ 하나의 층에 개별 관람실(바닥면적 300m² 미만인 경우)을 2개소 이상 연속하여 설치하는 경우에는 그 관람실의 바깥쪽의 앞쪽과 뒤쪽에 각각 복도를 설치해야 한다.

2. 계단 및 대피 공간

(1) 계단 설치 규정

① 연면적 200m²를 초과하는 건축물에 설치하는 계단의 기준

대상		설치 기준
계단참	높이가 3m를 넘는 계단	높이 3m 이내마다 설치(유효너비 1.2m 이상)
난간	높이가 1m를 넘는 계단 및 계단참	양 옆에 난간(벽 또는 이에 대치되는 것 포함)을 설치
중간 난간	너비가 3m를 넘는 계단	계단 중간에 너비 3m 이내마다 설치 (계단 단높이 15cm 이하, 단너비 30cm 이상인 경우 제외)
계단의 유효 높이(계단 바닥 마감면부터 상부 구조체의 하부 마감면까지의 연직방향 높이) : 2.1m 이상		

② 계단 유효너비·단높이·단너비

구분	계단·계단참 유효너비	단높이	단너비
초등학교	150cm 이상	16cm 이하	26cm 이상
중, 고등학교	150cm 이상	18cm 이하	26cm 이상
문화 및 집회시설(공연장, 집회장, 관람장) 판매시설(기타 이와 유사한 용도)	120cm 이상	–	–
위층 거실 바닥면적 합계가 200m² 이상 거실 바닥면적 합계가 100m² 이상인 지하층	120cm 이상	–	–
기타의 계단	60cm 이상	–	–

③ 난간 및 손잡이
  ㉠ 대상 : 공동주택(기숙사 제외)·제1종 및 제2종 근린생활시설·문화 및 집회시설·종교시설·판매시설·운수시설·의료시설·노유자시설·업무시설·숙박시설·위락시설·관광휴게시설의 계단
  ㉡ 아동의 이용에 안전하고 노약자 및 신체장애인의 이용에 편리한 구조로 하여야 하며, 양쪽에 벽 등이 있어 난간이 없는 경우 손잡이를 설치하여야 한다.
  ㉢ 세부기준
    ⓐ 손잡이는 최대지름 3.2cm 이상 3.8cm 이하인 원형 또는 타원형의 단면으로 할 것
    ⓑ 손잡이는 벽 등으로부터 5cm 이상 떨어지도록 하고, 계단으로부터의 높이는 85cm가 되도록 할 것
    ⓒ 계단이 끝나는 수평부분에서의 손잡이는 바깥쪽으로 30cm 이상 나오도록 설치할 것

> **Point**
> 계단을 대체하여 설치하는 경사로는 경사도가 1 : 8을 넘지 않아야 하며 표면을 거친 면으로 하거나 미끄러지지 아니하는 재료로 마감해야 한다.

④ 직통계단 2개소 이상 설치 대상
  다음에 해당하는 건축물은 피난층이 아닌 층에서 피난층 또는 지상으로 통하는 직통계단(경사로 포함)을 2개소 이상 설치해야 한다.

건축물의 용도	해당부분	면적
• 문화 및 집회시설(전시장 및 동·식물원 제외) • 종교시설, 위락시설 중 주점영업 및 장례시설	그 층의 해당 용도로 쓰는 바닥면적의 합계	
• 단독주택 중 다중주택·다가구주택 • 정신과의원(1종 근린시설로 입원실 있는 경우) • 학원·독서실, 판매시설, 운수시설(여객용) • 의료시설(입원실이 없는 치과 제외) • 아동 관련 시설·노인복지시설 • 장애인 재활시설, 장애인 거주시설 • 숙박시설, 수련시설 중 유스호스텔	3층 이상의 층으로서 그 층의 해당 용도로 쓰는 거실바닥 면적합계	200m² 이상
• 지하층	그 층의 거실바닥면적 합계	
제2종 근린생활시설 중 • 공연장·종교집회장 • 인터넷컴퓨터게임시설 제공업소(3층 이상)	그 층의 당해 용도에 쓰이는 바닥면적의 합계	300m² 이상
• 공동주택(층당 4세대 이하 제외) • 업무시설 중 오피스텔	그 층의 해당 용도로 쓰는 거실바닥 면적합계	
• 위에 해당하지 않는 용도	3층 이상의 층으로 그 층 거실 바닥면적의 합계	400m² 이상

⑤ 피난계단·특별피난계단의 설치

㉠ 5층 이상 또는 지하 2층 이하인 층에 설치하는 직통계단은 피난계단 또는 특별피난계단으로 설치해야 한다.

㉡ 주요구조부가 내화구조 또는 불연재료로 되어 있는 경우로서 다음에 해당하는 경우 제외

ⓐ 5층 이상인 층의 바닥면적의 합계가 200m² 이하인 경우

ⓑ 5층 이상인 층의 바닥면적 200m² 이내마다 방화구획이 되어 있는 경우

㉢ 건축물의 11층(공동주택은 16층) 이상인 층 또는 지하 3층 이하인 층으로부터 피난층 또는 지상으로 통하는 직통계단은 ㉠의 내용에도 불구하고 특별피난계단으로 설치해야 한다.

ⓐ 갓복도식 공동주택과 바닥면적 400m² 미만인 층은 제외한다.

㉣ ㉠에서 판매시설의 용도로 쓰는 층으로부터의 직통계단은 그 중 1개소 이상을 특별피난계단으로 설치해야 한다.

ⓜ 직통계단 외에 별도의 피난계단, 특별피난계단 설치 대상 : 건축물의 5층 이상인 층으로서 문화 및 집회시설 중 전시장 또는 동·식물원, 판매시설, 운수시설(여객용 시설만), 운동시설, 위락시설, 관광휴게시설(다중이용시설만) 또는 수련시설 중 생활권 수련시설의 용도로 쓰는 층에는 직통계단 외에 그 층의 해당 용도로 쓰는 바닥면적의 합계가 2000㎡를 넘는 경우에는 그 넘는 2000㎡ 이내마다 1개소의 피난계단 또는 특별피난계단(4층 이하의 층에는 쓰지 않는 것)을 설치하여야 한다.

⑥ 옥외피난계단의 설치 기준

건축물의 3층 이상의 층(피난층 제외)으로서 다음에 해당하는 용도에 쓰이는 층의 경우에는 직통계단 외에 그 층으로부터 지상으로 통하는 옥외계단을 따로 설치하여야 한다.

건축물의 용도	기준
• 2종 근린생활시설 중 공연장	해당 용도로 쓰는 바닥면적 합계 300㎡ 이상
• 문화 및 집회시설 중 공연장 • 위락시설 중 주점영업	해당 용도로 쓰는 그 층 거실 바닥면적 합계 300㎡ 이상
• 문화 및 집회시설 중 집회장	1000㎡ 이상

⑦ 피난계단 및 특별피난계단의 구조

㉠ 옥내피단계단의 구조

ⓐ 계단실 바깥쪽의 창은 반드시 옥내로 연결된 다른 창과 2m 이상 떨어져야 한다(예외 : 망입유리 붙박이창으로서 면적이 각각 1㎡ 이하는 제외).

ⓑ 건축물 내부에서 계단실로 통하는 출입구의 유효너비는 0.9m 이상으로 하고, 그 출입구에는 피난의 방향으로 열 수 있는 60분+방화문 또는 60분 방화문을 설치할 것(언제나 닫힌 상태 또는 화재 시 연기, 불꽃, 온도를 감지하여 자동적으로 닫히는 구조).

ⓒ 건축물 내부와 접하는 창문(출입문 제외)의 경우 망입유리의 붙박이창으로서 그 면적은 각각 1㎡ 이하로 한다.

ⓓ 계단실의 벽체는 내화구조로 하고 마감은 불연재료로 하며 계단은 피난층 혹은 지상까지 직접 연결되도록 한다.

ⓔ 계단실은 예비전원에 의한 조명설비를 해야 한다.

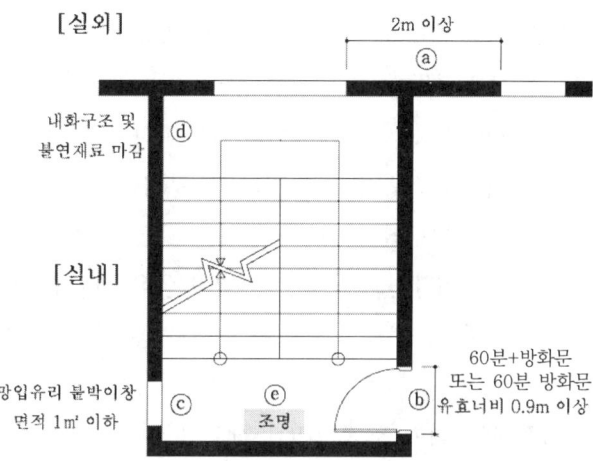

ⓒ 옥외피난계단의 구조
  ⓐ 내부에서 계단으로 통하는 출입구에는 60분+방화문 또는 60분 방화문을 설치할 것
  ⓑ 계단의 유효 폭은 0.9m 이상으로 한다.
  ⓒ 계단의 출입구는 계단으로 통하는 창문(망입유리 붙박이창 면적 1m² 이하 제외)로부터 2m 이상 떨어져야 한다.
  ⓓ 계단은 내화구조로 하며 지상 혹은 피난층까지 직접 연결되어야 한다.

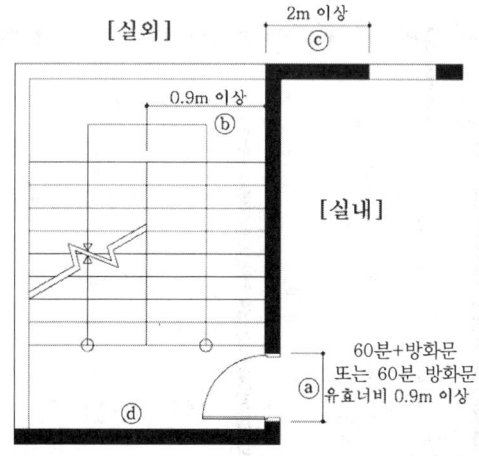

ⓒ 특별피난계단의 구조
  ⓐ 계단실, 부속실의 옥외에 접하는 창은 반드시 옥내로 연결된 다른 창과 2m 이상

떨어져야 한다(단, 망입유리 붙박이창으로 면적이 각각 $1m^2$ 이하인 경우 제외).
ⓑ 계단실에는 노대 또는 부속실에 접하는 부분 외에는 건축물 내부와 접하는 창문 등을 설치하지 않으며 계단실과 접하는 부속실의 창문(출입문 제외)의 경우 망입유리의 붙박이창으로서 그 면적은 각각 $1m^2$ 이하로 한다.
ⓒ 계단실의 벽체는 내화구조로 하고 마감(바탕 포함)은 불연재료로 하며 계단은 피난층 혹은 지상까지 직접 연결되도록 한다.
ⓓ 노대나 부속실로부터 계단실로 통하는 출입구는 유효너비 0.9m 이상으로 피난방향으로 열려지게 하며, 60분+방화문 또는 60분 방화문 또는 30분 방화문으로 설치한다.
ⓔ 계단실은 예비전원에 의한 조명설비를 해야 한다.
ⓕ 건축물 내부에서 노대나 부속실로 들어오는 출입문은 반드시 유효너비 0.9m 이상의 60분+방화문 또는 60분 방화문으로 할 것(언제나 닫힌 상태 또는 화재 시 연기, 불꽃, 온도를 감지하여 자동적으로 닫히는 구조)
ⓖ 건축물 내부와 계단실은 노대를 통하여 연결하거나 외부를 향하여 열 수 있는 면적 $1m^2$ 이상인 창문(바닥으로부터 1m 이상의 높이에 설치한 것) 또는 규정에 적합한 구조의 배연설비가 있는 면적 $3m^2$ 이상인 부속실을 통하여 연결할 것

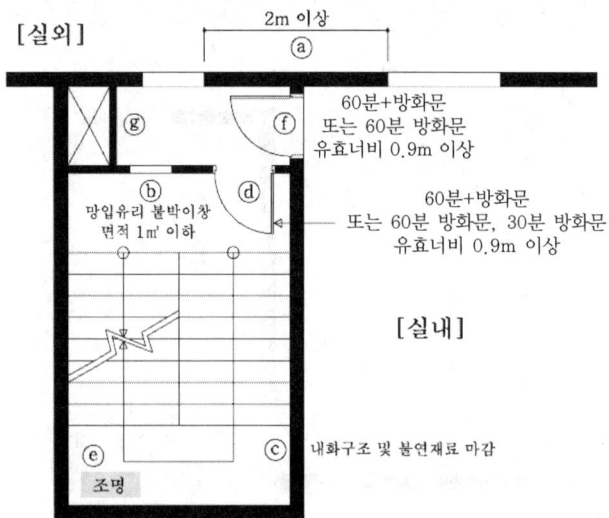

- 피난계단, 특별피난계단에 설치하는 방화문은 언제나 닫힌 상태를 유지하거나, 화재 시 연기·불꽃·온도를 감지하여 자동적으로 닫히는 구조여야 한다.
- 피난계단, 특별피난계단은 돌음계단으로 해서는 안 되며, 법령에 따라 옥상광장을 설치해야 하는 건축물인 경우 옥상으로 통하도록 설치해야 한다. 이 경우 옥상으로 통하는 출입문은 피난방향으로 열리는 구조로서 피난 시 이용에 장애가 없어야 한다.

⑧ 경사로 설치 대상 건축물

다음에 해당하는 건축물의 피난층 또는 피난층의 승강장으로부터 건축물의 바깥쪽에 이르는 통로에는 경사로를 설치하여야 한다.

㉠ 제1종 근린생활시설 중 지역자치센터, 파출소, 지구대, 소방서, 우체국, 방송국, 보건소, 공공도서관, 지역건강보험조합 등 동일한 건축물 안에 당해 용도에 쓰이는 바닥면적의 합계가 $1000m^2$ 미만인 것

㉡ 제1종 근린생활시설 중 마을회관, 마을공동작업소, 마을공동구판장, 변전소, 양수장, 정수장, 대피소, 공중화장실

㉢ 연면적이 $5000m^2$ 이상인 판매시설, 운수시설

㉣ 교육연구시설 중 학교

㉤ 업무시설 중 국가 또는 지방자치단체의 청사와 외국공관의 건축물로서 제1종 근린생활시설에 해당하지 않는 것

㉥ 승강기를 설치해야 하는 건축물

(2) 출구 및 대피공간

① 바깥쪽으로의 출구

다음에 해당하는 건축물에는 관람석 또는 집회실로부터의 출구를 안여닫이로 해서는 안 된다.

㉠ 제2종 근린생활시설 중 공연장·종교집회장(해당용도 바닥면적의 합계가 각각 $300m^2$ 이상인 경우)

㉡ 문화 및 집회시설(전시장 및 동·식물원 제외)

㉢ 종교시설, 위락시설, 장례식장

㉣ 관람석의 바닥면적 합계가 $300m^2$ 이상인 집회장 또는 공연장에 있어서는 주된 출구 외에 보조출구 또는 비상구를 2개소 이상 설치해야 한다.

② 공연장 개별관람실의 출구 설치 기준
  ㉠ 대상 : 문화 및 집회시설 중 공연장(바닥면적 300m² 이상인 것에 한함)
  ㉡ 설치 기준
    ⓐ 관람실별로 2개소 이상 설치
    ⓑ 각 출구의 유효너비는 1.5m 이상
    ⓒ 개별관람실 출구의 유효너비 합계는 관람석 바닥면적 100m²마다 0.6m 비율로 산정한 너비 이상
③ 판매시설 중 도매시장, 소매시장, 상점의 출구 : 피난층에 설치하는 건축물 바깥쪽으로의 출구는 당해용도에 쓰이는 바닥면적이 최대인 층의 바닥면적 100m² 마다 0.6m의 비율로 산정한 너비 이상으로 하여야 한다.
④ 옥상광장 및 대피공간
  ㉠ 5층 이상인 층이 제2종 근린생활시설 중 공연장·종교집회장·인터넷컴퓨터게임시설제공업소(해당용도 바닥면적 합계가 각각 300m² 이상인 경우), 문화 및 집회시설(전시장 및 동·식물원 제외), 종교시설, 판매시설, 위락시설 중 주점영업 또는 장례시설의 용도로 쓰는 경우에는 피난 용도로 쓸 수 있는 광장을 옥상에 설치하여야 한다.
  ㉡ 옥상광장 또는 2층 이상인 층에 있는 노대나 그 밖에 이와 비슷한 것의 주위에는 높이 1.2m 이상의 난간을 설치하여야 한다(출입할 수 없는 구조인 경우는 제외).
  ㉢ 11층 이상인 건축물로서 11층 이상인 층의 바닥면적의 합계가 10000m² 이상인 건축물의 옥상에는 다음 구분에 따른 공간을 확보하여야 한다.
    ⓐ 헬리포트 또는 헬리콥터를 이용한 인명구조 공간 설치(평지붕인 경우)
      • 헬리포트의 길이와 너비는 각각 22m 이상으로 할 것(공간에 따라 각각 15m까지 감축 가능)
      • 중심으로부터 반경 12m 이내에는 헬리콥터 이·착륙에 장애가 되는 공작물, 조경시설, 난간 등 설치 금지
      • 헬리포트 주위한계선은 백색으로 하되, 그 선의 너비는 38cm로 할 것
      • 헬리포트의 중앙부분에는 지름 8m의 ⒣표지를 백색으로 하되, "H"표지의 선의 너비는 38cm로, "○"표지의 선의 너비는 60cm로 할 것
      • 헬리콥터를 통하여 인명 등을 구조할 수 있는 공간을 설치하는 경우에는 직경 10m 이상의 구조공간을 확보하며 구조에 장애가 되는 건축물, 공작물 또는 난간 등 설치 금지

- 헬리포트로 통하는 출입문에 비상문자동개폐장치를 설치할 것
ⓑ 대피공간 설치(경사지붕인 경우)
- 대피공간의 면적은 지붕 수평투영면적의 1/10 이상일 것
- 특별피난계단 또는 피난계단과 연결되도록 할 것
- 출입구·창문을 제외한 부분은 해당 건축물의 다른 부분과 내화구조의 바닥 및 벽으로 구획할 것
- 출입구는 유효너비 0.9m 이상으로 하고, 그 출입구에는 60분+방화문 또는 60분 방화문을 설치할 것(방화문에는 비상문자동개폐장치 설치)
- 내부마감재료는 불연재료로 하며 예비전원으로 작동하는 조명설비를 설치할 것
- 관리사무소 등과 긴급 연락이 가능한 통신시설을 설치할 것

② 피난계단, 특별피난계단의 옥상광장으로 연결 : 옥상광장을 설치해야 하는 건축물에는 피난계단 또는 특별피난계단을 옥상광장으로 통하도록 설치해야 한다. 이 경우 출입문은 피난방향으로 열리는 구조로서 피난 시 이용에 장애가 없어야 한다.

⑩ 아파트의 대피공간 : 아파트 4층 이상인 층의 각 세대가 2개 이상의 직통계단을 사용할 수 없는 경우에는 발코니에 인접 세대와 공동으로 또는 각 세대별로 다음 요건을 모두 갖춘 대피공간을 하나 이상 설치하여야 한다. 이 경우 인접 세대와 공동으로 설치하는 대피공간은 인접 세대를 통하여 2개 이상의 직통계단을 쓸 수 있는 위치에 우선 설치되어야 한다.

ⓐ 대피공간은 바깥의 공기와 접할 것
ⓑ 대피공간은 실내의 다른 부분과 방화구획으로 구획될 것
ⓒ 대피공간의 바닥면적은 인접 세대와 공동으로 설치 시 3m² 이상, 각 세대별 설치 시 2m² 이상일 것
ⓓ 국토교통부장관이 정하는 기준에 적합할 것
ⓔ 대피공간으로 통하는 출입문은 60분+방화문으로 설치할 것
ⓕ 단, 인접 세대와의 경계벽이 파괴하기 쉬운 경량구조인 경우, 경계벽에 피난구를 설치한 경우, 발코니의 바닥에 규정에 맞는 하향식 피난구를 설치한 경우 또는 대피공간에 준하는 시설을 설치한 경우는 제외한다.

⑪ 회전문의 설치 기준
ⓐ 계단이나 에스컬레이터로부터 2m 이상의 거리를 둘 것
ⓑ 회전문과 문틀사이 및 바닥사이는 다음 항목에서 정하는 간격을 확보하고 틈 사이

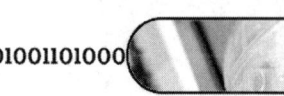

를 고무와 고무펠트의 조합체 등을 사용하여 신체나 물건 등에 손상이 없도록 할 것
- 회전문과 문틀 사이는 5cm 이상
- 회전문과 바닥 사이는 3cm 이하

ⓒ 출입에 지장이 없도록 일정한 방향으로 회전하는 구조로 할 것

ⓓ 회전문의 중심축에서 회전문과 문틀 사이의 간격을 포함한 회전문날개 끝부분까지의 길이는 140cm 이상이 되도록 할 것

ⓔ 회전문의 회전속도는 분당회전수가 8회를 넘지 아니하도록 할 것

ⓕ 자동회전문은 충격이 가하여지거나 사용자가 위험한 위치에 있는 경우에는 전자감지장치 등을 사용하여 정지하는 구조로 할 것

⑤ 지하층

㉠ 지하층의 구조

규모	설치 기준
바닥면적 50m²를 넘는 층	직통계단 외에 비상탈출구 및 환기통 설치 (직통계단 2개소 이상 설치된 경우 제외)
• 제2종 근린생활시설 중 공연장·단란주점·당구장·노래연습장 • 문화 및 집회시설 중 예식장·공연장 • 수련시설 중 생활권수련시설·자연권수련시설 • 숙박시설 중 여관·여인숙, 위락시설 중 단란주점·유흥주점 • 다중이용업	해당용도로 쓰는 층의 거실 바닥면적의 합계 50m² 이상은 직통계단을 2개소 이상 설치할 것
바닥면적 1000m²를 넘는 층	방화구획으로 구획하는 각 부분마다 1개소 이상의 피난계단 또는 특별피난계단 설치
거실 바닥면적의 합계가 1000m² 이상인 층	환기설비 설치
지하층 바닥면적 300m² 이상인 층	식수공급을 위한 급수전을 1개소 이상 설치

㉡ 비상탈출구의 기준(주택 제외)

비상탈출구	설치 기준
비상탈출구의 크기	유효너비 0.75m×유효높이 1.5m 이상
비상탈출구의 방향	피난방향으로 열리도록 하고 실내에서 항상 열 수 있는 구조로 하며, 내부 및 외부에는 비상탈출구의 표시 설치
비상탈출구의 설치 위치	출입구로부터 3m 이상 떨어진 곳에 설치

비상탈출구	설치 기준
사다리의 설치	지하층의 바닥으로부터 비상탈출구의 아랫부분까지의 높이가 1.2m 이상이 되는 경우에는 벽체에 발판의 너비가 20cm 이상인 사다리 설치
피난통로의 유효너비	피난층 또는 지상으로 통하는 복도나 직통계단까지 이르는 피난통로의 유효너비는 75cm 이상
비상탈출구의 통로마감	피난통로에 실내에 접하는 부분의 마감과 그 바탕은 불연재료로 할 것
비상탈출구의 진입부분 피난통로의 처리	통행에 지장이 있는 물건을 방치하거나 시설물 설치 금지
비상탈출구의 유도등	비상탈출구의 유도등과 피난통로의 비상조명등의 설치는 소방법령에 따른다.

> 단독주택, 공동주택의 지하층에는 거실을 설치할 수 없다. 다만, 다음 사항을 고려하여 해당 지방자치단체의 조례로 정하는 경우는 제외한다.(2024. 06. 18 신설)
> ① 침수위험 정도를 비롯한 지역적 특성
> ② 피난 및 대피 가능성
> ③ 그 밖에 주거의 안전과 관련된 사항

ⓒ 지하층과 피난층 사이의 개방공간 : 바닥면적의 합계가 3000m² 이상인 공연장·집회장·관람장 또는 전시장을 지하층에 설치하는 경우에는 각 실에 있는 자가 지하층 각 층에서 건축물 밖으로 피난하여 옥외 계단 또는 경사로 등을 이용하여 피난층으로 대피할 수 있도록 천장이 개방된 외부 공간을 설치하여야 한다.

2.3 방화·설비규정 및 기타

1. 방화에 관한 규정

(1) 방화구획

① 방화구획의 기준

주요구조부가 내화구조 또는 불연재료로 된 건축물로서 연면적이 1000m²를 넘는 것은 국토교통부령으로 정하는 기준에 따라 내화구조로 된 바닥, 벽 및 방화문(자동방화

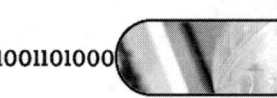

셔터 포함)으로 구획하여야 한다. 단, 원자력안전법에 의한 원자로 및 관계시설은 원자력안전법에서 정하는 바에 따른다.

규모		구획기준	비고
10층 이하의 층		바닥면적 1000m²(3000m²) 이내마다 구획	수평 기준
수직 구획		매 층마다 구획. 다만, 지하 1층에서 지상으로 직접 연결하는 경사로 부위는 제외	
11층 이상의 층	실내마감이 불연재료인 경우	바닥면적 500m²(1500m²) 이내마다	( ) 안은 스프링클러 등 자동식 소화설비를 설치한 경우
	실내마감이 불연재료가 아닌 경우	바닥면적 200m²(600m²) 이내마다	

② 방화구획의 설치 기준

개구부	60분+방화문 또는 60분 방화문(언제나 닫힌 상태를 유지하거나 화재로 인한 연기 또는 불꽃 또는 온도를 감지하여 자동적으로 닫히는 구조), 자동방화셔터
방화구획의 관통부분 처리	외벽과 바닥 사이에 틈이 있거나 급수관·배전관·그 밖의 관이 방화구획으로 되어 있는 부분을 관통하여 틈이 생기는 경우, 그 틈을 내화채움성능이 있는 재료로 메울 것
댐퍼	환기·난방 또는 냉방시설의 풍도가 방화구획을 관통하는 경우, 그 관통부분 또는 이에 근접한 부분에 다음 기준에 적합한 댐퍼를 설치할 것. 단, 반도체공장건축물로서 방화구획을 관통하는 풍도의 주위에 스프링클러 헤드를 설치하는 경우는 제외한다. • 화재로 인한 연기 또는 불꽃을 감지하여 자동적으로 닫히는 구조로 할 것 (주방 등 연기가 발생하는 부분은 온도에 의해 자동적으로 닫히는 구조 가능) • 국토교통부장관이 정하여 고시하는 비차열 및 방연성능 등의 기준에 적합할 것

③ 방화구획 완화대상
  ㉠ 문화 및 집회시설(동·식물원 제외), 종교시설, 운동시설 또는 장례시설의 용도로 쓰는 거실로서 시선 및 활동공간의 확보를 위하여 불가피한 부분
  ㉡ 물품의 제조·가공 및 운반(보관은 제외) 등에 필요한 고정식 대형기기 또는 설비의 설치를 위하여 불가피한 부분. 다만, 지하층인 경우에는 지하층의 외벽 한쪽 면(지하

층 바닥면에서 지상층 바닥 아랫면까지의 외벽 면적 중 1/4 이상이 되는 면) 전체가 건물 밖으로 개방되어 보행과 자동차의 진입·출입이 가능한 경우로 한정한다.
ⓒ 계단실부분·복도 또는 승강기의 승강로 부분(해당 승강기의 승강을 위한 승강로비 부분을 포함한다)으로서 그 건축물의 다른 부분과 방화구획으로 구획된 부분
ⓔ 건축물의 최상층 또는 피난층으로서 대규모 회의장·강당·스카이라운지·로비 또는 피난안전구역 등의 용도로 쓰는 부분으로서 그 용도로 사용하기 위하여 불가피한 부분
ⓜ 복층형 공동주택의 세대별 층 간 바닥 부분
ⓗ 주요구조부가 내화구조 또는 불연재료로 된 주차장
ⓢ 단독주택, 동물 및 식물 관련 시설 또는 교정 및 군사시설 중 집회, 체육, 창고의 용도로 쓰는 시설

④ 방화지구 안의 건축물
㉠ 방화지구 안의 건축물의 주요구조부 및 지붕·외벽은 내화구조로 해야 한다.
㉡ 예외
ⓐ 연면적이 30m² 미만인 단층 부속건축물로서 외벽 및 처마면이 내화구조 또는 불연재료로 된 것
ⓑ 주요구조부가 불연재료로 된 도매시장
㉢ 방화지구 안 공작물로서 간판, 광고탑 기타 대통령령이 정하는 공작물 중 건축물의 지붕 위에 설치하는 공작물 또는 높이 3m 이상의 공작물은 그 주요부를 불연재료로 하여야 한다.

⑤ 방화에 장애가 되는 용도의 제한

같은 건축물에 함께 설치할 수 없는 시설			예외(①만 해당)
	A	B	
①	• 공동주택, 의료시설, 장례시설 • 노유자시설(아동관련·노인복지시설)	• 위락시설, 공장 • 위험물저장 및 처리시설 • 자동차 관련 시설(정비공장만 해당)	• 공동주택(기숙사만 해당)과 공장이 같은 건축물에 있는 경우 • 중심상업지역·일반상업지역 또는 근린상업지역에서 「도시 및 주거환경정비법」에 따른 재개발사업을 시행하는 경우 • 공동주택과 위락시설이 같은 초고층 건축물에 있는 경우(주택의 출입구·계단 및 승강기 등을 주택 외의 시설과 분리된 구조로 할 경우)

같은 건축물에 함께 설치할 수 없는 시설		예외(①만 해당)
A	B	
② 노유자시설(아동관련·노인복지시설)	판매시설 중 도매시장·소매시장	
③ • 단독주택(다중, 다가구주택), 공동주택 • 제1종 근린생활시설 중 조산원 또는 산후조리원	제2종 근린생활시설 중 다중생활시설	

(2) 방화벽·방화문

① 방화벽 구획대상

  ㉠ 연면적 1000m² 이상인 건축물은 방화벽으로 구획하되, 각 구획된 바닥면적의 합계는 1000m² 미만이어야 한다.

  ㉡ 예외

   ⓐ 주요구조부가 내화구조이거나 불연재료인 건축물

   ⓑ 단독주택, 동물 및 식물관련시설, 공공용 시설 중 교도소 및 소년원 또는 묘지관련시설(화장시설 및 동물화장시설 제외)

   ⓒ 내부설비의 구조상 방화벽으로 구획할 수 없는 창고시설

② 방화벽의 기준

  ㉠ 내화구조로서 홀로 설 수 있는 구조일 것

  ㉡ 방화벽의 양쪽 끝과 위쪽 끝을 건축물의 외벽면 및 지붕면으로부터 0.5m 이상 튀어나오게 할 것

  ㉢ 방화벽에 설치하는 출입문의 너비 및 높이는 각각 2.5m 이하로 하고, 해당 출입문에는 60분+방화문 또는 60분 방화문을 설치할 것

③ 방화문

60분+방화문	연기 및 불꽃 차단 60분 이상, 열 차단 30분 이상
60분 방화문	연기 및 불꽃 차단 60분 이상
30분 방화문	연기 및 불꽃 차단 30분 이상 60분 미만

> **Point**
> • 비차열(非遮熱) : 화재로 인한 열은 막지 못하지만 화염은 막을 수 있는 것.
> • 차열(遮熱) : 화재로 인한 열도 견디는 것

(3) 구조 및 마감

① 주요구조부를 내화구조로 해야 하는 건축물(예외 : 연면적이 50m² 이하인 단층의 부속건축물로서 외벽 및 처마 밑면을 방화구조로 한 것과 무대의 바닥)

건축물의 용도	기준	비고
• 문화 및 집회시설(전시장 및 동·식물원 제외) • 종교시설, 장례시설 • 위락시설 중 주점영업	관람실 또는 집회실 바닥면적 200m² 이상	옥외 관람석의 경우 1000m² 이상
• 제2종 근린생활시설 중 공연장·종교집회장	해당용도 바닥면적 300m² 이상	
• 문화 및 집회시설 중 전시장 및 동·식물원 • 판매시설, 운수시설, 수련시설 • 교육연구시설에 설치되는 강당·체육관 • 운동시설 중 체육관 및 운동장 • 위락시설(주점영업 제외) • 창고시설, 위험물저장 및 처리시설 • 자동차 관련 시설, 관광휴게시설 • 방송통신시설 중 방송국·전신전화국·촬영소 • 묘지 관련 시설 중 화장시설 및 동물화장시설	해당용도 바닥면적 500m² 이상	
• 공장(국토교통부령으로 정한 화재위험 작은 공장 제외)	해당용도 바닥면적 2000m² 이상	
건축물 2층이 • 단독주택 중 다중주택·다가구 주택 • 공동주택, 제1종 근린생활시설(의료용도 시설만) • 제2종 근린생활시설 중 다중생활시설 • 노유자시설 중 아동 관련 시설 및 노인복지시설 • 의료시설, 숙박시설, 장례시설 • 수련시설 중 유스호스텔, 업무시설 중 오피스텔	해당용도 바닥면적 400m² 이상	

건축물의 용도	기준	비고
• 3층 이상 건축물 및 지하층이 있는 건축물 (2층 이하인 경우 지하층 부분에 한함)		모두 해당. 단, 단독주택(다중주택 및 다가구주택 제외), 동물 및 식물 관련 시설, 발전시설(발전소 부속용도 시설 제외), 교도소·소년원 또는 묘지 관련 시설(화장시설 및 동물화장시설 제외)의 용도로 쓰는 건축물과 철강 관련 업종 공장 중 제어실로 사용하기 위하여 연면적 $50m^2$ 이하로 증축하는 부분 제외

막구조의 건축물은 주요구조부에만 내화구조로 할 수 있다.

② 내화구조의 기준

㉠ 벽체

구조 부분	해당 구조		기준 두께
( ) 안은 외벽 중 비내력벽	철근콘크리트조·철골철근콘크리트조		10cm(7cm) 이상
	벽돌조		19cm 이상
	철골조의 골구 양면에	철망모르타르로 덮을 때(바름바탕 불연재료에 한함)	4cm(3cm) 이상
		콘크리트 블록·벽돌·석재로 덮을 때	5cm(4cm) 이상
	철재로 보강된 콘크리트블록조·벽돌조·석조로서 콘크리트블록 등의 두께		5cm(4cm) 이상
	고온·고압의 증기로 양생된 경량기포 콘크리트패널 경량기포 콘크리트블록조		10cm 이상
	무근콘크리트조·콘크리트블록조·벽돌조·석조		(7cm) 이상

㉡ 기둥(작은 지름이 25cm 이상인 것만 해당)

해당 구조		기준 두께
철근콘크리트조·철골철근콘크리트조		무관
철골조	철망모르타르로 덮을 때	6cm 이상
	경량골재 사용 시	5cm 이상
철골에 콘크리트블록·벽돌·석재로 덮은 것		7cm 이상
철골에 콘크리트로 덮은 것		5cm 이상

해당 구조	기준 두께

* 고강도 콘크리트(설계기준강도 50MPa 이상)를 사용하는 경우 국토교통부장관이 정하여 고시하는 고강도 콘크리트 내화성능 관리기준에 적합하여야 한다.

ⓒ 바닥

내화구조의 기준	기준 두께
철근콘크리트조・철골철근콘크리트조	10cm 이상
철재로 보강된 콘크리트블록조・벽돌조・석조로서 철재에 덮은 콘크리트 블록 등의 두께	5cm 이상
철재의 양면을 철망모르타르 혹은 콘크리트로 덮은 것	5cm 이상

ⓔ 보(지붕틀을 포함)

해당 구조		기준 두께
철근콘크리트조・철골철근콘크리트조		무관
철골조	철망모르타르로 덮을 때(경량골재 사용 시)	6cm(5cm) 이상
	콘크리트로 덮을 때	5cm 이상

* 철골조 지붕틀(바닥으로부터 그 아랫부분까지의 높이가 4m 이상인 것에 한함)로서 바로 아래에 반자가 없거나 불연재료로 된 반자가 있는 것
* 고강도 콘크리트 사용 시 내화성능 관리기준에 적합할 것

ⓜ 지붕 및 계단

내화구조의 기준	기준 두께
철근콘크리트조・철골철근콘크리트조	두께 무관
철재로 보강된 콘크리트블록조・벽돌조・석조	
철골조(계단만 해당)	
철재로 보강된 유리블록 혹은 망입유리로 된 것(지붕만 해당)	
무근콘크리트조・콘크리트블록조・벽돌조・석조(계단만 해당)	

③ 방화구조의 기준

구조부분	방화구조 조건
철망모르타르 바르기	바름두께 2cm 이상
석고판 위에 시멘트모르타르 또는 회반죽을 바른 것	두께의 합이 2.5cm 이상
시멘트모르타르 위에 타일을 붙인 것	
심벽에 흙으로 맞벽치기한 것	두께 무관
한국산업규격이 정하는 바에 따라 시험결과 방화 2급 이상에 해당되는 것	

> 연면적 1000m² 이상인 목조건축물의 구조는 국토교통부령으로 정하는 바에 따라 방화구조로 하거나 불연재료로 하여야 한다.

④ 내부마감재료

다음에 해당하는 건축물의 내부마감재료는 표의 기준에 적합해야 한다. 단, 주요구조부가 내화구조 또는 불연재료로 된 건축물로서 그 거실의 바닥면적(스프링클러 설치면적 제외) 200m² 이내마다 방화구획이 되어 있는 경우는 제외한다.

건축물의 용도	마감재료	
	거실 부분의 벽·반자 (반자돌림대, 창대 등 제외)	복도, 계단, 통로의 벽·반자
• 단독주택 중 다중주택·다가구주택, 공동주택 • 제2종 근린생활시설 중 공연장·종교집회장·학원·독서실·인터넷컴퓨터게임시설제공업소·당구장·다중생활시설 • 발전시설, 방송통신시설(방송국·촬영소로 한정) • 공장, 창고시설, 자동차 관련시설, 위험물 저장 및 처리시설(자가난방·자가발전 등의 시설 포함) • 다중이용업의 용도로 쓰는 건축물 • 5층 이상인 층 거실의 바닥면적의 합계 500m² 이상인 건축물	불연재료 준불연재료 난연재료	불연재료 준불연재료
• 위 항목의 지하층	불연재료 준불연재료	

건축물의 용도	마감재료	
	거실 부분의 벽·반자 (반자돌림대, 창대 등 제외)	복도, 계단, 통로의 벽·반자
• 문화 및 집회시설, 종교시설, 판매시설, 운수시설, 의료시설 • 교육연구시설 중 학교·학원 • 노유자시설, 수련시설 • 업무시설 중 오피스텔, 숙박시설, 장례시설 • 위락시설	불연재료 준불연재료 (지상·지하 모두)	불연재료 준불연재료

2. 설비 및 기타 규정

(1) 설비에 관한 규정

① 승용승강기

   ㉠ 설치 대상 : 층수가 6층 이상으로서 연면적 2000m^2 이상인 건축물

   ㉡ 6층인 건축물로서 각 층 거실바닥면적 300m^2 이내마다 1개소 이상 직통계단을 설치한 경우 제외한다.

   ㉢ 설치대수 산정

건축물의 용도	6층 이상 거실바닥면적의 합계($s\,\text{m}^2$)		
	3000m^2 이하	3000m^2 초과	대수산정 방식
• 문화 및 집회시설(공연장, 집회장, 관람장) • 판매시설 • 의료시설	2대	2대에 3000m^2 초과하는 매 2000m^2 이내마다 1대를 더한 대수	$2+\dfrac{s-3000\text{m}^2}{2000\text{m}^2}$
• 문화 및 집회시설(전시장, 동·식물원만 해당) • 업무시설, 숙박시설, 위락시설	1대	1대에 3000m^2 초과하는 매 2000m^2 이내마다 1대를 더한 대수	$1+\dfrac{s-3000\text{m}^2}{2000\text{m}^2}$

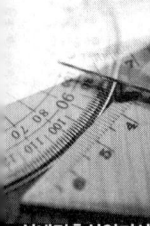

건축물의 용도	6층 이상 거실바닥면적의 합계($s\,m^2$)		대수산정 방식
	$3000m^2$ 이하	$3000m^2$ 초과	
• 공동주택 • 교육연구시설, 노유자시설 • 그 밖의 시설	1대	1대에 $3000m^2$ 초과하는 매 $3000m^2$ 이내마다 1대의 비율로 가산한 대수	$1 + \dfrac{s - 3000m^2}{3000m^2}$

※ 설치대수 산정에 있어 8인승 이상 15인 이하의 승강기는 1대로 보고, 16인승 이상의 승강기는 2대로 본다.

② 비상용 승강기

㉠ 높이 31m를 초과하는 건축물은 승용 승강기 외에 비상용 승강기를 추가로 설치해야 한다.

㉡ 비상용 승강기를 설치하지 않아도 되는 경우

ⓐ 높이 31m를 넘는 각 층을 거실 외의 용도로 쓰는 건축물

ⓑ 높이 31m를 넘는 각 층의 바닥면적의 합계가 $500m^2$ 이하인 건축물

ⓒ 높이 31m를 넘는 층수가 4개 층 이하로서 당해 각 층의 바닥면적의 합계 $200m^2$ (벽 및 반자가 실내에 접하는 부분의 마감을 불연재료로 한 경우에는 $500m^2$) 이내마다 방화구획으로 구획한 건축물

㉢ 설치 대수

높이 31m를 넘는 각 층의 바닥면적 중 최대바닥면적	설치대수	대수산정 방식
$1500m^2$ 이하	1대 이상	
$1500m^2$ 초과	1대에 $1500m^2$를 넘는 $3000m^2$ 이내마다 1대씩 가산	$1 + \dfrac{s - 1500m^2}{3000m^2}$

※ 2대 이상의 비상용 승강기를 설치하는 경우에는 화재 시 소화에 지장이 없도록 일정한 간격을 유지

㉣ 승강장의 구조

ⓐ 승강장의 창문 및 출입구 등 기타 개구부를 제외한 부분은 당해 건축물의 다른 부

분과 내화구조의 바닥 및 벽으로 구획할 것. 단, 공동주택의 경우에는 승강장과 특별피난계단의 부속실과의 겸용부분을 특별피난계단의 계단실과 별도로 구획하는 때에는 승강장을 특별피난계단의 부속실과 겸용할 수 있다.

ⓑ 승강장은 각 층의 내부와 연결될 수 있도록 하되, 그 출입구(승강로 출입구 제외)에는 60분+방화문 또는 60분 방화문을 설치하되 피난층은 제외 가능하다.

ⓒ 노대 또는 외부를 향하여 열 수 있는 창문이나 배연설비를 설치할 것

ⓓ 벽 및 반자가 실내에 접하는 부분의 마감재료 및 마감을 위한 바탕재료는 불연재료로 할 것

ⓔ 채광이 되는 창문이 있거나 예비전원에 의한 조명설비를 할 것

ⓕ 승강장의 바닥면적은 비상용 승강기 1대당 $6m^2$ 이상으로 할 것. 단, 옥외에 승강장을 설치하는 경우는 제외한다.

ⓖ 피난층이 있는 승강장의 출입구(승강장이 없는 경우 승강로의 출입구)로부터 도로 또는 공지(공원·광장 기타 이와 유사한 것으로서 피난·소화를 위한 당해 대지에의 출입에 지장이 없는 것)에 이르는 거리가 30m 이하일 것

ⓗ 승강장 출입구 부근의 잘 보이는 곳에 비상용 승강기 표지를 할 것

㉤ 승강로의 구조

ⓐ 승강로는 당해 건축물의 다른 부분과 내화구조로 구획할 것

ⓑ 각 층으로부터 피난층까지 이르는 승강로를 단일구조로 연결하여 설치할 것

③ 배연설비

㉠ 배연설비의 설치 대상

ⓐ 6층 이상인 건축물로서 다음 각 목의 어느 하나에 해당하는 용도로 쓰는 건축물
- 제2종 근린생활시설 중 공연장, 종교집회장, 인터넷컴퓨터게임시설제공업소(해당용도 바닥면적의 합계 $300m^2$ 이상인 경우만 해당) 및 다중생활시설
- 문화 및 집회시설, 종교시설, 판매시설, 운수시설
- 의료시설(요양병원 및 정신병원 제외), 교육연구시설 중 연구소
- 노유자시설 중 아동 관련 시설, 노인복지시설(노인요양시설 제외)
- 수련시설 중 유스호스텔, 운동시설, 업무시설, 숙박시설, 위락시설, 관광휴게시설, 장례시설

ⓑ 다음에 해당하는 건축물(층수 무관)
- 의료시설 중 요양병원 및 정신병원

- 노유자시설 중 노인요양시설·장애인 거주시설 및 장애인 의료재활시설
- 제1종 근린생활시설 중 산후조리원

ⓛ 배연설비의 구조

구분	구조 및 재료
설치 기준	• 방화구획마다 1개소 이상 배연구 설치 • 배연창 상변과 천장 또는 반자로부터 수직거리가 0.9m 이내 • 반자높이가 바닥으로부터 3m 이상인 경우 배연창 하변을 바닥으로부터 2.1m 이상 위치에 설치
배연구 유효면적	• 1m² 이상으로 건축물 바닥면적의 1/100 이상일 것 • 방화구획이 설치된 경우에는 그 구획된 부분의 바닥면적을 말함 • 바닥면적 산정 시 1/20 이상 환기창을 설치한 거실의 면적은 제외
배연구 구조	• 연기감지기, 열감지기에 의해 자동으로 열 수 있는 구조(수동개폐 가능한 구조) • 예비전원에 의해 열 수 있도록 할 것
기계식 배연설비	• 위의 규정에도 불구하고 소방관계법령의 규정에 따른 것

ⓒ 특별피난계단 및 비상용 승강기 승강장에 설치하는 배연설비의 구조

구분	구조 및 재료
배연구 구조	• 연기감지기, 열감지기에 의해 자동으로 열 수 있는 구조(수동개폐 가능한 구조) • 평상시 닫힌 상태를 유지하고, 연 경우에 배연에 의한 기류로 인하여 닫히지 않을 것 • 배연구 및 배연풍도는 불연재료로 하고, 화재가 발생한 경우 원활하게 배연시킬 수 있는 규모로서 외기 또는 평상시에 사용하지 아니하는 굴뚝에 연결할 것
배연기	• 배연구가 외기에 접하지 않는 경우에는 배연기를 설치할 것 • 배연기에는 예비전원을 설치할 것 • 배연구의 열림에 따라 자동적으로 작동하고, 충분한 공기배출 또는 가압 능력이 있을 것

※ 공기유입방식을 급기가압방식 또는 급·배기방식으로 하는 경우 소방관계법령의 규정에 적합하게 할 것

ⓓ 거실의 채광 및 환기를 위한 창문

구분	건축물의 용도	창문 등의 면적	예외 규정
채광	• 단독주택의 거실 • 공동주택의 거실	거실바닥면적의 1/10 이상	거실의 용도에 따른 조도기준의 조도 이상의 조명
환기	• 학교의 교실 • 의료시설의 병실 • 숙박시설의 객실	거실바닥면적의 1/20 이상	기계장치 및 중앙관리방식의 공기조화설비를 설치한 경우

Point 거실의 용도에 따른 조도기준

거실의 용도구분	조도구분	바닥 위 85cm 수평면의 조도 (lx)
1. 거주	독서・식사・조리 기타	150 70
2. 집무	설계・제도・계산 일반사무 기타	700 300 150
3. 작업	검사・시험・정밀검사・수술 일반작업・제조・판매 포장・세척 기타	700 300 150 70
4. 집회	회의 집회 공연・관람	300 150 70
5. 오락	오락 일반 기타	150 30
기타 명시되지 아니한 것		1~5항에 유사한 기준을 적용함

④ 난방설비

공동주택과 오피스텔의 난방설비를 개별난방방식으로 하는 경우에는 다음의 기준에 적합하여야 한다.

구분	구조 및 재료
보일러실의 위치	• 거실 이외의 장소에 설치 • 보일러실과 거실 사이는 내화구조의 벽으로 구획(출입구 제외)
보일러실의 환기	• 보일러실 윗부분에 $0.5m^2$ 이상의 환기창 설치 • 윗부분과 아랫부분에 지름 10cm 이상의 공기흡입구 및 배기구 설치(항상 개방된 상태) • 단, 전기보일러인 경우는 해당되지 않는다.

구분	구조 및 재료
기름저장소	• 기름보일러의 기름저장소는 보일러실 외의 장소에 설치
오피스텔의 난방구획	• 난방구획을 방화구획으로 구획할 것
보일러실 연도	• 내화구조로서 공동연도로 설치할 것
보일러실과 거실 사이 출입구	• 출입구가 닫힌 경우 가스가 거실에 들어갈 수 없는 구조일 것
가스보일러	• 중앙집중공급방식으로 공급하는 경우에는 위 규정에도 불구하고 가스관계법령이 정하는 기준에 따른다(단, 오피스텔 난방구획에 대한 규정은 동일하게 지킬 것).

⑤ 배관설비
  ㉠ 건축물에 설치하는 급수·배수 등의 용도로 쓰는 배관설비의 설치 및 구조
    ⓐ 배관설비를 콘크리트에 묻는 경우 부식의 우려가 있는 재료는 부식방지조치를 할 것
    ⓑ 건축물의 주요부분을 관통하여 배관하는 경우 구조내력에 지장이 없도록 할 것
    ⓒ 승강기의 승강로 안에는 승강기의 운행에 필요한 배관설비 외의 배관설비를 설치하지 아니할 것
    ⓓ 압력탱크 및 급탕설비에는 폭발 등의 위험을 막을 수 있는 시설을 설치할 것
  ㉡ 배수용 배관설비는 ㉠의 기준 외에 다음 기준에 적합하여야 한다.
    ⓐ 배출시키는 빗물 또는 오수의 양 및 수질에 따라 그에 적당한 용량 및 경사를 지게 하거나 그에 적합한 재질을 사용할 것
    ⓑ 배관설비에는 배수트랩·통기관을 설치하는 등 위생에 지장이 없도록 할 것
    ⓒ 배관설비의 오수에 접하는 부분은 내수재료를 사용할 것
    ⓓ 지하실 등 공공하수도로 자연배수를 할 수 없는 곳에는 배수용량에 맞는 강제배수 시설을 설치할 것
    ⓔ 우수관과 오수관은 분리하여 배관할 것
    ⓕ 배관이 콘크리트 구조체에 매설되거나 관통할 경우에는 구조체에 덧관을 미리 매설하는 등 배관의 부식을 방지하고 그 수선 및 교체가 용이하도록 할 것

(2) 기타
① 에너지절약계획서
  ㉠ 연면적 합계 500m² 이상 건축물은 에너지절약계획서를 제출한다.

ⓒ 제외대상
  ⓐ 단독주택, 다중주택, 다가구주택
  ⓑ 문화 및 집회시설 중 동·식물원
  ⓒ 건축법 시행령 기준 냉방 또는 난방 설비를 설치하지 않는 공장, 창고, 위험물 저장 및 처리시설, 자동차 관련시설, 동·식물 관련시설, 자원순환 관련시설, 교정 및 군사시설, 방송통신시설, 발전시설, 묘지관련시설
  ⓓ 그 밖에 국토교통부장관이 에너지 절약계획서를 첨부할 필요가 없다고 정하여 고시하는 건축물

② 관계기술전문가와의 협력
  ㉠ 다음에 해당하는 건축물의 설계자는 해당 건축물에 대한 구조의 안전을 확인하는 경우 건축구조기술사의 협력을 받아야 한다.
    ⓐ 6층 이상인 건축물
    ⓑ 특수구조 건축물
    ⓒ 다중이용 및 준다중이용 건축물
    ⓓ 3층 이상의 필로티형식 건축물
    ⓔ 그 밖에 국토교통부령으로 정하는 건축물
  ㉡ 연면적 10000m² 이상인 건축물(창고시설 제외) 또는 에너지를 대량으로 소비하는 건축물로서 국토교통부령으로 정하는 건축물에 건축설비를 설치하는 경우에는 다음 기준에 따라 관계전문기술자의 협력을 받아야 한다.
    ⓐ 전기, 승강기(전기 분야만 해당) 및 피뢰침 : 건축전기설비기술사 또는 발송배전기술사
    ⓑ 급수·배수(配水)·배수(排水)·환기·난방·소화·배연·오물처리 설비 및 승강기(기계 분야만 해당) : 건축기계설비기술사 또는 공조냉동기계기술사
    ⓒ 가스설비 : 건축기계설비기술사, 공조냉동기계기술사 또는 가스기술사
  ㉢ 깊이 10m 이상의 토지 굴착공사 또는 높이 5m 이상의 옹벽 등의 공사를 수반하는 건축물의 설계자 및 공사감리자는 토지 굴착 등에 관하여 토목 분야 기술사 또는 국토개발 분야의 지질 및 기반 기술사의 협력을 받아야 한다.
  ㉣ 설계자 및 공사감리자는 안전상 필요하다고 인정하는 경우, 관계 법령에서 정하는 경우 및 설계계약 또는 감리계약에 따라 건축주가 요청하는 경우에는 관계전문기술자의 협력을 받아야 한다.

㉤ 특수구조 건축물 및 고층건축물의 공사감리자는 해당 공정에 다다를 때 건축구조기술사의 협력을 받아야 한다.

㉥ ㉠~㉤ 규정에 따라 설계자 또는 공사감리자에게 협력한 관계전문기술자는 공사 현장을 확인하고, 그가 작성한 설계도서 또는 감리중간보고서 및 감리완료보고서에 설계자 또는 공사감리자와 함께 서명날인하여야 한다.

㉦ 구조 안전의 확인에 관하여 설계자에게 협력한 건축구조기술사는 구조의 안전을 확인한 건축물의 구조도 등 구조 관련 서류에 설계자와 함께 서명날인하여야 한다.

③ 방습 및 내수

㉠ 방습조치 : 건축물의 최하층에 있는 거실바닥의 높이는 지표면으로부터 45cm 이상으로 하여야 한다(지표면을 콘크리트바닥으로 설치하는 등 방습조치를 한 경우 제외).

㉡ 내수재료의 마감 : 제1종 근린생활시설(일반목욕장의 욕실, 휴게음식점의 조리장)과 제2종 근린생활시설(일반음식점, 휴게음식점의 조리장), 숙박시설에서 욕실 또는 조리장의 바닥과 그 바닥으로부터 높이 1m까지의 안벽의 마감은 내수재료로 하여야 한다.

㉢ 욕실, 화장실, 목욕장 등의 바닥 마감재료는 미끄럼을 방지할 수 있는 것으로 한다.

 내수재료

벽돌・자연석・인조석・콘크리트・아스팔트・도자기질 재료・유리 및 그 밖에 이와 비슷한 내수성 건축재료

④ 경계벽 및 차음구조

㉠ 다음 건축물의 경계벽은 내화구조로 하고 지붕 밑 또는 바로 위층 바닥판까지 닿게 하여야 한다.

대상 건축물	구획되는 부분
단독주택 중 다가구주택 공동주택(기숙사 제외) 노유자시설 중 노인복지주택	각 세대 간의 경계벽(발코니 부분 제외)
숙박시설의 객실 공동주택 중 기숙사의 침실 의료시설의 병실 교육연구시설 중 학교의 교실 노유자시설 중 노인요양시설의 호실 산후조리원의 임산부실, 신생아실	각 실 간의 경계벽

ⓛ ㉠항에 따른 경계벽은 다음 중 하나에 해당하는 구조로 한다. 단, 다가구주택 및 공동주택의 세대 간 경계벽인 경우에는 주택건설기준 등에 관한 규정인 (   ) 안의 두께로 한다.

벽체의 구조	기준두께
철근콘크리트조, 철골철근콘크리트조	10cm(15cm) 이상
무근콘크리트조, 석조	10cm(20cm) 이상 〈시멘트모르타르, 회반죽 또는 석고 플라스터 바름두께 포함〉
콘크리트블록조, 벽돌조	19cm 이상
조립식 주택부재인 콘크리트판	12cm 이상(*다가구주택 및 공동주택만 해당)

각 항목 외에 국토교통부장관이 정하여 고시하는 기준에 따라 국토교통부장관이 지정하는 자 또는 한국건설기술연구원장이 실시하는 품질시험에서 그 성능이 확인된 것

2.4 소방법규

1. 소방관리

(1) 용어 정의

소방시설	대통령령으로 정하는 소화설비, 경보설비, 피난구조설비, 소화용수설비, 소화활동설비
소방시설등	소방시설과 비상구(非常口), 그 밖에 소방 관련 시설로서 대통령령으로 정하는 것
특정소방대상물	소방시설을 설치하여야 하는 소방대상물로서 대통령령으로 정하는 것
소방용품	소방시설등을 구성하거나 소방용으로 사용되는 제품 또는 기기로서 대통령령으로 정하는 것
관계지역	소방대상물이 있는 장소 및 그 이웃 지역으로서 화재의 예방, 경계·진압, 구조·구급 등의 활동에 필요한 지역

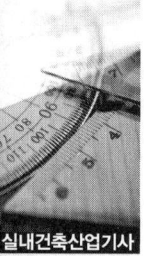

관계인	소방대상물의 소유자·관리자 또는 점유자
무창층	지상층 중 다음 조건을 모두 갖춘 개구부의 면적의 합계가 해당 층의 바닥면적 1/30 이하가 되는 층 • 지름 50cm 이상의 원이 내접할 수 있는 크기일 것 • 해당 층의 바닥면으로부터 개구부 밑부분까지의 높이가 1.2m 이내일 것 • 도로 또는 차량이 진입할 수 있는 빈터를 향할 것

무창층은 소방시설 설치 등의 조건에서 지상층임에도 불구하고 지하층과 동일 또는 유사한 것으로 취급한다.

(2) 건축허가 등의 동의

건축허가 등을 함에 있어서 미리 소방본부장 또는 소방서장의 동의를 받아야 하는 건축물 등의 범위기준 및 동의 기간 등은 다음과 같다.

① 6층 이상 또는 연면적 400m² 이상인 건축물(단, 아래 시설은 해당 기준 이상)
  ㉠ 학교시설사업 촉진법에 따라 건축하는 학교시설 : 100m²
  ㉡ 노유자시설 및 수련시설 : 200m²
  ㉢ 정신보건법에 따른 정신의료기관 : 300m²(입원실이 없는 정신건강의학과 의원은 제외)
  ㉣ 장애인 의료재활시설 : 300m²
② 차고·주차장 또는 주차용도로 사용되는 시설로 다음 중에 해당되는 것
  ㉠ 차고·주차장으로 사용되는 층 중 바닥면적 200m² 이상 층이 있는 시설
  ㉡ 승강기 등 기계장치에 의한 주차시설로 자동차 20대 이상 주차 가능 시설
③ 항공기격납고, 관망탑, 항공관제탑, 방송용 송·수신탑
④ 지하층 또는 무창층이 있는 건축물로 바닥면적 150m² 이상(공연장의 경우 100m²)인 층이 있는 것
⑤ 조산원, 산후조리원, 위험물 저장 및 처리 시설, 발전시설 중 풍력발전소·전기저장시설, 지하구
⑥ 노유자시설 중 다음 하나에 해당하는 것
  ㉠ 노인 관련 시설 중 다음에 해당하는 것

　　　　ⓐ 노인주거복지시설·노인의료복지시설 및 재가노인복지시설

　　　　ⓑ 학대피해노인 전용쉼터

　　ⓒ 아동복지시설(아동상담소, 아동전용시설 및 지역아동센터 제외)

　　ⓓ 장애인 거주시설

　　ⓔ 정신질환자 관련 시설(24시간 주거를 제공하지 않는 것 제외)

　　ⓕ 노숙인자활시설, 노숙인재활시설 및 노숙인요양시설

　　ⓖ 결핵환자나 한센인이 24시간 생활하는 노유자시설

　　ⓗ 요양병원(정신병원, 의료재활시설은 제외)

　다음 특정소방대상물은 동의대상에서 제외한다.

　　㉠ 소화기구, 누전경보기, 피난기구, 방열복·방화복·공기호흡기 및 인공소생기, 유도등 또는 유도표지가 화재안전기준에 적합하게 설치된 특정소방대상물

　　㉡ 건축물의 증축 또는 용도변경으로 인하여 해당 특정소방대상물에 추가로 소방시설이 설치되지 아니하는 경우 그 특정소방대상물

⑦ 건축물의 신축·증축·개축 등에 대한 행정기관의 동의 요구를 받은 소방본부장 또는 소방서장은 건축허가 등의 동의요구서류를 접수한 날부터 5일 이내에 동의여부를 회신해야 한다.

⑧ 건축허가청이 건축허가의 동의를 받은 건축물에 대하여 건축허가 대상물의 허가를 취소한 때에는 취소한 날부터 7일 이내에 그 사실을 소방서장에게 통지하여야 한다.

(3) 소방안전관리

소방안전관리자를 선임하여야 하는 특정소방대상물은 다음과 같다.

① 특급 소방안전관리대상물

　㉠ 30층 이상이거나 지상으로부터 높이가 120m 이상인 특정소방대상물(지하층 포함)

　㉡ ㉠에 해당하지 아니하는 특정소방대상물로서 연면적이 10만m^2 이상인 특정소방대상물(아파트 제외)

　㉢ 50층 이상이거나 지상으로부터 높이 200m 이상인 아파트(지하층 제외)

　㉣ 소방안전관리자 자격 : 소방기술사 또는 소방시설관리사, 소방설비기사 취득 후 5년(산업기사 7년) 이상 1급 소방안전관리대상물 관리자로 근무한 자, 소방공무원 20년 이상 근무경력자 등

② 1급 소방안전관리대상물

㉠ 연면적 15000m² 이상인 특정소방대상물(아파트, 연립주택 제외)
㉡ ㉠에 해당하지 아니하는 특정소방대상물로서 층수가 11층 이상인 것(아파트 제외)
㉢ 30층 이상(지하층 제외)이거나 지상으로부터 높이 120m 이상인 아파트
㉣ 가연성 가스를 1천톤 이상 저장·취급하는 시설
㉤ 소방안전관리자 자격 : 소방설비기사 또는 소방설비산업기사 보유자, 산업안전기사 또는 산업안전산업기사 취득 후 2년 이상 2급 소방안전관리대상물 관리자로 근무한 자, 소방공무원 7년 이상 근무경력자 등

> **Point**
> 동·식물원, 철강 등 불연성 물품 저장·취급 창고, 위험물 저장 및 처리 시설 중 위험물 제조소 등, 지하구는 특급 소방안전관리대상물 및 1급 소방안전관리대상물에서 제외한다.

③ 2급 소방안전관리대상물
㉠ 옥내소화전, 스프링클러설비, 간이스프링클러설비 또는 물분무 등 소화설비(호스릴 방식만 설치한 경우 제외)를 설치하는 특정소방대상물
㉡ 가스 제조설비를 갖추고 도시가스사업의 허가를 받아야 하는 시설 또는 가연성 가스를 100t 이상 1000t 미만 저장·취급하는 시설
㉢ 지하구, 보물 또는 국보로 지정된 목조건축물
㉣ 공동주택으로서 다음에 해당하는 것
ⓐ 300세대 이상 공동주택
ⓑ 150세대 이상으로서 승강기가 설치된 공동주택
ⓒ 150세대 이상으로서 중앙집중식 난방방식(지역난방방식 포함) 공동주택
ⓓ 주택 외의 시설과 150세대 이상 주택을 동일건축물로 건축한 것
ⓔ 위 항목 외에 입주자 등이 대통령령으로 정하는 기준에 따라 동의하여 정하는 공동주택

④ 3급 소방안전관리대상물
㉠ 간이스프링클러설비(주택전용 간이스프링클러설비 제외) 및 자동화재탐지설비 설치 대상 중 특, 1, 2급 소방안전관리대상물에 속하지 않는 것
㉡ 소방안전관리자의 자격 : 소방공무원으로서 1년 이상 근무경력자, 소방청장이 실시하는 3급 소방안전관리대상물의 소방안전관리에 관한 시험에 합격한 사람

(4) 관리감독
① 소방특별조사
  ㉠ 소방특별조사는 다음에 해당하는 경우 실시한다.
    ⓐ 관계인이 법규에 따라 실시하는 소방시설 등, 방화시설, 피난시설 등에 대한 자체점검 등이 불성실하거나 불완전하다고 인정되는 경우
    ⓑ 화재경계지구에 대한 소방특별조사 등 다른 법률에서 소방특별조사를 실시하도록 한 경우
    ⓒ 국가적 행사 등 주요 행사가 개최되는 장소 및 그 주변의 관계 지역에 대하여 소방안전관리 실태를 점검할 필요가 있는 경우
    ⓓ 화재가 자주 발생하였거나 발생할 우려가 뚜렷한 곳에 대한 점검이 필요한 경우
    ⓔ 재난예측정보, 기상예보 분석 결과 화재, 재난·재해의 발생 위험이 판단되는 경우
    ⓕ ⓐ~ⓔ에서 화재, 재난·재해, 그 밖의 긴급한 상황 발생 시 인명 또는 재산 피해의 우려가 현저하다고 판단되는 경우
  ㉡ 소방특별조사를 하려면 7일 전에 관계인에게 조사대상, 조사기간 및 조사사유 등을 서면으로 알려야 한다. 다만, 다음의 경우는 예외로 한다.
    ⓐ 화재, 재난·재해가 발생할 우려가 뚜렷하여 긴급하게 조사할 필요가 있는 경우
    ⓑ 소방특별조사의 실시를 사전에 통지하면 조사목적을 달성할 수 없다고 인정되는 경우
  ㉢ 소방특별조사의 항목
    ⓐ 소방안전관리 업무 수행에 관한 사항
    ⓑ 소방계획서의 이행에 관한 사항
    ⓒ 자체점검 및 정기적 점검 등에 관한 사항
    ⓓ 화재 예방조치 등에 관한 사항
    ⓔ 불을 사용하는 설비 등의 관리와 특수가연물의 저장·취급에 관한 사항
    ⓕ 다중이용업소의 안전관리에 관한 사항
    ⓖ 위험물 안전관리법에 따른 안전관리에 관한 사항
② 다중이용업의 완비증명
  ㉠ 다중이용업소는 다음 시설을 기준에 맞게 설치·유지하여야 한다.

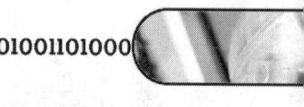
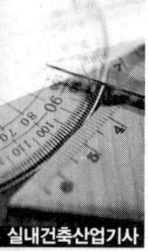

설치 대상		설치 기준
소방시설	소화설비	소화기 또는 자동확산소화기, 간이스프링클러설비
	피난구조 설비	피난기구(미끄럼대·피난사다리·구조대·완강기·다수인 피난장비·승강식 피난기), 비상조명등(휴대용 포함), 유도등·피난유도선
	경보설비	비상벨설비 또는 자동화재탐지설비
기타 시설		비상구, 영업장 내부 피난통로, 영상음향차단장치, 방화구획(영업장 -보일러실), 창문

ⓒ 다중이용업소의 안전시설 등을 설치하기 전에 미리 소방본부장이나 소방서장에게 행정안전부령으로 정하는 안전시설 등의 설계도서를 첨부하여 행정안전부령으로 정하는 바에 따라 신고하여야 한다.
  ⓐ 안전시설 등을 설치하려는 경우
  ⓑ 영업장 내부구조를 변경하려는 경우로서 다음에 해당하는 경우
    • 영업장 면적의 증가
    • 영업장의 구획된 실의 증가
    • 내부통로 구조의 변경
  ⓒ 안전시설 등의 공사를 마친 경우

> **Point 다중이용업**
> 불특정 다수인이 이용하는 영업 중 화재 등 재난 발생 시 생명·신체·재산상의 피해가 발생할 우려가 높은 영업

(5) 특수장소의 방염
① 방염성능기준 이상의 실내장식물 등을 설치하여야 하는 특정소방대상물
  ㉠ 근린생활시설 중 의원, 조산원, 산후조리원, 체력단련장, 공연장 및 종교집회장
  ㉡ 건축물의 옥내에 있는 시설로서 문화 및 집회시설, 종교시설, 운동시설(수영장은 제외)
  ㉢ 의료시설, 노유자시설 및 숙박이 가능한 수련시설, 숙박시설
  ㉣ 방송통신시설 중 방송국 및 촬영소, 다중이용업소, 교육연구시설 중 합숙소

ⓔ ㉠~㉣에 해당하지 않는 것으로서 11층 이상인 것(아파트는 제외)

② 방염성능기준 이상을 확보하여야 하는 실내장식물

㉠ 제조 또는 가공 공정에서 방염처리를 한 물품(합판·목재류의 경우 설치 현장에서 방염처리를 한 것을 포함)으로서 다음 중 하나에 해당하는 것

ⓐ 창문에 설치하는 커튼류(블라인드 포함)

ⓑ 카펫, 두께가 2mm 미만인 벽지류(종이벽지 제외)

ⓒ 전시용 합판 또는 섬유판, 무대용 합판 또는 섬유판

ⓓ 암막·무대막(영화상영관과 가상체험 체육시설에 설치하는 스크린 포함)

ⓔ 섬유류 또는 합성수지류 등을 원료로 하여 제작된 소파·의자(단란주점영업, 유흥주점영업 및 노래연습장업의 영업장에 설치하는 것만 해당)

㉡ 건축물 내부의 천장이나 벽에 부착하거나 설치하는 것으로서 다음 중 어느 하나에 해당하는 것. 다만, 가구류(옷장, 찬장, 식탁, 식탁용 의자, 사무용 책상, 사무용 의자, 계산대 및 그 외에 이와 비슷한 것)와 너비 10cm 이하인 반자돌림대 등과 「건축법」 제52조에 따른 내부마감재료는 제외)

ⓐ 종이류(두께 2mm 이상인 것)·합성수지류 또는 섬유류를 주원료로 한 물품

ⓑ 합판이나 목재

ⓒ 공간 구획을 위해 설치하는 간이 칸막이(접이식 등 이동 가능한 벽체나 천장 또는 반자가 실내에 접하는 부분까지 구획하지 아니하는 벽체를 말한다.)

ⓓ 흡음, 방음을 위하여 설치하는 흡음재(흡음용 커튼 포함) 또는 방음재(방음용 커튼 포함)

③ 방염성능대상물품의 성능기준

㉠ 버너의 불꽃을 제거한 때부터 불꽃을 올리며 연소하는 상태가 그칠 때까지 시간은 20초 이내일 것

㉡ 버너의 불꽃을 제거한 때부터 불꽃을 올리지 아니하고 연소하는 상태가 그칠 때까지 시간은 30초 이내일 것

㉢ 탄화한 면적은 50cm² 이내, 탄화한 길이는 20cm 이내일 것

㉣ 불꽃에 의하여 완전히 녹을 때까지 불꽃의 접촉 횟수는 3회 이상일 것

㉤ 소방청장이 정하여 고시한 방법으로 발연량을 측정하는 경우 최대연기밀도는 400 이하일 것

④ 소방본부장 또는 소방서장은 ②항의 물품 외에 다음 하나에 해당하는 경우 방염처리된

물품을 사용하도록 권장할 수 있다.
㉠ 다중이용업소, 의료시설, 노유자시설, 숙박시설 또는 장례식장에서 사용하는 침구류·소파 및 의자
㉡ 건축물 내부의 천장 또는 벽에 부착하거나 설치하는 가구류

2. 특정소방대상물에 설치·관리해야 하는 소방시설

(1) 소화설비

가. 소화기구 설치 대상
① 연면적 33m^2 이상인 것. 다만, 노유자시설의 경우에는 투척용 소화용구 등을 화재안전기준에 따라 산정된 소화기 수량의 1/2 이상으로 설치할 수 있다.
② ①에 해당하지 않는 시설로서 가스시설, 발전시설 중 전기저장시설 및 문화재
③ 터널, 지하구

나. 자동소화장치 설치 대상(후드 및 덕트가 설치된 주방이 있는 것)
① 주거용 주방자동소화장치 설치 대상 : 아파트 등 및 오피스텔의 모든 층
② 상업용 주방자동소화장치 설치 대상 : 판매시설 중 '대규모 점포'에 입점해 있는 일반음식점, 집단급식소
③ (캐비닛형, 가스, 분말, 고체 에어로졸) 자동소화장치 설치 대상 : 화재안전기준에서 정하는 장소

다. 옥내소화전설비 설치 대상. 다만 위험물 저장 및 처리 시설 중 가스시설, 지하구 및 업무시설 중 무인변전소(방재실 등에서 스프링클러설비 또는 물분무 등 소화설비를 원격으로 조정할 수 있는 무인변전소 한정)는 제외한다.
① 다음의 어느 하나에 해당하는 경우에는 모든 층
㉠ 연면적 3천m^2 이상인 것(지하가 중 터널 제외)
㉡ 지하층·무창층으로서 바닥면적이 300m^2 이상인 층이 있는 것
㉢ 층수가 4층 이상인 것 중 바닥면적이 600m^2 이상인 층이 있는 것
② ①에 해당하지 않는 근린생활시설, 판매시설, 운수시설, 의료시설, 노유자 시설, 업무시설, 숙박시설, 위락시설, 공장, 창고시설, 항공기 및 자동차 관련 시설, 교정 및 군사시설 중 국방·군사시설, 방송통신시설, 발전시설, 장례시설 또는 복합건축물로서 다음의 어느 하나에 해당하는 경우에는 모든 층

　　㉠ 연면적 1천5백m² 이상인 것

　　㉡ 지하층·무창층으로서 바닥면적이 300m² 이상인 층이 있는 것

　　㉢ 층수가 4층 이상인 것 중 바닥면적이 300m² 이상인 층이 있는 것

　③ 건축물의 옥상에 설치된 차고·주차장으로서 사용되는 면적이 200m² 이상인 경우 해당 부분

　④ 지하가 중 터널로서 다음에 해당하는 터널

　　㉠ 길이가 1천m 이상인 터널

　　㉡ 예상교통량, 경사도 등 터널의 특성을 고려하여 행정안전부령으로 정하는 터널

　⑤ ① 및 ②에 해당하지 않는 공장 또는 창고시설로서 「화재의 예방 및 안전관리에 관한 법률 시행령」 별표 2에서 정하는 수량의 750배 이상의 특수가연물을 저장·취급하는 것

라. 스프링클러설비 설치 대상(위험물 저장 및 처리 시설 중 가스시설 및 지하구 제외)

　① 층수가 6층 이상인 특정소방대상물의 경우 모든 층. 다만, 다음의 어느 하나에 해당하는 경우는 제외한다.

　　㉠ 주택 관련 법령에 따라 기존의 아파트 등을 리모델링하는 경우로서 건축물의 연면적 및 층의 높이가 변경되지 않는 경우. 이 경우 해당 아파트 등의 사용검사 당시의 소방시설의 설치에 관한 대통령령 또는 화재안전기준을 적용한다.

　　㉡ 스프링클러설비가 없는 기존의 특정소방대상물을 용도 변경하는 경우. 다만, ②부터 ⑥까지 및 ⑨부터 ⑫까지의 규정에 해당하는 특정소방대상물로 용도 변경하는 경우 해당 규정에 따라 스프링클러설비를 설치한다.

　② 기숙사(교육연구시설·수련시설 내에 있는 학생 수용을 위한 것) 또는 복합건축물로서 연면적 5천m² 이상인 경우에는 모든 층

　③ 문화 및 집회시설(동·식물원 제외), 종교시설(주요구조부가 목조인 것 제외), 운동시설(물놀이형 시설 및 바닥이 불연재료이고 관람석이 없는 운동시설 제외)로서 다음의 어느 하나에 해당하는 경우에는 모든 층

　　㉠ 수용인원이 100명 이상인 것

　　㉡ 영화상영관의 용도로 쓰는 층의 바닥면적이 지하층 또는 무창층인 경우에는 500m² 이상, 그 밖의 층의 경우에는 1천m² 이상인 것

　　㉢ 무대부가 지하층·무창층 또는 4층 이상의 층에 있는 경우에는 무대부의 면적이

300m² 이상인 것

ⓔ 무대부가 ⓒ 외의 층에 있는 경우에는 무대부의 면적이 500m² 이상인 것

④ 판매시설, 운수시설 및 창고시설(물류터미널 한정)로서 바닥면적의 합계가 5천m² 이상이거나 수용인원이 500명 이상인 경우에는 모든 층

⑤ 다음의 어느 하나에 해당하는 용도로 사용되는 시설의 바닥면적의 합계가 600m² 이상인 것은 모든 층

  ⓐ 근린생활시설 중 조산원 및 산후조리원
  ⓑ 의료시설 중 정신의료기관, 종합병원, 병원, 치과병원, 한방병원 및 요양병원
  ⓒ 노유자시설, 숙박이 가능한 수련시설, 숙박시설

⑥ 창고시설(물류터미널은 제외)로서 바닥면적 합계가 5천m² 이상인 경우 모든 층

⑦ 특정소방대상물의 지하층·무창층(축사 제외) 또는 층수가 4층 이상인 층으로서 바닥면적이 1천m² 이상인 층이 있는 경우에는 해당 층

⑧ 랙식 창고(rack warehouse) : 랙(물건을 수납할 수 있는 선반이나 유사한 것)을 갖춘 것으로서 천장 또는 반자(반자가 없는 경우 지붕의 옥내에 면하는 부분)의 높이가 10m를 초과하고, 랙이 설치된 층의 바닥면적의 합계가 1천5백m² 이상인 경우에는 모든 층

⑨ 공장 또는 창고시설로서 다음의 어느 하나에 해당하는 시설

  ⓐ '화재의 예방 및 안전관리에 관한 법률 시행령' 별표 2에서 정하는 수량의 1천 배 이상의 특수가연물을 저장·취급하는 시설
  ⓑ '원자력안전법 시행령'에 따른 중·저준위 방사성 폐기물 저장시설 중 소화수를 수집·처리하는 설비가 있는 저장시설

⑩ 지붕 또는 외벽이 불연재료가 아니거나 내화구조가 아닌 공장 또는 창고시설로서 다음에 해당하는 것

  ⓐ 창고시설(물류터미널 한정) 중 ④에 해당하지 않는 것으로서 바닥면적의 합계가 2천5백m² 이상이거나 수용인원이 250명 이상인 경우에는 모든 층
  ⓑ 창고시설(물류터미널 제외) 중 ⑥에 해당하지 않는 것으로서 바닥면적의 합계가 2천5백m² 이상인 경우에는 모든 층
  ⓒ 공장 또는 창고시설 중 ⑦에 해당하지 않는 것으로서 지하층·무창층 또는 층수가 4층 이상인 것 중 바닥면적이 500m² 이상인 경우에는 모든 층

  ⓔ 랙식 창고 중 ⑧에 해당하지 않는 것으로서 바닥면적의 합계가 750m² 이상인 경우 모든 층

  ⓜ 공장 또는 창고시설 중 ⑨-㉠에 해당하지 않는 것으로서 「화재의 예방 및 안전관리에 관한 법률 시행령」 별표 2에서 정하는 수량의 500배 이상의 특수가연물을 저장·취급하는 시설

 ⑪ 교정 및 군사시설 중 다음의 어느 하나에 해당하는 경우에는 해당 장소

  ㉠ 보호감호소, 교도소, 구치소 및 그 지소, 보호관찰소, 갱생보호시설, 치료감호시설, 소년원 및 소년분류심사원의 수용거실

  ㉡ 「출입국관리법」에 따른 보호시설(외국인보호소의 경우 보호대상자의 생활공간으로 한정)로 사용하는 부분. 다만, 보호시설이 임차건물에 있는 경우는 제외한다.

  ㉢ 「경찰관 직무집행법」에 따른 유치장

 ⑫ 지하가(터널 제외)로서 연면적 1천m² 이상인 것

 ⑬ 발전시설 중 전기저장시설

 ⑭ ①부터 ⑬까지의 특정소방대상물에 부속된 보일러실 또는 연결통로 등

마. 간이스프링클러설비 설치 대상

 ① 공동주택 중 연립주택 및 다세대주택(연립주택 및 다세대주택에 설치하는 간이스프링클러설비는 화재안전기준에 따른 주택전용 간이스프링클러설비를 설치한다.)

 ② 근린생활시설 중 다음에 해당하는 것

  ㉠ 근린생활시설로 사용하는 부분의 바닥면적 합계가 1천m² 이상인 것은 모든 층

  ㉡ 의원, 치과의원 및 한의원으로서 입원실이 있는 시설

  ㉢ 조산원 및 산후조리원으로서 연면적 600m² 미만인 시설

 ③ 의료시설 중 다음의 어느 하나에 해당하는 시설

  ㉠ 종합병원, 병원, 치과병원, 한방병원 및 요양병원(의료재활시설은 제외한다)으로 사용되는 바닥면적의 합계가 600m² 미만인 시설

  ㉡ 정신의료기관 또는 의료재활시설로 사용되는 바닥면적의 합계가 300m² 이상 600m² 미만인 시설

  ㉢ 정신의료기관 또는 의료재활시설로 사용되는 바닥면적의 합계가 300m² 미만이고, 창살(철재·플라스틱 또는 목재 등으로 사람의 탈출 등을 막기 위하여 설치한 것을 말하며, 화재 시 자동으로 열리는 구조로 되어 있는 창살은 제외한다)이 설치

된 시설
④ 교육연구시설 내에 합숙소로서 연면적 100m² 이상인 경우에는 모든 층
⑤ 노유자시설로서 다음의 어느 하나에 해당하는 시설
  ㉠ 제7조제1항제7호 각 목에 따른 시설(단독주택 또는 공동주택에 설치되는 시설 제외)
  ㉡ ㉠에 해당하지 않는 노유자시설로 해당 시설로 사용하는 바닥면적의 합계가 300m² 이상 600m² 미만인 시설
  ㉢ ㉠에 해당하지 않는 노유자시설로 해당 시설로 사용하는 바닥면적의 합계가 300m² 미만이고, 창살(철재·플라스틱 또는 목재 등으로 사람의 탈출 등을 막기 위하여 설치한 것을 말하며, 화재 시 자동으로 열리는 구조로 되어 있는 창살은 제외)이 설치된 시설
⑥ 숙박시설로 사용되는 바닥면적의 합계가 300m² 이상 600m² 미만인 시설
⑦ 건물을 임차하여 「출입국관리법」 제52조제2항에 따른 보호시설로 사용하는 부분
⑧ 복합건축물로서 연면적 1천m² 이상인 것은 모든 층

바. 물분무 등 소화설비 설치 대상(위험물 저장 및 처리 시설 중 가스시설 및 지하구 제외)
① 항공기 및 자동차 관련 시설 중 항공기 격납고
② 차고, 주차용 건축물 또는 철골 조립식 주차시설. 이 경우 연면적 800m² 이상인 것만 해당한다.
③ 건축물의 내부에 설치된 차고·주차장으로서 차고 또는 주차의 용도로 사용되는 면적이 200m² 이상인 경우 해당 부분(50세대 미만 연립주택 및 다세대주택은 제외)
④ 기계장치에 의한 주차시설을 이용하여 20대 이상의 차량을 주차할 수 있는 시설
⑤ 특정소방대상물에 설치된 전기실·발전실·변전실(가연성 절연유를 사용하지 않는 변압기·전류차단기 등의 전기기기와 가연성 피복을 사용하지 않은 전선 및 케이블만을 설치한 전기실·발전실 및 변전실은 제외한다)·축전지실·통신기기실 또는 전산실, 그 밖에 이와 비슷한 것으로서 바닥면적이 300m² 이상인 것(하나의 방화구획 내에 둘 이상의 실(室)이 설치되어 있는 경우에는 이를 하나의 실로 보아 바닥면적을 산정한다). 다만, 내화구조로 된 공정제어실 내에 설치된 주조정실로서 양압시설(외부 오염 공기 침투를 차단하고 내부의 나쁜 공기가 자연스럽게 외부로 흐를 수

있도록 한 시설을 말한다)이 설치되고 전기기기에 220볼트 이하인 저전압이 사용되며 종업원이 24시간 상주하는 곳은 제외한다.

⑥ 소화수를 수집·처리하는 설비가 설치되어 있지 않은 중·저준위 방사성 폐기물의 저장시설. 이 시설에는 이산화탄소 소화설비, 할론 소화설비 또는 할로겐 화합물 및 불활성 기체 소화설비를 설치하여야 한다.

⑦ 지하가 중 예상 교통량, 경사도 등 터널의 특성을 고려하여 행정안전부령으로 정하는 터널. 이 시설에는 물분무 소화설비를 설치하여야 한다.

⑧ 문화재 중 「문화재보호법」 제2조제3항제1호 또는 제2호에 따른 지정문화재로서 소방청장이 문화재청장과 협의하여 정하는 것

사. 옥외소화전설비 설치 대상(아파트 등, 위험물 저장 및 처리 시설 중 가스시설, 지하구 및 지하가 중 터널 제외)

① 지상 1층 및 2층의 바닥면적의 합계가 9천m^2 이상인 것. 이 경우 같은 구(區) 내의 둘 이상의 특정소방대상물이 행정안전부령으로 정하는 연소(延燒) 우려가 있는 구조인 경우에는 이를 하나의 특정소방대상물로 본다.

② 문화재 중 「문화재보호법」 제23조에 따라 보물 또는 국보로 지정된 목조건축물

③ ①에 해당하지 않는 공장 또는 창고시설로서 「화재의 예방 및 안전관리에 관한 법률 시행령」 별표 2에서 정하는 수량의 750배 이상의 특수가연물을 저장·취급하는 것

(2) 경보설비

가. 단독경보형 감지기 설치 대상

① 교육연구시설 내에 있는 기숙사 또는 합숙소로서 연면적 2천m^2 미만인 것

② 수련시설 내에 있는 기숙사 또는 합숙소로서 연면적 2천m^2 미만인 것

③ 다-⑦에 해당하지 않는 수련시설(숙박시설이 있는 것만 해당)

④ 연면적 400m^2 미만의 유치원

⑤ 공동주택 중 연립주택 및 다세대주택(⑤는 연동형으로 설치)

나. 비상경보설비 설치 대상(모래·석재 등 불연재료 공장 및 창고시설, 위험물 저장 및 처리시설 중 가스시설, 사람이 거주하지 않거나 벽이 없는 축사 등 동물 및 식물 관련 시설 및 지하구는 제외)

① 연면적 400m^2 이상인 것은 모든 층

② 지하층 또는 무창층의 바닥면적이 150m^2(공연장의 경우 100m^2) 이상인 것은 모든 층

③ 지하가 중 터널로서 길이가 500m 이상인 것
④ 50명 이상의 근로자가 작업하는 옥내 작업장

다. 자동화재탐지설비 설치 대상

① 공동주택 중 아파트 등·기숙사 및 숙박시설의 경우에는 모든 층
② 층수가 6층 이상인 건축물의 경우에는 모든 층
③ 근린생활시설(목욕장 제외), 의료시설(정신의료기관 및 요양병원 제외), 위락시설, 장례시설 및 복합건축물로서 연면적 600m² 이상인 경우에는 모든 층
④ 근린생활시설 중 목욕장, 문화 및 집회시설, 종교시설, 판매시설, 운수시설, 운동시설, 업무시설, 공장, 창고시설, 위험물 저장 및 처리 시설, 항공기 및 자동차 관련 시설, 교정 및 군사시설 중 국방·군사시설, 방송통신시설, 발전시설, 관광 휴게시설, 지하가(터널 제외)로서 연면적 1천m² 이상인 경우에는 모든 층
⑤ 교육연구시설(교육시설 내 기숙사 및 합숙소 포함), 수련시설(수련시설 내 기숙사 및 합숙소를 포함하며, 숙박시설이 있는 수련시설은 제외), 동물 및 식물 관련 시설(기둥과 지붕만으로 구성되어 외부와 기류가 통하는 장소는 제외), 자원순환 관련 시설, 교정 및 군사시설(국방·군사시설 제외) 또는 묘지 관련 시설로서 연면적 2천m² 이상인 경우에는 모든 층
⑥ 노유자 생활시설의 경우에는 모든 층
⑦ ⑥에 해당하지 않는 노유자 시설로서 연면적 400m² 이상인 노유자 시설 및 숙박시설이 있는 수련시설로서 수용인원 100명 이상인 경우에는 모든 층
⑧ 의료시설 중 정신의료기관 또는 요양병원으로서 다음의 어느 하나에 해당하는 시설
  ㉠ 요양병원(의료재활시설 제외)
  ㉡ 정신의료기관 또는 의료재활시설로 사용되는 바닥면적의 합계가 300m² 이상인 시설
  ㉢ 정신의료기관 또는 의료재활시설로 사용되는 바닥면적의 합계가 300m² 미만이고, 창살(철재·플라스틱 또는 목재 등으로 사람의 탈출 등을 막기 위하여 설치한 것을 말하며, 화재 시 자동으로 열리는 구조로 되어 있는 창살은 제외한다)이 설치된 시설
⑨ 판매시설 중 전통시장
⑩ 지하가 중 터널로서 길이가 1천m 이상인 것

⑪ 지하구

⑫ ③에 해당하지 않는 근린생활시설 중 조산원 및 산후조리원

⑬ ④에 해당하지 않는 공장 및 창고시설로서 「화재의 예방 및 안전관리에 관한 법률 시행령」 별표 2에서 정하는 수량의 500배 이상의 특수가연물을 저장·취급하는 것

⑭ ④에 해당하지 않는 발전시설 중 전기저장시설

라. 시각경보기를 설치해야 하는 특정소방대상물은 '다'에 따라 자동화재탐지설비를 설치해야 하는 특정소방대상물 중 다음의 어느 하나에 해당하는 것으로 한다.

① 근린생활시설, 문화 및 집회시설, 종교시설, 판매시설, 운수시설, 의료시설, 노유자시설

② 운동시설, 업무시설, 숙박시설, 위락시설, 창고시설 중 물류터미널, 발전시설 및 장례시설

③ 교육연구시설 중 도서관, 방송통신시설 중 방송국

④ 지하가 중 지하상가

마. 화재알림설비를 설치해야 하는 특정소방대상물은 판매시설 중 전통시장으로 한다.

바. 비상방송설비 설치 대상(위험물 저장 및 처리 시설 중 가스시설, 사람이 거주하지 않거나 벽이 없는 축사 등 동물 및 식물 관련 시설, 지하가 중 터널 및 지하구 제외)

① 연면적 3천5백m² 이상인 것은 모든 층

② 층수가 11층 이상인 것은 모든 층

③ 지하층의 층수가 3층 이상인 것은 모든 층

사. 자동화재속보설비를 설치해야 하는 특정소방대상물은 다음의 어느 하나에 해당하는 것으로 한다. 다만, 방재실 등 화재 수신기가 설치된 장소에 24시간 화재를 감시할 수 있는 사람이 근무하고 있는 경우에는 자동화재속보설비를 설치하지 않을 수 있다.

① 노유자 생활시설

② 노유자 시설로서 바닥면적이 500m² 이상인 층이 있는 것

③ 수련시설(숙박시설이 있는 것만 해당)로서 바닥면적이 500m² 이상인 층이 있는 것

④ 문화재 중 「문화재보호법」 제23조에 따라 보물 또는 국보로 지정된 목조건축물

⑤ 근린생활시설 중 다음의 어느 하나에 해당하는 시설

㉠ 의원, 치과의원 및 한의원으로서 입원실이 있는 시설

㉡ 조산원 및 산후조리원

⑥ 의료시설 중 다음의 어느 하나에 해당하는 것

㉠ 종합병원, 병원, 치과병원, 한방병원 및 요양병원(의료재활시설 제외)
㉡ 정신병원 및 의료재활시설로 사용되는 바닥면적의 합계가 500m² 이상인 층이 있는 것
⑦ 판매시설 중 전통시장
아. 통합감시시설을 설치해야 하는 특정소방대상물은 지하구로 한다.
자. 누전경보기는 계약전류용량(같은 건축물에 계약 종류가 다른 전기가 공급되는 경우에는 그중 최대계약전류용량을 말한다)이 100암페어를 초과하는 특정소방대상물(내화구조가 아닌 건축물로서 벽·바닥 또는 반자의 전부나 일부를 불연재료 또는 준불연재료가 아닌 재료에 철망을 넣어 만든 것만 해당)에 설치해야 한다. 다만, 위험물 저장 및 처리 시설 중 가스시설, 지하가 중 터널 및 지하구의 경우에는 그렇지 않다.
차. 가스누설경보기 설치 대상(가스시설이 설치된 경우만 해당)
① 문화 및 집회시설, 종교시설, 판매시설, 운수시설, 의료시설, 노유자 시설
② 수련시설, 운동시설, 숙박시설, 창고시설 중 물류터미널, 장례시설

(3) 피난구조설비

가. 피난기구는 특정소방대상물의 모든 층에 화재안전기준에 적합한 것으로 설치하여야 한다. 다만, 피난층, 지상 1층, 지상 2층(노유자 시설 중 피난층이 아닌 지상 1층과 피난층이 아닌 지상 2층은 제외한다), 층수가 11층 이상인 층과 위험물 저장 및 처리 시설 중 가스시설, 지하가 중 터널 또는 지하구의 경우에는 그렇지 않다.
나. 인명구조기구 설치 대상
① 방열복 또는 방화복(안전모, 보호장갑 및 안전화 포함), 인공소생기 및 공기호흡기를 설치해야 하는 특정소방대상물 : 지하층을 포함하는 층수가 7층 이상인 것 중 관광호텔 용도로 사용하는 층
② 방열복 또는 방화복(안전모, 보호장갑 및 안전화 포함) 및 공기호흡기를 설치해야 하는 특정소방대상물 : 지하층을 포함하는 층수가 5층 이상인 것 중 병원 용도로 사용하는 층
③ 공기호흡기를 설치해야 하는 특정소방대상물
㉠ 수용인원 100명 이상인 문화 및 집회시설 중 영화상영관
㉡ 판매시설 중 대규모 점포
㉢ 운수시설 중 지하역사
㉣ 지하가 중 지하상가

◎ 물분무 등 소화설비 설치 대상 및 이산화탄소 소화설비(호스릴 이산화탄소 소화설비 제외)를 설치해야 하는 특정소방대상물

다. 유도등 설치 대상
① 피난구 유도등, 통로유도등 및 유도표지는 모든 특정소방대상물에 설치한다. 다만, 다음의 어느 하나에 해당하는 경우는 제외한다.
㉠ 동물 및 식물 관련 시설 중 축사로서 가축을 직접 가두어 사육하는 부분
㉡ 지하가 중 터널 및 지하구
② 객석유도등은 다음에 해당하는 특정소방대상물에 설치한다.
㉠ 유흥주점영업시설(손님이 춤을 출 수 있는 무대가 설치된 카바레, 나이트클럽 또는 그 밖에 이와 비슷한 영업시설만 해당)
㉡ 문화 및 집회시설
㉢ 종교시설, 운동시설
③ 피난유도선은 화재안전기준에서 정하는 장소에 설치한다.

라. 비상조명등 설치 대상(창고시설 중 창고 및 하역장, 위험물 저장 및 처리 시설 중 가스시설 및 사람이 거주하지 않거나 벽이 없는 축사 등 동물 및 식물 관련 시설 제외)
① 지하층을 포함하는 층수가 5층 이상인 건축물로서 연면적 3천m^2 이상인 경우에는 모든 층
② ①에 해당하지 않는 특정소방대상물로서 그 지하층 또는 무창층의 바닥면적이 450m^2 이상인 경우에는 해당 층
③ 지하가 중 터널로서 그 길이가 500m 이상인 것

마. 휴대용 비상조명등 설치 대상
① 숙박시설
② 수용인원 100명 이상의 영화상영관, 판매시설 중 대규모 점포, 철도 및 도시철도 시설 중 지하역사, 지하가 중 지하상가

(4) 소화용수설비

상수도 소화용수설비를 설치해야 하는 특정소방대상물은 다음 각 목의 어느 하나에 해당하는 것으로 한다. 다만, 상수도 소화용수설비를 설치해야 하는 특정소방대상물의 대지 경계선으로부터 180m 이내에 지름 75mm 이상인 상수도용 배수관이 설치되지 않은 지역의 경우에는 화재안전기준에 따른 소화수조 또는 저수조를 설치해야 한다.

가. 연면적 5천m² 이상인 것. 다만, 위험물 저장 및 처리 시설 중 가스시설, 지하가 중 터널 또는 지하구의 경우에는 제외한다.

나. 가스시설로서 지상에 노출된 탱크의 저장용량의 합계가 100톤 이상인 것

다. 자원순환 관련 시설 중 폐기물 재활용 시설 및 폐기물 처분 시설

(5) 소화활동설비

가. 제연설비 설치 대상

① 문화 및 집회시설, 종교시설, 운동시설 중 무대부 바닥면적 200m² 이상인 경우에는 해당 무대부

② 문화 및 집회시설 중 영화상영관으로서 수용인원 100명 이상인 경우에는 해당 영화상영관

③ 지하층이나 무창층에 설치된 근린생활시설, 판매시설, 운수시설, 숙박시설, 위락시설, 의료시설, 노유자 시설 또는 창고 시설(물류터미널로 한정한다)로서 해당 용도로 사용되는 바닥면적의 합계가 1천m² 이상인 경우 해당 부분

④ 운수시설 중 시외버스정류장, 철도 및 도시철도 시설, 공항시설 및 항만시설의 대기실 또는 휴게시설로서 지하층 또는 무창층의 바닥면적이 1천m² 이상인 경우에는 모든 것

⑤ 지하가(터널 제외)로서 연면적 1천m² 이상인 것

⑥ 지하가 중 예상 교통량, 경사도 등 터널의 특성을 고려하여 행정안전부령으로 정하는 터널

⑦ 특정소방대상물(갓복도형 아파트 등은 제외)에 부설된 특별피난계단, 비상용 승강기의 승강장 또는 피난용 승강기의 승강장

나. 연결송수관설비 설치 대상(위험물 저장 및 처리 시설 중 가스시설 및 지하구 제외)

① 층수가 5층 이상으로서 연면적 6천m² 이상인 경우에는 모든 층

② ①에 해당하지 않는 특정소방대상물로서 지하층을 포함하는 층수가 7층 이상인 경우에는 모든 층

③ ① 및 ②에 해당하지 않는 특정소방대상물로서 지하층의 층수가 3층 이상이고 지하층의 바닥면적의 합계가 1천m² 이상인 경우에는 모든 층

④ 지하가 중 터널로서 길이가 1천m 이상인 것

다. 연결살수설비 설치 대상(지하구 제외)

① 판매시설, 운수시설, 창고시설 중 물류터미널로서 해당 용도로 사용되는 부분의 바닥면적의 합계가 1천m² 이상인 경우에는 해당 시설

② 지하층(피난층으로 주된 출입구가 도로와 접한 경우는 제외한다)으로서 바닥면적의 합계가 150m² 이상인 경우에는 지하층의 모든 층. 다만, 「주택법 시행령」 제46조제1항에 따른 국민주택규모 이하인 아파트 등의 지하층(대피시설로 사용하는 것만 해당)과 교육연구시설 중 학교의 지하층의 경우에는 700m² 이상인 것으로 한다.

③ 가스시설 중 지상에 노출된 탱크의 용량이 30톤 이상인 탱크시설

④ ① 및 ②의 특정소방대상물에 부속된 연결통로

라. 비상콘센트설비 설치 대상(위험물 저장 및 처리 시설 중 가스시설 및 지하구 제외)

① 층수가 11층 이상인 특정소방대상물의 경우에는 11층 이상의 층

② 지하층의 층수가 3층 이상이고 지하층의 바닥면적의 합계가 1천m² 이상인 것은 지하층의 모든 층

③ 지하가 중 터널로서 길이가 500m 이상인 것

마. 무선통신보조설비 설치 대상(위험물 저장 및 처리 시설 중 가스시설은 제외한다)은 다음의 어느 하나에 해당하는 것으로 한다.

① 지하가(터널 제외)로서 연면적 1천m² 이상인 것

② 지하층의 바닥면적의 합계가 3천m² 이상인 것 또는 지하층의 층수가 3층 이상이고 지하층의 바닥면적의 합계가 1천m² 이상인 것은 지하층의 모든 층

③ 지하가 중 터널로서 길이가 500m 이상인 것

④ 지하구 중 공동구

⑤ 층수가 30층 이상인 것으로서 16층 이상 부분의 모든 층

바. 연소방지설비는 지하구(전력 또는 통신사업용인 것만 해당한다)에 설치해야 한다.

CHAPTER 3 건축설비

3.1 급수 및 급탕설비

1. 급배수설비

(1) 급수원
① 종류
  ㉠ 상수 : 지표들로부터 상수원을 취수하여 취수 → 송수 → 정수 → 배수 → 급수의 과정을 거친다.
  ㉡ 정수 : 지하수를 뜻한다. 보통 철분 등의 불순물이 많아 사용목적에 따라 사용한다.
② 경도(hardness of water)
  ㉠ 물 속에 녹아 있는 마그네슘의 양에 대응하는 탄산칼슘($CaCO_3$)의 100만분율(ppm)로 환산하여 표시한 것
  ㉡ 유해물질 판정기준이며 음료용으로는 300ppm 이하가 적당하다.

(2) 급수설비
① 수도직결방식
  수도 본관에서 수도관을 이끌어 건축물 내의 소요 개소에 직접 급수하는 방식이다.
  ㉠ 정전 중에도 급수가 가능하다.
  ㉡ 설비비 및 유지관리비가 저렴하다.
  ㉢ 급수오염의 가능성이 가장 작다.
  ㉣ 소규모 건물에 적합하다.
② 고가수조방식(옥상탱크 방식)
  양수펌프로 고가 탱크까지 양수하여 낙차에 의한 수압으로 각 층에 수급하는 방식이다.

㉠ 안정적인 수압으로 급수할 수 있고 배관 부속품의 파손이 적다.
㉡ 저수량이 확보되므로 단수 후에도 일정시간 동안 급수가 가능하다.
㉢ 대규모 급수설비에 적합하다.
㉣ 저수조 안에서 물이 오염될 가능성이 있어 저수시간이 길어지면 수질이 나빠지기 쉽다.
㉤ 설비비, 경상비가 높고 구조설계가 까다롭다.

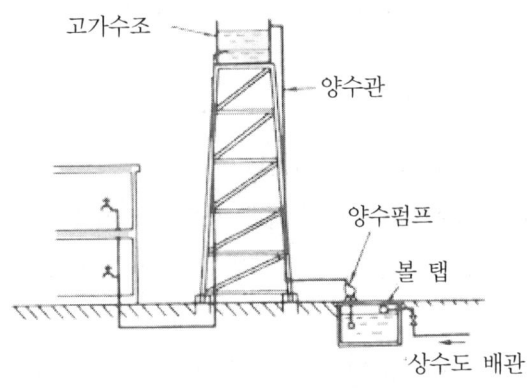

③ 압력탱크방식

수도 본관으로부터 최초 수조까지는 고가수조방식과 동일하지만 펌프로 압력탱크에 압입하여 이 압력으로 급수전까지 압송하는 방식이다.

㉠ 장점
  ⓐ 높은 곳에 탱크를 설치할 필요가 없으므로 건축구조를 강화할 필요가 없고 탱크의 설치 위치에 제한을 받지 않는다.
  ⓑ 고가시설이 필요하지 않으므로 건축물의 구조를 강화할 필요가 없다.
  ⓒ 부분적으로 고압을 필요로 하는 경우에 적합하다.

㉡ 단점
  ⓐ 최고, 최저 압의 차가 커서 급수압이 일정하지 않다.
  ⓑ 펌프의 양정이 길어서 시설비가 많이 든다.
  ⓒ 탱크는 압력에 견뎌야 하므로 제작비가 비싸다.
  ⓓ 저수량이 적어서 정전 시나 고장 시 급수가 중단된다.
  ⓔ 에어 컴프레서를 설치해서 때때로 공기를 공급해야 한다.
  ⓕ 취급이 간단하지 않으며 다른 방식에 비하여 고장이 잦다.

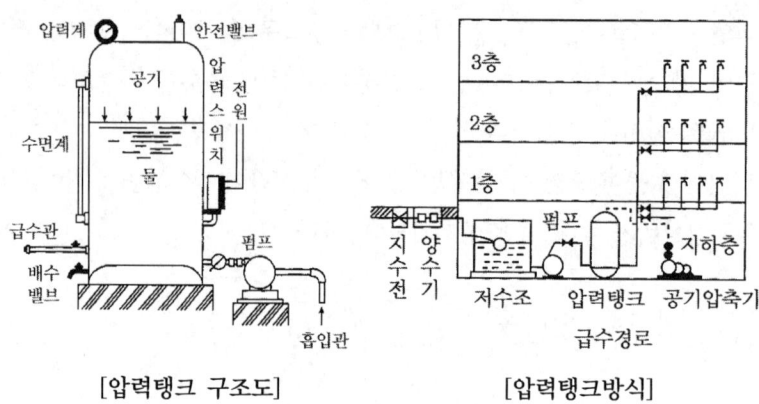

[압력탱크 구조도]　　　　[압력탱크방식]

④ 펌프직송방식(tankless booster system)

　수도 본관으로부터 인입관 등에 의해 물을 저수 탱크에 저수하여 급수 펌프만으로 건물 내의 소요 개소에 급수하는 방식으로 정속방식과 변속방식이 있다. 주택단지나 대규모 공장에 쓰인다.

㉠ 정속방식 : 여러 대의 펌프를 병렬로 설치하고 1대의 펌프를 항상 가동시켜 토출관의 압력변화 시 다른 펌프를 시동 또는 정지시킨다.

㉡ 변속방식 : 정속전동기와 변속장치를 조합하거나 또는 변속전동기를 사용하여 토출관의 압력변화를 감지하고 펌프의 회전수를 변화시킴으로써 양수량을 조절하는 방식이다.

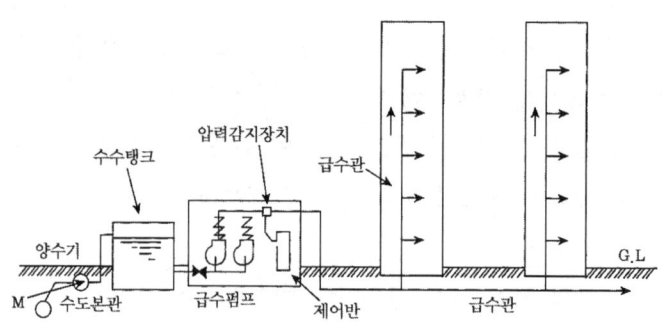

[탱크가 없는 부스터방식]

⑤ 초고층 건물의 급수방식

㉠ 고층 건물에 있어서는 최상층과 최하층의 수압차가 일정하지 않아 물을 사용하기가 곤란하다. 과대한 수압은 수격작용(water hammering)을 동반하고 그 결과 진동이 일어나 건물 내의 공해 요인이 되기도 한다. 그로 인해 급수계통을 건물의 상하층으

로 구분하여 급수압이 고르게 될 수 있도록 급수 조닝(zoning)을 할 필요가 있다.

ⓒ 조닝 방식에는 층별식, 중계식, 압력탱크방식, 조압펌프식, 감압밸브를 사용한 방식 등이 있다.

> **Point 수격작용(water hammering)**
> 밸브를 닫을 때 순간적으로 압력이 상승하여 발생하는 음·진동이 밸브 배관을 손상시키는 현상. 수격작용을 방지하기 위해서는 밸브를 서서히 닫고 유속을 작게 하고 관경을 크게 해야 한다. 또한 밸브 근처에 공기실을 설치하는 것도 효과적인 방법이다.

(3) 대변기

① 하이 탱크 방식
  ㉠ 높은 곳에 세정탱크를 설치하고 급수관을 통하여 물을 채운 다음 이 물을 세정관을 통하여 변기에 사출하는 방식이다.
  ㉡ 바닥 점유면적은 작지만 소음이 크고 점검 및 보수가 불편하다.
  ㉢ 규격
     ⓐ 탱크용량 : 15L
     ⓑ 급수관의 관경 : 15mm
     ⓒ 세정관의 관경 : 32mm
     ⓓ 세정탱크 높이 : 1.9m 이상

② 로 탱크 방식
  ㉠ 하이 탱크방식에 비해 물의 사용량은 많지만 소음발생은 적다.
  ㉡ 탱크위치가 낮아서 고장이 나도 수리가 용이하고 단수 시에는 물을 공급하기가 편리하다.
  ㉢ 저압의 지역에서도 사용이 가능하다.
  ㉣ 규격
     ⓐ 급수관 관경 : 15mm
     ⓑ 세정관 관경 : 50mm

③ 세정밸브(플러시 밸브)식
  ㉠ 급수관에서 플러시 밸브를 거쳐 변기 급수구에 직결되고 플러시 밸브의 핸들을 작동함으로써 일정량의 물이 사출되어서 변기 내를 세정하는 방식이다.
  ㉡ 탱크가 필요 없어서 화장실을 넓게 사용할 수 있지만 소음은 크게 발생한다.

ⓒ 급수관은 최소 25mm가 되어야 하므로 일반 주택에서는 거의 사용하지 않고 주로 학교, 호텔, 사무소 등의 대규모 건축물에 적합하다.

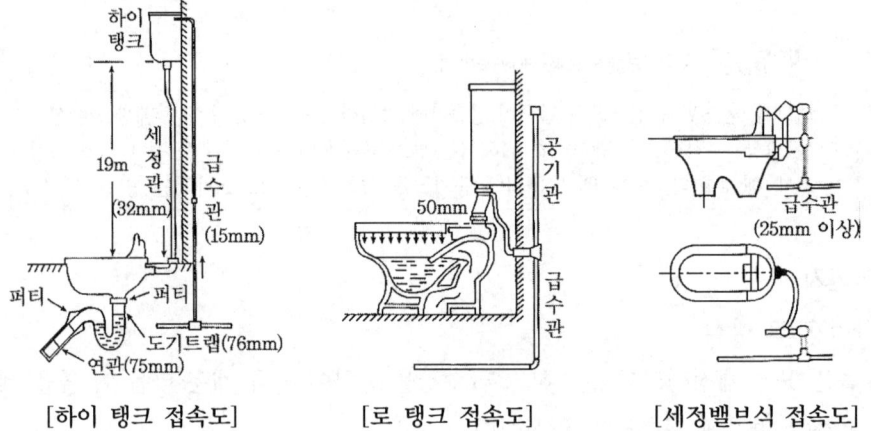

[하이 탱크 접속도]　　　[로 탱크 접속도]　　　[세정밸브식 접속도]

2. 급탕설비

(1) 개별식 급탕설비

① 특징
　㉠ 주택, 소규모 숙박시설, 작은 사무실 등에 적합한 방식이다.
　㉡ 배관 중의 열손실이 적은 편이며 비교적 시설비가 싸다.
　㉢ 급탕규모가 크면 가열기가 필요하므로 유지관리가 힘들다.
　㉣ 급탕개소마다 가열기 설치장소가 필요하며 값싼 연료를 쓰기가 곤란하다.

② 종류
　㉠ 순간 가열 방식(순간온수기)
　　ⓐ 급탕관의 일부를 가스나 전기로 가열시켜 직접 온수를 받는 방법이다.
　　ⓑ 배관길이는 9m 이하로 하며 장시간 연속 사용하는 경우 30m까지도 가능하다.
　　ⓒ 항상 적은 양의 온수를 필요로 하는 곳에 적합하다(주택, 미용실 등).

ⓛ 저탕식

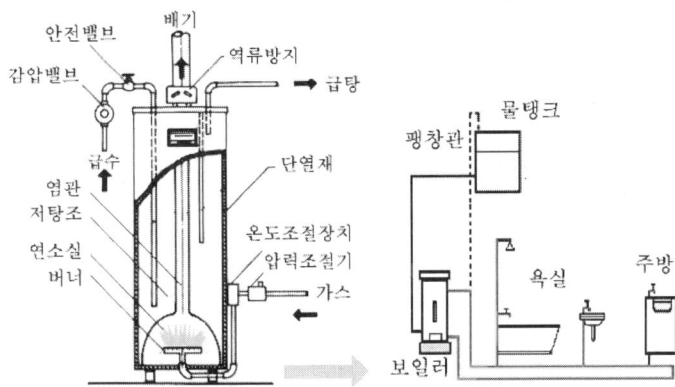

ⓐ 온수를 일시적으로 탱크 내에 저장했다가 필요 시 사용하는 방식이다.
ⓑ 일정량의 온수가 저장되어 있어 열손실이 발생한다.
ⓒ 온수의 공급량 및 범위 또는 공급개소가 비교적 많은 경우에 적합하다.
ⓓ 특정시간에 다량의 온수를 필요로 하는 대규모 주방, 고급주택, 체육관, 공장, 기숙사 등의 샤워장에서 사용된다.
ⓔ 배관에 의해 공급하는 경우 순환배관도 가능하므로, 순간식보다 규모가 큰 설비에 적합하다.

ⓒ 기수 혼합식

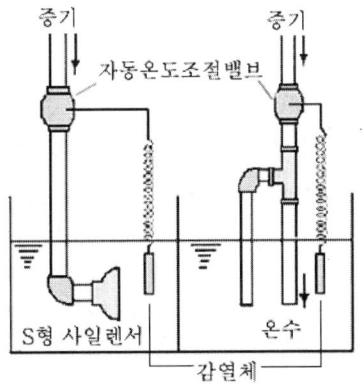

ⓐ 증기와 물을 혼합해서 온수를 만드는 방법으로, 증기를 직접 불어넣어 물을 가열하는 사일렌서 방식과 기수 혼합 밸브에 의해 증기와 물을 혼합하여 온수를 얻는 방

　　　　식이 있다.
　　　ⓑ 설비비용이 저렴한 편이고 설치가 간단하며 열효율이 높다.
　　　ⓒ 높은 증기압을 필요로 하며 스케일이 발생한다.
　　　ⓓ 물을 혼합할 때 소음이 발생되므로 설치 장소에 제한을 받는다.
　　　ⓔ 증기를 쉽게 얻을 수 있는 공장, 병원, 기숙사, 군부대 등에서 주로 사용된다.

(2) 중앙식 급탕설비

① 특징
　　㉠ 대규모 급탕방식으로 건물 전체에 걸쳐 온수를 공급하는 경우에 사용된다.
　　㉡ 기계실에 가열장치, 온수탱크, 순환펌프 등을 설치하고, 상향 또는 하향 등의 순환배관에 의해 필요한 장소에 온수를 공급하는 방식이다.
　　㉢ 저렴한 석탄, 등유, 중유, 증기 등을 열원으로 사용할 수 있다.
　　㉣ 열효율이 좋고 총 열량을 적게 할 수 있으며 관리가 용이하고 배관에 의해 어느 곳에서든 급탕할 수 있다.
　　㉤ 초기 설치비용이 크고 전문기술자가 필요하며 시공 후 기구증설로 인한 배관공사가 어렵다.
　　㉥ 입지 조건이나 이용자의 경향 등에 의해 극단적으로 동시 사용률이 높아지는 시기가 있어서 주의한다.
　　㉦ 정기적으로 저탕조나 배관을 70℃ 이상의 온수로 고온 살균하여 레지오넬라균 방지 대책을 고려해야 한다.

② 종류
　　㉠ 직접 가열식
　　　ⓐ 온수보일러에서 저탕조를 거쳐 가열시킨 온수를 직접 각 층에 공급하는 방식이다.
　　　ⓑ 온수의 공급은 반탕관의 말단부에 순환펌프를 설치하여 순환시킨다.
　　　ⓒ 팽창관은 장치 안에서 발생하는 증기나 공기를 배출하여 물의 팽창에 의한 위험을 방지한다.

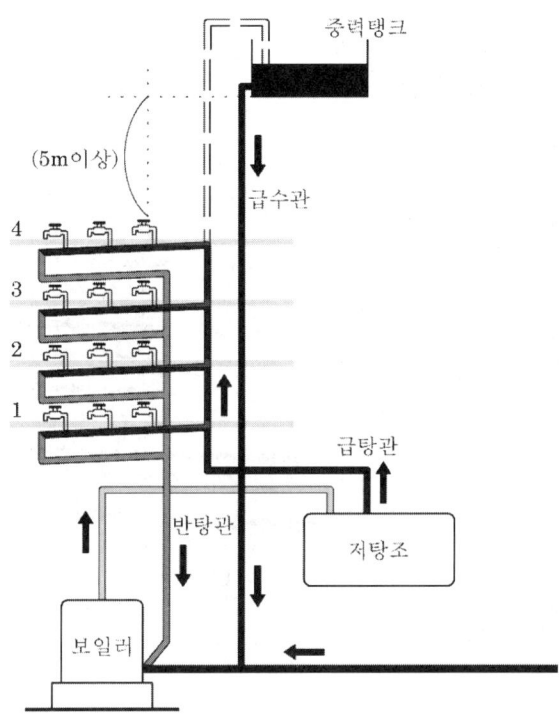

ⓓ 보일러에 새로운 물이 계속 보급되므로 불균일한 신축을 수반하며, 수질에 따라서는 보일러 내부에 스케일이 부착되어 열효율이 감소되고 보일러 부식에 의한 수명단축과 파열의 위험이 있으므로 방식처리가 필요하다.

ⓔ 중압 또는 고압보일러가 사용되며, 보일러로의 급수는 중력탱크에 의한다. 중력탱크의 높이는 최상층의 수도꼭지에 충분한 수압을 주는 높이(5m 이상)로 한다.

ⓛ 간접 가열식

ⓐ 고온수나 증기를 이용하여 저탕조 내에 통과시켜 물을 간접 가열하는 방식이다.

ⓑ 증기나 고온수가 반복 순환하므로 보일러 내부의 스케일 발생이 적고 전열효율이 높다.

ⓒ 건물높이에 관계없이 저압보일러를 사용한다(가열코일 증기압 : $0.3~1kg/cm^2$).

ⓓ 공조 설비와 병용이므로 열원단가가 낮아지고 시설비가 절약되며 유지관리상 편리하다.

ⓔ 난방과 급탕 보일러를 개별 설치할 필요가 없으며 호텔, 사무소, 병원, 아파트 등 대규모 건물에 쓰인다.

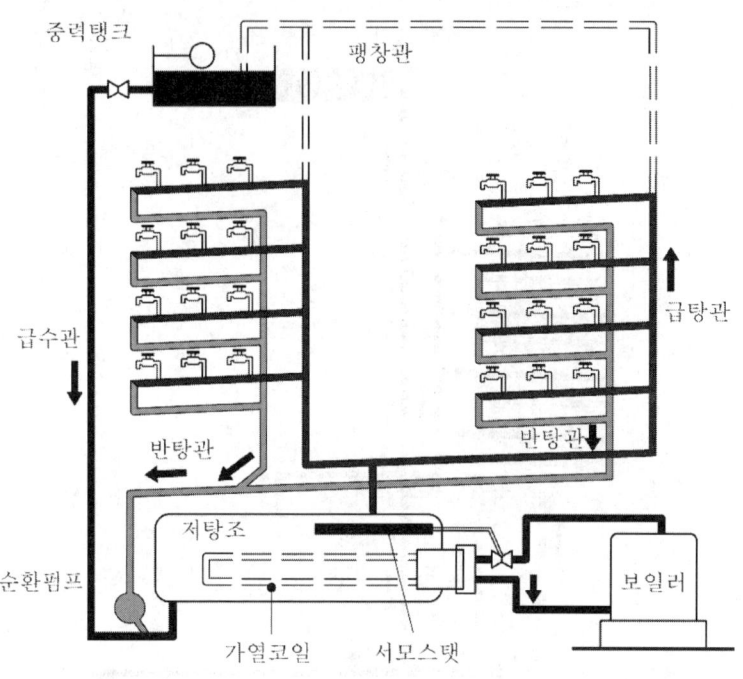

> **Point 스케일(scale)**
>
> 보일러 내부의 물 속 용해 고형물이 고온의 보일러 내에서 점차 농축, 축적되어 여러 가지의 화학적 또는 물리적 작용을 받아 결정을 석출하고, 이것이 전열면의 보일러 내면에 부착하여 굳어진 것을 말한다. 보일러의 열효율을 떨어뜨리고 부품의 수명을 단축시킨다.

(3) 급탕배관 설계

① 기본사항
  ㉠ 급탕온도 : 60~70℃
  ㉡ 사무용 건물의 1인당 하루 급탕량 : 7.5~11.5L/dc

② 배관방식
  ㉠ 단관식
    ⓐ 온수를 급탕전까지 운반하는 배관을 단관으로만 설치한 것이다.
    ⓑ 순환관이 없어서 순환하지 못한다. 소규모 건물에 적합하다.
  ㉡ 순환식(2관 혹은 복관식)
    ⓐ 급탕관의 길이가 길 때 관내 온수의 냉각을 방지하기 위해 보일러에 급탕전까지의 공급관과 순환관을 배관하는 방식

ⓑ 대규모 건물에 적합하다.
ⓒ 순환의 방식
 ⓐ 중력식 : 물의 온도차에 의한 밀도 차이로 자연 순환시키는 방식
 ⓑ 강제식 : 순환펌프를 이용해서 강제적으로 온수를 순환시키는 방식
③ 배관 시공
 ㉠ 급탕관의 관경
  ⓐ 최소 25A(mm) 이상
  ⓑ 급수관경보다 한 단계 큰 치수의 관을 사용한다.
  ⓒ 반탕관(최소 25A 이상)은 온도상승으로 인해 물의 부피가 증가하므로 급탕관보다 작은 치수를 사용한다.
 ㉡ 배관의 구배
  ⓐ 중력순환식 : 1/150 이상
  ⓑ 강제순환식 : 1/200 이상

3. 배수설비

(1) 배수의 종류

분류	특징
오수	배설물을 포함한 배수로 대변기, 소변기, 비데 등을 통한 배수
잡배수	세면기, 욕조, 싱크, 세탁 등에 의한 일반 배수
우수	옥상 및 마당에 떨어지는 빗물 배수
특수배수	공장, 병원, 방사선 시설 등의 배수

(2) 트랩

배수 계통 중 일부분에 물을 저수하여 물은 통하지만 공기나 가스를 제한함과 동시에 악취, 벌레 등이 실내로 침투하지 못하게 하는 기구를 뜻한다.

① 봉수
 ㉠ 하수관으로부터의 악취와 유독가스 및 해충의 침입을 막는다.
 ㉡ 봉수깊이 : 50~100mm

② 트랩의 종류
  ㉠ S트랩
    ⓐ 세면기, 대·소변기에 부착하여 바닥 밑의 배수 수평지관에 접속하여 사용한다.
    ⓑ 사이펀 작용을 일으키기 쉬운 형태로 봉수가 쉽게 파괴된다.
  ㉡ P트랩
    ⓐ 배수 수직지관에 접속하고 위생기구에 가장 많이 사용하며 봉수가 S트랩보다 안전하다.
  ㉢ U트랩
    ⓐ 가옥 배수, 메인 트랩이라고도 한다.
    ⓑ 배수 횡주관 도중에 설치하여 공공하수관의 하수 가스 역류 방지용으로 사용한다.
    ⓒ 수평배수관 도중에 설치할 경우 유속을 저해하는 단점이 있다.
  ㉣ 기타
    ⓐ 드럼 트랩 : 주방 싱크의 배수용 트랩으로 봉수가 잘 파괴되지 않으며 청소가 용이하다.
    ⓑ 벨 트랩 : 욕실 등의 바닥 배수용 트랩
    ⓒ 그리스 트랩 : 호텔이나 대규모 식당의 주방과 같이 기름기가 많이 발생하는 배수에서 기름기를 제거한다.
    ⓓ 가솔린 트랩 : 정비소, 세차장 등에서 사용한다.
    ⓔ 플라스터 트랩 : 치과 기공실, 정형외과 깁스실에서 사용한다.
    ⓕ 헤어 트랩 : 미용실, 이발소에서 머리카락을 걸러낸다.
    ⓖ 개리지 트랩 : 차고 내의 바닥 배수용
③ 봉수의 파괴 원인
  ㉠ 자기사이펀 작용 : 배수가 관 속을 가득 채워서 흐를 때 트랩 내 봉수가 모두 배수관 쪽으로 흡인되어 배출하는 현상으로 S트랩에서 특히 많이 발생한다.
  ㉡ 유인사이펀 작용 : 상층 배수입관에서 다량의 물이 일시에 낙하할 때 상층 기구의 봉수가 함께 딸려가는 현상
  ㉢ 분출작용 : 수평지관 또는 수지관 내를 일시에 다량의 배수가 흘러내리는 경우 그 물 덩어리가 일종의 피스톤 작용을 일으켜 공기의 압력에 의해 배수관 저층부의 기구에서 역으로 실내 쪽으로 역류시키는 현상을 말한다.

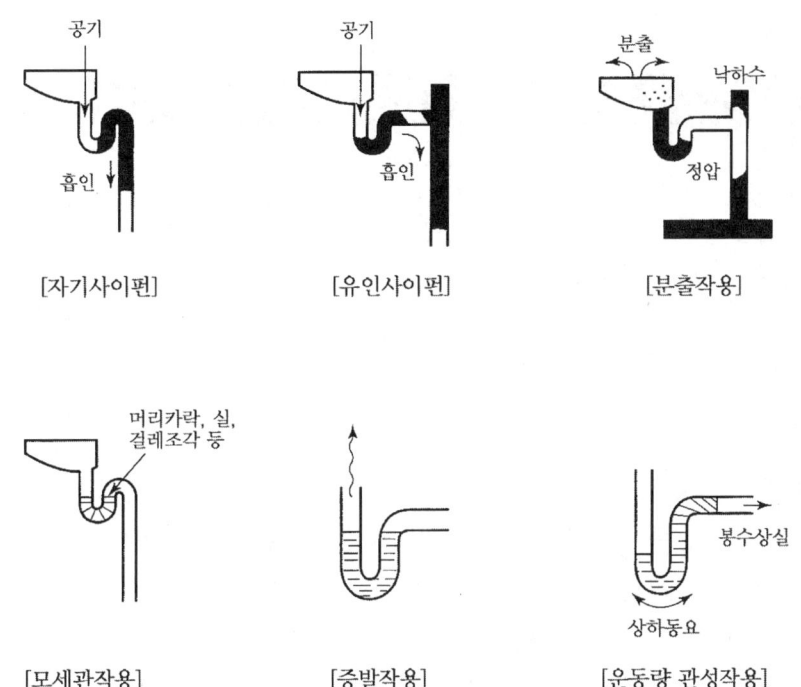

ⓔ 모세관현상 : 트랩의 오버플로관 부분에 머리카락, 걸레의 실 등이 걸려 아래로 늘어뜨려져 있으면 모세관 작용으로 봉수가 서서히 흘러내려 말라버리는 현상이다. 불순물을 정기적으로 제거하여 이를 방지한다.

ⓜ 증발 : 위생기구를 장시간 사용하지 않아서 봉수가 증발하는 것을 말한다. 장기간 건물을 비우거나 청소를 오랫동안 하지 않은 곳에서 주로 발생한다. 기름을 조금 떨어뜨려 놓으면 방지된다.

ⓗ 운동량에 의한 관성 : 위생기구의 물을 갑자기 배수하는 경우 또는 강풍 등의 원인으로 배관 중에 급격한 압력변화가 일어났을 때 봉수가 배출되는 현상이다. 격자쇠를 설치하여 이를 방지한다.

(3) 배수관 설계
① 표준구배 : 1/50~1/100

② 배관 관경

기구	관경(mm)	기구	관경(mm)
음수기	32	샤워	50
세면기	32	공동목욕탕	75
대변기	75	요리수채(주택)	40
벽걸이 소변기	40	요리수채(영업)	50
비데	40	조합수채	40
오물수채	75	세탁수채	40
욕조	40	청소용 수채	50

③ 간접배수

㉠ 식료품·음료수·소독물 등을 저장하거나 취급하는 기기에서 배수관이 일반배수관에 직결되어 있으면, 배수관 내 흐름이 나빠지거나 막히게 되는 경우 오물이나 유해가스가 역류하여 이들 기기를 오염시킬 우려가 있다.

㉡ 이것을 방지하기 위해서는 이들 기기의 배수관은 일반배수계통에 직결하지 않고 일단 대기 중에 적절한 공간을 띄우고 물받이 용기(hopper)에 배수를 받은 다음 일반배수관에 접속해야 한다.

㉢ 이와 같은 방식을 간접배수(indirect waste)라 하며, 그 공간을 배수구 공간(drain outlet)이라 한다.

㉣ 간접배수를 필요로 하는 기기·장치 등

구분	기기·장치 명칭	
서비스용 기기	음료용	음수기, 음료용 냉수기, 급차기, 정수기
	냉장용	냉장고, 냉동고, 그 밖의 식품냉장·냉동기기
	주방용	박피기, 세미기, 제빙기, 식기세척기, 소독기, 조리용 싱크 등
	세탁기	세탁기, 탈수기
의료·연구용 기기		증류수장치, 멸균수장치, 멸균기, 멸균장치, 소독기, 세척기 등
수영풀		풀 자체의 배수, 오버플로 배수, 여과장치 역세수 주변 보도의 바닥배수
분수지		분수지 자체의 배수, 오버플로 배수, 여과장치 역세수

구분	기기·장치 명칭
배관·장치의 배수	저수조·팽창수조의 오버플로 및 배수 기기의 이슬받이 배수 상수·급탕·음료용 냉수펌프 상수·급탕·음료용 냉수계통의 물빼기 압력수조용 배출밸브 및 저탕조로부터의 배수 소화전 계통 및 스프링클러 계통의 물빼기 공기조화기기의 배수 냉동기, 냉각기, 열매로서 물을 사용하는 장치, 물재킷의 배수 상수용 수처리장치의 배수
온수계통 등의 배수	저탕조로부터의 배수 보일러, 열교환기 및 증기관 트랩 등의 배수

④ 설계·시공 시 주의사항
  ㉠ 통기, 배수 수직주관은 파이프 샤프트 내에 배관하고 변기는 되도록 수직관 가까이에 설치한다.
  ㉡ 배수배관은 점검 및 수리 시 배관 굴곡부나 분기점에 반드시 청소구를 설치한다.
  ㉢ 통기관은 넘침관까지 올려 세운 다음 배수수직관에 접속한다.
  ㉣ 2중 트랩이 되지 않게 배관해야 하며 기구 배수관의 곡관부에 다른 배관을 접속하지 않는다.
  ㉤ 드럼 트랩 등 트랩의 청소구를 열었을 때 하수 가스가 누설되지 않게 배관한다.

(4) 통기관

① 목적
  ㉠ 트랩의 봉수를 보호하고 배수의 흐름을 원활하게 한다.
  ㉡ 관내 수압을 일정하게 하고 관내 청결을 유지한다.
② 종류
  ㉠ 각개 통기관
    ⓐ 각 위생기구마다 하나씩 통기관을 설치하는 가장 이상적 통기방식
    ⓑ 자기사이펀의 경우에는 각개 통기방식 외에는 방지가 어렵다.
    ⓒ 경제성이 낮고 시공이 어렵다.
    ⓓ 관경은 최소 32mm 이상으로 하며 접속되는 배수관 구경의 1/2 이상으로 한다.

      ⓒ 루프 통기관

         ⓐ 2~8개의 기구조를 일괄 통기하는 통기관으로 수직관에 접속하는 것은 회로 통기관, 신정 통기관에 접속하는 것은 환상 통기관이라 한다.

         ⓑ 관경은 40mm 이상, 배수수평지관과 통기수직관 중에서 작은 쪽 1/2 이상으로 한다.

         ⓒ 감당하는 수기구는 8개 이내로 한다.

      ⓒ 신정 통기관

         ⓐ 최상층의 배수 수평지관이 배수 수직관에 연결된 통기관으로 옥상 등에 돌출시킨다.

         ⓑ 관경은 최소 75mm 이상으로 하며, 배수수직관의 관경보다 작게 해서는 안 된다.

      ⓔ 도피 통기관

         ⓐ 환상 통기배관에서 통기 능률을 촉진시키기 위한 통기관

         ⓑ 관경은 최소 32mm 이상, 또는 접속하는 배수관 관경의 1/2 이상으로 한다.

      ⓕ 결합 통기관

         ⓐ 고층 건물의 배수 수직관과 통기 수직주관을 접속하는 통기관

         ⓑ 5개층마다 설치해서 배수 수직주관의 통기를 촉진한다.

         ⓒ 관경은 최소 50mm 이상으로 하며, 통기수직관과 배수수직관 중에서 작은 것 이상으로 한다.

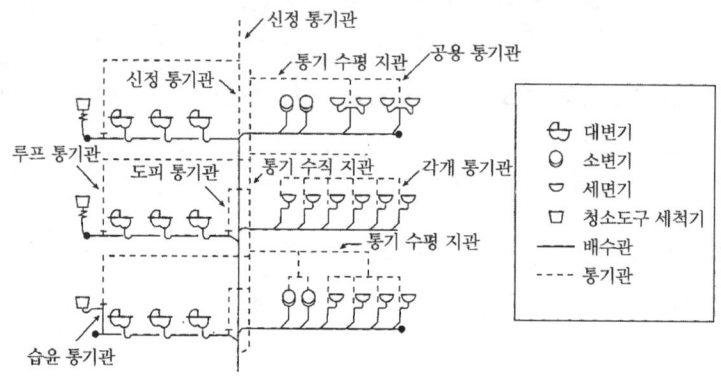

[통기관 계통도]

(5) 오수설비

① 정화순서

    오물 유입 → 부패조 → 산화조 → 소독조 → 방류

② 정화조의 성능

BOD(Bio-chemical Oxygen Demand, 생물학적 산소 요구량) 제거율

$$= \frac{유입수 BOD - 유출수 BOD}{유입수 BOD} \times 100\%$$

③ 단계별 구조

부패조	• 부패조와 예비여과조를 조합하여 구성한다. • 혐기성균이 오물을 소화시킨다. • 부패조는 뚜껑으로 밀폐시킨다. • 오수 저유 깊이는 1~3m로 한다. • 부패조 유효용량은 유입 오수량 이틀분으로 한다.
여과조	• 내부 하단에 철근콘크리트 봉을 3cm 간격으로 설치한다. • 깬자갈을 얹어놓아 잘 걸리도록 한다. • 오수는 아래에서 위로 흐른다. • 쇄석층의 깊이는 1/2 정도로 한다. • 쇄석층의 윗면층은 오수면보다 10cm 낮게 한다.
산화조	• 호기성균에 의해 산화처리시킨다. • 쇄석층의 두께는 90cm 이상으로 한다 • 살수홈통 밑면과 정화조 바닥과의 간격 10cm 이상 • 쇄석받이 밑면과 정화조 바닥과의 간격 10cm 이상 • 배기관 높이는 지상 3m 이상으로 한다. • 산화조의 밑면은 소독조를 향하고 구배는 1/100 이상
소독조	• 소독액은 염소산나트륨, 염소산소다를 사용한다. • 약액조의 용량은 25L 이상(10일분 이상)으로 한다. • 산화조에서 나오는 각종 세균(대장균)을 멸균한다. • 주철제 뚜껑으로 덮고 신선한 외기를 산화조 아래로 보낸다.

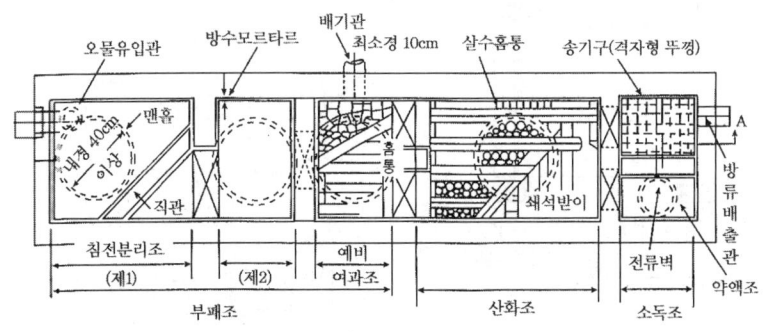

[정화조 평면도]

3.2 공기조화설비 및 기타 설비

1. 공기조화설비

실내 혹은 특정 공간의 공기를 적당하게 조정하여 온도, 습도, 기류 등 열적 환경 외에 먼지, 냄새, 유독가스, 박테리아 등의 질적 환경에 있어서도 쾌적한 조건을 유지하는 설비를 의미한다.

(1) 전공기식

공기 조화기로 냉·온풍을 만들어 덕트를 통해 송풍하는 방식이다.

① 단일덕트식

　㉠ 냉난방 시 필요한 전 송풍량을 1개의 덕트로 분배한다.

　㉡ 외기의 취입이나 중간기의 환기에 적합하며, 설치비가 저렴하고 관리 및 보수가 용이하다.

　㉢ 천장 속 덕트 공간이 많이 차지하며 각 실, 각 층의 온도조절이 곤란하다.

　㉣ 바닥 면적이 넓고 천장이 높은 극장, 공장 등의 중·소규모 건물에 적합하다.

　㉤ 종류

　　ⓐ 정풍량 방식 : 조절장치가 없이 공기 조화기에서 만들어진 공기를 같은 양으로 분배하는 방식. 송풍량이 일정하고 열 부하에 따라서 송풍 온습도를 변화시켜 온습도를 조절한다.

　　ⓑ 가변풍량 방식 : 덕트의 관 끝에 VAT 터미널 유닛을 삽입하여 공기 온도는 일정하지만 송풍량을 실내 부하에 따라서 조절하는 방식이다.

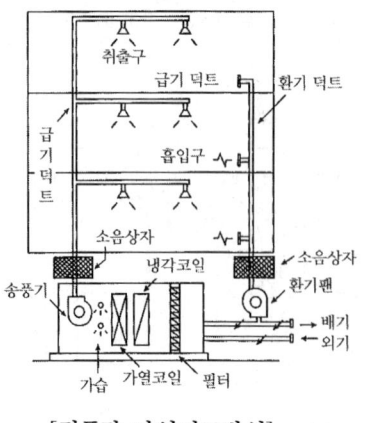

[정풍량 단일덕트방식]

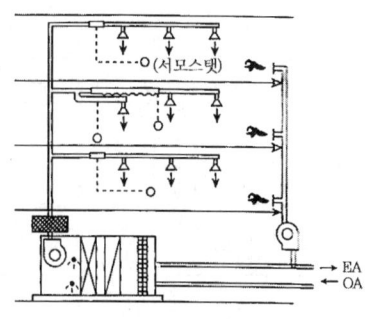

[가변풍량방식]

② 이중덕트 방식
  ㉠ 온·냉풍을 각각 별개의 덕트로 보내고 각 실의 분출구에 설치된 혼합박스로 조절하여 배출하는 방식이다.
  ㉡ 실별 조절이 가능하므로 온도 변화에 대응이 빠르고 냉난방이 동시에 가능하여 계절마다 전환이 필요하지 않다.
  ㉢ 설비, 운전비가 비싸며 에너지 소비가 가장 큰 방식이다.
  ㉣ 혼합 상자에서 소음과 진동이 생기며 단일덕트식보다 공간을 더 크게 차지한다.
  ㉤ 고층 건물, 연면적이 큰 건축물에 적합하다.

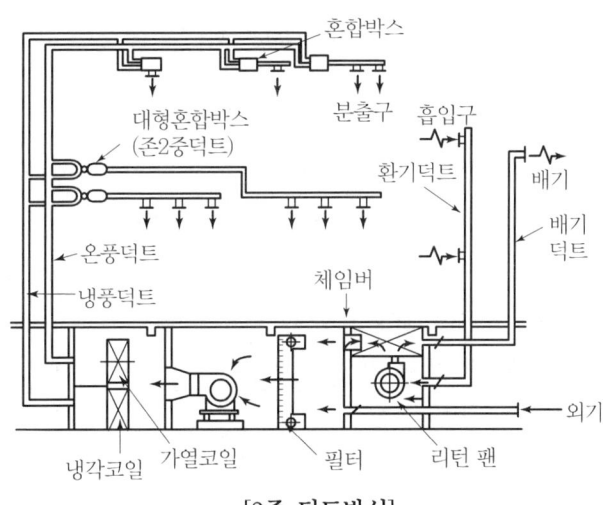

[2중 덕트방식]

③ 멀티존 유닛방식
  ㉠ 냉·온풍을 만들어 각 지역별로 혼합한 후 각각의 덕트에 보내는 방식
  ㉡ 배관 조절장치를 한 곳에 집중하며 여름과 겨울의 냉난방 시 에너지 혼합 손실이 적다.
  ㉢ 다른 방식에 비해 냉동부하가 증가하며 중간기에는 혼합 손실이 생겨 에너지 손실이 크다.
  ㉣ 중간 규모 이하의 건물에 적합하다.

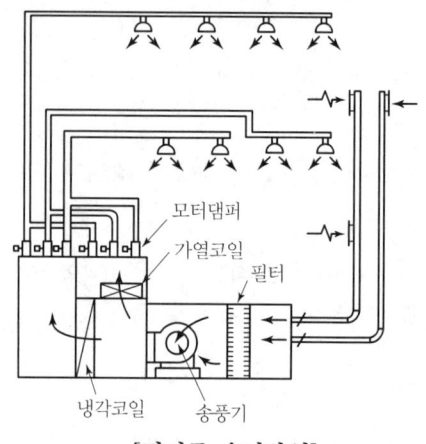

[멀티존 유닛방식]

(2) 수공기식

1차 공기조화기가 외기 및 환기를 처리한 다음 덕트로 방에 송풍하고, 실내의 2차 공기 조화기에서는 냉·온수가 송입되어 실내공기를 재처리하는 방식이다.

① 각층 유닛방식
  ㉠ 각 층, 각 구역마다 공기조화 유닛을 설치하는 방식
  ㉡ 층 또는 구역별로 조건이 다른 건물에 사용되며 전공기식보다 덕트 공간을 좁힐 수 있는 이점이 있다.
  ㉢ 공기 조화기의 수가 많아지므로 기계가 점하는 면적, 설비비, 보수관리가 복잡해지는 단점이 있다.

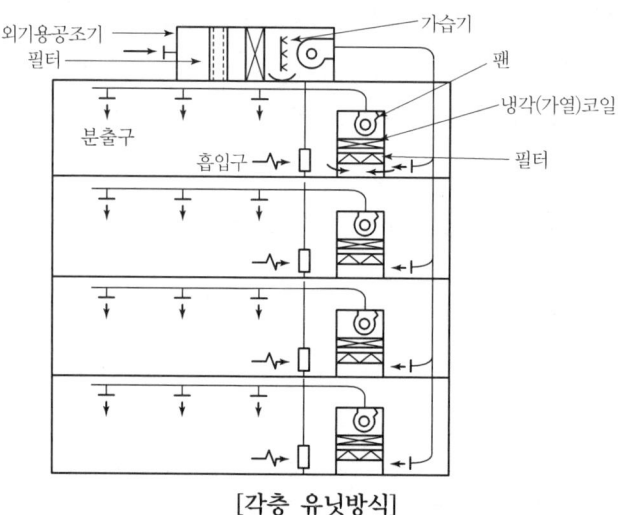

[각층 유닛방식]

> 각층 유닛방식은 개별 유닛의 처리방식에 따라 전공기식으로 분류될 수도 있다.

② 유인 유닛방식
  ㉠ 1차 공조기로부터 조화한 공기를 고속덕트를 통해 각 유닛에 송풍하면 1차 공기가 유인 유닛 속의 노즐을 통과할 때에 유인작용을 일으켜 실내공기를 2차 공기로 하여 유인한다.
  ㉡ 유인된 실내공기는 유닛 속 코일에 의해 냉각 또는 가열된 후 2차의 혼합공기로 되어 실내로 송풍된다.
  ㉢ 각 유닛마다 개별 제어가 가능하고 고속덕트를 사용하므로 덕트 공간을 작게 할 수 있다.
  ㉣ 실내 환경 변화에 대응이 용이하고 회전부가 없어 동력배선이 필요 없다.
  ㉤ 각 유닛마다 수배관을 설치하므로 누수의 염려가 있고 냉각 가열을 동시에 하는 경우 혼합손실이 발생한다.
  ㉥ 유인 성능 및 공간 문제 등으로 고성능 필터의 사용이 곤란하고 송풍량이 적어서 외기냉방의 효과가 적다.

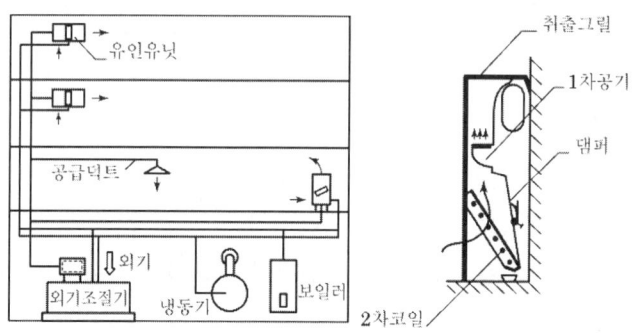

[유인 유닛방식]

(3) 전수식
덕트를 쓰지 않고 배관에 의해 냉·온수가 동시 또는 단독으로 실내에 처리된 유닛 속에 보내져서 방의 공기를 처리하는 방식이다.
  ① 팬코일 유닛
    ㉠ 소형 송풍기와 냉·온수 코일 및 필터 등을 구비한 소형 공조기를 각 실에 설치하여

중앙기계실로부터 냉·온수를 공급하여 공기조화를 하는 방식이다.

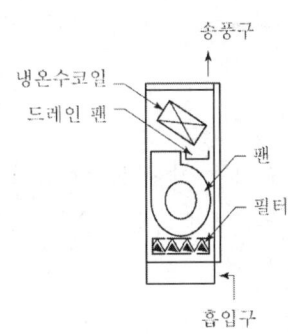

ⓒ 외기 공급별 분류
  ⓐ 실내공기 순환식 : 재실인원이 적은 경우 팬코일 유닛에 실내공기를 순환시켜 냉각 또는 가열한다.
  ⓑ 외기 도입식 : 팬코일 유닛이 설치된 벽을 통해 외기를 직접 도입하여 실내 환기와 혼합·냉각 또는 가열하여 취출한다.
  ⓒ 덕트병용 방식 : 중앙 공조기의 1차 공조기에서 외기를 조화하여 덕트를 통해 각 실로 공급하며 실내 유닛인 팬코일 유닛으로 실내 공기를 조화한다. 이 경우는 수공기식으로 볼 수 있다.
ⓒ 특징
  ⓐ 외주부의 창문 밑에 설치하면 콜드 드래프트를 방지할 수 있지만 수배관 누수의 염려가 있다.
  ⓑ 각 실별 제어가 가능하므로 부분부하가 많은 건물에서 경제적 운전이 가능하다.
  ⓒ 다수 유닛의 분산으로 관리가 어렵다.
  ⓓ 호텔 객실, 아파트처럼 여러 실로 나뉘어진 건축물에 적합하며 영화관과 같이 넓은 공간에는 부적합하다.
② 복사 냉난방 방식
건물 바닥 또는 벽 등의 구조체 내에 파이프 코일을 설치하고 냉·온수를 통하게 하여 냉난방하는 방식이다. 난방 쾌감도는 높지만 설비비용이 높고 보수가 까다롭다.

(4) 냉매식
송풍덕트나 냉·온수 배관이 없이 현장에서 냉매배관으로 실내공기를 직접 처리하는 방식이다. 대표적으로 패키지 유닛방식이 있으며, 냉동기를 내장한 공조기를 설치한 방식이다.

현장설치가 간단하고 공기가 짧아 설비비가 적게 드나 실내의 소음이 크다.

(5) 덕트

① 배치방식

개별덕트식	취출구마다 단독 설치. 풍량 조절 용이. 비용 및 점유공간 증가
간선덕트식	가장 간단한 방식. 비용 저렴. 점유 공간 절감
환상덕트식	덕트 끝을 연결하여 루프를 만드는 형식

② 송풍기

㉠ 후곡형 : 블레이드의 끝이 회전방향의 뒤쪽으로 굽은 형태로 그림과 같이 날개가 곡선으로 된 것과 직선으로 된 것이 있다. 효율이 높고 고속에서도 비교적 정숙한 운전을 할 수 있는 것으로 터보형 팬에 적용된다.

㉡ 다익형(원심형) : 블레이드 끝이 회전방향으로 굽은 전곡형으로 동일 용량에 대해서 다른 형식에 비해 회전수가 적다. 송풍기 크기가 작은 팬코일 유닛(FCU) 등에 적합하며, 저속 덕트용으로 쓰인다.

㉢ 익형 : 후곡형과 다익형을 개량한 것으로 박판을 접어서 유선형의 날개를 형성한 에어포일과 날개를 S자 모양으로 구부린 리미트로드 팬이 있다. 에어포일은 고속회전이 가능하며 소음이 작다. 리미트로드 팬은 풍량이 증가하면 과열되는 다익형을 보완한 것이다.

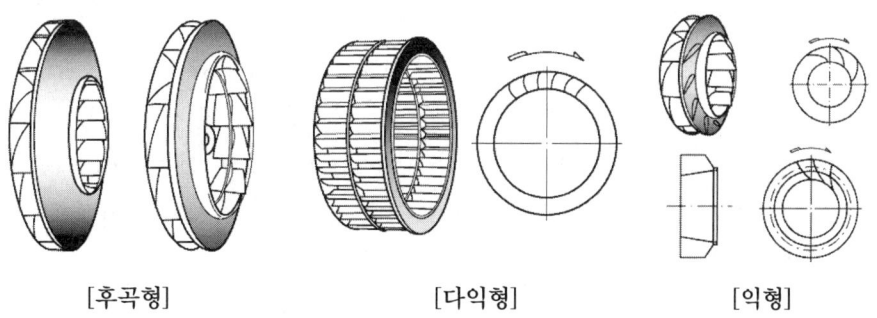

[후곡형]   [다익형]   [익형]

㉣ 방사형 : 블레이드가 방사형으로 평판형과 전곡형이 있다. 방사형은 자기청소(self cleaning)의 특성이 있어서 시멘트 공장과 같이 분진의 누적이 심하여 송풍기 날개의 손상이 우려되는 공장용 송풍기에 적합하다. 그러나 효율이나 소음면에서는 성능이 나쁘다.

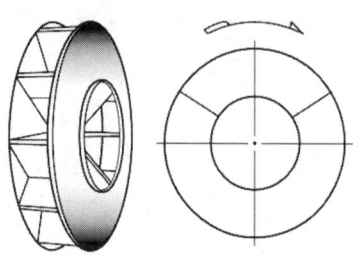
[평판형]
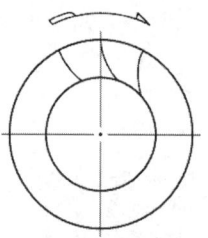
[전곡형]

ⓜ 관류형 : 원통 모양의 케이싱에 전동기를 직결한 날개 바퀴를 내장한 것으로, 공기는 원심력으로 내보내고 원통 내벽을 따라 방향을 바꿔 축방향으로 흐른다. 옥상형 환기선 등에 사용되고 있다.

ⓗ 축류형 : 관 모양의 하우징(housing) 내에 송풍기가 들어 있어서 덕트 도중에 설치하여 송풍압력을 높이거나 국소 통기 또는 대형 냉각탑 등에 쓰인다.

③ 취출구

덕트로부터 실내로 공기를 취출하는 부분의 기구를 뜻한다.

㉠ 노즐형 : 주로 공장이나 방송 스튜디오 등에서 사용되는 것으로 고속으로 넓은 공간에 취출될 수 있다. 취출속도는 10~15m/s 정도로 사용 시 소음이 작다.

㉡ 베인 격자형 : 벽에 설치되는 격자형 취출구로서 기류의 방향을 조정하는 가동베인과 고정베인형이 있다. 풍량을 조정할 수 있는 댐퍼가 조합된 것은 레지스터(register)라 하고, 댐퍼가 없는 것은 그릴(grille)이라 한다.

㉢ 아네모스탯형 : 여러 개의 뿔형 날개로 구성되어 있는 것으로 1차 공기에 의한 2차 공기의 유인성능이 좋고 풍속의 조절범위가 넓고 유도비가 높아 취출풍속이 크다. 확산반경이 크고 도달거리가 짧기 때문에 천장 취출구로 많이 사용된다.

㉣ 브리즈 라인형 : 길이가 1~2m, 폭이 약 50mm인 가늘고 긴 선형의 취출구이며, 천장에 설치하여 기류를 수직으로 하강시키고, 속 날개를 경사시키면 기류에 약간의 각도가 만들어진다.

④ 풍량제어 방식

회전수 제어	송풍기의 회전수를 조정하여 풍량을 변화시켜 덕트 내부 정압을 설정치 내로 유지하고, 유닛의 작동을 원활하게 한다. 축동력이 대폭 감소되는 방식
토출댐퍼 제어	가장 일반적이며 비용도 적게 들고 다익형이나 소형 송풍기에 적합한 방식. 계획 풍량에 얼마간의 여유를 계산해 놓고, 실제 사용 시에 댐퍼를 조정해서 소정 풍량으로 조절하며 사용할 수 있다.
흡입베인 제어	송풍기의 케이스 흡입구에 붙인 가변날개에 의해서 풍량을 조절하는 방법. 풍량이 큰 범위에서는 송풍기의 회전을 변경시키는 방법보다 효율이 좋다. 오히려 더 경제적이나 다익형 송풍기에는 별로 효과가 없고 한정 부하 팬, 터보 팬에서는 효과가 좋다. 이 제어는 수동으로 되나 온도, 습도에 따라서 자동으로 조절할 수 있다.
흡입댐퍼 제어	토출압은 흡입 댐퍼의 조정에 따라서 감소하고, 흡입압의 강화에 의해 가스비중이 감소한 비율만큼 동력도 작아지므로 일반 공조용의 송풍기와 같이 저압인 경우에는 거의 그 영향을 받지 않는다.

> **Point**
> - 축동력 소요 : 토출댐퍼제어 > 흡입댐퍼제어 > 흡입베인제어 > 회전수제어
> - 동력 절감률 : 회전수제어 > 흡입베인제어 > 흡입댐퍼제어 > 토출댐퍼제어

⑤ 덕트의 송풍량 계산

송풍량 $Q = \dfrac{q_s}{\gamma \cdot C \cdot \Delta T}$

여기서, q_s : 현열부하, γ : 비중, C : 비열, ΔT : 온도변화

> **Point**
> A실의 냉방부하를 계산한 결과 현열부하가 8000W이다. 취출공기온도를 18℃로 할 경우 송풍량은? (단, 실온은 26℃, 공기의 밀도는 1.2kg/m³, 공기의 비열은 1.01kJ/kg·K이다.) [2013년 9월 출제]
> ① 약 825m³/h   ② 약 1560m³/h   ③ 약 2970m³/h   ④ 약 4340m³/h
> [풀이] ※ 1W=1J/s이므로 8000W=8kJ/s이며 각 답안의 단위가 시간당 송풍량이므로 3600초를 곱한다.
>
> 송풍량 $Q = \dfrac{q_s}{\gamma \cdot C \cdot \Delta T}$
>
> $= \dfrac{8\text{kJ/s} \times 3600\text{s}}{1.2\text{kg/m}^3 \times 1.01\text{kJ/kg}\cdot\text{k} \times (26-18)} =$ 약 2970m³/h
>
> 여기서, q_s : 현열부하, γ : 비중, C : 비열, ΔT : 온도변화

2. 난방설비 및 전기설비

(1) 난방설비

① 증기난방

㉠ 수증기의 잠열로 난방하는 방식. 응축수는 환수관을 통하여 보일러에 환수된다.

㉡ 열의 운반능력이 크고 예열시간이 짧으며 방열면적이 작은 반면 비용이 저렴해서 경제적이다.

㉢ 난방 쾌감도가 낮고, 방열량 조절이 곤란하고 소음이 발생하며 보일러 취급에 기술을 요한다.

㉣ 학교, 사무실, 공장 등 대규모 공간에 사용한다.

㉤ 배관 방식에 의한 분류
  ⓐ 단관식 : 증기와 응축수가 동일배관에서 서로 역류
  ⓑ 복관식 : 증기관과 환수관을 각각 설치

㉥ 응축수 환수에 따른 분류
  ⓐ 중력 환수식 : 환수관이 약 1/100 정도의 선하향 구배로 되어 있어서 응축수 무게에 의한 고저차로 환수되는 방식
  ⓑ 기계 환수식 : 중력에 의하여 응축수를 탱크까지 환수시킨 후 응축수 펌프를 사용하여 보일러에 환수되는 방식
  ⓒ 진공 환수식 : 환수관 끝에 진공 펌프를 설치하여 장치 내의 공기를 제거하면서 펌프에 의해 보일러로 환수된다.

② 온수난방

㉠ 현열을 이용한 난방으로 가열 온수를 복관식 혹은 단관식 배관을 통하여 방열기에 공급한다.

㉡ 온도와 온수량 조절이 용이하고 방열기 표면온도가 낮으며 보일러 취급이 용이하고 안전한 편이다.

㉢ 증기난방에 비해 예열시간이 길고 방열면적과 배관이 커서 설비비용이 크다.

㉣ 동결의 우려가 크며 온수 순환시간이 길다.

㉤ 역환수식(Reverse Return) 배관법
  ⓐ 온수난방이나 급탕의 배관 시 공급관과 환수관의 길이를 거의 같게 하여 온수의 순환 시 유량을 균등하게 분배하기 위해 사용하는 배관법이다.

ⓑ 배관 공간을 많이 차지하고, 배관비가 많이 든다.
　　ⓑ 리턴 콕 : 온수방열기의 환수밸브로 온수의 유량을 조절한다.
　③ 복사난방
　　㉠ 바닥 등의 구조체에 동관, 강관 등으로 코일을 배관하여 가열면을 형성하여 난방하는 방식이다.
　　㉡ 온도분포가 균등하고 먼지상승을 억제하여 쾌감도가 높다.
　　㉢ 방열기가 필요 없고 바닥면의 이용도가 높다.
　　㉣ 표면 균열 및 매설배관 이상 시 수리 등의 변경이 곤란하고, 특수 시공을 해야 한다.
　　㉤ 열손실을 막기 위한 단열층이 필요하다.
　④ 온풍난방
　　㉠ 가열한 공기를 직접 실내로 송풍하는 방식이다.
　　㉡ 설비비용이 낮고 설비면적이 작으며 열용량이 작고 예열시간이 짧다.
　　㉢ 설치가 쉽고 보수관리가 용이하며 자동 운전이 가능하다.
　　㉣ 소음이 크고 쾌감도가 나쁜 편이며 풍량이 작을 시 상·하 온도 분포가 고르지 않다.
　⑤ 지역난방
　　㉠ 광범위한 지역을 1개 또는 몇 개의 열원으로 나누어 난방하는 방식으로 유지관리비가 저렴하다.
　　㉡ 건물 내 유효면적이 증대되고 대기오염을 줄일 수 있다.
　　㉢ 각 건물의 기기소음을 줄일 수 있고 화재 위험이 적다.
　　㉣ 고층건물은 공급이 어렵고 배관 도중에 열손실이 크며 초기 시설비가 크게 발생한다.
　　㉤ 숙련기술자의 설치가 필요하다.

(2) 전기설비

① 기초사항
　㉠ 전압 : 물질의 전기적 높이를 전위라 하고 그 차이를 전위차 혹은 전압이라 한다.
　　전압(V)=전류(I)×저항(R)
　㉡ 전류 : 도체의 단면을 단위 시간에 이동한 전기량을 말한다.
　　전류(I)=전압(V)/저항(R) 혹은 전류량(Q)/시간(T)
　㉢ 전력 : 전류가 단위시간에 하는 일의 양

> **Point** 전압 종별
>
> | 구분 | 직류 | 교류 |
> |---|---|---|
> | 저압 | 1500V 이하 | 1000V 이하 |
> | 고압 | 1500V 초과 7000V 이하 | 1000V 초과 7000V 이하 |
> | 특별 고압 | 7000V 초과 ||

② 변전실

건물의 전기 설비 용량이 어느 한도 이상의 크기가 되면 저압 인입으로는 전선이 매우 굵어지므로 고압 인입으로 하여 옥내에 설치되는 설비공간을 뜻한다.

㉠ 변전실의 면적은 평당 전기설비용량(kW)의 루트값으로 한다.
㉡ 변전실은 내화구조로 하고 위치는 부하의 중심에 가깝고 배전이 편리한 장소로 한다.
㉢ 외부로의 전원 인입이 쉽고 기기 반출입이 용이한 곳이어야 하며 습기 및 먼지가 적고 천장높이가 충분한 곳으로 한다.
㉣ 환기 및 조명설비를 갖춰야 하며 부식성 가스가 없는 장소이어야 한다.

③ 간선(인입구-분전반)

㉠ 간선은 동력선에서 분기되어 나오는 것을 말하며 주택은 각 실의 콘센트에 전원을 공급하는 선을 말한다.
㉡ 배선방식

구분	개요	용도
수지상식	• 배전반에서 한 개의 간선이 각 분전반을 거쳐 가며 공급되는 방식 • 전압 강하가 크다.	소규모 건물
평행식	• 배전반에서 각 분전반으로 단독 배선한다. • 전압 강하가 적은 반면 설비비가 많이 소요된다.	대규모 건물
병용식	• 평행식과 나뭇가지식의 병용방식으로 가장 많이 쓰이는 편이다.	

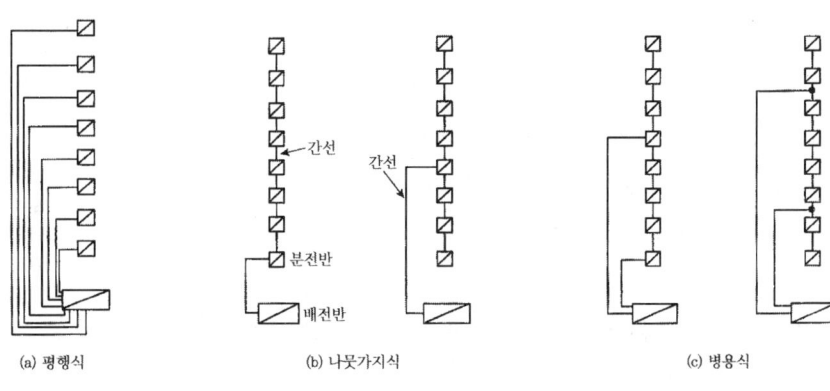

[간선의 배전 방식]

ⓒ 간선 설계 순서 : 부하용량 산정 → 전기방식·배선방식 결정 → 배선방법 결정 → 전선의 굵기 결정

④ 분전반

㉠ 배선된 간선을 다시 분기 배선하는 장치로 나무판 위에 컷아웃 스위치 또는 나이프 스위치를 배열한 극히 간단한 것부터 대리석반에 다수의 분기 개폐기, 보안기 및 모선을 취부하고, 혹은 유닛 스위치를 다수 조립한 것을 강판제의 상자 속에 수납한 것까지 있다. 나무 상자에 수납하는 경우에는 내면을 철판으로 감싼다.

㉡ 위치

ⓐ 각 층 부하의 중심에 가깝고 보수·조작이 안전한 곳

ⓑ 고층 건물은 가능한 한 파이프 샤프트 부근에 위치하는 것이 좋다.

ⓒ 전화용 단자함이나 소화전 박스와 조화롭게 배치한다.

ⓓ 간선인입 및 분기회로의 조작에 지장이 없는 곳이 적합하다.

> **Point**
> ① 아웃렛 : 전기 기기의 뒷판(rear pannel) 등에 붙어 있는 전기 콘센트를 말한다.
> ② 배전반 : 빌딩이나 공장에서는 송전선으로부터 고압의 전력을 받아 변압기로 저압으로 변환하여 각종 전기설비 계통으로 배전하는데, 배전을 하기 위한 장치가 배전반이다. 배전반에는 안전장치, 계기, 표시등, 계전기, 개폐기 따위를 배치하여 전로의 개폐나 기기의 제어와 감시를 쉽게 하는 것으로 스위치 보드라고도 한다.
> ③ 캐비닛 : 전기설비에서는 라디오, 텔레비전 수상기, 스테레오 장치 등의 기계 장치를 수납하는 케이스를 뜻한다.

⑤ 전기방식 및 전선관
  ㉠ 단상 2선식 : 소규모 주택(100V, 220V)
  ㉡ 단상 3선식 : 학교, 일반 사무실(100V, 200V)
  ㉢ 3상 3선식 : 공장 등의 동력전원으로 많이 사용된다(200V).
  ㉣ 3상 4선식 : 대규모 건축물
  ㉤ 전선관의 굵기
    ⓐ 3조건 : 안전전류(허용전류), 전압강하, 기계적 강도
    ⓑ 전선 4본 이상 삽입 시 전선 단면적의 40% 이하
    ⓒ 한 개의 전선관 속에 10가닥 이하
    ⓓ 전선 삽입 교체 시에 용이하도록 충분히 지름을 확보한다.
⑥ 스위치
  ㉠ 로터리 스위치 : 손잡이를 시계 방향으로 회전시켜 점멸하고 밝기를 조절한다.
  ㉡ 텀블러 스위치 : 손잡이를 상하 또는 좌우로 젖혀서 점멸시키며 가장 많이 사용한다.
  ㉢ 푸시버튼 스위치 : 눌러서 점멸한다.
  ㉣ 풀 스위치 : 천장 등의 높은 곳에 설치하여 늘어뜨린 끈을 당겨 점멸한다.
  ㉤ 코드 스위치 : 코드 중간에 접속해서 점멸하는 스위치
  ㉥ 3로 스위치 : 계단 2개소에서 점멸이 가능한 스위치
  ㉦ 기타 : 캐노피, 펜던트, 타임 스위치
⑦ 전기샤프트(Electronic Shaft)
  ㉠ 전기시설이 설치되고 유지, 관리를 할 수 있는 샤프트(배관 공간)를 말한다.
  ㉡ 전력용(EPS)과 정보통신용(TPS) 샤프트는 용도별로 구분하여 설치하는 것이 원칙이나 각 용도의 설치 장비 및 배선이 적은 경우 공용으로 사용한다.
  ㉢ 전기샤프트는 각 층마다 같은 위치에 설치하며 연면적 3000m^2 이상 건축물의 경우 1개 층을 기준하여 800m^2마다 설치하는 것을 원칙으로 한다. 다만, 용도에 따라 면적을 달리할 수 있다.
  ㉣ 전기샤프트의 면적은 보, 기둥부분을 제외하고 산정하며, 기기의 배치와 유지보수에 충분한 공간으로 하고, 건축적인 마감을 시행한다.
  ㉤ 점검구는 유지보수 시 기기의 반입 및 반출이 가능하도록 하여야 하며, 점검구 문의 폭은 90cm 이상으로 한다.

⑧ 화재감지기

㉠ 열 감지기

ⓐ 감지방식

차동식	주위 온도가 일정 상승률 이상이 되는 경우에 작동
정온식	국소 온도가 기준보다 높아지는 경우 작동
보상식	온도 상승률이 일정값을 초과할 때 또는 온도가 일정값을 초과할 때 작동하는 방식

ⓑ 감지영역

스포트형	국소 지역의 온도에 의해 작동
분포형	넓은 범위의 열 효과에 의해 작동

㉡ 연기 감지기

이온식	검지부에 연기가 들어가면 이온 전류가 변화하는 것을 이용하는 방식
광전식	주위 공기가 일정 농도의 연기를 포함하게 되는 경우 광전소자에 접하는 광량의 변화로 작동하는 감지기

⑨ 음향장치

㉠ 감지기가 화재를 감지하면 벨이나 사이렌으로 알리는 장치

㉡ 음량은 설치된 위치 중심 기준 1m 떨어진 곳에서 90폰 이상으로 한다.

㉢ 각 층마다 그 층의 각 부분으로부터 하나의 음향장치까지의 수평거리를 25m 이하가 되도록 설치한다.

3. 소방설비

(1) 개요

① 화재의 구분

㉠ A급 화재(백색화재, 일반화재) : 연소 후 재를 남기는 화재. 나무, 종이 등

㉡ B급 화재(황색화재, 유류, 가스) : 석유, 가스 등의 화재. 질식에 의한 소화

㉢ C급 화재(청색화재, 전기) : 전기 및 누전 원인. 물 사용 금지. 질식에 의한 소화

㉣ D급 화재(무색, 금속화재) : 나트륨, 마그네슘 등 활성금속에 의한 화재

② 소화 원리

질식소화	산소공급원을 차단하여 소화하는 방법(이산화탄소 소화설비)
제거소화	• 연소반응에 관계된 가연물이나 주위의 가연물을 제거하는 소화방법 • 강풍으로 가연성 증기를 날려 보내거나, 산불화재의 진행 방향을 앞질러 벌목하는 것이 해당된다. • 유전화재는 폭약으로 폭풍을 일으켜 소화하기도 한다.
냉각소화	연소 중인 가연물로부터 열을 뺏어 연소물을 착화온도 이하로 내리는 방법(스프링클러, 물분무 등)
억제소화	• 연소의 4요소 중 연속적인 산화반응, 즉 연쇄반응을 약화시켜 연소를 막아서 소화하는 것으로 화학적 작용에 의한 소화방법이다. • 부촉매 : 화학반응 속도를 느리게 하는 할로겐족 원소(불소, 염소, 브롬, 요오드) • 소화 효과(부촉매)의 크기 : 불소 < 염소 < 브롬 < 요오드
기타	• 피복소화 : 가연물 주위를 공기와 차단시켜 소화(이불, 담요 등으로 덮기) • 희석소화 : 수용성 액체(아세톤) 화재 시 물을 뿌려 연소농도를 희석하여 소화 • 유화소화(에멀젼) : 비수용성 인화성 액체의 유류화재 시 액체표면에 불연성의 유막을 형성하여 소화

③ 소화설비의 분류

소화설비	소화기, 옥내소화전, 옥외소화전, 스프링클러, 물분무 등 설비(가스계 소화설비)
경보설비	자동화재탐지설비, 자동화재속보설비, 비상방송설비, 비상경보설비, 누전경보기
피난설비	유도등, 비상조명등, 피난사다리, 공기호흡기, 완강기, 인명구조기구
소화용수설비	상수도소화용수설비, 소화수조
소화활동설비	제연설비, 연결송수관설비, 연결살수설비, 무선통신보조설비, 비상콘센트설비

(2) 주요 소방설비

① 소화기

㉠ 각층마다 설치(소형 소화기 20m 이내, 대형 소화기는 30m 이내마다 배치)

㉡ 각층이 둘 이상의 거실로 구획된 경우 ㉠의 규정 외에 바닥면적 33m² 이상으로 구획된 각 거실마다 배치(아파트는 각 세대마다)

ⓒ 바닥으로부터 1.5m 이내에 설치할 것
② 옥내소화전
　㉠ 방수구
　　ⓐ 호스는 구경 40mm(호스릴 방식 25mm) 이상. 각 부분에 물을 뿌릴 수 있는 길이로 설치
　　ⓑ 바닥으로부터 높이 1.5m 이하에 설치
　　ⓒ 각 층마다 설치하고 각 부분으로부터 1개 방수구까지 수평거리 25m 이내
　　ⓓ 호스릴 방식의 경우 노즐을 쉽게 개폐할 수 있는 장치를 부착할 것
　㉡ 송수구
　　ⓐ 소방차가 쉽게 접근할 수 있고 잘 보이는 장소에 설치
　　ⓑ 송수구로부터 주 배관에 이르는 연결배관에는 개폐 밸브를 설치하지 않는다.(겸용 배관은 제외)
　　ⓒ 지면으로부터 높이 0.5m 이상 1m 이하의 위치에 설치
　　ⓓ 구경 65mm의 쌍구형 또는 단구형으로 할 것
　　ⓔ 송수구에는 이물질을 막기 위한 마개를 씌울 것
　　ⓕ 송수구의 가까운 부분 자동배수밸브 및 체크밸브를 설치할 것
　㉢ 수원 저수량 : 옥내소화전 설치개수가 가장 많은 층의 설치개수×2.6m² 이상
③ 옥외소화전설비
　㉠ 수원 저수량 : 옥외소화전의 설치개수에 7m²를 곱한 값 이상
　㉡ 호스접결구 : 지면으로부터 높이가 0.5m 이상 1m 이하의 위치에 설치하고, 특정소방대상물의 각 부분으로부터 하나의 호스접결구까지의 수평거리가 40m 이하가 되도록 설치하여야 한다.
　㉢ 호스 구경 : 65mm
　㉣ 방수압력 0.25MPa 이상, 방수량 350L/min 이상
　㉤ 노즐선단에서의 방수압력이 0.7MPa을 초과할 경우, 호스접결구 인입측에 감압장치를 설치하여야 한다.

④ 스프링클러설비
㉠ 주요 장치

반사판(deflector)	스프링클러헤드의 방수구에서 유출되는 물을 세분시키는 장치
프레임(Frame)	나사부분과 반사판을 연결하는 이음쇠
유수검지장치	본체 내 유수현상을 자동으로 검지하여 신호나 경보를 발하는 장치
일제개방밸브	개방형 스프링클러헤드를 사용하는 일제 살수식 스프링클러 설비에 설치하는 밸브. 화재발생 시 자동 또는 수동식 기동장치에 따라 밸브가 개방된다.
감열체(감열부)	내부에 유리구가 들어 있으며 평상 시 방수구를 막고 있다가, 화재 시 일정 온도가 되면 파괴 또는 용해되어 방수구가 열림으로써 스프링클러가 작동된다. 개방형 스프링클러는 감열부가 없다.

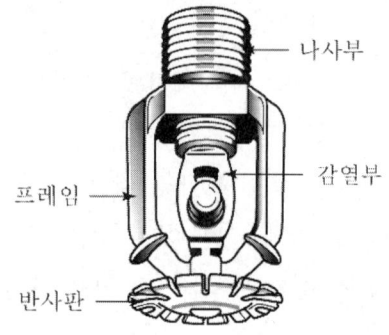

㉡ 배관

주배관	각 층을 수직으로 관통하는 배관
교차배관	직접 또는 주배관을 통해 가지배관에 급수하는 배관
가지배관	스프링클러헤드가 설치되어 있는 배관
급수배관	수원이나 옥외송수구로부터 급수하는 배관
신축배관	가지배관과 스프링클러헤드를 연결하는 배관. 구부릴 수 있도록 유연해야 한다.

㉢ 개방형 스프링클러
　헤드가 개방된 상태로 놓고 화재 시 송수한다.
　　ⓐ 수원은 최대 방수구역에 설치된 스프링클러헤드의 개수가 30개 이하일 경우 설치된 헤드 개수에 1.6m³를 곱한 양 이상으로 한다.

ⓑ 30개를 초과하는 경우에는 다음 조항에 따라 산출된 가압송수장치의 1분당 송수량에 20을 곱한 양 이상이 되도록 한다.
- 가압송수장치의 정격토출압력은 하나의 헤드 선단에 0.1MPa 이상 1.2MPa 이하의 방수압력이 될 수 있게 하는 크기일 것
- 가압송수장치의 송수량은 0.1MPa의 방수압력 기준으로 80L/min 이상의 방수성능을 가진 기준 개수의 모든 헤드로부터의 방수량을 충족시킬 수 있는 양 이상의 것으로 할 것

ⓔ 폐쇄형 스프링클러헤드관

습식	배관 내 물이 차 있으며 가용편이 녹아 방수된다.
건식	배관 내 공기가 차 있다. 누수나 동파의 우려가 있는 곳에 쓰인다.

ⓐ 하나의 방호구역의 바닥면적은 3000m² 를 초과하지 않도록 한다.
ⓑ 한 방호구역에 1개 이상의 유수검지장치를 설치하되, 화재발생 시 접근이 쉽고 점검하기 편리한 장소에 설치한다.
ⓒ 하나의 방호구역은 2개 층에 미치지 아니하도록 할 것. 다만, 1개 층에 설치되는 스프링클러헤드의 수가 10개 이하인 경우와 복층형 구조의 공동주택에는 3개 층 이내로 할 수 있다.
ⓓ 유수검지장치를 실내에 설치하거나 보호용 철망 등으로 구획하여 바닥으로부터 0.8m 이상 1.5m 이하의 위치에 설치하되, 그 실 등에는 가로 0.5m 이상 세로 1m 이상의 출입문을 설치하고 그 출입문 상단에 "유수검지장치실"이라고 표시한 표지를 설치한다.
ⓔ 스프링클러헤드에 공급되는 물은 유수검지장치를 지나도록 할 것. 다만, 송수구를 통하여 공급되는 물은 예외로 한다.
ⓕ 자연낙차에 따른 압력수가 흐르는 배관 상에 설치된 유수검지장치는 화재 시 물의 흐름을 검지할 수 있는 최소한의 압력이 얻어질 수 있도록 수조의 하단으로부터 낙차를 두어 설치할 것

⑤ 연결송수관설비
㉠ 송수구
ⓐ 지면으로부터의 높이 : 0.5m 이상 1.0m 이하
ⓑ 구경 65mm의 쌍구형으로 할 것

ⓒ 연결송수관의 수직배관마다 1개 이상 설치
ⓓ 이물질을 막기 위한 마개를 씌울 것
ⓒ 배관
ⓐ 주배관의 구경 : 100mm 이상(주배관 구경 100mm 이상인 옥내소화전·스프링클러·물분무 등 소화설비 배관과 겸용 가능)
ⓑ 수직배관은 내화구조로 구획된 계단실(부속실 포함) 또는 파이프 덕트 등 화재의 우려가 없는 장소에 설치
ⓒ 방수구
ⓐ 호스 접결구 설치 : 바닥으로부터 높이 0.5m 이상 1m 이하
ⓑ 연결송수관설비의 전용방수구 또는 옥내소화전방수구로서 구경 65mm의 것으로 설치할 것
ⓓ 가압송수장치
ⓐ 펌프 토출량 : 2,400L/min 이상(계단식 아파트는 1,200L/min)
ⓑ 펌프 양정은 최상층에 설치된 노즐 선단의 압력이 0.35MPa 이상의 압력이 되도록 할 것
ⓒ 송수구로부터 5m 이내의 보기 쉬운 장소에 바닥으로부터 높이 0.8m 이상 1.5m 이하로 설치

⑥ 자동화재탐지설비 수신기
㉠ 감지기나 발신기로부터 화재 발생 신호를 받아 경보음과 동시에 화재발생 장소를 램프로 표시한다.
㉡ 종류
ⓐ P형 1급 수신기 : 상용전원 및 비상전원 간의 전환 등이 가능하며 회로 수에 제한이 없다. 4층 이상에 사용한다.
ⓑ P형 2급 수신기 : 5회선 이하, 4층 미만 건물에 사용한다.
ⓒ R형 수신기 : 고유의 신호를 수신하는 장치로, 숫자 등의 기록에 의해 표시되며 회선수가 매우 많은 동일 구내의 다수동이나 초고층 빌딩 등에 사용된다.
ⓓ 기타 : M형, GP형, GR형

⑦ 화재감지기
㉠ 연기 감지기
ⓐ 감지 방식

- 이온화식 : 감지기 안으로 유입된 연기 입자에 의한 이온전류의 변화를 이용(농도 변화 감지)
- 광전식 : 연기 입자에 의한 광전소자의 입사광량 변화를 이용(광량 변화 감지)

ⓑ 설치 장소
- 평상시 연기 발생이 없으며 열감지가 어려운 높이 20m 이내의 장소
- 벽 또는 보로부터 0.6m 이상 떨어진 곳
- 천장 또는 반자가 낮은 실내 또는 좁은 실내에 있어서는 출입구의 가까운 부분에 설치할 것
- 천장 또는 반자부근에 배기구가 있는 경우에는 그 부근에 설치할 것
- 복도 및 통로는 보행거리 30m마다, 계단 및 경사로는 수직거리 15m마다 1개 이상으로 할 것

ⓒ 열 감지기
ⓐ 감지방식

차동식	주위 온도가 일정 상승률 이상이 되는 경우에 작동
정온식	국소 온도가 기준보다 높아지는 경우 작동
보상식	온도 상승률이 일정값을 초과 시 또는 온도가 일정값 초과 시 작동

ⓑ 감지영역

스포트형	국소 지역의 온도에 의해 작동
분포형	넓은 범위의 열 효과에 의해 작동

memo

part 4

모의고사

[모의고사 학습 시 유의사항]
- 개정된 출제기준에 맞춰 저자가 선정한 예상문제입니다.
- 시험시간은 90분이니 실제 시험을 보듯 백지에 답을 작성하고 채점해보세요.

실/내/건/축/산/업/기/사

모의고사 제1회

제1과목 : 실내디자인계획

01 그림에서 느낄 수 있는 효과로 가장 알맞은 것은?

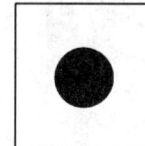

① 대조의 효과 ② 집합의 효과
③ 분리의 효과 ④ 집중의 효과

02 고정창에 관한 설명으로 옳지 않은 것은?
① 적정한 자연환기량 확보를 위해 사용된다.
② 크기에 관계없이 자유롭게 디자인할 수 있다.
③ 형태에 관계없이 자유롭게 디자인할 수 있다.
④ 유리와 같이 투명재료일 경우 창이 있는 것을 알지 못해 부딪힐 위험이 있다.

03 채광을 조절하는 일광 조절장치와 관련이 없는 것은?
① 루버(Louver)
② 커튼(Curtain)
③ 베니션 블라인드(Venetian Blind)
④ 디퓨저(Diffuser)

04 소비자의 구매심리 5단계의 순서를 옳게 나열한 것은?

① 욕망-주의-흥미-기억-행동
② 욕망-흥미-주의-기억-행동
③ 주의-흥미-욕망-기억-행동
④ 주의-욕망-흥미-기억-행동

05 디자인의 원리에 관한 설명으로 옳지 않은 것은?
① 균형은 정적이 아닌 요소에서도 시각적 안정성을 가져올 수 있다.
② 강조는 단조로움의 극복, 관심의 초점을 조성하거나 흥분을 유도할 때 적용한다.
③ 리듬은 청각의 원리가 시각적으로 표현된 것이라 할 수 있다.
④ 통일과 변화는 서로 대립되는 관계로, 동시 사용이 불가능하다.

06 단독주택의 부엌에 관한 설명으로 옳지 않은 것은?
① 작업대의 배치유형 중 일렬형은 대규모 부엌에 주로 이용된다.
② 일반적으로 부엌의 크기는 주택 연면적의 8% 정도가 가장 적당하다.
③ 작업대의 높이는 850mm, 깊이는 550mm 내외가 적당하다.
④ 작업대는 능률적인 작업을 위해 준비대 → 개수대 → 조리대 → 가열대 → 배선대 순서로 배치한다.

07 실내디자인의 프로그래밍 진행 단계로 적당

한 것은?
① 분석 - 목표 설정 - 종합 - 조사 - 결정
② 종합 - 조사 - 분석 - 목표 설정 - 결정
③ 목표 설정 - 조사 - 분석 - 종합 - 결정
④ 조사 - 분석 - 목표 설정 - 종합 - 결정

08 상점의 쇼윈도에 관한 설명으로 옳은 것은?
① 쇼윈도의 평면 형식 중 만입형은 점두의 진열면이 작다.
② 쇼윈도의 진열 바닥 높이는 일반적으로 상품의 종류에 따라 결정된다.
③ 쇼윈도의 단면 형식 중 다층형은 좁은 도로 폭을 지닌 상점에 적용하는 것이 좋다.
④ 쇼윈도의 배면 처리 형식 중 개방형은 폐쇄형에 비해 쇼윈도 진열 자체에 대한 주목성이 강조된다.

09 전시공간에서 천장의 처리에 대한 설명 중 옳지 않은 것은?
① 조명기구, 공조설비, 화재경보기 등 제반 설비물을 설치한다.
② 천장 마감재는 흡음 성능이 높은 것이 요구된다.
③ 시선을 집중시키기 위해 강한 색채를 사용한다.
④ 이동 스크린이나 전시물을 매달 수 있는 시설을 설치한다.

10 다음 중 두 색료를 혼합하여 무채색이 되는 것은?
① 검정+보라   ② 주황+노랑
③ 회색+초록   ④ 청록+빨강

11 색의 명시성에 주요인이 되는 것은?
① 연상의 차이   ② 색상의 차이
③ 채도의 차이   ④ 명도의 차이

12 디지털 색채 시스템 중 HSB 시스템에 대한 설명으로 옳지 않은 것은?
① 먼셀의 색채 개념인 색상, 명도, 채도를 중심으로 선택하도록 되어 있다.
② 프로그램 상에서는 H모드, S모드, B모드를 볼 수 있다.
③ B모드는 색상을 선택하는 방법이다.
④ S모드는 채도, 즉 색채의 포화도를 선택하는 방법이다.

13 색에 관한 설명 중 잘못된 것은?
① 황색은 녹색보다 진출하여 보인다.
② 주황색은 녹색보다 따뜻하게 느껴진다.
③ 황색은 청색보다 커 보인다.
④ 황색은 녹색보다 무겁게 느껴진다.

14 다음의 색광 중 파장이 가장 짧은 것은?
① 빨간색   ② 초록색
③ 파란색   ④ 노란색

15 다음 중 물체표면의 색과 관계있는 것은?
① 분광조성   ② 분광반사율
③ 스펙트럼   ④ 단색광

16 색의 연상에 대한 설명으로 틀린 것은?
① 개인의 경험, 기억, 사상, 의견 등이 색의 이미지에 반영된다.
② 유채색은 연상이 강하며, 무채색은 추상적인 연상이 나타난다.
③ 빨강, 파랑, 노랑 등 원색과 같은 해맑은 톤일수록 연상 언어가 많다.
④ 색을 보았을 때 시각적인 표면색을 의미한다.

17 시스템 가구에 관한 설명으로 옳지 않은 것은?
① 단순미가 강조된 가구로 수납 기능은 떨어진다.
② 규격화된 단위 구성재의 결합으로 가구의 통일과 조화를 도모할 수 있다.
③ 기능에 따라 여러 가지 형태로 조립, 해체가 가능하여 배치의 합리성을 도모할 수 있다.
④ 모듈계획을 근간으로 규격화된 부품을 구성하여 시공 기간 단축 등의 효과를 가져올 수 있다.

18 색채의 수반 감정에 대한 설명으로 잘못된 것은?
① 난색계통의 고명도 색상은 흥분감을 주며, 몸의 기능을 촉진시켜 내분비 작용을 활발하게 해 준다.
② 한색계통의 저명도 색상은 진정작용의 효과가 있다.
③ 동일한 색채의 큰 면적은 작은 면적보다 채도와 명도가 상승되어 보인다.
④ 한색계통의 색채가 난색계통의 색채보다 주목성이 높다.

19 스테인드글라스(Stained Glass)에 관한 설명으로 옳지 않은 것은?
① 스테인드글라스는 빛의 투과광을 주로 이용한다.
② 르네상스 시대에 스테인드글라스 예술이 대규모로 활성화되었다.
③ 스테인드글라스의 기원은 로마시대 초기의 교회 건물 내부에서 찾아볼 수 있다.
④ 아르누보를 통해 스테인드글라스 예술이 부활하였으나 곧 근대건축운동에 의해 쇠퇴하였다.

20 투시도법의 기본 3요소는 무엇인가?
① 시점, 대상물, 거리
② 대상물, 배경, 소점
③ 시점, 소점, 거리
④ 소점, 색채, 배경

제2과목 : 실내디자인 시공 및 재료

21 셀프 레벨링재에 관한 설명으로 옳지 않은 것은?
① 석고계 셀프 레벨링재는 석고, 모래, 경화지연제 및 유동화제로 구성된다.
② 시멘트계 셀프 레벨링재는 포틀랜드시멘트, 모래, 분산제 및 유동화제로 구성된다.
③ 석고계 셀프 레벨링재는 차수성이 좋아 옥외 및 실내에서 모두 사용한다.
④ 셀프 레벨링재 시공 후 요철부는 연마기로 다듬고, 기포는 된비빔 석고로 보수한다.

22 코펜하겐 리브판에 대한 설명 중 틀린 것은?
① 두께 50mm, 너비 100mm 정도의 판을 가공한 것이다.
② 집회장, 강당, 영화관, 극장에 붙여 음향조절 효과를 낸다.
③ 열의 차단성이 우수하며 강도도 커서 외장용으로 주로 사용된다.
④ 원래 코펜하겐의 방송국 벽에 음향효과를 내기 위해 사용한 것이 최초이다.

23 공사 감리자가 시공의 적정성을 판단하기 위하여 수행하는 업무가 아닌 것은?
① 소방 완비 대상에 포함될 경우 법에 따른 적합한 설비를 하였는지를 확인하고 시공자가 관할 관청에 점검을 받도록 지도한다.

② 설계도서에 준하여 시공되었는지에 대한 내용으로 체크 리스트에 작성하고 이를 활용하여 시공의 적정성을 점검한다.
③ 현장에서 제작 설치되는 제품의 규격과 제작 과정, 제작물의 작동 상태 등을 점검한다.
④ 감리자가 직접 준공도서를 작성하고 준공도서에 근거하여 시공 적정성을 파악한다.

24 보강 블록조에서 내력벽 길이의 총합계가 45m이고, 그 층의 건물면적이 300m²일 경우 내력벽의 벽량은?

① 10cm/m² ② 15cm/m²
③ 30cm/m² ④ 45cm/m²

25 시멘트 제조 시 클링커(Clinker)에 석고를 첨가하는 주된 이유는?

① 조기강도의 증진
② 응결속도의 조절
③ 시멘트 색깔의 조절
④ 내약품성의 증대

26 강재의 응력-변형률 곡선에서 항복비란 항복점과 무엇에 대한 비율을 의미하는가?

① 인장강도점 ② 탄성한계점
③ 피로강도점 ④ 비례한계점

27 다음 중 목재의 열적 성질에 대한 설명으로 틀린 것은?

① 목재는 내부가 치밀한 섬유조직으로 구성되어 있어 금속이나 콘크리트에 비해 열전도율이 크다.
② 수분에 의한 팽창수축에 비하면 열적 변형은 매우 적으므로, 목재의 열적 변형이 실용적으로 문제가 되지는 않는다.
③ 목재는 180℃ 전후에서 열분해가 시작되며, 350~450℃가 되면 화기가 없어도 자연 발화된다.
④ 목재의 연소현상은 목재의 열전도도, 비중, 함유성분, 함수율 등에 의해 영향을 받는다.

28 공사원가계산서에 표기되는 비목 중 순공사원가에 해당되지 않는 것은?

① 직접재료비 ② 노무비
③ 경비 ④ 일반관리비

29 AE콘크리트의 절대용적배합을 나타낸 것이다. 이 콘크리트의 물시멘트비는? (단, 시멘트의 비중은 3.15이다.)

- 단위수량(kg/m³) : 180
- 절대용적(l/m³) : 시멘트 95, 모래 305, 자갈 380

① 50% ② 55%
③ 60% ④ 65%

30 다음의 콘크리트에 관한 설명 중 틀린 것은?

① 콘크리트와 철근의 선팽창계수는 거의 같다.
② 콘크리트의 인장강도는 압축강도에 비하여 상당히 작고 그 크기는 압축강도의 1/10~1/13 정도이다.
③ 단위시멘트량이 동일한 경우 물시멘트비가 큰 콘크리트가 건조수축량이 크다.
④ 콘크리트의 크리프는 물시멘트비가 클수록 작다.

31 타일공사 시 보양에 관한 설명으로 옳지 않은 것은?

① 타일을 붙인 후 3일간은 진동이나 보행을

금한다.
② 줄눈을 넣은 후 경화 불량의 우려가 있거나 24시간 이내에 비가 올 우려가 있는 경우에는 폴리에틸렌 필름 등으로 차단·보양한다.
③ 외부 타일 붙임인 경우에 태양의 직사광선을 최대한 받아 적정한 강도가 발현되도록 한다.
④ 한중공사 시 시공면 보호를 위해 외기의 기온이 2℃ 이하일 때에는 타일작업장 내의 온도가 10℃ 이상이 되도록 임시로 시공 부분을 보양하여야 한다.

32 벽체 초벌미장에 대한 검측 내용으로 옳지 않은 것은?
① 하절기에는 초벌미장 후 살수양생을 검토한다.
② 벽체의 선형 및 평활도를 위하여 규준점을 설치한다.
③ 면 잡은 후 쇠빗 등으로 가늘고 고르게 긁어준다.
④ 신속한 건조를 위하여 통풍이 잘 되도록 조치한다.

33 인조석 바름에 대한 설명 중 옳지 않은 것은?
① 인조석은 모르타르 바탕에 종석과 백시멘트, 안료, 돌가루를 배합 반죽한 것이다.
② 인조석 바름으로 한 마감면은 수밀성 및 내수성이 우수하다.
③ 캐스트 스톤은 자연석과 유사하게 돌다듬으로 마감한 제품을 일컫는다.
④ 인조석 정벌바름 후 숫돌로 연마해서 매끈하게 마감하는 방법을 인조석 씻어내기라 한다.

34 폴리에스테르 수지에 대한 설명 중 옳지 않은 것은?
① 건축용으로는 글라스 섬유로 강화된 평판 또는 판상제품으로 사용되고 있다.
② 내열성은 염화비닐보다 높아 충분히 가열된 열탕에도 견딘다.
③ 열가소성 수지로서 성형품은 색조가 선명하고 광택이 있어 아름다우나 내용제성이 약하다.
④ 일반적으로 레진 콘크리트용 수지, 도료, 접착제 등에도 쓰인다.

35 미장용 혼화재료 중 응결촉진제에 속하지 않는 것은?
① 염화칼슘 ② 규산소다
③ 카본 블랙 ④ 염화마그네슘

36 실내건축공사 시 주로 사용되는 이동식 비계의 안전조치에 관한 설명으로 옳지 않은 것은?
① 갑작스런 이동 및 전도를 방지하기 위하여 아웃트리거(outrigger)를 설치한다.
② 작업발판 위에서 사다리를 안전하게 사용할 수 있도록 작업발판은 항상 수평을 유지한다.
③ 작업발판의 최대 적재하중은 250킬로그램을 초과하지 않도록 한다.
④ 비계의 최상부에서 작업을 하는 경우에는 안전난간을 설치한다.

37 다음 중 이온화 경향이 가장 큰 금속은?
① 마그네슘 ② 아연
③ 니켈 ④ 동

38 어떤 석재의 질량이 다음과 같을 때 이 석재

의 표면건조포화상태의 비중은?

- 건조질량 : 400g
- 수중에서 완전히 흡수된 상태의 질량 : 300g
- 표면건조포화상태의 질량 : 450g

① 1.33　　　② 1.50
③ 2.67　　　④ 4.51

39 금속의 성질에 관한 설명 중 옳은 것은?

① 강의 담금질은 강을 연화하거나 내부응력을 제거할 목적으로 실시한다.
② 동은 건조한 공기 중에서 산화되어 염기성 탄산동이 되나, 알칼리성에 대한 저항성은 크다.
③ 알루미늄은 산이나 해수에 침식되므로 해안이나 콘크리트에 접하는 장소에서는 사용하지 않는다.
④ 납은 융점이 높아 가공은 어려우나 내식성이 우수하고 방사선의 투과도가 낮아 건축에서 방사선 차폐용 벽체에 이용된다.

40 버드의 재해발생 도미노 이론으로 연결이 옳은 것은?

① 유전 및 환경 – 인간 결함 – 불안전한 행동 및 상태 – 재해 – 상해
② 통제 부족 – 기본 원인 – 직접 원인 – 사고 – 상해
③ 유전 요인과 사회 환경 – 개인적 결함 – 불안전한 행동 및 상해 – 사고 – 상해
④ 인간 결함 – 유전 및 환경 – 불안전한 행동 및 상태 – 사고 – 상해

제3과목 : 실내디자인 환경

41 채광 및 환기를 위한 창문 등에 관한 설명으로 옳은 것은?

① 단독주택에서 환기를 위하여 거실에 설치하는 창문 등의 면적은 그 거실의 바닥면적의 1/30 이상이어야 한다.
② 공동주택에서 채광을 위하여 거실에 설치하는 창문 등의 면적은 그 거실의 바닥면적의 1/30 이상이어야 한다.
③ 숙박시설의 객실에는 건설교통부령이 정하는 기준에 따라 채광 및 환기를 위한 창문 등 또는 설비를 설치하여야 한다.
④ 거실의 바닥면적 산정에 있어 수시로 개방할 수 있는 미닫이로 구획된 2개의 거실은 1개의 거실로 볼 수 없다.

42 다음과 같은 조건에서 실내 CO_2의 허용농도를 1000ppm으로 할 때, 필요환기량은?

- 재실인원 : 10인
- 실내 1인당 CO_2 배출량 : $0.02m^2/h$
- 외기 CO_2 농도 : 350ppm

① $249.2m^2/h$　　② $275.4m^2/h$
③ $307.7m^2/h$　　④ $356.8m^2/h$

43 옥내소화전방수구는 바닥으로부터의 높이가 최대 얼마 이하가 되도록 설치하여야 하는가?

① 0.9m　　　② 1.2m
③ 1.5m　　　④ 1.8m

44 자동화재탐지설비의 감지기 중 주위의 공기에 일정 농도 이상의 연기가 포함되었을 때 동작하는 감지기는?

① 불꽃 감지기

모의고사 **367**

② 차동식 감지기
③ 이온화식 감지기
④ 보상식 스폿형 감지기

45 11층 이상의 층은 바닥면적 최대 얼마 이내마다 구획하여야 하는가? (단, 실내마감이 불연재료로 되어 있으며 스프링클러가 법령에 맞게 설치된 경우)
① 200m²　　② 500m²
③ 600m²　　④ 1500m²

46 인터폰 설비의 통화망 구성 방식에 따른 분류에 속하지 않는 것은?
① 모자식　　② 상호식
③ 교차식　　④ 복합식

47 연결송수관설비를 설치하여야 할 특정소방대상물의 기준 내용으로 옳지 않은 것은? (단, 가스시설 또는 지하구는 제외한다.)
① 층수가 5층 이상으로서 연면적 6000m² 이상인 것
② 지하층을 포함하는 층수가 7층 이상인 것
③ 지하층의 층수가 3개 층 이상이고 지하층의 바닥면적의 합계가 1000m² 이상인 것
④ 지하가 중 터널로서 길이가 500m 이상인 것

48 근린생활시설 중 헬스클럽장과 같은 특정소방대상물에 사용하는 실내장식물 중 방염대상물품에 속하지 않는 것은?
① 암막　　② 종이벽지
③ 전시용 섬유판　　④ 전시용 합판

49 다음과 같은 조건에서 실내측 벽면의 표면온도는?

- 벽체의 크기 : 1×1m²
- 벽체의 두께 : 100mm
- 외기온도 : 12℃
- 실내 공기온도(평균치) : 20℃
- 벽체 열관류율 : 2W/m²·K
- 실내측 표면 열전달률 : 8W/m²·K

① 18℃　　② 19℃
③ 20℃　　④ 21℃

50 일사 계획에 대한 설명 중 옳지 않은 것은?
① 일사량을 줄이려면 동서축이 길고 급경사 박공지붕을 가진 건물형이 유리하다.
② 건물 주변에 활엽수보다는 침엽수를 심는 것이 유리하다.
③ 겨울철의 난방 부하를 줄이기 위해 직달일사를 최대한 도입해야 한다.
④ 난방 기간 중에 최대의 일사를 받기 위해서는 남향이 유리하다.

51 건축물의 면적 및 높이 등의 산정 원칙으로 옳지 않은 것은?
① 대지면적은 대지의 수평투영면적으로 한다.
② 건축물의 높이는 지표면으로부터 그 건축물의 상단까지의 높이로 한다.
③ 건축면적은 건축물의 외벽의 중심선으로 둘러싸인 부분의 수평투영면적으로 한다.
④ 용적률을 산정할 때의 연면적은 지하층의 면적을 포함한 건축물 각 층의 바닥면적의 합계로 한다.

52 공기조화방식 중 각층 유닛방식에 관한 설명으로 옳지 않은 것은?
① 환기덕트가 필요 없거나 작아도 된다.
② 외기용 공조기가 있는 경우에는 습도제어가 쉽다.

③ 각 층에 수배관을 설치해야 하므로 누수의 우려가 있다.
④ 공조기가 중앙기계실에 집중되어 있으므로 관리가 용이하다.

53 급수·배수·환기·난방 등의 건축설비를 건축물에 설치하는 경우 건축기계설비기술사 또는 공조냉동기계기술사의 협력을 받아야 하는 대상 건축물에 속하지 않는 것은?
① 연립주택
② 판매시설로서 해당 용도에 사용되는 바닥면적의 합계가 2000m²인 건축물
③ 의료시설로서 해당 용도에 사용되는 바닥면적의 합계가 2000m²인 건축물
④ 숙박시설로서 해당 용도에 사용되는 바닥면적의 합계가 2000m²인 건축물

54 건축물에 설치하는 승용승강기 설치대수 산정에 직접적으로 관련 있는 것끼리 묶여진 것은?
① 용도-층수-각 층의 거실면적
② 용도-층수-높이
③ 용도-높이-각 층의 거실면적
④ 층수-높이-각 층의 거실면적

55 공동소방안전관리자를 선임하여야 하는 특정소방대상물에 속하지 않는 것은? (단, 관리의 권원이 분리되어 있는 특정소방대상물인 경우)
① 판매시설 중 도매시장
② 층수가 5층인 복합건축물
③ 연면적이 5000m²인 복합건축물
④ 지하층을 제외한 층수가 10층인 건축물

56 온도 35℃, 절대습도 0.01kg/kg'인 공기 150 kg과 온도 15℃, 절대습도 0.008kg/kg'인 공기 200kg을 단열혼합할 때 혼합공기의 상태는?
① 온도 23.6℃, 절대습도 0.012kg/kg'
② 온도 23.6℃, 절대습도 0.014kg/kg'
③ 온도 24.8℃, 절대습도 0.012kg/kg'
④ 온도 24.8℃, 절대습도 0.014kg/kg'

57 상대습도 60%인 습공기의 건구온도(a), 습구온도(b), 노점온도(c)의 크기 관계가 옳은 것은?
① a > b > c   ② b > a > c
③ b > c > a   ④ c > b > a

58 형광등에 관한 설명으로 옳지 않은 것은?
① 효율이 높다.
② 램프의 휘도가 높다.
③ 주위 온도의 영향을 받는다.
④ 여러 종류의 광색을 얻을 수 있다.

59 천장의 채광 효과를 얻기 위하여 천창의 위치에 설치하고, 비막이에 좋은 측창의 구조적 장점을 살리기 위하여 연직에 가까운 방향으로 한 창에 의한 채광법으로 주광률 분포의 균일성이 요구되는 곳에 사용되는 것은?
① 측광   ② 정광
③ 정측광   ④ 산란광

60 어느 학교의 교실에 32W 2구형 형광등 기구를 설치하여 400lx로 설계하고자 할 때 설치하여야 하는 등기구의 최소 개수는?
(단, 교실의 크기는 10m×20m, 형광등 1개 광속은 3000lm, 조명률은 0.6, 보수율은 0.8로 한다.)
① 15개   ② 28개
③ 30개   ④ 55개

실/내/건/축/산/업/기/사

모의고사 제2회

제1과목 : 실내디자인계획

01 실내디자인의 범위에 관한 설명으로 옳지 않은 것은?
① 인간에 의해 점유되는 공간을 대상으로 한다.
② 휴게소나 이벤트 공간 등의 임시적 공간도 포함된다.
③ 항공기나 선박 등의 교통수단의 실내디자인도 포함된다.
④ 바닥, 벽, 천장 중 2개 이상의 구성 요소가 존재하는 공간이어야 한다.

02 상업공간 중 음식점의 동선계획에 관한 설명으로 옳지 않은 것은?
① 주방 및 팬트리의 문은 손님의 눈에 띄지 않는 것이 좋다.
② 팬트리에서 일반석의 서비스 동선과 연회실의 동선을 분리한다.
③ 출입구 홀에서 일반석으로의 진입과 연회석으로의 진입을 서로 구별한다.
④ 일반석의 서비스 동선은 가급적 막다른 통로 형태로 구성하는 것이 좋다.

03 주택계획에서 LDK(Living Dining Kitchen)형에 관한 설명으로 옳지 않은 것은?
① 동선을 최대한 단축시킬 수 있다.
② 소요면적이 많아 소규모 주택에서는 도입이 어렵다.
③ 거실, 식당, 부엌을 개방된 하나의 공간에 배치한 것이다.
④ 부엌에서 조리를 하면서 거실이나 식당의 가족과 대화할 수 있는 장점이 있다.

04 점의 조형 효과에 관한 설명으로 옳지 않은 것은?
① 점이 연속되면 선으로 느끼게 한다.
② 두 개의 점이 있을 경우 두 점의 크기가 같을 때 주의력은 균등하게 작용한다.
③ 배경의 중심에 있는 하나의 점은 점에 시선을 집중시키고 역동적인 효과를 느끼게 한다.
④ 배경의 중심에서 벗어난 하나의 점은 점을 둘러싼 영역과의 사이에 시각적 긴장감을 생성한다.

05 실내공간의 구성 요소인 벽에 관한 설명으로 옳지 않은 것은?
① 벽면의 형태는 동선을 유도하는 역할을 담당하기도 한다.
② 벽체는 공간의 폐쇄성과 개방성을 조절하여 공간감을 형성한다.
③ 비내력벽은 건물의 하중을 지지하며 공간과 공간을 분리하는 칸막이 역할을 한다.
④ 낮은 벽은 영역과 영역을 구분하고 높은 벽은 공간의 폐쇄성이 요구되는 곳에 사용된다.

06 상업공간 진열장의 종류 중에서 시선 아래의

낮은 진열대를 말하며 의류를 펼쳐 놓거나 작은 가구를 이용하여 디스플레이할 때 주로 이용되는 것은?
① 쇼 케이스(show case)
② 하이 케이스(high case)
③ 샘플 케이스(sample case)
④ 디스플레이 테이블(display table)

07 다음 중 실내공간에 있어 각 부분의 치수계획이 가장 바람직하지 않은 것은?
① 주택의 복도폭 : 1500mm
② 주택의 침실문 폭 : 600mm
③ 주택 현관문의 폭 : 900mm
④ 주택 거실의 천장높이 : 2300m

08 단독주택의 부엌계획에 관한 설명으로 옳지 않은 것은?
① 가사 작업은 인체의 활동 범위를 고려하여야 한다.
② 부엌은 넓으면 넓을수록 동선이 길어지기 때문에 편리하다.
③ 부엌은 작업대를 중심으로 구성하되 충분한 작업대의 면적이 필요하다.
④ 부엌의 크기는 식생활 양식, 부엌 내에서의 가사 작업 내용, 작업대의 종류, 각종 수납 공간의 크기 등에 영향을 받는다.

09 다음 중 전시공간의 규모 설정에 영향을 주는 요인과 가장 거리가 먼 것은?
① 전시방법
② 전시의 목적
③ 전시공간의 세장비
④ 전시자료의 크기와 수량

10 ISCC-NBS 색명법 색상 수식어에서 채도, 명도의 가장 선명한 톤을 지칭하는 수식어는?
① pale
② brilliant
③ vivid
④ strong

11 다음 중 현색계에 속하지 않는 것은?
① Munsell 색체계
② CIE 색체계
③ NCS 색체계
④ DIN 색체계

12 사람의 눈의 기관 중 망막에 대한 설명으로 옳은 것은?
① 색을 지각하게 하는 간상체, 명암을 지각하는 추상체가 있다.
② 추상체에는 RED, YELLOW, BLUE를 지각하는 3가지 세포가 있다.
③ 시신경으로 통하는 수정체 부분에는 시세포가 존재한다.
④ 망막의 중심와 부분에는 추상체가 밀집하여 분포되어 있다.

13 문·스펜서(P. Moon & D. E. Spencer)의 색채조화론에 대한 설명 중 틀린 것은?
① 먼셀 색체계로 설명이 가능하다.
② 정량적으로 표현 가능하다.
③ 오메가 공간으로 설정되어 있다.
④ 색채의 면적관계를 고려하지 않았다.

14 상품의 색채기획단계에서 고려해야 할 사항으로 옳은 것은?
① 가공, 재료 특성보다는 시장성과 심미성을 고려해야 한다.
② 재현성에 얽매이지 말고 색상관리를 해야 한다.
③ 유사제품과 연계제품의 색채와의 관계성

은 기획단계에서 고려되지 않는다.
④ 색료를 선택할 때 내광, 내후성을 고려해야 한다.

15 제품의 색채관리는 통상 4단계로 나눌 수 있는데 ( ) 안에 해당되는 것은?

색의 결정(디자인) → 시색(발색 및 착색) → ( ) → 판매(광고 및 세일즈)

① 색 이미지 조사
② 기호색 조사
③ 검사(시감측색, 계기측색)
④ 색의 감정효과 적용

16 인쇄의 혼색과정과 동일한 의미의 혼색을 설명하고 있는 것은?
① 컴퓨터 모니터, TV 브라운관에서 보여지는 혼색
② 팽이를 돌렸을 때 보여지는 혼색
③ 투명한 색유리를 겹쳐 놓았을 때 보여지는 혼색
④ 채도 높은 빨강의 물체를 응시한 후 녹색의 잔상이 보이는 혼색

17 색입체를 수평으로 절단하면 중심축의 회색 주위에 나타나는 모양은? (단, 먼셀 색체계 기준)
① 같은 채도의 여러 색상
② 같은 색상의 채도 변화
③ 같은 명도의 여러 색상
④ 같은 명도의 같은 색상

18 상품의 색채기획단계에서 고려해야 할 사항으로 옳은 것은?
① 가공, 재료 특성보다는 시장성과 심미성을 고려해야 한다.
② 재현성에 얽매이지 말고 색상관리를 해야 한다.
③ 유사제품과 연계제품의 색채와의 관계성은 기획단계에서 고려되지 않는다.
④ 색료를 선택할 때 내광, 내후성을 고려해야 한다.

19 한국의 전통가구 중 장에 관한 설명으로 옳지 않은 것은?
① 단층장은 머릿장이라고도 불리운다.
② 이층장이나 삼층장은 보통 남성공간인 사랑방에서 사용되었다.
③ 이불장은 금침과 베개를 겹겹이 쌓아두는 장으로 보통 2층으로 된 것이 많다.
④ 의걸이장은 외관의장에 따라 만살의걸이, 평의걸이, 지장의걸이로 구분할 수 있다.

20 의자 및 소파에 관한 설명으로 옳지 않은 것은?
① 카우치(couch)는 몸을 기댈 수 있도록 좌판의 한쪽 끝이 올라간 형태를 갖는다.
② 체스터필드(chesterfield)는 쿠션성이 좋도록 솜, 스폰지 등의 속을 많이 채워 넣고 천으로 감싼 소파이다.
③ 풀업 체어(pull-up chair)는 필요에 따라 이동시켜 사용할 수 있는 간이 의자로 가벼운 느낌의 형태를 갖는다.
④ 세티(settee)는 몸을 축 늘여 쉰다는 의미를 가진 소파로 머리와 어깨부분을 받칠 수 있도록 한쪽 부분이 경사져 있다.

제2과목 : 실내디자인 시공 및 재료

21 건축용으로 많이 사용되는 석재의 역학적 성질 중 압축강도에 관한 설명으로 옳지 않은 것은?
① 중량이 클수록 강도가 크다.
② 결정도와 결합상태가 좋을수록 강도가 크다.
③ 공극률과 구성입자가 클수록 강도가 크다.
④ 함수율이 높을수록 강도는 저하된다.

22 알루미늄에 관한 설명으로 옳지 않은 것은?
① 250~300℃에서 풀림한 것은 콘크리트 등의 알칼리에 침식되지 않는다.
② 비중은 철의 1/3 정도이다.
③ 전연성이 좋고 내식성이 우수하다.
④ 온도가 상승함에 따라 인장강도가 급격히 감소하고 600℃에 거의 0이 된다.

23 보통 판유리의 조성에 산화철, 니켈, 코발트 등의 금속 산화물을 미량 첨가하고 착색이 되게 한 유리로서, 단열유리라고도 불리는 것은?
① 망입 유리 ② 열선 흡수 유리
③ 스팬드럴 유리 ④ 강화 유리

24 방수공사에서 아스팔트 품질 결정 요소와 가장 거리가 먼 것은?
① 침입도 ② 신도
③ 연화점 ④ 마모도

25 뿜칠공사에서 시멘트 규산칼슘판의 적용바탕 조정에 대한 설명 중 옳은 것은?
① 3개월 이상 건조시킨다.
② 합성수지 용제형 실러를 바른다.
③ 폴리머시멘트 모르타르로 충전한다.
④ 오염, 부착물, 기름을 제거하고 녹떨기를 한다.

26 아름다운 결을 갖는 고급목재로부터 무늬목을 얻는 데 쓰이는 합판의 제조법과 가장 거리가 먼 것은?
① 로터리 베니어
② 소드 베니어
③ 반원 슬라이스드 베니어
④ 슬라이스드 베니어

27 미장공사에 대한 설명으로 옳지 않은 것은?
① 돌로마이트 플라스터는 소석회보다 점성이 낮아 풀이 필요하며 건조수축이 적은 특징이 있다.
② 회반죽 바름은 소석회를 사용한다.
③ 회반죽 바름에 사용하는 해초풀은 채취 후 1~2년 경과된 것이 좋다.
④ 석고플라스터는 경화·건조 시 치수 안정성이 우수하다.

28 다음 중 스트레이트 아스팔트의 특징으로 옳지 않은 것은?
① 아스팔트 펠트, 아스팔트 루핑의 방수재료 원료로 사용된다.
② 온도에 의한 변화가 크다.
③ 신장성, 점착성, 방수성이 우수하여 주로 옥상방수에 사용된다.
④ 원유를 증류하여 피치가 되기 전에 유출량을 제한하여 잔류분을 반고체형으로 만든 것이다.

29 타일의 제조공정에서 건식 제법에 관한 설명으로 옳지 않은 것은?
① 내장타일은 주로 건식 제법으로 제조된다.

② 제조능률이 높다.
③ 치수 정도(精度)가 좋다.
④ 복잡한 형상의 것에 적당하다.

30 접착제의 분류에 따른 그 예로 옳지 않은 것은?
① 식물성 접착제 - 아교, 알부민, 카세인
② 고무계 접착제 - 네오프렌, 치오콜
③ 광물질 접착제 - 규산소다, 아스팔트
④ 합성수지계 접착제 - 요소 수지 접착제, 아크릴 수지 접착제

31 석고계 플라스터 중 가장 경질이며 벽바름 재료뿐만 아니라 바닥바름 재료로도 사용되는 것은?
① 킨즈 시멘트
② 혼합석고 플라스터
③ 회반죽
④ 돌로마이트 플라스터

32 도장결함 중 광택불량의 원인으로 가장 거리가 먼 것은?
① 바탕재의 흡수가 큰 경우
② 너무 두껍게 바른 경우
③ 초벌바름면이 너무 편평할 경우
④ 백화현상이 발생한 경우

33 다음 중 면처리한 타일이 아닌 것은?
① 스크래치 타일 ② 태피스트리 타일
③ 천무늬 타일   ④ 보더 타일

34 화성암은 규산(SiO_2)의 함유량에 따라 각각 4종류로 분류할 수 있는데 함유량과 명칭이 잘못 연결된 것은?
① 규산(SiO_2)의 함유량 45% 이하 - 초염기성암
② 규산(SiO_2)의 함유량 45~55% - 염기성암
③ 규산(SiO_2)의 함유량 55~60% - 중성암
④ 규산(SiO_2)의 함유량 66% 이상 - 초중성암

35 표준형 벽돌로 15m^2를 1.5B 벽돌쌓기할 때의 벽돌량과 모르타르량은? (단, 할증률은 고려하지 않는다.)
① 벽돌량 2235장, 모르타르량 0.74m^3
② 벽돌량 2235장, 모르타르량 0.78m^3
③ 벽돌량 3360장, 모르타르량 1.18m^3
④ 벽돌량 3360장, 모르타르량 1.21m^3

36 네트워크 공정표에 대한 설명으로 옳은 것은?
① 더미(dummy)는 작업 상호관계를 연결시키는 목적으로 사용하며 시간적 요소는 없다.
② EFT는 작업을 시작하는 가장 빠른 시각이다.
③ L.P(최장패스)는 개시 결합점에서 종료 결합점에 이르는 경로 중 가장 긴 경로를 뜻한다.
④ 최종 결합점에서 끝나는 작업의 EFT의 최댓값이 계산공기가 되며, 곧 최종 결합점의 LST가 된다.

37 미장공사에 대한 표준시방서 내용으로 옳지 않은 것은?
① 물기가 많은 바탕면은 통풍, 기계적 건조 등에 의해 물기를 조정한 후 바름작업을 시작한다.
② 콘크리트바탕 등의 표면 경화 불량은 두께가 2mm 이상일 경우 와이어 브러시 등으로 불량부분을 제거한다.
③ 바름면의 흙손작업은 갈라지거나 들뜨는

것을 방지하기 위해 바름층이 굳기 전에 끝낸다.
④ 미장바름 주변의 온도가 5℃ 이하일 때는 공사를 중단하거나 난방을 하여 5℃ 이상으로 유지한다.

38 사다리식 통로의 구조에 대한 설명 중 옳지 않은 것은?
① 발판과 벽 사이는 15cm 이상의 간격을 유지할 것
② 폭은 25cm 이상으로 할 것
③ 사다리식 통로의 길이가 10m 이상인 경우에는 5m 이내마다 계단참을 설치할 것
④ 사다리식 통로의 기울기는 75도 이하로 할 것

39 목재 접합 시 주의사항 중 옳은 것은?
① 응력이 큰 곳에서 접합한다.
② 단면방향은 응력에 평행하게 한다.
③ 적게 깎아서 약해지지 않게 한다.
④ 응력이 일정하지 않도록 접합한다.

40 타일 붙이기 공사에 대한 내용 중 옳지 않은 것은?
① 내부용 대형타일의 줄눈은 5~6mm, 소형은 3mm를 표준으로 한다.
② 모자이크 타일의 줄눈은 2mm를 표준으로 한다.
③ 벽체 타일이 시공되는 경우 바닥 타일은 벽체 타일을 먼저 붙인 후 시공한다.
④ 치장줄눈은 타일을 붙이고 1시간이 경과한 후 줄눈파기를 한다.

제 3과목 : 실내디자인 환경

41 다음 설명에 알맞은 공기조화방식은?

- 전공기 방식이다.
- 부하특성이 다른 다수의 실이나 존에도 적용할 수 있다.
- 냉·온풍의 혼합으로 인한 혼합손실이 있어서 에너지 소비량이 많다.

① 단일덕트방식
② 이중덕트방식
③ 유인유닛방식
④ 팬코일 유닛방식

42 인체의 열 방출 과정 중 일반적으로 가장 높은 비율을 차지하는 것은? (단, 전도에 의한 손실이 없는 경우)
① 관류   ② 복사
③ 대류   ④ 증발

43 음의 물리적 특성에 대한 설명으로 옳지 않은 것은?
① 음이 1초 동안에 진동하는 횟수를 주파수라고 한다.
② 인간의 귀로 들을 수 있는 주파수 범위를 가청주파수라고 한다.
③ 기온이 높아지면 공기 중에 전파되는 음의 속도도 증가한다.
④ 공기 중으로 전달되는 음파의 전파속도는 주파수와 비례한다.

44 임펠러의 원심력에 의해 냉매가스를 압축하는 것으로, 중·대형 규모의 중앙식 공조에서 냉방용으로 사용되는 냉동기는?
① 터보식 냉동기
② 흡수식 냉동기
③ 스크류식 냉동기
④ 왕복동식 냉동기

45 결로에 관한 설명으로 옳지 않은 것은?
① 겨울철 결로는 일반적으로 단열성 부족이 원인이 되어 발생한다.
② 외측단열공법으로 시공하는 경우 내부 결로 방지에 효과가 있다.
③ 실내에서 발생하는 수증기를 억제할 경우 표면결로 방지에 효과가 있다.
④ 내부 결로가 발생할 경우 벽체 내의 함수율은 낮아지며 열전도율은 커진다.

46 자연 채광방식에 관한 설명으로 옳지 않은 것은?
① 편측채광은 조도분포가 불균일하며 실 안쪽의 조도가 부족한 경향이 많다.
② 측창채광은 통풍에 유리하나 근린의 상황에 의해 채광방해가 발생할 수 있다.
③ 천창채광은 비막이에 유리하며 좁은 실에서 개방된 분위기의 조성이 용이하다.
④ 정측창채광은 실내 벽면에 높은 조도가 바람직한 미술관이나 넓은 작업면에 주광률 분포의 균일성이 요구되는 공장 등에 사용된다.

47 실내에서 눈부심(glare)을 방지하기 위한 방법으로 옳지 않은 것은?
① 휘도가 낮은 광원을 사용한다.
② 고휘도의 물체가 시야 속에 들어오지 않게 한다.
③ 플라스틱 커버가 되어 있는 조명기구를 선정한다.
④ 시선을 중심으로 30° 범위 내의 글레어 존에 광원을 설치한다.

48 크기가 2m×0.8m, 두께 40mm, 열전도율이 0.14W/m·K인 목재문의 내측 표면온도가 15℃, 외측 표면온도가 5℃일 때, 이 문을 통하여 1시간 동안에 흐르는 전도열량은?
① 0.056W   ② 0.56W
③ 5.6W   ④ 56W

49 열 전달 방식에 포함되지 않는 것은?
① 복사   ② 대류
③ 관류   ④ 전도

50 음의 대소를 나타내는 감각량을 음의 크기라고 한다. 다음 중 음의 크기를 나타내는 데 사용되는 단위는?
① dB   ② Hz
③ sone   ④ Phon

51 건축허가 등을 할 때 미리 소방본부장 또는 소방서장의 동의를 받아야 하는 건축물 등의 범위 기준에 해당하지 않는 것은?
① 연면적 100m²의 학교시설
② 연면적 200m²의 노유자시설
③ 연면적 200m²의 수련시설
④ 연면적 200m²의 장애인 의료재활시설

52 건축물의 피난층 또는 피난층의 승강장으로부터 건축물의 바깥쪽에 이르는 통로에 경사로를 설치하여야 하는 판매시설의 연면적 기준은?
① 1000m² 미만   ② 2000m² 미만
③ 3000m² 이상   ④ 5000m² 이상

53 소방시설 등의 자체점검 중 종합정밀점검 대상에 해당하지 않는 것은?
① 스프링클러설비가 설치된 특정소방대상물
② 물분무 등 소화설비가 설치된 연면적 5000m²

의 위험물 제조소
③ 제연설비가 설치된 터널
④ 옥내소화전설비가 설치된 연면적 1000m² 의 국공립학교

54 건축물의 구조 기준 등에 관한 규칙에 따라 조적식 구조인 경계벽의 두께는 최소 얼마 이상으로 해야 하는가? (단, 경계벽이란 내력벽이 아닌 그 밖의 벽을 포함한다.)
① 9cm   ② 12cm
③ 15cm ④ 20cm

55 철골조 기둥(작은 지름 25cm 이상)이 내화구조 기준에 부합하기 위해서 두께를 최소 7cm 이상 보강해야 하는 재료에 해당되지 않는 것은?
① 콘크리트 블록   ② 철망 모르타르
③ 벽돌   ④ 석재

56 비상경보설비를 설치하여야 할 특정소방대상물의 연면적 기준은? (단, 지하가 중 터널 또는 사람이 거주하지 않거나 벽이 없는 축사는 제외)
① 300m² 이상   ② 400m² 이상
③ 500m² 이상   ④ 600m² 이상

57 공동주택과 오피스텔의 난방설비를 개별난방 방식으로 하는 경우의 기준으로 옳은 것은?
① 보일러는 거실 외의 곳에 설치하되, 보일러를 설치하는 곳과 거실 사이의 경계벽은 출입구를 제외하고는 내화구조의 벽으로 구획한다.
② 전기보일러의 경우 보일러실의 윗부분에는 환기창을 설치하고 보일러실의 윗부분과 아랫부분에는 공기흡입구와 배기구를 항상 열려 있는 상태로 바깥공기에 접하도록 설치한다.
③ 기름보일러를 설치하는 경우에는 기름저장소를 보일러실 한쪽 구석부분에 설치한다.
④ 보일러의 연도는 개별연도로 설치한다.

58 소방시설법령상 1급 소방안전관리 대상물에 해당되지 않는 것은?
① 20층 아파트
② 연면적 15000m² 이상인 특정소방대상물 (아파트는 제외)
③ 연면적 15000m² 미만인 특정소방대상물로서 층수가 11층 이상인 것(아파트는 제외)
④ 가연성 가스를 1000톤 이상 저장·취급하는 시설

59 다음 중 단독경보형 감지기를 설치해야 하는 특정소방대상물이 아닌 것은?
① 교육연구시설 내에 있는 연면적 2000m² 기숙사
② 수련시설 내에 있는 연면적 1000m² 기숙사
③ 연면적 400m²인 유치원
④ 공동주택 중 연립주택 및 다세대주택

60 내화구조의 성능기준에 따른 건축물 구성부재의 품질시험을 실시할 경우 내화성능기준이 가장 낮은 구성부재는? (단, 주거시설의 경우이며, 층수/최고높이(m)의 기준은 부재 간 동일 적용)
① 기둥
② 내벽을 구성하는 내력벽
③ 지붕틀
④ 바닥

실/내/건/축/산/업/기/사

모의고사 제3회

제1과목 : 실내디자인계획

01 그림과 같은 주방 작업대 배치 유형은?

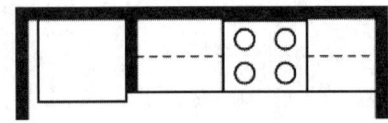

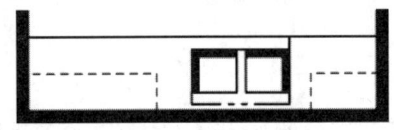

① 일렬형 ② ㄷ자형
③ 병렬형 ④ 아일랜드형

02 리듬의 원리에 해당하지 않는 것은?
① 강조 ② 변이
③ 반복 ④ 방사

03 실내디자인의 영역에 관한 설명으로 옳지 않은 것은?
① 사무공간이란 사무효율과 경제성, 쾌적성 등을 고려한 공간을 계획하는 것으로 연구소, 호텔 등이 이에 속한다.
② 주거공간이란 의식주를 해결하는 주생활 공간으로 취침, 식사 등의 생활행위를 공간에 대응하는 것이다.
③ 상업공간이란 실내공간을 창조적으로 계획하여 판매신장을 높이는 공간을 말하며 백화점, 식당 등이 이에 속한다.
④ 전시공간이란 기업의 홍보, 판매촉진을 위한 영리전시공간과 교육, 문화적 사고개발을 위한 비영리전시공간으로 나뉜다.

04 버내큘러 디자인에 관한 설명으로 옳지 않은 것은?
① 디자인 과정이 다소 불투명하고 익명성을 갖는다.
② 디자인의 기능성보다는 미적 측면을 강조한 디자인이다.
③ 문화적인 사물에 나타난 그 지역의 민속적을 일컫는 표현이다.
④ 전통적인 도구(도끼, 망치 등), 철물류(경첩, 자물쇠 등), 가사도구 등도 해당한다.

05 문과 창에 관한 설명으로 옳지 않은 것은?
① 문은 공간과 인접공간을 연결시켜 준다.
② 문의 위치는 가구배치와 동선에 영향을 준다.
③ 이동창은 크기와 형태에 제약 없이 자유로이 디자인할 수 있다.
④ 창은 시야, 조망을 위해서는 크게 하는 것이 좋으나 보온과 개폐의 문제를 고려하여야 한다.

06 다음 설명에 알맞은 창의 종류는?

벽면 전체를 창으로 처리하는 것으로 어떤 창보다도 큰 조망과 보다 많은 투과광량을 얻는다.

① 윈도우 월 ② 보우 윈도우
③ 베이 윈도우 ④ 픽처 윈도우

07 주거공간을 개인공간, 사회공간, 노동공간, 보건·위생공간 등으로 구분할 때, 다음 중 사회공간에 속하는 것은?

① 현관, 욕실 ② 침실, 욕실
③ 서재, 침실 ④ 거실, 식당

08 실내디자인 프로세스 중 조건 설정 과정에서 고려하지 않아도 되는 사항은?

① 유지관리계획
② 도로와의 관계
③ 사용자의 요구사항
④ 방위 등의 자연적 조건

09 판매공간의 동선에 관한 설명으로 옳지 않은 것은?

① 판매원 동선은 고객동선과 교차하지 않도록 계획한다.
② 고객동선은 고객의 움직임이 자연스럽게 유도될 수 있도록 계획한다.
③ 판매원 동선은 가능한 한 짧게 만들어 일의 능률이 저하되지 않도록 한다.
④ 고객동선은 고객의 원하는 곳으로 바로 접근할 수 있도록 가능한 한 짧게 계획한다.

10 물체를 조명하는 광원색의 성질(분광분포)에 따라서 같은 물체라도 색이 달라져 보이게 되는 것은?

① 명시성(明視性) ② 연색성(演色性)
③ 메타메리즘 ④ 푸르킨예 현상

11 동일 색상 내에서 톤의 차이를 두어 배색하는 방법이며 명도 그라데이션을 주로 활용하는 배색기법은?

① 톤 온 톤(Tone on Tone) 배색
② 톤 인 톤(Tone in Tone) 배색
③ 리피티션(Repetition) 배색
④ 세퍼레이션(Separation) 배색

12 식욕을 감퇴시키는 효과가 가장 큰 색은?

① 빨강색 ② 노란색
③ 갈색 ④ 파란색

13 같은 형태, 같은 면적에서 그 크기가 가장 크게 보이는 색은? (단, 배경색이 같을 때)

① 고명도의 청색(blue)
② 고명도의 녹색(green)
③ 고명도의 황색(yellow)
④ 고명도의 자색(purple)

14 비렌(Birren)의 색과 형의 연결로 틀린 것은?

① 빨강색 - 정사각형
② 노랑색 - 삼각형
③ 파랑색 - 오각형
④ 주황색 - 직사각형

15 오스트발트(W. Ostwald)의 등색상 삼각형의 흰색(W)에서 순색(C) 방향과 평행한 색상의 계열은?

① 등순계열 ② 등흑계열
③ 등백계열 ④ 등가색환계열

16 CIE LAB 모형에서 L이 의미하는 것은?

① 명도 ② 채도
③ 색상 ④ 순도

17 디지털 컬러 모드인 HSB 모델의 H에 대한 설명이 옳은 것은?
① 색상을 의미, 0~100%로 표시
② 명도를 의미, 0~255°로 표시
③ 색상을 의미, 0~360°로 표시
④ 명도를 의미, 0~100%로 표시

18 다음 관용색명 중 동물의 이름과 관련된 색명은?
① prussian blue ② peach
③ cobalt blue   ④ salmon pink

19 다음 의자를 디자인한 사람은?

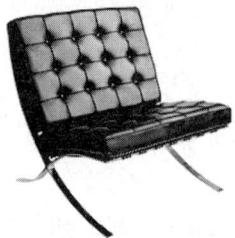

① 미스 반 데어 로에
② 미하일 토넷
③ 마르셀 브로이어
④ 게리 리트펠트

20 유닛 가구(unit furniture)에 관한 설명으로 옳은 것은?
① 규격화된 단일가구로 다목적으로 사용이 불가능하다.
② 가구의 형태를 변화시킬 수 없으며 고정적인 성격을 갖는다.
③ 특정한 사용 목적이나 많은 물품을 수납하기 위해 건축화된 가구를 의미한다.
④ 공간의 조건에 맞도록 조합시킬 수 있으므로 공간의 이용효율을 높일 수 있다.

제2과목 : 실내디자인 시공 및 재료

21 스테인리스강(stainless steel)은 어떤 성분의 금속이 많이 포함되어 있는 금속재료인가?
① 망간(Mn)   ② 규소(Si)
③ 크롬(Cr)   ④ 인(P)

22 한중 콘크리트 시공 시 주의사항에 대한 설명으로 옳지 않은 것은?
① 보통 또는 조강 포틀랜드 시멘트와 함께 감수제를 사용한다.
② 재료의 적정온도를 위하여 시멘트를 가열하여 보관한다.
③ 타설 시 콘크리트 온도는 10℃ 이상 20℃ 이하의 범위로 한다.
④ 초기 동해 방지에 필요한 압축강도를 얻기 위하여 단열보온양생 등을 실시한다.

23 시멘트의 조성화합물 중 수화열이 적고 장기 강도와 내화학성이 크며 건조수축이 작은 성분은?
① C_3S ② C_2S
③ C_4AF ④ C_3A

24 석회석을 900~1200℃로 소성하면 생성되는 것은?
① 돌로마이트 석회 ② 생석회
③ 회반죽   ④ 소석회

25 보통 투명 창유리에 관한 설명 중 옳지 않은 것은?
① 맑은 것은 90% 이상의 가시광선을 투과시킨다.
② 보통 소다석회 유리가 사용된다.
③ 불연재료이긴 하나 단열용이나 방화용으로는 부적합하다.
④ 건강에 유익한 자외선을 충분히 투과시킨다.

26 목재의 신축에 대한 설명 중 옳은 것은?
① 동일 나뭇결에서 심재는 변재보다 신축이 크다.
② 섬유포화점 이상에서는 함수율에 따른 신축 변화가 크다.
③ 일반적으로 곧은결 폭보다 널결 폭이 신축의 정도가 크다.
④ 신축의 정도는 수종과는 상관없이 일정하다.

27 다음 석재 중 박판으로 채취할 수 있어 슬레이트 등에 사용되는 것은?
① 응회암 ② 점판암
③ 사문암 ④ 트래버틴

28 고무계로 내유성, 내약품성이 우수하여 줄눈재 또는 구멍을 메꾸는 데 사용되는 코킹재는?
① 치오콜 ② 해초풀
③ 알부민 ④ 카세인

29 석회암이 변성된 것으로 강도가 높고 색채와 결이 아름다우나, 풍화하기 쉬우므로 주로 내장재로 사용되는 것은?
① 화강암 ② 안산암
③ 응회암 ④ 대리석

30 1종 점토벽돌의 압축강도는 최소 얼마 이상인가?
① 8.87MPa ② 10.78MPa
③ 20.59MPa ④ 24.50MPa

31 시공성 및 일체형 확보를 위해 사용되는 플라스틱 바름 바닥재에 대한 설명으로 옳지 않은 것은?
① 폴리우레탄 바름바닥재 - 공기 중의 수분과 화학반응하는 경우 저온과 저습에서 경화가 늦으므로 5℃이하에서는 촉진제를 사용한다.
② 에폭시 수지 바름바닥재 - 수지 페이스트와 수지 모르타르용 결합재에 경화제를 혼합하면 생기는 기포의 혼입을 막도록 소포제를 첨가한다.
③ 불포화 폴리에스테르 바름바닥재 - 표면 경도(탄력성), 신축성 등이 폴리우레탄에 가까운 연질이고 페이스트, 모르타르, 골재 등을 섞어서 사용한다.
④ 푸란 수지 바름바닥재 - 탄력성과 미끄럼 방지에 유리하여 체육관에 많이 사용한다.

32 벽돌에 생기는 백화를 방지하기 위한 방법으로 옳지 않은 것은?
① 10% 이하의 흡수율을 가진 양질의 벽돌을 사용한다.
② 벽돌면 상부에 빗물막이를 설치한다.
③ 파라핀 도료를 발라 염류가 나오는 것을 방지한다.
④ 줄눈 모르타르에 석회를 넣어 바른다.

33 미장공사에서 균열을 방지하기 위하여 고려해야 할 사항 중 옳지 않은 것은?
① 바름면은 바람 또는 직사광선 등에 의한

급속한 건조를 피한다.
② 2회의 바름 두께는 가급적 얇게 한다.
③ 쇠 흙손질을 충분히 한다.
④ 모르타르 바름의 정벌바름은 초벌바름보다 부배합으로 한다.

34 건축공사 스프레이 도장방법에 관한 설명으로 옳지 않은 것은?
① 도장거리는 스프레이 도장면에서 300mm를 표준으로 한다.
② 매 회의 에어스프레이는 붓도장과 동등한 정도의 두께로 하고, 2회분의 도막 두께를 한 번에 도장하지 않는다.
③ 각 회의 스프레이 방향은 전회의 방향에 평행으로 진행한다.
④ 스프레이 할 때는 항상 평행이동하면서 운행의 한 줄마다 스프레이 너비의 1/3 정도를 겹쳐 뿜는다.

35 재료별 할증률을 바르게 표기한 것은?
① 시멘트벽돌 : 3%
② 이형철근 : 5%
③ 시멘트 블록 : 7%
④ 봉강 : 5%

36 건축물 등의 바깥쪽으로 설치하는 추락방호망의 내민 길이 기준은?
① 벽면으로부터 1미터 이상
② 벽면으로부터 2미터 이상
③ 벽면으로부터 3미터 이상
④ 벽면으로부터 4미터 이상

37 타일 108mm 각으로, 줄눈을 5mm로 벽면 6m²를 붙일 때 필요한 타일의 장수는? (단, 정미량으로 계산)

① 350장 ② 400장
③ 470장 ④ 514장

38 횡선식 공정표에 대한 설명 중 옳지 않은 것은?
① 작업 상호 간의 관계가 명확하다.
② 공정표의 형태가 단순하여 경험이 적은 사람도 쉽게 이해할 수 있다.
③ 주공정선을 파악할 수 없으므로 관리통제가 어렵다.
④ 각 공정별 공사와 전체의 공정시기 등이 일목요연하다.

39 도막방수에 관한 설명으로 옳지 않은 것은?
① 복잡한 형상에 대한 시공성이 우수하다.
② 용제형 도막방수는 시공이 어려우나 충격에 매우 강하다.
③ 에폭시계 도막방수는 접착성, 내열성, 내마모성, 내약품성이 우수하다.
④ 셀프레벨링공법은 방수 바닥에서 도료상태의 도막재를 바닥에 부어 도포한다.

40 목공사에 사용되는 철물에 관한 설명으로 옳지 않은 것은?
① 감잡이쇠는 큰 보에 걸쳐 작은 보를 받게 하고, 안장쇠는 평보를 대공에 달아매는 경우 또는 평보와 ㅅ자보의 밑에 쓰인다.
② 못의 길이는 박아대는 재두께의 2.5배 이상이며, 마구리 등에 박는 것은 3.0배 이상으로 한다.
③ 볼트 구멍은 볼트지름보다 3mm 이상 커서는 안된다.
④ 듀벨은 볼트와 같이 사용하여 듀벨에는 전단력, 볼트에는 인장력을 분담시킨다.

제3과목 : 실내디자인 환경

41 광원을 넓은 면적의 벽면에 매입하여 비스타 (vista)적인 효과를 낼 수 있으며 시선에 안락한 배경으로 작용하는 건축화 조명방식은?
① 광창 조명   ② 광천장 조명
③ 코니스 조명   ④ 캐노피 조명

42 광원으로부터 발산되는 광속의 입체각 밀도를 뜻하는 것은?
① 광도   ② 조도
③ 광속발산도   ④ 휘도

43 외단열과 내단열 공법에 관한 설명으로 옳지 않은 것은?
① 내단열은 외단열에 비해 실온변동이 작다.
② 내단열로 하면 내부 결로의 발생 위험이 크다.
③ 외단열로 하면 건물의 열교현상을 방지할 수 있다.
④ 단시간 간헐난방을 하는 공간은 외단열보다는 내단열이 유리하다.

44 겨울철 생활이 이루어지는 공간의 실내측 표면에 발생하는 결로를 억제하기 위한 효과적인 조치방법 중 가장 거리가 먼 것은?
① 환기   ② 난방
③ 구조체 단열   ④ 방습층 설치

45 배수 수직관 내의 압력변화를 방지 또는 완화하기 위해, 배수 수직관으로부터 분기·입상하여 통기 수직관에 접속하는 통기관은?
① 각개 통기관   ② 루프 통기관
③ 결합 통기관   ④ 신정 통기관

46 다음 설명에 알맞은 공기조화용 송풍기의 종류는?

- 저속덕트용으로 사용된다.
- 동일 용량에 대해서 송풍기 용량이 적다.
- 날개의 끝부분이 회전방향으로 굽은 전곡형이다.

① 익형   ② 다익형
③ 관류형   ④ 방사형

47 전기설비에서 다음과 같이 정의되는 것은?

정상적인 회로 조건에서 전류를 보내면서 차단할 수 있고, 또한 일정한 시간 동안만 전류를 보낼 수도 있으며, 단락회로와 같은 비정상적인 특별회로 조건에서 전류를 차단시키기 위한 장치

① 단로스위치   ② 절환스위치
③ 누전차단기   ④ 과전류차단기

48 다음과 같은 조건에서 두께 20cm인 콘크리트 벽체를 통과한 손실열량은?

- 실내공기온도 : 20℃
- 실외온도 : 2℃
- 내표면 열전달률 : $11W/m^2 \cdot K$
- 외표면 열전달률 : $22W/m^2 \cdot K$
- 콘크리트의 열전도율 : $1.56W/m \cdot K$

① 약 $4522W/m^2$ ② 약 $58W/m^2$
③ 약 $68W/m^2$ ④ 약 $75W/m^2$

49 소음의 분류 중 음압 레벨의 변동폭이 좁고, 측정자가 귀로 들었을 때 음의 크기가 변동하고 있다고는 생각되지 않는 종류의 음은?
① 변동소음   ② 간헐소음
③ 충격소음   ④ 정상소음

50 어느 음을 듣고자 할 때, 다른 음에 의하여 듣고자 하는 음이 작게 들리거나 아예 들리지 않는 현상은?
① 마스킹(Masking) 효과
② 피드백(Feed back) 현상
③ 플러터 에코(Flutter Echo) 현상
④ 얼룩무늬(Pattern Staining) 현상

51 특정소방대상물에서 피난기구를 설치하여야 하는 층에 해당하는 것은?
① 층수가 11층 이상인 층
② 피난층
③ 지상 2층
④ 지상 3층

52 초등학교에 계단을 설치하는 경우 계단참의 유효 너비는 최소 얼마 이상으로 하여야 하는가?
① 120cm   ② 150cm
③ 160cm   ④ 170cm

53 건축물의 사용승인 시 소재지 관할 소방본부장 또는 소방서장이 사용승인에 동의를 한 것으로 갈음할 수 있는 방식은?
① 건축물 관리대장 확인
② 국토교통부에 사용승인 신청
③ 소방시설공사로의 완공검사 요청
④ 소방시설공사의 완공검사증명서 교부

54 화재예방, 소방시설 설치·유지 및 안전관리에 관한 법률에 따른 용어의 정의 중 아래 설명에 해당하는 것은?

소방시설 등을 구성하거나 소방용으로 사용되는 제품 또는 기기로서 대통령령으로 정하는 것을 말한다.

① 특정소방대상물   ② 소방용품
③ 피난구조설비   ④ 소화활동설비

55 특정소방대상물에 설치된 축전지실·통신기기실·전산실 등에 설치하여야 하는 소화설비는?
① 스프링클러설비
② 물분무 등 소화설비
③ 수동식 소화기
④ 옥내소화전설비

56 건축물에 설치하는 급수·배수의 용도로 쓰이는 배관설비의 설치 및 구조 기준으로 옳지 않은 것은?
① 승강기의 승강로 안에는 승강기의 운행에 필요한 배관설비와 다른 배관설비도 함께 설치한다.
② 배관설비를 콘크리트에 묻는 경우 부식의 우려가 있는 재료는 부식방지조치를 하여야 한다.
③ 건축물의 주요 부분을 관통하여 배관하는 경우 건축물의 구조내력에 지장이 없도록 해야 한다.
④ 압력탱크 및 급탕설비에는 폭발 등의 위험을 막을 수 있는 시설을 설치하여야 한다.

57 건축물의 바깥쪽에 설치하는 피난계단의 구조에 대한 설명으로 옳지 않은 것은?
① 계단 위치 - 계단으로 통하는 출입구 외의 창문 등으로부터 2m 이상의 거리를 두고 설치

② 계단실 출입구 – 30분 방화문을 설치
③ 계단 유효너비 – 0.9m 이상으로 할 것
④ 계단 구조 – 내화구조로 하고 지상까지 직접 연결되도록 할 것

58 다음 중 피난 용도로 쓰는 옥상광장을 설치해야 하는 특정소방대상물이 아닌 것은?
① 문화 및 집회시설 중 전시장
② 종교시설
③ 판매시설
④ 주점

59 지하층에 설치하는 비상탈출구의 기준으로 옳지 않은 것은?
① 비상탈출구의 유효너비는 0.75미터 이상으로 하고, 유효높이는 1.5미터 이상으로 할 것
② 비상탈출구의 문은 피난방향으로 열리도록 하고, 실내에서 항상 열 수 있는 구조로 하여야 하며, 내부 및 외부에는 비상탈출구의 표시를 할 것
③ 비상탈출구는 출입구로부터 2미터 이상 떨어진 곳에 설치할 것
④ 지하층의 바닥으로부터 비상탈출구의 아랫부분까지의 높이가 1.2미터 이상이 되는 경우에는 벽체에 발판의 너비가 20센티미터 이상인 사다리를 설치할 것

60 다음 중 내화구조로 인정받을 수 없는 것은?
① 두께 10cm인 벽돌조 벽체
② 철골조 계단
③ 두께 10cm인 철근콘크리트조 바닥
④ 콘크리트로 5cm 이상 덮은 철골기둥(작은 지름 30cm)

실/내/건/축/산/업/기/사

모의고사 제4회

제1과목 : 실내디자인계획

01 실내디자인의 과정을 "프로그래밍-디자인-시공-사용 후 평가"로 볼 때 사용 후 평가에 관한 설명으로 옳지 않은 것은?
① 문제점을 발견하고 다음 작업의 기초자료로 활용한다.
② 시공 후 실내디자인에 대한 거주자의 만족도를 조사하는 것이다.
③ 다음 작업의 시행착오를 줄이기 위하여 디자이너가 평가하는 것이 보통이다.
④ 입주 후 충분한 시간이 경과한 후 실시하는 것이 결과의 정확도를 높일 수 있다.

02 실내장식물에 관한 설명으로 옳지 않은 것은?
① 수석이나 수족관은 감상 위주의 장식물에 속한다.
② 실내장식물은 기능이 없으므로 장식적인 효과만을 고려한다.
③ 실내장식물은 공간을 강조하고 흥미를 높여주는 효과가 있다.
④ 실내장식물은 개성을 나타내는 자기표현의 수단이 될 수 있다.

03 다음 중 텍스처 선택 시 고려할 사항과 가장 거리가 먼 것은?
① 촉감
② 스케일
③ 공간의 방향성
④ 빛의 반사와 흡수

04 선의 종류별 조형 효과에 관한 설명으로 옳은 것은?
① 사선은 약동감, 생동감의 느낌을 준다.
② 수평선은 상승감, 존엄성의 느낌을 준다.
③ 곡선은 미묘함, 불명료함 등 남성적인 느낌을 준다.
④ 수직선은 평화, 침착, 고요 등 주로 정적인 느낌을 준다.

05 실내 기본요소 중 천장에 관한 설명으로 옳은 것은?
① 바닥과 함께 실내공간을 구성하는 수직적 요소이다.
② 바닥이나 벽에 비해 접촉빈도가 높으며 공간의 크기에 영향을 끼친다.
③ 바닥은 시대와 양식에 의한 변화가 현저한 데 비해 천장은 매우 고정적이다.
④ 천장을 낮추면 친근하고 아늑한 공간이 되고 높이면 확대감을 줄 수 있다

06 부엌 작업대의 배치 유형 중 ㄱ자형에 관한 설명으로 옳지 않은 것은?
① 일반적으로 작업대의 길이는 1500mm 미만이 적합하다.
② 작업을 위한 동작 범위가 일정한 범위에 놓이므로 편리하다.
③ 한쪽 면에 싱크대를, 다른 면에 가스레인

지를 설치하면 능률적이다.
④ 여유공간에 식탁을 배치하여 식당 겸 부엌으로 사용하는 경우에 적합하다.

07 연속적인 주제를 시간적인 연속성을 가지고 선형으로 연출하는 전시방법은?
① 하모니카 전시 ② 파노라마 전시
③ 아일랜드 전시 ④ 아이맥스 전시

08 현실적 형태에 관한 설명으로 옳지 않은 것은?
① 디자인에 있어서 형태는 대부분이 자연형태이다.
② 인위적 형태들은 휴먼스케일과 일정한 관계를 갖는다.
③ 인위적 형태는 그것이 속해 있는 시대성을 갖는다.
④ 자연형태는 자연계에 존재하는 모든 것으로부터 보이는 형태를 말한다.

09 상점 쇼윈도의 눈부심 방지 방법으로 옳지 않은 것은?
① 곡면유리를 사용한다.
② 쇼윈도 상부에 차양을 설치하여 햇빛을 차단한다.
③ 내부 조도를 외부 도로면의 조도보다 어둡게 처리한다.
④ 유리를 경사지게 처리하여 외부영상이 시야에 들어오지 않게 한다.

10 다음 설명에 알맞은 가구의 종류는?

> 가구와 인간과의 관계, 가구와 건축구체와의 관계, 가구와 가구와의 관계 등을 종합적으로 고려하여 적합한 치수를 산출한 후 이를 모듈화시킨 각 유닛이 모여 전체 가구를 형성한 것이다.

① 시스템 가구 ② 붙박이 가구
③ 그리드 가구 ④ 수납용 가구

11 공장 안에서 통행에 충돌 위험이 있는 기둥은 무슨 색으로 처리하는 것이 안전색채에 적절한가?
① 빨강 ② 노랑
③ 파랑 ④ 초록

12 먼셀 색입체를 무채색 축을 통하여 수직으로 절단한 단면은?
① 등색상면
② 등명도면
③ 등채도면
④ 등명도면과 등채도면

13 오스트발트 표색계에 대한 설명으로 틀린 것은?
① B에서 W방향으로 a, c, e, g, i, l, n, p로 나누어 표기한다.
② 등색상 삼각형에서 BC와 평행선상에 있는 색들은 백색량이 같은 색계열이다.
③ 등색상 삼각형에서 WB와 평행선상에 있는 색들은 순색량이 같은 색계열이다.
④ WB측에서 백색의 혼량비는 베버와 페흐너의 법칙에 따라 등비급수적인 변화를 한다.

14 유채색의 수식형용사 중 '연한'을 뜻하는 것은? (한국산업표준 KS 기준)
① pale ② deep
③ vivid ④ dull

15 다음 중 디바이스 독립 색체계는?
① CIE XYZ ② RGB
③ CMY ④ HSV

16 황색이나 레몬색에서 과일냄새를 느끼는 것과 같은 감각현상은?
① 시인성 ② 상징성
③ 공감각 ④ 시감도

17 하나의 색만을 변화시키거나 더함으로써 디자인 전체의 배색을 변화시킬 수 있다는 '베졸드(Willhelm Von Bezold)의 효과'는 다음 중 어떤 원리를 이용한 것인가?
① 회전혼합 ② 감산혼합
③ 병치혼합 ④ 가산혼합

18 다음 중 마르셀 브로이어(Marcel Breuer)가 디자인한 의자는?
① 판톤 의자
② 적청 의자
③ 바실리 의자
④ 바르셀로나 의자

19 표현, 묘사, 연출이란 의미로 디자인한 제품의 완성 상태를 예상하여 실물처럼 표현한 것을 무엇이라 하는가?
① 렌더링(rendering)
② 프로토타입(prototype)
③ 스크래치 스케치(scratch sketch)
④ 드로잉(drawing)

20 고딕 양식의 주요 요소와 가장 거리가 먼 것은?
① 첨두아치
② 돔
③ 트레이서리
④ 플라잉 버트레스

제2과목 : 실내디자인 시공 및 재료

21 파손방지, 도난방지 또는 진동이 심한 장소에 적합한 망입유리 제조 시 사용되지 않는 금속선은?
① 철선(철사) ② 황동선
③ 청동선 ④ 알루미늄선

22 인조석 갈기 및 테라조 현장갈기 등에 사용되는 줄눈철물의 명칭은?
① 인서트(insert)
② 앵커볼트(anchor bolt)
③ 펀칭메탈(punching metal)
④ 줄눈대(metallic joiner)

23 단열재료에 관한 설명으로 옳지 않은 것은?
① 단열재료는 보통 다공질의 재료가 많으며, 열전도율이 낮을수록 단열성능이 좋은 것이라 할 수 있다.
② 암면은 변질되지 않고 내구성이 뛰어나지만, 불에 타고 무겁다는 단점이 있다.
③ 단열재료의 대부분은 흡음성도 우수하므로 흡음재료로도 이용된다.
④ 유리면은 일반적으로 결로수가 부착되면 단열성이 크게 저하되므로 방습성이 있는 시트로 감싼 상태에서 사용된다.

24 내약품성, 내마모성이 우수하여, 화학공장의 방수층을 겸한 바닥 마무리로 가장 적합한 것은?
① 에폭시 도막방수
② 아스팔트 방수
③ 무기질 침투방수
④ 합성고분자 방수

25 돌로마이트 플라스터의 구성 요소에 해당하지 않는 것은?
① 마그네시아석회 ② 모래
③ 해초풀 ④ 여물

26 수경성 미장재료가 아닌 것은?
① 돌로마이트 플라스터
② 시멘트 모르타르
③ 혼합석고 플라스터
④ 순석고 플라스터

27 점토제품 공정에 대한 설명으로 옳지 않은 것은?
① 소성은 보통 터널요에 넣어서 서서히 가열한다.
② 시유는 반드시 소성 전에 제품의 표면에 고르게 바른다.
③ 건조는 자연건조 또는 소성가마의 여열을 이용한다.
④ 반죽은 조합된 점토에 물을 부어 비벼 수분이나 경도를 균질하게 하고, 필요한 점성을 부여한다.

28 목재에 관한 설명 중 옳지 않은 것은?
① 섬유포화점이란 흡착 수분만이 최대한도로 존재하는 상태를 말하며 그때의 함수율은 약 30%이다.
② 목재는 섬유포화점 이상의 함수상태에서는 함수율의 증감에 따라 신축하지 않으나 그 이하에서는 함수율에 비례하여 신축한다.
③ 섬유포화점 이상에서는 목재의 강도는 일정하나 그 이하에서는 함수율이 감소하면 강도도 감소한다.
④ 동일 건조상태이면 비중이 큰 것일수록 강도, 탄성계수가 크다.

29 목공사에 사용되는 철물에 대한 설명 중 옳지 않은 것은?
① 못의 길이는 박아대는 재두께의 2.5배 이상이며, 마구리 등에 박는 것은 3.0배 이상으로 한다.
② 감잡이쇠는 큰 보에 걸쳐 작은 보를 받게 하고, 안장쇠는 평보를 대공에 달아매는 경우 또는 평보와 ㅅ자보의 밑에 쓰인다.
③ 볼트 구멍은 볼트 지름보다 3mm 이상 커서는 안된다.
④ 듀벨은 볼트와 같이 사용하여 듀벨에는 전단력, 볼트에는 인장력을 분담시킨다.

30 합성고무와 열가소성 수지를 사용하여 1겹으로 방수효과를 내는 공법은?
① 도막 방수 ② 시트 방수
③ 아스팔트 방수 ④ 표면 도포 방수

31 낙하물 방지망 및 방호선반 설치 규정으로 옳지 않은 것은?
① 높이 10미터 이내마다 설치한다.
② 내민 길이는 벽면으로부터 1.5미터 이상으로 한다.
③ 수평면과의 각도는 20도 이상 30도 이하를 유지한다.
④ 낙하물 방지망 및 수직보호망은 산업표준화법에 따른 한국산업표준에서 정하는 성능기준에 적합한 것을 사용한다.

32 네트워크 공정표의 단점으로 볼 수 없는 것은?
① 공사계획의 전모와 공사 전체의 파악이 어렵다.
② 작성시간이 오래 걸린다.
③ 작성 및 검사에 특별한 지식이 요구된다.
④ 기법의 표현상 세분화에 한계가 있다.

33 벽돌에 생기는 백화를 방지하기 위한 방법으로 옳지 않은 것은?
① 10%이하의 흡수율을 가진 양질의 벽돌을 사용한다.
② 벽돌면 상부에 빗물막이를 설치한다.
③ 파라핀 도료를 발라 염류가 나오는 것을 방지한다.
④ 줄눈 모르타르에 석회를 넣어 바른다.

34 방사선 차단용으로 사용되는 시멘트 모르타르로 옳은 것은?
① 질석 모르타르
② 아스팔트 모르타르
③ 바라이트 모르타르
④ 활석면 모르타르

35 목재에 사용하는 방부제에 해당되지 않는 것은?
① 크레오소트 유(Creosote oil)
② 콜타르(Coal tar)
③ 카세인(Casein)
④ P.C.P(Penta Chloro Phenol)

36 다음 중 바니시 칠하기 순서를 바르게 연결한 것은?

    ㉠ 바탕처리　　㉡ 눈먹임
    ㉢ 색올림　　　㉣ 왁스 문지름

① ㉠ → ㉡ → ㉢ → ㉣
② ㉠ → ㉢ → ㉡ → ㉣
③ ㉡ → ㉠ → ㉢ → ㉣
④ ㉡ → ㉢ → ㉠ → ㉣

37 목재의 무늬나 바탕의 재질을 잘 보이게 하는 도장 방법은?
① 유성페인트 도장
② 에나멜페인트 도장
③ 합성수지 페인트 도장
④ 클리어 래커 도장

38 합성수지를 전색제로 쓰고 소량의 안료와 인산을 첨가한 도료는?
① 워시 프라이머　　② 오일 프라이머
③ 규산염 도료　　　④ 역청질 도료

39 점토 제품 중 흡수율이 1% 이하로 흡수율이 가장 작은 제품은?
① 토기　　　　② 도기
③ 석기　　　　④ 자기

40 콘크리트 배합 시 시멘트 $1m^3$, 물 2000L인 경우 물-시멘트비는? (단, 시멘트의 밀도는 $3.15g/cm^3$이다.)
① 약 15.7%　　② 약 20.5%
③ 약 50.4%　　④ 약 63.5%

제3과목 : 실내디자인 환경

41 건축허가 등을 할 때 미리 소방본부장 또는 소방서장의 동의를 받아야 하는 건축물 등의 범위 기준으로 옳지 않은 것은?
① 노유자시설 및 수련시설로서 연면적이 $200m^2$ 이상인 것
② 차고·주차장으로 사용되는 바닥면적이 $200m^2$ 이상인 층이 있는 건축물이나 주차시설
③ 승강기 등 기계장치에 의한 주차시설로서 자동차 15대 이상을 주차할 수 있는 시설
④ 지하층 또는 무창층이 있는 건축물로서 바닥면적이 $150m^2$ 이상인 층이 있는 것

42 건축관계법규상 내화구조로 인정될 수 없는 것은?
① 철재로 보강된 유리블록 또는 망입유리로 된 지붕
② 단면이 30cm×30cm인 철근콘크리트조 기둥
③ 벽돌조로서 두께가 15cm인 벽
④ 철골조로 된 계단

43 건축물 내부 피난계단의 설치 기준으로 옳지 않은 것은?
① 계단실은 창문·출입구 기타 개구부를 제외한 당해 건축물의 다른 부분과 내화구조의 벽으로 구획할 것
② 계단실의 실내에 접하는 부분의 마감은 난연재료로 할 것
③ 계단실에는 예비전원에 의한 조명설비를 할 것
④ 계단실의 바깥쪽과 접하는 창문 등은 당해 건축물의 다른 부분에 설치하는 창문 등으로부터 2m 이상의 거리를 두고 설치할 것

44 건축법상 방화구획을 설치하는 목적으로 가장 적합한 것은?
① 이웃 건축물로부터의 인화 방지
② 동일 건축물 내에서의 화재확산 방지
③ 화재 시 건축물의 붕괴 방지
④ 화재 시 화재진압의 원활

45 소방용품 중 피난구조설비를 구성하는 제품 또는 기기와 가장 거리가 먼 것은?
① 발신기   ② 구조대
③ 완강기   ④ 통로유도등

46 방염성능기준 이상의 실내장식물을 설치하여야 하는 특정소방대상물이 아닌 것은?
① 층수가 11층 이상인 것(아파트 제외)
② 의료시설 중 종합병원
③ 건축물의 옥내에 위치한 수영장
④ 근린생활시설 중 체력단련장

47 단독주택 및 공동주택의 환기를 위하여 거실에 설치하는 창문 등의 면적은 최소 얼마 이상이어야 하는가? (단, 기계환기장치 및 중앙관리방식의 공기조화설비를 설치하지 않은 경우)
① 거실 바닥면적의 5분의 1
② 거실 바닥면적의 10분의 1
③ 거실 바닥면적의 15분의 1
④ 거실 바닥면적의 20분의 1

48 소화활동설비에 포함되지 않는 것은?
① 제연설비   ② 연결송수관설비
③ 비상방송설비   ④ 비상콘센트설비

49 다음 중 차폐계수가 가장 큰 유리의 종류는? (단, ( ) 안의 수치는 유리의 두께임)
① 보통 유리(3mm)   ② 흡열 유리(3mm)
③ 흡열 유리(6mm)   ④ 흡열 유리(12mm)

50 다음 중 실내공기의 흡입구용으로만 사용되는 것은?
① 팬형   ② 머시룸형
③ 브리즈 라인형   ④ 아네모스탯형

51 천창채광에 관한 설명으로 옳지 않은 것은?
① 통풍에 불리하다.
② 비막이에 불리하다.
③ 좁은 실에서 해방감 확보가 용이하다.
④ 근린의 상황에 의해 채광을 방해받는 경우

가 적다.

52 다음과 같이 정의되는 소음의 종류는?

> 음압 레벨의 변동 폭이 좁고, 측정자가 귀로 들었을 때 음의 크기가 변동하고 있다고 생각되지 않는 종류의 소음

① 확장소음　　② 축소소음
③ 정상소음　　④ 충격소음

53 각종 광원에 관한 설명으로 옳지 않은 것은?
① 형광 램프는 점등장치를 필요로 한다.
② 할로겐 전구는 소형화할 수 없는 단점이 있다.
③ 고압 수은 램프는 광속이 큰 것과 수명이 긴 것이 특징이다.
④ 메탈할라이드 램프는 고압 수은 램프보다 효율과 연색성이 우수하다.

54 잔향시간에 관한 설명으로 옳지 않은 것은?
① 잔향시간은 실용적에 비례한다.
② 잔향시간이 너무 길면 음의 명료도가 저하된다.
③ 잔향시간은 실내가 확산음장이라고 가정하여 구해진 개념이다.
④ 음악감상을 주로 하는 실은 대화를 주로 하는 실보다 짧은 잔향시간이 요구된다.

55 다음 중 단열의 메커니즘에 속하지 않는 것은?
① 용량형 단열　　② 반사형 단열
③ 저항형 단열　　④ 투과형 단열

56 다음 중 배수설비에서 봉수가 자기사이펀 작용에 의해 파괴되는 것을 방지하기 위한 방법으로 가장 적절한 것은?
① S트랩을 사용한다.
② 각개 통기관을 설치한다.
③ 트랩 출구의 모발 등을 제거한다.
④ 봉수의 깊이를 15cm 이상으로 깊게 유지한다.

57 전기설비의 전압 구분에서 저압에 대한 기준으로 옳은 것은?
① 교류 110V 이하, 직류 220V 이하
② 교류 220V 이하, 직류 100V 이하
③ 교류 750V 이하, 직류 600V 이하
④ 교류 1000V 이하, 직류 1500V 이하

58 수용장소의 총전기설비 용량에 대한 최대 수용전력의 비율을 백분율로 나타낸 것은?
① 부하율　　② 부등률
③ 수용률　　④ 감광보상률

59 음의 세기가 10^{-10}W/m^2인 음의 세기 레벨은? (단, 기준음의 세기는 10^{-12}W/m^2이다.)
① 10dB　　② 20dB
③ 30dB　　④ 40dB

60 건축화 조명에 관한 설명으로 옳지 않은 것은?
① 조명기구의 배치방식에 의하면 대부분 전반조명 방식에 해당된다.
② 건축물의 천장이나 벽을 조명기구 겸용으로 마무리하는 것이다.
③ 천장면 이용방식으로는 코너 조명, 코니스 조명, 밸런스 조명 등이 있다.
④ 조명기구 독립설치 방식에 비해 빛의 공간 배분 및 미관상 뛰어난 조명효과가 있다.

실/내/건/축/산/업/기/사

모의고사 제5회

제1과목 : 실내디자인계획

01 실내디자인의 궁극적인 목적으로 가장 알맞은 것은?
① 공간의 품격을 높이는 것이다.
② 경제성 있는 공간을 창조하는 것이다.
③ 인간생활의 쾌적성을 추구하는 것이다.
④ 공간예술로서 모든 분야의 통합에 의한 감성적 요소의 부여에 있다.

02 시스템 디자인(system design)에 관한 설명으로 옳은 것은?
① 디자인에서 시스템 적용은 모듈에 의한 표준화, 조립화와 연결된다.
② 시스템 가구는 형태적 측면에서 고려된 것으로 대량 생산과는 관계가 없다.
③ 시스템 키친(system kitchen)은 주방용기인 그릇 등의 디자인을 통합하는 작업이다.
④ 서비스 코어 시스템(service core system)은 가구나 조명 등 실내공간을 보조하는 시스템을 말한다.

03 장식물의 선정과 배치상의 일반적인 주의사항으로 옳지 않은 것은?
① 좋고 귀한 것은 돋보일 수 있도록 많이 진열한다.
② 계절에 따른 변화를 시도할 수 있는 여지를 남긴다.
③ 여러 장식품들이 서로 균형을 유지하도록 배치한다.
④ 형태, 스타일, 색상 등이 실내공간과 어울리도록 한다.

04 전시공간에 관한 설명으로 옳지 않은 것은?
① 전시의 성격은 영리적 전시와 비영리적 전시로 나눌 수 있다.
② 공간의 형태와 규모에 관련된 물리적 요건들이 전시공간 특성을 좌우한다.
③ 전체 동선체계는 이용자 동선과 관리자 동선으로 대별되며 서로 통합되도록 계획한다.
④ 전시실 순회 유형에 따라 전시실 상호 간 결합 형식이 결정되며 전체의 전시 계획에 영향을 미친다.

05 전시방법 중 현장감을 실감나게 표현하는 방법으로 하나의 사실 또는 주제의 시간 상황을 고정시켜 연출하는 것은?
① 멀티비젼   ② 디오라마 전시
③ 아일랜드 전시   ④ 하모니카 전시

06 조명의 연출기법 중 수직벽면을 빛으로 쓸어 내리는 듯한 효과를 주기 위해 비대칭 배광방식의 조명기구를 사용하여 수직벽면에 균일한 조도의 빛을 비추는 기법은?
① 스파클 기법   ② 월 워싱 기법
③ 실루엣 기법   ④ 그레이징 기법

07 사무실의 책상 배치 유형 중 면적 효율이 좋고 커뮤니케이션(communication) 형성에 유리하여 공동작업의 형태로 업무가 이루어지는 사무실에 적합한 유형은?
① 동향형 ② 대향형
③ 자유형 ④ 좌우대칭형

08 동선계획에 관한 설명으로 옳은 것은?
① 동선의 속도가 빠른 경우 단 차이를 두거나 계단을 만들어 준다.
② 동선의 빈도가 높은 경우 동선 거리를 연장하고 곡선으로 처리한다.
③ 동선이 복잡해질 경우 별도의 통로공간을 두어 동선을 독립시킨다.
④ 동선의 하중이 큰 경우 통로의 폭을 좁게 하고 쉽게 식별할 수 있도록 한다.

09 다음과 가장 관계가 깊은 사람은?

- "less is more"
- 인테리어의 엄격한 단순성
- 바르셀로나 파빌리온

① 루이스 설리번
② 르 코르뷔지에
③ 미스 반 데어 로에
④ 프랭크 로이드 라이트

10 상점의 쇼윈도에 관한 설명으로 옳지 않은 것은?
① 쇼윈도의 평면 형식 중 만입형은 점두의 진열면이 크다.
② 쇼윈도의 진열 바닥 높이는 일반적으로 상품의 종류에 따라 결정된다.
③ 쇼윈도의 단면 형식 중 다층형은 넓은 도로 폭을 지닌 상점에 적용하는 것이 좋다.
④ 쇼윈도의 배면 처리 형식 중 개방형은 폐쇄형에 비해 쇼윈도 진열 자체에 대한 주목성이 강조된다.

11 다음 중 $L^*a^*b^*$ 색 모델에 관한 설명으로 틀린 것은?
① 균일 색 모델(uniform color model)이다.
② L^*은 밝기, a^*와 b^*는 색도 성분에 해당한다.
③ 균일 색 모델에는 $L^*a^*b^*$, $L^*u^*v^*$ 등의 모델이 존재한다.
④ green에서 magenta 사이의 색 단계는 b^*축이다.

12 다음 중 정지된 인체치수와 동작을 중심으로 한 인간공학적 측면에서 분류한 가구의 종류에 속하지 않는 것은?
① 유닛 가구
② 인체지지용 가구
③ 작업용 가구
④ 수납용 가구

13 오스트발트의 색채조화론 중에서 틀린 것은?
① 색의 기호가 동일한 두 색은 조화한다.
② 색의 기호 중 앞의 문자가 동일한 두 색은 조화한다.
③ 색상이 동일한 두 색은 조화한다.
④ 색의 기호 중 앞의 문자와 뒤의 문자가 동일한 색은 조화하지 않는다.

14 보색에 대한 설명으로 틀린 것은?
① 보색인 2색은 색상환상에서 90° 위치에 있는 색이다.
② 두 가지 색광을 섞어 백색광이 될 때 이 두 가지 색광을 서로 상대색에 대한 보색이라

고 한다.
③ 두 가지 색의 물감을 섞어 회색이 되는 경우, 그 두 색은 보색관계이다.
④ 물감에서 보색의 조합은 빨강-청록, 초록-자주이다.

15 한국의 전통색 중 동쪽, 봄을 의미하는 오정색은?
① 녹색　　　② 청색
③ 백색　　　④ 홍색

16 주광 아래서나 어떤 색광 아래서 흰종이를 같은 흰색으로 지각하는 현상은?
① 색각 항상　　② 베졸드 효과
③ 색순응　　　④ 잔상

17 다음 중 감법혼색과 관련이 있는 것은?
① 옵셋(offset) 인쇄
② 3원색은 Red, Green, Blue
③ 3원색의 혼합색은 백색
④ 색광의 혼합

18 실내배색의 일반적인 원리로 적합하지 않은 것은?
① 벽은 실내에서 가장 많이 시야에 들어오는 부위로 벽색이 실내 분위기에 큰 영향을 준다.
② 천장색은 보통 고명도색이 좋고, 이 경우 조명효율도 향상된다.
③ 걸레받이는 변화를 주기 위해 벽색과 현저히 구별되는 색상의 고명도색이 좋다.
④ 바닥색은 벽과 구별되는 것이 좋고, 동색상일 경우는 벽보다 명도가 낮은 것이 무난하다.

19 다음에서 설명하는 용어는?

- 기호 및 그래픽 디자인의 일러스트레이션, 사진, 구조 등을 도해하여 표현한 그림이다.
- 추상적인 개념이나 전체적인 흐름 등을 나타내어 정보 전달이나 이해를 쉽게 하는 데 도움을 준다.

① 체크 시트　　② 다이어그램
③ 조직도　　　④ 목업 디자인

20 다음의 각종 설계도면에 대한 설명 중 옳지 않은 것은?
① 계획 설계도에는 구상도, 조직도, 동선도 등이 있다.
② 기초 평면도의 축척은 평면도와 같게 한다.
③ 단면도는 건축물을 각 층마다 창틀 위에서 수평으로 자른 수평투상도로서, 실외 배치 및 크기를 나타낸다.
④ 전개도는 건물 내부의 입면을 정면에서 바라보고 그리는 내부 입면도이다.

제2과목 : 실내디자인 시공 및 재료

21 점토기와 중 훈소와에 해당하는 설명은?
① 소소와에 유약을 발라 재소성한 기와
② 기와 소성이 끝날 무렵에 식염증기를 충만시켜 유약 피막을 형성시킨 기와
③ 저급점토를 원료로 900~1000℃로 소소하여 만든 것으로 흡수율이 큰 기와
④ 건조제품을 가마에 넣고 연료로 장작이나 솔잎 등을 써서 검은 연기로 그을려 만든 기와

22 와이어로프로 매단 비계 권상기에 의해 상하로 이동시킬 수 있는 공사용 비계의 명칭은?

① 시스템비계 ② 틀비계
③ 달비계   ④ 쌍줄비계

23 다음 석재 중 평균 내구연한이 가장 작은 것은?
① 화강석   ② 석회암
③ 백운석   ④ 사암조립

24 유성 에나멜 페인트에 관한 설명 중 옳지 않은 것은?
① 안료에 유성바니시를 혼합한 액상재료이다.
② 알루미늄페인트는 유성에나멜페인트의 일종이다.
③ 도막은 광택이 있고 경도가 크다.
④ 안료나 휘발성 용제를 적게 혼합하면 무광택 에나멜이 된다.

25 특별한 공법이나 재료가 필요한 공사에 대해 설명하는 문서를 무엇이라 하는가?
① 표준시방서   ② 특기시방서
③ 약술시방서   ④ 안내시방서

26 목재의 역학적 성질에 관한 설명으로 옳은 것은?
① 목재의 기건비중을 측정하면 목재의 강도 상태를 추정할 수 있다.
② 섬유포화점 이하에서는 함수율 감소에 따라 강도 및 인성이 증대된다.
③ 가력방향에 따른 목재강도는 응력방향과 수직인 경우가 최대가 된다.
④ 동일한 수종인 경우 목재의 역학적 성질은 동일하다.

27 목재의 절취단면을 나타내는 용어가 아닌 것은?
① 횡단면   ② 수심단면
③ 방사단면   ④ 접선단면

28 창호철물과 창호의 연결로 옳지 않은 것은?
① 도어 체크(door check) – 미닫이문
② 플로어 힌지(floor hinge) – 자재 여닫이문
③ 크레센트(crescent) – 오르내리창
④ 레일(rail) – 미서기창

29 멤브레인 방수에 속하지 않는 방수공법은?
① 시멘트 액체 방수
② 합성고분자 시트 방수
③ 도막 방수
④ 아스팔트 방수

30 점토제품에서 S.K 번호가 나타내는 것은?
① 소성온도   ② 제품종류
③ 점토의 성분 ④ 수분함유량

31 U자형 줄눈에 충전하는 실링재를 밑면에 접착시키지 않기 위해 붙이는 테이프로 3면 접착에 의한 파단을 방지하기 위한 것은?
① FRP(fiber reinforced plastics)
② 아스팔트 프라이머(asphalt primer)
③ 본드 브레이커(Bond braker)
④ 블로운 아스팔트(blown asphalt)

32 콘크리트의 건조수축에 관한 설명으로 옳지 않은 것은?
① 시멘트의 화학성분이나 분말도에 따라 건조수축량은 변화한다.
② 콘크리트의 건조수축을 적게 하기 위해서 배합 시 가능한 한 단위수량을 적게 한다.
③ 사암이나 점판암을 골재로 이용한 콘크리

트는 건조수축량이 큰 편이고, 석영, 석회암을 이용한 것은 작은 편이다.
④ 콘크리트의 습윤양생기간은 건조수축에 크게 영향을 주며 이 기간이 길면 길수록 건조수축은 적어진다.

33 다음 공정표에서 주공정선 공사기간은 총 며칠인가?

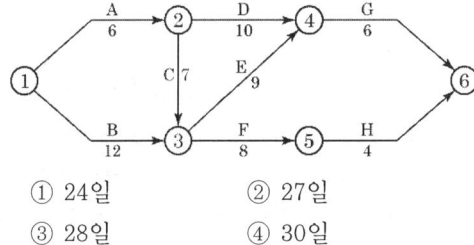

① 24일　　② 27일
③ 28일　　④ 30일

34 석고보드에 관한 설명으로 옳지 않은 것은?
① 주원료인 소석고에 혼화제를 넣고 물로 반죽하여 2장의 강인한 보드용 원지 사이에 채워 넣어 제조한 것이다.
② 내수성, 탄력성은 우수하나 단열성, 방수성은 좋지 않다.
③ 벽, 천장, 칸막이 등에 주로 사용된다.
④ 연하고 부서지기 쉬우므로 고정할 때는 못 등이 주로 사용되지만, 그 부근이 파손될 우려가 있다.

35 유리에 관한 설명으로 옳은 것은?
① 보통 판유리의 비중은 6.5 정도이다.
② 보통 판유리의 열전도율은 철재보다 매우 작다.
③ 창유리의 강도는 일반적으로 압축강도를 말한다.
④ 강화유리는 강도가 크고 현장 가공성이 좋다.

36 인서트(insert)의 재질로 가장 적합한 것은?
① 주철　　② 알루미늄
③ 목재　　④ 구리

37 회반죽 바름을 한 벽체는 공기 중의 무엇과 반응하여 경화하는가?
① 탄산가스　　② 산소
③ 질소　　　　④ 수소

38 무기질 단열재료 중 내열성이 높은 광물섬유를 이용하여 만드는 제품으로 불에 타지 않으며 가볍고, 단열성, 흡음성이 뛰어난 것은?
① 연질섬유판
② 암면
③ 셀룰로오스 섬유판
④ 경질우레탄폼

39 외부에 노출되는 마감용 벽돌로서 벽돌면의 색깔, 형태, 표면의 질감 등의 효과를 얻기 위한 것은?
① 광재벽돌　　② 내화벽돌
③ 치장벽돌　　④ 포도벽돌

40 합성수지 도료의 특성에 관한 설명으로 옳지 않은 것은?
① 건조시간이 빠르고 도막이 단단하다.
② 내산성, 내알칼리성이 있어 콘크리트, 모르타르면에 바를 수 있다.
③ 도막은 인화할 염려가 있어 방화성이 작은 단점이 있다.
④ 투명한 합성수지를 사용하면 더욱 선명한 색을 낼 수 있다.

제3과목 : 실내디자인 환경

41 건축물에 설치하는 지하층 비상탈출구의 유효너비 및 유효높이의 기준으로 옳은 것은?
① 유효너비 0.75m 이상, 유효높이 1.5m 이상
② 유효너비 0.75m 이상, 유효높이 1.8m 이상
③ 유효너비 1.0m 이상, 유효높이 1.5m 이상
④ 유효너비 1.0m 이상, 유효높이 1.8m 이상

42 실내마감이 불연재료이고 자동식 소화설비가 설치된 각 층 바닥면적이 1000m²인 업무시설의 11층은 최소 몇 개의 영역으로 방화구획하여야 하는가?
① 층간 방화구획
② 2개의 영역으로 구획
③ 3개의 영역으로 구획
④ 5개의 영역으로 구획

43 1층의 층고는 5m, 2층부터 11층까지의 층고는 3m, 각 층의 바닥면적은 2000m²인 업무시설에 설치하여야 하는 비상용 승강기의 최소 대수는?
① 설치대상이 아님 ② 1대
③ 2대 ④ 3대

44 6층 이상인 건축물로서 배연설비를 설치하여야 하는 대상이 아닌 것은?
① 수련시설 중 유스호스텔
② 운동시설
③ 의료시설 중 정신병원
④ 관광휴게시설

45 공동주택과 오피스텔의 난방설비를 개별난방방식으로 하는 경우에 대한 기준으로 옳은 것은?

① 보일러의 연도는 개별연도로 설치한다.
② 보일러실의 공기 흡입구와 배기구는 사용 중이지 않을 경우는 닫힌 구조로 한다.
③ 기름보일러를 설치하는 경우에는 기름저장소를 보일러실 내부에 배치한다.
④ 보일러실과 거실 사이의 경계벽은 출입구를 제외하고는 내화구조의 벽으로 구획한다.

46 대통령령으로 정하는 특정소방대상물(신축하는 것만 해당)에 소방시설을 설치하려는 자는 그 용도, 위치, 구조, 수용 인원, 가연물(可燃物)의 종류 및 양 등을 고려하여 설계하여야 하는데 이와 같은 설계를 무엇이라 하는가?
① 소방시설 특수설계
② 최적화설계
③ 성능위주설계
④ 소방시설 정밀설계

47 온수난방에 관한 설명으로 옳은 것은?
① 추운 지방에서도 동결의 우려가 없다.
② 온수의 잠열을 이용하여 난방하는 방식이다.
③ 증기난방에 비하여 난방부하 변동에 따른 온도 조절이 어렵다.
④ 증기난방에 비하여 열용량이 커서 예열시간이 길다.

48 잔향시간에 관한 설명으로 옳지 않은 것은?
① 실내의 잔향음의 대소를 평가하는 지표이다.
② 잔향시간이 너무 길면 음의 명료도가 저하된다.
③ 잔향시간은 실내가 확산음장이라고 가정

하여 구해진 개념이다.
④ 음악감상을 주로 하는 실은 대화를 주로 하는 실보다 짧은 잔향시간이 요구된다.

49 굴뚝효과(stack effect)의 가장 주된 발생 원은?
① 온도차 ② 유속차
③ 습도차 ④ 풍향차

50 건축물의 에너지절약을 위한 단열계획 내용으로 옳지 않은 것은?
① 외벽 부위는 내단열로 시공한다.
② 건물의 창 및 문은 가능한 한 작게 설계한다.
③ 외벽의 모서리 부분은 단열재를 연속적으로 설치한다.
④ 발코니 확장을 하는 공동주택에는 로이(Low-E) 복층창이나 삼중창을 설치한다.

51 변전실의 위치 결정 시 고려할 사항으로 옳지 않은 것은?
① 부하의 중심위치에서 멀 것
② 외부로부터 전원의 인입이 편리할 것
③ 발전기실, 축전지실과 인접한 장소일 것
④ 기기를 반입, 반출하는 데 지장이 없을 것

52 용적이 5000m²인 극장의 잔향시간을 1.6초에서 0.8초로 줄이기 위해 추가로 필요한 흡음력은? (단, Sabine의 잔향시간 계산식 사용)
① 약 200m² ② 약 500m²
③ 약 1000m² ④ 약 1500m²

53 중력환기에 관한 설명으로 옳지 않은 것은?
① 중력환기량은 개구부 면적에 비례하여 증가한다.
② 중력환기량은 실내외의 온도차가 클수록 많아진다.
③ 실내외의 온도차에 의한 공기의 밀도차가 원동력이 된다.
④ 중성대의 하부는 항상 공기의 유출측, 상부는 공기의 유입측이 된다.

54 복사에 의한 전열에 관한 설명으로 옳은 것은?
① 고체 표면과 유체 사이의 열전달 현상이다.
② 일반적으로 흡수율이 작은 표면은 복사율이 크다.
③ 알루미늄박과 같은 금속의 연마면은 복사율이 매우 작다.
④ 물체에서 복사되는 열량은 그 표면의 절대온도의 2승에 비례한다.

55 다음 중 건축물의 소음대책과 가장 거리가 먼 것은? (단, 소음원이 외부에 있는 경우)
① 창문의 밀폐도를 높인다.
② 실내의 흡음률을 줄인다.
③ 벽체의 중량을 크게 한다.
④ 소음원의 음원세기를 줄인다.

56 실내외의 공기유출의 방지 효과와 아울러 출입인원을 조절할 목적으로 설치하는 문은?
① 회전문 ② 미서기문
③ 미닫이문 ④ 여닫이문

57 공기 중의 음속이 344m/s, 주파수가 450Hz일 때 음의 파장(m)은?
① 0.33 ② 0.76
③ 1.31 ④ 6.25

58 급수방식 중 수도직결방식에 관한 설명으로 옳지 않은 것은?
① 고층으로의 급수가 어렵다.
② 급수압력이 항상 일정하다.
③ 정전으로 인한 단수의 염려가 없다.
④ 위생 측면에서 바람직한 방식이다.

59 간접조명기구에 관한 설명으로 옳지 않은 것은?
① 직사 눈부심이 없다.
② 매우 넓은 면적이 광원으로서의 역할을 한다.
③ 일반적으로 발산광속 중 상향광속이 90~100% 정도이다.
④ 천장, 벽면 등은 빛이 잘 흡수되는 색과 재료를 사용하여야 한다.

60 조명기구를 사용하는 도중에 광원의 능률저하나 기구의 오염, 손상 등으로 조도가 점차 저하되는데, 인공조명 설계 시 이를 고려하여 반영하는 계수는?
① 광도
② 조명률
③ 실지수
④ 감광 보상률

실/내/건/축/산/업/기/사

모의고사 제6회

제1과목 : 실내디자인계획

01 벽에 관한 설명으로 옳지 않은 것은?
① 공간을 둘러싸는 수직적 요소이다.
② 공간의 형태와 크기를 결정하는 요소이다.
③ 벽의 높이가 600mm 정도이면 공간을 시각적으로 차단하는 기능을 한다.
④ 공간과 공간을 구분하고 분리함으로써 시각적, 청각적 프라이버시를 제공할 수 있다.

02 전시공간의 순회 유형 중 연속순회형식에 관한 설명으로 옳지 않은 것은?
① 전시실이 연속적으로 연결된 형식이다.
② 많은 작품을 연속하여 전시할 수 있는 대규모 전시실에 적합하다.
③ 비교적 동선이 단순하여 다소 지루하고 피곤한 느낌을 줄 수 있다.
④ 한 실을 폐쇄하면 다음 공간으로의 이동이 불가능한 단점이 있다.

03 주택의 거실계획에 관한 설명으로 옳지 않은 것은?
① 실내의 다른 공간과 유기적으로 연결될 수 있도록 통로화시킨다.
② 거실을 가능한 한 남향으로 하여 일조와 조망, 통풍이 잘 되도록 한다.
③ 거실의 규모는 가족수, 가족구성, 전체 주택의 규모 등에 영향을 받는다.
④ 거실의 평면은 정사각형보다 한 변이 너무 짧지 않은 직사각형이 가구배치 등에 효과적이다.

04 단독주택에서 부엌의 합리적인 규모 결정 시 고려할 사항과 가장 관계가 먼 것은?
① 작업대의 면적
② 주택의 연면적
③ 가족구성원의 연령
④ 작업인의 동작에 필요한 공간

05 형태의 지각심리(게슈탈트 심리학)에 따른 그룹핑의 법칙에 속하지 않는 것은?
① 근접성   ② 유사성
③ 연속성   ④ 개방성

06 디자인 원리 중 통일에 관한 설명으로 옳지 않은 것은?
① 통일은 변화와 함께 모든 조형에 대한 미의 근원이 된다.
② 통일과 변화는 서로 대립되는 관계가 아니라 상호 유기적인 관계 속에서 성립된다.
③ 동적 통일은 균일한 대상물이 연속적으로 배치됨으로써 안정감을 확보할 수 있게 해 준다.
④ 양식 통일(style unity)은 동시대적 양식을 나열하거나 관련된 기능의 유사성을 이용하여 통일성을 형성하는 방법이다.

07 생활에 적합한 건축을 위해 인체와 관련된 모듈의 사용에 있어 단순한 길이의 배수보다는 황금비례를 이용함이 타당하다고 주장한 사람은?
① 알바 알토
② 르 코르뷔지에
③ 월터 그로피우스
④ 미스 반 데어 로에

08 시스템 가구의 디자인 조건에 관한 설명으로 옳지 않은 것은?
① 규격화된 디자인으로 한다.
② 통일된 디자인으로 조화를 추구한다.
③ 안정성 있고 가벼워 이동에 편리하도록 한다.
④ 용도를 단일화하여 영구적으로 사용할 수 있게 한다.

09 다음 중 상업공간의 매장 내 진열장(show case) 배치를 계획할 때 가장 우선적으로 고려해야 할 사항은?
① 진열장의 수   ② 조명의 조도
③ 고객의 동선   ④ 바닥의 재질

10 한국의 전통가구 중 장에 관한 설명으로 옳지 않은 것은?
① 단층장은 머릿장이라고도 불린다.
② 이층장이나 삼층장은 보통 남성공간인 사랑방에서 사용되었다.
③ 이불장은 금침과 베개를 겹겹이 쌓아두는 장으로 보통 2층으로 된 것이 많다.
④ 의걸이장은 외관의장에 따라 만살의걸이, 평의걸이, 지장의걸이로 구분할 수 있다.

11 건축화조명을 직접조명방식과 간접조명방식으로 구분할 경우, 다음 중 직접조명방식에 속하는 것은?
① 코브 조명
② 코퍼 조명
③ 광천장 조명
④ 밸런스 조명(상향조명)

12 디자인 원리에 관한 설명으로 옳지 않은 것은?
① 대비는 극적인 분위기를 연출하는 데 효과적이다.
② 균형은 정적이든 동적이든 시각적 안정성을 가져올 수 있다.
③ 리듬은 규칙적인 요소들의 반복으로 나타나는 통제된 운동감이다.
④ 강조는 규칙성이 갖는 단조로움을 극복하기 위해 공간 전체의 조화를 파괴하는 것이다.

13 다음 중 색에 대한 설명으로 틀린 것은?
① 물체의 색이 눈의 망막에 의해 지각된다.
② 반사, 흡수, 투과를 거쳐 지각된다.
③ 인간의 눈을 통해 지각되는 물리적 현상이다.
④ 연상과 상징 등과 함께 경험되는 심리적 현상과 관계가 없다.

14 문·스펜서의 색채조화에 적용되는 미도의 일반적 논리가 아닌 것은?
① 균형 있게 잘 선택된 무채색의 배색 미도가 높다.
② 등색상의 조화는 매우 쾌적한 경향이 있다.
③ 등색상 및 등채도의 단순한 배색이 미도가 높다.
④ 명도 차이가 작을수록 미도가 높다.

15 SD법으로 제품의 색채 이미지를 조사하려고 한다. 단어의 이미지가 잘못 짝지어진 것은?
① 부드럽다 - 딱딱하다
② 따뜻하다 - 차갑다
③ 동적이다 - 정적이다
④ 화려하다 - 아름답다

16 다음 색 중 보색 관계가 아닌 것은?
① 빨강 - 청록   ② 노랑 - 남색
③ 연두 - 보라   ④ 자주 - 주황

17 다음 중 한국산업표준(KS)을 기준으로 기본색 빨강의 색상범위에 해당하는 것은?
① 5RP 3.5/4.5   ② 5YR 8/4
③ 10R 9/5   ④ 7.5R 4/14

18 색의 대비현상에 관한 설명으로 틀린 것은?
① 명도대비 : 명도가 다른 두 색이 서로의 영향으로 명도차가 더 크게 나타나는 현상
② 연변대비 : 두 색의 경계부분에서 색의 3속성별로 대비현상이 더욱 강하게 나타나는 현상
③ 계시대비 : 어떤 색이 다른 색에 둘러싸여 일정한 거리 이상에서 주변색과 같아 보이는 현상
④ 보색대비 : 보색관계인 두 색이 서로의 영향으로 각각의 채도가 더 높게 보이는 현상

19 먼셀 색입체의 종단면도에서 볼 수 없는 것은?
① 색상환의 변화   ② 명도의 변화
③ 채도의 변화   ④ 순도의 변화

20 다음에서 설명하는 모형은 무엇인가?

- 디자이너가 생각한 디자인을 확인해보고 디자인 변경을 하기 위한 모델을 만든다.
- 마음에 드는 모델이 만들어지면 이 모델을 기준으로 제시용 모델을 만든다.

① 전시 모형   ② 스터디 모형
③ 목업 모형   ④ 세부 모형

● **제2과목 : 실내디자인 시공 및 재료**

21 수장 및 장식용 금속제품으로 천장, 벽 등에 보드를 붙이고 그 이음새를 감추는 데 사용하는 것은?
① 코너 비드   ② 조이너
③ 펀칭 메탈   ④ 스팬드럴 패널

22 각 미장재료별 경화형태로 옳지 않은 것은?
① 회반죽 - 수경성
② 시멘트 모르타르 - 수경성
③ 돌로마이트 플라스터 - 기경성
④ 테라조 현장바름 - 수경성

23 시멘트의 발열량을 저감시킬 목적으로 제조한 시멘트로 매스콘크리트용으로 사용되며, 건조수축이 적고 화학저항성이 큰 것은?
① 중용열 포틀랜드 시멘트
② 조강 포틀랜드 시멘트
③ 실리카 시멘트
④ 알루미나 시멘트

24 목재의 방부제에 해당하지 않는 것은?
① 황산구리 1% 용액
② 불화소다 2% 용액
③ 테레빈유
④ 염화아연 4% 용액

25 다음 중 유기질 단열재료에 해당되지 않는 것은?
① 셀룰로오스 섬유판
② 연질 섬유판
③ 폴리스티렌 폼
④ 규산 칼슘판

26 미장재료의 응결시간을 단축시킬 목적으로 첨가하는 촉진제의 종류로 옳은 것은?
① 옥시카르본산 ② 폴리알코올류
③ 마그네시아염 ④ 염화칼슘

27 석재의 일반적 성질에 관한 설명으로 옳지 않은 것은?
① 석재의 강도는 비중에 비례한다.
② 석재의 공극률이 크면 동결융해 반복으로 동해하기 쉽다.
③ 석재의 함수율이 높을수록 강도가 저하된다.
④ 석재의 강도 중에서 가장 큰 것은 인장강도이며 압축, 휨 및 전단강도는 인장강도에 비하여 매우 작다.

28 MDF의 특성에 관한 설명 중 옳지 않은 것은?
① 한번 고정철물을 사용한 곳에는 재시공이 어렵다.
② 천연목재보다 강도가 크고 변형이 적다.
③ 재질이 천연목재보다 균일하다.
④ 무게가 가볍고 습기에 강하다.

29 바탕과의 접착을 주목적으로 하며, 바탕의 요철을 완화시키는 바름공정에 해당되는 것은?
① 정벌바름 ② 재벌바름
③ 초벌바름 ④ 마감바름

30 목재의 일반적 특성에 해당하지 않는 것은?
① 열전도율이 작다.
② 비강도(比强度)가 크다.
③ 차음성이 작다.
④ 섬유방향에 따라 강도차이가 있다.

31 석고 플라스터에 대한 설명으로 옳지 않은 것은?
① 시멘트에 비해 경화속도가 느리다.
② 내화성을 갖고 있다.
③ 경화, 건조 시 치수 안정성을 갖는다.
④ 물에 용해되는 성질이 있어 물을 사용하는 장소에는 부적합하다.

32 각재의 마구리 치수가 12cm×12cm, 길이가 240cm, 목재의 건조 전 질량이 25kg, 절대건조상태가 될 때까지 건조 후 질량이 20kg 이었다면 이 목재의 함수율은 얼마인가?
① 10% ② 15%
③ 20% ④ 25%

33 목재의 외관을 손상시키며 강도와 내구성을 저하시키는 목재의 흠에 해당하지 않는 것은?
① 갈라짐(Crack) ② 옹이(Knot)
③ 지선(脂腺) ④ 수피(樹皮)

34 다음 중 회반죽의 주요 배합재료로 가장 알맞은 것은?
① 생석회, 해초풀, 여물, 수염
② 소석회, 모래, 해초풀, 여물
③ 소석회, 돌가루, 해초풀, 수염
④ 돌가루, 모래, 해초풀, 여물

35 건물에 통상 사용되는 도료 중 내후성, 내알칼리성, 내산성 및 내수성이 가장 좋은 것은?

① 에나멜 페인트
② 페놀 수지 바니시
③ 알루미늄 페인트
④ 에폭시 수지 도료

36 ALC(autoclaved lightweight concrete)에 관한 설명으로 옳지 않은 것은?
① ALC 제품은 오토클레이브 양생을 해서 만든 기포 콘크리트 제품이다.
② ALC 제품은 오토클레이브 양생을 하기 때문에 작은 비중에 비해 비교적 압축강도가 높아 기둥, 보 등의 구조재료로 주로 사용된다.
③ ALC 제품은 시공이 용이하고 내화성이 양호한 편이다.
④ ALC 제품은 우수한 음 및 열적 특성이 있고, 사용 후 변형이나 균열이 적다.

37 다음 중 창호공사에 쓰이는 철물이 아닌 것은?
① 도어 클로저(Door Closer)
② 플로어 힌지(Floor Hinge)
③ 피벗 힌지(Pivot Hinge)
④ 프리 액세스 플로어(Free Access Floor)

38 Network(네트워크) 공정표의 장점이라고 볼 수 없는 것은?
① 작업 상호 간의 관련성을 알기 쉽다.
② 공정계획의 초기 작성시간이 단축된다.
③ 공사의 진척 관리를 정확히 할 수 있다.
④ 공기 단축 가능 요소의 발견이 용이하다.

39 공사현장의 안전시설 관련 내용으로 옳지 않은 것은?
① 낙하물 방지망은 높이 10m 이내마다 설치하고, 내민 길이는 벽면으로부터 2m 이상으로 한다.
② 높이 또는 깊이가 2m를 초과하는 장소에서 작업하는 경우, 작업자가 안전하게 승강하기 위한 건설작업용 리프트 등의 승강설비를 설치하여야 한다.
③ 근로자가 안전하게 통행할 수 있도록 통로에 50럭스 이상의 채광 또는 조명시설을 하여야 한다.
④ 상시 50명 이상의 근로자가 작업하는 옥내작업장에는 비상시 근로자에게 신속하게 알리기 위한 경보용 설비 또는 기구를 설치하여야 한다.

40 다음 중 세로 규준틀에 표시하는 내용이 아닌 것은?
① 기초 너비
② 줄눈 표시
③ 앵커 볼트와 매립 철물 위치
④ 창문틀 위치 및 치수 표시

제3과목 : 실내디자인 환경

41 건축물 지하층에 환기설비를 설치해야 하는 거실바닥면적 합계의 최소기준은?
① $200m^2$ 이상
② $500m^2$ 이상
③ $1000m^2$ 이상
④ $2000m^2$ 이상

42 물체가 잘 보이도록 하는 조명의 조건, 즉 가시성을 결정하는 요소와 가장 거리가 먼 것은?
① 주변과의 대비
② 대상물의 밝기
③ 대상물의 형태
④ 대상물의 크기

43 반간접조명방식에 대한 설명으로 옳은 것은?
① 광원으로부터 모든 방향으로 빛이 투사되는 방식

② 빛의 60~90%를 반사면에 투사시킨 반사광과 함께 나머지를 직접 조명분으로 조명하는 방식
③ 천장, 벽 등에 반사된 빛만을 사용하는 방식
④ 특정장소와 위치에 빛을 투사하는 방식

44 다음은 「건축물의 구조기준 등에 관한 규칙」에 따른 조적식 구조 개구부의 구조에 관한 사항이다. ( ) 안에 들어갈 내용으로 옳은 것은?

폭이 ( )를 넘는 개구부의 상부에는 철근콘크리트 구조의 윗인방을 설치하여야 한다.

① 1.2m   ② 1.5m
③ 1.8m   ④ 2.0m

45 건축물에 설치하여 배수의 용도로 쓰는 배관설비의 설치 및 구조 기준으로 옳지 않은 것은?
① 배관설비에는 배수트랩·통기관을 설치하는 등 위생에 지장이 없도록 할 것
② 지하실 등 공공하수도로 자연배수를 할 수 없는 곳에는 배수용량에 맞는 강제배수시설을 설치할 것
③ 콘크리트구조체에 배관을 매설하거나 배관이 콘크리트구조체를 관통할 경우에는 구조체에 덧관을 미리 매설하는 등 배관의 부식을 방지하고 그 수선 및 교체가 용이하도록 할 것
④ 우수관과 오수관은 하나로 연결하여 배관할 것

46 다음은 「건축물의 피난·방화구조 등의 기준에 관한 규칙」 중 내화시험에 따른 방화문의 성능기준에 관한 사항이다. ( ) 안에 들어갈 내용으로 옳은 것은?

60분+방화문
연기 및 불꽃 차단 (A) 이상,
열 차단 (B) 이상

① A : 1시간, B : 50분
② A : 1시간, B : 30분
③ A : 2시간, B : 50분
④ A : 2시간, B : 30분

47 건축물에 설치하는 회전문의 설치 기준으로 옳지 않은 것은?
① 회전문의 위치는 계단이나 에스컬레이터로부터 2m 이상 거리를 둘 것
② 회전문의 회전속도는 분당회전수가 8회를 넘지 아니하도록 할 것
③ 회전문과 문틀 사이는 5cm 이상 간격을 확보하고 틈 사이를 고무와 고무펠트의 조합체 등을 사용하여 신체나 물건 등에 손상이 없도록 할 것
④ 회전문은 사용에 편리하게 양방향으로 회전할 수 있는 구조로 할 것

48 간이스프링클러설비를 설치하여야 하는 특정소방대상물의 연면적 기준으로 옳은 것은? (단, 교육연구시설 내 합숙소의 경우)
① 50m² 이상   ② 100m² 이상
③ 150m² 이상   ④ 200m² 이상

49 습공기를 가습하였을 때의 상태변화로 옳은 것은? (단, 건구온도는 일정하다.)
① 엔탈피가 커진다.
② 노점온도가 낮아진다.
③ 습구온도가 낮아진다.
④ 절대습도가 작아진다.

50 급탕량의 산정 방식에 속하지 않는 것은?
① 급탕 단위에 의한 방법
② 사용 기구수로부터 산정하는 방법
③ 사용 인원수로부터 산정하는 방법
④ 저탕조의 용량으로부터 산정하는 방법

51 흡음재료에 관한 설명으로 옳은 것은?
① 판진동 흡음재의 흡음판은 기밀하게 접착할수록 흡음률이 커진다.
② 판진동 흡음재의 흡음판은 막진동하기 쉬운 얇은 것일수록 흡음률이 낮다.
③ 다공성 흡음재는 중·고주파에서의 흡음률은 크지만 저주파수에서는 급격히 저하된다.
④ 공동공명기는 배후 공기층의 두께를 증가시키면 최대 흡음률의 위치가 고음역으로 이동한다.

52 분전반에 관한 설명으로 옳지 않은 것은?
① 분전반은 각 층마다 설치한다.
② 분전반은 분기회로의 길이가 30m 이상이 되도록 설계한다.
③ 분전반은 매입형, 반매입형, 노출벽부형과 전기 전용실에 설치 가능한 자립형이 있다.
④ 분전반은 실내의 사용성을 고려하여 복도 또는 코어부분에 설치하고, 전기 배선용 샤프트(ES)가 설치된 경우 ES 내에 수납한다.

53 다음 중 결로 발생의 직접적인 원인과 가장 거리가 먼 것은?
① 환기의 부족
② 실내습기의 과다발생
③ 실내측 표면온도 상승
④ 건물 외벽의 단열상태 불량

54 인체의 열적 쾌적감에 영향을 미치는 물리적 온열 4요소에 속하지 않는 것은?
① 기온   ② 습도
③ 기류   ④ 공기의 청정도

55 국소식 급탕방식에 관한 설명으로 옳지 않은 것은?
① 급탕개소마다 가열기의 설치 스페이스가 필요하다.
② 급탕개소가 적은 비교적 소규모의 건물에 채용된다.
③ 급탕배관의 길이가 길어 배관으로부터의 열손실이 크다.
④ 용도에 따라 필요한 개소에서 필요한 온도의 탕을 비교적 간단하게 얻을 수 있다.

56 다음 설명에 알맞은 급수방식은?

- 위생성 및 유지·관리 측면에서 가장 바람직한 방식이다.
- 정전으로 인한 단수의 염려가 없다.
- 고층으로의 급수가 어렵다.

① 고가탱크방식   ② 압력탱크방식
③ 수도직결방식   ④ 펌프직송방식

57 실내 조도가 옥외 조도의 몇 %에 해당하는가를 나타내는 값은?
① 주광률   ② 보수율
③ 반사율   ④ 조명률

58 다음 중 명시적 조명의 적용이 가장 곤란한 곳은?
① 교실   ② 서재
③ 집무실 ④ 레스토랑

59 다음 중 평균 연색평가지수(Ra)가 가장 낮은 광원은?
① 할로겐 램프
② 주광색 형광등
③ 고압 나트륨 램프
④ 메탈할라이드 램프

60 1000cd의 전등이 2m 직하에 있는 책상 표면을 비추고 있을 때, 이 책상 표면의 조도는?
① 200lx
② 250lx
③ 500lx
④ 1000lx

실/내/건/축/산/업/기/사

모의고사 제7회

제1과목 : 실내디자인계획

01 다음 중 VMD(visual merchandising)의 구성 요소와 가장 거리가 먼 것은?
① IP(item presentation)
② VP(visual presentation)
③ PP(point of sale presentation)
④ POP(point of purchase advertising)

02 기업체가 자사제품의 홍보, 판매 촉진 등을 위해 제품 및 기업에 관한 자료를 소비자들에게 직접 호소하여 제품의 우위성을 인식시키고자 하는 전시공간은?
① 캐럴   ② 쇼룸
③ 애리나   ④ 랜드스케이프

03 책상을 같은 방향으로 배치하는 형태로 비교적 프라이버시의 침해가 적은 사무실 책상배치의 유형은?
① 동향형   ② 대향형
③ 십자형   ④ 자유형

04 다음 주택 부엌가구 배치유형 중 벽면을 이용하여 작업대를 배치한 형식으로 작업면이 넓어 작업 효율이 가장 좋은 것은?
① 일자형   ② L자형
③ ㄷ자형   ④ 병렬형

05 주택의 침실계획에 관한 설명으로 옳지 않은 것은?
① 침대의 측면은 외벽에 붙이는 것이 이상적이다.
② 침대 배치는 실의 크기와 침대와의 균형, 통로 부분의 확보 등을 고려한다.
③ 침대 하부(머리부분의 반대편)는 통행에 불편하지 않도록 여유공간을 두는 것이 좋다.
④ 침대의 머리 부분에 조명기구를 둘 경우 빛이 눈에 직접 들어오지 않도록 한다.

06 디자인 원리 중 균형에 관한 설명으로 옳지 않은 것은?
① 비대칭적 균형은 대칭적 균형보다 질서가 있고 안정된 느낌을 준다.
② 인간의 주의력에 의해 감지되는 시각적 무게의 평형상태를 의미한다.
③ 대칭적 균형은 형, 형태의 크기, 위치, 형식, 집합의 정렬 등이 축을 중심으로 서로 대칭적인 관계로 구성되어 있는 경우를 말한다.
④ 디자인 요소들의 상호작용이 하나의 지점에서 역학적으로 평형을 갖거나 전체의 그룹 안에서 서로 균등함을 이루고 있는 상태를 말한다.

07 다음 설명에 알맞은 디자인 원리는?

- 변화와 함께 모든 조형에 대한 미의 근원이 된다.
- 디자인 대상의 전체에 미적 질서를 주는 기본원리이다.

① 강조   ② 통일
③ 리듬   ④ 대비

08 그리드 플래닝(grid planning)에 관한 설명으로 옳지 않은 것은?

① 그리드 플래닝은 논리적이고 합리적인 디자인 전개를 가능하게 한다.
② 그리드가 단순화되고 보편적인 법칙에 종속되면 틀에 박힌 계획이 되기 쉽다.
③ 직사각형 그리드는 가장 기본적인 형태의 그리드로 좌우 대칭이기에 중립적이며 방향성도 없다.
④ 정사각형 그리드는 일반적으로 황금비율에 의한 그리드이거나 경제적 스팬에 준한 그리드를 사용한다.

09 형태에 관한 설명으로 옳지 않은 것은?

① 인위적 형태들은 휴먼스케일과 일정한 관계를 지닌다.
② 기하학적인 형태는 불규칙한 형태보다 가볍게 느껴진다.
③ 인위적 형태는 개념적으로만 제시될 수 있는 형태로서 상징적 형태라고도 한다.
④ 자연형태는 단순한 부정형의 형태를 취하기도 하지만 경우에 따라서는 체계적인 기하학적인 특징을 갖는다.

10 질감(texture)에 관한 설명으로 옳은 것은?

① 질감의 형성은 인공적으로만 이루어진다.
② 촉각에 의한 질감과 시각에 의한 질감으로 구분된다.
③ 유리, 거울 같은 재료는 낮은 반사율을 나타내며 차갑게 느껴진다.
④ 좁은 실내 공간을 넓게 느껴지도록 하기 위해서는 어둡고 거친 질감의 재료를 사용한다.

11 의자 및 소파에 관한 설명으로 옳지 않은 것은?

① 스툴은 등받이와 팔걸이가 없는 형태의 보조의자이다.
② 카우치는 이동하기 쉽도록 잡기 편하게 구성된 간이의자이다.
③ 세티는 동일한 2개의 의자를 나란히 합해 2인이 앉을 수 있도록 한 의자이다.
④ 라운지체어는 비교적 큰 크기의 의자로 편하게 휴식을 취할 수 있는 안락의자이다.

12 한국의 전통가구 중 반닫이에 관한 설명으로 옳지 않은 것은?

① 반닫이는 우리나라 전역에 걸쳐서 사용되었다.
② 전면 상반부를 문짝으로 만들어 상하로 여는 가구이다.
③ 반닫이는 주로 양반층에서 장이나 농 대신에 사용하던 가구이다.
④ 반닫이 안에는 의복, 책, 제기 등을 보관하였고, 위에는 이불을 얹거나 항아리, 소품 등을 얹어 두었다.

13 색의 혼합에 관한 설명으로 틀린 것은?

① 색료 혼합의 3원색은 magenta, yellow, cyan이다.
② 색광 혼합의 2차색은 색료 혼합의 3원색이 된다.
③ 색료 혼합은 혼합하면 할수록 채도가 낮아

진다.
④ 색광 혼합은 혼합하면 할수록 명도와 채도가 높아진다.

14 공장 안에서 통행에 충돌 위험이 있는 기둥은 무슨 색으로 처리하는 것이 안전색채에 적절한가?
① 빨강　　② 노랑
③ 파랑　　④ 초록

15 문·스펜서 조화론의 단점으로 옳은 것은?
① 무채색과의 관계를 생략하고 있다.
② 전통적 조화론은 무시하고 있다.
③ 명도, 채도를 고려하지 않았다.
④ 색의 연상, 기호, 상징성은 고려하지 않았다.

16 색의 지각현상에 관한 설명 중 틀린 것은?
① 난색이 한색보다 팽창되어 보인다.
② 검정색 배경 위의 고명도 색이 저명도 색보다 명시도가 높다.
③ 한색이 난색보다 주목성이 높다.
④ 고명도 색이 저명도 색보다 팽창되어 보인다.

17 서로 조화되지 않는 두 색을 조화되게 하기 위한 일반적인 방법으로 가장 타당한 것은?
① 두 색의 사이에 백색 또는 검정색을 배치하였다.
② 두 색 중 한 색과 반대되는 색을 두 색의 사이에 배치하였다.
③ 두 색 중 한 색과 유사한 색을 두 색의 사이에 배치하였다.
④ 두 색의 혼합색을 만들어 두 색의 사이에 배치하였다.

18 정상적인 눈을 가진 사람도 미소(微少)한 색을 볼 때 일어나는 색각혼란은?
① 색상 이상
② 잔상현상
③ 소면적 제3색각 이상
④ 주관색 현상

19 KS의 일반 색명이 근거를 두고 있는 국제표준은?
① ASA　　② CIE
③ ISCC-NIST　　④ NCS

20 실내투시도 또는 기념건축물과 같은 정적인 건물의 표현에 효과적인 투시도는?
① 평행투시도　　② 유각투시도
③ 경사투시도　　④ 조감도

● **제2과목 : 실내디자인 시공 및 재료**

21 스팬드럴 유리에 관한 설명으로 옳지 않은 것은?
① 건축물의 외벽 층간이나 내·외부 장식용 유리로 사용한다.
② 판유리 한쪽 면에 세라믹질의 도료를 도장한 후 고온에서 융착, 반강화한 것으로 내구성이 뛰어나다.
③ 색상이 다양하고 중후한 질감을 갖고 있으며 건축물의 모양에 따라 선택의 폭이 넓다.
④ 열깨짐의 위험이 있으므로 유리표면에 페인트도장을 하거나 종이, 테이프 등을 부착하지 않는다.

22 실리콘(Silicon) 수지에 관한 설명으로 옳지 않은 것은?

① 탄력성, 내수성 등이 아주 우수하기 때문에 접착제, 도료로서 주로 사용된다.
② 70~80℃의 고온에서는 연화되는 단점이 있다.
③ 가소물이나 금속을 성형할 때 이형제로 쓸 수 있을 정도로 피복력이 있다.
④ 발수성이 있기 때문에 건축물, 전기 절연물 등의 방수에 쓰인다.

23 수목이 성장 도중 세로방향의 외상으로 수피가 말려들어간 것을 뜻하는 흠의 종류는?
① 옹이   ② 송진구멍
③ 혹   ④ 껍질박이

24 단열재의 선정 조건에 관한 설명으로 옳지 않은 것은?
① 사용연한에 따른 변질이 없을 것
② 유독성 가스가 발생되지 않을 것
③ 열전도율과 흡수율이 낮을 것
④ 구조재로 활용 가능한 정도의 역학적인 강도를 가질 것

25 목재 건조의 목적 및 효과와 가장 거리가 먼 것은?
① 강도의 증진   ② 내화성의 증진
③ 중량의 경감   ④ 부패의 방지

26 연강 칠선을 전기 용접하여 정방형 또는 장방형으로 만든 것으로 블록을 쌓을 때나 보호 콘크리트를 타설할 때 사용하며 균열을 방지하고 교차 부분을 보강하기 위해 사용하는 금속제품은?
① 와이어 로프   ② 코너 비드
③ 와이어 메시   ④ 메탈

27 다음 중 아스팔트의 물리적 성질에 있어 아스팔트의 견고성 정도를 평가한 것은?
① 신도   ② 침입도
③ 내후성   ④ 인화점

28 아스팔트 방수시공을 할 때 바탕재와의 밀착용으로 사용하는 것은?
① 아스팔트 컴파운드
② 아스팔트 모르타르
③ 아스팔트 프라이머
④ 아스팔트 루핑

29 유리의 성질에 관한 설명으로 옳지 않은 것은?
① 굴절률은 1.5~1.9 정도이고 납을 함유하면 낮아진다.
② 열전도율 및 열팽창률이 작다.
③ 광선에 대한 성질은 유리의 성분, 두께, 표면의 평활도 등에 따라 다르다.
④ 약한 산에는 침식되지 않지만 염산·황산·질산 등에는 서서히 침식된다.

30 다음 중 수경성 재료에 해당되지 않는 것은?
① 회반죽
② 시멘트 모르타르
③ 석고 플라스터
④ 인조석 바름

31 소성 점토벽돌에 관한 설명으로 옳지 않은 것은?
① 소성온도가 높을수록 흡수율이 적다.
② 붉은벽돌은 점토에 안료를 넣어서 붉게 만든 것이다.
③ 소성이 잘 된 것일수록 맑은 금속성 소리가 난다.
④ 과소품(過燒品)은 소성온도가 지나치게 높

아서 질이 견고하고, 흡수율이 낮으나 형상이 일그러져 부정형이다.

32 강화유리에 관한 설명으로 틀린 것은?
① 유리 표면에 강한 압축응력층을 만들어 파괴강도를 증가시킨 것이다.
② 강도는 플로트 판유리에 비해 3~5배 정도이다.
③ 주로 출입문이나 계단 난간, 안전성이 요구되는 칸막이 등에 사용된다.
④ 깨어질 때는 판유리 전체가 파편으로 잘게 부서지지 않는다.

33 타일형 바닥재 중 리놀륨 타일에 관한 설명으로 옳은 것은?
① 내유성이 크다.
② 내알칼리성이 크다.
③ 국압에 대한 흔적이 남지 않는다.
④ 잘 부서지지 않아 옥외에서도 사용된다.

34 다음 유리 중 결로 현상의 발생이 가장 적은 것은?
① 보통유리　② 후판유리
③ 복층유리　④ 형판유리

35 목재 또는 기타 식물질을 작은 조각으로 하여 충분히 건조시킨 후 합성수지 접착제와 같은 유기질 접착제를 첨가하여 열압 제조한 목재 제품은?
① 집성목재　② 파티클 보드
③ 코펜하겐 리브　④ 코르크 보드

36 도장결함 중 주름발생 현상의 방지대책으로 가장 적합한 것은?
① 도료의 점도를 낮춘다.
② 교반을 충분하게 하고 겹칠을 한다.
③ 바탕과 도료와의 심한 온도차를 피한다.
④ 도포 후 즉시 직사광선을 쬐이지 않는다.

37 네트워크(Network) 공정표의 장점이라고 볼 수 없는 것은?
① 작업 상호 간의 관련성 파악이 용이하다.
② 진도 관리를 명확하게 실시할 수 있으며 적절한 조치를 취할 수 있다.
③ 작업의 선후관계 및 소요일정 파악이 용이하다.
④ 작성 및 검사에 특별한 기능이 필요 없고, 경험이 없는 사람도 쉽게 작성할 수 있다.

38 다음 통나무 비계의 각 부 명칭으로 옳지 않은 것은?

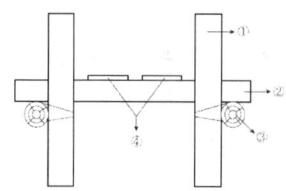

① 비계기둥　② 비계다리
③ 띠장　④ 비계발판

39 다음 치장줄눈 중 명칭이 바르게 연결된 것은?

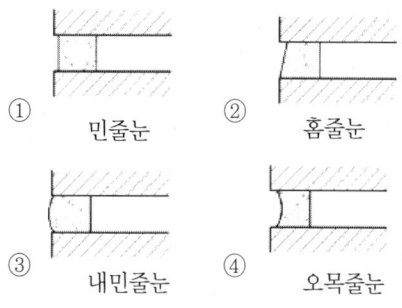

① 민줄눈　② 홈줄눈
③ 내민줄눈　④ 오목줄눈

40 가설건축물 중 시멘트창고에 관한 설명으로

옳지 않은 것은?
① 바닥구조는 일반적으로 마루널깔기로 한다.
② 창고의 크기는 시멘트 100포당 2~3m^2로 하는 것이 바람직하다.
③ 공기의 유통이 잘 되도록 개구부를 가능한 한 크게 한다.
④ 벽은 널판붙임으로 하고 장기간 사용하는 것은 함석붙이기로 한다.

제3과목 : 실내디자인 환경

41 소화활동설비에 해당하지 않는 것은?
① 제연설비
② 연결송수관설비
③ 비상방송설비
④ 비상콘센트설비

42 건축법령의 관련 규정에 의하여 설치하는 거실의 반자는 그 높이를 최소 얼마 이상으로 하여야 하는가?
① 2.1m
② 2.3m
③ 2.6m
④ 2.7m

43 숙박시설의 객실 간 경계벽의 구조 및 설치 기준으로 틀린 것은?
① 내화구조로 하여야 한다.
② 지붕 밑 또는 바로 위층의 바닥판까지 닿게 한다.
③ 철근콘크리트구조의 경우에는 그 두께가 10cm 이상이어야 한다.
④ 콘크리트블록조의 경우에는 그 두께가 15cm 이상이어야 한다.

44 다음은 지하층과 피난층 사이의 개방공간 설치에 대한 건축관계법령이다. ( ) 안에 알맞은 것은?

바닥면적의 합계가 ( ) 이상인 공연장·집회장·관람장 또는 전시장을 지하층에 설치하는 경우에는 각 실에 있는 자가 지하층 각 층에서 건축물 밖으로 피난하여 옥외 계단 또는 경사로 등을 이용하여 피난층으로 대피할 수 있도록 천장이 개방된 외부 공간을 설치하여야 한다.

① 500m^2
② 1000m^2
③ 3000m^2
④ 5000m^2

45 소방청장, 소방본부장 또는 소방서장은 소방특별조사를 하려면 며칠 전에 관계인에게 조사대상, 조사기간 및 조사사유 등을 서면으로 알려야 하는가?
① 5일
② 7일
③ 9일
④ 12일

46 비상조명등을 설치하여야 하는 특정소방대상물에 해당되는 것은?
① 창고시설 중 창고
② 위험물 저장 및 처리 시설 중 가스시설
③ 창고시설 중 하역장
④ 지하가 중 터널로서 그 길이가 500m 이상인 것

47 특정소방대상물 중 교육연구시설에 해당하는 것은?
① 무도학원
② 자동차정비학원
③ 자동차운전학원
④ 연수원

48 불쾌 글레어의 발생 원인과 가장 거리가 먼 것은?

① 휘도가 높은 광원
② 시선에 노출된 광원
③ 눈에 입사하는 광속의 과다
④ 물체와 그 주위 사이의 저휘도 대비

49 가로 9m, 세로 12m, 높이 2.7m인 강의실에 32W 형광램프(광속 2560[lm]) 30대가 설치되어 있다. 이 강의실 평균조도를 500lx로 하려고 할 때 추가해야 할 32W 형광램프 대수는? (단, 보수율 0.67, 조명률 0.6)

① 5대　　　　② 11대
③ 17대　　　④ 23대

50 흡음재료 중 연속기포 다공질재료에 관한 설명으로 옳지 않은 것은?

① 유리면, 암면 등이 사용된다.
② 중·고음역에서 높은 흡음률을 나타낸다.
③ 일반적으로 두께를 늘리면 흡음률이 커진다.
④ 재료 표면의 공극을 막는 표면 처리를 할 경우 흡음률이 커진다.

51 공기조화방식 중 유인유닛방식에 관한 설명으로 옳은 것은?

① 유인유닛에는 동력(전기) 배선을 하여야 한다.
② 각 유닛마다 제어가 가능하므로 개별실 제어가 가능하다.
③ 외기 냉방의 효과가 크나, 부하변동에 따른 적응성이 나쁘다.
④ 저속덕트만을 사용하므로, 마찰손실이 적어 열매 운송 동력이 적게 든다.

52 일조의 직접적 효과에 속하지 않는 것은?

① 광 효과
② 열 효과
③ 환기 효과
④ 보건·위생적 효과

53 다음 설명에 알맞은 환기방식은?

- 기계력에 의하여 급기를 하므로 실내의 압력이 외부보다 높아지고 공기가 실외에서 유입하는 경우가 적다.
- 병원의 수술실과 같이 외부의 오염공기 침입을 피하는 실에 이용된다.

① 흡출식　　② 압입식
③ 중력식　　④ 풍력식

54 겨울철 벽체에 표면결로가 발생하는 원인으로 볼 수 없는 것은?

① 실내 습기 발생
② 실내 환기량 부족
③ 벽체의 단열성 부족
④ 실내 벽체 표면온도 상승

55 반사형 단열재에 관한 설명으로 옳지 않은 것은?

① 반사하는 표면이 다른 재료와 접촉될 때 단열효과가 증가한다.
② 반사형 단열은 복사의 형태로 열이동이 이루어지는 공기층에 유효하다.
③ 중공벽 내의 중앙에 알루미늄박을 이중으로 설치하면 큰 단열효과가 있다.
④ 중공벽 내의 고온측면에 복사율이 낮은 알루미늄박을 설치하면 표면 열전달저항이 증가한다.

56 다음 중 불쾌지수의 산정 요소로만 구성된 것은?

① 기온, 습도

② 기온, 기류
③ 기온, 습도, 기류
④ 기온, 습도, 기류, 복사열

57 급수방식에 관한 설명으로 옳지 않은 것은?
① 고가수조방식은 급수압력이 일정하다.
② 수도직결방식은 위생성 측면에서 바람직한 방식이다.
③ 압력수조방식은 단수 시에 일정량의 급수가 가능하다.
④ 펌프직송방식은 일반적으로 하향급수 배관방식으로 배관이 구성된다.

58 고압수은램프에 관한 설명으로 옳지 않은 것은?
① 휘도가 높다.
② 연색성이 우수하다.
③ 배광제어가 용이하다.
④ 도로조명, 고천장 공장조명 등에 이용된다.

59 실내음향에 관한 설명으로 옳지 않은 것은?
① 잔향시간은 실내 용적이 클수록 길어진다.
② 잔향시간은 실내의 흡음력이 작을수록 길어진다.
③ 강당과 음악당의 최적 잔향시간을 비교하면 강당의 잔향시간이 더 길어야 한다.
④ 잔향시간이란 실내의 음압레벨이 초기값보다 60dB 감쇠할 때까지의 시간을 말한다.

60 공기조화방식 중 팬코일 유닛 방식에 관한 설명으로 옳지 않은 것은?
① 덕트 샤프트나 스페이스가 필요 없거나 작아도 된다.
② 전공기 방식이므로 수배관으로 인한 누수의 우려가 없다.
③ 유닛을 창문 밑에 설치하면 콜드 드래프트를 줄일 수 있다.
④ 각 실의 유닛은 수동으로도 제어할 수 있고, 개별 제어가 쉽다.

실/내/건/축/산/업/기/사

모의고사 제8회

제1과목 : 실내디자인계획

01 상점의 판매형식 중 대면판매에 관한 설명으로 옳지 않은 것은?
① 포장대나 계산대를 별도로 둘 필요가 없다.
② 귀금속과 같은 소형 고가품 판매점에 적합하다.
③ 고객과 마주 대하기 때문에 상품 설명이 용이하다.
④ 진열된 상품을 자유롭게 직접 접촉하므로 선택이 용이하다.

02 공간구성의 유형에 관한 설명으로 옳지 않은 것은?
① 선형 공간구성이란 일련의 공간의 반복으로 이루어진 선형적인 연속이다.
② 집합형 공간구성은 구심형 공간구성과 선형 공간구성의 두 가지 요소를 조합한 것이다.
③ 구심형 공간구성은 중앙의 우세한 중심공간과 그 주위의 수많은 제2의 공간으로 이루어진다.
④ 격자형 공간구성은 공간 속에서의 위치와 공간 상호간의 관계가 3차원적 격자 패턴 속에서 질서정연하게 배열되는 형태 및 공간으로 구성된다.

03 오피스 랜드스케이프(office landscape)에 관한 설명으로 옳지 않은 것은?
① 소음이 발생하기 쉽다.
② 공간의 독립성이 확보되고 형태가 명확하다.
③ 고정된 칸막이를 사용하지 않고 이동식을 사용한다.
④ 변화하는 업무의 흐름이나 작업 패턴에 신속하게 대응할 수 있다.

04 사무소의 실단위 계획 중 개방식 배치에 관한 설명으로 옳지 않은 것은?
① 커뮤니케이션에 융통성이 있다.
② 개인 업무 공간의 독립성이 좋아진다.
③ 모든 면적을 유용하게 이용할 수 있다.
④ 실의 길이나 깊이에 변화를 줄 수 있다.

05 다음 설명에 알맞은 주택 부엌가구의 배치 유형은?

- 작업면이 넓어 작업 효율이 좋다.
- 평면계획상 부엌에서 외부로 통하는 출입구의 설치가 곤란하다.

① 일렬형　　② ㄷ자형
③ 병렬형　　④ ㄱ자형

06 실내디자인의 구성 원리 중 규칙적인 요소들의 반복으로 디자인에 시각적인 질서를 부여하는 통제된 운동 감각은?
① 비례　　② 리듬

③ 균형　　　④ 통일

07 전시공간의 특수전시기법에 관한 설명으로 옳은 것은?
① 하모니카 전시는 통일된 전시내용이 규칙적으로나 반복적으로 나타날 때 적용이 용이하다.
② 파노라마 전시는 벽이나 천장을 직접 이용하지 않고 전시공간의 중앙에 전시물을 배치하는 전시기법이다.
③ 아일랜드 전시는 현장감을 가장 실감나게 표현하는 기법으로 한정된 공간 속에서 배경 스크린과 실물의 종합전시가 이루어진다.
④ 디오라마 전시는 연속적인 주제를 연관성 깊게 표현하기 위해 선형으로 연출하는 전시기법으로 맥락이 중요하다고 생각될 때 사용된다.

08 기하학적 형태에 관한 설명으로 옳지 않은 것은?
① 유기적 형태를 가진다.
② 인공적 형태의 특징을 느끼게 한다.
③ 규칙적이며 단순 명쾌한 감각을 준다.
④ 수학적인 법칙과 함께 생기며 뚜렷한 질서를 가진다.

09 의자와 디자이너의 연결이 옳지 않은 것은?
① 파이미오 의자 - 알바 알토
② 레드 블루 의자 - 미하엘 토넷
③ 체스카 의자 - 마르셀 브로이어
④ 힐 하우스 레더백 의자 - 찰스 레니 매킨토시

10 디자인 요소 중 패턴에 관한 설명으로 옳지 않은 것은?
① 인위적인 패턴의 구성은 반복을 명확히 함으로써만 이루어진다.
② 패턴을 취급할 때 중요한 것은 그 공간 속에 있는 모든 패턴성을 갖는 것과의 조화 방법이다.
③ 연속성 있는 패턴은 리듬감이 생기는데 그 리듬이 공간의 성격이나 스케일과 맞도록 해야 한다.
④ 패턴은 인위적으로 구성되는 것도 있으나 어떤 단위화된 재료가 조합될 때 저절로 생기는 것이다.

11 다음의 가구에 관한 설명 중 (　) 안에 들어갈 말로 알맞은 것은?

> 자유로이 움직이며 공간에 융통성을 부여하는 가구를 (㉠)라 하며, 특정한 사용목적이나 많은 물품을 수납하기 위해 건축화된 가구를 (㉡)라 한다.

① ㉠ 고정가구,　㉡ 가동가구
② ㉠ 이동가구,　㉡ 가동가구
③ ㉠ 이동가구,　㉡ 붙박이가구
④ ㉠ 붙박이가구,　㉡ 이동가구

12 저드(D. B. Judd)의 색채 조화론에서 '친근성의 원리'를 옳게 설명한 것은?
① 공통점이나 속성이 비슷한 색은 조화된다.
② 자연계의 색으로 쉽게 접하는 색은 조화된다.
③ 규칙적으로 선택된 색들끼리 잘 조화된다.
④ 색의 속성 차이가 분명할 때 조화된다.

13 색의 시각적 특성에 대한 설명 중 옳은 것은?
① 난색계는 한색계보다 후퇴해 보인다.
② 배경색과 명도차가 작은 어두운 색은 진출

해 보인다.
③ 저채도의 배경색에 고채도의 색은 후퇴해 보인다.
④ 고명도, 고채도의 색은 진출해 보인다.

14 채도에 관한 설명 중 틀린 것은?
① 색이 순수할수록 채도가 높고, 탁하거나 흐릴수록 채도가 낮다.
② 무채색이 포함되지 않은 색이 채도가 가장 높고 이를 순색이라 한다.
③ 순색에 흰색을 섞는 양이 많아질수록 채도는 높아진다.
④ 무채색은 채도가 없다.

15 색과 색의 관계가 가까워져 색의 차이를 좁히는 현상은?
① 잔상
② 리프만 효과
③ 동화현상
④ 푸르킨예현상

16 오스트발트 색체계에 관한 설명으로 틀린 것은?
① 노랑을 기준으로 전체 24색상으로 이루어져 있다.
② 톤은 무채색을 제외하고 각 색상당 28색으로 이루어져 있다.
③ 원래 색채의 배색을 위한 조화를 목적으로 제작되었다.
④ 색채조화매뉴얼(CHM)에는 모두 40색상으로 구성된다.

17 비누거품이나 수면에 뜬 기름, 전복껍질 등에서 무지개색처럼 나타나는 색은?
① 표면색
② 조명색
③ 형광색
④ 간섭색

18 물체색에 대한 설명 중 틀린 것은?
① 빛을 대부분 반사시키면 흰색이 된다.
② 빛을 완전히 흡수하면 이상적인 검정색이 된다.
③ 빛의 일부는 반사하고 일부는 흡수하면 회색이 된다.
④ 빛의 반사율은 0%~100%가 현실적으로 존재한다.

19 실내투시도 또는 기념건축물과 같은 정적인 건물의 표현에 효과적인 투시도는?
① 평행투시도
② 유각투시도
③ 경사투시도
④ 조감도

20 실시 설계도에서 일반도에 해당하지 않는 것은?
① 기초 평면도
② 전개도
③ 부분 상세도
④ 배치도

제2과목 : 실내디자인 시공 및 재료

21 석재 갈기의 공정 중 일반적으로 광택기구를 사용하여 광내기를 처리하는 공정은?
① 거친갈기
② 물갈기
③ 본갈기
④ 정갈기

22 점토제품 시공 후 발생하는 백화에 관한 설명으로 옳지 않은 것은?
① 타일 등의 시유 소성한 제품은 시멘트 중의 경화체가 백화의 주된 요인이 된다.
② 작업성이 나쁠수록 모르타르의 수밀성이 저하되어 투수성이 커지게 되고, 투수성이 커지면 백화 발생이 커지게 된다.

③ 점토제품의 흡수율이 크면 모르타르 중의 함유수를 흡수하여 백화 발생을 억제한다.
④ 모르타르의 물시멘트비가 크게 되면 잉여수가 증대되고, 이 잉여수가 증발할 때 가용 성분의 용출을 발생시켜 백화 발생의 원인이 된다.

23 그림과 같은 나무의 무게가 14kg이다. 이 나무의 함수율은? (단, 나무의 절건비중은 0.5이다.)

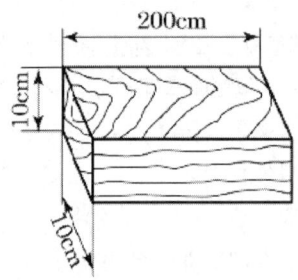

① 30%   ② 40%
③ 50%   ④ 60%

24 목재의 수축팽창에 관한 설명 중 옳지 않은 것은?
① 변재는 심재보다 수축률 및 팽창률이 일반적으로 크다.
② 섬유포화점 이상의 함수상태에서는 함수율이 클수록 수축률 및 팽창률이 커진다.
③ 수종에 따라 수축률 및 팽창률에 상당한 차이가 있다.
④ 수축이 과도하거나 고르지 못하면 할렬, 비틀림 등이 생긴다.

25 합성수지와 체질안료를 혼합한 입체무늬 모양을 내는 뿜칠용 도료로 콘크리트 및 모르타르 바탕에 도장하는 도료는?

① 본타일
② 다채무늬 도료
③ 규산염 도료
④ 알루미늄 도료

26 다음 중 회반죽 바름용 재료와 관련 없는 것은?
① 종석   ② 해초풀
③ 여물   ④ 소석회

27 목재용 방화제의 종류에 해당되지 않는 것은?
① 방화페인트
② 규산나트륨
③ 불화소다 2% 용액
④ 제2인산암모늄

28 트래버틴(travertine)에 관한 설명으로 옳지 않은 것은?
① 석질이 불균일하고 다공질이다.
② 변성암으로 황갈색의 반문이 있다.
③ 탄산석회를 포함한 물에서 침전, 생성된 것이다.
④ 특수 외장용 장식재로서 주로 사용된다.

29 건축 구조재료의 요구 성능을 역학적 성능, 화학적 성능, 내화 성능 등으로 구분할 때 다음 중 역학적 성능에 해당되지 않는 것은?
① 내열성   ② 강도
③ 강성   ④ 내피로성

30 발포제로서 보드상으로 성형하여 단열재로 널리 사용되며 천장재, 전기용품 등에도 쓰이는 열가소성 수지는?
① 불포화 폴리에스테르 수지
② 실리콘 수지
③ 아크릴 수지

④ 폴리스티렌 수지

31 점토소성제품에 관한 설명으로 옳지 않은 것은?
① 보통 토기, 도기, 자기 및 석기 등으로 나뉘는데, 이들은 원료 및 소성온도에 따라 분류된다.
② 토기는 주로 마루타일 또는 클링커 타일로 활용된다.
③ 도기의 흡수성은 자기에 비하여 크다.
④ 자기는 조직이 치밀하고 견고하여 주로 타일 및 위생도기로 많이 사용된다.

32 다음 중 건축용 단열재와 거리가 먼 것은?
① 유리면(glass wool)
② 암면(rock wool)
③ 펄라이트판
④ 테라코타

33 유리가 불화수소에 부식하는 성질을 이용하여 5mm 이상 판유리면에 그림, 문자 등을 새긴 유리는?
① 스테인드 유리 ② 망입 유리
③ 에칭 유리 ④ 내열 유리

34 스프레이 건(spray gun)을 사용해서 표면마감을 할 때 가장 유리한 도료는?
① 래커 ② 바니시
③ 유성페인트 ④ 에나멜

35 각종 접착제에 관한 설명 중 옳지 않은 것은?
① 동물질 아교는 비교적 접착력이 크고 취급하기 용이하나 내수성이 부족하다.
② 페놀 수지 접착제는 목재, 금속, 플라스틱 및 이들 이종재(異種材) 간의 접착에 사용된다.
③ 에폭시 수지 접착제는 목재, 석재의 접합에는 적당하나 금속 접합에는 사용할 수 없다.
④ 비닐수지 접착제는 내열성, 내수성이 떨어져 옥외 사용에는 적당하지 않다.

36 다음 특수유리와 사용 장소의 조합이 적절하지 않은 것은?
① 병원의 일광욕실 – 자외선 투과유리
② 진열용 창 – 무늬유리
③ 채광용 지붕 – 프리즘 유리
④ 형틀 없는 문 – 강화 유리

37 시공성 및 일체형 확보를 위해 사용되는 플라스틱 바름 바닥재에 대한 설명으로 옳지 않은 것은?
① 폴리우레탄 바름바닥재 – 공기중의 수분과 화학반응 하는 경우 저온과 저습에서 경화가 늦으므로 5℃이하에서는 촉진제를 사용한다.
② 에폭시 수지 바름바닥재 – 수지 페이스트와 수지모르타르용 결합재에 경화제를 혼합하면 생기는 기포의 혼입을 막도록 소포제를 첨가한다.
③ 불포화 폴리에스테르 바름바닥재 – 표면 경도(탄력성), 신축성 등이 폴리우레탄에 가까운 연질이고 페이스트, 모르타르, 골재 등을 섞어서 사용한다.
④ 프란수지 바름바닥재 – 탄력성과 미끄럼 방지에 유리하여 체육관에 많이 사용한다.

38 CPM 공정표 작성 시에 EST와 EFT의 계산 방법 중 옳지 않은 것은?
① 작업의 흐름에 따라 전진 계산한다.
② 선행작업이 없는 첫 작업의 EST는 프로젝

트의 개시시간과 동일하다.
③ 어느 작업의 EFT는 그 작업의 EST에 소요일수를 더하여 구한다.
④ 복수의 작업에 종속되는 작업의 EST는 선행작업 중 EFT의 최소값으로 한다.

39 타일공사에서 시공 후 타일접착력 시험에 관한 설명으로 옳지 않은 것은?
① 타일의 접착력 시험은 600m²당 한 장씩 시험한다.
② 시험할 타일은 먼저 줄눈 부분을 콘크리트 면까지 절단하여 주위의 타일과 분리시킨다.
③ 시험은 타일 시공 후 4주 이상일 때 행한다.
④ 시험결과의 판정은 타일 인장 부착강도가 10MPa 이상이어야 한다.

40 다음 중 공사시방서에 기재하지 않아도 되는 사항은?
① 건물 전체의 개요
② 공사비 지급방법
③ 시공방법
④ 사용재료

● 제 3과목 : 실내디자인 환경

41 특급 소방안전관리대상물의 관계인이 소방안전관리자를 선임하는 기준으로 틀린 것은?
① 소방기술사의 자격이 있는 사람
② 소방청장이 실시하는 특급 소방안전관리대상물의 소방안전관리에 관한 시험에 합격한 사람
③ 소방공무원으로 15년 이상 근무한 경력이 있는 사람
④ 소방설비기사의 자격을 취득한 후 5년 이상 1급 소방안전관리대상물의 소방안전관리자로 근무한 실무경력이 있는 사람

42 무창층의 정의와 관련한 아래 내용에서 밑줄 친 부분에 해당하는 기준 내용이 틀린 것은?

"무창층"이란 지상층 중 다음 각 목의 요건을 모두 갖춘 개구부의 면적의 합계가 해당층의 바닥면적의 30분의 1 이하가 되는 층을 말한다.

① 크기는 지름 50cm 이상의 원이 내접할 수 있는 크기일 것
② 해당 층의 바닥면으로부터 개구부 밑부분까지의 높이가 1.2m 이내일 것
③ 도로 또는 차량이 진입할 수 있는 빈터를 향할 것
④ 내부 또는 외부에서 쉽게 부수거나 열 수 없는 고정창일 것

43 조명방법 중 간접조명에 관한 설명으로 옳은 것은?
① 작업상 필요한 장소만 조명하는 방법이다.
② 효율이 좋으나 음영이 생기기 쉽다.
③ 광원을 천장에 매달기 때문에 파손의 위험이 적으나 전력소비량이 많다.
④ 광이 천장면이나 벽면에 부딪친 다음 반사된 광선이 조명면에 비치는 방법이다.

44 방화구조가 되기 위한 기준으로 옳지 않은 것은?
① 철망모르타르로서 그 바름두께가 1.5cm 이상인 것
② 석고판 위에 시멘트모르타르 또는 회반죽을 바른 것으로서 그 두께의 합계가 2.5cm 이상인 것

③ 심벽에 흙으로 맞벽치기한 것
④ 시멘트모르타르 위에 타일을 붙인 것으로서 그 두께의 합계가 2.5cm 이상인 것

45 어느 실내에서 수평면 조도를 측정하여 다음 값을 얻었다. 이 실의 균제도는?

- 최고 조도 : 2000lx
- 최저 조도 : 200lx

① 0.1　　　　② 2
③ 4　　　　　④ 10

46 방염대상물품의 방염성능기준으로 틀린 것은? (단, 소방청장이 정하여 고시하는 경우는 고려하지 않는다.)

① 탄화한 면적은 50cm² 이내, 탄화한 길이는 20cm 이내일 것
② 버너의 불꽃을 제거한 때부터 불꽃을 올리지 아니하고 연소하는 상태가 그칠 때까지 시간은 30초 이내일 것
③ 버너의 불꽃을 제거한 때부터 불꽃을 올리며 연소하는 상태가 그칠 때까지 시간은 20초 이내일 것
④ 불꽃에 의하여 완전히 녹을 때까지 불꽃의 접촉 횟수는 2회 이상일 것

47 문화 및 집회시설 중 공연장의 각 층별 바닥면적이 1500m²이고 각 층별 거실면적이 1000m²일 때, 이 공연장에 설치하여야 하는 승용승강기의 최소 대수는? (단, 공연장의 층수는 10층이며, 8인승 승강기 적용)

① 3대　　　　② 4대
③ 5대　　　　④ 6대

48 건축물의 바깥쪽으로의 출구로 쓰이는 문을 안여닫이로 하여서는 안 되는 건축물에 속하지 않는 것은?

① 장례식장
② 종교시설
③ 문화 및 집회시설 중 전시장
④ 문화 및 집회시설 중 공연장

49 건축물의 3층 이상의 층에 직통계단 외에 그 층으로부터 지상으로 통하는 옥외피난계단을 따로 설치하여야 하는 용도의 기준으로 옳지 않은 것은?

① 제2종 근린생활시설 중 공연장(해당용도로 쓰는 바닥면적의 합계가 300m² 이상인 경우)의 용도에 쓰이는 층으로서 그 층 거실 바닥면적의 합계가 300m² 이상인 것
② 위락시설 중 주점영업의 용도에 쓰이는 층으로서 그 층 거실 바닥면적의 합계가 400m² 이상인 것
③ 문화 및 집회시설 중 공연장의 용도로 쓰이는 층으로서 그 층의 거실의 바닥면적의 합계가 300m² 이상인 것
④ 문화 및 집회시설 중 집회장의 용도에 쓰이는 층으로서 그 층의 거실의 바닥면적의 합계가 1000m² 이상인 것

50 25층의 병원을 건축하는 경우에 6층 이상의 거실면적의 합계가 20000m²라고 한다면 최소 몇 대 이상의 승용승강기를 설치하여야 하는가? (단, 8인승 승용승강기이다.)

① 9대　　　　② 10대
③ 11대　　　④ 12대

51 공기조화방식 중 이중덕트방식에 관한 설명으로 옳지 않은 것은?

① 전공기방식의 특성이 있다.

② 혼합상자에서 소음과 진동이 생긴다.
③ 부하특성이 다른 다수의 실이나 존에는 적용할 수 없다.
④ 냉·온풍의 혼합으로 인한 혼합손실이 있어서 에너지 소비량이 많다.

52 건축물의 에너지절약을 위한 계획 방법으로 옳지 않은 것은?
① 공동주택은 인동간격을 넓게 하여 저층부의 일사 수열량을 증대시킨다.
② 건축물은 대지의 향, 일조 및 주풍향 등을 고려하여 배치하며, 남향 또는 남동향 배치를 한다.
③ 건축물의 체적에 대한 외피면적의 비 또는 연면적에 대한 외피면적의 비는 가능한 한 크게 한다.
④ 거실의 층고 및 반자 높이는 실의 용도와 기능에 지장을 주지 않는 범위 내에서 가능한 한 낮게 한다.

53 전열의 유형에 해당하지 않는 것은?
① 전도　　② 대류
③ 복사　　④ 현열

54 절대습도를 가장 올바르게 표현한 것은?
① 포화수증기량에 대한 백분율
② 습공기 1kg당 포함된 수증기의 질량
③ 일정한 온도에서 더 이상 포함할 수 없는 수증기량
④ 습공기를 구성하고 있는 건공기 1kg당 포함된 수증기의 질량

55 온수난방에 관한 설명으로 옳은 것은?
① 한랭지에서 동결의 우려가 없다.
② 예열부하가 없어 간헐운전에 적합하다.
③ 증기난방에 비해 예열시간이 길게 소요된다.
④ 증기난방에 비해 부하변동에 따른 실내 방열량 제어가 곤란하다.

56 실내외의 온도차에 의한 공기밀도의 차이가 원동력이 되는 환기 방식은?
① 중력환기　　② 풍력환기
③ 기계환기　　④ 국소환기

57 다공질재 흡음재료에 관한 설명으로 옳지 않은 것은?
① 주파수가 낮을수록 흡음률이 높아진다.
② 표면마감처리방법에 의해 흡음 특성이 변한다.
③ 두께를 늘리면 저주파수의 흡음률이 높아진다.
④ 강성벽 앞면의 공기층 두께를 증가시키면 저주파수의 흡음률이 높아진다.

58 다음 중 건물증후군(Sick Building Syndrome)과 가장 밀접한 관계가 있는 것은?
① VOCs　　② 기온
③ 습도　　④ 일사량

59 다음과 같은 재료로 구성된 벽체의 열관류율은? (단, 벽체의 내표면 열전달률은 $8.3W/m^2 \cdot K$, 외표면 열전달률은 $16.6W/m^2 \cdot K$ 이다.)

재료	벽돌	석고보드
두께(mm)	190	50
열전도율 ($W/m^2 \cdot K$)	0.84	0.05

① $0.02W/m^2 \cdot K$

② 0.04W/m²·K
③ 0.52W/m²·K
④ 0.71W/m²·K

60 일조의 확보와 관련하여 공동주택의 인동간격 결정과 가장 관계가 깊은 것은?
① 춘분 ② 하지
③ 추분 ④ 동지

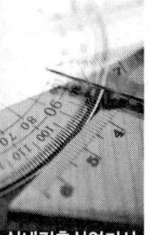

실/내/건/축/산/업/기/사

모의고사 제9회

제1과목 : 실내디자인계획

01 상점의 실내디자인에서 진열장의 유효진열 범위에 관한 설명으로 옳지 않은 것은?
① 고객의 흥미를 유지시키면서 보기 쉽고 사기 쉽도록 진열하는 것이 중요하다.
② 신체조건과 시선을 고려하여 상품의 종류와 특성에 따라 합리적인 진열이 되도록 한다.
③ 사람의 시각적 특성은 우측에서 좌측으로, 큰 상품에서 작은 상품으로 이동하므로 진열의 흐름도 이에 준하는 것이 필요하다.
④ 유효진열범위 내에서도 고객의 시선이 가장 편하게 머물고 손으로 잡기에도 가장 편안한 높이는 850~1250mm이며, 이 범위를 골든 스페이스(golden space)라 한다.

02 착시 현상의 사례 중 분트 도형의 내용으로 옳은 것은?
① 같은 길이의 수직선이 수평선보다 길어 보인다.
② 같은 길이의 직선이 화살표에 의해 길이가 다르게 보인다.
③ 사선이 2개 이상의 평행선으로 중단되면 서로 어긋나 보인다.
④ 같은 크기의 2개의 부채꼴에서 아래쪽의 것이 위의 것보다 커 보인다.

03 실내디자인의 영역에 관한 설명으로 옳지 않은 것은?
① 건축 구조물에 의해 형성된 내부공간만을 대상으로 한다.
② 영리성 유무에 따라 영리공간과 비영리공간으로 구분할 수 있다.
③ 가구 디자인도 실내 디자인의 영역에 포함되나 독립적으로 이루어질 수도 있다.
④ 대상 공간의 생활 목적에 따라 주거공간, 사무공간, 상업공간, 전시공간, 특수공간 등으로 나눌 수 있다.

04 공간에 관한 설명으로 옳지 않은 것은?
① 모든 사물을 담고 있는 무한한 영역을 의미한다.
② 실내 디자인에 있어서 가장 기본적인 요소이다.
③ 실내의 공간은 건축의 구조물에 의해 그 영역이 한정될 수 있다.
④ 사용자의 시각적인 위치에 따라 공간의 형태와 느낌은 변화하지 않는다.

05 주택의 부엌에서 작업 삼각형(work triangle)의 구성에 속하지 않는 것은?
① 냉장고   ② 배선대
③ 가열대   ④ 개수대

06 다음 설명에 알맞은 창의 종류는?

평면이 돌출된 형태의 창으로 장식품을 두 거나 간이 휴식공간을 마련할 수 있는 창

① 고창(clerestory)
② 윈도우 월(window wall)
③ 베이 윈도우(bay window)
④ 픽처 윈도우(picture window)

07 극장의 관객석에서 무대 위 연기자의 세밀한 표정이나 몸동작을 볼 수 있는 시선거리의 생리적 한도는?

① 10m ② 15m
③ 22m ④ 35m

08 상업공간에서 비주얼 머천다이징(VMD) 전개 시스템에 관한 설명으로 옳은 것은?

① 아이템 프레젠테이션(IP)은 테이블, 벽면 상단이나 상판 등에서 기본 상품을 표현한다.
② 아이템 프레젠테이션(IP)은 블록별 상품의 포인트를 표현하며, 블록의 이미지를 높인다.
③ 비주얼 프레젠테이션(VP)은 고객의 시선이 처음 닿는 곳을 중심으로 상점 이미지를 표현한다.
④ 포인트 프레젠테이션(PP)은 쇼 윈도우, 층별 메인 스테이지 등에서 블록 이미지를 표현한다.

09 주택의 욕실 계획에 관한 설명으로 옳지 않은 것은?

① 방수성, 방오성이 큰 마감재료를 사용한다.
② 욕실의 조명은 방습형 조명기구를 사용한다.
③ 욕실은 침실전용으로 설치하는 것이 이상적이다.
④ 모든 욕실에는 기능상 욕조, 변기, 세면기가 통합적으로 갖추어지게 하여야 한다.

10 쇼룸의 공간 구성은 상품전시공간, 상담공간, 어트랙션(attraction) 공간, 서비스 공간, 통로공간, 출입구를 포함한 파사드로 구성되어진다. 다음 중 어트랙션(attraction) 공간에 관한 설명으로 가장 알맞은 것은?

① 구매상담을 도와주고 관람자를 통제하는 공간이다.
② 전시상품에 대한 정보를 알리거나 관람자를 안내하기 위한 공간이다.
③ 입구에서 관람객의 시선을 집중시켜 쇼룸의 내부로 관람객을 유인하는 역할을 한다.
④ 진열되는 상품을 디스플레이하기 위한 공간으로 진열대와 진열기구, 연출기구 등이 필요하다.

10 약동감, 생동감 넘치는 에너지와 운동감, 속도감을 주는 선의 종류는?

① 곡선 ② 사선
③ 수직선 ④ 수평선

11 설계도면의 종류 중 실시설계도에 해당되는 것은?

① 구상도 ② 조직도
③ 전개도 ④ 동선도

12 마르셀 브로이어에 의해 디자인된 의자로, 강철 파이프를 구부려서 지지대 없이 만든 의자는?

① 체스카 의자
② 파이미오 의자
③ 레드 블루 의자

④ 바르셀로나 의자

13 스툴의 종류 중 편안한 휴식을 위해 발을 올려놓는 데도 사용되는 것은?
① 세티   ② 오토만
③ 카우치   ④ 풀업체어

14 다음 중 두 색료를 혼합하여 무채색이 되는 것은?
① 검정+보라   ② 주황+노랑
③ 회색+초록   ④ 청록+빨강

15 먼셀 기호의 표기 방법이 옳은 것은?
① 명도 축은 1단계로 나뉘어져 있다.
② 표기 방법은 H V/C이다.
③ 평행선상에 있는 색은 순색이다.
④ 무채색축의 스케일을 S로 표시한다.

16 부의 잔상(negative after image)에 대한 설명으로 맞는 것은?
① 어떤 색을 응시하다가 눈을 옮기면 먼저 본 색의 반대색이 잔상으로 생긴다.
② 빨간 성냥불을 어두운 곳에서 돌리면 길고 선명한 빨간 원이 그려진다.
③ 사진원판과 같이 원자극의 흑색은 흑색으로, 백색은 백색으로 변화를 갖지 않는다.
④ 원자극과 흡사한 잔상으로 등색(等色) 잔상이 있다.

17 한국산업표준 KS에 의한 관용색명과 색계열의 연결이 틀린 것은?
① 벽돌색(copper brown) - R 계열
② 올리브그린(olive green) - GY 계열
③ 라벤더(lavender) - RP 계열

④ 크림색(cream) - Y 계열

18 영·헬름홀츠의 삼원색설에 관한 설명 중 맞는 것은?
① 색의 단계와 관계있다.
② 빛의 흡수와 관계있다.
③ 색의 보색과 관계있다.
④ 색은 망막의 시세포와 관계있다.

19 소극적인 인상을 주는 것이 특징으로 중명도, 중채도인 중간색조의 덜(dull) 톤을 사용하는 배색기법은?
① 포 까마이외 배색
② 까마이외 배색
③ 토널 배색
④ 톤 온 톤 배색

20 이미지나 문자 레이아웃 데이터를 다른 응용 프로그램에 입력하기 위해 캡슐화한 포스트스크립트 파일로서, Adobe system에서 개발한 컴퓨터 파일 형식은 무엇인가?
① DWG   ② EPS
③ PDF   ④ JPEG

제2과목 : 실내디자인 시공 및 재료

21 석고보드에 관한 설명으로 옳지 않은 것은?
① 소석고와 혼화제를 반죽하여 2장의 강인한 보드용 원지 사이에 채워 만든다.
② 내화성 및 차음성은 낮으나 외부충격에 매우 강하다.
③ 벽, 천장, 칸막이 벽 등에 주로 사용된다.
④ 성능에 따라 방수석고보드, 미장석고보드, 방균석고보드 등으로 나뉠 수 있다.

22 점토벽돌에 관한 설명으로 옳지 않은 것은?
① 적색 또는 적갈색을 띠고 있는 것은 점토 내에 포함되어 있는 산화철분에 의한 것이다.
② 1종 점토벽돌의 압축강도 기준은 14.70MPa 이상이다.
③ KS표준에 의한 점토벽돌의 모양에 따른 구분은 일반형과 유공형으로 나뉜다.
④ 2종 점토벽돌의 흡수율 기준은 15.0% 이하이다.

23 이면층(보강용 모르타르층)의 상부에 대리석, 화강암 등의 부순 골재, 안료, 시멘트 등을 혼합한 콘크리트로 성형하고, 경화한 후 표면을 연마 광택을 내어 마무리한 판은?
① 펄라이트
② 기성 테라조
③ 수지계 인조석
④ 트래버틴

24 가설공사에서 공통 가설공사에 해당되지 않는 가설물은?
① 현장사무실 ② 낙하 방지망
③ 가설울타리 ④ 임시 화장실

25 바닥용으로 사용되는 모자이크 타일의 재질로서 가장 적당한 것은?
① 도기질 ② 자기질
③ 석기질 ④ 토기질

26 목재의 절대건조비중이 0.45일 때 목재 내부의 공극률은 대략 얼마인가?
① 10% ② 30%
③ 50% ④ 70%

27 천연수지 · 합성수지 또는 역청질 등을 건성유와 같이 열반응시켜 건조제를 넣고 용제에 녹인 것은?
① 페인트 ② 래커
③ 에나멜 ④ 바니시

28 평판 성형되어 유리대체재로서 사용되는 것으로 유기질 유리라고 불리우는 것은?
① 페놀 수지
② 폴리에틸렌 수지
③ 요소 수지
④ 아크릴 수지

29 수성페인트에 합성수지와 유화제를 섞은 페인트는?
① 에멀션 페인트 ② 조합 페인트
③ 견련 페인트 ④ 방청 페인트

30 건물 바닥용 제품에 해당되지 않는 것은?
① 염화비닐 타일
② 아스팔트 타일
③ 시멘트 사이딩 보드
④ 리놀륨

31 미장재료 중 회반죽에 대한 설명으로 옳지 않은 것은?
① 경화속도가 느리고, 점성이 적다.
② 일반적으로 연약하고, 비내수적이다.
③ 여물은 접착력 증대를, 해초풀은 균열방지를 위해 사용된다.
④ 모래는 바름 두께가 클수록 많이 넣지만 정벌용에는 넣지 않는다.

32 절대건조밀도가 2.6g/cm³이고, 단위용적질량이 1750kg/m³인 굵은 골재의 공극률은?

① 30.5% ② 32.7%
③ 34.7% ④ 36.2%

33 목구조의 접합철물로 적합하지 않은 것은?
① 꺾쇠 ② 듀벨
③ 보통볼트 ④ 드라이브 핀

34 벽·기둥 등의 모서리를 보호하기 위하여 미장바름질을 할 때 붙이는 보호용 철물은?
① 논슬립 ② 인서트
③ 코너 비드 ④ 크레센트

35 KS F 3113(구조용 합판)에 따른 구조용 합판의 품질 기준에 해당하지 않는 항목은?
① 접착성 ② 함수율
③ 비중 ④ 휨강도

36 목재에 주입시켜 인화점을 높이는 방화제와 가장 거리가 먼 것은?
① 물 유리 ② 붕산암모늄
③ 인산나트륨 ④ 인산암모늄

37 단열재의 선정 조건에 관한 설명으로 옳지 않은 것은?
① 사용연한에 따른 변질이 없을 것
② 유독성 가스가 발생되지 않을 것
③ 열전도율과 흡수율이 낮을 것
④ 구조재로 활용가능한 정도의 역학적인 강도를 가질 것

38 다음 중 목재의 건조 목적이 아닌 것은?
① 전기절연성의 감소
② 목재수축에 의한 손상 방지
③ 목재강도의 증가
④ 균류에 의한 부식 방지

39 유리의 종류에 따른 용도를 표기한 것으로 옳지 않은 것은?
① 강화 유리 - 테두리 없는 유리문, 엘리베이터의 창
② 복층 유리 - 일반주택 및 고층빌딩 등의 외부 창
③ 망입 유리 - 방화 및 방범용 창
④ 자외선 투과 유리 - 의류의 진열창, 식품·약품창고의 창유리용

40 네트워크 공정표에 사용되는 용어에 대한 설명으로 틀린 것은?
① Critical path : 처음작업부터 마지막작업에 이르는 모든 경로 중에서 가장 긴 시간이 걸리는 경로
② Activity : 작업을 수행하는데 필요한 시간
③ Float : 각 작업에 허용되는 시간적인 여유
④ Event : 작업과 작업을 결합하는 점 및 프로젝트의 개시점 혹은 종료점

제3과목 : 실내디자인 환경

41 조명기구의 설치방법 중 벽부형에 관한 설명으로 옳지 않은 것은?
① 확산벽부형은 복도나 계단 등에 사용된다.
② 선벽부형은 거울이나 수납장에 설치하여 보조 조명으로 사용한다.
③ 부착되는 위치가 시선 내에 있으므로 휘도가 높은 광원을 사용한다.
④ 조명기구를 벽체에 설치하는 것으로 브라켓(bracket)이라 통칭된다.

42 조명 수준과 과업 퍼포먼스(performance)와의 관계를 올바르게 설명한 것은?
① 조명 수준이 증가함에 따라 과업 퍼포먼스는 감소한다.
② 과업 퍼포먼스는 조명 수준과 관계없이 일정하다.
③ 조명 수준이 적정 수준 이상이 되면 과업 퍼포먼스는 더 이상 증가하지 않는다.
④ 조명 수준과 과업 퍼포먼스는 선형적 비례 관계를 가진다.

43 소방청장, 소방본부장 또는 소방서장이 소방특별조사를 할 때 관계인에게 조사대상, 조사기간 및 조사사유 등을 서면으로 알려야 하는 기간 기준은?
① 5일 전 ② 7일 전
③ 10일 전 ④ 15일 전

44 오피스텔의 모든 층에 주거용 자동소화장치를 설치하여야 하는 기준은 몇 층 이상인가?
① 20층 ② 25층
③ 30층 ④ 40층

45 다음 중 주요구조부를 내화구조로 하여야 하는 건축물은?
① 주점영업의 용도로 쓰는 건축물로서 집회실의 바닥면적의 합계가 100m²인 건축물
② 전시장의 용도로 쓰는 건축물로서 그 용도로 쓰는 바닥면적의 합계가 300m²인 건축물
③ 판매시설의 용도로 쓰는 건축물로서 그 용도로 쓰는 바닥면적의 합계가 500m²인 건축물
④ 공장의 용도로 쓰는 건축물로서 그 용도로 쓰는 바닥면적의 합계가 1000m²인 건축물

46 건축물의 설계자가 건축물에 대한 구조의 안전을 확인하는 경우에 건축구조기술사의 협력을 받아야 하는 경우에 해당되지 않는 것은?
① 6층 이상인 건축물
② 다중이용 건축물
③ 특수구조 건축물
④ 깊이 10m 이상의 토지 굴착공사

47 건축물에 설치하는 금속제 굴뚝은 목재 기타 가연재료로부터 최소 얼마 이상 떨어져서 설치하여야 하는가? (단, 두께 10cm 이상인 금속 외의 불연재료로 덮은 경우는 고려하지 않는다.)
① 10cm ② 15cm
③ 20cm ④ 25cm

48 커튼, 실내장식물 등의 방염대상물품의 방염성능 기준 중 불꽃에 의하여 완전히 녹을 때까지 불꽃의 접촉횟수는 몇 회 이상인가?
① 2회 ② 3회
③ 5회 ④ 7회

49 다음 설명에 알맞은 광원의 종류는?

• 점등장치를 필요로 하며, 광질이 좋고 고효율로서 경제적이며 취급도 쉬워 현재 일반 조명광원의 주류를 이루고 있다.
• 옥내외 전반조명, 국부조명에 적합하다.

① 형광 램프
② 할로겐 전구
③ 고압 나트륨 램프
④ 저압 나트륨 램프

50 실내 탄산가스 농도를 900ppm으로 유지하기 위한 필요환기량은? (단, 1인당 탄산가스 토출량이 0.013m³/h·인, 외기 중의 탄산가스 농도는 400ppm이다.)
① 26m³/h·인   ② 39m³/h·인
③ 52m³/h·인   ④ 65m³/h·인

51 자연환기에 관한 설명으로 옳지 않은 것은?
① 풍력환기는 건물의 외벽면에 가해지는 풍압이 원동력이 된다.
② 일반적으로 공기 유입구와 유출구 높이의 차가 클수록 중력환기량은 많아진다.
③ 자연환기량은 개구부의 위치와 관련이 있으며, 개구부의 면적에는 영향을 받지 않는다.
④ 바람이 있을 때에는 중력환기와 풍력환기가 경합하므로 양자가 서로 다른 것을 상쇄하지 않도록 개구부의 위치에 주의한다.

52 흡음재료에 관한 설명으로 옳지 않은 것은?
① 천공판 공명기에 다공재를 넣으면 고주파수의 흡음률이 감소된다.
② 판진동 흡음재는 흡음판이 막진동하기 쉬운 얇은 것일수록 흡음률이 크다.
③ 다공성 흡음재는 재료의 두께를 증가시키면 저주파수의 흡음률이 증가된다.
④ 단일공동 공명기는 공명에 의하여 특정 주파수의 음만을 효과적으로 흡음한다.

53 균시차에 관한 설명으로 옳은 것은?
① 균시차는 항상 일정하다.
② 진태양시와 평균태양시의 차를 말한다.
③ 중앙표준시와 평균태양시의 차를 말한다.
④ 진태양시의 1년간 평균값에서 중앙표준시를 뺀 값이다.

54 차음에 관한 설명으로 옳지 않은 것은?
① 두꺼운 양탄자는 아이들이 뛰는 것에 의한 충격음의 차음성능이 크다.
② 체육관 아래층에의 마루충격을 저감하기 위해 슬래브를 두껍게 하는 것이 좋다.
③ 집합주택의 인접세대 간의 차음성능은 복도와 베란다창에서의 우회음에도 영향을 받는다.
④ 작은 환기공에서의 투과음은 큰 창에서의 투과음과 비교해 양적으로 작지만, 청감상 문제가 되기도 한다.

55 가로 9m, 세로 9m, 높이가 3.3m인 교실이 있다. 여기에 광속이 5000lm인 형광등을 설치하여 평균 조도 500lx를 얻고자 할 때 필요한 램프의 개수는? (단, 보수율은 0.8, 조명률은 0.6이다.)
① 10개   ② 17개
③ 25개   ④ 32개

56 열교현상에 관한 설명으로 옳지 않은 것은?
① 열교현상이 발생하면 구조체 전체의 단열성이 저하된다.
② 열교현상이 발생하는 부위는 표면온도가 높아지므로 표면결로의 발생이 억제된다.
③ 조적조 건물의 경우 외단열이 내단열에 비해 열교현상 방지에 효과적이다.
④ 벽이나 바닥, 지붕 등의 건물부위에 단열이 연속되지 않은 부분이 있을 때 발생한다.

57 크기가 2m×0.8m, 두께 40mm, 열전도율이 0.14W/m·K인 목재문의 내측 표면온도가 15℃, 외측 표면온도가 5℃일 때, 이 문을 통하여 1시간 동안에 흐르는 전도열량은?
① 0.056W   ② 0.56W

③ 5.6W ④ 56W

58 간접조명에 관한 설명으로 옳지 않은 것은?
① 조명률이 낮다.
② 실내면 반사율의 영향이 크다.
③ 국부적으로 고조도를 얻기 용이하다.
④ 경제성보다 분위기를 목표로 하는 장소에 적합하다.

59 같은 주파수 음의 간섭에 의해서 입사음파가 반사음파와 중첩되어 음압의 변동이 고정되는 현상은?
① 마스킹 현상
② 정재파 현상
③ 피드백 현상
④ 플러터 에코 현상

60 대류난방과 바닥복사난방의 비교 설명으로 옳지 않은 것은?
① 예열시간은 대류난방이 짧다.
② 실내 상하온도차는 바닥복사난방이 작다.
③ 거주자의 쾌적성은 대류난방이 우수하다.
④ 바닥복사난방은 난방코일의 고장 시 수리가 어렵다.

memo

part 5

필기시험 CBT 복원문제

※ 참고사항
1. CBT 시험은 문제은행 방식으로 출제되므로 응시생마다 문제가 상이합니다.
2. 응시생의 기억을 토대로 복원한 문제이므로 실제와 조금 다를 수 있습니다.
3. 답안지를 따로 준비해서 90분 이내에 풀이하는 연습을 하세요.

필기시험 CBT 복원문제

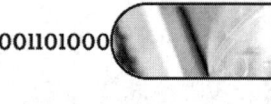

2022년 1회

제1과목 : 실내디자인 계획

01 다이닝 키친의 장점이 아닌 것은?
① 이상적인 식사분위기가 조성된다.
② 주부의 동선이 단축된다.
③ 공사비가 절약된다.
④ 공간활용이 효율적이다.

02 디자인 원리에 관한 설명으로 옳지 않은 것은?
① 대비조화는 부드럽고 차분한 여성적인 이미지를 준다.
② 유사조화는 시각적으로 동일한 요소들에 의해 이루어진다.
③ 조화란 전체적인 조립방법이 모순 없이 질서를 잡는 것이다.
④ 통일은 변화와 함께 모든 조형에 대한 미의 근원이 되는 원리이다.

03 업무공간의 책상 배치 유형에 관한 설명으로 옳지 않은 것은?
① 십자형은 팀 작업이 요구되는 전문직 업무에 적용할 수 있다.
② 좌우대향(대칭)형은 비교적 면적 손실이 크며 커뮤니케이션 형성도 다소 힘들다.
③ 동향형은 책상을 같은 방향으로 배치하는 형태로 비교적 프라이버시의 침해가 적다.
④ 대향형은 커뮤니케이션 형성이 불리하여, 주로 독립성 있는 데이터 처리 업무에 적용된다.

04 다음 설명에 알맞은 특수전시기법은?

- 연속적인 주제를 연관성 있게 표현하기 위해 선(線)으로 연출하는 전시기법이다.
- 전체의 맥락이 중요하다고 생각될 때 사용된다.

① 디오라마 전시
② 파노라마 전시
③ 아일랜드 전시
④ 하모니카 전시

05 부엌의 효율적인 작업 진행에 따른 작업대의 배치 순서로 가장 알맞은 것은?
① 준비대 → 개수대 → 조리대 → 가열대 → 배선대
② 준비대 → 조리대 → 개수대 → 가열대 → 배선대
③ 준비대 → 가열대 → 개수대 → 조리대 → 배선대
④ 준비대 → 개수대 → 가열대 → 조리대 → 배선대

06 디자인 요소 중 점에 관한 설명으로 옳은 것은?
① 면의 한계, 면들의 교차에서 나타난다.
② 기하학적으로 크기가 없고 위치만 있다.
③ 두 점의 크기가 같을 때 주의력은 한 점에만 작용한다.

④ 배경의 중심에 있는 점은 동적인 효과를 느끼게 한다.

07 전시공간의 순회 유형 중 연속순회형식에 관한 설명으로 옳지 않은 것은?
① 각 실을 필요에 따라 독립적으로 폐쇄할 수 있다.
② 전시 벽면이 최대화되고 공간 절약 효과가 있다.
③ 관람객은 연속적으로 이어진 동선을 따라 관람하게 된다.
④ 비교적 동선이 단순하며 다소 지루하고 피곤한 느낌을 줄 수 있다.

08 다음 설명처럼 방향의 착시 현상과 가장 관계가 깊은 것은?

• 사선이 2개 이상의 평행선으로 중단되면 서로 어긋나 보인다.

① 분트 도형
② 뮐러-라이어 도형
③ 쾨니히의 목걸이
④ 포겐도르프 도형

09 고정창에 관한 설명으로 옳지 않은 것은?
① 적정한 자연환기량 확보를 위해 사용된다.
② 크기에 관계없이 자유롭게 디자인할 수 있다.
③ 형태에 관계없이 자유롭게 디자인할 수 있다.
④ 유리와 같이 투명재료일 경우 창이 있는 것을 알지 못해 부딪힐 위험이 있다.

10 형태의 지각 심리 중 형과 배경의 법칙에 관한 설명으로 옳지 않은 것은?

① 형은 가깝게 느껴지고 배경은 멀게 느껴진다.
② 명도가 낮은 것보다는 높은 것이 배경으로 인식되기 쉽다.
③ 대체적으로 면적이 작은 부분이 형이 되고, 큰 부분은 배경이 된다.
④ 형과 배경이 순간적으로 번갈아 보이면서 다른 형태로 지각되는 심리의 대표적인 예로 '루빈의 항아리'를 들 수 있다.

11 3차원 물체의 외부 형상뿐만 아니라 중량, 무게중심, 관성모멘트 등의 물리적 성질도 제공할 수 있는 형상 모델링은?
① 와이어 프레임 모델링
② 서피스 모델링
③ 솔리드 모델링
④ 곡면 모델링

12 다음 색 중 관용색명과 계통색명의 연결이 틀린 것은? (단, 한국산업표준 KS 기준)
① 커피색 : 탁한 갈색
② 개나리색 : 선명한 연두
③ 딸기색 : 선명한 빨강
④ 밤색 : 진한 갈색

13 다음 기업 색채 계획의 순서 중 ( ) 안에 알맞은 내용은?

색채 환경 분석 → (　　) → 색채 전달 계획
→ 디자인에 적용

① 소비계층 선택
② 색채 심리 분석
③ 생산 심리 분석
④ 디자인 활동 개시

14 의자 및 소파에 관한 설명으로 옳지 않은 것은?

① 스툴은 등받이와 팔걸이가 없는 형태의 보조의자이다.
② 체스터필드는 사용상 안락성이 매우 크고 비교적 크기가 크다.
③ 풀업 체어는 필요에 따라 이동시켜 사용할 수 있는 간이의자이다.
④ 세티는 고대 로마시대에 음식물을 먹거나 잠을 자기 위해 사용했던 긴 의자이다.

15 한국산업표준(KS)의 색이름에 대한 수식어 사용방법을 따르지 않은 색이름은?
① 어두운 보라
② 연두 느낌의 노랑
③ 어두운 적회색
④ 밝은 보랏빛 회색

16 저드(D.B. Judd)의 색채 조화의 4원리가 아닌 것은?
① 대비의 원리
② 질서의 원리
③ 친근감의 원리
④ 명료성의 원리

17 색의 동화작용에 관한 설명 중 옳은 것은?
① 잔상 효과로서 나중에 본 색이 먼저 본 색과 섞여 보이는 현상
② 난색 계열의 색이 더 커 보이는 현상
③ 색들끼리 영향을 주어서 옆의 색과 닮은 색으로 보이는 현상
④ 색점을 섬세하게 나열 배치해 두고 어느 정도 떨어진 거리에서 보면 쉽게 혼색되어 보이는 현상

18 색채 조절을 실시할 때 나타나는 효과와 가장 관계가 먼 것은?

① 눈의 긴장과 피로가 감소된다.
② 보다 빨리 판단할 수 있다.
③ 색채에 대한 지식이 높아진다.
④ 사고나 재해를 감소시킨다.

19 다음 설명에 알맞은 전통가구는?

- 책이나 완상품을 진열할 수 있도록 여러 층의 층널이 있다.
- 사랑방에서 쓰인 문방가구로 선반이 정방형에 가깝다.

① 서안   ② 경축장
③ 반닫이   ④ 사방탁자

20 색의 경연감과 흥분 진정에 관한 설명으로 틀린 것은?
① 고명도, 저채도 색이 부드러운 느낌을 준다.
② 난색계, 고채도 색은 흥분색이다.
③ 라이트(light) 색조는 부드러운 느낌을 준다.
④ 한색보다 난색이 딱딱한 느낌을 준다.

제2과목: 실내디자인 시공 및 재료

21 KS 5종 포틀랜드 시멘트에 해당하지 않는 것은?
① 보통 포틀랜드 시멘트
② 조강 포틀랜드 시멘트
③ 저열 포틀랜드 시멘트
④ 백색 포틀랜드 시멘트

22 금속과의 접착성이 크고 내약품성과 내열성이 우수하여 금속 도료 및 접착제, 콘크리트 균열 보수제 등으로 사용되는 열경화성 수지는?
① 에폭시 수지

② 아크릴 수지
③ 염화비닐 수지
④ 폴리에틸렌 수지

23 잔골재를 각 상태에서 계량한 결과 그 무게가 다음과 같을 때 이 골재의 유효흡수율은?

- 절건상태 : 2000g
- 기건상태 : 2067g
- 표면건조 내부 포화상태 2124g
- 습윤상태 : 2152g

① 1.43% ② 2.85%
③ 6.20% ④ 7.60%

24 시멘트에 관한 설명 중 옳지 않은 것은?
① 시멘트의 비중은 소성온도나 성분에 따라 다르며, 동일 시멘트인 경우에 풍화한 것일수록 작아진다.
② 우리나라의 경우 시멘트 1포는 보통 60kg이다.
③ 시멘트의 분말도는 브레인법 또는 표준체법에 의해 측정된다.
④ 안정성이란 시멘트가 경화될 때 용적이 팽창하는 정도를 말한다.

25 낙하물 방지망의 설치 높이 기준으로 옳은 것은?
① 높이 5m 이내마다 설치
② 높이 10m 이내마다 설치
③ 높이 15m 이내마다 설치
④ 높이 20m 이내마다 설치

26 단열재에 관한 설명으로 옳지 않은 것은?
① 열전도율이 낮은 것일수록 단열효과가 좋다.
② 열관류율이 높은 재료는 단열성이 낮다.
③ 같은 두께인 경우 경량재료인 편이 단열효과가 나쁘다.
④ 단열재는 보통 다공질의 재료가 많다.

27 ALC 제품에 관한 설명으로 옳지 않은 것은?
① 압축강도에 비해서 휨·인장강도는 상당히 약한 편이다.
② 열전도율이 보통콘크리트의 1/10 정도로서 단열성이 유리하다.
③ 내화성능을 보유하고 있다.
④ 흡수율이 낮아 물에 노출된 곳에서도 사용이 가능하다.

28 아스팔트나 피치처럼 가열하면 연화하고, 벤젠·알코올 등의 용제에 녹는 흑갈색의 점성질 반고체의 물질로 도로의 포장, 방수재, 방진재로 사용되는 것은?
① 도장 재료
② 미장 재료
③ 역청 재료
④ 합성수지 재료

29 미장 재료에 여물을 사용하는 가장 주된 이유는?
① 유성페인트로 착색하기 위해서
② 균열을 방지하기 위해서
③ 점성을 높여주기 위해서
④ 표면의 경도를 높여주기 위해서

30 다음 중 파티클 보드에 대한 설명으로 옳지 않은 것은?
① 합판에 비해 휨강도는 크지만 면내 강성은 나쁘다.
② 목재의 작은 조각을 합성수지 접착제 등을

첨가하여 열압 제판한 것이다.
③ 온·습도에 의한 변형이 거의 없으나 부패방지를 위해 방습처리를 한다.
④ 음 및 열의 차단성이 우수하여 방음 및 단열재로 쓰인다.

31 시멘트와 그 용도와의 관계를 나타낸 것으로 옳지 않은 것은?
① 조강 포틀랜드 시멘트 : 한중공사
② 중용열 포틀랜드 시멘트 : 댐공사
③ 백색 포틀랜드 시멘트 : 타일 줄눈공사
④ 고로 슬래그 시멘트 : 마감용 착색공사

32 열린 여닫이문이 저절로 닫히게 하는 철물로서 여닫이문의 윗막이대와 문틀 상부에 설치하는 창호철물은?
① 크레센트 ② 도어클로저
③ 도어스톱 ④ 인서트

33 다음 재료 중 비강도(比强度)가 가장 큰 것은?
① 소나무   ② 탄소강
③ 콘크리트 ④ 화강암

34 트럭믹서에 재료만 공급받아서 현장으로 가는 도중에 혼합하여 사용하는 콘크리트는?
① 센트럴 믹스트 콘크리트
② 슈링크 믹스트 콘크리트
③ 트랜싯 믹스트 콘크리트
④ 배쳐플랜트 콘크리트

35 목재의 자연건조 시 유의할 점으로 옳지 않은 것은?
① 지면에서 20cm 이상 높이의 굄목을 놓고 쌓는다.
② 잔적(piling) 내 공기순환 통로를 확보해야 한다.
③ 외기의 온·습도의 영향을 많이 받을 수 있으므로 세심한 주의가 필요하다.
④ 건조기간의 단축을 위하여 마구리 부분을 일광에 노출시킨다.

36 지하실과 같이 공기의 유통이 원활하지 않은 장소의 미장공사에 적당한 재료는?
① 시멘트 모르타르
② 회반죽
③ 돌로마이트 플라스터
④ 회사벽

37 셀프 레벨링재에 관한 설명으로 옳지 않은 것은?
① 석고계 셀프 레벨링재는 석고, 모래, 경화지연제 및 유동화제로 구성된다.
② 시멘트계 셀프 레벨링재는 포틀랜드시멘트, 모래, 분산제 및 유동화제로 구성된다.
③ 석고계 셀프 레벨링재는 차수성이 좋아 옥외 및 실내에서 모두 사용한다.
④ 셀프 레벨링재 시공 후 요철부는 연마기로 다듬고, 기포는 된비빔 석고로 보수한다.

38 강화유리에 관한 설명으로 옳지 않은 것은?
① 보통 판유리를 2장 이상으로 접합한 것이다.
② 강화열처리 후에 절단·구멍뚫기 등의 재가공이 극히 곤란하다.
③ 보통유리에 비해 3~5배 정도 강하다.
④ 충격을 받아 파손되면 유리조각이 잘게 부서진다.

39 표준시방서에 따른 시멘트 액체방수층의 시공 순서로 옳은 것은? (단, 벽체/천장용의 경우)

① 바탕면 정리 및 물청소 → 방수시멘트 페이스트 → 방수액 침투 → 방수 모르타르
② 바탕면 정리 및 물청소 → 방수시멘트 페이스트 → 바탕접착제 도포 → 방수 모르타르
③ 바탕면 정리 및 물청소 → 방수액 침투 → 방수시멘트 페이스트 → 방수 모르타르
④ 바탕면 정리 및 물청소 → 바탕접착제 도포 → 방수시멘트 페이스트 → 방수 모르타르

40 판두께 1.2mm 이하의 얇은 판에 여러 가지 모양으로 도려낸 철판으로서 환기공, 인테리어 벽, 천장 등에 이용되는 금속 성형 가공제품은?
① 익스팬디드 메탈
② 키스톤 플레이트
③ 펀칭 메탈
④ 스팬드럴 패널

제3과목 : 실내디자인 환경

41 벽체의 단열 성능 향상을 위한 방법으로 옳지 않은 것은?
① 반사형 단열재는 중공벽 중간에 설치한다.
② 단열재는 되도록 건조한 상태로 유지하는 것이 좋다.
③ 저항형 단열재는 재료 내 기포가 많이 포함된 것을 사용한다.
④ 벽체의 재료와 재료 사이에는 공기층이 생기지 않도록 밀착시켜 부착한다.

42 투과손실에 관한 설명으로 옳지 않은 것은?
① 간벽의 차음성능을 나타낸다.
② 공진이 발생되면 투과손실이 저하된다.
③ 일치 효과가 발생할수록 투과손실은 증가한다.
④ 단일벽체의 질량이 클수록 투과손실은 증가한다.

43 조명시설에서 보수율의 정의로 가장 알맞은 것은?
① 정광원에서의 조도율
② 광속 총량에 대한 작업면의 광량 비율
③ 실의 가로, 세로, 광원의 높이의 관계를 나타낸 지수
④ 조명시설을 어느 기간 사용한 후의 작업면상의 평균 조도와 초기 조도와의 비

44 가로 9m, 세로 9m, 높이 3.3m인 교실이 있다. 여기에 광속이 3200lm인 형광등을 설치하여 평균 조도 500lx를 얻고자 할 때 필요한 램프의 갯수는? (단, 보수율은 0.8, 조명률은 0.6이다.)
① 20개
② 27개
③ 35개
④ 42개

45 기계식 환기방식 중 실내의 압력이 외부보다 낮아지고 실내 공기가 외부로 새어나가는 경우가 적어 화장실이나 부엌 등에 적합한 환기방식은?
① 흡출식 환기방식
② 압입식 환기방식
③ 병용식 환기방식
④ 중력식 환기방식

46 다음 중 각종 유류 등의 불완전 연소에 의해 발생하는 실내공기 오염물질은?
① PM-10
② CO

③ CO_2 ④ 포름알데히드

47 전기 샤프트(ES)에 관한 설명으로 옳지 않은 것은?
① 각 층마다 같은 위치에 설치한다.
② 전기 샤프트의 점검구 문의 폭은 90cm 이상으로 한다.
③ 전력용과 정보통신용과 같이 용도별로 구분하여 설치하는 것이 원칙이다.
④ 전기 샤프트의 면적은 보, 기둥을 포함해 산정하고, 건축적인 마감은 하지 않는다.

48 공기조화방식 중 팬코일 유닛 방식에 관한 설명으로 옳지 않은 것은?
① 덕트 샤프트나 스페이스가 필요 없다.
② 덕트 방식에 비해 유닛의 위치 변경이 용이하다.
③ 전공기 방식이므로 수배관으로 인한 누수의 우려가 없다.
④ 각 실의 유닛은 수동으로 제어할 수 있고, 개별 제어가 쉽다.

49 급수방식 중 고가탱크방식에 관한 설명으로 옳지 않은 것은?
① 급수압력이 일정하다.
② 단수 시에도 일정량의 급수가 가능하다.
③ 대량의 급수 수요에 쉽게 대응할 수 있다.
④ 위생 및 유지·관리 측면에서 가장 바람직한 방식이다.

50 옥내소화전설비용 수조에 관한 설명으로 옳지 않은 것은?
① 수조의 내측에 수위계를 설치할 것
② 수조의 밑부분에는 청소용 배수밸브 또는 배수관을 설치할 것

③ 수조는 동결방지조치를 하거나 동결의 우려가 없는 장소에 설치할 것
④ 수조의 상단이 바닥보다 높은 때에는 수조의 외측에 고정식 사다리를 설치할 것

51 전기설비용 시설공간(실)에 관한 설명으로 옳지 않은 것은?
① 변전실은 부하의 중심에 설치한다.
② 발전기실은 변전실에서 멀리 떨어진 곳에 설치한다.
③ 중앙감시실은 일반적으로 방재센터와 겸하도록 한다.
④ 전기 샤프트는 각 층에서 가능한 한 공급 대상의 중심에 위치하도록 한다.

52 대통령령으로 정하는 방염성능기준 이상의 성능을 보유해야 하는 방염대상물품에 해당되지 않는 것은?
① 창문에 설치하는 커튼류
② 전시용 합판 또는 섬유판
③ 두께가 2mm 미만인 종이벽지
④ 섬유류 또는 합성수지류 등을 원료로 하여 제작된 소파·의자

53 다음 건축물 중 주요구조부를 내화구조로 하여야 하는 최소 바닥면적의 합계 기준이 가장 큰 것은? (단, 연면적 $50m^2$를 넘는 2층 이상 건축물에 한한다.)
① 위락시설
② 문화 및 집회시설 중 전시장
③ 공장
④ 운수시설

54 벽이 내화구조가 되기 위한 기준으로 틀린 것은?

① 철근콘크리트조로서 벽의 두께가 10cm 이상인 것
② 철골철근콘크리트조로서 벽의 두께가 10cm 이상인 것
③ 벽돌조로서 벽의 두께가 15cm 이상인 것
④ 고온·고압의 증기로 양생된 경량 기포 콘크리트 패널로서 두께가 10cm 이상인 것

55 건축법 시행령에서 노유자시설 중 아동 관련 시설 또는 노인복지시설과 판매시설 중 도매시장 또는 소매시장을 같은 건축물 안에 함께 설치할 수 없도록 한 이유는?
① 방화에 장애가 되는 용도를 제한하기 위해
② 설비 설치 기준이 상이하므로
③ 차음, 소음 기준을 확보하기 위해서
④ 건축물의 구조 안전을 위해서

56 소방시설 중 경보설비의 종류에 해당하지 않는 것은?
① 비상방송설비
② 자동화재탐지설비
③ 자동화재속보설비
④ 무선통신보조설비

57 건축법 시행령 제46조(방화구획의 설치)에서 방화구획의 규정을 완화하여 적용할 수 있는 부분이 아닌 것은?
① 단독주택
② 복층형 공동주택의 세대별 층간 바닥부분
③ 주요구조부가 내화구조 또는 불연재료로 된 주차장
④ 군사시설 중 집회, 체육, 창고 등의 용도로 사용되는 시설을 제외한 나머지 시설물

58 특정소방대상물에 사용하는 방염대상물품의 방염성능검사를 실시하는 자로 옳은 것은?
① 소방본부장
② 소방서장
③ 소방청장
④ 행정안전부장관

59 다음 중 특급 소방안전관리대상물에 해당되지 않는 것은?
① 30층인 특정소방대상물
② 높이 150m인 특정소방대상물
③ 연면적이 15만m²인 20층 아파트
④ 높이 200m인 아파트

60 비상용 승강기를 설치하지 아니할 수 있는 건축물의 바닥면적 기준으로 옳은 것은?
① 높이 31m를 넘는 각 층의 바닥면적의 합계가 300m² 이하인 건축물
② 높이 31m를 넘는 각 층의 바닥면적의 합계가 500m² 이하인 건축물
③ 높이 31m를 넘는 각 층의 바닥면적의 합계가 1000m² 이하인 건축물
④ 높이 31m를 넘는 각 층의 바닥면적의 합계가 1500m² 이하인 건축물

필기시험 CBT 복원문제

2022년 2회

제 과목 : 실내디자인 계획

01 백화점의 엘리베이터 계획에 관한 설명으로 옳지 않은 것은?
① 교통 동선의 중심에 설치하여 보행거리가 짧도록 배치한다.
② 엘리베이터를 여러 대 설치하는 경우, 그룹별 배치와 군 관리 운전방식으로 한다.
③ 일렬 배치는 6대를 한도로 하고, 엘리베이터 중심 간 거리는 8m 이하가 되도록 한다.
④ 엘리베이터 홀은 엘리베이터 정원 합계의 50% 정도를 수용할 수 있어야 하며, 1인당 점유면적은 0.5~0.8m²로 계산한다.

02 한국 전통 가구 중 수납계 가구에 속하지 않는 것은?
① 농   ② 궤
③ 소반   ④ 반닫이

03 시티 호텔(City Hotel) 계획에서 크게 고려하지 않아도 되는 것은?
① 주차장   ② 발코니
③ 연회장   ④ 레스토랑

04 붙박이 가구에 관한 설명으로 옳지 않은 것은?
① 공간의 효율성을 높일 수 있다.
② 건축물과 일체화하여 설치하는 기구이다.
③ 실내 마감재와의 조화 등을 고려해야 한다.
④ 필요에 따라 그 설치 장소를 자유롭게 움직일 수 있다.

05 설계를 착수하기 전에 과제의 전모를 분석하고 개념화하며, 목표를 명확히 하는 초기 단계의 작업인 프로그래밍에서 "공간 간의 기능적 구조 해석"과 가장 관계가 깊은 것은?
① 개념의 도출
② 환경적 분석
③ 사용주의 요구
④ 스페이스 프로그램

06 기업체가 자사제품의 홍보, 판매 촉진 등을 위해 제품 및 기업에 관한 자료를 소비자들에게 직접 호소하여 제품의 우위성을 인식시키고자 하는 전시공간은?
① 캐럴   ② 쇼룸
③ 애리나   ④ 랜드스케이프

07 19세기 말부터 20세기 초에 걸쳐 벨기에와 프랑스를 중심으로 모리스와 미술·공예운동의 영향을 받아서 과거의 양식과 결별하고 식물이 갖는 단순한 곡선 형태를 인테리어 가구 구성에 이용한 예술운동은?
① 아르데코   ② 아르누보
③ 아방가르드   ④ 컨템포러리

08 부분 커튼으로 창문의 반 정도만 가리도록 만든 형태의 커튼은?
① 새시 커튼 ② 드로우 커튼
③ 글라스 커튼 ④ 드레이퍼리 커튼

09 우리나라의 한옥에 관한 설명으로 옳지 않은 것은?
① 창과 문은 좌식생활에 따른 인체치수를 고려하여 만들어졌다.
② 기단을 높여 통풍이 잘 되도록 하여 땅의 습기를 제거하였다.
③ 미닫이문, 들문 등의 사용으로 내부공간의 융통성을 도모하였다.
④ 남부지방의 경우 겨울철 난방을 고려하여 기밀하고 폐쇄적인 내부공간 구성으로 계획하였다.

10 의자 및 소파에 관한 설명으로 옳지 않은 것은?
① 스툴은 등받이와 팔걸이가 없는 형태의 보조의자이다.
② 카우치는 이동하기 쉽도록 잡기 편하게 구성된 간이의자이다.
③ 세티는 동일한 2개의 의자를 나란히 합해 2인이 앉을 수 있도록 한 의자이다.
④ 라운지 체어는 비교적 큰 크기의 의자로 편하게 휴식을 취할 수 있는 안락의자이다.

11 공간의 차단적 구획에 사용되는 것으로, 필요에 따라 공간을 구획할 수 있어 공간의 사용에 융통성을 줄 수 있는 것은?
① 커튼 ② 열주
③ 조명 ④ 알코브

12 색의 혼합에 관한 설명으로 틀린 것은?
① 색료 혼합의 3원색은 magenta, yellow, cyan이다.
② 색광 혼합의 2차색은 색료 혼합의 3원색이 된다.
③ 색료 혼합은 혼합하면 할수록 채도가 낮아진다.
④ 색광 혼합은 혼합하면 할수록 명도와 채도가 높아진다.

13 우리 눈으로 지각하는 가시광선의 파장 범위는?
① 약 280~680nm
② 약 380~780nm
③ 약 480~880nm
④ 약 580~980nm

14 다음 중 감법혼색을 사용하지 않는 것은?
① 컬러 슬라이드
② 컬러 영화필름
③ 컬러 인화사진
④ 컬러 텔레비전

15 문·스펜서 조화론의 단점으로 옳은 것은?
① 무채색과의 관계를 생략하고 있다.
② 전통적 조화론은 무시하고 있다.
③ 명도, 채도를 고려하지 않았다.
④ 색의 연상, 기호, 상징성은 고려하지 않았다.

16 디지털 기기의 색 공간 변환 목적이 아닌 것은?
① 디지털 컬러를 처리하는 장비들 사이의 컬러영역을 분리시키기 위함

② 영상처리 과정에서 영상 분할, 특징 추출, 복원, 향상 등을 정확하게 수행하기 위함
③ 영상물 제작 과정에서 영상의 합성, 수정, 보완 등을 쉽고 정확하게 수행하기 위함
④ 컴퓨터 그래픽스에서 렌더링, 특수효과 처리, 실사영상과 CG영상의 합성, 수정, 보완 등을 정확하고 용이하게 수행하기 위함

17 다음 중 건축설계도면에서 배경을 표현하는 목적과 가장 관계가 먼 것은?
① 건축물의 스케일감을 나타내기 위해서
② 건축물의 용도를 나타내기 위해서
③ 건축물 내부 평면상의 동선을 나타내기 위해서
④ 주변대지의 성격을 표시하기 위해서

18 오스트발트 색체계에서 등순계열의 조화에 해당하는 것은?
① ca - ea - ga - ia
② pa - pc - pe - pg
③ ig - le - ne - pa
④ gc - ie - lg - ni

19 배색방법 중 하나로 단계적으로 명도, 채도, 색상, 톤의 배열에 따라서 시각적인 자연스러움을 주는 것으로 3색 이상의 다색 배색에서 이와 같은 효과를 낼 수 있는 배색방법은?
① 반복 배색   ② 강조 배색
③ 연속 배색   ④ 트리콜로르 배색

20 하늘의 파란색과 같이 음영이나 질감이 없이 균일하고 물체의 느낌이 들지 않은 채 색만 보이는 것을 무엇이라 하는가?
① 면색(Film color)
② 표면색(Surface color)
③ 공간색(Volume color)
④ 간섭색(Interference color)

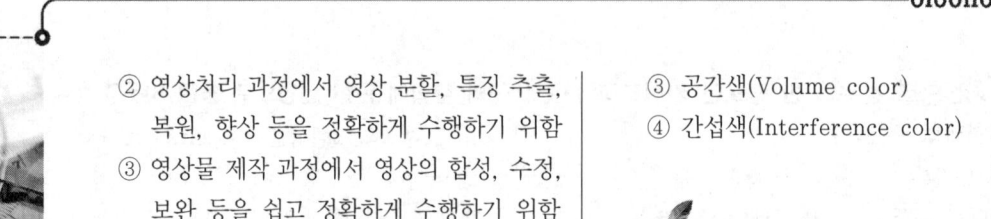
제2과목 : 실내디자인 시공 및 재료

21 목재 건조의 목적 및 효과와 가장 거리가 먼 것은?
① 강도의 증진   ② 내화성의 증진
③ 중량의 경감   ④ 부패의 방지

22 목재의 외관을 손상시키며 강도와 내구성을 저하시키는 목재의 흠에 해당하지 않는 것은?
① 갈라짐(Crack)   ② 옹이(Knot)
③ 지선(脂線)   ④ 수피(樹皮)

23 아스팔트 방수시공을 할 때 바탕재와의 밀착용으로 사용하는 것은?
① 아스팔트 컴파운드
② 아스팔트 모르타르
③ 아스팔트 프라이머
④ 아스팔트 루핑

24 근로자의 추락 등의 위험을 방지하기 위한 안전난간의 설치 기준으로 옳지 않은 것은?
① 상부 난간대와 중간 난간대는 난간 길이 전체에 걸쳐 바닥면 등과 평행을 유지할 것
② 발끝막이판은 바닥면 등으로부터 5cm 이하의 높이를 유지할 것
③ 난간대는 지름 2.7cm 이상의 금속제 파이프나 그 이상의 강도가 있는 재료일 것
④ 안전 난간은 구조적으로 가장 취약한 지점에서 가장 취약한 방향으로 작용하는

100kg 이상의 하중에 견딜 수 있는 튼튼한 구조일 것

25 각종 금속제품에 대한 설명으로 틀린 것은?
① 메탈라스는 금속제 창호로서 내화성, 수밀성, 기밀성이 있다.
② 와이어라스는 아연도금한 연강선을 마름모꼴, 갑형, 둥근형 등으로 한 미장 바탕용 철망이다.
③ 펀칭메탈은 금속판에 무늬 구멍을 낸 것으로 환기구, 각종 커버 등에 쓰인다.
④ 논슬립은 계단 모서리 끝부분의 보강 및 미끄럼막이를 목적으로 사용한다.

26 멜라민 수지에 관한 설명 중 옳지 않은 것은?
① 무색투명하며 착색이 자유롭다.
② 내열성이 600℃ 정도로 높다.
③ 전기절연성이 우수하다.
④ 판재류, 식기류, 전화기 등에 쓰인다.

27 절대건조비중(r)이 0.75인 목재의 공극률은?
① 약 25.0% ② 약 38.6%
③ 약 51.3% ④ 약 75.0%

28 공사원가계산서에 표기되는 비목 중 순공사원가에 해당되지 않는 것은?
① 직접재료비 ② 노무비
③ 경비 ④ 일반관리비

29 타일공사 시 보양에 관한 설명으로 옳지 않은 것은?
① 타일을 붙인 후 3일간은 진동이나 보행을 금한다.
② 줄눈을 넣은 후 경화 불량의 우려가 있거나 24시간 이내에 비가 올 우려가 있는 경우에는 폴리에틸렌 필름 등으로 차단·보양한다.
③ 외부 타일 붙임인 경우에 태양의 직사광선을 최대한 받아 적정한 강도가 발현되도록 한다.
④ 한중공사 시 시공면 보호를 위해 외기의 기온이 2℃ 이하일 때에는 타일작업장 내의 온도가 10℃ 이상이 되도록 임시로 시공 부분을 보양하여야 한다.

30 특수 모르타르의 일종으로서 주용도가 광택 및 특수치장용으로 사용되는 것은?
① 규산질 모르타르
② 질석 모르타르
③ 석면 모르타르
④ 합성수지 혼화 모르타르

31 KS F 4052에 따라 방수공사용 아스팔트는 사용 용도에 따라 4종류로 분류된다. 이 중, 감온성이 낮은 것으로서 주로 일반지역의 노출지붕 또는 기온이 비교적 높은 지역의 지붕에 사용하는 것은?
① 1종(침입도 지수 3 이상)
② 2종(침입도 지수 4 이상)
③ 3종(침입도 지수 5 이상)
④ 4종(침입도 지수 6 이상)

32 도장결함 중 주름 발생 현상의 방지대책으로 가장 적합한 것은?
① 도료의 점도를 낮춘다.
② 교반을 충분하게 하고 겹칠을 한다.
③ 바탕과 도료와의 심한 온도차를 피한다.
④ 도포 후 즉시 직사광선을 쬐이지 않는다.

33 수밀콘크리트의 배합에 대한 설명으로 틀린 것은?
① 배합은 콘크리트의 소요품질이 얻어지는 범위 내에서 단위 수량 및 물결합재비를 가급적 적게 하고, 단위 굵은 골재량은 가급적 크게 한다.
② 콘크리트의 소요 슬럼프는 가급적 적게 하고 180mm를 넘지 않도록 하며, 타설이 용이할 때에는 120mm 이하로 한다.
③ 물시멘트비는 60% 이하를 표준으로 한다.
④ 콘크리트의 워커빌리티를 개선시키기 위해 공기연행제, 공기연행감수제 또는 고성능 공기연행감수제를 사용하는 경우라도 공기량은 4% 이하가 되게 한다.

34 유리 내부에 특수금속막 코팅으로 적외선을 반사시켜 열의 이동을 극소화시킨 고기능성 유리로 창을 통해 흡수 손실되는 에너지 흐름을 제한하여 단열성을 향상시킨 유리는?
① 로이 유리   ② 접합 유리
③ 열선 반사 유리   ④ 스팬드럴 유리

35 아스팔트의 물리적 성질에 대한 설명 중 옳은 것은?
① 감온성은 블로운 아스팔트가 스트레이트 아스팔트보다 크다.
② 유동성은 블로운 아스팔트가 스트레이트 아스팔트보다 크다.
③ 신도는 스트레이트 아스팔트가 블로운 아스팔트보다 크다.
④ 접착성은 블로운 아스팔트가 스트레이트 아스팔트보다 크다.

36 면의 날실에 천연 칡잎을 씨실로 하여 짠 것으로 우아하지만 충격에 약한 벽지는?
① 실크 벽지   ② 비닐 벽지
③ 무기질 벽지   ④ 갈포 벽지

37 벽돌쌓기 시 벽면적 10m²에 소요되는 표준형 붉은 벽돌의 정미량(매)과 모르타르량(m³)으로 옳은 것은? (단, 벽두께 1.0B, 모르타르의 재료량은 할증이 포함된 것이며, 배합비는 1 : 3이다.)
① 벽돌매수 : 2240매, 모르타르량 : 0.78m³
② 벽돌매수 : 2240매, 모르타르량 : 0.49m³
③ 벽돌매수 : 1490매, 모르타르량 : 0.78m³
④ 벽돌매수 : 1490매, 모르타르량 : 0.49m³

38 스팬드럴 유리에 대한 설명으로 틀린 것은?
① 건축물의 외벽 층간이나 내·외부 장식용 유리로 사용한다.
② 판유리 한쪽 면에 세라믹질의 도료를 도장한 후 고온에서 융착, 반강화한 것으로 내구성이 뛰어나다.
③ 색상이 다양하고 중후한 질감을 갖고 있으며 건축물의 모양에 따라 선택의 폭이 넓다.
④ 열깨짐의 위험이 있으므로 유리표면에 페인트 도장을 하거나 종이, 테이프 등을 부착하지 않는다.

39 네트워크 공정표에서 작업의 상호관계만을 도시하기 위하여 사용하는 화살선을 무엇이라 하는가?
① event   ② dummy
③ activity   ④ critical path

40 콘크리트용 골재의 입자 크기에 의한 분류에서 잔골재와 굵은 골재를 구분하는 체눈금의 크기는 얼마인가?

① 9mm체 ② 7mm체
③ 5mm체 ④ 3mm체

제3과목 : 실내디자인 환경

41 잔향시간에 관한 설명으로 옳지 않은 것은?
① 잔향시간은 실용적에 영향을 받는다.
② 잔향시간이 실의 흡음력에 반비례한다.
③ 잔향시간이 길수록 명료도는 좋아진다.
④ 잔향시간이 짧을수록 음의 명료도는 좋아진다.

42 불쾌 글레어의 발생 원인과 가장 거리가 먼 것은?
① 휘도가 높은 광원
② 시선에 노출된 광원
③ 눈에 입사하는 광속의 과다
④ 물체와 그 주위 사이의 저휘도 대비

43 음의 세기 10^{-10}W/m^2을 음의 세기 레벨(dB)로 환산하면 얼마인가?
① 10dB ② 20dB
③ 30dB ④ 40dB

44 반사형 단열재에 관한 설명으로 옳지 않은 것은?
① 반사하는 표면이 다른 재료와 접촉될 때 단열효과가 증가한다.
② 반사형 단열은 복사의 형태로 열이동이 이루어지는 공기층에 유효하다.
③ 중공벽 내의 중앙에 알루미늄박을 이중으로 설치하면 큰 단열효과가 있다.
④ 중공벽 내의 고온측면에 복사율이 낮은 알루미늄박을 설치하면 표면 열전달저항이 증가한다.

45 인체의 열쾌적에 영향을 미치는 물리적 온열 4요소에 해당하지 않는 것은?
① 기온 ② 습도
③ 청정도 ④ 기류속도

46 일조의 직접적 효과에 속하지 않는 것은?
① 광 효과
② 열 효과
③ 환기 효과
④ 보건·위생적 효과

47 고압 수은 램프에 관한 설명으로 옳지 않은 것은?
① 휘도가 높다.
② 연색성이 우수하다.
③ 배광제어가 용이하다.
④ 도로조명, 고천장 공장조명 등에 이용된다.

48 공기조화방식 중 유인유닛방식에 관한 설명으로 옳은 것은?
① 유인유닛에는 동력(전기) 배선을 하여야 한다.
② 각 유닛별 제어가 가능하다.
③ 외기 냉방의 효과가 크나, 부하변동에 따른 적응성이 나쁘다.
④ 저속덕트만을 사용하므로, 마찰손실이 적어 열매 운송 동력이 적게 든다.

49 전기설비용 시설공간에 관한 설명으로 옳지 않은 것은?
① 변전실은 부하의 중심에 설치한다.

② 발전기실은 변전실에서 멀리 떨어진 곳에 설치한다.
③ 중앙감시실은 일반적으로 방재센터와 겸하도록 한다.
④ 전기 샤프트는 각 층에서 가능한 한 공급대상의 중심에 위치하도록 한다.

50 실내에 발생열량이 70W인 기기가 있을 때, 실내공기를 20℃로 유지하기 위해 필요한 환기량은? (단, 외기온도 10℃, 공기의 밀도 1.2kg/m^3, 공기의 정압비열 1.01kJ/kg·K)

① 10.8m^3/h ② 20.8m^3/h
③ 30.8m^3/h ④ 40.8m^3/h

51 최대수요전력을 구하기 위한 것으로 총 부하설비용량에 대한 최대수요전력의 비율로 나타내는 것은?

① 역률 ② 부등률
③ 수용률 ④ 부하율

52 건축관계법규에서 규정하는 방화구조가 되기 위한 철망 모르타르의 최소 바름 두께는?

① 1.0cm ② 2.0cm
③ 2.7cm ④ 3.0cm

53 건축허가 등을 할 때 미리 소방본부장 또는 소방서장의 동의를 받아야 하는 건축물 등의 연면적 기준으로 옳은 것은? (단, 노유자시설 및 수련시설의 경우)

① 100m^2 이상 ② 200m^2 이상
③ 300m^2 이상 ④ 400m^2 이상

54 옥상광장 또는 2층 이상인 층에 있는 노대의 주위에 설치하여야 하는 난간의 최소 높이 기준은?

① 1.0m 이상 ② 1.1m 이상
③ 1.2m 이상 ④ 1.5m 이상

55 숙박시설의 객실 간 경계벽의 구조 및 설치 기준으로 틀린 것은?

① 내화구조로 하여야 한다.
② 지붕 밑 또는 바로 위층의 바닥판까지 닿게 한다.
③ 철근콘크리트구조의 경우에는 그 두께가 10cm 이상이어야 한다.
④ 콘크리트블록조의 경우에는 그 두께가 15cm 이상이어야 한다.

56 다음은 지하층과 피난층 사이의 개방공간 설치에 대한 건축관계법령이다. ( ) 안에 알맞은 것은?

> 바닥면적의 합계가 ( ) 이상인 공연장·집회장·관람장 또는 전시장을 지하층에 설치하는 경우에는 각 실에 있는 자가 지하층 각 층에서 건축물 밖으로 피난하여 옥외 계단 또는 경사로 등을 이용하여 피난층으로 대피할 수 있도록 천장이 개방된 외부 공간을 설치하여야 한다.

① 500m^2 ② 1000m^2
③ 3000m^2 ④ 5000m^2

57 배연설비설치와 관련하여 배연창의 유효면적은 1m^2 이상으로서 그 면적의 합계가 건축물 바닥면적의 최소 얼마 이상으로 하여야 하는가?

① 1/10 이상 ② 1/20 이상
③ 1/100 이상 ④ 1/200 이상

58 방화구획이 설치된 건축물에서 배연설비 설치 기준으로 틀린 것은?
① 방화구획마다 1개소 이상 배연창을 설치한다.
② 배연구는 연기감지기 또는 열감지기에 의하여 자동으로 열 수 있는 구조로 하되, 손으로 개폐가 되지 않도록 한다.
③ 배연구는 예비전원으로 열 수 있도록 한다.
④ 반자높이가 바닥으로부터 3m 이상인 경우에는 배연창의 하변이 바닥으로부터 2.1m 이상의 위치에 놓이도록 설치한다.

59 비상조명등을 설치하여야 하는 특정소방대상물에 해당되는 것은?
① 창고시설 중 창고
② 위험물 저장 및 처리 시설 중 가스시설
③ 창고시설 중 하역장
④ 지하가 중 터널로서 그 길이가 500m 이상인 것

60 건축물에 설치하여 배수의 용도로 쓰는 배관설비의 설치 및 구조 기준으로 틀린 것은?
① 배관설비에는 배수트랩·통기관을 설치하는 등 위생에 지장이 없도록 할 것
② 지하실 등 공공하수도로 자연배수를 할 수 없는 곳에는 배수용량에 맞는 강제배수시설을 설치할 것
③ 콘크리트구조체에 배관을 매설하거나 배관이 콘크리트구조체를 관통할 경우에는 구조체에 덧관을 미리 매설하는 등 배관의 부식을 방지하고 그 수선 및 교체가 용이하도록 할 것
④ 우수관과 오수관은 하나로 연결하여 배관할 것

필기시험 CBT 복원문제

2022년 3회

제1과목 : 실내디자인 계획

01 공간의 분할 중 심리·도덕적 구획의 방법에 속하지 않는 것은?
① 커튼
② 낮은 칸막이
③ 바닥면의 변화
④ 천장면의 변화

02 침대 옆에 위치하는 소형 테이블로 베드 사이드 테이블이라고도 하는 것은?
① 티 테이블
② 엔드 테이블
③ 나이트 테이블
④ 다이닝 테이블

03 공간구성의 유형에 관한 설명으로 옳지 않은 것은?
① 선형 공간구성이란 일련의 공간의 반복으로 이루어진 선형적인 연속이다.
② 집합형 공간구성은 구심형 공간구성과 선형 공간구성의 두 가지 요소를 조합한 것이다.
③ 구심형 공간구성은 중앙의 우세한 중심공간과 그 주위의 수많은 제2의 공간으로 이루어진다.
④ 격자형 공간구성은 공간 속에서의 위치와 공간 상호 간의 관계가 3차원적 격자 패턴 속에서 질서정연하게 배열되는 형태 및 공간으로 구성된다.

04 호텔의 중심 기능으로 모든 동선체계의 시작이 되는 공간은?
① 객실
② 로비
③ 클로크
④ 린넨실

05 그리스의 파르테논 신전에서 사용된 착시교정 수법에 관한 설명으로 옳지 않은 것은?
① 기둥의 중앙부를 약간 부풀어 오르게 만들었다.
② 모서리 쪽의 기둥 간격을 보다 좁혀지게 만들었다.
③ 기둥과 같은 수직 부재를 위쪽으로 갈수록 바깥쪽으로 약간 기울어지게 만들었다.
④ 아키트레이브, 코니스 등에 의해 형성되는 긴 수평선을 위쪽으로 약간 볼록하게 만들었다.

06 실내디자인에 관한 설명으로 옳지 않은 것은?
① 실내디자인은 디자인 요소를 반영하여 인간 환경을 구축하는 작업이다.
② 실내디자인은 예술에 속하므로 미적인 관점에서만 그 성공 여부를 판단할 수 있다.
③ 실내디자인은 목적을 위한 행위이나 그 자체가 목적이 아니고 특정한 효과를 얻기 위한 수단이다.
④ 실내디자인은 실내공간을 보다 편리하고 쾌적한 환경으로 창조해 내는 문제해결의 과정과 그 결과이다.

07 디자인의 원리에 관한 설명으로 옳은 것은?
① 객관적이고 과학적인 판단만이 중요하다.
② 다수의 사람들에 의한 보편적 객관성을 따른다.
③ 점, 선, 척도, 비례, 조형, 조화, 통일 등을 포함한다.
④ 조형 요소를 결합하여 착시현상을 유도하는 것이 대부분이다.

08 전시공간의 특수전시기법에 관한 설명으로 옳은 것은?
① 하모니카 전시는 통일된 전시내용이 규칙적으로나 반복적으로 나타날 때 적용이 용이하다.
② 파노라마 전시는 벽이나 천장을 직접 이용하지 않고 전시공간의 중앙에 전시물을 배치하는 전시기법이다.
③ 아일랜드 전시는 현장감을 가장 실감나게 표현하는 기법으로 한정된 공간 속에서 배경 스크린과 실물의 종합전시가 이루어진다.
④ 디오라마 전시는 연속적인 주제를 연관성 깊게 표현하기 위해 선형으로 연출하는 전시기법으로 맥락이 중요하다고 생각될 때 사용된다.

09 작업대의 길이가 2m 정도인 간이 부엌으로 사무실이나 독신자 아파트에 주로 설치되는 부엌의 유형은?
① 키친네트(kichenette)
② 오픈 키친(open kitchen)
③ 다용도 부엌(utility kitchen)
④ 아일랜드 키친(island kitchen)

10 상점 매장의 상품구성과 배치에 관한 설명으로 옳지 않은 것은?
① 중점상품은 주통로에 접하는 부분에 배치한다.
② 전략상품은 상점 내에서 가장 눈에 잘 띄는 곳에 배치한다.
③ 고객을 위한 휴게시설은 충동구매상품과 격리하여 배치한다.
④ 진열대가 굴절 또는 곡선으로 처리된 곳에는 소형 상품을 배치한다.

11 대비현상과는 달리 인접된 색과 닮아 보이는 현상은?
① 잔상현상   ② 퇴색현상
③ 동화현상   ④ 연상감정

12 컴퓨터 화면상의 이미지와 출력된 인쇄물의 색채가 다르게 나타나는 원인으로 거리가 먼 것은?
① 컴퓨터상에서 RGB로 작업했을 경우 CMYK 방식의 잉크로는 표현될 수 없는 색채범위가 발생한다.
② RGB의 색역이 CMYK의 색역보다 좁기 때문이다.
③ 모니터의 캘리브레이션 상태와 인쇄기, 출력용지에 따라서도 변수가 발생한다.
④ RGB 데이터를 CMYK 데이터로 변환하면 색상 손상현상이 나타난다.

13 채도에 관한 설명 중 틀린 것은?
① 색이 순수할수록 채도가 높고, 탁하거나 흐릴수록 채도가 낮다.
② 무채색이 포함되지 않은 색이 채도가 가장 높고 이를 순색이라 한다.
③ 순색에 흰색을 섞는 양이 많아질수록 채도는 높아진다.

④ 무채색은 채도가 없다.

14 빛이 프리즘을 통과할 때 나타나는 분광현상 중 굴절현상이 제일 큰 색은?
① 보라　　　② 초록
③ 빨강　　　④ 노랑

15 시내버스, 지하철, 기차 등의 색채 계획 시 고려할 사항으로 거리가 먼 것은?
① 도장 공정이 간단해야 한다.
② 조색이 용이해야 한다.
③ 쉽게 변색, 퇴색되지 않아야 한다.
④ 프로세스 잉크를 사용한다.

16 다음 의자를 만든 디자이너는?

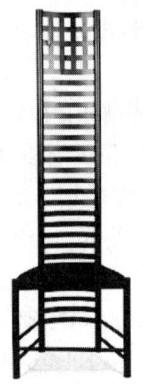

① 미스 반 데어 로에
② 르 코르뷔지에
③ 찰스 매킨토시
④ 바실리 칸딘스키

17 분광광도계를 이용하여 색편의 분광반사율을 측정했을 때 가장 정확하게 색좌표가 계산되는 색체계는?
① Munsell 색체계
② Hering 색체계
③ CIE 색체계
④ Ostwald 색체계

18 스툴(stool)의 종류 중 편안한 휴식을 위해 발을 올려놓는 데도 사용되는 것은?
① 세티　　　② 오토만
③ 카우치　　④ 이지 체어

19 색채계획의 과정에서 색채 심리 분석에 해당하지 않는 것은?
① 색채 이미지 측정
② 유행 이미지 측정
③ 상품 이미지 측정
④ 경영 이미지 측정

20 배색에 대한 설명으로 틀린 것은?
① 화려하고 강렬한 느낌을 위해서는 색상차를 크게 하여 배색한다.
② 채도차가 큰 배색은 면적을 조절하여 안정감을 주어야 한다.
③ 유사색상 배색 시에는 명도차, 채도차를 비슷하게 하여 조화되게 한다.
④ 명쾌한 배색이 되기 위해서는 명도차를 크게 하여 배색한다.

제2과목 : 실내디자인 시공 및 재료

21 리녹신에 수지, 고무, 코르크 분말, 안료 등을 섞어 마직포 등에 발라 두꺼운 종이 모양으로 압연·성형한 제품은?
① 비닐 타일　　　② 리놀륨
③ 염화비닐판　　④ 폴리싱 타일

22 목재의 수축 팽창에 관한 설명 중 옳지 않은 것은?
① 변재는 심재보다 수축률 및 팽창률이 일반적으로 크다.
② 섬유포화점 이상의 함수상태에서는 함수율이 클수록 수축률 및 팽창률이 커진다.
③ 수종에 따라 수축률 및 팽창률에 상당한 차이가 있다.
④ 수축이 과도하거나 고르지 못하면 할렬, 비틀림 등이 생긴다.

23 석고나 탄산칼슘을 주원료로 하고 도배지를 붙이는 바탕의 요철이나 줄눈, 균열이나 구멍보수에 사용하는 것은?
① 수용성 실러(sealer)
② 용제형 실러(sealer)
③ 퍼티(putty)
④ 코킹(cocking)

24 벽돌벽 두께 1.5B, 벽면적 $40m^2$ 쌓기에 소요되는 시멘트벽돌(190×90×57mm)의 소요량은? (단, 할증률은 5%로 계산)
① 6258장
② 8960장
③ 9229장
④ 9408장

25 유리의 표면을 초고성능 조각기로 특수가공 처리하여 만든 유리로서 5mm 이상의 후판 유리에 그림이나 글 등을 새겨 넣은 유리는?
① 에칭 유리
② 강화 유리
③ 망입 유리
④ 로이 유리

26 낙하물에 의한 위험 방지조치에 대한 설명으로 옳지 않은 것은?
① 낙하물 방지망 및 수직보호망은 KS에서 정하는 성능기준에 적합한 것을 사용하여야 한다.
② 낙하물 방지망 및 수직보호망은 높이 10m 이내마다 설치한다.
③ 내민 길이는 벽면으로부터 2m 이상으로 한다.
④ 수평면과의 각도는 15도 이상 20도 이하를 유지하여야 한다.

27 아스팔트 방수재료에 관한 설명으로 옳지 않은 것은?
① 아스팔트 루핑은 펠트의 양면에 블로운 아스팔트를 피복하고, 그 표면에 가는 모래나 광물질 미분말을 부착한 시트상의 제품이다.
② 개량 아스팔트 방수시트는 주로 토치 버너의 가열에 의해 공사가 이루어진다.
③ 아스팔트 프라이머는 콘크리트 바탕과 방수 시트의 접착을 양호하게 유지하기 위한 바탕조정용 접착제이다.
④ 망상 아스팔트 루핑은 아스팔트의 절연 공법에 사용된다.

28 화강암에 대한 설명으로 틀린 것은?
① 주요 구성 광물은 석영, 장석, 운모이다.
② 고온의 화재에도 강도 저하가 적은 내화재료이다.
③ 결정체의 크고 작음에 따라 외관과 강도가 다르다.
④ 국내 매장량이 풍부하여 바닥재, 내·외장재 등에 많이 사용된다.

29 굳지 않은 콘크리트의 워커빌리티에 영향을 주는 요소와 가장 거리가 먼 것은?
① 시멘트의 강도
② 단위수량

③ 골재의 입도 및 입형
④ 혼화재료

30 다음 중 건축용 단열재와 거리가 먼 것은?
① 유리면(glass wool)
② 암면(rock wool)
③ 펄라이트판
④ 테라코타

31 고도로 정쇄된 원료에 의한 것으로 밀도가 균일하기 때문에 측면의 가공성이 매우 좋고, 표면에 무늬인쇄가 가능한 것은?
① 중밀도 섬유판
② 파티클 보드
③ 침엽수 제재목
④ 합판

32 점토에 톱밥, 겨, 탄가루 등을 30~50% 정도 혼합, 소성한 것으로 비중은 1.2~1.5 정도이며 절단, 못치기 등의 가공성이 우수한 벽돌은?
① 포도벽돌   ② 과소벽돌
③ 내화벽돌   ④ 다공벽돌

33 강의 기계적 성질 중 항복비를 옳게 나타낸 것은?
① 인장강도 ÷ 항복강도
② 항복강도 ÷ 인장강도
③ 변형률 ÷ 인장강도
④ 인장강도 ÷ 변형률

34 용제 또는 유제상태의 방수제를 바탕면에 여러 번 칠하여 방수막을 형성하는 방수법은?
① 아스팔트 루핑 방수
② 도막 방수
③ 시멘트 방수
④ 시트 방수

35 중용열 포틀랜드 시멘트의 특징이나 용도에 해당되지 않는 것은?
① 수화속도가 비교적 빠르다.
② 수화열이 적다.
③ 건조수축이 적다.
④ 댐공사 등에 사용된다.

36 스프레이 건(spray gun)을 사용해서 표면마감을 할 때 가장 유리한 도료는?
① 래커   ② 바니시
③ 유성페인트 ④ 에나멜

37 각종 접착제에 관한 설명 중 옳지 않은 것은?
① 동물질 아교는 비교적 접착력이 크고 취급하기 용이하나 내수성이 부족하다.
② 페놀 수지 접착제는 목재, 금속, 플라스틱 및 이들 이종재(異種材) 간의 접착에 사용된다.
③ 에폭시 수지 접착제는 목재, 석재의 접합에는 적당하나 금속 접합에는 사용할 수 없다.
④ 비닐 수지 접착제는 내열성, 내수성이 떨어져 옥외 사용에는 적당하지 않다.

38 다음 특수유리와 사용 장소의 조합이 적절하지 않은 것은?
① 병원의 일광욕실 : 자외선 투과유리
② 진열용 창 : 무늬 유리
③ 채광용 지붕 : 프리즘 유리
④ 형틀 없는 문 : 강화 유리

39 내화벽돌의 주원료 광물에 해당되는 것은?
① 형석　② 방해석
③ 활석　④ 납석

40 횡선식 공정표의 특징으로 옳지 않은 것은?
① 각 공정별 공사와 전체의 공정시기 등이 일목요연하다.
② 경험이 적은 사람은 공정표를 이해하기 어렵다.
③ 작업 상호 간의 관계가 불분명하다.
④ 주공정선을 파악할 수 없으므로 관리통제가 어렵다.

제3과목 : 실내디자인 환경

41 어느 실내에서 수평면 조도를 측정하여 다음 값을 얻었다. 이 실의 균제도는?

- 최고 조도 : 4000lx
- 최저 조도 : 200lx

① 0.05　② 0.5
③ 10　④ 20

42 건축물의 에너지절약을 위한 계획 방법으로 옳지 않은 것은?
① 공동주택은 인동 간격을 넓게 하여 저층부의 일사 수열량을 증대시킨다.
② 건축물은 대지의 향, 일조 및 주풍향 등을 고려하여 배치하며, 남향 또는 남동향 배치를 한다.
③ 건축물의 체적에 대한 외피면적의 비 또는 연면적에 대한 외피면적의 비는 가능한 한 크게 한다.
④ 거실의 층고 및 반자 높이는 실의 용도와 기능에 지장을 주지 않는 범위 내에서 가능한 한 낮게 한다.

43 0.5L의 물을 5℃에서 60℃로 올리는 데 필요한 열량은? (단, 물의 비열은 4.2kJ/kg·K, 물의 밀도는 1kg/L이다.)
① 63.0kJ　② 115.5kJ
③ 127.5kJ　④ 180.0kJ

44 다음 중 건물증후군(Sick Building Syndrome)과 가장 밀접한 관계가 있는 것은?
① VOCs　② 기온
③ 습도　④ 일사량

45 건축화 조명방식과 거리가 먼 것은?
① 정측광 채광　② 다운라이트
③ 광천장 조명　④ 코브라이트

46 용적 3000m³, 잔향시간 1.6초인 실이 있다. 잔향시간을 0.6초로 조정하려고 할 때, 이 실에 추가로 필요한 흡음력은? (단, Sabine의 식을 이용)
① 약 500m²　② 약 600m²
③ 약 700m²　④ 약 800m²

47 실내에 있어서 인체 표면과 벽·천장·바닥면 등 주벽면과의 열복사가 재실자의 쾌감에 미치는 영향을 측정하기 위하여 Vernon에 의해 고안된 온도계는?
① 자기 온도계　② 카타 온도계
③ 글로브 온도계　④ 아스만 온도계

48 다음의 자동화재탐지설비의 감지기 중 연기감지기에 속하는 것은?

① 광전식 ② 보상식
③ 차동식 ④ 정온식

49 공기조화설비의 취출구 설계 시 고려사항 중 그 중요도가 가장 낮은 것은?
① 취출풍량
② 실내의 허용소음
③ 실내기류 및 온도분포
④ 흡입구의 위치

50 배수설비에서 봉수가 자기사이펀작용에 의해 파괴되는 것을 방지하기 위한 방법으로 가장 적절한 것은?
① S트랩을 사용한다.
② 각개통기관을 설치한다.
③ 트랩 출구의 모발 등을 제거한다.
④ 봉수의 깊이를 15cm 이상으로 깊게 유지한다.

51 6층 이상의 거실면적 합계가 36000m²인 20층 업무시설의 경우 승강기 최소 설치대수는? (단, 16인승 이상의 승강기로 설치한다.)
① 7대 ② 8대
③ 9대 ④ 10대

52 물분무 등 소화설비를 설치하여야 할 차고·주차장에 어떤 소방시설을 화재안전기준에 적합하게 설치하면 물분무 등 소화설비를 면제받을 수 있는가?
① 옥내소화전설비
② 연결송수관설비
③ 자동화재탐지설비
④ 스프링클러설비

53 건축물의 3층 이상의 층에 직통계단 외에 그 층으로부터 지상으로 통하는 옥외피난계단을 따로 설치하여야 하는 용도의 기준으로 옳지 않은 것은?
① 제2종 근린생활시설 중 공연장(해당용도로 쓰는 바닥면적의 합계가 300m² 이상인 경우)의 용도에 쓰이는 층으로서 그 층 거실 바닥면적의 합계가 300m² 이상인 것
② 위락시설 중 주점영업의 용도에 쓰이는 층으로서 그 층 거실 바닥면적의 합계가 400m² 이상인 것
③ 문화 및 집회시설 중 공연장의 용도로 쓰이는 층으로서 그 층의 거실의 바닥면적의 합계가 300m² 이상인 것
④ 문화 및 집회시설 중 집회장의 용도에 쓰이는 층으로서 그 층의 거실의 바닥면적의 합계가 1000m² 이상인 것

54 다음 중 소화활동설비에 속하지 않는 것은?
① 연결송수관설비
② 스프링클러설비
③ 연결살수설비
④ 비상콘센트 설비

55 방화에 장애가 되어 같은 건축물 안에 함께 설치할 수 없는 용도로 묶인 것은?
① 아동관련시설 - 의료시설
② 아동관련시설 - 노인복지시설
③ 기숙사 - 공장
④ 노인복지시설 - 소매시장

56 스프링클러설비를 설치하여야 하는 특정소방대상물 중 문화 및 집회시설(동·식물원 제외)에서 모든 층에 스프링클러설비를 설치하여야 하는 경우에 해당하는 수용인원의 최

소 기준으로 옳은 것은?

① 50명 이상　② 100명 이상
③ 200명 이상　④ 300명 이상

57 특정소방대상물에 사용하는 실내장식물 중 방염대상물품에 속하지 않는 것은?

① 창문에 설치하는 커튼류
② 두께가 2mm 미만인 종이벽지
③ 전시용 섬유판
④ 전시용 합판

58 공동주택과 오피스텔의 난방설비를 개별난방방식으로 하는 경우의 기준으로 옳지 않은 것은?

① 보일러실의 윗부분에는 그 면적이 $0.2m^2$ 이상인 환기창을 설치한다.
② 보일러실의 윗부분과 아랫부분에는 각각 지름 10cm 이상의 공기흡입구 및 배기구를 항상 열어 있는 상태로 바깥공기에 접하도록 설치한다. (단, 전기보일러의 경우는 제외)
③ 기름보일러를 설치하는 경우에는 기름저장소를 보일러실 외의 다른 곳에 설치한다.
④ 보일러의 연도는 내화구조로서 공동연도로 설치한다.

59 주요구조부를 내화구조로 처리하지 않아도 되는 시설은?

① 공장으로서 해당용도 바닥면적의 합계가 $500m^2$인 건축물
② 문화 및 집회시설 중 전시장으로서 해당용도 바닥면적의 합계가 $500m^2$인 건축물
③ 운동시설 중 체육관으로서 해당용도 바닥면적의 합계가 $600m^2$인 건축물
④ 수련시설 중 유스호스텔로서 해당용도 바닥면적의 합계가 $500m^2$인 건축물

60 건축물 종류에 따른 복도의 유효너비 기준으로 옳지 않은 것은? (단, 양옆에 거실이 있는 복도)

① 공동주택 : 1.5m 이상
② 유치원 : 2.4m 이상
③ 초등학교 : 2.4m 이상
④ 오피스텔 : 1.8m 이상

필기시험 CBT 복원문제

2023년 1회

제1과목 : 실내디자인 계획

01 장식물의 선정과 배치상의 주의사항으로 옳지 않은 것은?
① 좋고 귀한 것은 돋보일 수 있도록 많이 진열한다.
② 여러 장식품들이 서로 조화를 이루도록 배치한다.
③ 계절에 따른 변화를 시도할 수 있는 여지를 남긴다.
④ 형태, 스타일, 색상 등이 실내공간과 어울리도록 한다.

02 착시 현상의 사례 중 분트 도형의 내용으로 옳은 것은?
① 같은 길이의 수직선이 수평선보다 길어 보인다.
② 같은 길이의 직선이 화살표에 의해 길이가 다르게 보인다.
③ 사선이 2개 이상의 평행선으로 중단되면 서로 어긋나 보인다.
④ 같은 크기의 2개의 부채꼴에서 아래쪽의 것이 위의 것보다 커 보인다.

03 바닥에 관한 설명으로 옳지 않은 것은?
① 공간을 구성하는 수평적 요소이다.
② 고저차로 공간의 영역을 조정할 수 있다.
③ 촉각적으로 만족할 수 있는 조건을 요구한다.
④ 벽, 천장에 비해 시대와 양식에 의한 변화가 현저하다.

04 실내디자인의 영역에 관한 설명으로 옳지 않은 것은?
① 건축 구조물에 의해 형성된 내부 공간만을 대상으로 한다.
② 영리성 유무에 따라 영리공간과 비영리공간으로 구분할 수 있다.
③ 가구 디자인도 실내 디자인의 영역에 포함되나 독립적으로 이루어질 수도 있다.
④ 대상 공간의 생활 목적에 따라 주거공간, 사무공간, 상업공간, 전시공간, 특수공간 등으로 나눌 수 있다.

05 실내디자인의 계획 조건을 외부적 조건과 내부적 조건으로 구분할 경우, 다음 중 내부적 조건에 속하는 것은?
① 일조 조건
② 개구부의 위치
③ 소화설비의 위치
④ 의뢰인의 공사예산

06 다음 중 상점 내에 진열 케이스를 배치할 때 가장 우선적으로 고려해야 할 사항은?
① 고객의 동선
② 마감재의 종류
③ 실내의 색채계획

④ 진열 케이스의 수량

07 실내디자인의 프로세스를 조사 분석 단계와 디자인 단계로 나눌 경우, 다음 중 조사 분석 단계에 속하지 않는 것은?
① 종합분석
② 정보의 수집
③ 문제점의 인식
④ 아이디어 스케치

08 극장의 관객석에서 무대 위 연기자의 세밀한 표정이나 몸동작을 볼 수 있는 시선 거리의 생리적 한도는?
① 10m   ② 15m
③ 22m   ④ 35m

09 계단에 부딪치며 떨어지는 계단식 폭포를 무엇이라 하는가?
① 벽천   ② 브라켓
③ 타피스트리 ④ 캐스케이드

10 식물의 이름에서 유래된 관용색명은?
① 피콕블루(peacock blue)
② 세피아(sepia)
③ 에메랄드 그린(emerald green)
④ 올리브(olive)

11 '가을의 붉은 단풍잎, 붉은 저녁노을, 겨울 풍경색 등과 같이 친숙한 것들을 아름답게 생각하는 것'을 저드의 색채 조화이론으로 설명한다면 어느 원리인가?
① 질서의 원리
② 비모호성의 원리
③ 친근감의 원리
④ 동류성의 원리

12 부의 잔상(negative after image)에 대한 설명으로 맞는 것은?
① 어떤 색을 응시하다가 눈을 옮기면 먼저 본 색의 반대색이 잔상으로 생긴다.
② 빨간 성냥불을 어두운 곳에서 돌리면 길고 선명한 빨간 원이 그려진다.
③ 사진원판과 같이 원자극의 흑색은 흑색으로, 백색은 백색으로 변화를 갖지 않는다.
④ 원자극과 흡사한 잔상으로 등색(等色) 잔상이 있다.

13 디지털 이미지에서 색채 단위 수가 몇 이상이면 풀 컬러(Full Color)를 구현한다고 할 수 있는가?
① 4비트 컬러   ② 8비트 컬러
③ 16비트 컬러 ④ 24비트 컬러

14 어떤 색채가 매체, 주변색, 광원, 조도 등이 서로 다른 환경하에서 관찰될 때 다르게 보이는 현상은?
① 색영역 맵핑(color gamut mapping)
② 컬러 어피어런스(color appearance)
③ 메타머리즘(metamerism)
④ 디바이스 조정(device calibration)

15 기본 색명(basic color names)에 대한 설명 중 틀린 것은?
① 기본적인 색의 구별을 나타내기 위한 전문 용어이다.
② 국가와 문화에 따라 약간씩 차이가 있다.
③ 한국산업표준(KS) A0011에서는 무채색 기본 색명으로 하양, 회색, 검정의 3개를 규정하고 있다.

④ 기본 색명에는 스칼렛, 보랏빛 빨강, 금색 등이 있다.

16 색역 압축 방법(color gamut compression method)은 무엇을 극복하기 위하여 고안된 방법인가?
① 색역이 다른 컬러 간의 차이
② 색역이 다른 컬러들의 좌표 재현
③ 색역이 다른 컬러들의 색역 맵핑 수행
④ 색역이 다른 클립핑 방법

17 색차에 대한 설명 중 틀린 것은?
① 색차(color difference)란 동일한 조건 하에서 계산하거나 측정한 두 색들 간의 차이를 말한다.
② 색차에서 동일한 조건이란 동일한 종류의 조명, 동일한 크기의 시료(샘플), 동일한 주변색, 동일한 관측시간, 동일한 측색 장비, 동일한 관측자 등을 말한다.
③ 색차의 계산 및 색차의 측정은 색채 관련 학계 및 산업계에서 필수적인 요소이다.
④ 색차의 계산 및 색차의 측정은 컴퓨터를 활용한 원색 재현 과정의 핵심적인 부분은 아니다.

18 영·헬름홀츠의 삼원색설에 관한 설명 중 맞는 것은?
① 색의 단계와 관계있다.
② 빛의 흡수와 관계있다.
③ 색의 보색과 관계있다.
④ 색은 망막의 시세포와 관계있다.

19 마르셀 브로이어에 의해 디자인된 의자로, 강철 파이프를 구부려서 지지대 없이 만든 의자는?

① 체스카 의자
② 파이미오 의자
③ 레드 블루 의자
④ 바르셀로나 의자

20 다음 중 비잔틴 양식의 건축물은?
① 성 소피아 성당
② 랭스 성당
③ 아미앵 성당
④ 노트르담 성당

제2과목 : 실내디자인 시공 및 재료

21 가공이 용이하고 내식성이 커 논슬립, 난간, 코너비드 등의 부속철물로 이용되는 금속은?
① 니켈
② 아연
③ 황동
④ 주석

22 천연수지·합성수지 또는 역청질 등을 건성유와 같이 열반응시켜 건조제를 넣고 용제에 녹인 것은?
① 페인트
② 래커
③ 에나멜
④ 바니시

23 급경성으로 내알칼리성 등의 내화학성이나 접착력이 크고 내수성이 우수하며, 금속, 석재, 도자기, 유리, 콘크리트, 플라스틱재 등의 접착에 모두 사용되는 접착제는?
① 페놀 수지 접착제
② 요소 수지 접착제
③ 멜라민 수지 접착제
④ 에폭시 수지 접착제

24 시멘트 풍화에 대한 설명으로 옳지 않은 것은?
① 시멘트가 저장 중 공기와 접촉하여 공기 중의 수분 및 이산화탄소를 흡수하면서 나타나는 수화반응이다.
② 풍화한 시멘트는 강열 감량이 감소한다.
③ 시멘트가 풍화하면 밀도가 떨어진다.
④ 풍화는 고온다습한 경우 급속도로 진행된다.

25 열린 여닫이문이 저절로 닫히게 하는 철물로서 여닫이문의 윗막이대와 문틀 상부에 설치하는 창호철물은?
① 크레센트   ② 도어 클로저
③ 도어 스톱   ④ 도어 홀더

26 내충격성, 내열성, 내후성, 투명성 등의 특징이 있고, 유연성 및 가공성이 우수하며 강화유리의 150배 이상의 충격도를 가진 재료는?
① 아크릴 시트
② 고무타일
③ 폴리카보네이트
④ 블라인드

27 미장재료 중 회반죽에 대한 설명으로 옳지 않은 것은?
① 경화속도가 느리고, 점성이 적다.
② 일반적으로 연약하고, 비내수적이다.
③ 여물은 접착력 증대를, 해초풀은 균열방지를 위해 사용된다.
④ 모래는 바름 두께가 클수록 많이 넣지만 정벌용에는 넣지 않는다.

28 바닥면적 12m×10m에 가로, 세로 18cm의 타일을 줄눈 간격 10mm로 붙일 때 소요되는 타일수량은? (단, 할증률 3%를 적용한다.)

① 3000장   ② 3090장
③ 3325장   ④ 3424장

29 상온에서 건조되지 않기 때문에 도포 후 도막 형성을 위해 가열공정을 거치는 도장재료는?
① 소부 도료
② 에나멜 페인트
③ 아연 분말 도료
④ 래커 샌딩 실러

30 공사현장의 추락방호망 설치 규정으로 옳지 않은 것은?
① 작업면으로부터 추락방호망 설치 지점까지의 수직거리는 10미터를 초과하지 아니할 것
② 추락방호망은 수평으로 설치할 것
③ 건축물 등의 바깥쪽으로 설치하는 경우 추락방호망의 내민 길이는 벽면으로부터 3미터 이상 되도록 할 것
④ 망의 처짐은 짧은 변 길이의 10퍼센트 이상이 되도록 할 것

31 동바리 마루에서 마루널 바로 밑에 오는 부재는 무엇인가?
① 동바리   ② 멍에
③ 장선   ④ 동바리돌

32 타일공사 시 보양에 관한 설명으로 옳지 않은 것은?
① 타일을 붙인 후 3일간은 진동이나 보행을 금한다.
② 줄눈을 넣은 후 경화 불량의 우려가 있거나 24시간 이내에 비가 올 우려가 있는 경우에는 폴리에틸렌 필름 등으로 차단·보양한다.

③ 외부 타일 붙임인 경우에 태양의 직사광선을 최대한 받아 적정한 강도가 발현되도록 한다.
④ 한중공사 시 시공면 보호를 위해 외기의 기온이 2℃ 이하일 때에는 타일작업장 내의 온도가 10℃ 이상이 되도록 임시로 시공부분을 보양하여야 한다.

33 다음 중 도막 방수재를 사용한 방수공사 시공순서에 있어 가장 먼저 해야 할 공정은?
① 바탕정리   ② 프라이머 도포
③ 담수시험   ④ 보호재 시공

34 각종 단열재에 관한 설명으로 옳지 않은 것은?
① 암면은 암석으로부터 인공적으로 만들어진 내열성이 높은 광물섬유를 이용하여 만드는 제품으로 단열성, 흡음성이 뛰어나다.
② 세라믹 파이버의 원료는 실리카와 알루미나이며, 알루미나의 함유량을 늘리면 내열성이 상승한다.
③ 경질 우레탄폼은 방수성, 내투습성이 뛰어나기 때문에 방습층을 겸한 단열재로 사용된다.
④ 펄라이트 판은 천연의 목질섬유를 원료로 하며, 단열성이 우수하여 주로 건축물의 외벽 단열재 바름에 사용된다.

35 PERT-CPM 공정표 작성 시 EST와 EFT의 계산방법 중 옳지 않은 것은?
① 작업의 흐름에 따라 전진 계산한다.
② 선행작업이 없는 첫 작업의 EST는 프로젝트의 개시시간과 동일하다.
③ 어느 작업의 EFT는 그 작업의 EST에 소요일수를 더하여 구한다.
④ 복수의 작업에 종속되는 작업의 EST는 선행작업 중 EFT의 최솟값으로 한다.

36 KS F 3113(구조용 합판)에 따른 구조용 합판의 품질 기준에 해당하지 않는 항목은?
① 접착성   ② 함수율
③ 비중   ④ 휨강도

37 목구조의 접합철물로 적합하지 않은 것은?
① 꺾쇠   ② 듀벨
③ 보통 볼트 ④ 드라이브 핀

38 품질관리 사이클의 순서로 옳은 것은?
① 계획-실시-검토-조치
② 계획-검토-조치-실시
③ 계획-실시-조치-검토
④ 계획-검토-실시-조치

39 1종 점토벽돌의 압축강도는 최소 얼마 이상이어야 하는가?
① $10.78N/mm^2$ ② $18.6N/mm^2$
③ $20.59N/mm^2$ ④ $24.5N/mm^2$

40 목재에 주입시켜 인화점을 높이는 방화제와 가장 거리가 먼 것은?
① 물 유리   ② 붕산암모늄
③ 인산나트륨   ④ 인산암모늄

제3과목 : 실내디자인 환경

41 다중이용시설 중 실내주차장의 경우, 이산화탄소의 실내공기질 유지기준으로 옳은 것은?
① 100ppm 이하
② 500ppm 이하

③ 1000ppm 이하
④ 2000ppm 이하

42 실내 탄산가스 농도를 900ppm으로 유지하기 위한 필요환기량은? (단, 1인당 탄산가스 토출량이 $0.013m^3/h \cdot 인$, 외기 중의 탄산가스 농도는 400ppm이다.)
① $26m^3/h \cdot 인$
② $39m^3/h \cdot 인$
③ $52m^3/h \cdot 인$
④ $65m^3/h \cdot 인$

43 결로의 발생 원인과 가장 거리가 먼 것은?
① 실내 습기의 과다발생
② 잦은 환기
③ 시공 불량
④ 시공 직후 콘크리트, 모르타르 등의 미건조 상태

44 다음 설명에 알맞은 건축화 조명은?

- 벽면의 상부에 위치하여 모든 빛이 아래로 직사하도록 하는 조명방식이다.
- 벽면 부착물이나 벽면 자체에 시각적인 흥미를 준다.

① 광창 조명
② 코브 조명
③ 코니스 조명
④ 광천장 조명

45 각종 급수방식에 관한 설명으로 옳지 않은 것은?
① 고가수조방식은 급수압력이 일정하다.
② 수도직결방식은 위생성 측면에서 바람직한 방식이다.
③ 압력수조방식은 단수 시에 일정량의 급수가 가능하다.
④ 펌프직송방식은 일반적으로 하향급수 배관방식으로 배관이 구성된다.

46 흡음재료에 관한 설명으로 옳지 않은 것은?
① 천공판 공명기에 다공재를 넣으면 고주파수의 흡음률이 감소된다.
② 판진동 흡음재는 흡음판이 막진동하기 쉬운 얇은 것일수록 흡음률이 크다.
③ 다공성 흡음재는 재료의 두께를 증가시키면 저주파수의 흡음률이 증가된다.
④ 단일공동 공명기는 공명에 의하여 특정 주파수의 음만을 효과적으로 흡음한다.

47 플러시 밸브식 대변기에 관한 설명으로 옳지 않은 것은?
① 대변기의 연속 사용이 가능하다.
② 일반 가정용으로 주로 사용된다.
③ 화장실을 넓게 사용할 수 있다는 장점이 있다.
④ 세정음은 유수음도 포함되기 때문에 소음이 크다.

48 간접조명에 관한 설명으로 옳지 않은 것은?
① 조명률이 낮다.
② 실내면 반사율의 영향이 크다.
③ 국부적으로 고조도를 얻기 용이하다.
④ 경제성보다 분위기를 목표로 하는 장소에 적합하다.

49 어느 중공벽의 열관류율값이 $1.0W/m^2 \cdot K$이다. 이 벽체에 단열재를 덧붙여서 열관류율값을 $0.5W/m^2 \cdot K$로 낮추려 할 때 요구되는 단열재의 두께는? (단, 단열재의 열전도율은 $0.032W/m^2 \cdot K$이다.)
① 약 22mm
② 약 27mm
③ 약 32mm
④ 약 37mm

50 화재 발생 시 가압된 물이 분사될 때 헤드의 축심을 중심으로 한 반원 상에 균일하게 분산시키는 스프링클러는 무엇인가?
① 개방형 스프링클러 헤드
② 조기반응형 스프링클러 헤드
③ 측벽형 스프링클러 헤드
④ 건식 스프링클러 헤드

51 다음은 자동소화장치를 설치하여야 하는 특정소방대상물과 관련된 법령이다. 빈 칸에 알맞은 내용으로 옳은 것은?

> 주거용 주방자동소화장치를 설치하여야 하는 것 : 아파트 등 및 (　) 이상 오피스텔의 모든 층

① 20층　　② 25층
③ 30층　　④ 40층

52 건축물의 설계자가 건축물에 대한 구조의 안전을 확인하는 경우에 건축구조기술사의 협력을 받아야 하는 경우에 해당되지 않는 것은?
① 6층 이상인 건축물
② 다중이용 건축물
③ 특수구조 건축물
④ 깊이 10m 이상의 토지 굴착공사

53 비상용 승강기를 설치하지 아니할 수 있는 건축물의 기준으로 옳지 않은 것은?
① 높이 31m를 넘는 각 층을 거실 외의 용도로 쓰는 건축물
② 높이 31m를 넘는 각 층의 바닥면적의 합계가 500m² 이하인 건축물
③ 높이 31m를 넘는 층수가 4개층 이하로서 당해 각 층의 바닥면적의 합계 300m² 이내마다 방화구획으로 구획한 건축물
④ 높이 31m를 넘는 층수가 4개층 이하로서 당해 각 층의 바닥면적의 합계 500m²(벽 및 반자가 실내에 접하는 부분의 마감을 불연재료로 한 경우) 이내마다 방화구획으로 구획한 건축물

54 무창층의 개구부 면적을 계산하는 데 있어 이 개구부에 해당되기 위한 기준으로 옳지 않은 것은?
① 크기는 지름 50cm 이상의 원이 내접할 수 있는 크기일 것
② 해당 층의 바닥면으로부터 개구부 밑부분까지의 높이가 1.2m 이내일 것
③ 도로 또는 차량이 진입할 수 있는 빈터를 향할 것
④ 내부 또는 외부에서 쉽게 부수거나 열 수 없는 고정창일 것

55 방화구획의 설치 기준으로 옳지 않은 것은?
① 주요구조부가 내화구조 또는 불연재료로 된 건축물로서 연면적 1000m² 넘는 건축물에 해당된다.
② 방화구획은 내화구조의 바닥, 벽 및 방화문으로 구획하여야 한다.
③ 기준에 적합한 자동방화셔터로도 방화구획을 할 수 있다.
④ 주요구조부가 내화구조 또는 불연재료로 된 주차장에 반드시 설치하여야 한다.

56 연결송수관설비를 설치하여야 하는 특정소방대상물의 기준 내용으로 옳지 않은 것은? (단, 가스시설 또는 지하구는 제외)
① 층수가 5층 이상으로서 연면적 6000m² 이상인 것
② 지하층을 포함하는 층수가 7층 이상인 것

③ 지하층의 층수가 3층 이상이고 지하층의 바닥면적의 합계가 1000m² 이상인 것
④ 지하가 중 터널로서 길이가 500m 이상인 것

57 비상콘센트설비를 설치하여야 하는 특정소방대상물의 기준에 해당되지 않는 것은?
① 가스시설 중 지상에 노출된 탱크의 용량이 30톤 이상인 탱크시설
② 층수가 11층 이상인 특정소방대상물의 경우에는 11층 이상의 층
③ 지하층의 층수가 3층 이상이고 지하층의 바닥면적의 합계가 1000m² 이상인 것은 지하층의 모든 층
④ 지하가 중 터널로서 길이가 500m 이상인 것

58 건축물의 면적 및 높이 등의 산정 원칙으로 옳지 않은 것은?
① 대지면적은 대지의 수평투영면적으로 한다.
② 건축물의 높이는 지표면으로부터 그 건축물의 상단까지의 높이로 한다.
③ 건축면적은 건축물의 외벽의 중심선으로 둘러싸인 부분의 수평투영면적으로 한다.
④ 용적률을 산정할 때의 연면적은 지하층의 면적을 포함한 건축물 각 층의 바닥면적의 합계로 한다.

59 건축법령상 건축물의 용도와 건축물의 연결이 옳지 않은 것은?
① 숙박시설 - 휴양 콘도미니엄
② 제1종 근린생활시설 - 치과의원
③ 동물 및 식물관련시설 - 동물원
④ 제2종 근린생활시설 - 노래연습장

60 비상용 승강기 승강장의 구조에 관한 기준 내용으로 옳지 않은 것은?
① 채광이 되는 창문이 있거나 예비전원에 의한 조명설비를 할 것
② 노대 또는 외부를 향하여 열 수 있는 창문이나 배연설비를 설치할 것
③ 옥내 승강장의 바닥면적은 비상용 승강기 1대에 대하여 6m² 이상으로 할 것
④ 벽 및 반자가 실내에 접하는 부분의 마감재료(마감을 위한 바탕은 제외한다)는 불연재료로 할 것

필기시험 CBT 복원문제

2023년 2회

제1과목 : 실내디자인 계획

01 사무소 건축의 엘리베이터 계획에 관한 설명으로 옳지 않은 것은?
① 출발 기준층은 2개 층 이상으로 한다.
② 승객의 층별 대기시간은 평균 운전간격 이하가 되게 한다.
③ 군 관리운전의 경우 동일 군 내의 서비스 층은 같게 한다.
④ 초고층, 대규모 빌딩인 경우는 서비스 그룹을 분할(죠닝)하는 것을 검토한다.

02 다음 중 유기적(organic) 디자인의 포괄적인 의미로 가장 알맞은 것은?
① 천연재료를 사용하는 디자인
② 자연생명체의 원리와 질서를 적용하는 디자인
③ 자연형태에 가까운 곡선 형태를 많이 사용하는 디자인
④ 나무, 눈의 결정체 등 자연생명체의 형태를 적용하는 디자인

03 주택의 부엌을 리노베이션하고자 할 경우 가장 우선적으로 고려해야 할 사항은?
① 각 부위별 조명
② 조리용구의 수납공간
③ 위생적인 급배수 방법
④ 조리순서에 따른 작업대 배열

04 리듬의 효과를 위해 사용되는 요소에 속하지 않는 것은?
① 반복   ② 방사
③ 점진   ④ 조화

05 황금비를 바탕으로 한 대수 개념의 모듈 체계인 모듈러(modulor)의 개념을 만든 건축가는?
① 알바 알토
② 르 코르뷔지에
③ 미스 반 데어 로에
④ 프랭크 로이드 라이트

06 사무소 건축의 실단위 계획 중 개방식 배치에 관한 설명으로 옳지 않은 것은?
① 모든 면적을 유용하게 이용할 수 있다.
② 업무성격의 변화에 따른 적응성이 낮다.
③ 공간의 길이나 깊이에 변화를 줄 수 있다.
④ 소음이 많으며, 프라이버시의 확보가 어렵다.

07 상점에서 쇼윈도, 출입구 및 홀의 입구부분을 포함한 평면적인 구성 요소와 아케이드, 광고판, 사인 및 외부장치를 포함한 입면적인 구성 요소의 총체를 뜻하는 용어는?
① VMD   ② 파사드

③ AIDMA ④ 디스플레이

08 부엌 작업대의 배치 유형 중 ㄱ자형에 관한 설명으로 옳지 않은 것은?
① 일반적으로 작업대의 길이는 1500mm 미만이 적합하다.
② 작업을 위한 동작 범위가 일정한 범위에 놓이므로 편리하다.
③ 한쪽 면에 싱크대를, 다른 면에 가스레인지를 설치하면 능률적이다.
④ 여유공간에 식탁을 배치하여 식당 겸 부엌으로 사용하는 경우에 적합하다.

09 연속적인 주제를 시간적인 연속성을 가지고 선형으로 연출하는 전시방법은?
① 하모니카 전시
② 파노라마 전시
③ 아일랜드 전시
④ 아이맥스 전시

10 다음 설명에 알맞은 실내디자인의 조건은?

> 최소의 자원을 투입하여 공간의 사용자가 최대로 만족할 수 있는 효과가 이루어지도록 하여야 한다.

① 기능적 조건
② 심미적 조건
③ 경제적 조건
④ 물리·환경적 조건

11 먼셀 색입체를 무채색 축을 통하여 수직으로 절단한 단면은?
① 등색상면
② 등명도면
③ 등채도면
④ 등명도면과 등채도면

12 스펙트럼(Spectrum)에 관한 설명으로 틀린 것은?
① 파장이 길면 굴절률도 크고 파장이 짧으면 굴절률도 작다.
② 스펙트럼은 1666년 Newton이 프리즘으로 실험하여 광학적으로 증명하였다.
③ 스펙트럼이란 무지개의 색과 같이 연속된 색의 띠를 말한다.
④ 모든 발광체의 스펙트럼은 모두 같지 않으며, 그 빛의 성질에 따라 파장의 범위를 지닌다.

13 오스트발트의 색채조화에서 등색상 3각형의 C와 B의 평행선상에 있는 색은?
① 등백 계열
② 등흑 계열
③ 등순 계열
④ 등흑 계열과 무채색

14 해상도에 대한 설명으로 틀린 것은?
① 한 화면을 구성하고 있는 화소의 수를 해상도라고 한다.
② 화면에 디스플레이된 색채 영상의 선명도는 해상도와 모니터의 크기에 좌우된다.
③ 해상도의 표현방법은 가로 화소수와 세로 화소수로 나타낸다.
④ 동일한 해상도에서 모니터가 커질수록 해상도는 높아져 더 선명해진다.

15 인류생활, 작업상의 분위기, 환경 등을 상쾌하고 능률적으로 꾸미기 위한 것과 관련된 용어는?
① 색의 조화 및 배색(Color harmony and

combination)
② 색채조절(Color conditioning)
③ 색의 대비(Color contrast)
④ 컬러 하모니 매뉴얼(Color harmony manual)

16 명도와 채도에 관한 설명으로 틀린 것은?
① 순색에 검정을 혼합하면 명도와 채도가 낮아진다.
② 순색에 흰색을 혼합하면 명도와 채도가 높아진다.
③ 모든 순색의 명도는 같지 않다.
④ 무채색의 명도 단계도(Value Scale)는 명도 판단의 기준이 된다.

17 식품에 대한 기호를 조사한 결과 단맛과 관계가 깊은 색은?
① 빨강　　　　② 노랑
③ 파랑　　　　④ 자주

18 모니터의 색온도에 관한 설명으로 틀린 것은?
① 색온도의 단위는 K(Kelvin)를 사용하고, 사용자가 임의로 모니터의 색온도를 설정할 수 있다.
② 모니터의 색온도가 높아지면 전반적으로 붉그스레한 느낌을 준다.
③ 자연에 가까운 색을 구현하기 위해서는 모니터의 색온도를 6500K로 설정하는 것이 좋다.
④ 모니터의 색온도가 9300K로 설정되면 흰색이나 회색계열의 색들은 청색이나 녹색조의 색을 띤다.

19 CAD 작업 시 모델링에 관한 설명 중 틀린 것은?
① 3차원 모델링에는 와이어프레임, 서피스, 솔리드 모델링이 있다.
② 자동적인 체적 계산을 위해서는 솔리드 모델링보다 서피스 모델링을 사용하는 것이 좋다.
③ 솔리드 모델링은 와이어프레임, 서피스 모델링에 비해 높은 데이터 처리 능력이 필요하다.
④ 와이어 프레임 모델링의 경우 디스플레이된 방향에 따라 여러 가지 다른 해석이 나올 수 있다.

20 색의 설명 중 잘못된 것은?
① 황색은 녹색보다 진출하여 보인다.
② 주황색은 녹색보다 따뜻하게 느껴진다.
③ 황색은 청색보다 커 보인다.
④ 황색은 녹색보다 무겁게 느껴진다.

제2과목 : 실내디자인 시공 및 재료

21 단열재료 중 유기질계 단열재에 해당하는 것은?
① 펄라이트판　　② 규산칼슘판
③ 기포 콘크리트　④ 연질 섬유판

22 내열성은 높지 않으나 우수한 단열성 때문에 냉동기기에 많이 사용되는 단열재는?
① 규산칼슘판　　② 폴리우레탄폼
③ 세라믹 섬유　　④ 펄라이트판

23 목재의 결점에 해당되지 않는 것은?
① 옹이　　　　② 지선
③ 입피　　　　④ 수선

24 보통 페인트용 안료를 바니시로 용해한 것은?
① 클리어 래커
② 에멀션 페인트
③ 에나멜 페인트
④ 생옻칠

25 물시멘트비 60%, 단위 시멘트량 300kg/m³일 경우 필요한 단위수량은?
① 150kg/m³   ② 180kg/m³
③ 210kg/m³   ④ 340kg/m³

26 돌로마이트 플라스터의 구성 요소에 해당하지 않는 것은?
① 마그네시아 석회
② 모래
③ 해초풀
④ 여물

27 보통 콘크리트와 비교한 폴리머 콘크리트의 특징으로 옳지 않은 것은?
① 압축, 인장 및 휨강도가 크게 높다.
② 방수성 및 수밀성이 우수하고 동결융해에 대한 저항성이 양호하다.
③ 내마모성 및 내약품성이 우수하다.
④ 경화수축이 작고 내화성이 뛰어나다.

28 목재 또는 기타 식물질을 절삭 또는 파쇄하여 소편으로 하여 충분히 건조시킨 후 합성수지 접착제와 같은 유기질의 접착제를 첨가하여 열압제판한 것은?
① 연질 섬유판
② 단판 적층재
③ 플로어링 보드
④ 파티클 보드

29 다음 공정표에서 주공정선 공사기간은 총 며칠인가?

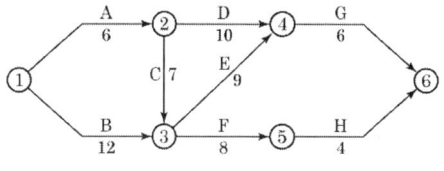

① 24일   ② 27일
③ 28일   ④ 30일

30 가설건축물 중 시멘트창고에 관한 설명으로 옳지 않은 것은?
① 바닥구조는 일반적으로 마루널깔기로 한다.
② 창고의 크기는 시멘트 100포당 2~3m²로 하는 것이 바람직하다.
③ 공기의 유통이 잘 되도록 개구부를 가능한 크게 한다.
④ 벽은 널판붙임으로 하고 장기간 사용하는 것은 함석붙이기로 한다.

31 네트워크(Network) 공정표의 장점이라고 볼 수 없는 것은?
① 작업 상호 간의 관련성 파악이 용이하다.
② 진도 관리를 명확하게 실시할 수 있으며 적절한 조치를 취할 수 있다.
③ 작업의 선후관계 및 소요 일정 파악이 용이하다.
④ 작성 및 검사에 특별한 기능이 필요 없고, 경험이 없는 사람도 쉽게 작성할 수 있다.

32 다음 통나무 비계의 각 부 명칭으로 옳지 않은 것은?

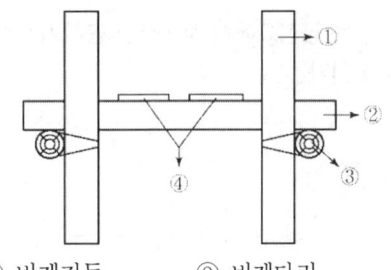

① 비계기둥　② 비계다리
③ 띠장　　　④ 비계발판

33 KS F 2527에 규정된 콘크리트용 부순 굵은 골재의 물리적 성질을 알기 위한 시험항목 중 흡수율의 기준으로 옳은 것은?
① 1% 이하　② 3% 이하
③ 5% 이하　④ 10% 이하

34 각 점토제품에 관한 설명으로 옳은 것은?
① 자기질 타일은 흡수율이 매우 낮다.
② 테라코타는 주로 구조재로 사용된다.
③ 내화벽돌은 돌을 분쇄하여 소성한 것으로 점토제품에 속하지 않는다.
④ 소성벽돌이 붉은색을 띠는 것은 안료를 넣었기 때문이다.

35 콘크리트 표면에 도포하면, 방수재료 성분이 침투하여 콘크리트 내부 공극의 물이나 습기 등과 화학작용이 일어나 공극 내에 규산칼슘 수화물 등과 같은 불용성의 결정체를 만들어 조직을 치밀하게 하는 방수재는?
① 규산질계 도포 방수재
② 시멘트 액체 방수제
③ 실리콘계 유기질 용액 방수재
④ 비실리콘계 고분자 용액 방수재

36 목재에 관한 설명 중 옳지 않은 것은?
① 섬유포화점이란 흡착 수분만이 최대한도로 존재하는 상태를 말하며 그때의 함수율은 약 30%이다.
② 목재는 섬유포화점 이상의 함수상태에서는 함수율의 증감에 따라 신축하지 않으나 그 이하에서는 함수율에 비례하여 신축한다.
③ 섬유포화점 이상에서는 목재의 강도는 일정하나 그 이하에서는 함수율이 감소하면 강도도 감소한다.
④ 동일 건조상태이면 비중이 큰 것일수록 강도, 탄성계수가 크다.

37 국내에서 콘크리트의 인장강도 측정법으로 주로 채용하는 것은?
① 삼축인장강도시험
② 비비시험
③ 할렬인장강도시험
④ 부착인장강도시험

38 고강도 콘크리트란 설계기준강도가 최소 얼마 이상인 콘크리트를 지칭하는가? (단, 보통 콘크리트의 경우)
① 27MPa　② 35MPa
③ 40MPa　④ 45MPa

39 커튼월이나 프리패브재의 접합부, 새시 부착 등의 충전재로 가장 적당한 것은?
① 아교　　② 알부민
③ 실링재　④ 아스팔트

40 각종 시멘트에 관한 설명으로 옳지 않은 것은?
① 보통 포틀랜드 시멘트 - 석회석이 주원료이다.
② 알루미나 시멘트 - 보크사이트와 석회석을 원료로 한다.
③ 실리카 시멘트 - 수화열이 크고 내해수성

이 작다.
④ 고로 시멘트 – 초기강도는 약간 낮지만 장기강도는 높다.

제3과목 : 실내디자인 환경

41 다음 중 차폐계수가 가장 큰 유리의 종류는? (단, ( ) 안의 수치는 유리의 두께)
① 보통 유리(3mm)
② 흡열 유리(3mm)
③ 흡열 유리(6mm)
④ 흡열 유리(12mm)

42 광원의 연색성에 관한 설명으로 옳지 않은 것은?
① 연색성을 수치로 나타낸 것을 연색평가수라고 한다.
② 평균 연색평가수(Ra)가 100에 가까울수록 연색성이 나쁘다.
③ 연색성은 기준광원 밑에서 본 것보다 색의 보임이 나빠질수록 떨어진다.
④ 물체가 광원에 의하여 조명될 때, 그 물체의 색의 보임을 정하는 광원의 성질을 말한다.

43 다음 중 차음재료에 요구되는 성질과 가장 거리가 먼 것은?
① 공기 중을 전파하는 음파의 차단에 관하여 특질을 갖추고 있다.
② 실용적으로 사용하기 편리한 재료이고, 차음의 목적에 따라 천장, 벽, 바닥 등의 구성재료가 될 수 있다.
③ 연속기포 다공질 재료로서 공기 중을 전파하여 입사한 음파가 투과가 용이하다.
④ 공기의 유통이 없이 비교적 밀실한 재질을 지니고 있다.

44 급수방식 중 수도직결방식에 대한 설명으로 옳지 않은 것은?
① 위생성 측면에서 바람직한 방식이다.
② 급수압력이 항상 일정하다.
③ 정전으로 인한 단수의 염려가 없다.
④ 고층으로의 급수가 어렵다.

45 잔향시간에 대한 설명 중 옳지 않은 것은?
① 잔향시간이 너무 길면 음의 명료도가 저하된다.
② 실내의 잔향음의 대소를 평가하는 지표이다.
③ 잔향시간은 실내가 확산음장이라고 가정하여 구해진 개념이다.
④ 음악감상을 주로 하는 실은 대화를 주로 하는 실보다 짧은 잔향시간이 요구된다.

46 각종 광원에 관한 설명으로 옳지 않은 것은?
① 형광램프는 점등장치를 필요로 한다.
② 할로겐전구는 소형화할 수 없는 단점이 있다.
③ 고압수은램프는 광속이 큰 것과 수명이 긴 것이 특징이다.
④ 메탈할라이드램프는 고압수은램프보다 효율과 연색성이 우수하다.

47 다음 중 단열의 메커니즘에 속하지 않는 것은?
① 용량형 단열   ② 반사형 단열
③ 저항형 단열   ④ 투과형 단열

48 다음 설명에 알맞은 공기조화설비의 취출구는?

- 확산형 취출구의 일종으로 몇 개의 콘(cone)이 있어서 1차 공기에 의한 2차 공기의 유인성능이 좋다.
- 확산반경이 크고 도달거리가 짧기 때문에 천장 취출구로 많이 사용된다.

① 팬형 ② 노즐형
③ 아네모스탯형 ④ 브리즈 라인형

49 급수, 급탕, 배수설비 등 건축설비에서 주로 사용되는 펌프는?

① 사류 펌프 ② 축류 펌프
③ 원심식 펌프 ④ 왕복식 펌프

50 전기설비의 전압 구분에서 저압에 대한 기준으로 옳은 것은?

① 교류 110V 이하, 직류 220V 이하
② 교류 220V 이하, 직류 100V 이하
③ 교류 750V 이하, 직류 600V 이하
④ 교류 1000V 이하, 직류 1500V 이하

51 방염대상물품에 대한 방염성능기준으로 옳지 않은 것은?

① 탄화한 면적 - 50cm^2 이내
② 탄화한 길이 - 20cm 이내
③ 불꽃에 의해 완전히 녹을 때까지 불꽃 접촉횟수 - 3회 이상
④ 소방청장이 정하여 고시한 방법으로 발연량을 측정하는 경우 최대연기밀도 - 300 이하

52 건축관계법규상 내화구조로 인정될 수 없는 것은?

① 철재로 보강된 유리블록 또는 망입유리로 된 지붕
② 단면이 30cm×30cm인 철근콘크리트조 기둥
③ 벽돌조로서 두께가 15cm인 벽
④ 철골조로 된 계단

53 다음 소방시설 중 소화설비에 속하지 않는 것은?

① 연결송수관설비
② 스프링클러설비 등
③ 옥내소화전설비
④ 물분무 등 소화설비

54 건축물에 설치하는 계단의 높이가 최소 얼마를 넘을 경우에 계단의 양옆에 난간을 설치해야 하는가?

① 1m ② 2m
③ 3m ④ 3.5m

55 6층 이상의 거실 면적의 합계가 18000m^2 이상인 문화 및 집회시설 중 전시장의 승용 승강기 설치 대수로 옳은 것은? (단, 8인승 이상 15인승 이하의 승강기)

① 6대 ② 7대
③ 8대 ④ 9대

56 교육연구시설 중 학교의 교실 바닥면적이 300m^2인 경우 환기를 위하여 설치하여야 하는 창문 등의 최소 면적은?

① 5m^2 ② 10m^2
③ 15m^2 ④ 30m^2

57 건축물 내부 피난계단의 설치 기준으로 옳지 않은 것은?

① 계단실은 창문·출입구 기타 개구부를 제

외한 당해 건축물의 다른 부분과 내화구조의 벽으로 구획할 것
② 계단실의 실내에 접하는 부분의 마감은 난연재료로 할 것
③ 계단실에는 예비전원에 의한 조명설비를 할 것
④ 계단실의 바깥쪽과 접하는 창문 등은 당해 건축물의 다른 부분에 설치하는 창문 등으로부터 2m 이상의 거리를 두고 설치할 것

② 차고·주차장으로 사용되는 층 중 바닥면적이 200m² 이상인 층이 있는 시설
③ 승강기 등 기계장치에 의한 주차시설로서 자동차 15대 이상을 주차할 수 있는 시설
④ 지하층 또는 무창층이 있는 건축물로서 바닥면적 150m² 이상인 층이 있는 것

58 건축법상 방화구획을 설치하는 목적으로 가장 적합한 것은?
① 이웃 건축물로부터의 인화방지
② 동일 건축물 내에서의 화재 확산 방지
③ 화재 시 건축물의 붕괴 방지
④ 화재 시 화재진압의 원활

59 건축물에 설치하는 헬리포트의 설치 기준으로 옳지 않은 것은?
① 헬리포트의 길이와 너비는 각각 22m 이상으로 할 것
② 헬리포트의 중심으로부터 반경 12m 이내에는 헬리콥터의 이·착륙에 장애가 되는 건축물, 공작물, 조경시설 또는 난간 등을 설치하지 아니할 것
③ 헬리포트의 주위한계선은 백색으로 하되, 그 선의 너비는 38cm로 할 것
④ 헬리포트 중앙부분에는 지름 6m의 ㅁ 표시를 백색으로 할 것

60 건축허가 등을 할 때 미리 소방본부장 또는 소방서장의 동의를 받아야 하는 건축물 등의 범위 기준으로 옳지 않은 것은?
① 노유자시설 및 수련시설로서 연면적이 200m² 이상인 것

필기시험 CBT 복원문제

2023년 3회

제 과목 : 실내디자인 계획

01 다음 설명에 알맞은 사무소 건축의 구성 요소는?

> 고대 로마 건축의 실내에 설치된 넓은 마당 또는 주위에 건물이 둘러 있는 안마당을 뜻하며 현대 건축에서는 이를 실내화시킨 것을 말한다.

① 몰(mall)
② 코어(core)
③ 아트리움(atrium)
④ 랜드스케이프(landscape)

02 시스템 디자인(system design)에 관한 설명으로 옳은 것은?

① 디자인에서 시스템 적용은 모듈에 의한 표준화, 조립화와 연결된다.
② 시스템 가구는 형태적 측면에서 고려된 것으로 대량 생산과는 관계가 없다.
③ 시스템 키친(system kitchen)은 주방용기인 그릇 등의 디자인을 통합하는 작업이다.
④ 서비스 코어 시스템(service core system)은 가구나 조명 등 실내공간을 보조하는 시스템을 말한다.

03 아파트의 평면형식 중 중복도형에 관한 설명으로 옳지 않은 것은?

① 부지의 이용률이 높다.
② 프라이버시가 좋지 않다.
③ 각 주호의 일조 조건이 동일하다.
④ 도심지 내의 독신자용 아파트에 적용된다.

04 전시공간에 관한 설명으로 옳지 않은 것은?

① 전시의 성격은 영리적 전시와 비영리적 전시로 나눌 수 있다.
② 공간의 형태와 규모에 관련된 물리적 요건들이 전시공간 특성을 좌우한다.
③ 전체 동선체계는 이용자 동선과 관리자 동선으로 대별되며 서로 통합되도록 계획한다.
④ 전시실 순회 유형에 따라 전시실 상호 간 결합 형식이 결정되며 전체의 전시 계획에 영향을 미친다.

05 주택의 실구성 형식 중 LD형에 관한 설명으로 옳은 것은?

① 식사공간이 부엌과 다소 떨어져 있다.
② 이상적인 식사공간 분위기 조성이 용이하다.
③ 식당 기능만으로 할애된 독립된 공간을 구비한 형식이다.
④ 거실, 식당, 부엌의 기능을 한 곳에서 수행할 수 있도록 계획된 형식이다.

06 좁은 공간을 시각적으로 넓게 보이게 하는 방법에 관한 설명으로 옳지 않은 것은?

① 한쪽 벽면 전체에 거울을 부착시키면 공간이 넓게 보인다.
② 가구의 높이를 일정 높이 이하로 낮추면 공간이 넓게 보인다.
③ 어둡고 따뜻한 색으로 공간을 구성하면 공간이 넓게 보인다.
④ 한정되고 좁은 공간에 소규모의 가구를 놓으면 시각적으로 넓게 보인다.

07 다음과 가장 관계가 깊은 사람은?

- less is more
- 인테리어의 엄격한 단순성
- 바르셀로나 파빌리온

① 루이스 설리번
② 르 코르뷔지에
③ 미스 반 데어 로에
④ 프랭크 로이드 라이트

08 문(門)에 관한 설명으로 옳지 않은 것은?
① 문의 위치는 가구배치에 영향을 준다.
② 문의 위치는 공간에서의 동선을 결정한다.
③ 회전문은 출입하는 사람이 충돌할 위험이 없다는 장점이 있다.
④ 미닫이문은 문틀에 경첩을 부착한 것으로 개폐를 위한 면적이 필요하다.

09 사무실의 책상 배치 유형 중 면적효율이 좋고 커뮤니케이션(communication) 형성에 유리하여 공동작업의 형태로 업무가 이루어지는 사무실에 적합한 유형은?
① 동향형   ② 대향형
③ 자유형   ④ 좌우대칭형

10 상품계획, 상점계획, 판촉, 접객서비스 등의 제반 요소를 시각적으로 구체화시켜 상점이미지를 고객에게 인식시키는 표현전략을 무엇이라 하는가?
① POP
② VMD
③ TOKEN DISPLAY
④ VOLUME SPACE DISPLAY

11 소파의 골격에 쿠션성이 좋도록 솜, 스폰지 등의 속을 많이 채워 넣고 천으로 감싼 소파로, 구조, 형태상뿐만 아니라 사용상 안락성이 매우 큰 것은?
① 스툴   ② 카우치
③ 풀업체어   ④ 체스터필드

12 오스트발트의 색채조화론 중에서 틀린 것은?
① 색의 기호가 동일한 두 색은 조화한다.
② 색의 기호 중 앞의 문자가 동일한 두 색은 조화한다.
③ 색상이 동일한 두 색은 조화한다.
④ 색의 기호 중 앞의 문자와 뒤의 문자가 동일한 색은 조화하지 않는다.

13 한국의 전통색 중 동쪽, 봄을 의미하는 오정색은?
① 녹색   ② 청색
③ 백색   ④ 홍색

14 주광 아래서나 어떤 색광 아래서 흰종이를 같은 흰색으로 지각하는 현상은?
① 색각 항상   ② 베졸드 효과
③ 색순응   ④ 잔상

15 문·스펜서의 색채조화론에 대한 설명 중 틀

린 것은?
① 먼셀 표색계로 설명이 가능하다.
② 정량적으로 표현 가능하다.
③ 오메가 공간으로 설정되어 있다.
④ 색채의 면적관계를 고려하지 않았다.

16 가시광선이 주는 밝기의 감각이 파장에 따라서 달라지는 정도를 나타내는 것은?
① 비시감도   ② 시감도
③ 명시도   ④ 암시도

17 KS(한국산업표준)의 색명에 대한 설명이 옳지 않은 것은?
① KS A 0011에 명시되어 있다.
② 색명은 계통색명만 사용한다.
③ 유채색의 기본 색이름은 빨강, 주황, 노랑, 연두, 초록, 청록, 파랑, 남색, 보라, 자주, 분홍, 갈색이다.
④ 계통색명은 무채색과 유채색 이름으로 구분한다.

18 1905년에 색상, 명도, 채도의 3속성에 기반한 색채분류 척도를 고안한 미국의 화가이자 미술 교사였던 사람은?
① 오스트발트 ② 헤링
③ 먼셀   ④ 저드

19 현색계에 대한 설명으로 옳은 것은?
① 정확한 측정이 가능하다.
② 빛의 혼색실험 결과에 기초를 둔 것이다.
③ 색편의 배열 및 색채 수를 용도에 맞게 조정할 수 있다.
④ 색 사이의 간격이 좁아 정밀한 색좌표를 구할 수 있다.

20 장파장의 색상은 시간의 경과를 길게 느끼고 단파장의 색상은 시간의 경과를 짧게 느낀다는 색채의 기능주의적 사용법을 역설한 사람은?
① 먼셀   ② 문·스펜서
③ 파버 비렌 ④ 오스트발트

제2과목 : 실내디자인 시공 및 재료

21 유성 에나멜 페인트에 관한 설명 중 옳지 않은 것은?
① 안료에 유성바니시를 혼합한 액상재료이다.
② 알루미늄 페인트는 유성 에나멜 페인트의 일종이다.
③ 도막은 광택이 있고 경도가 크다.
④ 안료나 휘발성 용제를 적게 혼합하면 무광택 에나멜이 된다.

22 석재의 일반적인 특징에 관한 설명으로 옳지 않은 것은?
① 내구성, 내화학성, 내마모성이 우수하다.
② 외관이 장중하고, 석질이 치밀한 것을 갈면 미려한 광택이 난다.
③ 압축강도에 비해 인장강도가 작다.
④ 가공성이 좋으며 장대재를 얻기 용이하다.

23 스트레이트 아스팔트(A)와 블로운 아스팔트(B)의 성질을 비교한 것으로 옳지 않은 것은?
① 신도는 A가 B보다 크다.
② 연화점은 B가 A보다 크다.
③ 감온성은 A가 B보다 크다.
④ 접착성은 B가 A보다 크다.

24 금속면의 화학적 표면처리재용 도장재로 가장 적합한 것은?
① 셸락 니스
② 에칭 프라이머
③ 크레오소트유
④ 캐슈

25 속빈 콘크리트 블록(KS F 4002)의 성능을 평가하는 시험항목과 거리가 먼 것은?
① 기건 비중 시험
② 전 단면적에 대한 압축강도 시험
③ 내충격성 시험
④ 흡수율 시험

26 점토의 물리적 성질에 관한 설명으로 옳지 않은 것은?
① 비중은 불순한 점토일수록 낮다.
② 점토입자가 미세할수록 가소성은 좋아진다.
③ 인장강도는 압축강도의 약 10배이다.
④ 비중은 약 2.5~2.6 정도이다.

27 전건 목재의 비중이 0.8일 때, 이 전건 목재의 공극률은?
① 48%
② 51%
③ 64%
④ 80%

28 작업현장의 안전조치 규정으로 옳지 않은 것은?
① 가설통로의 경사는 30도 이하로 할 것
② 추락방호망은 수평으로 설치하고, 망의 처짐은 짧은 변 길이의 12퍼센트 이상이 되도록 할 것
③ 비계 작업발판의 폭은 30센티미터 이상으로 하고, 발판재료 간의 틈은 6센티미터 이하로 할 것
④ 안전난간은 구조적으로 가장 취약한 지점에서 가장 취약한 방향으로 작용하는 100킬로그램 이상의 하중에 견딜 수 있는 튼튼한 구조일 것

29 미장재료의 종류와 특성에 관한 설명으로 옳지 않은 것은?
① 시멘트 모르타르는 시멘트를 결합재로 하고 모래를 골재로 하여 이를 물과 혼합하여 사용하는 수경성 미장재료이다.
② 테라조 현장바름은 주로 바닥에 쓰이고 벽에는 공장제품 테라조판을 붙인다.
③ 소석회는 돌로마이트 플라스터에 비해 점성이 높고, 작업성이 좋기 때문에 풀을 필요로 하지 않는다.
④ 석고플라스터는 경화·건조 시 치수안정성이 우수하며 내화성이 높다.

30 다음 시멘트 모르타르 중 방수 모르타르에 속하지 않는 것은?
① 질석 모르타르
② 규산질 모르타르
③ 발수제 모르타르
④ 액체방수 모르타르

31 실리콘(silicon) 수지에 관한 설명으로 옳지 않은 것은?
① 실리콘 수지는 내열성, 내한성이 우수하여 60~260℃의 범위에서 안정하다.
② 탄성을 지니고 있고, 내후성도 우수하다.
③ 발수성이 있기 때문에 건축물, 전기절연물 등의 방수에 쓰인다.
④ 도료로 사용하는 경우 안료로서 알루미늄 분말을 혼합한 것은 내화성이 부족하다.

32 유리에 관한 설명으로 옳지 않은 것은?

① 강화유리는 보통유리보다 3~5배 정도 내충격 강도가 크다.
② 망입유리는 도난 및 화재 확산방지 등에 사용된다.
③ 복층유리는 방음, 방서, 단열효과가 크고 결로 방지용으로도 우수하다.
④ 판유리 중 두께 6mm 이하의 얇은 판유리를 후판유리라고 한다.

33 석고보드에 관한 설명으로 옳지 않은 것은?
① 방수, 방화 등 용도별 성능을 갖도록 제작할 수 있다.
② 벽, 천장, 칸막이 등에 합판대용으로 주로 사용된다.
③ 내수성, 내충격성은 매우 강하나 단열성, 차음성이 부족하다.
④ 주원료인 소석고에 혼화제를 넣고 물로 반죽한 후 2장의 강인한 보드용 원지 사이에 채워 넣어 만든다.

34 점토제품에 발생하는 백화 방지대책으로 옳지 않은 것은?
① 흡수율이 작은 벽돌이나 타일을 사용한다.
② 벽돌이나 줄눈에 빗물이 들어가지 않는 구조로 한다.
③ 줄눈 모르타르의 단위시멘트량을 높게 한다.
④ 수용성 염류가 적은 소재를 사용한다.

35 말구지름 20cm, 길이가 5.5m인 통나무가 5개가 있다. 이 통나무의 재적으로 옳은 것은?
① $0.3m^3$ ② $1.1m^3$
③ $1.8m^3$ ④ $2.1m^3$

36 다음 도료 중 니트로셀룰로오스 등의 천연수지를 이용한 자연건조형으로 단시간에 도막이 형성되는 것은?
① 셸락 니스
② 래커 에나멜
③ 캐슈(cashew) 수지도료
④ 유성 에나멜 페인트

37 U자형 줄눈에 충전하는 실링재를 밑면에 접착시키지 않기 위해 붙이는 테이프로 3면 접착에 의한 파단을 방지하기 위한 것은?
① FRP(fiber reinforced plastics)
② 아스팔트 프라이머(asphalt primer)
③ 본드 브레이커(Bond braker)
④ 블로운 아스팔트(blown asphalt)

38 모자이크 타일 공법에 대한 내용 중 옳지 않은 것은?
① 붙임 모르타르를 바탕면에 초벌과 재벌로 두 번 바르고, 총 두께는 4mm~6mm를 표준으로 한다.
② 붙임 모르타르 1회 바름 면적은 $4.0m^2$ 이하로 하고, 붙임 시간은 모르타르 배합 후 60분 이내로 한다.
③ 타일 뒷면의 표시와 모양에 따라 그 위치를 맞추어 순서대로 붙이고 모르타르가 줄눈 사이로 스며 나오도록 표본 누름판을 사용하여 압착한다.
④ 줄눈 고치기는 타일을 붙인 후 15분 이내에 실시한다.

39 Network(네트워크) 공정표의 장점이라고 볼 수 없는 것은?
① 작업 상호 간의 관련성을 알기 쉽다.
② 공정계획의 초기 작성시간이 단축된다.
③ 공사의 진척 관리를 정확히 할 수 있다.

④ 공기 단축 가능 요소의 발견이 용이하다.

40 보통 투명 창유리에 관한 설명 중 옳지 않은 것은?
① 맑은 것은 90% 이상의 가시광선을 투과시킨다.
② 보통 소다석회유리가 사용된다.
③ 불연재료이긴 하나 단열용이나 방화용으로는 부적합하다.
④ 건강에 유익한 자외선을 충분히 투과시킨다.

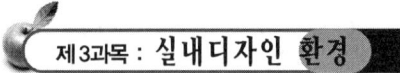

41 자연환기에 관한 설명 중 옳은 것은?
① 자연환기는 외부풍압의 작용에 의해서만 이루어진다.
② 환기량은 개구부의 면적에 반비례한다.
③ 환기량은 실내외의 온도차가 클수록 많아진다.
④ 연돌효과는 자연환기와는 무관하다.

42 급탕배관의 설계 및 시공상 주의사항으로 옳지 않은 것은?
① 중앙식 급탕설비는 원칙적으로 중력식 순환방식으로 한다.
② 관의 신축을 고려하여 건물의 벽관통 부분의 배관에는 슬리브를 끼운다.
③ 관의 신축을 고려하여 배관의 굽힘 부분에는 스위블 이음으로 접합한다.
④ 급탕밸브나 플랜지 등의 패킹은 내열성 재료를 선택하여 시공한다.

43 조명의 연출기법 중 수직벽면을 빛으로 쓸어 내리는 듯한 효과를 주기 위해 비대칭 배광방식의 조명기구를 사용하여 수직벽면에 균일한 조도의 빛을 비추는 기법은?
① 스파클 기법
② 월 워싱 기법
③ 실루엣 기법
④ 그레이징 기법

44 음압 $2 \times 10^{-3} \text{N/m}^2$인 음의 음압 레벨은?
① 30dB
② 40dB
③ 50dB
④ 60dB

45 다음의 펌프 중 터보형 펌프에 속하지 않는 것은?
① 볼류트 펌프
② 터빈 펌프
③ 사류 펌프
④ 피스톤 펌프

46 수조면의 단위면적에 입사하는 광속으로 정의되는 용어는?
① 조도
② 광도
③ 휘도
④ 광속발산도

47 다음 중 간접배수를 하지 않아도 되는 것은?
① 세면대
② 제빙기
③ 세탁기
④ 식기세정기

48 통기관의 설치 목적으로 옳지 않은 것은?
① 배수관 내의 물의 흐름을 원활히 한다.
② 은폐된 배수관의 수리를 용이하게 한다.
③ 사이펀 작용 및 배압으로부터 트랩의 봉수를 보호한다.
④ 배수관 내에 신선한 공기를 유통시켜 관내의 청결을 유지한다.

49 1000명을 수용하는 강당에서 실온을 20℃로 유지하기 위한 필요환기량은? (단, 외기온도 10℃, 1인당 발열량 30W, 공기의 비열 1.21 kJ/m³·K이다.)

① 2479.3m³·K   ② 5427.6m³·K
③ 8925.6m³·K   ④ 9842.5m³·K

50 온수난방에 관한 설명으로 옳은 것은?
① 추운 지방에서도 동결의 우려가 없다.
② 온수의 잠열을 이용하여 난방하는 방식이다.
③ 증기난방에 비하여 난방부하 변동에 따른 온도 조절이 어렵다.
④ 증기난방에 비하여 열용량이 커서 예열시간이 길다.

51 실내마감이 불연재료이고 자동식 소화설비가 설치된 각 층 바닥면적이 1000m²인 업무시설의 11층은 최소 몇 개의 영역으로 방화구획하여야 하는가?
① 층간 방화구획
② 2개의 영역으로 구획
③ 3개의 영역으로 구획
④ 5개의 영역으로 구획

52 1층의 층고는 5m, 2층부터 11층까지의 층고는 3m, 각 층의 바닥면적은 2000m²인 업무시설에 설치하여야 하는 비상용 승강기의 최소 대수는?
① 설치대상이 아님
② 1대
③ 2대
④ 3대

53 6층 이상인 건축물로서 배연설비를 설치하여야 하는 대상이 아닌 것은?
① 수련시설 중 유스호스텔
② 운동시설
③ 의료시설 중 정신병원
④ 관광휴게시설

54 공동주택과 오피스텔의 난방설비를 개별난방방식으로 하는 경우에 대한 기준으로 옳은 것은?
① 보일러의 연도는 개별연도로 설치한다.
② 보일러실의 공기 흡입구와 배기구는 사용 중이지 않을 경우는 닫힌 구조로 한다.
③ 기름보일러를 설치하는 경우에는 기름저장소를 보일러실 내부에 배치한다.
④ 보일러실과 거실 사이의 경계벽은 출입구를 제외하고는 내화구조의 벽으로 구획한다.

55 스프링클러설비를 설치하여야 하는 특정소방대상물 중 스프링클러설비를 모든 층에 설치하여야 하는 수용인원의 기준으로 옳은 것은? (단, 문화 및 집회시설로서 동·식물원은 제외)
① 50명 이상   ② 100명 이상
③ 200명 이상   ④ 300명 이상

56 건축물의 피난시설 및 용도 제한 법률과 관련하여 건축물로부터 바깥쪽으로 나가는 출구를 설치하여야 하는 건축물에 해당되지 않는 것은?
① 문화 및 집회시설 중 동·식물원
② 업무시설 중 국가 또는 지방자치단체의 청사
③ 위락시설
④ 교육연구시설 중 학교

57 문화 및 집회시설(전시장 및 동·식물원 제외)의 경우 반자의 최소 높이는? (단, 집회실 바닥면적이 200m² 이상이며, 기계환기장치를 설치하지 않은 경우)
① 3m 이상 ② 4m 이상
③ 5m 이상 ④ 6m 이상

58 다음 중 경보설비에 포함되지 않는 것은?
① 자동화재속보설비
② 비상조명등
③ 비상방송설비
④ 누전경보기

59 소방안전관리보조자를 두어야 하는 특정소방대상물에 포함되는 아파트는 최소 몇 세대 이상의 조건을 갖추어야 하는가?
① 200세대 이상 ② 300세대 이상
③ 400세대 이상 ④ 500세대 이상

60 지하층의 비상탈출구에 관한 기준으로 옳지 않은 것은?
① 비상탈출구의 유효너비는 0.75m 이상으로 하고, 유효높이는 1.5m 이상으로 할 것
② 비상탈출구의 진입부분 및 피난통로에는 통행에 지장이 있는 물건을 방치하거나 시설물을 설치하지 아니할 것
③ 비상탈출구의 문은 피난방향으로 열리도록 하고, 실내에서 항상 열 수 있는 구조로 하여야 하며, 내부 및 외부에는 비상탈출구의 표시를 할 것
④ 비상탈출구는 출입구로부터 3m 이내에 설치할 것

필기시험 CBT 복원문제

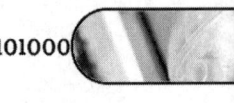

2024년 1회

제1과목 : 실내디자인 계획

01 주방 배치 유형 중 L자형에 관한 설명으로 옳지 않은 것은?
① 부엌과 식당을 겸할 경우 많이 활용된다.
② 두 벽면을 이용하여 작업대를 배치한 형식이다.
③ 작업면이 가장 넓은 형식으로 작업 효율도 가장 좋다.
④ 한쪽 면에 싱크대를, 다른 면에 가열대를 설치하면 능률적이다.

02 사무소 건축의 코어 유형에 관한 설명으로 옳지 않은 것은?
① 중심코어형은 유효율이 높은 계획이 가능한 형식이다.
② 편심코어형은 기준층 바닥면적이 작은 경우에 적합하다.
③ 양단코어형은 2방향 피난에 이상적이며, 방재상 유리하다.
④ 독립코어형은 코어 프레임을 내진구조로 할 수 있어 구조적으로 가장 바람직한 유형이다.

03 창과 문에 관한 설명으로 옳지 않은 것은?
① 문은 인접된 공간을 연결시킨다.
② 창과 문의 위치는 동선에 영향을 주지 않는다.
③ 창은 공기와 빛을 통과시켜 통풍과 채광을 가능하게 한다.
④ 창의 크기와 위치, 형태는 창에서 보이는 시야의 특성을 결정한다.

04 다음 설명에 알맞은 형태의 종류는?

- 인간의 지각, 즉 시각과 촉각 등으로는 직접 느낄 수 없고 개념적으로만 제시될 수 있는 형태이다.
- 순수 형태 또는 상징적 형태라고도 한다.

① 자연적 형태　② 인위적 형태
③ 이념적 형태　④ 추상적 형태

05 상점 구성의 기본이 되는 상품 계획을 시각적으로 구체화시켜 상점 이미지를 경영 전략적 차원에서 고객에게 인식시키는 표현 전략은?
① VMD
② 슈퍼그래픽
③ 토큰 디스플레이
④ 스테이지 디스플레이

06 주택의 거실계획에 관한 설명으로 옳지 않은 것은?
① 실내의 다른 공간과 유기적으로 연결될 수 있도록 통로화시킨다.
② 거실을 가능한 한 남향으로 하여 일조와

조망, 통풍이 잘 되도록 한다.
③ 거실의 규모는 가족수, 가족구성, 전체 주택의 규모 등에 영향을 받는다.
④ 거실의 평면은 정사각형보다 한 변이 너무 짧지 않은 직사각형이 가구배치 등에 효과적이다.

07 디자인 요소 중 선에 관한 다음 그림이 의미하는 것은?

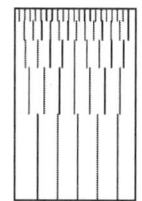

① 선을 끊음으로써 점을 느낀다.
② 조밀성의 변화로 깊이를 느낀다.
③ 선을 포개면 패턴을 얻을 수 있다.
④ 지그재그선의 반복으로 양감의 효과를 얻는다.

08 실내공간의 용도를 달리하여 보수(Renovation) 할 경우 실내디자이너가 직접 분석해야 하는 사항과 가장 거리가 먼 것은?
① 기존 건물의 기초 상태
② 천장고와 내부의 상태
③ 기존 건물의 법적 용도
④ 구조형식과 재료마감상태

09 척도 조정(modular coordination)에 대한 설명 중 옳지 않은 것은?
① 척도 조정이라 함은 모듈을 사용하여 건축 전반에 사용되는 재료를 규격화하는 것을 말한다.
② 척도 조정을 적용할 경우 설계 작업이 단순화되고 간편해진다.
③ 국제적으로 같은 척도 조정을 사용하여도 건축 구성재의 국제 교역은 불가능하다.
④ 척도 조정의 단점은 건물의 배치 및 외관이 단순해지는 경향이다.

10 3차원 모델링에 대한 설명 중 틀린 것은?
① 와이어 프레임 모델링은 구조가 간단하여 도형처리가 용이하다.
② 서피스 모델링은 은선 제거가 가능하다.
③ 솔리드 모델링은 데이터를 처리하는데 소요되는 시간이 상대적으로 짧다.
④ 서피스 모델링은 내부에 관한 정보가 없어 해석용 모델로는 사용하지 못한다.

11 색채의 시간성과 속도감에 대한 설명 중 옳은 것은?
① 3속성 중 명도가 주로 큰 영향을 미친다.
② 장파장의 색은 시간이 길게 느껴진다.
③ 단파장의 색은 속도가 빠르게 느껴진다.
④ 저명도의 색은 속도가 빠르게 느껴진다.

12 다음 중 ( )에 들어갈 말로 옳은 것은?

> 빨강 물감에 흰색 물감을 섞으면 두 개 물감의 비율에 따라 진분홍, 분홍, 연분홍 등으로 변화한다. 이런 경우에 혼합으로 만든 색채들의 ( )는 혼합할수록 낮아진다.

① 명도　　② 채도
③ 밀도　　④ 명시도

13 SD법으로 제품의 색채 이미지를 조사하려고 한다. 단어의 이미지가 잘못 짝지어진 것은?
① 부드럽다 - 딱딱하다
② 따뜻하다 - 차갑다
③ 동적이다 - 정적이다

④ 화려하다 - 아름답다

14 다음 중 부엌을 칠할 때 요리대 앞면의 벽색으로 가장 적합한 것은?
① 명도 2 정도, 채도 9
② 명도 4 정도, 채도 7
③ 명도 6 정도, 채도 5
④ 명도 8 정도, 채도 2 이하

15 다음 색 중 보색 관계가 아닌 것은?
① 빨강-청록   ② 노랑-남색
③ 연두-보라   ④ 자주-주황

16 디지털색채시스템에서 CMYK 형식에 대한 설명으로 옳은 것은?
① CMY에 K를 별도로 추가하여 검정을 나타낸다.
② 가법혼합방식에 기초한 원리를 사용한다.
③ RGB 형식에서 CMYK 형식으로 변환되었을 경우 컬러가 더욱 선명해 보인다.
④ 표현할 수 있는 컬러의 범위가 RGB 형식보다 넓다.

17 잔상에 대한 설명 중 잘못된 것은?
① 부의 잔상은 망막의 자극이 사라진 후 원래의 자극과 반대되는 색을 느낀다.
② 정의 잔상의 예로 빨간 성냥불을 어두운 곳에서 계속 돌리면 길고 선명한 빨간 원을 그리는 것으로 느낀다.
③ 잔상이란 어떤 자극을 주어 색각이 생긴 뒤에 자극을 제거한 후에도 그 흥분이 남아서 감각 경험을 일으키는 것을 말한다.
④ 보색잔상은 빨간색을 보다가 흰색면을 보면 청록으로 느껴지는 것으로 일종의 정의 잔상이다.

18 장미가 빨강으로 보이는 이유를 색채 지각적 원리로 옳게 설명한 것은?
① 빨강의 빛은 투과하고 그 밖의 빛은 흡수하기 때문이다.
② 빨강의 빛은 산란하고 그 밖의 빛은 반사하기 때문이다.
③ 빨강의 빛은 반사하고 그 밖의 빛은 흡수하기 때문이다.
④ 빨강의 빛은 흡수하고 그 밖의 빛은 반사하기 때문이다.

19 사무소 건축과 관련하여 다음 설명에 알맞은 용어는?

- 고대 로마 건축의 실내에 설치된 넓은 마당 또는 주위에 건물이 둘러 있는 안마당을 의미한다.
- 실내에 자연광을 유입시켜 여러 환경적 이점을 갖게 할 수 있다.

① 코어
② 바실리카
③ 아트리움
④ 오피스 랜드스케이프

20 등받이와 팔걸이 부분은 없지만 기댈 수 있을 정도로 큰 소파의 명칭은?
① 세티   ② 다이밴
③ 체스터필드   ④ 턱시도 소파

제2과목 : 실내디자인 시공 및 재료

21 각 미장재료별 경화형태로 옳지 않은 것은?
① 회반죽 - 수경성
② 시멘트 모르타르 - 수경성

③ 돌로마이트 플라스터 – 기경성
④ 테라조 현장바름 – 수경성

22 멜라민 수지에 관한 설명으로 옳지 않은 것은?
① 열가소성 수지이다.
② 내수성, 내약품성, 내용제성이 좋다.
③ 무색투명하며 착색이 자유롭다.
④ 내열성과 전기적 성질이 요소 수지보다 우수하다.

23 콘크리트의 배합에 사용되는 AE제에 관한 설명 중 옳지 않은 것은?
① 콘크리트의 작업성 및 동결융해 저항 성능을 향상시키기 위해 사용한다.
② 동결융해 저항성의 향상을 위한 AE콘크리트의 최적 공기량은 3~5% 정도이다.
③ AE제를 사용하지 않는 콘크리트 중에 함유된 부정형한 기포를 연행된 공기(entrained air)라고 한다.
④ 플레인 콘크리트와 동일 물-시멘트비의 경우 공기량이 1% 증가함에 따라 약 4~6%의 압축강도가 저하된다.

24 용융하기 쉽고, 산에는 강하나 알칼리에 약한 특성이 있으며, 건축 일반용 창호유리, 병유리에 자주 사용되는 유리는?
① 소다석회 유리   ② 칼륨석회 유리
③ 보헤미아 유리   ④ 납유리

25 MDF의 특성에 관한 설명 중 옳지 않은 것은?
① 한번 고정철물을 사용한 곳에는 재시공이 어렵다.
② 천연목재보다 강도가 크고 변형이 적다.
③ 재질이 천연목재보다 균일하다.
④ 무게가 가볍고 습기에 강하다.

26 타일에 관한 설명으로 옳지 않은 것은?
① 일반적으로 모자이크 타일 및 내장 타일은 건식법, 외장 타일은 습식법에 의해 제조된다.
② 바닥 타일, 외부 타일로는 주로 도기질 타일이 사용된다.
③ 내부벽용 타일은 흡수성과 마모저항성이 조금 떨어지더라도 미려하고 위생적인 것을 선택한다.
④ 타일은 일반적으로 내화적이며, 형상과 색조의 표현이 자유로운 특성이 있다.

27 콘크리트 배합설계에서 골재의 수분함유상태의 기준으로 옳은 것은?
① 절건상태   ② 표건상태
③ 기건상태   ④ 습윤상태

28 목재의 구성 요소 중 세포 내의 세포내강이나 세포간극과 같은 빈 공간에 목재조직과 결합되지 않은 상태로 존재하는 수분을 무엇이라 하는가?
① 세포수   ② 혼합수
③ 결합수   ④ 자유수

29 석고 플라스터에 대한 설명으로 옳지 않은 것은?
① 시멘트에 비해 경화속도가 느리다.
② 내화성을 갖고 있다.
③ 경화, 건조 시 치수 안정성을 갖는다.
④ 물에 용해되는 성질이 있어 물을 사용하는 장소에는 부적합하다.

30 인조석 바름 재료에 관한 설명으로 옳지 않은 것은?
① 주재료는 시멘트, 종석, 돌가루, 안료 등

이다.
② 돌가루는 부배합의 시멘트가 건조수축할 때 생기는 균열을 방지하기 위해 혼입한다.
③ 안료는 물에 녹지 않고 내알칼리성이 있는 것을 사용한다.
④ 종석의 알의 크기는 2.5mm체에 100% 통과하는 것으로 한다.

31 공사의 진도관리와 공기단축에 대한 설명으로 옳은 것은?
① 비용구배란 공기를 1일 단축할 때 감소하는 비용을 말한다.
② 시공속도를 빠르게 할수록 직접비는 감소되고 간접비는 증가한다.
③ 직접비와 간접비의 총 합계가 최소가 되도록 한 시공속도를 최적시공속도 또는 경제속도라 한다.
④ 더 이상 단축할 수 없는 절대공기는 표준점에 위치한다.

32 도료의 전색제 중 천연수지로 볼 수 없는 것은?
① 로진(Rosin)
② 댐머(Dammer)
③ 멜라민(Melamine)
④ 셸락(Shellac)

33 콘크리트의 강도를 결정하는 변수에 관한 설명으로 옳지 않은 것은?
① 물시멘트비가 일정한 콘크리트에서 공기량 증가에 따른 콘크리트 강도는 감소한다.
② 물시멘트비가 일정할 때 빈배합 콘크리트가 부배합의 경우보다 높은 강도를 낼 수 있다.
③ 콘크리트 비빔방법 중 손비빔으로 하는 것보다 기계비빔으로 하는 것이 강도가 커진다.
④ 물시멘트비가 일정할 때 굵은 골재의 최대 치수가 클수록 콘크리트의 강도는 커진다.

34 경질섬유판의 성질에 관한 설명으로 옳지 않은 것은?
① 가로·세로의 신축이 거의 같으므로 비틀림이 적다.
② 표면이 평활하고 비중이 0.5 이하이며 경도가 작다.
③ 구멍뚫기, 본뜨기, 구부림 등의 2차 가공이 가능하다.
④ 펄프를 접착제로 제판하여 양면을 열압건조시킨 것이다.

35 스트레이트 아스팔트와 비교한 합성고무 혼입 아스팔트의 특징이 아닌 것은?
① 감온성이 크다.
② 인성이 크다.
③ 내노화성이 크다.
④ 탄성 및 충격저항이 크다.

36 목재의 방부제가 갖추어야 할 성질로 옳지 않은 것은?
① 균류에 대한 저항성이 클 것
② 화학적으로 안정할 것
③ 휘발성이 있을 것
④ 침투성이 클 것

37 각재의 마구리 치수가 10cm×10cm, 길이가 50cm, 목재의 건조 전 질량이 6kg일 때, 이 목재의 함수율은 얼마인가? (단, 절대건조비중은 $0.6g/cm^3$)
① 30%   ② 50%
③ 75%   ④ 100%

38 시멘트를 저장할 때의 주의사항으로 옳지 않은 것은?
① 장기간 저장 시에는 7포 이상 쌓지 않는다.
② 통풍이 원활하도록 한다.
③ 저장소는 방습처리에 유의한다.
④ 3개월 이상된 것은 재시험하여 사용한다.

39 목재바탕의 무늬를 돋보이게 할 수 있는 도료는?
① 클리어 래커
② 에나멜페인트
③ 수성페인트
④ 유성페인트

40 총 층수가 1층인 목구조 건축물에서 일반적으로 사용되지 않는 부재는?
① 토대
② 통재기둥
③ 멍에
④ 중도리

제3과목 : 실내디자인 환경

41 다음의 광원 중 평균 연색평가지수(Ra)가 가장 낮은 것은?
① 할로겐램프
② 주광색 형광등
③ 고압 나트륨램프
④ 메탈할라이드램프

42 건축 음환경의 명료도에 대한 설명으로 옳지 않은 것은?
① 명료도는 사람이 말을 할 때 어느 정도 정확하게 청취할 수 있는가에 대해 표시하는 기준을 백분율로 나타낸 것이다.
② 명료도는 잔향시간이 증가하면 증대된다.
③ 음의 세기에 의한 명료도는 음압레벨이 70~80dB에서 가장 좋다.
④ 명료도는 소음이 증가하면 저하한다.

43 소음의 분류 중 음압 레벨의 변동폭이 좁고, 측정자가 귀로 들었을 때 음의 크기가 변동하고 있다고는 생각되지 않는 종류의 음은?
① 변동소음
② 간헐소음
③ 충격소음
④ 정상소음

44 국소식 급탕방식에 관한 설명으로 옳은 것은?
① 배관 및 기기로부터의 열손실이 중앙식보다 많다.
② 배관에 의해 필요 개소 어디든지 급탕할 수 있다.
③ 건물 완공 후에도 급탕 개소의 증설이 중앙식보다 쉽다.
④ 기구의 동시이용률을 고려하므로 가열장치의 총용량을 적게 할 수 있다.

45 다중이용시설 등의 실내공기질관리법령에 따른 실내공간오염물질에 속하지 않는 것은?
① 석면
② 라돈
③ 오존
④ 이산화유황

46 정풍량 단일덕트방식에 관한 설명으로 옳지 않은 것은?
① 전공기방식에 속한다.
② 2중 덕트 방식에 비해 에너지 절약적이다.
③ 냉풍과 온풍을 혼합하는 혼합상자가 필요 없다.
④ 각 실이나 존의 부하변동에 즉시 대응할 수 있다.

47 인체의 열적 쾌적감에 영향을 미치는 물리적 온열 4요소에 속하지 않는 것은?

① 기온　② 습도
③ 기류　④ 공기의 청정도

48 플러시 밸브식 대변기에 관한 설명으로 옳지 않은 것은?
① 대변기의 연속사용이 불가능하다.
② 일반 가정용으로 사용이 곤란하다.
③ 로 탱크 방식에 비해 최저 필요 수압이 크다.
④ 세정음은 유수음도 포함되기 때문에 소음이 크다.

49 크기가 2m×0.8m, 두께 40mm, 열전도율이 0.14W/m·K인 목재문의 내측 표면온도가 15℃, 외측 표면온도가 5℃일 때, 이 문을 통하여 1시간 동안에 흐르는 전도열량은?
① 0.056W　② 0.56W
③ 5.6W　④ 56W

50 배수트랩과 통기관에 관한 설명으로 옳지 않은 것은?
① 통기관을 설치하면 배수능력이 향상된다.
② 배수트랩을 설치하면 배수능력이 향상된다.
③ 배수트랩은 봉수가 파괴되지 않는 구조로 한다.
④ 통기관은 사이펀 작용에 의해서 트랩봉수가 파괴되는 것을 방지한다.

51 건축물의 피난·방화구조 등의 기준에 관한 규칙상 거실의 용도에 따른 조도기준이 높은 것에서 낮은 순서로 올바르게 나열된 것은? (단, 바닥에서 85센티미터의 높이에 있는 수평면의 조도)
① 거주(독서)-작업(검사)-집무(일반사무)-집회(공연·관람)
② 작업(검사)-거주(독서)-집무(일반사무)-집회(공연·관람)
③ 작업(검사)-집무(일반사무)-거주(독서)-집회(공연·관람)
④ 집회(공연·관람)-거주(독서)-집무(일반사무)-작업(검사)

52 다음 중 외기에 면하고 1층 또는 지상으로 연결된 출입문을 방풍구조로 하지 않아도 되는 것은? (단, 사람의 통행을 주목적으로 하며, 너비가 1.2m를 초과하는 출입문인 경우)
① 호텔의 주출입문
② 공동주택의 출입문
③ 공기조화를 하는 업무시설의 출입문
④ 바닥면적의 합계가 500m²인 상점의 주출입문

53 관람석 또는 집회실로부터의 출구를 건축관계법령에 따라 설치하여야 하는 건축물의 용도가 아닌 것은?
① 종교시설
② 장례식장
③ 위락시설
④ 문화 및 집회시설 중 전시장

54 바닥면적이 100m²인 초등학교 교실에 채광용 창 면적이 6m²이다. 부족한 면적을 천창으로 처리하고자 할 때 요구되는 천창의 최소 면적은?
① 2m²　② 4m²
③ 8m²　④ 14m²

55 다음 조건으로 해당 층에 대한 무창층 여부를 판단하고자 한다. 판단결과로 가장 적합한 것은? (단, 조건의 창과 문은 화재예방,

소방시설 설치·유지 및 안전관리에 관한 법률 시행령 제2조의 개구부 조건을 모두 만족한다.)

[조건]
- 바닥면적 : 300m²
- 창 크기 : 1m×1.5m=1.5m²
  창의 개수 : 3개
- 문 크기 : 1m×2m=2m²
  문의 개수 : 3개

① 설치된 창의 개수가 기준을 초과하여 무창층이 아니다.
② 개구부의 면적의 합계가 기준을 초과하여 무창층이 아니다.
③ 설치된 문의 개수가 기준을 초과하여 무창층이 아니다.
④ 개구부의 면적의 합계가 기준을 만족하여 무창층에 해당된다.

56 신축 또는 리모델링하는 30세대 이상의 공동주택은 시간당 최소 몇 회 이상의 환기가 이루어질 수 있도록 자연환기설비 또는 기계환기설비를 설치하여야 하는가? (단, 기숙사 제외)

① 0.5회　　② 0.7회
③ 1.2회　　④ 1.5회

57 화재가 발생할 경우 사용하는 피난구조설비(피난 및 구조를 위해 사용하는 기구 또는 설비)를 구성하는 제품 또는 기기에 해당되지 않는 것은?

① 누전경보기　② 공기호흡기
③ 통로유도등　④ 완강기

58 다음 중 다중이용건축물에 해당하지 않는 것은? (단, 16층 미만인 건축물인 경우)

① 종교시설의 용도로 쓰는 바닥면적의 합계가 5000m² 이상인 건축물
② 판매시설의 용도로 쓰는 바닥면적의 합계가 5000m² 이상인 건축물
③ 업무시설의 용도로 쓰는 바닥면적의 합계가 5000m² 이상인 건축물
④ 의료시설 중 종합병원의 용도로 쓰는 바닥면적의 합계가 5000m² 이상인 건축물

59 지하 3층 지상 12층 규모의 전신전화국으로 각 층의 바닥면적은 2000m²이고 각 층 거실면적은 각 층 바닥면적의 80%일 경우 최소로 필요한 승용승강기 대수는? (단, 승용승강기는 15인승이며 각 층의 층고는 4m임)

① 3대　　② 4대
③ 5대　　④ 6대

60 판매시설로서 전 층에 스프링클러설비를 설치하여야 하는 경우에 관한 기준 내용으로 옳지 않은 것은?

① 연면적이 8000m² 이상인 것
② 수용인원이 500명 이상인 것
③ 층수가 3층 이하인 건축물로서 바닥면적의 합계가 6000m² 이상인 것
④ 층수가 4층 이상인 건축물로서 바닥면적의 합계가 5000m² 이상인 것

필기시험 CBT 복원문제

2024년 2회

제1과목 : 실내디자인 계획

01 실내 공간의 형태에 관한 설명으로 옳지 않은 것은?
① 원형의 공간은 중심성을 갖는다.
② 정방형의 공간은 방향성을 갖는다.
③ 직사각형의 공간에서는 깊이를 느낄 수 있다.
④ 천장이 모인 삼각형 공간은 높이에 관심이 집중된다.

02 실내디자인의 영역에 관한 설명으로 옳지 않은 것은?
① 사무공간이란 사무효율과 경제성, 쾌적성 등을 고려한 공간을 계획하는 것으로 연구소, 호텔 등이 이에 속한다.
② 주거공간이란 의식주를 해결하는 주생활 공간으로 취침, 식사 등의 생활행위를 공간에 대응하는 것이다.
③ 상업공간이란 실내공간을 창조적으로 계획하여 판매신장을 높이는 공간을 말하며 백화점, 식당 등이 이에 속한다.
④ 전시공간이란 기업의 홍보, 판매촉진을 위한 영리전시공간과 교육, 문화적 사고개발을 위한 비영리전시공간으로 나뉜다.

03 실내디자인 요소 중 선에 관한 설명으로 옳지 않은 것은?
① 많은 선을 근접시키면 면으로 인식된다.
② 수직선은 공간을 실제보다 더 높아 보이게 한다.
③ 수평선은 무한, 확대, 안정 등 주로 정적인 느낌을 준다.
④ 곡선은 약동감, 생동감 넘치는 에너지와 운동감, 속도감을 준다.

04 쇼룸의 공간구성은 상품전시공간, 상담 공간, 어트랙션(attraction) 공간, 서비스 공간, 통로 공간, 출입구를 포함한 파사드로 구성된다. 다음 중 어트랙션 공간에 관한 설명으로 가장 알맞은 것은?
① 진열되는 상품을 디스플레이하기 위한 공간으로 진열대와 진열기구, 연출기구 등이 필요하다.
② 입구에서 관람객의 시선을 집중시켜 쇼룸의 내부로 관람객을 유인하는 역할을 한다.
③ 전시상품에 대한 정보를 알리거나 관람자를 안내하기 위한 공간이다.
④ 구매상담을 도와주고 관람자를 통제하는 공간이다.

05 부엌에서의 작업 순서를 고려한 효율적인 작업대의 배치 순서로 알맞은 것은?
① 준비대 → 조리대 → 가열대 → 개수대 → 배선대
② 개수대 → 준비대 → 가열대 → 조리대 → 배선대

③ 준비대 → 개수대 → 조리대 → 가열대 → 배선대
④ 개수대 → 조리대 → 준비대 → 가열대 → 배선대

06 다음 설명에 알맞은 창의 종류는?

> 벽면 전체를 창으로 처리하는 것으로 어떤 창보다도 큰 조망과 보다 많은 투과광량을 얻는다.

① 윈도우 월 　② 보우 윈도우
③ 베이 윈도우 　④ 픽처 윈도우

07 공동주택의 평면형식 중 계단실형(홀형)에 관한 설명으로 옳은 것은?
① 통행부의 면적이 작아 건물의 이용도가 높다.
② 1대의 엘리베이터에 대한 이용 가능한 세대수가 가장 많다.
③ 각 층에 있는 공용 복도를 통해 각 세대로 출입하는 형식이다.
④ 대지의 이용률이 높아 도심지 내의 독신자용 공동주택에 주로 이용된다.

08 아라베스크(Arabesque) 장식문양과 거리가 먼 내용은?
① 식물의 잎, 꽃, 열매 등이 우아한 곡선으로 연결된 장식문양
② 이슬람 건축이나 공예품의 특징인 환상적인 분위기를 형성하는 장식요소
③ 괴기스러울 정도로 복잡하게 조립한 부자연스러운 장식요소
④ 아라비아풍의 장식요소

09 실내계획에서 있어서 그리드 플래닝(grid planning)을 적용하는 전형적인 프로젝트는?

① 사무소 　② 미술관
③ 단독주택 　④ 레스토랑

10 전체의 이미지나 구성을 연구하기 위해 세부적인 것은 생략하고 프리핸드로 선에 의한 약화 형식으로 표현하는 아이디어 스케치는?
① 러프 스케치(rough sketch)
② 스크래치 스케치(scratch sketch)
③ 스타일 스케치(style sketch)
④ 프리젠테이션 모델 스케치(presentation model sketch)

11 다음 ( )의 내용으로 옳은 것은?

> 서로 다른 두 색이 인접했을 때 서로의 영향으로 밝은 색은 더욱 밝아 보이고, 어두운 색은 더욱 어두워 보이는 현상을 ( )대비라고 한다.

① 색상 　② 채도
③ 명도 　④ 동시

12 물체를 조명하는 광원색의 성질(분광분포)에 따라서 같은 물체라도 색이 달라져 보이게 되는 것은?
① 명시성 　② 연색성
③ 메타메리즘 　④ 푸르킨예 현상

13 L'a'b' 색 체계에 대한 설명으로 틀린 것은?
① a'와 b'는 모두 +값과 −값을 가질 수 있다.
② a'가 −값이면 빨간색 계열이다.
③ b'가 +값이면 노란색 계열이다.
④ L이 100이면 흰색이다.

14 우리 눈의 망막상에서 어두운 곳에서는 약한 광선을 받아들이며 색상은 보이지 않고 명암

만을 판별하는 시세포는?
① 추상체   ② 간상체
③ 수정체   ④ 홍채

15 음(音)과 색에 대한 공감각의 설명 중 틀린 것은?
① 저명도의 색은 낮은 음을 느낀다.
② 순색에 가까운 색은 예리한 음을 느끼게 된다.
③ 회색을 띤 둔한 색은 불협화음을 느낀다.
④ 밝고 채도가 낮은 색은 높은 음을 느끼게 된다.

16 먼셀 색채조화의 원리로 틀린 것은?
① 명도는 같으나 채도가 다른 반대색끼리는 강한 채도에 넓은 면적을 주면 조화된다.
② 채도가 같고 명도가 다른 반대색끼리는 회색척도에 관하여 정연한 간격을 주면 조화된다.
③ 중간 채도의 반대색끼리는 중간 회색 N5에서 연속성이 있으며, 같은 넓이로 배합하면 조화된다.
④ 명도와 채도가 모두 다른 반대색끼리는 회색척도에 준하여 정연한 간격을 주면 조화된다.

17 벡터(Vector) 방식에 대한 설명으로 옳지 않은 것은?
① 일러스트레이터, 플래시와 같은 프로그램 사용 방식이다.
② 사진 이미지 변형, 합성 등에 적절하다.
③ 비트맵 방식보다 이미지의 용량이 적다.
④ 확대 축소 등에도 이미지 손상이 없다.

18 동일 색상 내에서 톤의 차이를 두어 배색하는 방법이며 명도 그라데이션을 주로 활용하는 배색기법은?
① 톤온톤(Tone on Tone) 배색
② 톤인톤(Tone in Tone) 배색
③ 리피티션(Repetition) 배색
④ 세퍼레이션(Separation) 배색

19 소파나 의자 옆에 위치하며 손이 쉽게 닿는 범위 내에 전화기, 문구 등 필요한 물품을 올려놓거나 수납하며 찻잔, 컵 등을 올려놓기도 하여 차 탁자의 보조용으로도 사용되는 테이블은?
① 티 테이블(tea table)
② 엔드 테이블(end table)
③ 나이트 테이블(night table)
④ 익스텐션 테이블(extension table)

20 모델링 방법 중 와이어프레임(wire frame) 모델링에 대한 설명으로 틀린 것은?
① 처리 속도가 빠르다.
② 물리적 성질의 계산이 가능하다.
③ 데이터 구성이 간단하다.
④ 모델 작성이 쉽다.

제2과목 : 실내디자인 시공 및 재료

21 합성수지도료에 관한 설명으로 옳지 않은 것은?
① 일반적으로 유성페인트보다 가격이 매우 저렴하여 널리 사용된다.
② 유성페인트보다 건조시간이 빠르고 도막이 단단하다.
③ 유성페인트보다 내산성, 내알칼리성이 우수하다.

④ 유성페인트보다 방화성이 우수하다.

22 한중콘크리트 시공 시 주의사항에 대한 설명으로 옳지 않은 것은?
① 보통 또는 조강포틀랜드시멘트와 함께 감수제를 사용한다.
② 재료의 적정온도를 위하여 시멘트를 가열하여 보관한다.
③ 타설 시 콘크리트 온도는 10℃ 이상 20℃ 이하의 범위로 한다.
④ 초기 동해 방지에 필요한 압축강도를 얻기 위하여 단열보온양생 등을 실시한다.

23 금속면의 보호와 금속의 부식방지를 목적으로 사용되는 도료는?
① 방화도료　② 발광도료
③ 방청도료　④ 내화도료

24 침엽수의 섬유방향 강도에 대한 일반적인 대소관계를 옳게 표기한 것은?
① 압축강도＞휨강도＞인장강도＞전단강도
② 휨강도＞인장강도＞압축강도＞전단강도
③ 인장강도＞휨강도＞압축강도＞전단강도
④ 휨강도＞압축강도＞인장강도＞전단강도

25 회반죽의 주요 배합재료로 옳은 것은?
① 생석회, 해초풀, 여물, 수염
② 소석회, 모래, 해초풀, 여물
③ 소석회, 돌가루, 해초풀, 생석회
④ 돌가루, 모래, 해초풀, 여물

26 암석을 이루고 있는 조암광물에 대한 설명으로 옳지 않은 것은?
① 각섬석·휘석은 검정색을 띤다.
② 방해석은 산에 쉽게 용해된다.
③ 흑운모는 백운모에 비해 안정도가 떨어진다.
④ 석영은 산·알칼리에 약하다.

27 아스팔트 방수공사에서 솔, 롤러 등으로 용이하게 도포할 수 있도록 아스팔트를 휘발성 용제에 용해한 비교적 저점도의 액체로서 방수시공의 첫 번째 공정에 사용되는 바탕처리재는?
① 아스팔트 컴파운드
② 아스팔트 루핑
③ 아스팔트 펠트
④ 아스팔트 프라이머

28 시멘트의 조성화합물 중 수화열이 적고 장기강도와 내화학성이 크며 건조수축이 작은 성분은?
① C_3S　② C_2S
③ C_4AF　④ C_3A

29 콘크리트용 혼화제에 관한 설명으로 옳은 것은?
① 지연제는 굳지 않은 콘크리트의 운송시간에 따른 콜드 조인트 발생을 억제하기 위하여 사용된다.
② AE제는 콘크리트의 워커빌리티를 개선하지만 동결융해에 대한 저항성을 저하시키는 단점이 있다.
③ 급결제는 초미립자로 구성되며 이를 사용한 콘크리트의 초기 강도는 작으나, 장기 강도는 일반적으로 높다.
④ 감수제는 계면활성제의 일종으로 굳지 않은 콘크리트의 단위수량을 감소시키는 효과가 있으나 골재 분리 및 블리딩 현상을 유발하는 단점이 있다.

30 강재 시편의 인장시험 시 나타나는 응력-변형률 곡선에 대한 설명으로 옳지 않은 것은?
① 하위항복점까지 가력한 후 외력을 제거하면 변형은 원상으로 회복된다.
② 인장강도점에서 응력값이 가장 크게 나타난다.
③ 냉간성형한 강재는 항복점이 명확하지 않다.
④ 상위항복점 이후에 하위항복점이 나타난다.

31 침엽수에 관한 설명으로 옳은 것은?
① 대표적인 수종은 소나무와 느티나무, 박달나무 등이다.
② 재질에 따라 경재(hard wood)로 분류된다.
③ 일반적으로 활엽수에 비하여 직통 대재가 많고 가공이 용이하다.
④ 수선세포는 뚜렷하게 아름다운 무늬로 나타난다.

32 치장줄눈의 용도 및 효과에 대한 설명으로 옳지 않은 것은?
① 내민줄눈은 벽면이 고를 때 사용하며 거친 질감을 만들어낸다.
② 오목줄눈은 약한 음영을 만들면서 여성적 느낌을 준다.
③ 민줄눈은 형태가 고르고 깨끗한 벽돌에 적용한다.
④ 평줄눈은 벽돌의 형태가 고르지 않을 때 사용한다.

33 골재의 함수상태에 관한 식으로 옳지 않은 것은?
① 흡수량=(표면건조상태의 중량)-(절대건조상태의 중량)
② 유효흡수량=(표면건조상태의 중량)-(기건상태의 중량)
③ 표면수량=(습윤상태의 중량)-(표면건조상태의 중량)
④ 전체함수량=(습윤상태의 중량)-(기건상태의 중량)

34 벽돌쌓기에서 치장줄눈의 깊이의 표준은?
① 4mm   ② 6mm
③ 12mm ④ 15mm

35 알루미늄과 철재의 접촉면 사이에 수분이 있을 때 알루미늄이 부식되는 현상은 어떠한 작용에 기인한 것인가?
① 열분해 작용   ② 전기분해 작용
③ 산화 작용   ④ 기상 작용

36 다음 시멘트 모르타르 중 방수 모르타르에 속하지 않는 것은?
① 질석 모르타르
② 규산질 모르타르
③ 발수제 모르타르
④ 액체방수 모르타르

37 건축용 점토제품에 관한 설명으로 옳은 것은?
① 저온 소성제품이 화학저항성이 크다.
② 흡수율이 큰 제품이 백화의 가능성이 크다.
③ 제품의 소성온도는 동해저항성과 무관하다.
④ 규산이 많은 점토는 가소성이 나쁘다.

38 다음 각종 도료에 대한 설명 중 옳지 않은 것은?
① 유성페인트의 도막은 견고하나 바탕의 재질을 살릴 수 없다.
② 유성에나멜페인트는 도막이 견고할 뿐만 아니라 광택도 좋다.
③ 광명단은 철재의 방청제는 물론 목재의 방

부제로도 사용된다.
④ 알루미늄페인트는 금속 알루미늄분말과 유성바니시로 구성된다.

39 강화유리에 관한 설명으로 옳지 않은 것은?
① 판유리를 600℃ 이상의 연화점까지 가열한 후 급랭시켜 만든다.
② 파괴 시 파편이 예리하여 위험하다.
③ 강도는 보통 유리의 3~5배 정도이다.
④ 제조 후 현장가공이 불가하다.

40 소규모 건축물에 적용하는 조적식 구조에 대한 설명으로 옳지 않는 것은?
① 조적재는 통줄눈이 되지 아니하도록 설계하여야 한다.
② 조적식 구조인 각 층의 벽은 편심하중이 작용하지 아니하도록 설계하여야 한다.
③ 조적식 구조인 내력벽의 기초는 온통기초로 하여야 한다.
④ 기초벽의 두께는 250mm 이상으로 하여야 한다.

제3과목 : 실내디자인 환경

41 압력탱크방식 급수법에 관한 설명으로 옳은 것은?
① 취급이 비교적 쉽고 고장도 없다.
② 단수 시에는 사용할 수 없다.
③ 항상 일정한 수압을 유지할 수 있다.
④ 고가탱크방식에 비하여 관리비용이 저렴하고 저양정의 펌프를 사용한다.

42 습공기의 상태변화 성분을 절대습도 변화량에 대한 전열량의 변화량 비율로 나타낸 것은?
① 현열비 ② 열수분비
③ 엔탈피선 ④ 비체적선

43 다음 중 간접배수로 해야 하는 기구가 아닌 것은?
① 제빙기 ② 세탁기
③ 세면기 ④ 식기세척기

44 다음 중 잔향시간 계산에 필요한 인자가 아닌 것은?
① 실용적
② 실내 전 표면적
③ 음원의 음압
④ 실의 평균흡음률

45 흡음재료 중 연소기포 다공질재료에 관한 설명으로 옳지 않은 것은?
① 유리면, 암면, 연질섬유판 등이 있다.
② 표면을 도장하면 흡음효과가 높아진다.
③ 중·고음역에서 높은 흡음률을 나타낸다.
④ 일반적으로 두께를 늘리면 흡음률은 커진다.

46 자연환기에 대한 설명 중 옳은 것은?
① 실외의 풍속이 적을수록 환기량이 많아진다.
② 실내외의 온도차가 적을수록 환기량은 많아진다.
③ 일반적으로 목조주택이 콘크리트조 주택보다 환기량이 적다.
④ 한쪽에 큰 창을 두는 것보다 그것의 절반 크기의 창 2개를 서로 마주치게 설치하는 것이 환기계획상 유리하다.

47 포화상태 공기가 아닌 일반상태 공기의 건구

온도를 t_1, 습구온도 t_2, 노점온도 t_3라 할 때 관계식이 바른 것은?
① $t_1 > t_2 > t_3$ ② $t_1 > t_3 > t_2$
③ $t_3 > t_2 > t_1$ ④ $t_3 > t_1 > t_2$

48 자동화재탐지설비 중 연기감지기는 벽 또는 보로부터 최소 얼마 이상 떨어진 곳에 설치하여야 하는가?
① 0.3m   ② 0.4m
③ 0.6m   ④ 1.2m

49 건축화 조명방식에 관한 설명으로 옳지 않은 것은?
① 밸런스 조명은 창이나 벽의 커튼 상부에 부설된 조명이다.
② 코브 조명은 반사광을 사용하지 않고 광원의 빛을 직접 조명하는 방식이다.
③ 광창 조명은 넓은 면적의 벽면에 매입하여 비스타(vista)적인 효과를 낼 수 있다.
④ 코니스 조명은 벽면의 상부에 위치하여 모든 빛이 아래로 직사하도록 하는 조명방식이다.

50 다음 설명에 알맞은 공기조화용 송풍기의 종류는?

- 저속덕트용으로 사용된다.
- 동일 용량에 대해서 송풍기 용량이 적다.
- 날개의 끝부분이 회전방향으로 굽은 전곡형이다.

① 익형   ② 다익형
③ 관류형   ④ 방사형

51 다음은 옥상광장의 설치에 관한 기준 내용이다. ( ) 안에 해당되지 않는 것은??

5층 이상인 층이 ( )의 용도로 쓰는 경우에는 피난 용도로 쓸 수 있는 광장을 옥상에 설치하여야 한다.

① 업무시설   ② 종교시설
③ 판매시설   ④ 장례식장

52 건축물의 바깥쪽에 설치하는 피난계단의 구조에 대한 설명으로 옳지 않은 것은?
① 계단으로 통하는 출입구 외의 창문 등으로부터 2m 이상의 거리를 두고 설치할 것
② 내부에서 계단실로 통하는 출입구에는 30분 방화문을 설치할 것
③ 계단의 유효너비는 0.9m 이상으로 할 것
④ 계단의 구조는 내화구조로 하고 지상까지 직접 연결되도록 할 것

53 건축물의 구분에 따른 복도의 유효너비 기준으로 옳은 것은? (단, 양 옆에 거실이 있는 복도)
① 중학교 - 2.1미터 이상
② 고등학교 - 2.1미터 이상
③ 공동주택 - 1.8미터 이상
④ 초등학교 - 2.1미터 이상

54 건축물에 가스, 급수, 배수, 환기, 난방 등의 건축설비를 설치하는 경우 건축기계설비기술사 또는 공조냉동기계기술사의 협력을 받아야 하는 대상 건축물에 해당하지 않는 것은?
① 공동주택 중 연립주택
② 숙박시설로서 그 용도에 사용되는 바닥면적의 합계가 2000m²인 건축물
③ 의료시설로서 그 용도에 사용되는 바닥면적의 합계가 2000m²인 건축물

④ 교육연구시설 중 연구소로서 그 용도에 사용되는 바닥면적의 합계가 2000m²인 건축물

55 숙박시설의 객실 간 칸막이벽의 구조 및 설치 기준으로 옳지 않은 것은?
① 내화구조로 하여야 한다.
② 지붕밑 또는 바로 위층의 바닥판까지 닿게 한다.
③ 철근콘크리트구조의 경우에는 그 두께가 10cm 이상이어야 한다.
④ 콘크리트블록조의 경우에는 그 두께가 15cm 이상이어야 한다.

56 피난설비 중 객석유도등을 설치하여야 할 특정소방대상물은?
① 숙박시설　　② 종교시설
③ 창고시설　　④ 방송통신시설

57 건축법에서 정의하는 '주요구조부'에 해당되지 않는 것은?
① 최하층 바닥　② 내력벽
③ 기둥　　　　④ 지붕틀

58 다음은 사생활 보호차원에서 설치하는 차면시설에 대한 설치 기준이다. ( ) 안에 들어갈 내용으로 옳은 것은??

> 인접 대지경계선으로부터 직선거리 ( ) 이내에 이웃 주택의 내부가 보이는 창문 등을 설치하는 경우에는 차면시설(遮面施設)을 설치하여야 한다.

① 0.5m　　② 1m
③ 1.5m　　④ 2m

59 특정 소방대상물의 관계인이 소방방재청장이 정하여 고시하는 화재안전기준에 따라 소방시설을 설치 시 고려해야 하는 사항과 가장 거리가 먼 것은?
① 소방대상물의 규모
② 소방대상물의 용도
③ 소방대상물의 수용인원
④ 소방대상물의 위치

60 높이 31m를 넘는 각 층의 바닥면적 중 최대 바닥면적이 6000m²인 건축물에 설치해야 하는 비상용 승강기의 최소 설치 대수는? (단, 8인승 승강기임)
① 2대　　② 3대
③ 4대　　④ 5대

필기시험 CBT 복원문제

2024년 3회

제1과목 : 실내디자인 계획

01 공간에 관한 설명으로 옳지 않은 것은?
① 내부 공간의 형태는 바닥, 벽, 천장의 수직, 수평적 요소에 의해 이루어진다.
② 평면, 입면, 단면의 비례에 의해 내부 공간의 특성이 달라지며 사람은 심리적으로 다르게 영향을 받는다.
③ 내부 공간의 형태에 따라 가구유형과 형태, 가구배치 등 실내의 제요소들이 달라진다.
④ 불규칙적 형태의 공간은 일반적으로 한 개 이상의 축을 가지며 자연스럽고 대칭적이어서 안정되어 있다.

02 커튼(curtain)에 관한 설명으로 옳지 않은 것은?
① 드레이퍼리 커튼은 일반적으로 투명하고 막과 같은 직물을 사용한다.
② 새시 커튼은 창문 전체를 커튼으로 처리하지 않고 반 정도만 친 형태이다.
③ 글라스 커튼은 실내로 들어오는 빛을 부드럽게 하며 약간의 프라이버시를 제공한다.
④ 드로우 커튼은 창문 위의 수평 가로대에 설치하는 커튼으로 글라스 커튼보다 무거운 재질의 직물로 처리한다.

03 실내디자인 프로세스 중 조건설정 단계(프로그래밍 단계)에 관한 설명으로 옳지 않은 것은?
① 프로젝트의 전반적인 방향이 정해지는 단계이다.
② 실내디자인 프로세스에서 기본설계 단계 이후에 진행되는 단계이다.
③ 이 단계가 제대로 이루어지지 않으면 프로젝트 진행이 원만하지 못하다.
④ 실내디자이너가 설계 의뢰인과 협의를 통하여 이해를 확립하는 단계이다.

04 다음 그림이 나타내는 특수전시기법은?

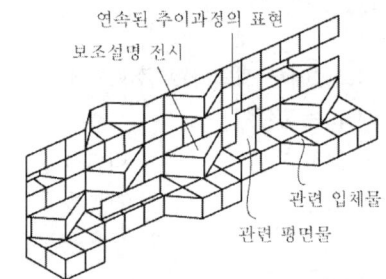

① 디오라마 전시   ② 아일랜드 전시
③ 파노라마 전시   ④ 하모니카 전시

05 실내디자인의 조건 중 기능적 조건의 내용으로 옳지 않은 것은?
① 합목적성, 기능성, 실용성, 효율성 등이 제고되어야 한다.
② 전체 공간구성이 합리적이고, 각 공간의 기능이 최대로 발휘되어야 한다.
③ 최소의 자원을 투입하여 공간의 사용자가

최대로 만족할 수 있는 효과가 이루어지도록 해야 한다.
④ 공간의 사용목적에 적합하도록 인간공학, 공간 규모, 배치 및 동선 등 제반사항을 고려해야 한다.

06 실내디자인의 프로그래밍 진행단계로 알맞은 것은?
① 분석-목표 설정-종합-조사-결정
② 종합-조사-분석-목표 설정-결정
③ 목표 설정-조사-분석-종합-결정
④ 조사-분석-목표 설정-종합-결정

07 실내디자인 계획에 사용되는 버블 다이어그램(bubble diagram)에서 일반적으로 표현하지 않는 것은?
① 공간 간의 관계
② 공간의 상대적인 크기
③ 공간의 상대적인 위치
④ 공간의 구체적인 형태

08 상점의 출입구 및 홀의 입구부분을 포함한 평면적인 구성과 광고판, 사인(sign)의 외부 장치를 포함한 입체적인 구성 요소의 총체를 의미하는 것은?
① 파사드　　② 아케이드
③ 쇼윈도우　　④ 디스플레이

09 실내공간 구성 요소에 관한 설명으로 옳지 않은 것은?
① 천장의 높이는 실내공간의 사용목적과 깊은 관계가 있다.
② 바닥을 높이거나 낮게 함으로써 공간영역을 구분, 분리할 수 있다.
③ 여닫이문은 밖으로 여닫는 것이 원칙이나 비상문의 경우 안여닫이로 한다.
④ 벽의 높이가 가슴 정도이면 주변공간에 시각적 연속성을 주면서도 특정 공간을 감싸주는 느낌을 준다.

10 CAD 모델링에 관한 설명 중 틀린 것은?
① 3차원 모델링에는 와이어프레임, 서피스, 솔리드 모델링이 있다.
② 자동적인 체적 계산을 위해서는 솔리드 모델링보다는 서피스 모델링을 사용하는 것이 좋다.
③ 솔리드 모델링은 와이어프레임, 서피스 모델링에 비해 높은 데이터 처리 능력이 필요하다.
④ 와이어 프레임 모델링의 경우 디스플레이된 방향에 따라 여러 가지 다른 해석이 나올 수 있다.

11 다음 중 기억색에 대한 설명으로 가장 옳은 것은?
① 대상(물체)의 실제색과 같게 기억한다.
② 대상의 실제색보다 그 색의 주된 특징을 더 강하게 기억한다.
③ 대상의 실제색보다 더 채도가 낮은 것으로 기억한다.
④ 대상의 실제색보다 색상차를 크게 기억한다.

12 베졸드 효과(Bezold effect)의 설명으로 틀린 것은?
① 빛이 눈의 망막 위에서 해석되는 과정에서 혼색효과를 가져다주는 일종의 가법혼색이다.
② 색점을 섞어 배열한 후 거리를 두고 관찰할 때 생기는 일종의 눈의 착각현상이다.
③ 여러 색으로 직조된 직물에서 하나의 색만

을 변화시키거나 더할 때 생기는 전체 색조의 변화이다.
④ 밝기와 강도에서는 혼합된 색의 면적비율에 상관없이 강한 색에 가깝게 지각된다.

13 색채 조화의 공통되는 원리에 대한 설명으로 옳지 않은 것은?
① 색채 조화는 두 색 이상의 배색에 있어서 모호한 점이 있는 배색에서만 얻어진다.
② 가장 가까운 색채끼리의 배색은 보는 사람에게 친근감을 주며 조화를 느끼게 한다.
③ 배색된 색채들이 서로 공통되는 상태와 속성을 가질 때 그 색채군은 조화된다.
④ 배색된 색채들의 상태와 속성이 서로 반대되면서도 모호한 점이 없을 때 조화된다.

14 방화, 금지, 정지, 고도위험 등의 의미를 전달하기 위해 주로 사용되는 색은?
① 노랑 ② 녹색
③ 파랑 ④ 빨강

15 인간이 물체의 색을 지각하는 3요소는?
① 광원, 관찰자, 물체
② 관찰자, 흡수판, 물체
③ 광원, 관찰자, 반사판
④ 반사판, 물체, 광원

16 색각에 대한 학설 중 3원색설을 주장한 사람은?
① 헤링 ② 영·헬름홀츠
③ 맥니콜 ④ 먼셀

17 스펙트럼 현상을 바르게 설명한 것은?
① 적외선이라고도 한다.
② 우주에 존재하는 모든 발광체의 스펙트럼은 모두 같다.
③ 무지개 색과 같이 연속된 색의 띠를 말한다.
④ 장파장 쪽이 자색광이고, 단파장 쪽이 적색광이다.

18 색료 혼합에 관한 설명 중 틀린 것은?
① 색료 혼합을 감산혼합이라고도 한다.
② 색료 혼합의 3원색을 모두 혼합하면 검정(Black)에 가까운 색이 된다.
③ 색료 혼합에서 혼합할수록 명도가 높아지고 채도는 낮아진다.
④ 색료 혼합의 2차색은 색광 혼합의 3원색과 같다.

19 르네상스 건축양식에 해당하는 건축물은?
① 영국 솔즈베리 대성당
② 이탈리아 피렌체 대성당
③ 프랑스 노틀담 대성당
④ 독일 울름 대성당

20 필요에 따라 이동시켜 사용할 수 있는 간이의자로 크지 않으며 가벼운 느낌의 형태를 갖는 것은?
① 세티 ② 카우치
③ 풀업체어 ④ 라운지체어

제2과목: 실내디자인 시공 및 재료

21 석재의 재료적 특징에 대한 설명으로 틀린 것은?
① 외관이 장중하고 석질이 치밀한 것을 갈면 미려한 광택이 난다.

② 압축강도는 인장강도에 비해 매우 작아 장대재(長大材)를 얻기 어렵다.
③ 화열에 닿으면 화강암은 균열이 발생하여 파괴된다.
④ 비중이 크고 가공이 불편하다.

22 도장재에 사용하는 안료 중에서 붉은 색을 나타내는 것은?
① 아연화
② 황토
③ 산화철
④ 산화크롬녹

23 회반죽 바름 시 사용하는 해초풀은 채취 후 1~2년 경과된 것이 좋은데 그 이유는 무엇인가?
① 염분 제거가 쉽기 때문이다.
② 점도가 높기 때문이다.
③ 알칼리도가 높기 때문이다.
④ 색상이 우수하기 때문이다.

24 주철관이 오수관(汚水管)으로 사용되는 가장 큰 이유는?
① 인장강도가 크기 때문이다.
② 압축강도가 크기 때문이다.
③ 내식성이 뛰어나기 때문이다.
④ 가공성이 좋기 때문이다.

25 1000℃ 이상의 고온에서도 견디는 섬유로 본래 공업용 가열로의 내화 단열재로 사용되었으나 최근에는 철골의 내화피복재로 쓰이는 단열재는?
① 펄라이트판
② 세라믹 파이버
③ 규산칼슘판
④ 경량 기포 콘크리트

26 한 번에 두꺼운 도막을 얻을 수 있으며 넓은 면적의 평판도장에 최적인 도장방법은?
① 브러시칠
② 롤러칠
③ 에어스프레이
④ 에어리스 스프레이

27 KS F 4002에서 규정하는 속빈 콘크리트 블록의 검사 항목이 아닌 것은?
① 전건 비중
② 압축강도
③ 겉모양
④ 흡수율

28 다음 중 벽돌벽에 생기는 백화를 방지하는 방법으로 옳지 않은 것은?
① 벽돌의 원료인 점토가 사용수에 염류가 섞인 벽돌을 사용한다.
② 파라핀 도료를 칠한다.
③ 차양, 돌림띠 등으로 벽면에 빗물이 흘러내리지 않도록 한다.
④ 벽돌쌓기 줄눈은 충분한 사춤을 하도록 한다.

29 목재의 유성 방부제로서 방부성은 우수하나 악취가 나고 흑갈색으로 외관이 나빠져서 눈에 보이지 않는 토대, 기둥, 도리 등에 사용되는 것은?
① 크레오소트유
② PF 방부제
③ CCA 방부제
④ PCP 방부제

30 골재의 상태별 무게가 다음과 같을 때 골재의 유효흡수율은?
• 절건상태 : 1500g
• 표면건조 내부 포화상태 : 1610g
• 기건상태 : 1550g
• 습윤상태 : 1640g

① 1.8%　　② 3.3%
③ 4.0%　　④ 7.3%

31 시멘트에 대한 일반적인 내용으로 옳지 않은 것은?
① 시멘트의 수화반응에서 경화 이후의 과정을 응결이라 한다.
② 시멘트의 분말도가 클수록 수화작용이 빠르다.
③ 시멘트가 풍화되면 수화열이 감소된다.
④ 시멘트는 풍화되면 비중이 작아진다.

32 다음 중 목구조의 토대에 대한 설명으로 옳지 않은 것은?
① 토대는 기초 위에 가로놓아 상부에서 오는 하중을 기초에 전달하는 역할을 한다.
② 귀에는 귀잡이 토대를 대어 세모구조가 되게 하여 수평변형을 방지한다.
③ 토대는 지반에서 될 수 있는 대로 낮추는 것이 역학적으로 안정하다.
④ 토대의 크기는 보통기둥과 같게 하거나 다소 크게 한다.

33 접착제로서 알루미늄 접착에 가장 적합한 것은?
① 요소 수지　　② 에폭시 수지
③ 알키드 수지　　④ 푸란 수지

34 다음 중 표준형 시멘트 벽돌을 사용하여 1.5B 쌓기로 벽을 쌓았을 때 벽의 두께는? (단, 공간쌓기가 아님)
① 19cm　　② 23cm
③ 29cm　　④ 33cm

35 석회암($CaCO_3$)을 900~1200℃ 정도로 가열 소성하여 얻어지는 것은?
① 소석회　　② 생석회
③ 무수석고　　④ 마그네시아 석회

36 다음 중 네트워크 공정표의 용어 설명이 옳지 않은 것은?
① 여유(float) : 공사가 종료되는 데 지장을 주지 않는 범위 내에서의 잔여시간
② 결합점(event) : 작업의 시작과 종료를 표시하는 개시점, 종료점, 연결점. ○로 표시하며 작업의 진행방향으로 번호를 순차적으로 부여한다.
③ 더미(dummy) : 프로젝트를 구성하는 작업단위 → 위에 작업명, 아래에 작업일수를 표시한다.
④ 주공정선(Critical Path) : 개시 결합점에서 종료 결합점에 이르는 경로 중 가장 긴 경로

37 비중이 크고 산 및 열에 약하나, 빛의 굴절이 커서 광학렌즈나 장식용 모조보석으로 사용되는 유리는?
① 석영 유리　　② 물 유리
③ 플린트 유리　　④ 보헤미아 유리

38 할렬인장강도시험에서 재하 하중이 120kN에서 파괴된 지름 100mm, 길이 200mm인 콘크리트시험체의 인장강도는?
① 약 2.0MPa　　② 약 2.4MPa
③ 약 3.0MPa　　④ 약 3.8MPa

39 구조용 강재에 반복하중이 작용하면 항복점 이하의 강도에서도 파괴될 수 있다. 이와 같

은 현상을 무엇이라 하는가?
① 피로 파괴 ② 인성 파괴
③ 연성 파괴 ④ 취성 파괴

40 도막방수의 특징으로 옳지 않은 것은?
① 시공이 간단하고 보수가 용이한 편이다.
② 방수 신뢰성이 높다.
③ 균일한 두께를 얻기는 어렵다.
④ 내후성과 내약품성이 우수하다.

제3과목 : 실내디자인 환경

41 건축화 조명에 대한 설명 중 옳지 않은 것은?
① 코니스 조명은 벽면조명으로 천장과 벽면의 경계부에 설치한다.
② 조명기구를 천장, 벽 등의 실 구성면 중에 장치하여 건축 내장의 일부와 같은 취급을 한 조명방식을 건축화 조명이라 한다.
③ 광천장은 천장을 확산투과 혹은 지향성 투과패널로 덮고, 천장 내부에 광원을 일정한 간격으로 배치한 것이다.
④ 천장면에 루버를 설치하고 그 속에 광원을 배치하는 방식을 코브 라이트라 한다.

42 조명기구의 배치에 있어 직접조명의 경우 벽과 조명기구 중심까지의 거리 S로서 가장 적절한 것은? (단, 벽면을 이용하지 않을 경우로, H는 작업면에서 조명기구까지의 높이)
① S ≦ 0.5H ② S ≦ H
③ S ≦ 1.5H ④ S ≦ 2H

43 할로겐 전구에 관한 설명으로 옳은 것은?
① 백열전구보다 수명이 짧다.
② 흑화가 거의 일어나지 않는다.
③ 휘도가 낮아 현휘가 발생하지 않는다.
④ 소형, 경량화가 불가능하여 사용 개소에 제한을 받는다.

44 다음과 같은 조건에서 60명을 수용하는 강의실에 필요한 환기량은?

- 대기 중의 탄산가스 농도 : 300ppm
- 실내의 탄산가스 허용농도 : 1000ppm
- 1인당 탄산가스 토출량 : 0.017㎥/h

① 약 665㎥/h ② 약 845㎥/h
③ 약 1085㎥/h ④ 약 1460㎥/h

45 중앙식 급탕방식 중 간접가열식에 관한 설명으로 옳지 않은 것은?
① 가열코일이 필요하다.
② 대규모 급탕설비에 부적절하다.
③ 저압보일러를 써도 되는 경우가 많다.
④ 가열보일러는 난방용 보일러와 겸용할 수 있다.

46 전기설비에서 다음과 같이 정의되는 것은?

인입구 장치 등의 전원공급설비 혹은 비상용 발전기의 절환반과 최종 분기회로 과전류차단장치 사이에 있는 모든 도체회로 전선

① 간선 ② 나도체
③ 절연전선 ④ 인입케이블

47 다음 중 일사 차폐계수가 1인 유리는? (단, 내부 블라인드가 없는 경우)
① 보통유리(두께 3mm)
② 흡열유리(두께 3mm)

③ 복층유리(두께 3mm 보통유리+두께 3mm 보통유리)
④ 복층유리(두께 3mm 보통유리+두께 3mm 흡열유리)

48 통기관에 관한 설명으로 옳지 않은 것은?
① 공용 통기관은 통기의 목적 외에 배수관으로도 이용되는 부분을 말한다.
② 각개 통기관은 1개의 기구 트랩을 통기하기 위해 설치하는 통기관이다.
③ 결합 통기관은 배수수직관 내의 압력변화를 방지 또는 완화하기 위해 사용된다.
④ 도피 통기관은 배수·통기 양 계통 간의 공기의 유통을 원활히 하기 위해 설치하는 통기관을 말한다.

49 배연설비 설치와 관련하여 배연창의 유효면적은 $1m^2$ 이상으로서 그 면적의 합계가 건축물 바닥면적의 최소 얼마 이상으로 하여야 하는가?
① 1/20 이상   ② 1/50 이상
③ 1/100 이상   ④ 1/200 이상

50 스프링클러의 화재안전기준에서 용어와 정의가 잘못 연결된 것은?
① 폐쇄형 스프링클러헤드 : 정상상태에서 방수구를 막고 있는 감열체가 일정온도에서 자동적으로 파괴·용융 또는 이탈됨으로써 방수구가 개방되는 헤드
② 주배관 : 가지배관에 급수하는 배관
③ 측벽형 스프링클러헤드 : 가압된 물이 분사될 때 헤드의 축심을 중심으로 한 반원상에 균일하게 분산시키는 헤드
④ 건식 스프링클러헤드 : 물과 오리피스가 분리되어 동파를 방지할 수 있는 스프링클러헤드

51 특정소방대상물 중 문화 및 집회시설, 종교시설, 운동시설로서 스프링클러설비를 전 층에 설치하여야 하는 기준으로 옳지 않은 것은?
① 수용인원이 100명 이상인 것
② 영화상영관의 용도로 쓰이는 층의 바닥면적이 지하층 또는 무창층인 경우 $300m^2$ 이상인 것
③ 무대부가 지하층, 무창층 또는 4층 이상의 층에 있는 경우에는 무대부의 면적이 $300m^2$ 이상인 것
④ 무대부가 지하층, 무창층 또는 4층 이상의 층에 있지 않은 경우에는 무대부의 면적이 $500m^2$ 이상인 것

52 자동화재탐지설비를 설치하여야 하는 특정소방대상물에 해당하지 않는 것은?
① 의료시설로서 연면적 $600m^2$인 것
② 장례시설로서 연면적 $600m^2$인 것
③ 위락시설로서 연면적 $600m^2$인 것
④ 판매시설로서 연면적 $600m^2$인 것

53 방염성능기준 이상의 실내장식물을 설치하여야 하는 특정소방대상물에 해당하지 않는 것은?
① 아파트를 제외한 11층 이상 건축물
② 다중이용업의 영업장
③ 옥내에 있는 수영장
④ 노유자시설

54 단독경보형 감지기를 설치하여야 하는 특정소방대상물에 해당하지 않는 것은?
① 연면적 $800m^2$인 연립주택

② 연면적 500m²인 유치원
③ 수련시설 내에 있는 합숙소로서 연면적 1500m²인 것
④ 교육연구시설 내에 있는 합숙소로서 연면적 1500m²인 것

55 다음 중 거실의 용도에 따른 조도기준이 가장 높은 것은?
① 제도 ② 독서
③ 회의 ④ 일반사무

56 거실의 채광 및 환기를 위한 창문 등에 관한 규정으로 옳지 않은 것은?
① 채광을 위하여 거실에 설치하는 창문 등의 면적은 그 거실의 바닥면적의 1/20 이상이어야 한다.
② 환기를 위하여 거실에 설치하는 창문 등의 면적은 그 거실의 바닥면적의 1/20 이상이어야 한다.
③ 채광 및 환기를 위하여 거실에 설치하는 창문 등의 면적을 정하는 경우 수시로 개방할 수 있는 미닫이로 구획된 2개의 거실은 이를 1개의 거실로 본다.
④ 오피스텔에 거실 바닥으로부터 높이 1.2m 이하 부분에 여닫을 수 있는 창문을 설치하는 경우에는 국토교통부령으로 정하는 기준에 따라 추락방지를 위한 안전시설을 설치하여야 한다.

57 화재안전기준에 따라 소화기구를 설치하여야 하는 특정소방대상물의 최소 연면적 기준은?
① 20m² 이상 ② 33m² 이상
③ 42m² 이상 ④ 50m² 이상

58 손궤의 우려가 있는 토지에 대지를 조성하는 경우에 조치사항과 관련된 내용으로 옳지 않은 것은?
① 성토 또는 절토하는 부분의 경사도가 1 : 1.5 이상으로서 높이가 1m 이상인 부분에는 옹벽을 설치한다.
② 옹벽의 높이가 4m 이상일 경우에만 콘크리트 구조를 적용한다.
③ 옹벽의 외벽면에는 이의 지지 또는 배수를 위한 시설 외의 구조물이 밖으로 튀어나오지 아니하게 한다.
④ 건축구조기술사에 의하여 해당 토지의 구조안전이 확인된 경우는 조치사항이 불필요하다.

59 건물의 피난층 외의 층에서는 거실의 각 부분으로부터 피난층 또는 지상으로 통하는 직통계단까지 보행거리를 최대 얼마 이하로 해야 하는가? (단, 예외사항은 제외)
① 10m ② 20m
③ 30m ④ 40m

60 판매시설의 당해 용도로 쓰이는 층의 최대 바닥면적이 500m²일 때 피난층에 설치하는 건축물의 바깥쪽으로 나가는 출구의 유효너비 합계는 최소 얼마 이상인가?
① 2.5m ② 3m
③ 3.5m ④ 5m

memo

part 6

모의고사 해설 및 정답

모의고사 해설 및 정답

모의고사 해설 제1회

01 ④

공간 중앙에 있는 하나의 점은 집중의 효과가 있다.

02 ①

고정창은 개폐 기능이 없고 빛을 유입시키는 것을 목적으로 한다. 상점의 쇼윈도나 밀폐공간 등에 사용된다.

03 ④

디퓨저(Diffuser)는 공기조화장치의 일종이다.

04 ③

소비자 구매심리 5단계(AIDCA 혹은 AIDMA)
- 주의를 끌 것 : Attention
- 고객의 흥미를 끌 것 : Interest
- 구매 욕구를 일으킬 것 : Desire
- 구매를 확신 또는 구매의사를 기억하게 할 것 : Confidence, Memory
- 구매 결정을 유발할 것 : Action

05 ④

통일과 변화는 상반되는 성질을 지니고 있으면서도 서로 긴밀한 유기적 관계를 유지한다.

06 ①

작업대의 배치유형 중 일렬형은 소규모 부엌에 주로 이용된다.

07 ③

실내디자인의 프로그래밍 진행 단계
목표 설정 → 조사 → 분석 → 종합 → 결정

08 ②

① 쇼윈도의 평면 형식 중 만입형은 점두의 진열면이 크다.

③ 쇼윈도의 단면 형식 중 다층형은 넓은 도로 폭을 지닌 상점에 적용하는 것이 좋다.

④ 쇼윈도의 배면 처리 형식 중 개방형은 폐쇄형에 비해 쇼윈도 진열 자체에 대한 주목성이 낮아진다.

09 ③

전시공간에서의 마감재는 시선을 집중시키지 않고 전시물의 관람을 돕기 위해 부드러운 색채를 사용한다.

10 ④

청록과 빨강은 보색 관계로, 혼합하면 무채색이 된다.

11 ④

명시성
- 대상의 존재나 형상이 보이기 쉬운 정도를 뜻한다.
- 색을 구분할 수 있는 식별거리와 관련이 있다.
- 명도의 영향이 가장 크다.
- 그 색의 특성에 의한 것보다는 배경과의 관계에 의해 결정된다.
- 검정색이 배경일 때 노란색 심벌이 가장 명시도가 높다.

12 ③

HSV 또는 HSB 시스템
- 색공간의 3차원 모델에 색상(Hue), 채도(Saturation), 명도(Value 또는 Brightness)의 3가지 축으로 위치시켜서, 이 3가지 값으로 색을 설명하고 측정하는 체계를 뜻한다.
- 모든 색은 3차원 공간의 중심축 주위에 배열되며 축에서 멀어지면 채도가 높아진다.
- 중심축은 명도를 나타내며 위로 가면 흰색, 아래로 가면 검정색이 된다.

13 ④

색의 중량감
- 색의 무게감은 명도의 영향을 가장 크게 받는다.
- 고명도일수록 가볍게, 저명도일수록 무겁게 느껴진다.
- 색상, 채도의 영향은 적은 편이나, 난색은 비교적 가볍고 한색은 비교적 무겁게 느껴진다.

14 ③

가시광선의 파장은 스펙트럼상에서 빨강>주황>노랑>초록>파랑>남색>보라 순이다.

15 ②

분광반사율(spectral reflection factor, 分光反射率)
물체색이 스펙트럼 효과에 의해 빛을 반사하는 각 파장별(단색광)세기를 말한다. 물체의 색은 표면에서 반사되는 빛의 각 파장별 분광 분포에 따라 여러 가지 색으로 정의되며, 조명에 따라 다른 분광반사율이 나타난다. 분광반사율의 척도는 입사한 광의 전부를 반사하는 물체의 절대반사율을 기준(100%)으로 하는데, 가시광선의 전체 파장대에 대해 이와 같은 반사 특성을 갖는 것을 완전 확산 반사면 또는 이상 확산 반사면이라고 하며, 이것의 분광반사율은 $R(\lambda)=100\%$로 반사율 측정의 표준이 된다.

16 ④

색의 연상
개인의 경험, 기억 또는 민족성, 생활환경 등의 다양한 요소에 의해 다르게 나타날 수 있으므로 시각적 표면색에만 국한되지 않는다.

17 ①

시스템 가구는 수납 기능도 높일 수 있다.

18 ④

난색이 한색보다 주목성이 높다.

19 ②

스테인드글라스는 비잔틴 양식에서 처음 사용된 후 로마네스크 시대엔 고창에 장식용으로 많이 쓰이다가 고딕 건축에 이르러 전성기를 이루게 되었다.

20 ①

투시도법의 3요소 : 시점, 대상물, 거리

21 ③

석고계 셀프 레벨링재는 물이 닿지 않는 실내에서만 사용한다.

22 ③

코펜하겐 리브
집회장, 강당, 영화관, 극장의 음향 조절재 및 일반 실내벽의 장식재로 사용되는 것으로 두께 3~5cm, 폭 10cm 정도의 긴 판에 표면을 리브로 가공한 것이다. 리브는 두꺼운 판의 표면을 자유곡면으로 파내서 수직 평행선이 되도록 만든다.

23 ④

준공도서는 설계자 및 시공자가 작성한다.

24 ②

벽량 = $\dfrac{\text{내력벽 길이 합계}}{\text{면적}} = \dfrac{4500\,\text{cm}}{300\,\text{m}^2} = 15\,\text{cm/m}^2$

25 ②

석고는 시멘트의 응결속도를 늦춘다.

26 ①

항복비=항복점/인장강도점
※ 항복비가 크면 항복점과 인장강도 사이의 격차는 작다는 뜻이다.

27 ①

목재는 금속이나 콘크리트에 비해 열전도율이 현저히 낮아서 단열효과가 크다.

28 ④

- 총공사비 : 공사 원가+부가이윤+일반관리비 부담금
- 순공사비 : 직접공사비+간접공사비
- 직접공사비 : 재료비+노무비+외주비+경비

29 ③

$\dfrac{180}{95 \times 3.15} \times 100(\%) = 60\%$

30 ④
콘크리트의 크리프는 물시멘트비가 클수록 커진다.

31 ③
외부 타일이 태양의 직사광선을 과도하게 받으면 오픈타임(부착 가능 시간)이 급격히 짧아질 수 있으므로 이에 대한 조치가 필요하다.

32 ④
초벌미장 작업 후 통풍이 과도하게 발생하면 건조에 의한 균열이 발생할 수 있다.

33 ④
인조석 정벌바름 후 숫돌로 연마해서 매끈하게 마감하는 방법을 인조석 물갈기라 한다.

34 ③
폴리에스테르 수지는 제조방법에 따라 열가소성과 열경화성 수지가 모두 존재한다.

35 ③
염화칼슘, 염화알루미늄, 염화마그네슘, 규산소다 등이 응결촉진제로 쓰이며, 카본 블랙은 착색제의 일종이다.

36 ②
이동식 비계의 안전조치
- 이동식 비계의 바퀴에는 뜻밖의 갑작스러운 이동 또는 전도를 방지하기 위하여 브레이크·쐐기 등으로 바퀴를 고정시킨 다음 비계의 일부를 견고한 시설물에 고정하거나 아웃트리거(outrigger, 전도방지용 지지대)를 설치하는 등 필요한 조치를 할 것
- 승강용 사다리는 견고하게 설치할 것
- 비계의 최상부에서 작업을 하는 경우에는 안전난간을 설치할 것
- 작업발판은 항상 수평을 유지하고 작업발판 위에서 안전난간을 딛고 작업을 하거나 받침대 또는 사다리를 사용하여 작업하지 않도록 할 것
- 작업발판의 최대 적재하중은 250kg을 초과하지 않도록 할 것

37 ①
금속 이온화 경향
칼륨(K) > 칼슘(Ca) > 나트륨(Na) > Mg(마그네슘) > Al(알루미늄) > Zn(아연) > 철(Fe)

38 ③
석재의 표면건조 포화상태 비중
$= \dfrac{400g}{450g - 300g} \fallingdotseq 2.67$

39 ③
① 담금질은 경도와 내마모성을 증가시킨다.
② 동은 산과 알칼리에 취약하다.
④ 납은 융점이 낮아 가공이 쉽다.

40 ②
버드의 재해발생 이론
통제 부족 – 기본 원인 – 직접 원인(징후) – 사고(접촉) – 상해(손실)

41 ③
① 단독주택에서 환기를 위하여 거실에 설치하는 창문 등의 면적은 그 거실의 바닥면적의 1/20 이상이어야 한다.
② 공동주택에서 채광을 위하여 거실에 설치하는 창문 등의 면적은 그 거실의 바닥면적의 1/10 이상이어야 한다.
④ 거실의 바닥면적 산정에 있어 수시로 개방할 수 있는 미닫이로 구획된 2개의 거실은 1개의 거실로 볼 수 있다.

42 ③
환기량 $Q = \dfrac{K}{C - C_0} = \dfrac{0.02 \times 10}{0.001 - 0.00035} \fallingdotseq 307.7 \text{m}^2/\text{h}$

Q : 필요환기량[m^2/h]
C : 실내허용 CO_2 농도[m^2/h]
C_0 : 외기의 CO_2 농도[m^2/h]
K : 재실 인원의 CO_2 배출량[m^2/h]

※ 1ppm = 0.000001m^3

43 ③
옥내소화전방수구는 바닥으로부터의 높이가 1.5m

이하가 되도록 설치하여야 한다.
※ 옥외 송수구는 지면으로부터 높이가 0.5m 이상 1m 이하의 위치에 설치할 것

44 ③
연기감지기 감지 방식
ⓐ 이온화식 : 감지기 안으로 유입된 연기 입자에 의한 이온전류의 변화를 감지
ⓑ 광전식 : 연기 입자에 의한 광전소자의 입사광량 변화를 감지

45 ④
방화구획의 기준

규모	구획기준	비고
10층 이하의 층	바닥면적 1000m² (3000m²) 이내마다 구획	수평 기준
수직 구획	매 층마다 구획. 다만, 지하 1층에서 지상으로 직접 연결하는 경사로 부위는 제외	
11층 이상의 층	실내마감이 불연재료인 경우 / 바닥면적 500m² (1500m²) 이내마다 구획	( ) 안 면적은 스프링클러 등 자동식 소화설비를 설치한 경우
	실내마감이 불연재료가 아닌 경우 / 바닥면적 200m² (600m²) 이내마다 구획	

46 ③
인터폰 접속방식
- 모자식 : 1대의 모기에 여러 대의 자기를 접속하는 방식. 자기끼리는 접속할 수 없다.
- 상호식 : 원하는 곳 모두 상호접속이 가능한 방식
- 복합식 : 모자식과 상호식을 결합한 방식

47 ④
지하가 중 터널로서 길이가 1000m 이상인 특정소방대상물에 연결송수관설비를 설치하여야 한다.

48 ②
대통령령으로 정하는 방염성능기준 이상의 성능을 보유하여야 하는 방염대상물품
- 창문에 설치하는 커튼류(블라인드 포함)
- 카펫, 두께가 2mm 미만인 벽지류(종이벽지 제외)
- 전시용 합판 또는 섬유판, 무대용 합판 또는 섬유판
- 암막·무대막(영화상영관과 골프연습장에 설치하는 스크린 포함)
- 섬유류 또는 합성수지류 등을 원료로 하여 제작된 소파·의자(단란주점영업, 유흥주점영업 및 노래연습장업만 해당)

49 ①
벽체의 열관류량은 실내측 표면의 열전달량과 일치하므로 다음과 같이 계산한다.
ⓐ 벽체의 열관류량 $Q = K \cdot A \cdot (t_1 - t_0)$
  K : 열관류율 [W/m²·K]
  A : 벽면적 [m²]
  t_1 : 실내온도 [℃]
  t_0 : 외기온도 [℃]
ⓑ 실내측 전달열량 $Q = \alpha \cdot A \cdot (t_1 - t_2)$
  α : 열전달률 [W/m·K]
  A : 벽과 공기의 접촉면적 [m²]
  t_1 : 실내온도 [℃]
  t_2 : 실내측 벽면온도 [℃]
ⓒ 두 계산식의 Q는 일치하므로
  $2 \times 1 \times (20-12) = 8 \times 1 \times (20-t_2)$
  $8t_2 = 160 - 16$
  $\therefore t_2 = 18℃$

50 ②
잎이 넓은 활엽수를 사용하면 여름철의 일사량을 차단할 수 있고, 겨울철에는 낙엽이 져서 일사량을 증가시킬 수 있다.

51 ④
용적률을 산정할 때 지하층의 면적은 연면적에 포함되지 않는다.

52 ④
각층 유닛방식
- 각 층, 각 구역마다 공기조화 유닛을 설치하는 방식이다.
- 조건이 다른 층 또는 구역별로 제어가 가능하다.
- 공기 조화기의 수가 많아지므로 유닛 점유면적, 설비비, 보수관리가 복잡해지는 단점이 있다.
- 외기 도입이 가능하며 외기용 공조기가 있을 경우

습도제어도 가능하다.

53 ②

연면적 10000m² 이상인 건축물(창고시설 제외) 또는 에너지를 대량으로 소비하는 건축물로서 아래에 해당하는 건축물에 급수·배수(配水)·배수(排水)·환기·난방·소화·배연·오물처리 설비 및 승강기 설비를 설치하는 경우 건축기계설비기술사 또는 공조냉동기계기술사의 협력을 받아야 한다.

기준	해당용도 바닥면적
아파트 및 연립주택	무관
냉동냉장시설·항온항습시설 또는 특수청정시설로서 당해 용도에 사용되는 건축물	500m² 이상
목욕장, 물놀이형 시설 및 수영장 (실내에 설치된 경우로 한정)	500m² 이상
기숙사, 의료시설, 유스호스텔, 숙박시설	2,000m² 이상
판매시설, 연구소, 업무시설 문화 및 집회시설(동·식물원 제외), 종교시설, 교육연구시설(연구소 제외), 장례식장	3,000m² 이상

54 ①

승용승강기 설치대수 산정 요소

건축물의 용도 - 층수(6층 이상 층) - 각 층의 거실 면적

55 ④

공동 소방안전관리자 선임대상 특정소방대상물
ⓐ 고층 건축물(지하층을 제외한 층수가 11층 이상인 건축물만 해당)
ⓑ 지하가
ⓒ 복합건축물로서 연면적 5000m² 이상인 것 또는 층수가 5층 이상인 것
ⓓ 판매시설 중 도매시장 및 소매시장
ⓔ 특급 소방안전관리대상물

56 ①

혼합공기의 온도

$$t = \frac{35℃ \times 150kg + 15℃ \times 200kg}{350kg} = 23.57℃$$

혼합공기의 습도

$$X = \frac{150kg \times 0.018kg/kg' + 200kg \times 0.008kg/kg'}{350kg}$$

$$= 0.012kg/kg'$$

57 ①

습구온도는 포화공기(상대습도 100%)가 아닐 경우 항상 증발로 인해 건구온도보다 낮다. 노점온도는 일반상태 공기가 냉각하여 포화공기가 되는 지점이므로 상대습도 100%가 되기 전까지는 건구온도 및 습구온도보다 낮다.

58 ②

형광등은 백열등이나 할로겐에 비해 램프의 휘도가 낮다.

59 ③

정측창

창턱 높이가 눈높이보다 높아야 하고 창의 상부가 천장선과 같거나 그 아래에 위치한 창. 비막이에 좋은 측창의 구조적 장점을 살리기 위하여 연직에 가까운 방향으로 설치한 창에 의한 채광법으로, 주광률 분포의 균일성이 요구되는 곳에 사용된다. 미술관, 박물관, 공장 등 시선을 분산시키지 않고 채광을 해야 할 공간에 많이 쓰인다.

60 ②

광원개수

$$N = \frac{E \times A}{F \times U \times M} = \frac{400 \times (10 \times 20)}{3000 \times 0.6 \times 0.8} ≒ 55.6$$

여기서, 형광등은 2구형이므로 등기구의 최소 개수는 56÷2=28개가 된다.

　　　E : 평균조도[lx]
　　　A : 실면적[m²]
　　　F : 개별 광원의 광속
　　　U : 조명률
　　　M : 보수율

모의고사 해설 및 정답

모의고사 해설 제2회

01 ④
실내디자인의 범위가 반드시 실내영역으로 한정되는 것은 아니다. 상점의 파사드, 주택의 서비스 야드와 같은 외부공간도 실내디자인의 범위에 포함될 수 있다.

02 ④
서비스 동선은 막히지 않고 순환되도록 구성하는 것이 좋다.

03 ②
LDK(Living Dining Kitchen)형
거실, 식당, 부엌 등이 한 곳에 합쳐진 소규모 주방 형태이다.

04 ③
배경의 중심에 있는 하나의 점은 시선을 집중시키고 정적인 효과를 느끼게 한다.

05 ③
비내력벽은 건물의 하중을 지지하지 않으면서 공간을 분리하는 칸막이 역할을 한다.

06 ④
- 디스플레이 테이블(Display Table) : 눈높이보다 낮은 진열대로 의류를 펼쳐 놓거나 작은 가구를 이용하여 진열할 때 사용한다.
- 쇼 케이스(show case) : 유리 케이스 안에 상품을 진열하여 볼 수 있도록 한 진열장. 손님을 직접 대면하여 판매하는 것은 판매원이 서 있는 안쪽이 개폐될 수 있도록 되어 있는 클로즈드 케이스를 쓴다. 셀프 서비스 또는 측면 판매용의 것은 손님에게 대면 있는 쪽의 유리가 없이, 자유로이 상품을 손으로 집어볼 수 있도록 한 오픈 케이스로 된 경우가 많다.

07 ②
침실문의 폭은 900mm~1000mm으로 한다.

08 ②
가사노동은 동선이 길면 피로해지므로 무조건 부엌이 넓은 것은 좋지 않다.

09 ③
전시공간의 규모 설정
전시방법, 목적, 자료의 크기와 수량 등에 의해 결정된다.

10 ③
유채색의 수식형용사
선명한 – vivid   흐린 – soft
탁한 – dull   밝은 – light
어두운 – dark   진(한) – deep
연(한) – pale

11 ②
㉠ 현색계(Color appearance system)
- 색 전체를 합리적으로 질서 있게 표시하고 구체적인 색표로 나타내는 시스템이다.
- 인간의 색 지각을 기초로 지각적 등보성에 근거한다.
- 구체적인 특정 착색물체를 색표 등으로 표준을 정하고 번호와 기호 등을 붙여 표시한다.
- 먼셀 색체계, NCS 색체계, PCCS 색체계, DIN 색체계 등이 해당된다.

㉡ 혼색계(Color mixing system)
- 색감각을 일으키는 빛의 특성을 3자극치의 양으로 나타내는 물리적 체계이다.
- 모든 색은 적절하게 선정된 3가지 색광을 가산혼합시켜 등색시킨다는 원리의 색광표시 체계이다.

- 정확한 측정이 가능하고 정밀한 색좌표를 구할 수 있다.
- 대표적인 것은 CIE 표준색체계이다.

12 ④
① 명암은 간상체, 색은 추상체가 지각한다.
② 추상체에는 RED, GREEN, BLUE를 지각하는 세 가지 세포가 있다.
③ 수정체는 상의 초점을 맞추어주는 역할을 한다.

13 ④
문·스펜서의 조화론
- 1944년 미국광학협회잡지에 발표된 논문으로 구성되어 있다.
- 범위·면적효과·배색의 미도 3가지로 나누어서 정량적으로 체계화한 것이다.
- 배색조화에 대한 면적비나 아름다움의 정도를 계산에 의한 계량이 가능하도록 시도했다.
- 복잡한 가운데 질서의 요소를 미(美)의 기준으로 보고, 색의 3속성을 고려한 독자적인 색공간을 가정하여 조화관계를 주장하였다.
- 정량적 취급을 위해 색채의 연상·기호·상징성과 같은 복잡한 요인은 생략, 단순화시켰다는 비판이 있다.
- 조화의 원리 : 동일 조화, 유사 조화, 대비 조화

14 ④
① 가공, 재료의 특성도 고려해야 한다.
② 색채의 재현성을 충분히 반영해야 한다.
③ 유사제품과 연계제품의 색채 관계성은 충분히 고려되어야 한다.

15 ③
제품 색채관리
㉠ 색의 결정(디자인)
㉡ 시색(발색 및 착색)
㉢ 검사(시감측색, 계기측색)
㉣ 판매(광고 및 세일즈)

16 ③
인쇄는 감법혼색에 해당된다.
※ 감법혼색 : 색을 혼합할 때, 혼합한 색이 원래의 색보다 어두워지는 혼합

17 ③
먼셀 색입체를 수평으로 절단하면 같은 명도의 색상이 나타난다.

18 ④
① 가공, 재료의 특성도 고려해야 한다.
② 색채의 재현성을 충분히 반영해야 한다.
③ 유사제품과 연계제품의 색채 관계성은 충분히 고려되어야 한다.

19 ②
이층장이나 삼층장은 주로 여성들이 여성공간인 안방에서 사용한 가구이다.

20 ④
세티(settee)
동일한 두 개의 의자를 나란히 합해 2인이 앉을 수 있도록 한 의자이다.

21 ③
공극률과 구성 입자가 작을수록 조직이 치밀해서 압축강도가 크다.

22 ①
알루미늄은 산과 알칼리 및 해수에 침식된다.

23 ②
열선 흡수 유리
보통 판 유리에 산화철, 니켈, 코발트를 첨가시켜 열 투과를 줄인 유리. 단열 유리라고도 하며 태양의 복사에너지 흡수 및 가시광선을 부드럽게 하는 특징이 있다.

24 ④
아스팔트 품질 결정 요소
침입도, 연화점, 인화점, 감온비, 신도(신율) 등

25 ②
적용바탕 조정
- 시멘트 규산칼슘판 : 합성수지 용제형 실러를 바른다.

- 회반죽, 돌로마이트 플라스터면 : 3개월 이상 건조시킨다.
- 시멘트 모르타르면 : 건조 양생 후 불량 부위를 제거하고 합성수지 용제형 실러로 보강한다.
- 철부바탕 : 오염, 부착물, 기름을 제거하고 녹떨기를 한다.

26 ①
합판 제조 방법
㉠ 로터리 베니어(Rotary Veneer)
- 원목이 회전함에 따라 넓은 기계대패로 나이테를 따라 두루마리로 연속적으로 베니어를 벗겨낸다.
- 넓은 단판을 얻을 수 있다.
- 단판이 널결만으로 되어 표면이 거칠다.

㉡ 슬라이스드 베니어(Sliced Veneer)
- 원목을 미리 적당한 각재로 만들어 얇게 절단하는 방식
- 합판 표면에 곧은결이나 널결의 아름다운 결로 장식적으로 이용한다.

㉢ 소드 베니어(Sawed Veneer)
- 판재를 만드는 것과 같이 얇게 톱으로 쪼개는 방식
- 아름다운 결을 얻을 수 있다.
- 좌우 대칭형 무늬를 만들 때에 효과적이다.

27 ①
돌로마이트 플라스터는 소석회보다 점성이 커서 풀이 필요 없다. 또한 건조수축이 커서 균열이 발생하기 쉽다.

28 ③
스트레이트 아스팔트는 온도에 의한 변화가 크므로 옥상방수에는 적합하지 않다.

29 ④
타일의 제조법교

명칭	성형 방법	제조 가능 형태	정밀도	용도
건식법	가압 성형	보통 타일	치수, 정밀도가 높다.	바닥 타일 내장 타일 모자이크 타일
습식법	압출 성형	복잡한 형태의 타일	정밀도가 낮다.	바닥 타일 외장 타일

30 ①
단백질계 접착제
- 식물성 : 대두아교, 녹말질계 접착제, 소맥단백질계 접착제
- 동물성 : 아교, 알부민, 카세인

31 ①
경석고 플라스터(킨즈 시멘트)
- 경화가 소석고에 비해 늦어서 경화촉진제를 섞어 만든다.
- 마감표면의 강도는 매우 크며 응결 시 약간 수축을 하고 응결이 느리다.
- 표면이 산성을 띠므로 작업 시 스테인리스 스틸 흙손을 사용한다.

32 ③
바탕의 초벌바름면이 거친 경우에 광택불량이 발생할 수 있다.

33 ④
① 스크래치 타일 : 표면에 나란히 홈을 내어 재질 감을 준 타일
② 태피스트리 타일 : 타일 표면에 색조와 무늬를 넣어 입체화시킨 타일
③ 천무늬 타일 : 타일 표면을 천무늬처럼 가로 세로방향으로 긁어 거친 면으로 처리한 타일
④ 보더 타일 : 긴 방향의 길이가 짧은 쪽의 3배 이상인 타일

34 ④
규산(SiO_2) 함유량 66% 이상인 화성암은 산성암으로 분류된다.

35 ③
- 벽돌량 : $224 \times 15 = 3360$장
- 모르타르량 : $\dfrac{3360}{1000} \times 0.35 = 1.176 m^3$

36 ①
② EFT(Earliest Finishing Time) : 작업을 끝낼 수 있는 가장 빠른 시각
③ C.P(주공정선) : 개시 결합점에서 종료 결합점

에 이르는 경로 중 가장 긴 경로
④ 최종 결합점에서 끝나는 작업의 EFT의 최댓값이 계산공기가 되며, 곧 최종 결합점의 LFT가 된다.

37 ②
콘크리트바탕 등의 표면 경화 불량은 두께가 2mm 이하의 경우 와이어 브러시 등으로 불량부분을 제거한다. 2mm를 넘거나 그 범위가 넓은 경우는 담당원의 지시에 따라야 한다.

38 ②
사다리식 통로 등의 폭은 30cm 이상으로 해야 한다.

39 ③
목재 접합 시 주의사항
- 응력이 작은 곳에서 접합한다.
- 단면방향은 응력에 직각되게 한다.
- 적게 깎아서 약해지지 않게 한다.
- 모양에 치우치지 않게 간단하게 한다.
- 응력이 균등하게 전달되게 한다.

40 ④
치장줄눈 시공 시 타일을 붙이고 3시간 경과한 후 줄눈파기를 하여 줄눈부분을 충분히 청소하며, 24시간이 경과 한 뒤 붙임 모르타르의 경화 정도를 봐서 작업 직전에 줄눈 바탕에 물을 뿌려 습윤케 한다.

41 ②
이중덕트방식
온·냉풍을 각각 별개의 덕트로 보내고 각 실의 분출구 바로 앞의 혼합상자에서 실온별로 혼합을 조절하여 배출하는 방식
- 전공기방식이며 부하 특성이 다른 다수의 실에서 개별 조절이 가능하다.
- 냉난방이 동시에 가능하여 계절별 전환이 필요치 않다.
- 운전보수가 용이하고 전공기 방식이므로 냉온수관, 전기배선의 실내 설치가 필요 없다.
- 설비 비용이 높고 냉·온풍의 혼합으로 인한 혼합 손실이 있어서 에너지 소비량이 크다.
- 덕트가 이중이므로 점유면적이 크다.

42 ②
인체의 열 방출 비율(단, 전도에 의한 손실이 없는 경우)
복사 45%, 대류 30%, 증발 25%

43 ④
공기 중으로 전달되는 음파의 전파속도는 주파수와 반비례한다.

44 ①
① 터보식 냉동기
- 임펠러(액체를 섞는 날개장치)의 원심력에 의해 냉매가스를 압축하는 방식
- 효율이 좋고 가격도 싸다.
- 냉매는 고압가스가 아니므로 취급이 용이하다.
- 부하가 25% 이하일 때는 운전이 불가능하여 겨울에는 주의를 요한다.
- 중·대형 규모의 중앙식 공조에서 냉방용으로 주로 사용된다.

② 흡수식 냉동기
- 저압에서 증발하는 냉매의 증발잠열을 이용하는 방식
- 증발기 내부를 5~6mmHg의 고진공 상태로 만들어 물을 냉각시킨다.
- 전기가 아닌 열에너지를 구동원으로 하므로 운전비가 저가이며 전력소비가 줄어드는 효과가 있다.
- 운전 시 소음, 진동이 없고 폐가스나 경유 등 연료사용이 용이하다.
- 설치면적, 중량이 크고 예냉시간이 오래 걸린다.
- 진공유지가 까다로우며 진공도 저하 시 용량이 감소한다.

③ 스크류식 냉동기
- 나사(screw) 모양의 암수 2개의 Rotor가 맞물려 돌아가면서 체적을 줄여 압축이 이루어지는 구조로, 왕복동에서와 같은 흡입밸브와 토출밸브가 없다.
- 왕복동식과 달리 압축이 연속적으로 이루어지며, 구동방식이 왕복운동이 아니고 회전운동이므로 고속운전이 가능하며 용량에 비해 소형이 될 수 있다.
- 진동이 적고 토출온도가 낮은 반면 발생하는 소음의 레벨은 낮지만 고주파여서 다소 불쾌하다.

④ 왕복동식 압축기
- 실린더 내에서 피스톤이 상하로 움직임으로써 압축이 이루어지는 방식
- 기통수를 변화시켜 용량을 증감할 수 있으며, 1대의 압축기로 2단 압축방식 채용도 가능하다.
- 냉매의 분해, 오일의 열화 등이 우려되며 진동이 다소 크다.

45 ④
내부 결로가 발생할 경우 벽체 내의 함수율은 높아지며 열전도율은 커진다.

46 ③
천창채광
- 창의 면이 천장의 위치에서 지면과 수평을 이루는 형태의 창이다.
- 조도분포의 균일화가 가능하며 채광량면에서 유리하다(측창의 채광량의 3배 정도).
- 인접 건물의 영향을 받지 않고 채광을 할 수 있다.
- 통풍과 열의 조절에 불리하고 강우 시 빗물이 들어올 수 있으며 조작 및 유지가 어렵다.
- 비개방적이고 폐쇄적인 느낌이 다소 들며 창 이외의 천장부분과 휘도대비가 크게 일어날 우려가 있다.

47 ④
글레어는 시선에서 30° 이내의 시야 내에서 생기기 쉬우며, 이 범위를 글레어 존(glare zone)이라고 부른다. 따라서 광원은 30° 범위 밖에 설치해야 한다.

48 ④
전도열량 $Q_c = \dfrac{\lambda}{d} \cdot A \cdot \Delta t \, (W/m \cdot K)$

λ : 열전도율$(W/m \cdot K)$ d : 벽체 두께(m)
Δt : 내외측 온도차$(℃)$ A : 벽면적(m^2)

$\therefore Q = \dfrac{0.14 W/m \cdot K \times 1.6 m^2 \times (15-5)}{0.04 m} = 56 W$

49 ③
관류는 전도, 복사 등의 복합적 작용에 의한 열 이동이다.

50 ③

sone
- 음의 대소를 나타내는 감각량의 단위
- 1000Hz, 40dB의 음압레벨을 가진 순음의 크기를 1sone으로 한다.

51 ④
장애인 의료재활시설의 경우 연면적 300m² 이상일 때 건축허가 시 미리 소방본부장 또는 소방서장의 동의를 받아야 한다.

52 ④
다음에 해당하는 건축물의 피난층 또는 피난층의 승강장으로부터 건축물의 바깥쪽에 이르는 통로에는 경사로를 설치하여야 한다.
㉠ 제1종 근린생활시설 중 지역자치센터, 파출소, 지구대, 소방서, 우체국, 방송국, 보건소, 공공도서관, 지역건강보험조합 등 동일한 건축물 안에 당해 용도에 쓰이는 바닥면적의 합계가 1000m² 미만인 것
㉡ 제1종 근린생활시설 중 마을회관, 마을공동작업소, 마을공동구판장, 변전소, 양수장, 정수장, 대피소, 공중화장실
㉢ 연면적이 5000m² 이상인 판매시설, 운수시설
㉣ 교육연구시설 중 학교
㉤ 업무시설 중 국가 또는 지방자치단체의 청사와 외국공관의 건축물로서 제1종 근린생활시설에 해당하지 않는 것
㉥ 승강기를 설치해야 하는 건축물

53 ②
소방시설의 자체점검 중 종합정밀점검대상
① 스프링클러설비가 설치된 특정소방대상물
② 물분무 등 소화설비(호스릴 방식 물분무 등 소화설비만 설치한 경우 제외)가 설치된 연면적 5000m² 이상인 특정소방대상물(단, 위험물 제조소 등은 제외)
③ 다중이용업 중 단란주점, 유흥주점, 영화상영관, 비디오물 감상실, 복합상영관, 노래연습장, 산후조리원, 고시원, 안마시술소로서 연면적이 2000m² 이상인 것
④ 제연설비가 설치된 터널
⑤ 공공기관 중 연면적이 1000m² 이상인 것으로서

옥내소화전설비 또는 자동화재탐지설비가 설치된 것. 다만, 「소방기본법」 제2조제5호에 따른 소방대가 근무하는 공공기관은 제외한다.

54 ①
- 조적식 구조 경계벽(내력벽이 아닌 그 밖의 벽을 포함)의 두께는 90mm 이상으로 하여야 한다.
- 조적식 구조 경계벽의 바로 윗층에 조적식 구조인 경계벽이나 주요 구조물을 설치하는 경우에는 해당 경계벽의 두께는 190mm 이상으로 하여야 한다. 다만, 규정에 의한 테두리보를 설치하는 경우는 제외한다.

55 ②
내화구조로 인정되는 기둥의 기준(작은 지름이 25cm 이상인 것만 해당)

해당구조		기준 두께
철근콘크리트조·철골철근콘크리트조		무관
철골조	철망모르타르로 덮을 때	6cm 이상
	경량골재 사용 시	5cm 이상
철골에 콘크리트블록·벽돌·석재로 덮은 것		7cm 이상
철골에 콘크리트로 덮은 것		5cm 이상

※ 고강도 콘크리트(설계기준강도 50MPa 이상)를 사용하는 경우 국토교통부장관이 정하여 고시하는 고강도 콘크리트 내화성능 관리기준에 적합하여야 한다.

56 ②
비상경보설비 설치 대상(모래·석재 등 불연재료 공장 및 창고시설, 위험물 저장 및 처리 시설 중 가스시설, 사람이 거주하지 않거나 벽이 없는 축사 등 동물 및 식물 관련 시설 및 지하구는 제외)
① 연면적 400㎡ 이상인 것은 모든 층
② 지하층 또는 무창층의 바닥면적이 150㎡(공연장의 경우 100㎡) 이상인 것은 모든 층
③ 지하가 중 터널로서 길이가 500m 이상인 것
④ 50명 이상의 근로자가 작업하는 옥내 작업장

57 ①
공동주택과 오피스텔의 난방설비를 개별난방방식으로 하는 경우에는 다음의 기준에 적합하여야 한다.

구분	구조 및 재료
보일러실 위치	• 거실 이외의 장소에 설치 • 보일러실과 거실 사이의 경계벽은 내화구조의 벽으로 구획(출입구 제외)
보일러실의 환기	• 보일러실 윗부분에 0.5㎡ 이상의 환기창 설치 • 윗부분과 아랫부분에 지름 10cm 이상의 공기흡입구 및 배기구를 설치(항상 개방)
기름저장소	• 기름보일러의 기름저장소는 보일러실 외의 장소에 설치
오피스텔의 난방구획	• 난방구획을 방화구획으로 구획
보일러실 연도	• 내화구조로서 공동연도로 설치할 것
보일러실과 거실 사이 출입구	• 출입구가 닫힌 경우 가스가 거실에 들어갈 수 없는 구조일 것
가스 보일러	• 중앙집중공급방식으로 공급하는 경우에는 위 규정에도 불구하고 가스관계법령이 정하는 기준에 따른다(단, 오피스텔 난방구획에 대한 규정은 동일하게 지킬 것)

58 ①
1급 소방안전관리대상물
㉠ 연면적 15000㎡ 이상인 특정소방대상물(아파트, 연립주택 제외)
㉡ ㉠에 해당하지 아니하는 특정소방대상물로서 층수가 11층 이상인 것(아파트 제외)
㉢ 30층 이상(지하층 제외)이거나 지상으로부터 높이 120m 이상인 아파트
㉣ 가연성 가스를 1천톤 이상 저장·취급하는 시설

59 ②
단독경보형 감지기 설치 대상
① 교육연구시설 내에 있는 기숙사 또는 합숙소로서 연면적 2천㎡ 미만인 것
② 수련시설 내에 있는 기숙사 또는 합숙소로서 연면적 2천㎡ 미만인 것
③ 자동화재탐지설비 설치 대상이 아닌 수련시설

(숙박시설이 있는 것만 해당)
④ 연면적 400m² 미만의 유치원
⑤ 공동주택 중 연립주택 및 다세대주택(연동형으로 설치)

60 ③

건축물 구성부재의 품질시험 실시에 따른 내화성능 기준[주거시설]

① 층수/최고높이 12/50m 초과 : 보, 기둥(3시간), 내·외부 내력벽, 바닥, 간막이벽, 샤프트실 구획벽(2시간), 지붕틀, 외벽 중 연소우려가 있는 비내력벽(1시간), 외벽 중 연소우려가 없는 비내력벽(30분)

② 층수/최고높이 12/50m 이하 : 내·외부 내력벽, 보, 기둥, 바닥(2시간), 간막이벽, 샤프트실 구획벽, 외벽 중 연소우려가 있는 비내력벽(1시간), 지붕틀, 외벽 중 연소우려가 없는 비내력벽(30분)

③ 층수/최고높이 4/20m 이하 : 내·외부 내력벽, 보, 기둥, 바닥, 간막이벽, 샤프트실 구획벽, 외벽 중 연소우려가 있는 비내력벽(1시간), 지붕틀, 외벽 중 연소우려가 없는 비내력벽(30분)

※ 보, 기둥 > 내력벽, 바닥 > 지붕틀, 비내력벽(연소우려 ○) > 비내력벽(연소우려 ×) 순으로 기억하는 것이 쉽다.

모의고사 해설 및 정답

모의고사 해설 제3회

01 ③
병렬형 주방
양쪽 벽면에 작업대를 마주보도록 배치하는 형태. 동선이 짧아지긴 하지만 돌아보는 동작이 많아서 쉽게 피로를 느낄 수 있다. 양쪽 작업대 사이 폭의 범위는 700~1100mm 정도로 한다.

02 ①
리듬
규칙적인 요소들의 반복으로 디자인에 시각적인 질서를 부여하는 통제된 운동감각을 말한다. 리듬의 원리로는 반복, 점층, 대립, 변이, 방사 등이 사용된다.

03 ①
연구소는 교육·연구시설, 호텔은 숙박시설에 해당된다.

04 ②
버내큘러 디자인(Vernacular Design)
특정 문화, 지역에서 사용하는 일상적 관습이나 풍토에 의해 자연스럽게 형성된 디자인. 한 개인의 독창적 산물이 아닌, 집단과 지역의 산물이며 생태학적 결과이므로 미적 요소보다는 기능성이 중요시되며 누가 처음 창안했다거나 세부적인 디자인 과정은 거의 알려지지 않는 특징이 있다.

05 ③
크기와 형태에 제약없이 자유로이 디자인할 수 있는 것은 고정창이다.

06 ①
② 보우 윈도우(bow window) : 곡선 형태로 볼록하게 내밀어진 창
③ 베이 윈도우(bay window) : 평면이 돌출된 형태의 창으로 장식품이나 화분을 두거나 간이 휴식공간을 마련할 수 있는 형식의 돌출창
④ 픽처 윈도우(Picture Window) : 바닥부터 천장까지 닿은 세로로 긴 창

07 ④
• 개인공간 : 침실, 서재, 어린이방, 노인침실, 작업실
• 사회공간 : 식사실, 거실, 현관, 응접실
• 노동공간 : 주방, 세탁실, 가사실, 다용도실
• 위생공간 : 화장실, 욕실

08 ①
조건 설정 단계 고려사항
의뢰인 요구사항, 의뢰인의 예산, 설계대상의 계획 목적, 공사 시기 및 기간, 기존 공간의 제한사항 및 주변 환경

09 ④
고객동선은 가급적 길게 하여 고객의 배회율을 높임으로써 충동구매를 유발하게 한다.

10 ②
① 명시성 : 두 가지 이상의 색이나 형태를 대비시켰을 때, 눈에 잘 보이는 성질
③ 메타메리즘(Metamerism, 조건등색) : 광원의 연색성과는 달리 서로 다른 두 가지 색이 하나의 광원 아래에서 같은 색으로 보이는 현상
④ 푸르킨예 현상 : 명소시에서 암소시 상태로 옮겨질 때 빨간 계통의 색은 어둡게 보이게 되고, 파랑 계통의 색은 반대로 시감도가 높아져서 밝게 보이기 시작하는 시감각에 관한 현상

11 ①
① 톤 온 톤(Tone on Tone) 배색 : 겹쳐진 톤이라는 의미로, 동일 또는 유사 색상으로 명도차를

비교적 크게 설정하는 배색을 말한다.
② 톤 인 톤(Tone in Tone) 배색 : 비슷한 톤의 조합에 의한 배색. 종래의 개념은 동일 색상을 의미했으나, 최근에는 톤을 통일하고 색상은 자유롭게 선택한 배색도 톤 인 톤으로 분류한다.
③ 리피티션(Repetition) 배색 : 체크무늬와 같이 2가지 이상 색을 반복하는 배색. 2색 간에 통일성이 결여되어도 반복을 통해 질서가 부여되는 것이 특징이다.
④ 세퍼레이션(Separation) 배색 : 조화되지 않는 2색 사이에 자극이 없는 무채색을 놓거나, 명도 또는 채도가 다른 색을 삽입하여 분리시키는 것만으로 새로운 효과를 얻는 배색을 뜻한다.

12 ④
난색은 식욕을 증진시키고, 한색은 식욕을 감퇴시키는 효과가 있다.

13 ③
명도가 가장 큰 황색이 가장 크게 보인다.

14 ③
비렌의 색과 형
- 적색 – 정사각형
- 주황색 – 직사각형
- 녹색 – 육각형
- 노랑 – 삼각형
- 파랑 – 원(운동감 부여)
- 보라 – 타원

15 ②

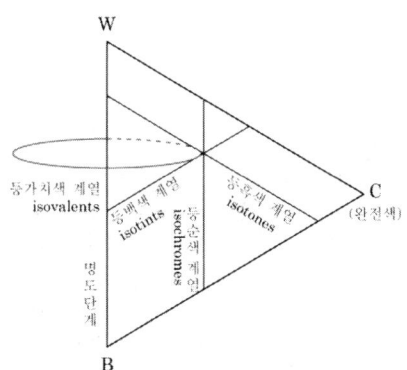

16 ①
CIE LAB 모형
- CIE에서 제정한 균등 색공간(CIE L*a*b* 색공간)에 의한 색채 형식이다.
- L은 명도, a는 빨강과 녹색의 보색, b는 노랑과 파랑의 보색 축으로 색을 표시한다.
- L=100은 흰색, L=0은 검정이 된다.
- +a는 빨강, -a는 녹색, +b는 노랑, -b는 파랑이 되며 중심에서 멀어질수록 채도가 높아진다.
- 이 형식은 RGB와 CMYK의 범위를 모두 포함하고 있으며 더 광범위하다.

17 ③
HSV 또는 HSB 시스템
ⓐ 색공간의 3차원 모델에 색상(Hue), 채도(Saturation), 명도(Value 또는 Brightness)의 3가지 축으로 위치시켜서, 이 3가지 값으로 색을 설명하고 측정하는 체계를 뜻한다.
ⓑ 모든 색은 3차원 공간의 중심축 주위에 0~360°로 배열되며 축에서 멀어지면 채도가 높아진다.
ⓒ 중심축은 명도를 나타내며 위로 가면 흰색, 아래로 가면 검정이 된다.

18 ④
① prussian blue : 어두운 색조의 청색으로 '프러시아의 청색'이라는 뜻이다. 18세기에 독일의 물감제조업자가 지은 색명이 일반화되었다고 알려져 있다.
② peach : 잘 익은 복숭아 속처럼 적색을 띤 밝은 황색
③ cobalt blue : 청색 안료, 코발트 염 및 알루미늄 염의 혼합 분말을 가열하면 고상반응으로 생성된다.
④ salmon pink : 연어살의 분홍빛

19 ①

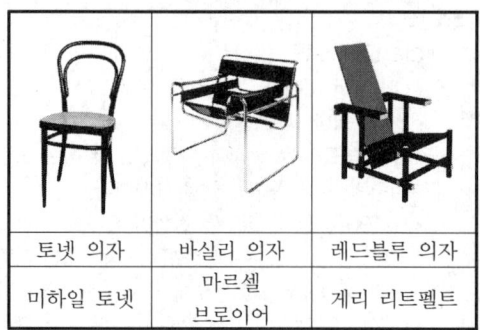

토넷 의자	바실리 의자	레드블루 의자
미하일 토넷	마르셀 브로이어	게리 리트펠트

20 ④

유닛 가구
디자인이나 치수를 조정하여 1세트로 조합된 형태로 책꽂이와 컴퓨터 책상, 수납장, 의자 등이 사용자의 편의에 맞게 위치를 변경하여 효율적으로 배치될 수 있다.

21 ③

스테인리스강
- 크롬과 니켈을 첨가하여 내식성과 내열성을 높이고 기계적 성질을 개선한 비자성강이다.
- 내식성, 내마모성이 우수하고 강도가 높으며, 장식적으로도 광택이 미려하다.
- 건축 내·외장재, 창호재, 설비재, 위생기구, 주방용품으로 널리 쓰인다.
- 크롬과 니켈의 함유량에 따라 다양한 종류로 구분되어 쓰인다.

22 ②

한중 콘크리트 시공
- 콘크리트 타설 시 온도는 10℃ 이상이어야 한다.
- 사용 수량은 가능한 한 적게 하며 시멘트 중량의 1% 이내 범위에서 염화칼슘을 가하거나 AE제를 사용하는 것이 좋다.
- 물과 골재는 가열하는 것이 가능하지만 시멘트를 가열해서 사용하면 안 된다.
- 빙설이 섞여 있거나 동결해가 있는 골재는 그대로 사용할 수 없다.

23 ②

① C_3S : $3CaO(C_3) \cdot SiO_2(S)$의 조성을 갖는 성분으로 시멘트의 빠른 응결에 영향을 준다. 주로 조강시멘트 계열에 많이 포함된다.
② C_2S : 시멘트가 응결하는 데 가장 중요한 성분으로 $2CaO \cdot SiO_2$의 조성으로 되어 있다. 시멘트 성분 중 C_3S와 함께 가장 함량이 높으며 이 성분이 많을수록 수화열이 적고 장기강도와 내화학성이 증가된다. 중용열시멘트에 많이 포함된다.
③ C_4AF : $4Al_2O_3 \cdot Fe_2O_3$의 조성으로 되어 있다. 이 성분이 과다하면 급결의 원인이 되어 균열을 초래할 수 있으며 이를 조절하기 위해서 석고를 사용한다.
④ C_3A : 조성 성분은 $3CaO \cdot Al_2O_3$로 초급결성을 가지고 있다.

24 ②

생석회
산화칼슘(CaO)의 관용 명칭. 석회석($CaCO_3$)을 900~1200℃에서 열분해(소성)하여 만든다. 흡습성이 강하고 수화 시 발열하며 부피가 늘어나므로 저장 및 사용 시 주의가 요구된다. 생석회에 물을 첨가하면 소석회($Ca(OH)_2$)가 된다.

25 ④

보통유리의 성분인 산화제2철이 피부암 등을 유발하는 자외선을 대부분 흡수하고 가시광선을 90% 이상 통과시키므로 채광용 창유리로 사용하기에 적합하다.

26 ③

일반적으로 널결이 곧은결에 비해 신축변화가 크다.

27 ②

점판암
이질 또는 점토질의 퇴적암 또는 세립의 응회암 등이 잘 발달한 편리를 나타내고 편리를 따라 박판상으로 쪼개지는 성질을 가진 암석을 말한다. 천연 슬레이트라고도 하며 납작한 박판으로 쪼개지는 성질을 이용하여 기와나 석반(石盤) 등으로 쓰이고 방수성이 좋아서 지붕, 벽 재료로 쓰인다.

28 ①
치오콜
코킹재의 일종으로 미국의 티오콜케미컬 회사에서 제조되고 있는 합성고무의 상품명이다. 내유성은 우수하지만 기계적 성질이 그다지 좋지 않으며, 특히 악취가 나는 결점이 있다. 페놀 수지·에폭시 수지와 병용되기도 한다. 금속산화물·금속과산화물 등으로 가황하여 송유 호스·접착제 등으로 사용된다.

29 ④
대리석
- 광택과 빛깔, 무늬가 아름다워 장식용, 조각용으로 사용된다.
- 산과 열에 약하고, 내구성이 적어 내장재로 사용된다.
- 대리석 붙이기 공사에는 주로 석고 모르타르가 사용된다.

30 ④
벽돌 품질(2019. 11 개정)
- 1종 벽돌 : 압축강도 24.50N/mm² 이상, 흡수율 10% 이하
- 2종 벽돌 : 압축강도 14.79N/mm² 이상, 흡수율 15% 이하

31 ④
푸란 수지 바름바닥은 탄력성이 부족하여 도장 이후 충격이 발생하는 체육관 바닥엔 부적합하다.

32 ④
백화현상
벽체의 표면에 흰 가루가 생기는 현상
㉠ 원인
- 재료 및 시공의 불량
- 모르타르 채워넣기 부족으로 빗물침투에 의한 화학반응(빗물+소석회+탄산가스)

㉡ 대책
- 소성이 잘 된 벽돌을 사용한다.
- 벽돌표면에 파라핀 도료를 발라 염류 유출을 방지한다.
- 줄눈에 방수제를 발라 밀실 시공한다.
- 비막이를 설치하여 물과의 접촉을 최소화시킨다.

33 ④
모르타르 바름의 정벌바름은 초벌바름보다 빈배합으로 한다.
※ 빈배합 : 재료량이 적은 배합(↔ 부배합)

34 ③
각 회의 스프레이 방향은 전회의 방향에 직각으로 진행한다.

35 ④
① 시멘트벽돌 : 5%
② 이형철근 : 3%
③ 시멘트 블록 : 4%

36 ③
건축물 등의 바깥쪽으로 설치하는 경우 추락방호망의 내민 길이는 벽면으로부터 3미터 이상 되도록 할 것

37 ③
$$\frac{6\text{m}^2}{(0.108+0.005)^2} = 470\text{장}$$

38 ①
횡선식 공정표는 작업 상호 간의 관계가 불분명하고, 작업 상호 간의 유기적인 관련성과 종속관계 파악이 어렵다.

39 ②
용제형 도막방수
천연 또는 합성고무를 휘발성 용제에 녹여서 여러 번 칠하여 두께 0.5~0.8mm 정도의 방수피막을 형성하는 공법. 시공이 용이하고 착색이 자유롭지만 충격에 취약해서 보호층이 필요하다.

40 ①
안장쇠는 큰 보에 걸쳐 작은 보를 받게 하고, 감잡이쇠는 평보와 대공의 접합 또는 평보와 ㅅ자보의 밑에 쓰인다.

41 ①

① 광창 조명 : 벽면에 광원을 설치하고 전면을 반투명 확산재료로 가려서 눈부심을 줄이는 조명 방식. 지하철 광고판 등에서 볼 수 있다.
② 광천장 조명 : 확산투과성 플라스틱판이나 루버로 천장을 마감하여 그 속에 전등을 넣은 방법이다. 그림자 없는 쾌적한 빛을 얻을 수 있다. 마감재료의 설치 방법에 따라 변화있는 인테리어 분위기를 연출할 수 있다.
③ 코니스 조명 : 벽면의 상부에 위치하여 모든 빛이 아래로 직사하며 벽체를 씻어주는 효과를 얻는 조명방식
④ 캐노피 조명 : 사용자의 얼굴에 적당한 조도를 주기 위해 벽면이나 천장면의 일부를 돌출시켜 조명을 설치하며 강한 조명을 아래로 비춘다. 카운터 상부, 욕실의 세면대, 드레스 룸에 설치된다.

42 ①
① 광도 : 점광원으로부터 나오는 단위 입체각당 발산 광속
② 조도 : 단위 평면 위에 입사하는 빛의 양
③ 광속발산도 : 단위 표면적당 표면에서 반사 또는 방출되는 빛의 양
④ 휘도 : 광원의 단위 면적당 밝기의 정도

43 ①

내단열	• 건물 내부 표면에 단열재를 설치하는 방식 • 실내온도가 비교적 높고 단시간 간헐난방을 하는 곳에 적합하다. • 시공은 가장 간편하나 내부결로 발생의 우려가 크다. • 타임 래그가 짧고 실온변동이 크며, 열교현상으로 인해 국부적 열손실이 발생한다.
중단열	• 공간쌓기와 같이 벽체 중앙에 단열재를 설치하는 공법이다. • 단열재 양쪽에 벽체가 시공되므로 별도의 마감은 필요 없으나 벽이 두꺼워진다.
외단열	• 구조체의 외기측에 단열재를 설치하는 방식이다. • 실온변동이 작고 타임 래그가 길며 내부결로 위험이 적다. • 일체화된 시공으로 열교현상은 잘 일어나지 않는다. • 시공은 까다롭지만 열에너지 효율상 유리하다.

44 ④
방습층 설치는 결로에 의한 곰팡이 형성을 억제하는 수단이 될 수 있지만 적극적인 결로 억제방법은 아니다.

45 ③
결합 통기관
• 배수 수직관 내 압력변화를 방지 및 완화시키기 위해, 배수 수직관과 통기 수직관을 접속하는 통기관
• 주로 고층 건물에서 5개 층마다 설치하여 배수 수직주관의 통기를 촉진한다.
• 관경은 최소 50mm 이상, 통기수직관과 동일 관경 이상으로 한다.

46 ②
다익형
날개의 끝부분이 회전방향으로 굽은 전곡형으로, 동일 용량에 대해서 다른 형식에 비해 회전수가 상당히 적다. 동일 용량에 송풍기 크기가 작은 팬코일 유닛(FCU) 등에 적합하며, 저속덕트용 송풍기이다.

47 ④
① 단로스위치 : 1개 지점에서 ON, OFF가 이루어지는 1회선 스위치
② 절환스위치 : 전기회로의 절환에 사용되는 스위치로, 로터리 스위치처럼 다접점, 다회로는 많지 않다. 약전용의 초소형부터 전등회로에 사용하는 3로 스위치, 전열기의 전력 절환 스위치 등이 있다.
③ 누전차단기 : 기기의 내부에서 누전사고가 발생했을 때나 외부 상자나 프레임 등에 접촉할 때 감전하는 것을 예방하기 위하여 사용한다. 전류 동작형과 전압 동작형이 있다.
④ 과전류차단기 : 전기회로에 정격전류 이상의 전류가 흐를 때 이로 인한 사고를 예방하기 위해 전류의 흐름을 끊는 기계이다. 퓨즈와 같은 용도로 사용되나 퓨즈는 한번 작동되면 새로운 것으로 대치해야 하지만 누전차단기는 계속 사용할 수 있는 장점이 있다. 사용 용도에 따라 가정용에서부터 고압용까지 여러 종류의 차단기가 있다.

48 ③
열관류율(K)을 먼저 구하고 손실열량을 계산한다.
① 열관류율(K)

$$= \cfrac{1}{\cfrac{1}{a_1}+\cfrac{d}{\lambda}+\cfrac{1}{a_2}} \text{W/m}^2 \cdot \text{K}$$

$$= \cfrac{1}{\cfrac{1}{11}+\cfrac{0.2}{1.56}+\cfrac{1}{22}} = 3.8 \text{W/m}^2 \cdot \text{K}$$

  a : 열전달률(W/m² · K)
  λ : 열전도율(W/m² · K)
  d : 두께(m)
② 손실열량
  $Q = K \cdot A \cdot \Delta t$
   $= 3.8 \times 1 \times (20-2) = 68.4 \text{W/m}^2$
  K : 열관류율(W/m² · K) A : 표면적(m²)
  Δtt : 온도차

49 ④
- 정상소음 : 음압 레벨의 변동폭이 좁고, 음의 크기가 변동하고 있다고 생각되지 않는 종류의 소음
- 간헐소음 : 일정 시간 동안 발생과 멈춤을 규칙 혹은 불규칙하게 반복하는 시간적 패턴의 소음
- 변동소음 : 소음 레벨이 시간적으로 일정하지 않고 연속적으로 상당한 범위에 걸쳐 변화하는 소음
- 충격소음 : 물리적 충격에 의해 발생하는 소음
- 생활소음 : 일상생활 중 발생하는 다양한 소음. 차량 및 사람의 이동소음, 확성기 소음, 공사소음, 항공기 소음 등

50 ①
마스킹 효과(Masking Effect)
어떤 음이 다른 음에 의해 들리지 않거나 약해지는 현상

51 ④
피난기구는 특정소방대상물의 모든 층에 화재안전기준에 적합한 것으로 설치해야 한다. 다만, 피난층, 지상 1층, 지상 2층(노유자 시설 중 피난층이 아닌 지상 1층과 피난층이 아닌 지상 2층은 제외), 층수가 11층 이상인 층과 위험물 저장 및 처리시설 중 가스시설, 지하가 중 터널 및 지하구의 경우에는 그렇지 않다.

52 ②
계단 유효너비 · 단높이 · 단너비

구분	계단 및 계단참 유효너비	단높이	단너비
초등학교	150cm 이상	16cm 이하	26cm 이상
중, 고등학교	150cm 이상	18cm 이하	26cm 이상
• 문화 및 집회시설(공연장, 집회장, 관람장) • 판매시설(기타 이와 유사한 용도)	120cm 이상	–	–
• 윗층 거실 바닥면적 합계가 200m² 이상 • 거실 바닥면적 합계가 100m² 이상인 지하층	120cm 이상	–	–
기타의 계단	60cm 이상	–	–

53 ④
건축물의 사용승인 시 소재지 관할 소방본부장 또는 소방서장이 사용승인에 동의를 한 것으로 갈음할 수 있다. 이 경우 건축허가 등의 권한이 있는 행정기관은 소방시설공사의 완공검사증명서를 확인하여야 한다.

54 ②
소방용품
소방시설 등을 구성하거나 소방용으로 사용되는 제품 또는 기기로서 대통령령으로 정하는 것

55 ②
특정소방대상물에 설치된 전기실·발전실·변전실·축전지실·통신기기실 또는 전산실, 그 밖에 이와 비슷한 것으로서 바닥면적이 300m² 이상인 경우 물분무 등 소화설비를 설치해야 한다. 다만, 내화구조로 된 공정제어실 내에 설치된 주조정실로서 양압시설(외부 오염 공기 침투를 차단하고 내부의 나쁜 공기가 자연스럽게 외부로 흐를 수 있도록 한 시설)이 설치되고 전기기기에 220볼트 이하인 저전압이 사용되며 종업원이 24시간 상주하는 곳은 제외한다.

56 ①
건축물에 설치하는 급수·배수 등의 용도로 쓰는 배관설비는 다음 기준에 적합하여야 한다.
- 배관설비를 콘크리트에 묻는 경우 부식의 우려가 있는 재료는 부식방지조치를 할 것
- 건축물의 주요 부분을 관통하여 배관하는 경우에는 건축물의 구조내력에 지장이 없도록 할 것
- 승강기의 승강로 안에는 승강기의 운행에 필요한 배관설비 외의 배관설비를 설치하지 아니할 것
- 압력탱크 및 급탕설비에는 폭발 등의 위험을 막을 수 있는 시설을 설치할 것

57 ②
피난계단의 계단실 출입구는 60분 방화문 또는 60분+방화문을 설치해야 한다.

58 ①
5층 이상인 층이 제2종 근린생활시설 중 공연장·종교집회장·인터넷컴퓨터게임시설제공업소(해당 용도로 쓰는 바닥면적의 합계가 각각 300m² 이상인 경우만 해당), 문화 및 집회시설(전시장 및 동·식물원 제외), 종교시설, 판매시설, 위락시설 중 주점영업 또는 장례시설의 용도로 쓰는 경우에는 피난 용도로 쓸 수 있는 광장을 옥상에 설치하여야 한다.

59 ③
비상탈출구는 출입구로부터 3미터 이상 떨어진 곳에 설치하여야 한다.

60 ①
벽돌조 벽체는 두께 19cm 이상이어야 내화구조로 인정된다.

모의고사 해설 및 정답

모의고사 해설 제4회

01 ③
사용 후 평가는 사용자가 충분한 시간을 거주 및 사용한 후 평가한다.

02 ②
가전제품류, 조명기구, 스크린(병풍) 등은 생활에 필요한 실용적 기능과 장식적 효과가 모두 고려되는 실내장식물이다.

03 ③
질감(Texture)
손으로 만지면 어떤 느낌이 든다는 것을 경험을 통해 알고 있는데 이것이 물체의 질감이다. 질감은 재료로서 구체화되기 때문에 재질에 대한 감각적 체험이 중요하다. 질감 선택 시 촉감, 스케일, 빛의 반사와 흡수 등을 고려한다.

04 ①
선의 종류와 느낌
- 직선
  ⓐ 수평선 : 안정, 평화, 침착, 정적, 무한, 평등
  ⓑ 수직선 : 엄격성, 위엄성, 절대, 위험, 단정, 신앙, 고상함
  ⓒ 사선 : 차가움과 따뜻함이 포함된 운동성(약동감)을 나타내며 불안정한 느낌을 준다.(운동, 변화, 반항, 공간감)
- 곡선 : 우아하고 여성적 이미지를 가지며 유연성을 갖고 감정적이다.

05 ④
① 천장은 수평적 요소이다.
② 천장은 바닥이나 벽에 비해 접촉빈도가 거의 없다.
③ 천장은 시대와 양식에 의한 변화가 현저한데 비해 바닥은 매우 고정적이다.

06 ①
ㄱ자형 부엌의 규모는 개수대, 가열대, 준비대(냉장고)의 중심을 정점으로 하는 작업삼각형의 길이를 5m 내외로 하는 것이 적합하다.

07 ②
하모니카 전시
전시평면이 하모니카 흡입구처럼 동일한 공간으로 연속되어 배치되는 전시기법으로 전시내용이 통일된 형식 속에서 반복되어 나타나는 방법으로 동일 종류의 전시물을 전시할 때 유리하다.

08 ①
현실적 형태
우리의 주변에서 우리가 지각하여 얻는 형태를 말하며 자연적, 인위적 형태 모두를 포함한다.
ⓐ 자연적 형태 : 자연물과 같이 불변의 상태에 머물러 있지 않고 항상 변화하며 운동하고 있는 형태
ⓑ 인위적 형태 : 사용자의 요구로 형성된 타율적·인공적 형태로 그것이 속한 시대성을 가지며 재료와 함께 이것을 처리하는 기술이 요구된다.

09 ③
내부 조도를 외부 도로면의 조도보다 밝게 처리한다.

10 ①
시스템 가구
원하는 형태로 분해, 조립이 용이하게 만든 가변적 가구를 뜻한다.
- 넓은 공간에 다양한 배치가 가능하고 가구배치계획에 합리성을 부여한다.
- 동선흐름에 근거한 배치를 통해 명확한 공간구분이 가능하다.

11 ②
안전색채
- 빨강 : 방화(소화기·소화전), 금지(바리케이드), 정지(긴급 정지버튼)
- 주황 : 위험(위험표지, 기계 안전커버 내면)
- 노랑 : 주의(장애물, 과속 방지턱), 명시(출구)
  ※ 검정 : 노랑과 주황을 눈에 잘 띄게 하는 배경, 보호색으로 사용
- 녹색 : 안전(안전 깃발), 구급(구급상자, 보호구 상자), 피난(비상구)
- 파랑 : 지시(주차 방향, 소재 표시), 주의(수리 중)
- 자주 : 방사능

12 ①
색입체를 수직면으로 자르면 무채색 축 좌우에 등색상면이 보이고 수평으로 자르면 등명도면이 보인다.

13 ①
오스트발트 표색계의 무채색 색량 기호는 W에서 B 방향으로 a, c, e, g, i, l, n, p로 나누어 표기한다.

14 ①
유채색의 수식형용사(KS 기준)
선명한 – vivid, 흐린 – soft, 탁한 – dull, 밝은 – light, 어두운 – dark, 진(한) – deep, 연(한) – pale

15 ①
- 디바이스 독립 색체계 : 인간의 시감각으로 감지할 수 있는 모든 색의 영역을 100% 사용하여 정의할 수 있는 색채공간을 말한다. CIE XYZ 색체계가 여기에 해당된다.
- CIE XYZ 색체계
  ㉠ RGB 색체계는 실재하는 3개의 단색광을 원자극으로 하지만 순도가 높은 색에 대해서 3자극치가 음수가 되는 등 취급이 불편하다.
  ㉡ 따라서 기준이 되는 광원의 분광특성과 눈의 분광감도를 규정하고 물체의 분광반사율에 따라 색을 표시하는 방법을 규정한 XYZ 색체계를 제정하여 공업제품의 색채관리와 색채연구 분야에 널리 쓰이고 있다.

16 ③
공감각
- 어떤 감각기관에 주어진 자극으로 인해 다른 감각기관도 반응을 일으키는 것을 말한다.
- 어느 특정 음을 들으면 일정 색이 떠오르는 것을 색청(color-hearing)이라 하며, 어느 색을 보면 음이 느껴지는 것을 음시(音視)라고 한다.
- 난색·한색의 연상 또는 노랑에서 과일의 신맛을 느끼는 것도 공감각에 해당된다.

17 ③
병치가법혼색
서로 다른 색이 조밀하게 병치되어 있어 서로 혼합되어 보이는 현상. 점묘파 화가인 쇠라, 시냐이 사용했던 기법으로 사진인쇄, TV 등에서 사용한다.

18 ③
① 판톤 의자 – 베르너 판톤
② 적청 의자 – 게리 리트펠트
④ 바르셀로나 의자 – 미스 반 데어 로에

19 ①
렌더링(rendering)
표현, 묘사, 연출이라는 뜻으로 디자인한 제품의 완성 상태를 예상하여 실물처럼 표현하는 작업을 뜻한다. 간단한 자료로 프로토타입을 제작하지 않고도 형상과 재질, 색채 등을 확인할 수 있다.

20 ②
고딕 양식의 주요 요소
첨두아치, 리브볼트, 플라잉 버트레스, 트레이서리
※ 돔은 고딕 양식 건축물에서 거의 쓰이지 않았다.

21 ③
망입유리
- 용융유리 사이에 금속그물을 넣어 롤러로 압연하여 만든 판유리
- 철, 황동, 아연, 알루미늄 등의 금속선을 사용한다.

22 ④
줄눈대(metallic joiner)
인조석 갈기 및 테라조 현장갈기 등에 사용되는 줄눈철물로 균열 방지 및 의장 효과를 위해 구획하는

역할을 한다.

23 ②
암면
안산암, 현무암 등의 암석이나 니켈, 망가니즈의 광재 등의 혼합물에 석회석을 섞은 것을 원료로 한다. 경량이고 내화성이 우수하며, 열전도율은 작고 흡음률이 높아서 단열재 및 흡음재로서 널리 쓰인다.

24 ①
에폭시 도막방수
내약품성, 내마모성이 좋아서 화학공장의 방수층을 겸한 마무리재로 쓰인다. 바탕 콘크리트의 균열보수나 다른 방수 공법의 보조재로 쓰이기도 하며, 접착성이 있어 시트 방수의 접착제로도 사용된다.

25 ③
돌로마이터 플라스터 바름
ⓐ 원료 : 돌로마이트(마그네시아 석회)+모래+여물
ⓑ 점성이 높아서 풀을 혼합할 필요가 없으며, 응결시간이 비교적 긴 편이다.
ⓒ 건조수축이 커서 균열이 생기므로 여물을 사용한다.
ⓓ 습기 및 물에 약해 지하실에는 사용하지 않는다.

26 ①
미장재료의 분류
ⓐ 기경성 미장재료 : 공기 중의 탄산가스와 반응하여 경화하는 재료
　- 진흙질, 회반죽, 돌로마이트 플라스터
ⓑ 수경성 미장재료 : 물과 작용하여 경화하고 차차 강도가 커지는 재료
　- 석고 플라스터, 무수석고(경석고) 플라스터, 시멘트 모르타르, 인조석 바름

27 ②
• 시유 : 점토제품에 유약을 바르는 작업을 말한다. 일반적으로는 초벌 후 유약을 바른 뒤 재벌을 하며, 경우에 따라서는 초벌 전에 바르기도 한다.
• 점토제품의 제조 공정 : 원료조합 → 반죽 → 숙성 → 건조 → 성형 → 시유 → 소성
• 건조된 제품에 시유를 한 후 소성을 하는 것이 기본 공정이지만, 1차 소성을 먼저 한 후에 시유하여 재소성 할 수도 있다.

28 ③
목재의 강도는 섬유포화점 이상에서 일정하며, 그 이하에서는 함수율이 감소하면 강도가 증가한다.

29 ②
안장쇠는 큰 보에 걸쳐 작은 보를 받게 하고, 감잡이쇠는 평보를 대공에 달아매는 경우 또는 평보와 ㅅ자보의 밑에 쓰인다.

30 ②
시트 방수
합성고무나 합성수지, 또는 개량 아스팔트를 주원료로 만든 방수 시트를 겹쳐 붙여서 방수층을 형성하는 공법
• 제품이 규격화되어 두께가 균일한 면을 얻을 수 있다.
• 시공이 신속하여 공기가 단축된다.
• 누수 발생 시 국부적인 보수가 어렵다.
• 시트 상호 간 이음부위의 결함이 우려된다.

31 ②
내민 길이는 벽면으로부터 2미터 이상으로 한다.

32 ①
네트워크 공정표의 장단점
• 장점
　ⓐ 공사계획의 전모와 공사 전체의 파악이 용이하다.
　ⓑ 각 작업의 흐름을 분해하여 작업 상호관계가 명확하게 표시된다.
　ⓒ 계획단계에서 문제점이 파악되므로 작업 전에 수정이 가능하다.
　ⓓ 주공정선(C.P)이 명확하고, 각 작업의 여유산출이 가능하다.
• 단점
　ⓐ 작성시간이 오래 걸린다.
　ⓑ 작성 및 검사에 특별한 지식이 요구된다.
　ⓒ 기법의 표현상 세분화에 한계가 있다.

33 ④

석회는 빗물을 만나 백화를 형성하게 되므로, 줄눈에 방수제를 발라 밀실 시공해야 한다.

34 ③
- 질석 모르타르 : 경량구조용
- 아스팔트 모르타르 : 내산성 바닥용
- 바라이트 모르타르 : 방사선 차단용
- 합성수지 모르타르 : 광택용
- 석면 모르타르 : 단열, 균열 방지용

35 ③
카세인(Casein)
동물성 단백질계 접착제로 목재용 접착제나 수성 페인트의 원료로 쓰인다.

36 ①
바니시칠 일반 순서
바탕처리 → 눈먹임 → 색올림 → 왁스 문지름

37 ④
클리어 래커
- 안료를 섞지 않은 투명 래커로, 목재면의 투명 도장용으로 쓰인다.
- 도막이 얇지만, 견고하고 광택이 좋다.
- 내수성 및 내알칼리성은 큰 편이나, 내후성이 낮아서 내부용 위주로 쓰인다.

38 ①
워시 프라이머(wash primer)
합성수지(비닐부티랄 수지)의 용액에 소량의 안료와 인산을 첨가한 도료. 철면에 도장하여 금속표면 처리와 녹 방지 도막 형성을 동시에 할 수 있다.

39 ④
점토재료의 분류

	토기	도기	석기	자기
소성 온도	790 ~1000℃	1100 ~1230℃	1160 ~1350℃	1230 ~1460℃
흡수율	20%	10%	3~10%	0~1%
제품	기와, 벽돌, 토관	타일, 위생도기	경질기와, 도관 바닥용타일	자기질 타일 모자이크 타일

40 ④
$$\frac{2000\text{kg}}{1,000\text{L} \times 3.15\text{kg}} \times 100(\%) = 약\ 63.5\%$$

41 ③
승강기 등 기계장치에 의한 주차시설의 소방본부장 또는 소방서장 동의 대상은 자동차 20대 이상이다.

42 ③
벽돌조 벽체는 두께가 19cm 이상이어야 내화구조로 인정된다.

43 ②
계단실의 실내에 접하는 부분의 마감은 불연재료로 할 것

44 ②
방화구획이란 건축물에 화재 발생 시 화재가 건물 전체로 확산되지 않도록 내부공간을 구획하는 것을 뜻한다.

45 ①
피난구조설비를 구성하는 제품 또는 기기
- 피난사다리, 구조대, 완강기(간이완강기 및 지지대 포함)
- 공기호흡기(충전기 포함), 피난구유도등, 통로유도등, 객석유도등 및 예비 전원이 내장된 비상조명등

46 ③
방염성능기준 이상의 실내장식물 등을 설치하여야 하는 특정소방대상물
㉠ 근린생활시설 중 의원, 조산원, 산후조리원, 체력단련장, 공연장 및 종교집회장
㉡ 건축물의 옥내에 있는 시설로서 문화 및 집회시설, 종교시설, 운동시설(수영장은 제외)
㉢ 의료시설, 노유자시설 및 숙박이 가능한 수련시설, 숙박시설
㉣ 방송통신시설 중 방송국 및 촬영소, 다중이용업소, 교육연구시설 중 합숙소
㉤ ㉠~㉣에 해당하지 않는 것으로서 11층 이상인 것(아파트는 제외)

47 ④

거실의 채광 및 환기 등을 위한 창문 등의 면적 기준

구분	건축물의 용도	창문 등의 면적	예외규정
채광	• 단독주택의 거실 • 공동주택의 거실 • 학교의 교실 • 의료시설의 병실 • 숙박시설의 객실	거실바닥 면적의 1/10 이상	거실의 용도에 따른 규정의 조도 이상의 조명
환기		거실바닥 면적의 1/20 이상	기계장치 및 중앙관리방식의 공기조화설비를 설치한 경우

48 ③

소방시설의 분류
- 소화설비 : 소화기, 옥내소화전, 옥외소화전, 스프링클러, 물분무 등 설비(가스계 소화설비)
- 경보설비 : 자동화재탐지설비, 자동화재속보설비, 비상방송설비, 비상경보설비, 누전경보기
- 피난구조설비 : 피난기구, 유도등, 비상조명등
- 소화용수설비 : 상수도소화용수, 소화수조
- 소화활동설비 : 제연설비, 연결송수관설비, 연결살수설비, 무선통신보조설비, 비상콘센트설비

49 ①

일사 차폐물에 의해 차폐된 후의 실내에 침입하는 일사열의 비율을 일사 차폐계수라 한다. 흡열성능이 있는 유리는 모두 기준이 되는 3mm 두께의 보통유리보다 차폐계수가 낮아진다.

50 ②

① 팬형 취출구 : 천장용 취출구. 1매의 평판을 가지고 급기를 수평방향으로 바꾸어 주위로 취출하는 형식이다.
② 머시룸형 흡입구 : 버섯모양의 흡입구. 철물이나 두꺼운 철판으로 만든 원형 흡입구로 극장 등의 좌석 밑에 설치하여 바닥면의 오염공기 및 먼지를 흡입하고 기류가 침체되는 걸 방지한다.
③ 브리즈 라인형 : 가늘고 긴 선형 취출구. 천장에 설치하여 기류를 수직으로 하강시키고, 속날개를 경사시키면 기류에 약간의 각도가 만들어진다.
④ 아네모스탯형 : 여러 개의 뿔형 날개로 구성되어 있는 것으로 1차 공기에 의한 2차 공기의 유인 성능이 좋고 풍속의 조절범위가 넓고 유도비가 높아 취출풍속이 크다. 확산반경이 크고 도달거리가 짧기 때문에 천장 취출구로 많이 사용된다.

51 ③

천창채광
- 창의 면창이다. 이 천장의 위치에서 지면과 수평을 이루는 형태의
- 조도분포가 균일해지며 많은 빛을 받아들일 수 있다(측창 채광량의 3배 정도).
- 근린 환경이나 인접 건물의 영향을 받지 않고 채광을 할 수 있다
- 통풍과 열의 조절, 빗물 차단에 불리하고 조작 및 유지가 어렵다.
- 비개방적이고 폐쇄적인 느낌이 들어 실내가 좁아 보인다.

52 ③

정상소음
음압 레벨의 변동 폭이 좁고, 음의 크기가 변동하고 있다고 생각되지 않는 종류의 소음

53 ②

할로겐 램프(halogen lamp)
일반 백열전구에 비해 수명이 2~3배 길며 백열전구에서 종종 나타나는 유리구 내벽의 흑화현상이 발생하지 않아 광속 저하가 7% 정도로 낮다. 백열전구에 비해 1/20 정도로 크기가 작고 가볍다.

54 ④

음악감상을 주로 하는 실은 대화를 주로 하는 실보다 긴 잔향시간이 요구된다.

55 ④

단열형태의 분류
㉠ 저항형(기포형) 단열 : 기포형으로 된 단열재의 내부에서 공기를 정지시켜 대류를 막는 방식이다.
㉡ 반사형 단열 : 중공벽 내의 저온측면에 흡수율이 낮은 광택성 금속박판을 설치하여 표면저항을 높인 방식이다.
㉢ 용량형 단열 : 건축물 외피의 축열용량을 이용한 방식으로, 단위면적당 질량과 비열이 큰 재료를 건축물 외표면에 사용하여 건물 내부에 영향을

주는 시간을 지연시키는 방식이다.

56 ②

비용은 많이 들지만 위생기구마다 하나씩 통기관을 설치하는 각개 통기관 방식이 봉수 보호에 가장 이상적이다.

57 ④

전압 종별 기준
- 저압 : 직류 1500V 이하 교류 1000V 이하
- 고압 : 직류 1500V 초과 7000V 이하
  교류 1000V 초과 7000V 이하

58 ③

① 부하율 : 공급된 전기가 유효하게 사용되었는가를 나타내는 정도

$$부하율 = \frac{평균사용전력[kW]}{합성최대사용전력[kW]} \times 100\%$$

② 부등률 : 전력 소비 기기를 동시에 사용하는 정도. 항상 1보다 크며, 부등률이 클수록 설비 이용도가 크다.

$$부등률 = \frac{수용설비 각각의 최대수용전력의 합[kW]}{합성최대사용전력[kW]} \times 100\%$$

③ 수용률 : 수용 설비가 동시에 사용되는 정도. 주상변압기 등의 적정 공급 설비용량을 파악하기 위하여 사용한다.

$$수용률 = \frac{최대수용전력[kW]}{총부하설비용량[kW]} \times 100\%$$

④ 감광보상률 : 사용 중인 광원은 수명에 따라 광속이 감소하며, 표면이나 반사면의 청결상태에 의해서도 감소한다. 이 감소 비율을 감광보상률이라 하며, 보수율의 역수이다.

59 ②

$$10\log\frac{10^{-10}}{10^{-12}} = 10\log 10^2 = 20\text{dB}$$

60 ③

코니스 조명과 밸런스 조명은 벽면을 이용하는 조명방식이다.

모의고사 해설 및 정답

모의고사 해설 제5회

01 ③
실내디자인의 궁극적인 목적은 인간이 거주하는 공간의 기능성과 쾌적함을 추구하는 것이다.

02 ①
② 시스템 가구(system furniture)는 모듈러 계획의 일종으로 대량생산이 용이하고 시공 기간 단축 및 공사비 절감의 효과를 가질 수 있다.
③ 시스템 키친(system kitchen)은 주부의 동선을 고려하여 가구의 크기 및 형태 등이 통합된 주방을 말한다.
④ 서비스 코어 시스템(service core system)은 주방, 화장실, 욕실 등의 배관을 한곳에 집중 배치하여 코어로 만드는 시스템으로 설비비가 절약된다.

03 ①
장식물이 고가의 귀중품일 경우에는 도난 방지를 위해 보안에 신경 써서 배치해야 한다.

04 ③
전시공간의 이용자(관람) 동선과 관리자 동선은 서로 구분되도록 계획해야 한다.

05 ②
디오라마 전시
한정된 공간 속에서 배경 스크린과 실물을 종합적으로 전시하고 음향 및 조명장치를 이용하여 현장감을 가장 실감나게 표현하는 전시방법으로 하나의 사실 또는 주제의 시간 상황을 고정시켜 연출하는 것이다.

06 ②
월 워싱(wall washing) 기법
수직벽면을 빛으로 쓸어내리는 듯한 효과를 주기 위해 수직벽면에 균일한 조도로 빛을 비추는 기법이다. 코니스 조명과 같은 건축화 조명으로 공간 상승, 확대의 느낌을 주며 광원과 조명기구의 종류나 조명 방식에 따라 다양한 효과를 가질 수 있다. 바닥이나 천장에도 조명을 비추어 같은 효과를 가질 수 있는데 이를 플로어 워싱(floor washing), 실링 워싱(ceiling washing)이라 한다.

07 ②
대향형
- 책상이 서로 마주보는 형식으로 커뮤니케이션에 유리하며 공동 작업에 적합하다.
- 전화, 전기 배선관리가 용이하지만 마주보기 때문에 프라이버시가 침해된다.

08 ③
① 동선의 속도가 빠른 경우 보행자의 안전과 편의를 위해 단 차이나 계단을 두지 않는 것이 좋다.
② 동선의 빈도가 높은 경우 거리를 줄이고 직선으로 처리한다.
④ 동선의 하중이 큰 경우 폭을 넓게 한다.

09 ③
미스 반 데어 로에(Mies Van der Rohe : 1886~1969)
ⓐ 현대 건축의 대표적인 철과 유리를 주재료로 하여 커튼월공법과 강철구조를 건축의 기본형식으로 이용하였다.
ⓑ "적을수록 풍부하다.(Less is More)"라는 주장대로 철과 유리라는 단순하고 제한적인 재료에 의해 다양한 건축적 언어를 구사하였다.
ⓒ 특히 철골구조의 가능성을 추구한 건축가로 유니버설 스페이스(Universal Space, 보편적 공간) 개념을 주장한 건축가이다.
ⓓ 대표작품 : 바르셀로나 박람회 독일관(1929), I.I.T 공대 크라운 홀(1956), 시그램 빌딩(1958)

10 ④
개방형 쇼윈도는 매장 내부가 보이므로 폐쇄형에 비해 쇼윈도 진열 상품 자체에 대한 주목성은 떨어진다.

11 ④
a^*축은 red에서 green, b^*축은 yellow에서 blue 사이의 색 단계를 나타낸다.

12 ①
유닛 가구는 가동성에 대한 분류이다.

13 ④
오스트발트 색채계에서 색의 기호 중 앞의 문자와 뒤의 문자가 동일한 색은 조화될 수 있다.
예를 들어 ea와 ie의 경우, ea-gc-ie-lg-ni의 수직축으로 이어지므로 등순계열 조화에 해당되며 ea-ia-ie의 조합으로 등색상삼각형의 조화에 해당되기도 한다.

14 ①
보색인 2색은 색상환상에서 180° 위치에 있다.

15 ②
오정색의 상징

색채	오행	계절	방위	풍수	오륜	신체
파랑	목(木)	봄	동	청룡	인	간장
빨강	화(火)	여름	남	주작	예	심장
노랑	토(土)	토용(土用)	중앙	황룡	신	위장
흰색	금(金)	가을	서	백호	의	폐
검정	수(水)	겨울	북	현무	지	신장

16 ①
색의 항상성
빛의 강도와 분광분포가 바뀌거나 눈의 순응상태가 바뀌어도 눈으로 지각되는 색이 변화하지 않는 것을 색의 항상성이라 한다. 어두운 공간에서 종이를 보면 회색이 아닌 흰색으로 인지하는 것은 항상성과 관계가 있다.

17 ①
4도 옵셋(offset) 인쇄
네 가지 색을 조합하여 사용하는 것으로 컬러 편집물을 제작할 때 가장 많이 쓰인다. 인쇄에서의 색 조합은 그림물감처럼 색을 혼합하지 않고 4원색별로 따로 인쇄판을 만들어 조합한다. 컬러 그림을 인쇄하기 위해서 CMYK(시안, 마젠타, 황색, 흑색)으로 4등분하여 각각의 색마다 필름과 인쇄판을 만든 후 종이에 4번 인쇄하는 과정을 거친다. 색료의 혼합이므로 감법혼색이면서 병치혼색의 원리에 해당한다.

18 ③
벽 하부의 걸레받이는 오염되기 쉬우므로 벽의 색보다 어두운 색상으로 하는 것이 좋다.

19 ②
다이어그램
다이어그램은 점, 선, 면 등의 기하학적인 기본 요소들과 기호 및 그래픽 디자인의 일러스트레이션, 사진, 구조 등을 도해하여 표현한 그림이다. 추상적인 개념이나 전체적인 흐름 등을 나타낼 때 다이어그램을 사용하면 정보 전달이나 이해를 쉽게 하는 데 도움을 준다. 메시지를 단순하게 텍스트 위주로 제시하기보다는 도해화해 제시함으로써 효과적인 전달이 가능한 것이 큰 장점이다.

20 ③
③은 평면도에 대한 설명이다.

21 ④
- 훈소와 : 가마에 넣고 장작이나 솔잎 등을 태워 그을린 기와. 주로 회흑색을 띠며 방수성이 있고 강도가 좋다.
- 소소와 : 저급점토를 원료로 하여 900~1000℃로 소소하여 만든 기와로 흡수율이 큰 편이다.
- 시유와 : 소소와에 유약을 발라 재소성한 기와. 경질 표면이며 광택이 나고 방수성이 높다. 다양한 색을 낼 수 있어 고급 지붕재로 사용한다.
- 오지기와 : 기와 소성이 끝날 무렵 연소실에 식염을 넣어 식염증기를 발생시키면 이 증기가 응축된다. 이런 과정에 의해 광택이 나고 표면이 매끈하며 견고한 기와를 오지기와라 한다.

22 ③
달비계
와이어로프로 매단 비계 권상기에 의해 상하로 이동시킬 수 있는 비계. 건축물 완공 후에는 외부수리, 치장공사, 유리창 청소 등을 위해 사용한다.

23 ④
석재의 내구연한
- 화강암 : 75~200년
- 대리석 : 60~100년
- 백운석 : 30~500년
- 석회암 : 20~40년
- 사암(조립) : 5~15년
- 사암(세립) : 20~50년

24 ④
에나멜 페인트는 안료나 휘발성 용제를 많이 혼합할수록 무광택이 된다.

25 ②
특수 공법이나 특수 재료가 필요한 공사를 설명하는 문서. 표준시방서가 공사 시행의 적정을 기하기 위해 표준이 되는 사항을 명시한 것이라면, 특기시방서는 표준시방서에 없는 내용을 보충하고 해당 공사만의 특별한 사항 및 전문적인 사항을 기록한 문서라 할 수 있다.

26 ①
② 섬유포화점 이하에서는 함수율 감소에 따라 강도가 커지지만 인성은 감소한다.
③ 가력방향에 따른 목재강도는 응력방향의 수평인 경우가 최대가 된다.
④ 동일한 수종인 경우 목재의 역학적 성질은 함수율 등에 따라 달라진다.

27 ②
목재 절취단면
- 횡단면 : 수목 생장방향과 직각으로 절취하여 생기는 단면
- 방사단면 : 연륜과 직각으로 수목의 축방향을 따라 절취하여 생기는 단면
- 접선단면 : 연륜과 접선으로 수목의 축방향을 따라 절취하여 생기는 단면

28 ①
도어체크는 여닫이문에 쓰인다.

29 ①
멤브레인(mambrane) 방수
아스팔트 루핑, 합성수지, 시트 등의 각종 루핑류를 방수 바탕에 접착시켜 막 형태의 방수층을 형성시키는 공법

30 ①
점토제품의 SK(Seger's Keger Cone, SK)는 소성온도를 나타내며, 내화 벽돌의 소성온도 기준은 최소 SK26 이상이다.

31 ③
본드 브레이커(Bond braker)
U자형 줄눈에 충전하는 실링재를 줄눈 밑면에 접착시키지 않기 위해 붙이는 테이프. 3면 접착에 의한 파단을 방지하기 위해 사용하며, 백업재는 본드 브레이커를 겸용한다.

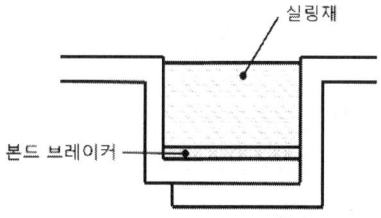

32 ④
콘크리트의 습윤양생기간은 건조수축과 직접적 연관이 적다.

33 ③
C.P(주공정선)은 ① → ② → ③ → ④ → ⑥이며 공사기간은 28일이다.

34 ②
석고보드(gypsum board)
- 소석고에 경량성 및 탄성을 주기 위해 톱밥, 펄라이트 및 섬유 등의 혼합물을 물로 이겨 양면에 두꺼운 종이를 밀착시킨 후 판상으로 성형한 판재이다.
- 방부·방화성이 크고, 흡습성이 적은 편이어서 천

장 및 벽 마감재로 널리 쓰인다.
- 부식이나 충해 피해가 거의 없으며, 신축변형 및 균열이 적고 단열성도 비교적 좋다.
- 흡수에 의한 강도 저하가 생길 수 있다.

35 ②
① 보통 판유리의 비중은 2.5 정도이다.
③ 창유리의 강도는 일반적으로 휨강도를 말한다.
④ 강화유리 현장 가공이 불가능하다.

36 ①
인서트(insert)
각종 철물을 부착하기 위해 미리 콘크리트 슬래브나 벽체에 매립하는 철물
※ 주철은 단단하고 부식성이 낮으므로 인서트 재료로 적합하다. 나머지 재료는 콘크리트와의 접촉 성질이나 내구성 등에서 인서트로 사용하기에 부적합하다.

37 ①
회반죽과 같은 기경성 미장재료는 공기 중의 탄산가스와 반응하여 경화한다.

38 ②
암면
안산암, 현무암 등의 암석이나 니켈, 망가니즈의 광재 등의 혼합물에 석회석을 섞은 것을 원료로 한다. 경량이고 내화성이 우수하며, 열전도율은 작고 흡음률이 높아서 단열재 및 흡음재로서 널리 쓰인다.

39 ③
치장벽돌(face brick, dressed brick)
색이나 형태 및 질감 등 원하는 효과를 내기 위한 목적으로 특수 제작한 벽돌. 건축물의 내외장, 담, 화단 등의 마감재로 쓰인다. 보통 벽돌을 다소 곱게 구워 만들기도 하고 유약을 바르는 대신 착색제를 쓰는 등 다양한 방법으로 제조한다.

40 ③
합성수지 페인트
- 합성수지에 안료와 휘발성 용제를 혼합하여 만든다.
- 유성페인트나 바니시에 비해 건조가 빠르고 도막

이 단단하다.
- 내수성 및 방화성이 높다.
- 내산성, 내알칼리성이 있어 콘크리트, 모르타르면에 바를 수 있다.
- 투명한 합성수지를 사용하면 더욱 선명한 색을 낼 수 있다.

41 ①
지하층 비상탈출구의 크기
유효너비 0.75m×유효높이 1.5m 이상

42 ①
실내마감이 불연재료이고 자동식 소화설비가 설치된 경우, 10층 이하의 층은 3000m² 이내마다 방화구획하며 11층 이상의 층은 1500m² 이내마다 방화구획하여야 한다. 따라서 각 층 바닥면적이 1000m²인 업무시설의 11층은 1개 영역의 층간 방화구획으로 하면 된다.

43 ③
높이 31m를 초과하는 층은 11층 하나이므로
$1 + \dfrac{2000-1500}{3000} = 1.166.. ≒$ 2대가 된다.

44 ③
배연설비의 설치 대상
㉠ 6층 이상인 건축물로서 다음 각 목의 어느 하나에 해당하는 용도로 쓰는 건축물
- 제2종 근린생활시설 중 공연장, 종교집회장, 인터넷컴퓨터게임시설제공업소 및 다중생활시설(해당 용도 바닥면적의 합계 300m² 이상인 경우만 해당)
- 문화 및 집회시설, 종교시설, 판매시설, 운수시설
- 의료시설(요양병원 및 정신병원 제외), 교육연구시설 중 연구소
- 노유자시설 중 아동 관련 시설, 노인복지시설(노인요양시설 제외)
- 수련시설 중 유스호스텔, 운동시설, 업무시설, 숙박시설, 위락시설, 관광휴게시설, 장례식장
㉡ 층수에 관계없는 건축물
- 의료시설 중 요양병원 및 정신병원
- 노유자시설 중 노인요양시설·장애인 거주시

설 및 장애인 의료재활시설

45 ④
① 보일러의 연도는 공동연도로 설치한다.
② 보일러실의 공기 흡입구와 배기구는 항상 개방된 구조로 한다.
③ 기름보일러를 설치하는 경우에는 기름저장소를 보일러실 외의 장소에 배치한다.

46 ③
대통령령으로 정하는 특정소방대상물(신축만 해당)에 소방시설을 설치하려는 자는 그 용도, 위치, 구조, 수용 인원, 가연물(可燃物)의 종류 및 양 등을 고려하여 설계하여야 한다. 이를 성능위주설계라 한다.

※ 성능위주설계 대상
1. 연면적 20만 제곱미터 이상인 특정소방대상물 (단, 아파트 등은 제외)
2. 다음 중 하나에 해당하는 특정소방대상물(단, 아파트 등은 제외)
    ㉠ 건축물의 높이가 100미터 이상인 특정소방대상물
    ㉡ 지하층을 포함한 층수가 30층 이상인 특정소방대상물
3. 연면적 3만 제곱미터 이상인 특정소방대상물로서 다음 중 하나에 해당하는 특정소방대상물
    ㉠ 철도 및 도시철도 시설
    ㉡ 공항시설
4. 하나의 건축물에 영화상영관이 10개 이상인 특정소방대상물

47 ④
온수난방
- 현열을 이용한 난방으로, 단관 혹은 복관식 배관을 통하여 방열기에 온수를 공급한다.
- 온도 및 수량 조절이 용이하고 방열기 표면온도가 낮으며, 보일러 취급이 용이하고 안전한 편이다.
- 증기난방에 비해 예열시간이 길고 방열면적과 배관이 커서 설비비용이 크다.
- 동결 우려가 크며 온수 순환시간이 길다.

48 ④
음악감상을 주로 하는 실은 대화를 주로 하는 실보다 잔향시간을 길게 하는 것이 좋다.

49 ①
중력환기(온도차에 의한 환기)
- 실내와 실외의 온도 차이에 의해 공기밀도가 달라서 환기가 일어난다.
- 실내에서는 천장부분의 차가운 공기의 밀도가 작고 바닥부분의 따뜻한 공기의 밀도가 커서 대류가 일어난다.
- 굴뚝효과(stack effect : 연돌효과) : 실 외벽에 개구부가 있으면 실내 공기는 위쪽으로 나가고 실외 공기는 아래로 유입되는 현상으로 연돌효과라고도 한다.
- 중성대 : 실내외 압력차가 0(공기의 유출입이 없는 면)

50 ①
외벽 부위는 외단열로 하는 것이 에너지절약에 효과적이다.

51 ①
변전실은 부하의 중심위치와 가깝게 둔다.

52 ②
잔향시간
$$T = K\frac{V}{A}$$

K : 비례상수(0.161)
V : 실의 용적
A : 흡음력(a[평균흡음률]×S[실내표면적])

용적이 5000m³인 극장의 잔향시간이 1.6초일 때 흡음력 A는 $5000 \times \frac{0.161}{1.6} \fallingdotseq 503m^2$이다. 잔향시간이 0.68초가 되려면 흡음력은 $5000 \times \frac{0.161}{0.8} \fallingdotseq 1006m^2$이므로 추가로 필요한 흡음력은 약 500m²이다.

53 ④
중력환기 시 일반적으로는 중성대의 하부가 유입측, 상부가 유출측이 된다. 이는 실내온도가 외부보다 높을 경우 해당되는 것으로, 상승한 따뜻한 공기가 상부에서 유출되고 하부에서 외부의 신선공기가

유입되는 것이다. 하지만 여름과 같이 냉방을 하는 실내공기는 상부가 유입측, 하부가 유출측이 된다.

54 ③
① 전자기파에 의해 열이 매질을 통하지 않고 고온의 물체에서 저온의 물체로 직접 전달되는 현상이다.
② 일반적으로 흡수율이 작은 표면은 복사율도 작다.
④ 물체에서 복사되는 열량은 그 표면의 절대온도의 4승에 비례한다.

55 ②
실내 흡음률이 높아야 외부 소음의 영향을 줄일 수 있다.

56 ①
회전문은 문이 회전하면서 양쪽의 칸으로 한 사람씩 출입하기 때문에 동선이 분리되어 충돌할 위험이 적고 문이 완전히 열리지 않기 때문에 방풍 및 방온효과가 있다.

57 ②
파장 = $\dfrac{속도}{주파수} = \dfrac{344\text{m/s}}{450\text{Hz(cycle/s)}} = 0.76\text{m}$

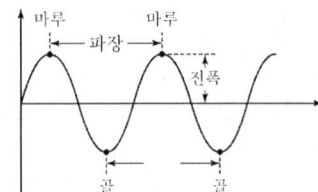

※ 헤르츠[Hz] : 진동수의 단위로 물체가 일정 왕복운동을 지속적으로 반복할 경우 초당 반복 운동의 횟수를 말한다.
※ 파장(주기) : 일정한 진동운동의 파동을 관찰할 때 마루와 마루 사이의 거리, 혹은 골과 골 사이의 거리

58 ②
수도직결방식
• 소규모 건물이나 낮은 건물에 쓰인다.
• 물의 오염가능성이 가장 적다.
• 정전 시일 때도 급수를 계속할 수 있다.
• 수도 압력 변화(주변시설의 물 사용량 변화)에 따라 급수압이 변하고 단수 시에는 급수가 안 된다.

59 ④
간접조명을 쓰는 천장, 벽면 등은 빛이 잘 반사되는 색과 재료를 사용하여야 한다.

60 ④
감광보상률
사용 중인 광원은 수명에 따라 광속이 감소하며, 표면이나 반사면의 청결상태에 의해서도 감소한다. 이 감소 비율을 감광보상률이라 하며, 보수율의 역수이다.

모의고사 해설 및 정답

모의고사 해설 제6회

01 ③
벽의 구분
- 상징적 경계 : 높이 600mm 이하의 벽이나 담장을 말한다. 통행과 시선이 자유로우며, 상징적으로 두 공간을 구분해준다.
- 시각적 개방 : 높이 1100~1200mm의 경계. 시각적으로 개방감을 주며 시각적 연속성을 부여한다.
- 시각적 차단 : 높이 1800mm 이상 경계. 시각적으로 완전히 차단되며, 실의 성격을 갖는 공간이 형성되고 프라이버시를 강하게 한다.

02 ②
연속순회형식
- 긴 직사각형 또는 다각형 평면의 전시실이 연속적으로 연결된 형식이다.
- 동선이 단순하고 공간을 절약할 수 있지만, 많은 실을 순서대로 관람하다보면 피곤하고 지루해질 수 있다.
- 전시실을 폐쇄하게 되면 전체 동선이 막히게 된다.

03 ①
거실의 위치는 남향으로 하고 햇빛과 통풍이 좋아야 하며 주택 내 다른 실의 중심적 위치가 좋다. 그러나 거실 공간 자체가 통로화되면 휴식, TV시청, 담소와 같은 거실 본연의 기능에 지장을 주므로 금지해야 한다.

04 ③
주방의 규모는 가족 수, 주택 연면적, 작업대 면적, 동작에 필요한 공간 등에 의해 결정된다.

05 ④
형태의 지각심리
- 유사성 : 형태와 색깔, 크기 등이 유사할 경우 그룹으로 인지되는 지각심리
- 접근성 : 가까이 있는 시각 요소들을 패턴이나 그룹으로 인지하게 되는 지각심리
- 연속성 : 점들의 연속이 선으로 지각되어 형태를 만드는 지각심리
- 폐쇄성 : 불완전한 시각 요소들을 완전한 형태로 지각하려는 심리

06 ③
- 정적 통일 : 반복되는 동일한 디자인 요소가 적용되며 단일 목적의 공간에 주로 이용된다.
- 동적 통일 : 균일하지 않은 대상물이 변화와 성장이 있는 흐름의 전개를 이루는 통일
- 양식 통일 : 동시대적 양식의 배열 또는 관련된 기능의 유사성을 이용하는 통일감 형성

07 ②
르 코르뷔지에
스위스 태생의 프랑스 건축가. 황금비례를 이용한 인체의 치수에 바탕을 둔 모듈러 시스템을 창안하고 디자인에 응용하였다. '집은 살기 위한 기계'라는 건축관을 표방하기도 한 합리적 국제주의 건축 사상의 대표주자로 근대건축 국제회의를 주재하기도 했다. 주요 작품으로 롱샹 성당, 사보이 주택 등이 있다.

08 ④
시스템 가구
- 원하는 형태로 분해·조립 및 이동이 용이하게 만든 가변적 가구를 뜻한다.
- 기능에 따라 다양한 배치가 가능하고 가구배치계획에 합리성을 부여한다.
- 동선흐름에 근거하여 배치함으로써 명확한 공간 구분이 가능하다.
- 모듈화, 규격화된 단위 구성재를 대량생산할 수

있다.

09 ③
매장 내 진열장(show case) 배치는 고객동선을 우선적으로 고려해야 한다.

10 ②
이층장이나 삼층장은 보통 여성공간인 안방에서 사용되었다.

11 ③
건축화조명의 분류
- 직접조명방식 : 광천장 조명, 광창 조명, 캐노피 조명
- 간접조명방식 : 코브 조명, 코퍼 조명, 밸런스(상향) 조명

12 ④
강조는 규칙성이 갖는 단조로움을 극복하기 위해 공간의 일부에 변화나 초점을 부여하는 것이다.

13 ④
색채지각은 연상과 상징 등과 함께 경험되는 심리적 현상과 밀접한 연관성을 가진다.

14 ④
명도 차이가 작을수록 미도가 높은 것이 아니라 명도 차가 있는 색의 조합 수가 적을수록 미도가 높은 것이다.

15 ④
SD법(Semantic Differential Method)
1959년 미국의 심리학자 찰스 오스굿이 고안한 개념의 의미 분석법. 의미 분화법 또는 의미 미분법이라고도 번역한다.
일반적으로 [크다 – 작다], [좋다 – 나쁘다], [빠르다 – 느리다]와 같이 상반되는 의미의 형용사를 짝지은 '평정(評定)척도'를 사용하여 사용자가 회사 상품 및 상표 등의 목적물에 대해 어떠한 이미지를 갖고 또 태도를 취하고 있는가를 측정하기 위해 사용한다.

16 ④
자주의 보색은 녹색, 주황의 보색은 파랑이다.

17 ④
한국산업표준(KS) 기준 기본색의 색상 범위

색명	빨강	주황	노랑	연두
색상범위	2.5–7.5R	10R–10YR	10YR–7.5Y	10Y–2.5G
색명	초록	청록	파랑	남색
색상범위	10Y–5BG	7.5BG–7.5B	2.5B–5PB	5PB–10PB
색명	보라	자주	분홍	갈색
색상범위	7.5PB–10P	2.5RP–2.5R	10P–7.5YR	7.5R–5GY

18 ③
계시대비
- 어떤 색을 보고 난 후 다른 색을 볼 때 먼저 본 색의 영향으로 다르게 보이는 현상
- 먼저 본 색과 나중에 보는 색이 혼색으로 되어 시간적으로 연속해서 생기는 대비 현상이다.
- 빨간색만을 잠시 주시한 후 노란색을 보면 연두색에 가까워 보인다.

19 ①
먼셀 색입체를 수직으로 자르면 명도와 채도의 변화를 볼 수 있다.

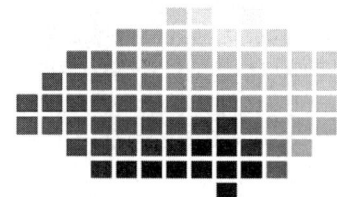

20 ②
스터디 모형(Study Model)
기초 모형의 형태로 발표나 보여주는 용도가 아니라, 설계자의 발상을 머릿속에서만 그려내지 않고 간편하게 만들어서 디자인을 확인해보고 변경을 하

기 위해 만드는 것이다. 너무 정교하면 변화를 주기가 어려우므로 아이디어를 3차원적인 형태로 바꾼다는 정도로 간단하게 제작한다.

21 ②
조이너(joiner)
바닥, 벽, 천장 등에 인조석, 보드류를 붙여댈 때 이음 줄눈으로 쓰인다.

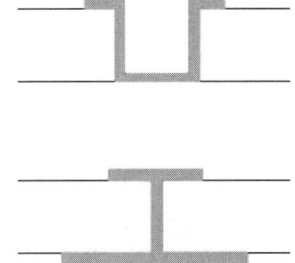

22 ①
미장재료의 경화형태별 분류
- 기경성 미장재료 : 공기 중의 탄산가스와 반응하여 경화하는 것
  - 진흙, 회반죽, 돌로마이트 플라스터
- 수경성 미장재료 : 물과 작용하여 경화하고 강도가 커지는 것
  - 석고 플라스터, 시멘트 모르타르, 인조석 바름, 테라조 바름

23 ①
중용열 포틀랜드 시멘트(KS 2종)
- C_3S와 C_3A를 적게 하여 수화열을 낮추고 안정성을 높인 시멘트
- 건조수축이 적고 화학저항성 및 내구성이 좋다.
- 댐 축조, 콘크리트 포장, 매스콘크리트, 원자로 차폐용으로 쓰인다.

24 ③
테레빈유
송진을 수증기로 증류하여 얻은 것으로, 페인트의 희석제로 사용하여 도료의 시공성을 증대시킨다.

25 ④
- 무기질 단열재 : 유리섬유, 암면, 세라믹 파이버, 펄라이트판, 규산 칼슘판, ALC 등
- 유기질 단열재 : 경질 우레탄폼, 셀룰로즈 섬유판, 연질 섬유판, 발포폴리스티렌, 코르크판 등

26 ④
경화촉진제로 염화칼슘, 규산나트륨, 규산칼슘 등이 쓰이며 특히 염화칼슘이 많이 쓰인다. 강도를 빨리 얻을 수 있지만 보강철물을 사용할 경우 부식시킬 우려가 있어 사용에 주의를 요한다.

27 ④
일반적으로 석재는 압축강도가 가장 크고, 인장·휨·전단강도는 압축강도에 비해 매우 작은 편이다.

28 ④
중밀도 섬유판(MDF, Medium Density Fiberboard)
- 목재의 톱밥, 섬유질 등을 압축가공해서 목재가 가진 리그닌 단백질을 이용, 목재섬유를 고착시켜 만든 것이다.
- 비중은 0.4~0.8 정도이며, 천연목재보다 재질이 균일하면서 강도는 크고 변형이 적다.
- 습기에 약하고 무게가 많이 나가는 것이 단점이나 마감이 깔끔하여 많이 쓰인다.
- 밀도가 균일하기 때문에 측면의 가공성이 매우 좋고 표면에 무늬인쇄가 가능하여 인테리어용으로 많이 사용된다.

29 ③
초벌바름은 바탕을 청소한 후 빈틈이 생기지 않도록 요철이나 홈을 모두 메우도록 미장재료를 바른다. 추후 재벌 및 정벌바름 공정의 기본바탕이 되는 작업이 된다.

30 ③
목재는 내부 공극이 있어서 차열 및 차음성이 비교적 큰 편이다.

31 ①
석고 플라스터는 시멘트에 비해 경화속도가 빠르다.

32 ④

목재의 함수율 = $\frac{25kg - 20kg}{20kg} \times 100(\%) = 25\%$

※ 건조 전후의 중량이 모두 제시되어 있으므로, 목재 치수는 계산에 필요하지 않다.

33 ④

수피(樹皮, bark)
나무줄기의 코르크 형성층보다 바깥 조직을 말한다. 넓은 뜻으로는 수목의 형성층의 바깥쪽에 있는 모든 조직을 말하며, 좁은 뜻으로는 현재 기능을 영위하고 있는 체관부보다 바깥 부분을 말한다.

34 ②

회반죽 재료
소석회, 모래, 해초풀, 여물

35 ④

에폭시 수지 도료는 내후성, 내알칼리성, 내산성 및 내수성이 가장 좋다.

36 ②

ALC(Autoclaved lightweight concrete)
고온·고압에서 양생하여 만든 기포 콘크리트로 규사와 석회를 원료로 한다. 비중·강도 등은 어느 정도 계획해서 만들 수 있는데 비중 0.5 내외의 가벼운 것이 많이 사용된다. 압축강도는 작지만 열·음의 차단성이 뛰어나고 신축성이 작아 균열의 발생이 적은 편이다. 지붕·벽 등에 쓰이지만 흡수성이 크고 표면이 마모되기 쉬우므로 마감처리에 대한 보완이 필요하다.

37 ④

프리 액세스 플로어(Free Access Floor)
전기, 통신 관련 케이블 및 배선 등을 바닥 아래로 들어갈 수 있도록 한 이중마루바닥으로 덮개 등을 열어 배선을 사용하고 관리, 보수할 수 있다.

38 ②

네트워크 공정표는 초기 작성시간이 오래 걸리는 편이다.

39 ③

근로자가 안전하게 통행할 수 있도록 통로에 75럭스 이상의 채광 또는 조명시설을 하여야 한다.

40 ①

세로 규준틀
벽돌, 블록, 돌쌓기 등 조적공사에서 고저 및 수직면의 기준을 삼기 위해 설치한다. 쌓기 단수, 줄눈 표시, 앵커 볼트와 매립 철물 위치, 창문틀 위치 및 치수 표시, 테두리보나 인방보의 설치 위치 등이 표시된다.

41 ③

지하층 거실의 바닥면적의 합계가 1000m² 이상인 층에는 환기설비를 설치하여야 한다.

42 ③

조명의 4요소(가시성 결정 요소)
대상물의 밝기, 배경과의 대비, 대상물의 크기, 대상물의 움직임(노출시간)

43 ②

반간접 조명
상향광 60~90%, 하향광 40~10% 정도의 비율에 의한 반간접광으로 비치는 배광방식

44 ③

조적식 구조의 개구부 설치 시, 폭이 1.8m를 넘을 경우에는 개구부 상부에 철근콘크리트 구조의 인방을 설치해야 한다.

45 ④

우수관과 오수관은 분리하여 배관한다.

46 ②

방화문의 구분

60분+방화문	연기 및 불꽃 차단 60분 이상, 열 차단 30분 이상
60분 방화문	연기 및 불꽃 차단 60분 이상
30분 방화문	연기 및 불꽃 차단 30분 이상 60분 미만

47 ④

회전문은 출입에 지장이 없도록 일정한 방향으로 회전하는 구조로 하여야 한다.

48 ②
교육연구시설 내에 합숙소로서 연면적 $100m^2$ 이상인 경우 간이스프링클러 설비를 설치해야 한다.

49 ①
엔탈피
0℃의 건조공기와 0℃의 물을 기준으로 하여 측정한 습공기가 갖는 열량. 공기의 온도나 습도가 증가하면 엔탈피도 함께 증가한다.

50 ④
급탕량의 산정 방식
급탕 단위 산정, 사용 기구수 산정, 사용 인원수 산정

51 ③
① 판진동 흡음재의 흡음판은 기밀하게 접착하는 것보다 진동하기 쉬울수록 흡음률이 커진다.
② 판진동 흡음재의 흡음판은 진동하기 쉬운 얇은 판일수록 흡음률이 높다.
④ 공동공명기는 배후 공기층의 두께를 증가시킬수록 저음역의 흡음률이 커진다.

52 ②
분전반의 위치
• 각 층 부하의 중심에 가깝고 보수·조작이 안전한 곳에 설치한다.
• 고층 건물은 가능한 한 파이프 샤프트 부근에 위치하는 것이 좋다.
• 전화용 단자함이나 소화전 박스와 조화롭게 배치한다.
• 간선인입 및 분기회로의 조작에 지장이 없는 곳이 적합하다.
• 분전반은 분기회로의 길이가 30m 이내가 되도록 설계한다.

53 ③
결로 발생 원인
실내외 온도차(실내표면온도 저하), 실내의 습기발생 과다(조리, 세탁, 호흡), 환기부족, 시공불량 등

54 ④
물리적 온열 4요소
기온, 습도, 기류, 복사열

55 ③
국소식(개별식) 급탕설비의 특징
• 주택, 소규모 숙박시설, 작은 사무실 등에 적합한 방식이다.
• 배관 중의 열손실이 적은 편이며 비교적 시설비가 낮다.
• 급탕규모가 크면 가열기가 필요하므로 유지관리가 힘들다.
• 급탕개소마다 가열기 설치 장소가 필요하며, 값싼 연료를 쓰기가 곤란하다.

56 ③
수도직결방식
• 수도 본관에서 수도관을 이끌어 건축물 내의 소요개소에 직접 급수하는 방식
• 정전 중에도 급수가 가능하다.
• 설비비 및 유지관리비가 저렴하다.
• 급수오염의 가능성이 가장 적다.
• 소규모 건물에 적합하다.

57 ①
주광률
실내 조도를 자연채광에 의해 얻을 경우 야외조도는 매순간 변화하므로 실내의 조도도 변화한다. 채광 설계에서 이와 같은 변화의 기준을 정하기는 어려우므로 실내 조도가 옥외 조도의 몇 %인지를 나타내는 주광률을 적용한다.

58 ④
교실, 서재, 집무실 등은 독서나 업무의 원활함을 위해 명시성이 높은 조명을 적용해야 하지만, 레스토랑은 음식에 대한 식욕을 높임과 동시에 우아하고 편안한 분위기를 연출해야 하므로 명시적 조명의 적용은 적합하지 않다.

59 ③
평균 연색평가지수(Ra)
규정된 8종류의 시험 색을 표준 광원으로 조명했을 때와 시료 광원으로 조명했을 때의 CIE UCS 색도

도에 의한 색도 변화의 평균값에서 구하는 지수. 평균 연색평가수(Ra)가 100에 가까울수록 연색성이 좋다.

연색지수(Ra)	램프
25	나트륨등
60	수은등
65~75	일반 형광등
75~90	메탈할라이드 램프
80~90	LED 램프
85~95	3파장, 5파장 형광램프
90 이상	백열등, 할로겐 램프

60 ②

$$\frac{1000}{2^2} = 250 \text{lx}$$

모의고사 해설 및 정답

모의고사 해설 제7회

01 ④
VMD의 구성
- ㉠ IP(Item Presentation) : 기본 상품의 정리. 선반, 행거
- ㉡ PP(Point of Sale Presentation) : 한 유닛에서 대표되는 상품 진열. 상단 전시, 테마 진열
- ㉢ VP(Visual Presentation) : 상점의 이미지 패션 테마의 종합적인 표현. 파사드, 메인 스테이지, 쇼윈도
- ※ POP(Point of Purchase) : 매장 내 전시 상품을 보조하는 부분으로 새로운 상품 소개 및 브랜드에 대한 정보를 제공하거나 상품의 사용법, 특성, 가격 등을 안내하는 역할을 한다.

02 ②
쇼룸
진열매장, 전시실, 회사 내, 혹은 전시·기획 컨벤션 홀 등의 일정한 스페이스에 영구적 또는 일정기간 기업의 PR이나 판매촉진을 목적으로 각종 소재나 상품, 제조공정 등을 전시해서 일반대중에게 공개하는 장소 혹은 전시행위를 말한다.
- 물품을 전시하여 관람자들에게 전시물을 쉽게 해설해 주는 목적을 가진다.
- 메이커의 쇼룸은 상품을 전시하고 그 품질, 성능, 효용 등에 관해 소비자의 이해를 돕고 구매의욕을 촉진시킨다.

03 ①
동향형
- 책상을 같은 방향으로 배치하는 유형으로 통로 구분이 명확해진다.
- 프라이버시 침해가 최소화된다.
- 대향형에 비해 면적효율은 떨어진다.

04 ③
ㄷ자형 주방은 인접된 3면의 벽에 ㄷ자형으로 배치한 형태이다. 가장 편리하고 능률적인 작업대의 배치지만 평면계획상 외부로 통하는 출입구 설치나 식탁과의 연결이 다소 불편하다. 작업대의 통로 폭은 1200~1500mm 정도가 적당하다. 대규모의 부엌에 많이 사용된다.

05 ①
침대 머리 쪽을 창이 없는 외벽에 면하게 하는 것이 좋다.

06 ①
대칭적 균형이 비대칭적 균형보다 더 질서 있고 안정된 느낌을 준다.

07 ②
통일(unity)
디자인 대상의 전체 중 각 부분, 각 요소의 여러 다른 점을 정리해 관계를 맺으면서 미적 질서를 부여하는 기본 원리로서 디자인의 가장 중요한 속성이다. 변화를 원심적 활동이라 한다면, 통일은 구심적 활동이라 할 수 있다.

08 ④
황금비율에 의한 그리드는 직사각형으로 나타난다.

09 ③
현실적 형태
ⓐ 자연적 형태 : 자연계에 존재하는 모든 것으로부터 보이는 형태. 조형의 원형으로서 작용하며 기능과 구조의 모델이 되기도 한다. 단순한 부정형의 형태이지만 경우에 따라 기하학적 특징을 보이기도 한다.
ⓑ 인위적 형태 : 사용자의 요구로 형성된 타율적·인공적 형태로 그것이 속한 시대성을 가지며 재

547

료와 함께 이것을 처리하는 기술이 요구된다.

10 ②
① 질감의 형성은 자연적으로도 이루어진다.
③ 유리, 거울 같은 재료는 높은 반사율을 나타낸다.
④ 좁은 실내 공간을 넓게 느껴지도록 하기 위해서는 밝고 매끈한 질감의 재료를 사용한다.

11 ②
카우치(couch)
천을 씌운 긴 의자로 한쪽만 팔걸이가 있고 기댈 수 있는 낮은 등받이가 있는 소파
※ ②는 풀업체어에 대한 설명이다.

12 ③
반닫이
서민층에서 널리 사용된 전통 목재가구로 장이나 농을 대신한 수납용 가구이다. 앞판의 위쪽 반만을 문짝으로 하여 아래로 젖혀 여닫는다. 책, 옷 등을 넣어두는 큰 궤로 참나무나 느티나무 같은 두꺼운 널빤지로 만들어 묵직하게 무쇠 장식을 하였다.

13 ④
색광 혼합은 혼합하면 할수록 명도는 높아지지만 채도는 낮아진다.

14 ②
안전색채
• 빨강 : 방화(소화기·소화전), 금지(바리케이드), 정지(긴급 정지버튼)
• 주황 : 위험(위험표지, 기계 안전커버 내면)
• 노랑 : 주의(장애물, 과속 방지턱), 명시(출구)
  ※ 검정 : 노랑과 주황을 눈에 잘 띄게 하는 배경, 보호색으로 사용
• 녹색 : 안전(안전 깃발), 구급(구급상자, 보호구상자), 피난(비상구)
• 파랑 : 지시(주차 방향, 소재 표시), 주의(수리 중)
• 자주 : 방사능

15 ④
문·스펜서 색채조화론
• 종래의 감성적이던 배색조화론을 검토하여 보편적 원리를 기초로 하여 색채 조화를 정량적으로 체계화한 것이다.
• 배색조화에 대한 면적비나 아름다움의 정도를 계산에 의한 계량이 가능하도록 시도한 것에 높은 평가를 받는다.
• 정량적 취급을 위해 색채의 연상·기호·상징성과 같은 복잡한 요인은 생략하여 단순화시켰다는 비판이 있다.

16 ③
난색계통의 색은 한색계통의 색보다 주목성이 높다.

17 ①
서로 조화되지 않는 두 색의 사이에 무채색을 배치하면 조화 효과를 낼 수 있다.

18 ③
소면적 제3색각 이상
정상 시감각을 갖고 있어도 아주 작은 면적의 색을 볼 때 색각 이상자와 유사한 색각 혼란이 오는 것을 의미한다.
예를 들어 아주 작은 크기로 섞인 동그라미 안에 칠해진 검정과 남색은 명확하게 구분하기 어렵다.

19 ③
ISCC-NIST 색명법
전미 색채 협의회(ISCC)에 의해서 1939년에 고안된 일반색명법으로 먼셀 색입체에 위치하는 색을 267개의 단위로 나누고, 다섯 개의 명도 단계와 일곱 가지의 색상을 나타내는 기본색과 세 가지 보조색으로 색명을 지정, 그들을 수식하는 형용사로 사용한다.

20 ①
평행투시도
투시도법에 있어서 물체의 일면을 화면에 평행하게

두고 그린 투시도. 화면에 대하여 수직인 직선은 모두 중심점에 집중한다. 실내의 투시도, 기념건축물 투시도에 널리 쓰인다.

21 ④
스팬드럴 유리
판유리의 한쪽 면에 무기질 도료를 코팅한 후 열처리한 유리제품. 불투명하게 되므로 프라이버시 보호가 가능하고 색상으로 인한 디자인 효과가 있으며 보통 유리에 비해 내열성과 강도가 우수하다.

22 ②
실리콘(Silicon) 수지
열경화성 수지 중 하나로, 다른 합성수지에 비하여 내열성 및 내한성이 극히 우수하고(사용범위 -80~260℃), 전기 절연성 및 내수성·발수성·방수성이 우수한 수지이다. 접착제, 도료, 도막 방수재 및 실링재 등으로 사용된다.

23 ④
목재의 흠
- 껍질박이 (입피) : 성장 도중 외상에 의하여 수피가 목재 내부로 말려들어감
- 옹이 : 본줄기에서 가지가 생기면서 발생하는 섬유의 교차부분
- 갈라짐 : 건조 등에 의해 내부에 갈라짐이 발생
- 썩음 : 부패균에 의해 섬유가 파괴됨
- 송진구멍

24 ④
단열재의 필요 요건
- 비용이 경제적이고 시공이 용이할 것
- 가벼우며 기계적 강도가 우수할 것
- 열전도율, 흡수율, 수증기 투과율이 낮을 것
- 내구성, 내열성, 내식성이 우수하고 냄새가 없을 것
※ 구조재로 활용 가능할 정도의 역학적 강도는 필수적인 요소가 아니다.

25 ②
목재의 건조 목적
강도 증가, 변형 제거, 도료·주입제·접착제 효과 증대, 부패 방지 등

26 ③
와이어 메시(wire mesh)
연강 철선을 격자형으로 짜서 접점을 전기 용접한 것으로 방형 또는 장방형으로 만들어 블록을 쌓을 때나 보호 콘크리트를 타설할 때 사용하여 균열을 방지하고 교차 부분을 보강하기 위해 사용한다.

27 ②
아스팔트의 침입도(PI : Penetration Index)
- 아스팔트의 경도를 표시한 값으로 클수록 부드러운 아스팔트이다.
- 0.1mm 관입 시 침입도 PI=1로 본다(25℃, 100g, 5sec 조건으로 측정).
- 아스팔트 양부 판정 시 가장 중요하다. 침입도와 연화점은 반비례 관계이다.

28 ③
아스팔트 프라이머
블로운 아스팔트를 용제에 녹인 것으로 아스팔트 방수의 바탕처리재로 이용된다. 콘크리트 등의 모체에 침투가 용이하여 콘크리트와 아스팔트 부착이 잘 되도록 가장 먼저 도포한다.

29 ①
유리에 납을 함유하면 굴절률이 높아진다.

30 ①
- 기경성 미장재료 : 진흙, 회반죽, 돌로마이트 플라스터
- 수경성 미장재료 : 석고 플라스터, 시멘트 모르타르, 인조석 바름, 테라조 바름

31 ②
점토벽돌의 붉은색은 산화철 성분에 의한 것이다.

32 ④
강화유리는 파손 시 유리 전체가 파편으로 잘게 부서져 파편에 의한 위험이 보통유리보다 적다.

33 ①
리놀륨(Linoluem)
원래는 상품명이지만 현재 일반재료명으로 불리고 있다. 리녹신에 로진 등 천연수지류를 섞고 코르크,

톱밥, 돌가루와 착색제 등을 첨가해서 마직포에 롤러에 의해 시트 모양으로 가열압착한 뒤 장시간 건조시켜서 만든다. 탄력 있는 재료를 사용하기 때문에 탄력성이 크고 보행 시 감촉이 좋으며 미끄러지지 않고 소음이 적다. 내유성, 내마모성, 내화, 내열, 전기절연성 등이 우수하다. 반면 책상, 가구 등의 집중하중을 장기간 받으면 자국이 생기고 알칼리성에 약하며, 내수성, 내습성이 떨어지는 것이 단점이다.

34 ③
복층유리(Pair Glass)
2~3장의 판유리를 간격을 두고 겹친 후 사이를 진공으로 하거나 특수한 공기를 넣어서 제조한 것으로 페어글라스라고도 한다. 방음 및 단열, 결로 방지용 유리로 쓰인다.

35 ②
파티클 보드
목재의 작은 조각(particle)을 모아서 충분히 건조시킨 후 합성수지 접착제 등을 첨가하여 열압 제판한 제품으로 칩보드라고도 한다.
- 온도와 습도에 의한 변형이 거의 없다.
- 음 및 열의 차단성이 우수하여 방음 및 단열재로 쓰인다.
- 방향성이 없으며 못이나 나사 등의 지보력도 일반 목재와 같다.

36 ④
도장작업 시 발생하는 주름의 가장 큰 요인은 작업 표면에 높은 온도가 가해져서 급속건조가 되는 경우이다. 따라서 도포 후에 즉시 직사광선을 쬐이지 않는 것이 좋다.

37 ④
네트워크 공정표는 작성 경험이 많아야 하며, 작성과 검사에 필요한 특별 기능이 있다.

38 ②
②는 장선이다.

39 ④
① 평줄눈, ② 빗줄눈, ③ 볼록줄눈

40 ③
시멘트의 응결을 방지하기 위해 되도록 개구부 면적을 최소화해야 한다.

41 ③
- 소화활동설비 : 제연설비, 연결송수관설비, 연결살수설비, 무선통신보조설비, 비상콘센트
- 경보설비 : 자동화재 탐지설비, 자동화재속보설비, 비상방송설비, 비상경보설비

42 ①
거실의 반자높이

건축물의 용도	반자높이	예외규정
일반용도의 거실	2.1m 이상	• 공장 • 창고시설 • 위험물 저장 및 처리시설 • 동물 및 식품관련시설 • 분뇨 및 쓰레기처리시설 • 묘지 관련 시설
• 문화 및 집회시설 (전시장 및 동·식물원 제외) • 종교시설 및 장례식장 • 위락시설 중 유흥주점 ※ 관람석 또는 집회실로서 바닥면적 200m² 이상	4.0m 이상 (노대 아랫부분 : 2.7m 이상)	기계환기장치를 설치한 경우

43 ④
숙박시설의 객실 간 경계벽을 콘크리트블록조, 벽돌조로 할 경우에는 19cm 이상으로 하여야 한다.

44 ③
지하층과 피난층 사이의 개방공간
바닥면적의 합계가 3000m² 이상인 공연장·집회장·관람장 또는 전시장을 지하층에 설치하는 경우에는 각 실에 있는 자가 지하층 각 층에서 건축물 밖으로 피난하여 옥외 계단 또는 경사로 등을 이용하여 피난층으로 대피할 수 있도록 천장이 개방된 외부 공간을 설치하여야 한다.

45 ②

소방청장, 소방본부장 또는 소방서장은 소방특별조사를 하려면 7일 전에 관계인에게 조사대상, 조사기간 및 조사사유 등을 서면으로 알려야 한다. 다만, 다음의 경우는 예외로 한다.
- 화재, 재난·재해가 발생할 우려가 뚜렷하여 긴급하게 조사할 필요가 있는 경우
- 소방특별조사의 실시를 사전에 통지하면 조사목적을 달성할 수 없다고 인정되는 경우

46 ④
비상조명등 설치대상(창고시설 중 창고 및 하역장, 위험물 저장 및 처리 시설 중 가스시설은 제외)
㉠ 지하층을 포함하는 층수가 5층 이상인 건축물로서 연면적 3000㎡ 이상인 것
㉡ ㉠에 해당하지 않는 특정소방대상물로서 그 지하층 또는 무창층의 바닥면적이 450㎡ 이상인 경우에는 그 지하층 또는 무창층
㉢ 지하가 중 터널로서 그 길이가 500m 이상인 것

47 ④
무도학원은 위락시설이고, 자동차정비학원과 자동차운전학원은 자동차 관련시설이다.

48 ④
불쾌 글레어(discomport glare)
- 신경 쓰이거나 불쾌한 느낌을 주는 눈부심
- 원인 : 휘도가 높은 광원, 시선 부근에 노출된 광원, 눈에 입사하는 광속의 과다, 물체와 그 주위 사이의 고휘도 대비

49 ④
광원의 개수
$$N=\frac{E \times A}{F \times U \times M}=\frac{500(\text{lx}) \times 108(\text{m}^2)}{2560(\text{lm}) \times 0.67 \times 0.6}=53개$$
F : 사용광원 1개의 광속　A : 방의 면적
E : 작업면의 평균조도　　U : 조명률
M : 보수율
기존에 30대가 설치되어 있으므로 추가해야 할 램프는 23대

50 ④
다공질형 흡음재
글라스울, 암면 등의 광물, 식물섬유류처럼 모세관이나 연속기포로 되어 있는 재료에 음이 입사하면 음파는 그 세공 속으로 전파하여 주벽과의 마찰이나 점성저항 및 재료 소섬유의 진동 등으로 음에너지의 일부가 열에너지로 소비된다.
㉠ 고주파음의 흡음률이 높고 재료의 두께나 공기층 두께를 증가시킴으로써 저주파수의 흡음률을 증가시킬 수 있다.
㉡ 다공질 재료의 표면이 다른 재료에 의하여 피복되어 통기성이 저해되면 중, 고주파수에서의 흡음률이 저하된다.
㉢ 재료 표면의 공극을 막는 마감을 하지 말고 부착법 및 배후공기층 관리를 철저히 해야 한다.

51 ②
유인유닛방식
㉠ 1차 공조기로부터 조화한 공기를 고속덕트를 통해 각 유닛에 송풍하면 1차 공기가 유인유닛 속의 노즐을 통과할 때에 유인작용을 일으켜 실내공기를 2차 공기로 하여 유인한다.
㉡ 유인된 실내공기는 유닛 속 코일에 의해 냉각 또는 가열된 후 2차의 혼합공기로 되어 실내로 송풍된다.
㉢ 각 유닛마다 개별 제어가 가능하고 고속덕트를 사용하므로 덕트 공간을 작게 할 수 있다.

52 ③
일조(주광)의 직접적 효과
자연채광, 열 효과, 보건·위생적 효과

53 ②
환기방식

방식	급기	배기	환기량	비고
제1종 환기 (병용식)	기계	기계	임의, 일정	병원, 공연장
제2종 환기 (압입식)	기계	자연	임의, 일정	반도체 공장, 무균실, 수술실
제3종 환기 (흡출식)	자연	기계	임의, 일정	주방, 화장실 등 열·냄새가 있는 곳
제4종 환기 (중력식)	자연	자연	한정, 부정	필요환기량이 적은 경우

54 ④
실내 벽체의 표면온도가 하강했을 때 표면결로가 발생하기 쉽다.

55 ①
반사형 단열
- 반사형 단열은 복사의 형태로 열 이동이 이루어지는 공기층에 유효하다.
- 중공벽 내의 저온측면에 흡수율이 낮은 광택성 금속박판을 설치하면 표면 저항이 증가된다.
- 반사하는 표면이 다른 재료와 접촉되어 있으면 전도열이 생겨 단열효과가 떨어진다.
- 벽에 생긴 결로나 금속 표면의 먼지층은 흡수율과 복사율을 증가시키며 반사형 단열재료의 효율을 감소시킨다.

56 ①
불쾌지수
기상상태로 인해 인간이 느끼는 불쾌감의 정도로 기온과 습도를 통해 산정한다.

57 ④
펌프직송방식은 보통 상향급수 배관방식으로 배관이 구성된다.

58 ②
고압수은램프
- 수명이 나트륨등과 비슷하며 배광제어가 좋고 하나의 등으로 큰 광속을 얻을 수 있다.
- 효율이 높고 수명이 길며 가격도 저렴한 편이며 자외선이 발생하여 살균, 의료, 사진용으로도 쓰인다.
- 연색성이 좋은 편은 아니며 개량형 형광수은등은 일반 형광등에 조금 못 미친다.
- 빌딩, 공장 등의 외벽이나 높은 천장 및 도로 조명으로 많이 쓰인다.

59 ③
음악당은 좋은 음질과 적당한 여운, 풍부한 음량이 요구되므로 상대적으로 긴 잔향시간이 필요하다.

60 ②
팬코일 유닛은 전수방식이며 수배관 누수의 우려가 있다.

모의고사 해설 및 정답

모의고사 해설 제8회

01 ④
④는 측면판매에 대한 설명이다.

02 ②
집합형 공간구성
- 기하학적 형태의 반복으로 특정 공간이 강조되지 않고 위계질서는 약하다.
- 공간구성 내에서 받아들일 수 있는 것으로 크기와 형태 기능은 다르지만 인접성·대칭성 또는 축과 같은 시각적 질서에 의해 연결되는 공간이 형성된다.

03 ②
오피스 랜드스케이프(office landscape)
- 질서 없이 업무의 흐름에 따라 배치하는 형식으로, 기하학적 양상이나 모듈 적용을 하지 않는다.
- 그리드 플래닝에서 벗어나서 작업의 흐름과 의사전달 등을 감안하여 능률적인 레이아웃을 구현한다.
- 고정 칸막이벽과 복도를 없애고 스크린, 서류장 등을 활용하여 융통성 있게 계획한다.
- 마감재는 흡음성 재료를 사용하고 소음이 발생하는 회의실과 휴게실은 격리시킨다.
※ ②는 싱글 오피스에 대한 설명이다.

04 ②
오픈 오피스(개방형 배치)
- 단일공간에 경영관리, 직급에 따라 업무별로 분할해서 배치하는 형식으로 간부급을 중심으로 서열대로 평행 배치된다.
- 가구와 비품이 이동하기 쉽고 부서 간에 벽과 문이 없어 시설비, 관리비가 적게 든다.
- 그리드 플래닝을 적용하여 복도, 통로면적이 최소화로 절약되고 공간낭비가 없어 사용할 수 있는 면적이 커진다.
- 전면적을 유효하게 이용할 수 있어 공간이 절약되고 비용이 절감된다.
- 동선이 자유롭고 커뮤니케이션도 용이하며 일반직에 대한 관리직의 감독이 용이하다.
- 프라이버시가 나쁘고 소음과 산만한 분위기로 업무능률이 저하될 수 있다.
※ 딱딱하고 획일적인 배치가 되므로 커뮤니케이션에 융통성을 부여하는 것은 어렵다.

05 ②
ㄷ자형 주방
인접된 3면의 벽에 ㄷ자형으로 배치한 형태이다. 가장 편리하고 능률적인 작업대의 배치지만 평면계획상 외부로 통하는 출입구 설치나 식탁과의 연결이 다소 불편하다. 대규모의 부엌에 많이 사용된다.

06 ②
리듬
규칙적인 요소들의 반복으로 디자인에 시각적인 질서를 부여하는 통제된 운동감각을 말하며, 리듬의 원리로는 반복, 점층, 대립, 변이, 방사 등이 사용된다.

07 ①
② 입체전시
③ 디오라마 전시
④ 파노라마 전시

08 ①
기하학적 형태는 수학적 원칙에 의해 인공적으로 형성된 것으로, 규칙적이며 단순 명쾌한 감각을 준다. 유기적 형태는 자연적인 형태에서 나타난다.

09 ②
레드블루 의자
1918년 게릿 리트펠트가 디자인한 의자로 데 스틸

건축의 대표작인 슈뢰더 하우스에 비치되었다. 뼈대만 앙상하게 남은 형태와 빨강과 파랑의 조합이 특징이다.

10 ①
인위적 패턴의 구성은 불규칙적 변화와 대비를 통해서도 이루어질 수 있다.

11 ③
자유로이 움직이며 공간에 융통성을 부여하는 가구를 이동가구라 하며, 특정한 사용 목적이나 많은 물품을 수납하기 위해 건축화된 가구를 붙박이가구라 한다.

12 ②
저드(D.B. Judd)의 색채 조화론(정성적 조화론)
① 질서의 원리 – 질서 있는 계획에 따라 선택될 때 색채는 조화된다.
② 친근성(숙지)의 원리 – 자연계의 색과 같이 쉽게 접하는 배색이 조화를 이룬다.
③ 동류(공통·유사)의 원리 – 배색된 색들끼리 공통된 양상과 성질이 내포되어 있을 때 조화된다.
④ 비모호성(명료성)의 원리 – 색상 차나 명도, 채도, 면적의 차이가 분명한 배색이 조화롭다.

13 ④
① 난색은 한색보다 진출해보인다.
② 배경과 명도차가 적은 어두운 색은 후퇴해 보인다.
③ 저채도 배경색에 고채도의 색은 진출해 보인다.

14 ③
순색에 다른 색을 섞는 양이 많아질수록 채도는 낮아진다.

15 ③
동화현상
• 대비효과와는 반대 현상이며 옆에 있는 색과 닮은 색으로 변해 보이는 현상이다.
• 색상동화, 명도동화, 채도동화가 있으나 이들은 모두 동시적으로 일어나는 현상으로 줄무늬와 같이 주위를 둘러싼 면적이 작거나 하나의 좁은 시야에 복잡하고 섬세하게 배치되었을 때 일어난다.

16 ④
색채조화매뉴얼(Color Harmony Manual)
1942년 미국의 CCA에서 오스트발트 색채계를 근간으로 제작한 공업디자인용 매뉴얼이다. 오스트발트 색상환은 초록계통에 비해 빨강계열이 섬세하지 못한 점을 보완하기 위해 오스트발트의 24색 외에 6색을 첨가한 30색으로 구성했다.

17 ④
간섭색(Interference color)
비누거품이나 수면에 뜬 기름이나 CD 표면에서 나타나는 무지개색처럼 빛의 간섭에 의하여 나타나는 색

18 ④
완전한 반사율 0%의 검정색과 반사율 100%의 흰색은 현실적으로 재현이 불가능에 가깝다.

19 ①
평행투시도
육면체의 한 면이 화면에 평행으로 놓여 있어 수평 및 수직의 모서리는 연장하더라도 수평이 되나, 깊이 방향은 수평선상의 어느 1점에 모이게 된다. 이와 같이 하나의 소점이 깊이를 좌우하도록 작도하는 도법을 1소점법 또는 평행투시도법이라 한다. 측면에 아무런 특징이 없고, 내부의 상세도를 표현해야 할 경우에 필요한 도법이다.

20 ①
실시 설계도
㉠ 일반도 : 배치도, 평면도, 입면도, 단면도, 상세도, 전개도, 창호도
㉡ 구조설계도 : 구조평면도, 구조 일람표, 골조도 및 각 부 상세도
㉢ 설비도 : 전기, 가스, 상하수도, 환기, 냉난방 및 승강기 등의 표시

21 ④
• 거친갈기 : 석재의 갈기 마무리 중에서 가장 간단한 방법. 톱다듬이나 잔다듬한 판석을 원반에 걸어 샌드 페이퍼로 갈아 마무리한다.

- 물갈기 : 칠면 혹은 곱게 다듬은 석재면을 물 묻힌 연마지나 숫돌 등으로 곱게 갈아 마무리하는 것
- 본갈기 : 잔다듬한 표면을 금강사, 모래 등을 이용하여 연마해 매끄럽고 정교한 면을 만들어 광을 내는 것
- 정갈기 : 연마재를 사용하여 표면을 평평하게 처리한 후 광내기 퍼프로 광택을 내어 마무리 한 것

22 ③
점토제품의 흡수율이 크면 모르타르 함유수를 흡수하여 백화 발생이 촉진된다.

23 ②
- 목재 절건재의 무게
  $= 200\text{cm} \times 10\text{cm} \times 10\text{cm} \times 0.5\text{g/cm}^3 = 10\text{kg}$
- 목재 함수율 $= \dfrac{14\text{kg} - 10\text{kg}}{10\text{kg}} \times 100(\%) = 40\%$

24 ②
목재의 수축 및 팽창은 자유수의 영향을 거의 받지 않고 결합수의 흡수 및 건조에 영향을 받으므로 섬유포화점 이하에서 현저하게 나타난다.

25 ①
- 본타일 : 타일 도장재의 일종으로 합성수지와 체질안료를 혼합한 입체무늬 모양을 내는 뿜칠용 도료이다. 다채무늬 페인트 마감과 달리 단색성으로 타일의 입체감만을 표현하며 부착력, 강도, 내후성이 높은 재료이다.
- 다채무늬 도료 : 2색 이상의 도료가 서로 용해 혼합되지 않도록 불용성 매체 속에 입자 모양으로 분산시켜 만들며, 1회의 분무 도포로 여러 가지 색이 포함되어 생기는 도료를 말한다.

26 ①
회반죽의 원료
- 소석회, 해초풀, 여물, 모래 등을 혼합하여 바르는 미장재료이다.
- 균열 방지를 위해 사용되는 여물은 짚여물, 삼여물, 종이여물, 털여물이 있다.
- 풀은 점성을 높이기 위해 사용한다.

27 ③
화재 시 목재의 연소를 늦추는 방화(염)제로는 인산암모늄, 황산암모늄, 규산나트륨, 탄산나트륨 등이 있다.
※ 불화소다 2% 용액은 목재 방부제로 쓰인다.

28 ④
트래버틴은 내장재로 사용된다.

29 ①
역학적 성능
재료나 부재·골조 등의 힘 작용에 대한 성질. 압축·인장·전단·휨·마찰·충격 등의 응력에 대응한다.

30 ④
폴리스티렌 수지
스티롤 수지라고도 한다. 에틸렌과 벤젠을 반응시켜 생긴 액체 스티렌 단위체의 중합체인 폴리스티렌으로 이루어지며 약품에 잘 침식되지 않는다. 플라스틱 중에서 가장 가공하기 쉽고 높은 굴절률을 가지며 투명하고 빛깔이 아름답다. 단단한 성형품이 되고 전기절연 재료로도 우수하며, 발포시켜 스티로폼을 만들어 사용한다.

31 ②
토기는 기와, 벽돌, 토관 제조에 쓰인다.

32 ④
테라코타
- 속을 비게 하여 소성한 점토제품으로 버팀벽, 기둥주두, 돌림띠 등에 사용한다.
- 미적인 제품으로 색도 석재보다 다채롭고 모양을 임의로 만들 수 있다.
- 화강암보다 내화도가 높고 대리석보다 풍화에 강해서 외장으로 많이 쓰인다.

33 ③
에칭 유리
부식 유리라고도 한다. 유리면에 부식액의 방호막을 붙이고 이 막을 모양에 맞게 오려내고 그 부분에 유리부식액을 발라 소요 모양으로 만들어 장식용으로 사용한다. 빛은 들어오지만 시선은 차단된다.

34 ①

래커(Lacquer)
- 건조속도가 빨라서 스프레이 작업에 적합하며, 도막이 견고하고 광택이 좋은 고급도료이다.
- 도막이 얇으며 부착력이 다소 약하다.

35 ③

에폭시 수지 접착제
급경성의 접착제로 내수성, 내습성, 내약품성, 전기 절연성이 우수하고 금속, 도자기, 유리 등 다양한 종류의 물질을 강하게 접착시킨다. 피막이 단단하고 유연성이 부족하며 고가의 접착제이다.

36 ②

무늬유리
롤 아웃 방식(roll out process)으로 제조되는 판유리로서 투명유리의 한 면에 여러 가지 모양의 무늬를 만들어 장식적 효과를 내고 실내 의장 겸 투시 방지를 위한 제품이다. 시야를 차단하므로 진열용 창에는 적합하지 않다.

37 ④

프란수지 바름바닥재는 내산성이 요구되는 실험대나 공장 바닥 등에 사용된다.

38 ④

복수의 작업에 종속되는 작업의 EST는 선행 작업 중 EFT의 최대값으로 한다.
※ EST : 가장 빠른 개시시각
※ EFT : 가장 빠른 종료시각

39 ④

시험결과의 판정은 타일 인장 부착강도가 0.39MPa 이상이어야 한다.

40 ②

공사비 지급방법은 계약서에 명시한다.

41 ③

소방공무원으로 20년 이상 근무한 경력이 있어야 특급 소방안전관리대상물의 소방안전관리자로 선임될 수 있다.

42 ④

무창층
지상층 중 다음 각 항목의 요건을 모두 갖춘 개구부(건축물에서 채광·환기·통풍 또는 출입 등을 위하여 만든 창·출입구, 그 밖에 이와 비슷한 것)의 면적의 합계가 해당 층의 바닥면적의 1/30 이하가 되는 층을 말한다.
- 크기는 지름 50cm 이상의 원이 내접할 수 있는 크기일 것
- 해당 층의 바닥면으로부터 개구부 밑부분까지의 높이가 1.2m 이내일 것
- 도로 또는 차량이 진입할 수 있는 빈터를 향할 것
- 화재 시 건축물로부터 쉽게 피난할 수 있도록 창살이나 그 밖의 장애물이 설치되지 아니할 것
- 내부 또는 외부에서 쉽게 부수거나 열 수 있을 것

43 ④

간접조명
광량의 90~100%를 상향으로 하여 천장, 벽의 상부를 비추어 반사면의 밝기로 조명하는 방식으로 조도가 균일하고 음영이 가장 적어서 부드러운 분위기 연출에 좋지만 조명효율이 낮고 유지보수가 어려워서 경제성은 떨어진다.

44 ①

방화구조의 기준

구조 부분	방화구조의 기준
철망모르타르 바르기	바름두께 2cm 이상
석고판 위에 시멘트 모르타르 또는 회반죽을 바른 것 시멘트모르타르 위에 타일을 붙인 것	두께의 합계 2.5cm 이상
심벽에 흙으로 맞벽치기한 것	두께에 관계없이 인정
기타 한국산업규격이 정하는 바에 의하여 시험한 결과 방화 2급 이상에 해당하는 것	

45 ①

균제도
휘도나 조도, 주광률 등의 최대치에 대한 최소치의 비이다.

$$U = \frac{(휘도, 조도, 주광률의) \ 최소치}{(휘도, 조도, 주광률의) \ 최대치} = \frac{200lx}{2000lx} = 0.1$$

46 ④
불꽃에 의하여 완전히 녹을 때까지 불꽃의 접촉 횟수는 3회 이상이어야 한다.

47 ①
6층 이상 층의 거실면적 합계(S)
S=1000m²×(6~10)층=5000m²
승용승강기 대수 $= 2 + \frac{5000-3000}{2000} = 2+1 = 3$대

48 ③
다음에 해당하는 건축물에는 관람석 또는 집회실로부터의 출구를 안여닫이로 해서는 안 된다.
㉠ 제2종 근린생활시설 중 공연장·종교집회장(해당용도 바닥면적의 합계가 각각 300m² 이상인 경우)
㉡ 문화 및 집회시설(전시장 및 동·식물원 제외)
㉢ 종교시설, 위락시설, 장례식장

49 ②
건축물의 3층 이상인 층(피난층은 제외)으로서 다음 각 호의 어느 하나에 해당하는 용도로 쓰는 층에는 직통계단 외에 그 층으로부터 지상으로 통하는 옥외피난계단을 따로 설치하여야 한다.
• 제2종 근린생활시설 중 공연장(해당 용도로 쓰는 바닥면적의 합계가 300m² 이상인 경우만 해당)
• 문화 및 집회시설 중 공연장, 위락시설 중 주점영업의 용도로 쓰는 층으로서 그 층 거실의 바닥면적 합계 300m² 이상인 것
• 문화 및 집회시설 중 집회장의 용도로 쓰는 층으로서 그 층 거실의 바닥면적의 합계가 1000m² 이상인 것

50 ③
의료시설로서 6층 이상의 거실면적 합계는 20000m²이므로
최소 승용승강기 대수
$= 2 + \frac{20000m^2 - 3000m^2}{2000m^2} = 10.5 ≒ 11$대

51 ③
이중덕트 방식
㉠ 온·냉풍을 각각 별개의 덕트로 보내고 각 실의 분출구에 혼합박스를 설치하여 실온별로 혼합 조절하여 배출하는 방식
㉡ 실 별 조절이 가능해서 온도 변화에 대응이 빠르고 냉난방이 동시에 가능하여 계절마다 전환이 필요치 않다.
㉢ 부하 특성이 다른 다수의 실이나 존에 적용할 수 있다.
㉣ 설비, 운전비가 비싸고 에너지 소비가 가장 큰 방식이다.
㉤ 혼합상자에서 소음과 진동이 생기며 덕트가 이중이므로 공간을 크게 차지한다.

52 ③
일사조건에 따른 건축계획
㉠ 건축물의 체적에 비해 외피면적이 적을수록 열 손실이 적다.
㉡ 태양열을 이용하는 주택은 서쪽으로 기울어진 방위가 좋다.
㉢ 건축물의 형태가 동서로 긴 남향으로 지어지면 여름철에는 태양 남중고도가 높아 실내로 들어오는 일사가 적고 겨울철은 반대로 많아지게 된다.
㉣ 공동주택은 인동간격을 넓게 하여 저층부의 일사 수열량을 증대시킨다.
㉤ 거실의 층고 및 반자 높이는 실의 용도와 기능에 지장을 주지 않는 범위 내에서 가능한 한 낮게 한다.

53 ④
• 전열의 유형 : 복사, 대류, 전도
• 현열 : 물체 온도의 오르내림에 수반하여 출입하는 열

54 ④
절대습도(AH, Absolute Humidity)
단위중량(1kg)의 건조 공기 중에 포함되어 있는 수증기의 양(kg)

55 ③
온수난방

㉠ 현열을 이용한 난방으로 가열 온수를 복관식 혹은 단관식 배관을 통하여 방열기에 공급한다.
㉡ 온도와 온수량 조절이 용이하고 방열기 표면온도가 낮으며 보일러 취급이 용이하고 안전한 편이다.
㉢ 증기난방에 비해 예열시간이 길고 방열면적과 배관이 커서 설비 비용이 크다.
㉣ 동결의 우려가 크며 온수 순환시간이 길다.

56 ①
중력환기(온도차에 의한 환기)
- 실내와 실외의 온도 차이에 의해 공기밀도가 달라서 환기가 일어난다.
- 실내에서는 천장부분의 차가운 공기의 밀도가 작고 바닥부분의 따뜻한 공기의 밀도가 커서 대류가 일어난다.

57 ①
다공질형 흡음재
- 글라스울, 암면 등 공극이 많은 재료에 음이 입사하면, 음파는 그 세공 속으로 전파하여 주벽과의 마찰이나 점성저항 및 재료 소섬유의 진동 등으로 음에너지의 일부가 열에너지로 소비되는 형태로 흡음이 이루어진다.
- 고주파음의 흡음률이 높고 재료의 두께나 공기층 두께를 증가시킴으로써 저주파수의 흡음률을 증가시킬 수 있다.
- 다공질 재료의 표면이 다른 재료에 의하여 피복되어 통기성이 저해되면 중, 고주파수에서의 흡음률이 저하된다.
- 재료 표면의 공극을 막는 마감을 하지 말고 부착법과 배후공기층 관리를 철저히 해야 한다.

58 ①
휘발성 유기화합물(VOCs)은 주로 실내에 영향을 미치는 오염물질로서 건물증후군(SBS)의 주원인이 된다. 각종 건자재에서 배출되는 휘발성 유기화합물(VOCs), 포름알데히드(HCHO) 등 각종 오염물질들이 아토피성 피부염, 두통 등 각종 질환의 원인이 되고 있다.

59 ④
열관류율

$$k = \frac{1}{\frac{1}{a_0} + \Sigma \frac{d}{\lambda} + \frac{1}{a_1}}$$

$$= \frac{1}{\frac{1}{16.6} + \frac{0.05}{0.05} + \frac{0.19}{0.84} + \frac{1}{8.3}}$$

$$= 0.71 \, W/m^2 \cdot K$$

a_1, a_0 : 실내외의 열전달률
d : 벽체의 두께(m)
λ : 벽체의 열전도율

60 ④
태양의 남중고도가 가장 낮아 그림자가 길어지는 동지를 기준으로 인동간격을 결정한다.

모의고사 해설 및 정답

모의고사 해설 제9회

01 ③
사람의 시각적 특성은 보통 좌측에서 우측에서 이동한다.

02 ①
분트 도형
길이가 같은 두 개의 직선이 수직을 이루고 있을 때, 수직선이 수평선보다 더 길게 느껴진다.

② 뮐러 리어의 도형
③ 포겐도르프 도형
④ 자스트로 착시

03 ①
외부에 개방되어 노출된 테라스나 상점의 파사드, 주택의 서비스 야드와 같은 외부 공간도 대상이 될 수 있다.

04 ③
사용자의 시각적 위치에 따라 공간의 형태와 느낌이 변화할 수 있다.

05 ②
주방의 주요 부분인 냉장고, 싱크대, 가열대를 작업 삼각형(work triangle)이라 하며 이 길이가 짧아야 동선이 능률적이 된다.

06 ③
① 고창(Clerestory) : 천장 가까이 있는 벽에 위치한 좁고 긴 창문
② 윈도우 월(Window Wall) : 벽면 전체를 벽면으로 처리해 매우 개방감이 높다.
③ 베이 윈도우(bay window) : 평면이 돌출된 형태의 창으로 장식품이나 화분을 두거나 간이 휴식 공간을 마련할 수 있는 형식의 돌출창
④ 픽처 윈도우(Picture Window) : 바닥부터 천정까지 닿은 커다란 창

07 ②
관람거리
㉠ A구역 : 배우의 표정이나 동작을 상세히 감상할 수 있는 사선 거리의 생리적 한도 – 15m
㉡ B구역 : 현실적으로 최대 수용을 하기 위해 정하는 1차 허용 한도 – 22m
㉢ C구역 : 배우의 일반적인 동작만 감상하는 데 지장이 없는 2차 허용한도 – 35m

08 ③
- VMD(Visual MerchanDising) : 상품계획, 상점계획, 판촉 등을 시각화시켜 상점 이미지를 고객에게 인식시키는 판매 전략을 뜻한다. VMD는 디스플레이의 기법 중 하나로 볼 수 있다.
- VMD의 구성
  ㉠ IP(Item Presentation) : 기본 상품의 정리. 선반, 행거
  ㉡ PP(Point of Sale Presentation) : 한 유닛에서 대표되는 상품 진열. 벽면 상단, 테이블 진열
  ㉢ VP(Visual Presentation) : 상점의 이미지 패션테마의 종합적인 표현. 파사드, 메인스테이지, 쇼윈도

09 ④
욕실은 기능상 욕조, 변기, 세면기를 공간별로 분할하여 배치하는 것도 효과적이다.

10 ③

쇼룸의 공간구성

① 상품전시공간 : 진열되는 상품을 디스플레이하기 위한 공간으로 진열대와 진열기구, 연출기구 등이 필요하다.
② 상담공간 : 관람자에게 상품에 대한 지식, 효율성 등의 정보를 설명하거나 구매상담에 응하기 위한 공간
③ 어트랙션(attraction) 공간 : 입구에서 관람객의 시선을 집중시켜 쇼룸의 내부로 관람객을 유인하는 역할을 한다. 전시의도와 내용을 전달하기 위해 영상 디스플레이 장치, 모형, 동적 디스플레이 장치 또는 실물 등의 기타 상징물이 놓여지는 공간이다.
④ 서비스 공간 : 전시상품에 대한 정보를 알리거나 관람자를 안내하기 위한 공간이다.
⑤ 파사드 : 쇼윈도우의 출입구, 홀의 입구뿐만 아니라 광고판, 광고탑, 사인 등을 포함한다.

10 ②

사선은 차가움과 따뜻함이 포함된 운동성(약동감)을 나타내며 불안정한 느낌을 준다(운동, 변화, 반항, 공간감).

11 ③

구상도, 조직도, 동선도는 계획설계도에 해당된다.

12 ①

- 체스카 의자 : 마르셀 브로이어가 디자인한 의자로 자신의 딸 체스카(Chesca)의 이름을 인용했다. 프레임이 강철 파이프를 구부려서 지지대 없이 만든 캔틸레버 형태를 띠고 있다.
- 파이미오 의자 : 핀란드 건축가 알바 알토에 의해 디자인된 것으로 자작나무 합판을 성형하여 만들었으며 접합부위가 없고 목재가 지닌 재료의 단순성을 최대로 살린 의자이다.
- 레드블루 의자 : 1918년 게릿 리트펠트가 디자인한 의자로 데 스틸 건축의 대표작인 슈뢰더 하우스에 비치되었다. 뼈대만 앙상하게 남은 형태와 빨강과 파랑의 조합이 특징이다.
- 바르셀로나 의자(Barcelona Chair) : 1929년 바르셀로나 국제 전시회에 독일 전시장에 비치된 의자로 건축가 미스 반 데어 로에가 디자인했다. 스틸 소재의 X자 다리가 인상적이다.

13 ②

오토만(ottoman)

등받이나 팔걸이가 없이 천으로 씌운 낮은 의자로 발을 올려놓는데 사용되는 스툴의 일종이며 그 명칭은 18C 터키 오토만 왕조에서 유래하였다. 일반 스툴과의 차이는 소파 등의 부속가구로 함께 쓰인다는 점이다.

14 ④

보색관계의 색은 혼합하면 무채색이 된다.

15 ②

① 명도 축은 0에서 10까지 11단계로 구성한다.
③ 평행선상에 있는 색은 동일 명도색이다.
④ 무채색축의 스케일은 V로 표시한다.

16 ①

잔상의 분류

- 정의 잔상 : 자극으로 생긴 상의 밝기와 색이 똑같은 느낌으로 계속해서 보이는 현상
- 부의 잔상 : 자극으로 생긴 상의 밝기나 색상 등이 정반대로 느껴지는 현상

17 ③

- 라벤더색 : 7.5PB 7/6

18 ④

영 · 헬름홀츠 3원색설

영국의 물리학자 토마스 영이 1892년에 발표했던 3원색설을 독일의 생리학자 헬름홀츠가 발전시킨 것이다. 영은 색광혼합의 실험 결과에서 주로 물리적인 가산혼합의 현상에 대해서 주목하여 적 · 녹 · 짙은 보랏빛(청)의 3색을 3원색으로 했으며 헬름홀츠는 망막에 분포한 적 · 녹 · 청의 3종의 시세포에 의하여 여러 색 지각이 일어난다고 주장한 설이다.

19 ③

- 토널 배색 : 기본 톤으로 중명도, 중채도인 탁한(dull) 톤을 사용한 배색 방법으로 전체적으로 안정되며 편안한 느낌을 준다.

- 포 까마이외 배색 : 까마이외 배색과 비슷하나 조금 더 톤의 구분이 되는 배색. 패션계에서는 톤의 차나 색상 차가 적어 온화한 느낌의 배색을 총칭한다.
- 까마이외 배색 : 아주 유사한 색의 배색으로 멀리서 보면 거의 한 가지 색으로 보이는 배색. 마치 그라데이션과 같은 느낌이 나타난다.
- 톤 온 톤 배색 : 동일 색상이나 인접 또는 유사 색상 내에서 톤의 조합에 따른 배색 방법

20 ②

EPS(Encapsulated PostScript)
Adobe system에서 개발한 컴퓨터 파일 형식으로 이미지나 문자 레이아웃 데이터를 다른 응용 프로그램에 입력하기 위해 캡슐화한 파일이다. 어떤 크기를 출력해도 매끄러운 곡선을 인쇄할 수 있으며 그래픽 손실률이 낮다. 또한 용량이 기존 이미지 파일보다 작아 전자출판에 많이 사용된다. CAD와 같은 프로그램에서 각종 2D도면을 그래픽 작성을 위해 EPS 파일로 변환하여, 배경이 없는 도면의 공간 안에 채색을 할 수 있다.

21 ②

석고보드(gypsum board)
- 소석고에 경량성 및 탄성을 주기 위해 톱밥, 펄라이트 및 섬유 등의 혼합물을 물로 이겨 양면에 두꺼운 종이를 밀착시킨 후 판상으로 성형한 판재이다.
- 방부·방화성이 크고, 흡습성이 적은 편이어서 천장 및 벽 마감재로 널리 쓰인다.
- 부식이나 충해 피해가 거의 없으며, 신축변형 및 균열이 적고 단열성도 비교적 좋다.
- 흡수에 의한 강도 저하가 생길 수 있다.

22 ②

- 1종 점토벽돌 : 압축강도 24.50N/mm² 이상, 흡수율 10% 이하
- 2종 점토벽돌 : 압축강도 14.79N/mm² 이상, 흡수율 15% 이하

23 ②

기성 테라조
보강 모르타르 상부에 대리석, 화강암을 최대 15mm 이하의 크기로 부순 골재, 안료, 시멘트 등의 고착제와 함께 성형하고, 경화한 후 표면을 연마하여 광택을 내어 마무리한 판을 말한다. 싱크대, 세면대 상판 등에 쓰인다.

24 ②

㉠ 공통 가설공사 : 공사 전반에 걸쳐 공통으로 사용되는 것으로 운영 및 관리에 필요한 가설시설
- 가설 운반로, 가설 울타리, 가설 창고
- 현장사무실, 임시 화장실, 공사용수 설비, 공사용 동력설비

㉡ 직접 가설공사 : 건축 공사의 직접적인 수행을 위해 필요한 시설
- 규준틀, 비계, 안전시설, 건축물 보양설비
- 낙하물 방지설비, 양중 및 운반시설, 타설시설

25 ②

- 토기 : 기와, 벽돌
- 도기 : 위생도기, 타일
- 석기 : 클링커 타일, 도관
- 자기 : 모자이크 타일

26 ④

공극율 = $(1 - \dfrac{0.45}{1.54}) \times 100\% = 70.8\%$

27 ④

바니시(Vanish)
천연수지·합성수지 또는 역청질 등을 건성유 또는 휘발성 용제로 용해한 것으로, 주로 옥내 목부바탕의 투명 마감도료로 사용된다.
- 유성 바니시(Oil varnish) : 유용성 수지+건성유(용제)+희석재. 무색 또는 담갈색의 투명도료로서 보통 니스라고 한다. 목재 내부용으로 쓰인다.
- 휘발성 바니시 : 수지+휘발성 용제+안료. 건조가 빠르고(약 30분), 견고성, 광택이 좋다. 내장, 가구용(마감용으로는 부적당)으로 쓰인다.

28 ④

아크릴 수지
- 유기 유리라고도 하며 광선 및 자외선의 투과성이 좋고 투명성, 유연성, 내후성, 내화학 약품성이 우수하다.

- 착색이 자유롭지만 마모가 쉽게 발생하며 다소 고가이다.
- 채광판, 칸막이판, 창유리, 문짝, 조명기구 등으로 사용한다.

29 ①
합성수지 에멀션 페인트
- 합성수지를 안료와 함께 물에 녹인 액상(液狀) 페인트
- 물이 증발하며 수지입자가 굳는 융착건조 경화가 된다.
- 건조시간이 빠르다.
- 도막이 단단하며 인화할 염려가 없어 방화성이 우수하다(비교적 얇은 도막을 만들 수 있다).
- 내산·내알칼리성이 있어 콘크리트나 플라스터면에 사용할 수 있다.

30 ③
시멘트 사이딩 보드
시멘트에 섬유보강재를 첨가하여 고압으로 압축시킨 판재. 건축물의 마감재로 쓰이며 바닥 사용은 부적합하다.

31 ③
여물은 균열방지를 위해, 해초풀은 점도 증가를 위해 사용된다.

32 ②
골재 공극률 $= (1 - \dfrac{단위용적질량}{절대건조밀도}) \times 100\%$
$= (1 - \dfrac{1750}{2600}) \times 100\% = 약 32.7\%$

33 ④
드라이브 핀
구조체나 강재 등에 다른 부재를 고정시키기 위해 사용하는 핀으로 콘크리트용과 강재용이 있다.

34 ③
① 논슬립 : 계단 디딤판의 미끄럼 방지 및 밟는 위치를 표시하기 위한 제품
② 인서트 : 반자틀 등의 구조물을 달아 매기 위해, 콘크리트 타설 전 미리 묻어 넣는 고정철물
③ 코너 비드 : 벽, 기둥 등의 모서리 부분에 미장바름을 보호하기 위하여 사용하는 금속제품
④ 크레센트 : 오르내리창을 걸어 잠그는 철물

35 ③
구조용 합판(KS F 3113)의 품질 기준
휨강도, 압축강도, 접착성, 함수율, 못 접합부 전단내력, 못 인발저항, 방충성, 흡습성, 난연성

36 ①
목재 방화(염)제
인산암모늄, 황산암모늄, 붕산, 규산나트륨, 탄산나트륨, 탄산칼슘 등

37 ④
단열재는 변질이 잘 안되고 연소 시 유독가스를 발생시키지 않으며 열전도율과 흡수율이 낮은 것이 좋다. 단열재의 강도가 구조재로 활용할 정도로 높을 필요는 없다.

38 ①
목재의 건조 목적
- 목재의 중량을 가볍게 한다.
- 부패나 충해를 방지한다.
- 목재의 강도를 증가시킨다.
- 수축이나 균열, 변형이 일어나지 않게 한다.
- 도장이나 약재 처리가 용이하게 한다.

39 ④
자외선 투과유리
유리의 주성분인 산화제이철의 함유량을 줄여 자외선 투과율을 높인 유리. 병원의 선룸, 결핵요양소, 온실 등에 사용된다.

40 ②
activity
프로젝트를 구성하는 작업의 종류

41 ③
조명이 부착되는 위치가 시선 내에 있으면 휘도가 낮은 광원을 사용하는 것이 좋다.

42 ③
- 실내 조명수준을 정하는 근거는 블랙웰(Blackwell)의 가시도(visibility)에 관한 실험결과에 의해 결정된다.
- 조명 수준이 적정 수준 이상이 되면 과업 퍼포먼스는 더 이상 증가하지 않는다.

43 ②
소방청장, 소방본부장 또는 소방서장이 소방특별조사를 하려면 7일 전에 관계인에게 조사대상, 조사기간 및 조사사유 등을 서면으로 알려야 한다. 다만, 다음의 경우는 예외로 한다.
ⓐ 화재, 재난·재해가 발생할 우려가 뚜렷하여 긴급하게 조사할 필요가 있는 경우
ⓑ 소방특별조사의 실시를 사전에 통지하면 조사목적을 달성할 수 없다고 인정되는 경우

44 ③
주거용 주방자동소화장치를 설치하여야 하는 특정소방대상물 : 아파트 등 및 30층 이상 오피스텔의 모든 층

45 ③
항목별 내화구조 대상
① 주점영업 용도로 쓰는 건축물은 집회실 바닥면적 합계 200m² 이상
② 전시장 용도로 쓰는 건축물은 그 용도로 쓰는 바닥면적 합계 200m² 이상
④ 공장의 용도로 쓰는 건축물은 그 용도로 쓰는 바닥면적 합계 2000m² 이상

46 ④
깊이 10m 이상의 토지 굴착공사는 토목분야 기술자격 취득자의 협력을 받아야 한다.

47 ②
건축물에 설치하는 굴뚝은 다음 기준에 적합하여야 한다.
1) 굴뚝의 옥상 돌출부는 지붕면으로부터의 수직거리를 1m 이상으로 할 것. 단, 용마루·계단탑·옥탑 등이 있는 건축물에 있어서 굴뚝의 주위에 연기의 배출을 방해하는 장애물이 있는 경우, 그 굴뚝의 상단을 용마루·계단탑·옥탑등보다 높게 하여야 한다.
2) 굴뚝의 상단으로부터 수평거리 1m 이내에 다른 건축물이 있는 경우에는 그 건축물의 처마보다 1m 이상 높게 할 것
3) 금속제 굴뚝으로서 건축물의 지붕 속·반자 위 및 가장 아랫바닥 밑에 있는 굴뚝의 부분은 금속 외의 불연재료로 덮을 것
4) 금속제 굴뚝은 목재 기타 가연재료로부터 15cm 이상 떨어져서 설치할 것. 다만, 두께 10cm 이상인 금속 외의 불연재료로 덮은 경우는 제외한다.

48 ②
소방시설 설치유지 및 안전관리에 관한 법률에 의한 방염성능기준
방염대상물품의 종류에 따른 구체적인 방염성능기준은 다음에 해당하는 기준의 범위 내에서 소방방재청장이 정하여 고시하는 바에 의한다.
① 버너의 불꽃을 제거한 때부터 불꽃을 올리며 연소하는 상태가 그칠 때까지 시간은 20초 이내
② 버너의 불꽃을 제거한 때부터 불꽃을 올리지 아니하고 연소하는 상태가 그칠 때까지 시간은 30초 이내
③ 탄화한 면적은 50cm² 이내, 탄화한 길이는 20cm 이내
④ 불꽃에 의하여 완전히 녹을 때까지 불꽃의 접촉 횟수는 3회 이상
⑤ 소방방재청장이 정하여 고시한 방법으로 발연량을 측정하는 경우 최대연기밀도는 400 이하

49 ①
형광등
- 수은과 아르곤의 혼합가스를 봉입한 방전관으로 유리관 내에 자외선을 발생하고 이것이 유리관 내벽에 도포된 형광물질을 유도방출하여 발광하는 방전등이다.
- 백열전구보다 10배 정도 수명이 길고 눈부심도 적으며 발광온도도 낮은 편이다. 또한 같은 전력으로 백열등보다 3~4배의 조도를 얻어 에너지 절약 효과가 있다.
- 형광체의 색을 다양하게 할 수 있고 빛의 확산이 좋지만 자외선이 방출된다.
- 점등에 시간이 걸리며 빛의 어른거림이 발생하고 자외선 전구 내부에 흑화가 발생한다.

50 ①
환기량 $Q = \dfrac{K}{C - C_0}$

K : CO_2 발생량(m^3/h)
C : 실내허용농도(m^3/m^3)
C_0 : 신선외기의 CO_2 농도(m^3/m^3)

$\therefore Q = \dfrac{0.013}{0.0009 - 0.0004} = 26 m^3/h \cdot 인$

※ $1ppm = 1/1000000 m^3$

51 ③
자연환기량은 개구부의 면적에 비례한다.

52 ①
천공판 공명기에 다공재를 넣으면 고주파수의 흡음률이 증가된다.

53 ②
균시차
어떤 지점에서 측정한 겉보기태양의 시각에 12시를 더한 시각을 진태양시라 한다. 해시계를 이용하여 잴 수 있는데 태양의 속도가 변하기 때문에 언제나 일정하지는 않다. 진태양시의 1년 간을 통해서 평균한 값을 평균 태양일로 생각하고 그것의 1/24을 1시간으로 한 것을 평균태양시라고 한다. 균시차는 진태양시와 평균태양시의 차를 말한다.

54 ①
두꺼운 양탄자는 아이들이 뛰는 것과 같은 중충격음의 차음성능은 떨어지지만 구두굽이 부딪히는 것과 같은 경충격음의 차음성능에는 효과가 있다.

55 ②
광원의 개수 $N = \dfrac{E \times A}{F \times U \times M}$

$= \dfrac{500lx \times 81m^2}{5000lm \times 0.8 \times 0.6} =$ 약 17개

F : 사용광원 1개의 광속
A : 방의 면적
E : 작업면의 평균조도
U : 조명률
M : 보수율(유지율)

56 ②
열교현상이 발생하는 부위는 표면온도가 낮아져서 표면결로의 발생이 증가된다.

57 ④
전도열량
$Q_c = \dfrac{\lambda}{d} \cdot A \cdot \Delta t$

$\therefore Q = \dfrac{0.14 W/mK \times 1.6 m^2 \times (15 - 5)}{0.04 m} = 56 W$

λ : 열전도율($W/m \cdot K$)
d : 벽체 두께(m)
A : 벽면적(m^2)
Δt : 내외측 온도차(℃)

58 ③
국부조명에 적합한 것은 직접조명이다.

59 ③
① 마스킹 현상 : 둘 이상의 음이 동시에 귀에 들어와 한 쪽의 음 때문에 다른 음이 작게 들리는 현상
② 정재파 현상 : 진행되는 음파가 반사면에 부딪칠 때 반대방향으로 되돌아오는 음과의 중첩으로 음압의 변동이 중복되면서 실내에 머물러있는 상태를 말한다.
③ 피드백 현상 : 같은 주파수 음의 간섭에 의해서 입사음파가 반사음파와 중첩되어 음압의 변동이 고정되는 현상은?
④ 플러터 에코 : 평행한 반사면 사이에서 음파가 반사를 되풀이하면서 발생하는 음. 이것은 복수 반사음이 늦어져 시간의 간격이 일정할 때 생기며, 하나의 주파수만이 강조된 '윙' 하는 특유의 음이다.

60 ③
거주자의 쾌적성은 먼지발생이 적은 복사난방이 우수하다.

part 7

CBT 복원문제 해설 및 정답

CBT 복원문제 해설 및 정답

2022년 CBT 해설 및 정답

2022년 제1회

01 ①
조리공간과 근접해 있으므로 식사분위기는 나빠지기 쉽다.

02 ①
대비조화는 질적, 양적으로 서로 다른 2개 이상의 요소가 조합되어 서로 돋보이게 하는 조화로 강하고 남성적인 인상을 준다.

03 ④
대향형
책상이 서로 마주보는 형식으로 면적 효율이 좋고 커뮤니케이션에 유리하다. 전화, 전기 배선관리가 용이하지만 마주보기 때문에 프라이버시가 침해된다.

04 ②
① 디오라마 전시 : 현장감을 가장 실감나게 표현하며 한정된 공간 속에서 배경 스크린과 실물의 종합전시로 이루어진다.
② 파노라마 전시 : 벽면 전시와 오브제 전시를 병행하는 유형으로 연속적인 주제를 시간적 연속성을 가지고 연출되는 전시방법이다.
③ 아일랜드 전시 : 사방에서 전시물을 감상할 수 있도록 벽에서 떨어뜨려 배치하는 방법이다.
④ 하모니카 전시 : 전시평면이 하모니카 흡입구처럼 동일한 공간으로 연속되어 배치되는 전시기법으로 전시내용이 통일된 형식 속에서 반복되어 나타나는 방법으로 동일 종류의 전시물을 전시할 때 유리하다.

05 ①

부엌 작업대 배치 순서
준비대(냉장고, 팬트리) → 개수대(싱크대) → 조리대 → 가열대(레인지, 오븐) → 배선대

06 ②
① 선에 대한 설명이다.
③ 두 점의 크기가 같을 때 주의력은 동등하게 작용하며, 상호의 장력으로 선이나 면의 효과가 생긴다.
④ 배경의 중심에 있는 점은 정적인 집중효과를 느끼게 한다.

07 ①
연속순회형 전시공간
- 긴 직사각형 또는 다각형 평면의 전시실이 연속적으로 연결된 형식이다.
- 동선이 단순하고 공간을 절약할 수 있으나 많은 실을 순서대로 관람하다보면 피곤하고 지루해질 수 있다.
- 전시실을 폐쇄하게 되면 전체 동선이 막히게 된다.

08 ④

분트 도형	뮐러–라이어 도형
포겐도르프 도형	쾨니히의 목걸이

① 분트 도형 : 수직선이 수평선보다 길어 보인다.

② 뮐러–라이어 도형 : 길이가 같은 직선이 화살표 방향에 따라 다른 길이처럼 보인다.
③ 쾨니히의 목걸이 : 원의 윗부분이 동일 선상에 있지만 곡선처럼 보인다.
④ 포겐도르프 도형 : 직선이 평행선으로 중단되면 어긋나 보인다.

09 ①
고정창은 열리지 않으며 빛을 유입시키는 것을 목적으로 한다. 상점의 창문이나 밀폐된 냉방공간과 같이 여는 기능이 필요 없을 때 사용된다.

10 ②
반전도형
도형과 배경 양쪽이 교대로 도형과 배경처럼 지각되는 도형. 둘 중 하나가 도형으로 지각되면 나머지 하나는 반드시 배경으로 지각된다. 명도가 높은 것이 도형으로, 낮은 것이 배경으로 인식되기 쉽다.

11 ③
㉠ 와이어 프레임 모델링(wireframe modeling)
- 오직 선으로만 물체의 윤곽을 표현하는 모델링. 철골 구조, 설계도면 등에 사용된다.
- 데이터의 구성이 간단하여 처리속도가 빠르고 모델링이 쉽다.
- 3면 투시도의 작성에 적합하다.
- 은선 제거는 불가능하며 단면도 작성과 물리적 계산도 불가능하다.

㉡ 서피스 모델링(surface modeling)
- 면, 곡면으로 구성되는 모델링
- 은선을 제거할 수 있고 단면도 작성이 용이하다.
- 복잡한 형상 표현이 가능하고 2면의 교선을 구할 수 있다.
- 물리적 성질의 계산은 곤란하다.

㉢ 솔리드 모델링(solid modeling)
- 정점, 능선, 면 및 질량을 표현하는 입체형상 모델
- 입체물의 무게감, 부피, 실체감 표현이 가능하다.
- 은선 제거가 가능하고 물리적 성질도 계산할 수 있다.
- 복잡한 형상도 표현할 수 있고 형상을 절단한 단면도 작성이 용이하다.
- 컴퓨터의 메모리량이 많아야 하고 데이터의 처리량이 높아진다.

12 ②
개나리색은 5Y 8.5/14로 표시되며 선명한 노랑에 해당된다.

13 ②
기업 색채 계획 순서
색채 환경 분석 → 색채 심리 분석 → 색채 전달 계획 → 디자인에 적용

14 ④
- 세티(Settee) : 동일한 두 개의 의자를 나란히 합해 2인이 앉을 수 있도록 한 의자이다.
- 카우치(Couch) : 고대 로마시대에 음식을 먹거나 취침을 위해 사용한 긴 의자에서 유래된 것으로, 한쪽만 팔걸이가 있고 등받이가 낮은 소파 또는 좌판 한쪽을 올려 몸을 기대거나 침대로 겸용할 수 있는 의자를 뜻한다.

15 ②
한국산업표준(KS)의 색이름 수식어에는 선명한, 흐린, 탁한, 밝은, 어두운, 진(한), 연(한) 등이 사용된다.

16 ①
저드(D.B. Judd)의 색채 조화론(정성적 조화론)
- 질서의 원리 : 질서 있는 계획에 따라 선택될 때 색채는 조화된다.
- 친근성(숙지)의 원리 : 관찰자에게 잘 알려져 있는, 쉽게 접하는 배색이 조화를 이룬다.
- 동류(공통성)의 원리 : 배색된 색들끼리 공통된 양상과 성질이 내포되어 있을 때 조화된다.
- 비모호성(명료성)의 원리 : 색상 차나 명도, 채도, 면적의 차이가 분명한 배색이 조화롭다.

17 ③
동화 현상(color assimilation)
대비 현상과 달리, 어느 영역의 색이 근접한 색에 동화되는 현상이다.

18 ③

색채 조절 실시에 의한 효과
- 능률성 : 조명 효율을 높이고 시각적 판단이 용이해진다.
- 안전성 : 시각적 피로를 줄이고 안전한 작업환경을 만든다.
- 쾌적성 : 작업에 친숙하고 쾌적한 환경을 만든다.
- 심미성 : 사용자의 애착을 높이고 작업 의욕을 높인다.

19 ④

사방탁자
사방이 트여 있는 다층의 탁자. 네 기둥과 층널로만 구성되어 있으며, 사방이 트여 있어 시각적으로 시원하고 유형에 따라 다양하게 사용될 수 있다.

20 ④

색의 경연감
- 색의 경연감은 채도 및 명도의 영향을 받는다.
- 고명도 저채도 색은 부드러운 느낌을, 저명도 고채도의 색은 딱딱한 느낌을 준다.
- 난색이 한색보다 부드러운 느낌을 준다.
- 대비가 강한 배색일수록 딱딱한 느낌을 준다.

21 ④

- KS 1종 : 보통 포틀랜드 시멘트
- KS 2종 : 중용열 포틀랜드 시멘트
- KS 3종 : 조강 포틀랜드 시멘트
- KS 4종 : 저열 포틀랜드 시멘트
- KS 5종 : 내황산염 포틀랜드 시멘트

22 ①

에폭시 수지
- 접착성이 매우 우수하여 금속, 유리, 고무의 접착제로 사용한다.
- 내약품성과 내용제성이 뛰어나다.
- 경화 시 용적의 감소가 극히 적으며 산과 알칼리에 강하다.
- 열을 가하면 경화하며 경화제를 별도로 사용해야 한다.

23 ②
- 유효흡수량=표건 중량-기건 중량=57g
- 유효흡수율= $\dfrac{57g}{2000g} \times 100\% = 2.85\%$

24 ②
우리나라의 경우 시멘트 1포는 보통 40kg이다.

25 ②
낙하물 방지망은 높이 10m 이내마다 설치하고, 내민 길이는 벽면으로부터 2m 이상으로 한다.

26 ③
같은 두께인 경우 경량재료 쪽이 내부공극이 많다는 의미이므로 단열 효과가 좋다.

27 ④

ALC(autoclaved light weight concrete)
- 실리카분이 풍부한 모래와 생석회를 주원료로 하여 발포·팽창시켜 제조한 성형품이다.
- 주로 단열 및 방음재로 쓰이며 소규모 주택의 재료로도 많이 활용된다.
- 다공질이므로 습기에 취약하고 강도가 낮은 편이다.

28 ③

역청 재료
천연산 또는 원유의 건류·증류에 의해서 얻어지는 유기화합물. 대표적으로 아스팔트, 타르, 피치 등이 있다. 방수, 방부, 포장 등에 사용된다.

29 ②
여물은 미장 재료의 균열을 방지를 위해 사용하는 것으로, 흙이나 회반죽 등에 주로 쓰인다. 여물로 쓰이는 재료는 질기며 가늘고 긴 것이 좋고, 부드러우면서 흰색을 띠면 여물로서의 가치가 높다. 삼여물, 흰털 여물, 종이 여물, 짚여물 등이 있다.

30 ①
파티클 보드는 합판에 비해 휨강도는 떨어지나 면내 강성은 우수하다.

31 ④
고로 슬래그
제철 공업의 용광로에서 선철을 제조할 때 얻어지는 부산물로 철광석 중에 불순물로서 포함되는 암석류가 석회와 화합하여 생긴 것을 말한다. 이를 사용한 고로 시멘트는 일반 시멘트보다 건조 수축이 작아지고 장기 강도가 높아진다. 비교적 어두운 색을 띠므로 마감용 착색공사에는 부적합하다.

32 ②
① 크레센트 : 오르내리창 등의 잠금철물
② 도어 클로저 : 문짝 상부와 벽에 장치를 설치하여 자동으로 문을 닫히게 한다.
③ 도어스톱 : 도어체크와 함께 쓰이며 문 아래에 부착되어 고무와 마루면의 마찰로 문을 정지시킨다.
④ 인서트 : 콘크리트 벽, 슬라브 등에 조명, 반자 등을 설치하기 위해 콘크리트 타설 전 미리 묻어두는 고정 철물

33 ①
비강도
비중에 대한 강도의 비. 일반적으로 목재의 비강도는 석재, 금속재 등에 비해 높은 편이다.

34 ③
레디믹스트 콘크리트 운반 방식
- 센트럴 믹스(central mix) : 10분 내 단거리 운송 방식. 현장이 가까우므로 교반이 거의 완료된 콘크리트를 트럭믹서에 넣고 운반한다.
- 슈링크 믹스(shrink mix) : 20~30분 거리의 운송 방식. 어느 정도 교반이 된 콘크리트를 트럭믹서에 넣고 출발 후, 운반 중 교반을 마무리한다.
- 트랜싯 믹스 : 1시간 내외의 장거리 운송방식. 시멘트는 가수 후 1시간이 지나면 응결이 시작되므로 미리 물을 섞지 않고 트럭믹서에는 건비빔 재료만 넣고 별도의 물탱크를 장착하여 출발한 후, 적정한 시간에 급수하여 교반을 하는 방식이다.

35 ④
목재의 자연건조
- 직사광선과 비를 피하고, 통풍이 잘 되는 곳에서 건조시킨다.
- 2~3개월에 한 번씩 뒤집어 쌓아줌으로써 균일하게 건조가 되도록 한다.
- 나무 마구리에는 페인트를 칠해서 부분적인 급속 건조를 막는다.
- 목재 간의 간격을 유지하고, 지면에 닿지 않도록 굄목을 받친다.

36 ①
공기의 유통이 원활하지 않은 장소의 미장공사에는 수경성 미장재료를 쓰는 것이 좋다.

37 ③
석고계 셀프 레벨링재는 물이 닿지 않는 실내에서만 사용한다.

38 ①
강화유리
- 500~600℃에서 가열 후 특수장치를 이용, 균등하게 급랭시킨 유리
- 강도는 보통 유리보다 3~5배 크고 충격강도는 7배나 된다.
- 파손 시 가루처럼 산란하여 파편에 의한 위험이 적다.
- 열처리 후에는 가공 및 절단이 불가능하다.
※ ①은 접합유리에 대한 설명이다.

39 ④
표준시방서에 따른 시멘트 액체방수층의 시공순서 (1층부터 순서대로)
- 벽체/천장용 : 바탕면 정리 및 물청소 → 바탕접착제 도포 → 방수시멘트 페이스트 → 방수 모르타르
- 바닥용 : 바탕면 정리 및 물청소 → 방수액 침투 → 방수시멘트 페이스트 → 방수 모르타르

40 ③
펀칭 메탈
금속판에 여러 가지 무늬의 구멍을 펀칭한 철물제품으로 환기구, 라디에이터 커버 등으로 사용한다.

41 ④
재료와 재료 사이의 공기층은 단열 성능을 높이는 요인이 된다.

42 ③
일치 효과(coincident effect)
고체인 차음벽에서는 종파 외에 굴곡파도 발생한다. 이때 차음벽으로 입사하는 음파의 파장과 벽의 굴곡파 파장이 일치하게 되면 음파는 에너지 손실이 거의 없이 차음벽을 통과하게 된다. 이렇게 투과손실이 감소하는 현상을 일치 효과라고 한다. 결국 차음벽이 해당 주파수의 음원과 같은 역할을 하게 되는 것으로 차음벽의 기능을 발휘할 수 없게 된다.

43 ④
보수율
- 조명시설을 어느 기간 사용한 후 작업면 상의 평균 조도와 초기 조도와의 비
- 조명시설의 조도는 설비의 사용 시간 경과와 함께 램프 자체의 광속 감쇠, 램프·조명기구의 더러움, 천장, 벽, 바닥 등의 실내면의 반사율 저하 등에 의해 내려간다.

44 ②
광원의 갯수
$$N = \frac{E \times A}{F \times U \times M} = \frac{500(\text{lx}) \times 81(\text{m}^2)}{3200(\text{lm}) \times 0.8 \times 0.6} = 약\ 27개$$
F : 사용 광원 1개의 광속
A : 방의 면적
E : 작업면의 평균조도
U : 조명률
M : 보수율(유지율)

45 ①
환기방식
- 제1종 환기 : 설비비, 운전비가 비싸다. 실내외의 압력차가 없어서 가장 양호한 환기법
- 제2종 환기 : 실내의 압력이 정압(+), 다른 실에서의 공기 침입이 없다. 가장 많이 사용하며, 일반실에 적합하다.
- 제3종 환기 : 실내의 압력이 부압(-), 실내의 냄새나 유해 물질을 다른 실로 흘려보내지 않는다. 주방, 화장실, 유해가스 발생 장소에 사용한다.

구분	설치방법	용도
제1종 환기 (병용식)	기계송풍 +기계배기	병원, 지하극장, 변전실
제2종 환기 (압입식)	기계송풍 +자연배기	클린룸, 무균실, 반도체 공장, 수술실
제3종 환기 (흡출식)	자연송풍 +기계배기	화장실, 욕실, 주방, 흡연실

46 ②
일산화탄소(CO)
무색무취의 기체로 산소가 부족할 때 불완전 연소에 의해 발생한다. 그 자체로 독성은 없지만 혈액의 헤모글로빈과 결합하여, 헤모글로빈 본래의 기능인 체내로의 산소공급 능력을 방해한다. 그로 인해 세포의 산소 부족을 불러와서 중독 증상이 나타나며 심하면 사망하게 된다. 연탄의 연소가스, 자동차의 배기가스 중에 많이 포함되어 있으며, 큰 산불이 일어날 때에도 주위에 산소가 부족하여 많은 양의 일산화탄소가 발생되기도 한다. 담배연기에서도 배출된다.

47 ④
전기 샤프트(ES)
전기시설이 설치되고 유지, 관리를 할 수 있는 샤프트(배관 공간)
- 전력용(EPS)과 정보통신용(TPS)과 같이 용도별로 구분하여 설치하는 것이 원칙이나 각 용도의 설치 장비 및 배선이 적은 경우는 공용으로 사용한다.
- 전기 샤프트는 각 층마다 같은 위치에 설치한다.
- 전기 샤프트는 연면적 3000㎡ 이상 건축물의 경우 1개 층을 기준하여 800㎡마다 설치하는 것을 원칙으로 한다.
- 전기 샤프트의 면적은 보, 기둥 부분을 제외하고 산정하며, 기기의 배치와 유지보수에 충분한 공간으로 하고, 건축적인 마감을 시행한다.
- 점검구는 유지보수 시 기기의 반입 및 반출이 가능하도록 하여야 하며, 점검구 문의 폭은 90cm 이상으로 한다.

48 ③

팬코일 유닛 방식
전동기 직결의 소형 송풍기, 냉·온수 코일 및 필터 등을 구비한 실내형 소형공조기를 각 실에 설치하여 중앙기계실로부터 냉온수를 공급하여 공기조화를 하는 전수(水) 방식이다.
- 각 실 유닛의 개별 제어가 쉽다.
- 전공기식에 비해 덕트 면적이 작다.
- 유닛을 창문 밑에 설치하면 콜드 드래프트를 줄일 수 있다.
- 외기공급설비의 별도 설비가 요구되며 다수 유닛의 분산으로 관리가 어렵다.
- 전수 방식이므로 수배관으로 인한 누수가 우려 된다.
- 팬코일 유닛 내에 있는 팬으로부터의 소음이 있다.
- 호텔 객실, 아파트 등에서 사용한다.

49 ④
고가탱크방식은 대용량의 탱크가 오염되기 쉬워서 위생 및 유지·관리상으로는 좋지 않다.

50 ①
옥내소화전설비용 수위계는 수조의 외측에 설치해야 한다. 다만, 구조상 불가피한 경우에는 수조의 맨홀 등을 통하여 수조 안의 물의 양을 쉽게 확인할 수 있도록 하여야 한다.

51 ②
변전실은 부하의 중심 위치와 가깝게 둔다.

52 ③
종이벽지는 방염대상물품에 해당되지 않는다.

53 ③
① 위락시설 : 관람석, 집회실 바닥면적의 합계가 200㎡ 이상(옥외관람석은 1000㎡ 이상)
② 문화 및 집회시설 중 전시장 : 해당용도에 쓰이는 바닥면적의 합계가 200㎡ 이상
③ 공장 : 해당용도에 쓰이는 바닥면적의 합계가 2000㎡ 이상
④ 운수시설 : 해당용도에 쓰이는 바닥면적의 합계가 500㎡ 이상

54 ③
벽돌조의 경우 벽의 두께가 19cm(1.0B) 이상이어야 내화구조로 인정된다.

55 ①

방화에 장애가 되는 용도의 제한
다음 각 호의 어느 하나에 해당하는 용도의 시설은 같은 건축물에 함께 설치할 수 없다.
- 노유자시설 중 아동 관련 시설 또는 노인복지시설/판매시설 중 도매시장 또는 소매시장
- 단독주택(다중주택, 다가구주택 한정), 공동주택, 제1종 근린생활시설 중 조산원 또는 산후조리원/제2종 근린생활시설 중 다중생활시설

56 ④

소방설비의 분류
- 소화설비 : 소화기, 옥내소화전, 옥외소화전, 스프링클러, 물분무 등 설비(가스계 소화설비)
- 경보설비 : 자동화재탐지설비, 자동화재속보설비, 비상방송설비, 비상경보설비
- 피난구조설비 : 피난기구, 유도등, 비상조명등
- 소화용수설비 : 상수도소화용수, 소화수조
- 소화활동설비 : 제연설비, 연결송수관설비, 연결살수설비, 무선통신보조설비, 비상콘센트

57 ④
군사시설 중 집회, 체육, 창고 등의 용도로 사용되는 시설만 방화구획의 규정을 완화하여 적용할 수 있다.

58 ③
특정소방대상물에 사용하는 방염대상물품은 소방청장이 실시하는 방염성능검사를 받은 것이어야 한다. 다만, 대통령령으로 정하는 방염대상물품의 경우에는 특별시장·광역시장·특별자치시장·도지사 또는 특별자치도지사가 실시하는 방염성능검사를 받은 것이어야 한다.

59 ③

특급 소방안전관리대상물
ⓐ 30층 이상이거나 지상으로부터 높이가 120m 이

상인 특정소방대상물(지하층 포함)
ⓑ ⓐ에 해당하지 아니하는 특정 소방대상물로서 연면적이 10만㎡ 이상인 특정 소방대상물(아파트 제외)
ⓒ 50층 이상이거나 지상으로부터 높이 200m 이상인 아파트(지하층 제외)

60 ②

비상용 승강기를 설치하지 않아도 되는 건축물 높이 31m를 넘는 부분이 다음에 해당하는 경우
㉠ 각 층을 거실 외의 용도로 쓰는 건축물
㉡ 각 층 바닥면적의 합계 500㎡ 이하인 건축물
㉢ 4개 층 이하로서 당해 각 층의 바닥면적 합계 200㎡(500㎡) 이내마다 방화구획한 건축물
※ ( ) 안은 벽 및 반자가 실내에 접하는 부분의 마감을 불연재료로 한 경우

2022년 제2회

01 ③
엘리베이터 배치
- 교통 동선의 중심에 설치하여 보행거리가 짧도록 배치한다.
- 여러 대의 엘리베이터를 설치하는 경우, 그룹별 배치와 군 관리 운전방식으로 한다.
- 일렬 배치는 4대를 한도로 하고, 엘리베이터 간 거리는 8m 이하가 되도록 한다.
- 4대 이상 설치 시 대면배치로 하고, 대면거리는 동일 군 관리의 경우 3.5~4.5m, 관리 군이 다를 경우 5~6m 정도로 한다.
- 엘리베이터 홀은 정원 합계의 50% 정도를 수용할 수 있어야 하며, 1인당 점유면적은 0.5~0.8㎡로 계산한다.

02 ③
소반(小盤)
식기를 받치거나 음식을 먹을 때 쓰는 작은 상. 부엌에서 사랑채나 안채로 식기를 받치고 옮기는 쟁반의 기능과 함께 방안에서는 상의 본래 용도로 쓰인다.

03 ②
시티 호텔(City Hotel)은 도시 내의 교통 및 상업 중심지역에 위치하므로 발코니는 고려하지 않아도 된다.

04 ④
붙박이 가구(built-in furniture)
건물과 일체화하여 벽체 내부에 삽입된 형태의 가구. 가구배치의 혼란을 없애고 공간 활용이 극대화되는 반면, 설치 후 이동이 불가능하므로 신중한 계획이 요구된다.

05 ④

스페이스 프로그램(space program)
계획하고자 하는 건축물에 필요한 각 실의 규모·기능·배치·동선연결·구조 및 설비관계 등을 분석하고 사용자의 특성 및 개별적 요구사항들을 반영하여 공간을 계획하는 것을 말한다. 전체공간을 용도·사용시간·사용빈도·구체적 행위의 연결 등을 고려하여 공간을 구획하는 것이 조닝(zoning)과 공통되는 부분이라면, 스페이스 프로그램은 좀 더 구체적으로 각 실의 구체적인 소요면적·위치 및 방위·동선연결·설비배관 등을 표나 다이어그램과 같은 세부적 표현을 통해 나타내는 것이라 할 수 있다.

06 ②

쇼룸
진열매장, 전시실, 회사 내 혹은 전시·기획 컨벤션홀 등의 일정한 스페이스에 영구적 또는 일정기간 기업의 PR이나 판매촉진을 목적으로 각종 소재나 상품, 제조공정 등을 전시해서 일반대중에게 공개하는 장소 혹은 전시행위를 말한다.

07 ②

① 아르데코 : 장식포스터를 의미하는 용어로서 기계적이고 대칭적이며, 기하학적인 형태를 추구하였다. 건축, 공예 등 생활의 전반적인 영역에 영향을 끼쳤다.
② 아르누보 : '새로운 예술'이라는 의미를 가진 장식미술운동으로서 빅토르 오르타에 의해 전개되었다. 동식물의 곡선을 위주로 한 상징적인 형태를 실생활에 활용하려고 하였으며, 전통양식을 벗어나 기계생산과 적절히 조화되는 새로운 미를 창조하려 하였다.
③ 아방가르드 : 전위예술을 의미한다. 보편적이지 않고 획기적이거나 초현실적인 예술의 형식으로, 예술이 과거에 대한 참조가치를 인정하는 자세와 달리 항상 새로운 것을 추구하는 경향을 띤다.
④ 컨템포러리 : 원래 의미는 특정 시기에 가장 유행하는 스타일을 뜻하는데, 건축 사조에서는 2차 세계대전 후 미국을 중심으로 성장하고 발전한 양식을 말한다.

08 ①

새시 커튼	창문의 절반 정도만을 친 형태의 커튼으로 주로 투명성이 있는 재료로 만들어진다.
글라스 커튼	투명한 소재로 유리창의 한 부분에 항상 드리워져 있는 형태의 커튼
드로우 커튼	창문의 레일을 이용해 펼쳤다 접을 수 있도록 설치한 커튼
드레이퍼리 커튼	창문에 느슨하게 걸려 있는 중량감 있는 커튼

09 ④

남부지방은 겨울철에도 기후가 비교적 온화하여 개방적인 공간 구성으로 계획하였다.

10 ②

카우치(couch)
천을 씌운 긴 의자로 한쪽만 팔걸이가 있고 기댈 수 있는 낮은 등받이가 있는 소파. ②는 풀업체어에 대한 설명이다.

11 ①

커튼은 공간을 차단적으로 구획하는 수단이 되며, 필요에 따라 공간을 구획할 수 있어 융통성을 줄 수 있다.

12 ④

색광 혼합은 혼합하면 할수록 명도는 높아지지만 채도는 낮아진다.

13 ②

파장영역에 따른 빛의 구분
- 가시광선(visible rays) : 전자파 중 인간의 눈으로 지각될 수 있는 범위의 파장(380nm~780nm)
- 350nm 이하 영역 : 자외선(Ultra-Violet), X선, 우주선
- 780nm 이상 영역 : 적외선(infrared), 전파, 열선 등

14 ④

감법혼색은 인쇄물 등에서 사용하며, 텔레비전이나 컴퓨터 모니터와 같은 영상장치는 가법혼색이 적용된다.

15 ④

문 · 스펜서 색채조화론
- 종래의 감성적이던 배색조화론을 검토하여 보편적 원리를 기초로 하여 색채 조화를 정량적으로 체계화한 것이다.
- 배색조화에 대한 면적비나 아름다움의 정도를 계산에 의한 계량이 가능하도록 시도하였다.
- 정량적 취급을 위해 색채의 연상, 기호, 상징성과 같은 복잡한 요인은 생략하여 단순화시켰다는 비판이 있다.

16 ①

색채를 취급하는 다양한 장비들은 각각의 고유 하드웨어에 의한 디바이스 의존색에 차이가 있어 색채 재현에 차이가 발생하게 된다. 따라서 색 공간 변환은 이러한 색신호를 통합·표준화해서 정확한 원본의 색을 구현해내는 작업 수행을 정확하고 용이하게 할 수 있게 한다.

17 ③

배경은 건물 주변의 환경, 스케일 및 건물의 주 용도를 표현하고자 할 때 적당하게 나타낸다.

18 ④

① ca - ea - ga - ia : 등흑계열 조화
② pa - pc - pe - pg : 등백계열 조화
④ gc - ie - lg - ni : 등순계열 조화

19 ③

문제는 연속 배색에 대한 해설이다.
※ **트리콜로르 배색**
- 3색의 배색을 의미하며 상징적 배색에 많이 쓰인다.
- 변화와 리듬 혹은 적당한 긴장감을 주며 3색의 색상과 톤의 조합에 의해 명쾌한 대비가 표현된다.
- 대표 사례로 프랑스, 독일 국기 등이 있다.

20 ①

② 표면색 : 물체의 표면에 속하여 물체 자체를 구성하듯 지각되는 색
③ 공간색 : 유리병 속 액체나 얼음 덩어리처럼 3차원 공간의 투명한 물질로 채워진 부피에서 느끼는 색

④ 간섭색 : 비누거품이나 수면에 뜬 기름이나 CD 표면에서 나타나는 무지개 색처럼 빛의 간섭에 의하여 나타나는 색

21 ②

목재 건조의 목적
강도 증가, 변형 제거, 도료·주입제·접착제 효과 증대, 부패 방지 등

22 ④

수피(樹皮)
나무줄기의 코르크 형성층보다 바깥에 위치한 조직을 말한다. 넓은 의미로는 수목 형성층의 바깥에 있는 모든 조직을 말하고, 좁은 의미로는 현재 기능을 영위하고 있는 체관부보다 바깥부분을 말한다. 보통 수목이 비대해지면, 처음 피층에 코르크층이 생기고 그 후 새로운 코르크층의 형성이 체관부의 안쪽까지 미치게 되어 그 바깥쪽으로 격리된 체관부 등의 조직세포는 죽게 된다. 이러한 죽은 조직과 코르크층의 호층을 수피라 한다. 수피에는 체내외의 통기작용을 하는 피목이라는 조직이 있다.

23 ③

아스팔트 프라이머
블로운 아스팔트를 용제에 녹인 것으로 아스팔트 방수의 바탕처리재로 이용된다. 콘크리트 등의 모체에 침투가 용이하여 콘크리트와 아스팔트 부착이 잘 되도록 가장 먼저 도포한다.

24 ②

안전난간의 구조 및 설치 요건
㉠ 상부 난간대, 중간 난간대, 발끝막이판 및 난간 기둥으로 구성할 것
㉡ 상부 난간대는 바닥면·발판 또는 경사로의 표면으로부터 90cm 이상 지점에 설치하고, 상부 난간대를 120cm 이하에 설치하는 경우에는 중간 난간대는 상부 난간대와 바닥면 등의 중간에 설치하여야 하며, 120cm 이상 지점에 설치하는 경우에는 중간 난간대를 2단 이상으로 균등하게 설치하고 난간의 상하 간격은 60cm 이하가 되도록 할 것. 다만, 계단의 개방된 측면에 설치된 난간 기둥 간의 간격이 25cm 이하인 경우에는 중간 난간대를 설치하지 아니할 수 있다.

ⓒ 발끝막이판은 바닥면 등으로부터 10cm 이상의 높이를 유지할 것. 다만, 물체가 떨어지거나 날아올 위험이 없거나 그 위험을 방지할 수 있는 망을 설치하는 등 필요한 예방 조치를 한 장소는 제외한다.
ⓓ 난간 기둥은 상부 난간대와 중간 난간대를 견고하게 떠받칠 수 있도록 적정한 간격을 유지할 것
ⓔ 상부 난간대와 중간 난간대는 난간 길이 전체에 걸쳐 바닥면 등과 평행을 유지할 것
ⓕ 난간대는 지름 2.7cm 이상의 금속제 파이프나 그 이상의 강도가 있는 재료일 것
ⓖ 안전 난간은 구조적으로 가장 취약한 지점에서 가장 취약한 방향으로 작용하는 100kg 이상의 하중에 견딜 수 있는 튼튼한 구조일 것

25 ①
메탈라스
박강판에 일정한 간격의 다각형 금을 내고 이것을 옆으로 잡아당겨 그물코 모양으로 만든 것으로 벽, 천장의 모르타르 바름 바탕용에 쓰인다.

26 ②
멜라민의 내열성은 120℃ 전후이다.

27 ③
공극률 = $(1 - \frac{0.75}{1.54}) \times 100\%$ ≒ 약 51.3%

28 ④
- 총공사비 : 공사 원가+부가 이윤+일반관리비 부담금
- 순공사비 : 직접공사비+간접공사비
- 직접공사비 : 재료비+노무비+외주비+경비

29 ③
외부 타일이 태양의 직사광선을 과도하게 받으면 오픈타임(부착 가능 시간)이 급격히 짧아질 수 있으므로 이에 대한 조치가 필요하다.

30 ④
① 규산질 모르타르 : 무기질계 방수 모르타르
② 질석 모르타르 : 단열용
③ 석면 모르타르 : 열 차단 및 균열 방지용. 현재는 발암물질로 지정되어 사용이 금지되어 있다.
④ 합성수지 혼화 모르타르 : 특수 치장용

31 ③
방수공사용 아스팔트의 분류 및 품질(KS F 4052 기준)

종류	용도
1종	보통의 감온성을 갖고 있으며, 비교적 연질로서 공사기간 중이나 그 후에도 알맞은 온도 조건에서 실내 및 지하 구조 부분에 사용한다. (침입도 지수 3.0 이상, 인화점 250℃ 이상)
2종	비교적 낮은 감온성을 갖고 있으며, 일반 지역의 경사가 느린 보행용 지붕에 사용한다. (침입도 지수 4.0 이상, 인화점 270℃ 이상).
3종	감온성이 낮은 것으로서 일반 지역의 노출 지붕 또는 기온이 비교적 높은 지역의 지붕에 사용한다. (침입도 지수 5.0 이상, 인화점 280℃ 이상)
4종	감온성이 아주 낮으며 비교적 연질의 것으로, 일반 지역 외에 주로 한랭지역의 지붕, 그 밖의 부분에 사용한다. (침입도 지수 6.0 이상, 인화점 280℃ 이상)

32 ④
도장작업 시 발생하는 주름의 가장 큰 요인은 작업 표면에 높은 온도가 가해져서 급속건조가 되는 경우이다. 따라서 도포 후에 즉시 직사광선을 쬐이지 않는 것이 가장 적합하다.

33 ③
수밀콘크리트
방수 성능을 얻기 위해 밀도를 높인 콘크리트. 물과 시멘트의 혼합비를 50% 이하로 하여 공극을 작게 하고 실리카겔 미분 혼화재 등을 함께 넣어 만드는 콘크리트로 지하실·수중 구조물·지붕 슬래브 등 수밀성이 필요한 부분에 사용된다. 물시멘트비는 50% 이하로 하고 적정 슬럼프는 12~15cm 정도이다. 워커빌리티 개선을 위해 AE제 등을 사용하더라도 공기량은 4% 이하가 되게 하고 굵은 골재의 비율을 높인다.

34 ①
로이(Low-E : low-emissivity) 유리
유리 표면에 은 등의 금속 또는 금속산화물을 얇게 코팅한 것으로 열의 이동을 최소화시키는 유리이

다. 로이(Low-E)라는 건 낮은 방사율을 뜻하며 특성상 단판으로 사용하는 경우보다는 복층으로 가공하고 코팅면이 내판유리의 바깥쪽으로 오도록 제조한다. 외부에서 들어오는 가시광선은 대부분 안으로 투과시켜 실내를 밝게 유지할 수 있는 반면, 적외선 영역은 효과적으로 차단한다. 따라서 겨울에는 안에서 발생한 난방열이 밖으로 빠져나가지 못하도록 차단하고, 여름에는 바깥의 열기를 차단하는 역할을 하여 냉·난방비를 줄일 수 있는 것이 장점이다.

35 ③
감온성(아스팔트의 굳기 및 점도 등이 온도 변화에 따라 변화하는 성질), 유동성, 신도, 접착성 모두 고체인 블로운 아스팔트보다 액체상태에 가까운 스트레이트 아스팔트가 더 크다.

36 ④
갈포 벽지
삶은 칡덩굴의 껍질을 붙여 만든 벽지. 질감이 거칠어 실내 보온이나 방음에 좋고 저렴한 편이다. 그러나 더러워져도 물로 닦아낼 수 없고, 충격이나 진동에 의해 부착재료가 떨어질 수 있으며 디자인과 색상이 다양하지 못한 것이 단점이다.

37 ④
벽돌량 : 149장 × 10m² = 1490m²

모르타르량 : $\frac{1490}{1000} \times 0.33 = 0.49\text{m}^3$

38 ④
스팬드럴 유리
판유리의 한쪽 면에 무기질 도료를 코팅한 후 열처리한 유리제품. 불투명하게 되므로 프라이버시 보호가 가능하고 색상으로 인한 디자인 효과가 있으며 보통 유리에 비해 내열성과 강도가 우수하다.

39 ②
① 결합점(event, node) : 작업의 시작과 종료를 표시하는 개시점, 종료점, 연결점. ○으로 표시하며 작업의 진행방향으로 번호를 순차적으로 부여한다.
② 더미(dummy) : 작업 상호관계를 연결시키는 점선 화살표로 명목상 작업이나 시간적 요소는 없다.
③ 작업(activity, job) : 프로젝트를 구성하는 작업단위 → 위에 작업명, 아래에 작업일수를 표시한다.
④ 주공정선(Critical Path) : 개시 결합점에서 종료 결합점에 이르는 경로 중 가장 긴 경로. 공기를 결정하므로 공정계획에서 가장 중요한 경로이다.

40 ③
잔골재와 굵은 골재를 구분하는 체눈금의 크기는 5mm이다.

41 ③
잔향시간이 길면 소리의 명료도는 나빠진다. 따라서 강의실과 같이 정확한 정보를 전달해야 하는 장소에서는 잔향시간을 짧게 해야 한다.

42 ④
- 불쾌 글레어(discomport glare) : 신경 쓰이거나 불쾌한 느낌을 주는 눈부심
- 주요 원인 : 휘도가 높은 광원, 시선 부근에 노출된 광원, 눈에 입사하는 광속의 과다, 물체와 그 주위 사이의 고휘도 대비

43 ②
음의 세기 레벨
- 어떤 음의 세기가 기준치의 몇 배인가를 나타내는 것
- 기준치 : 10^{-12}W/m^2 (건강한 귀로 들을 수 있는 1000Hz의 순음의 세기)
- 음의 세기가 10^{-10}W/m^2일 때 음의 세기 레벨은

$10\log\dfrac{10^{-10}}{10^{-12}} = 10\log 10^2 = 20\text{dB}$

44 ①
반사형 단열
- 반사형 단열은 복사의 형태로 열 이동이 이루어지는 공기층에 유효하다.
- 중공벽 내의 저온측면에 흡수율이 낮은 광택성 금속박판을 설치하면 표면 저항이 증가된다.
- 반사하는 표면이 다른 재료와 접촉되어 있으면 전

도열이 생겨 단열효과가 떨어진다.
• 벽에 생긴 결로나 금속 표면의 먼지층은 흡수율과 복사율을 증가시키며 반사형 단열재료의 효율을 감소시킨다.

45 ③
열쾌적에 영향을 미치는 물리적 온열 4요소
기온, 습도, 기류, 복사열

46 ③
일조(주광)의 직접적 효과
자연채광, 열 효과, 보건·위생적 효과

47 ②
수은등
• 수명이 나트륨등과 비슷하며 배광제어가 좋고 하나의 등으로 큰 광속을 얻을 수 있다.
• 효율이 높고, 수명이 길며, 가격도 저렴한 편이며, 자외선이 발생하여 살균, 의료, 사진용으로도 쓰인다.
• 연색성이 좋은 편은 아니며, 개량형 형광 수은등은 일반 형광등에 조금 못 미친다.
• 빌딩, 공장 등의 외벽이나 높은 천장 및 도로 조명으로 많이 쓰인다.

48 ②
유인유닛방식
• 중앙의 1차 공조기에서 조화한 공기를 고속, 고압으로 각 실의 유닛에 송풍하면 노즐을 통과하는 압력으로 유인작용을 일으켜 실내공기를 2차 공기로 하여 유인한다.
• 유인된 실내공기는 유닛 속 코일에 의해 냉각 또는 가열된 후 2차의 혼합공기로 되어 실내로 송풍된다.
• 각 유닛마다 개별 제어가 가능하고 고속덕트를 사용하므로 덕트 공간을 작게 할 수 있다.
• 1차 공기와 2차 냉온수를 공급하므로 실내환경 변화에 대응이 용이하고 회전부가 없어 동력배선이 필요 없다.
• 각 유닛마다 수배관을 해야 하므로 누수의 염려가 있고 냉각 가열을 동시에 하는 경우 혼합손실이 발생한다.
• 유인성능 및 공간 문제 등으로 고성능 필터의 사용이 곤란하고 송풍량이 적어서 외기 냉방의 효과가 적다.

49 ②
모든 설비장치는 가능한 한 부하의 중심에 가까운 곳에 두므로 변전실과 발전기실은 가까이 둔다.
예) 보일러실, 변전실, 예비전원설비, 분전반, 파이프 샤프트, 전화교환실 등

50 ②
1W=1J/s이므로 70W=0.07kJ/s이며 각 답안의 단위가 시간당 환기량이므로 3600초를 곱한다.

송풍량 $Q = \dfrac{q_s}{\gamma \cdot C \cdot \Delta T}$

$= \dfrac{0.07\text{kJ/s} \times 3600\text{s}}{1.2\text{kg/m}^3 \times 1.01\text{kJ/kg} \cdot \text{K} \times (20-10)}$

$= 약\ 20.8\text{m}^3/\text{h}$

q_s=현열부하 γ=비중
C=비열 ΔT=온도변화

51 ③
① 역률 : 교류회로에서 유효전력과 피상전력과의 비
② 부등률
• 전력 소비 기기를 동시에 사용하는 정도
• 항상 1보다 크며, 수용률과 더불어 배전 변압기 또는 배전 간선 등의 공급설비 계획 자료로 사용한다.
• 부등률 $= \dfrac{수용 설비 각각의 최대수용전력의 합[\text{kW}]}{합성 최대사용전력[\text{kW}]} \times 100\%$
③ 수용률
• 수용 설비가 동시에 사용되는 정도
• 주상변압기 등의 적정 공급 설비용량을 파악하기 위하여 사용한다.
• 수용률 $= \dfrac{최대수용전력[\text{kW}]}{총부하설비용량[\text{kW}]} \times 100\%$
④ 부하율
• 유효하게 사용되었는가를 나타내는 정도
• 부하율 $= \dfrac{평균사용전력[\text{kW}]}{합성최대사용전력[\text{kW}]} \times 100\%$

52 ②

방화구조의 기준

구조부분	방화구조의 기준
철망 모르타르 바르기	바름 두께 2cm 이상
석고판 위에 시멘트 모르타르 또는 회반죽을 바른 것	두께의 합계 2.5cm 이상
시멘트 모르타르 위에 타일을 붙인 것	
심벽에 흙으로 맞벽치기한 것	두께에 관계없이 인정
기타 한국산업규격이 정하는 바에 따라 시험 결과 방화 2급 이상에 해당하는 것	

53 ②

노유자시설 및 수련시설의 연면적이 200m² 이상일 경우 건축허가 시 미리 소방본부장 및 소방서장의 동의를 받아야 한다.

54 ③

옥상광장 또는 2층 이상인 층에 있는 노대나 그 밖에 이와 비슷한 것의 주위에는 높이 1.2m 이상의 난간을 설치하여야 한다(출입할 수 없는 구조인 경우는 제외).

55 ④

숙박시설의 객실 간 경계벽 구조 기준

벽체의 구조	기준 두께
철근콘크리트조, 철골철근콘크리트조	10cm 이상
무근콘크리트조, 석조	10cm 이상 (시멘트모르타르, 회반죽 또는 석고플라스터 바름 두께 포함)
콘크리트블록조, 벽돌조	19cm 이상

56 ③

건축법 시행령 제37조(지하층과 피난층 사이의 개방공간 설치)

바닥면적의 합계가 3000m² 이상인 공연장·집회장·관람장 또는 전시장을 지하층에 설치하는 경우에는 각 실에 있는 자가 지하층 각 층에서 건축물 밖으로 피난하여 옥외 계단 또는 경사로 등을 이용하여 피난층으로 대피할 수 있도록 천장이 개방된 외부 공간을 설치하여야 한다.

57 ③

배연설비

① 법 제49조 제2항에 따라 배연설비를 설치하여야 하는 건축물에는 다음 각 호의 기준에 적합하게 배연설비를 설치해야 한다. 다만 피난층인 경우에는 그렇지 않다.

1. 영 제46조 제1항에 따라 건축물이 방화구획으로 구획된 경우에는 그 구획마다 1개소 이상의 배연창을 설치하되, 배연창의 상변과 천장 또는 반자로부터 수직거리가 0.9m 이내일 것. 다만, 반자높이가 바닥으로부터 3m 이상인 경우에는 배연창의 하변이 바닥으로부터 2.1m 이상의 위치에 놓이도록 설치하여야 한다.
2. 배연창의 유효면적은 별표2 산정기준에 의하여 산정된 면적이 제1m² 이상으로서 그 면적의 합계가 당해 건축물의 바닥면적(영 제46조 제1항 또는 제3항의 규정에 의하여 방화구획이 설치된 경우에는 그 구획된 부분의 바닥면적을 말한다)의 100분의 1 이상일 것. 이 경우 바닥면적의 산정에 있어서 거실 바닥면적의 20분의 1 이상으로 환기창을 설치한 거실의 면적은 이에 산입하지 아니한다.
3. 배연구는 연기감지기 또는 열감지기에 의하여 자동으로 열 수 있는 구조로 하되, 손으로 열고 닫을 수 있도록 할 것
4. 배연구는 예비전원에 의하여 열 수 있도록 할 것
5. 기계식 배연설비를 하는 경우에는 제1호 내지 제4호의 규정에 불구하고 소방관계법령의 규정에 적합하도록 할 것

58 ②

배연설비의 설치 기준

구분	구조 및 재료
설치 기준	• 방화구획마다 1개소 이상 배연창 설치 • 배연창 상변과 천장 또는 반자로부터 수직거리가 0.9m 이내 • 반자높이가 바닥으로부터 3m 이상인 경우 배연창 하변을 바닥으로부터 2.1m 이상 위치에 설치
배연창 유효면적	• $1m^2$ 이상으로서 건축물 바닥면적의 1/100 이상일 것 • 방화구획이 설치된 경우에는 그 구획된 부분의 바닥면적을 말함 • 바닥면적 산정 시 1/20 이상 환기창을 설치한 거실의 면적은 제외
배연구 구조	• 연기감지기, 열감지기에 의해 자동으로 열 수 있는 구조(수동 개폐 가능한 구조) • 예비전원에 의해 열 수 있도록 할 것
기계식 배연설비	• 위의 규정에도 불구하고 소방관계법령의 규정에 따른 것

59 ④

비상조명등 설치 대상 특정소방대상물
- 지하층 포함 5층 이상인 건축물로서 연면적 3000 m^2 이상인 것
- 위에 해당되지 않는 것으로 그 지하층 또는 무창층의 바닥면적이 450m^2 이상인 경우에는 그 지하층 또는 무창층
- 지하가 중 터널로서 그 길이가 500m 이상인 것

60 ④

우수관과 오수관은 분리하여 배관한다.

2022년 제3회

01 ①

커튼은 차단적 구획에 해당한다.

02 ③

나이트 테이블(Night Table)
침대 머리맡에 두는 낮고 작은 테이블로 사이드 테이블이라고도 한다. 전화나 전기스탠드 등을 놓을 수 있으며, 취침 시에 손이 닿을 수 있도록 배치한다.

03 ②

공간구성의 유형
① 선형 공간구성
  • 공간을 선의 형태로 나열하여 방향성이 강하고 대지에 대한 적응력이 크다.
  • 연속성을 가지면서도 분절에 의한 효과를 도입할 수 있다.
② 구심형 공간구성
  • 중앙의 우세한 중심공간과 그 주위의 수많은 보조 공간으로 구성된다.
  • 비교적 규칙적인 형태를 띠며 일정한 방향성이 없이 다양한 동선 패턴이 나타난다.
③ 집합형 공간구성
  • 기하학적 형태의 반복으로 특정 공간이 강조되지 않고 위계질서는 약하다.
  • 공간구성 내에서 받아들일 수 있는 것으로 크기와 형태 기능은 다르지만 인접성·대칭성 또는 축과 같은 시각적 질서에 의해 연결되는 공간이 형성된다.
④ 격자형 공간구성
  • 삼각형, 사각형 등의 격자 모듈에 의해 구성된다.
  • 공간 속 위치와 공간 상호 간의 관계가 3차원적 격자 패턴 속에서 질서정연하게 배열되는 형태 및 공간으로 구성된다.
⑤ 방사형 공간구성
  • 구심형과 선형 구성이 결합된 형태로 나타난다.
  • 중앙이 중심이 되면서 외부로의 확장성이 강한 형태가 된다.

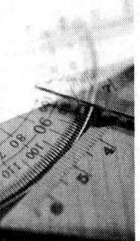

04 ②
로비
호텔의 고객동선이나 대형 업무빌딩의 동선의 중심이며 공공 공간으로서 휴식, 담화, 연회 및 문화공간 등으로 사용된다.

05 ③
기둥과 같은 수직 부재는 위쪽으로 갈수록 안쪽으로 약간 기울어지게 했다.

06 ②
실내디자인은 순수예술이 아니므로 사용자의 만족과 같은 기능적 관점에서도 그 성공 여부를 판단할 수 있다.

07 ②
① 주관적이고 감성적인 판단도 중요하다.
③ 디자인의 요소에 대한 설명이다.
④ 착시현상은 표현의 일부분이다.

08 ①
① 하모니카 전시 : 전시평면이 하모니카 흡입구처럼 동일한 공간으로 연속되어 배치되는 형식. 전시내용이 통일된 형식 속에서 반복되어 나타나는 방법으로 동일 종류의 전시물을 전시할 때 유리하다.
② 파노라마 전시 : 벽면 전시와 오브제 전시를 병행하는 유형. 연속적인 주제를 맥락이 있게 표현하는 전시방법이다.
③ 아일랜드 전시 : 벽이나 천장을 이용하지 않고 전시물의 입체물을 중심으로 전시공간에 배치하는 방법이다.
④ 디오라마 전시 : 현장감을 가장 실감나게 표현하며 한정된 공간 속에서 배경 스크린과 실물의 종합전시로 이루어진다.

09 ①
키친네트(kitchenette)
작업대의 길이가 2m 내외 정도인 간이 부엌으로 사무실이나 독신자용 아파트에 많이 설치하는 형태

10 ③
고객을 위한 휴게시설은 충동구매상품과 근접시켜서 휴식 중에도 상품에 접근이 용이하도록 한다.

11 ③
동화현상
• 대비효과와는 반대로 옆에 있는 색과 닮은 색으로 변해 보이는 현상이다.
• 색상동화, 명도동화, 채도동화가 있는데 모두 동시적으로 일어나는 현상으로 줄무늬와 같이 주위를 둘러싼 면적이 작거나 하나의 좁은 시야에 복잡하고 섬세하게 배치되었을 때에 일어난다.
• 회화, 그래픽 디자인, 직물디자인 등의 모든 배색조화에 필수적인 요소이다.

12 ②
CMYK의 색역이 RGB의 색역보다 좁기 때문에 컴퓨터 화면상의 이미지와 출력된 인쇄물의 색채가 다르게 나타난다.

13 ③
순색에 다른 색을 섞는 양이 많아질수록 채도는 낮아진다.

14 ①
장파장인 빨강의 굴절이 제일 작고, 단파장인 보라의 굴절현상이 제일 크게 나타난다.

15 ④
프로세스 잉크
컬러 인쇄에 사용되는 표준 CMYK 잉크를 뜻한다.

16 ③
힐 하우스 체어
찰스 매킨토시가 출판업자 월터 블랙키의 집 '힐 하우스(Hill House)'를 설계하면서 함께 디자인한 의자. 수직선과 수평선 위주의 요소를 적용하여 기능보다 장식성에 비중을 둔 가구이다.

17 ③
CIE 표준 표색계
1931년 국제조명위원회(CIE)에서 가법혼색의 원리를 기본으로 심리·물리적인 빛의 혼색실험에 기초한 색을 표시하는 방법으로 가장 과학적이고 국제적인 기준이 되는 색표시 방법이다. 3가지 기본

자극 색인 빨강, 초록, 청자를 정삼각형의 한 점으로 구하고 각기 X, Y, Z라고 하는 3각 좌표 위에서 나타내는 표색계를 만들었으므로 XYZ 표색계라고도 한다.

18 ②
오토만(ottoman)
등받이나 팔걸이가 없이 천으로 씌운 낮은 의자로 발을 올려놓는 데 사용되는 스툴의 일종이며 그 명칭은 18C 터키 오토만 왕조에서 유래하였다. 일반 스툴과의 차이는 소파 등의 부속가구로 함께 쓰인다는 점이다.

19 ④
색채계획 순서
① 색채 환경 분석
  ㉠ 기업 및 상품의 색채, 선전색, 포장색 등 경합업체의 관용색 분석이 필요하다.
  ㉡ 색채의 예측 데이터 수집 능력, 색채의 변별, 조색 능력이 필요하다.
② 색채 심리 분석
  ㉠ 기업과 상품 이미지, 색채 이미지, 유행 이미지를 측정한다.
  ㉡ 심리 조사 능력, 색채 구성 능력이 필요하다.
③ 색채 전달 계획
  ㉠ 기업 및 상품의 색채와 광고 색채를 결정한다.
  ㉡ 타사의 제품과 차별화시키는 마케팅 능력과 컬러 컨설턴트 능력이 필요하다.
④ 디자인에 적용
  ㉠ 색채의 규격 및 시방서의 작성, 컬러 매뉴얼의 작성이 필요하다.
  ㉡ 아트 디렉션의 능력이 요구된다.

20 ③
유사색상의 배색은 명도와 채도의 차이를 달리하는 것이 효과적이다.

21 ②
리놀륨(Linoleum)
아마인유·동유 등을 산화 중합시켜서 생기는 리녹신에 로진 등 천연수지류를 섞고, 코르크·톱밥·돌가루와 착색제 등을 첨가해서 마직포에 롤러를 이용하여 시트 모양으로 가열압착한 뒤 장시간 건조시켜서 만든다. 탄력성이 크고 보행 시 감촉이 좋으며 미끄러지지 않고 소음이 적다. 또한 내유성, 내마모성, 내화, 내열, 전기절연성 등이 우수하다. 특히 살균작용에 의해 바닥의 박테리아는 2일 정도면 사멸되는데, 그 작용이 10년 가까이 지속되는 등의 장점이 있다. 반면 책상, 가구 등의 집중하중을 장기간 받으면 자국이 생기고 알칼리성에 취약하며, 내수성, 내습성이 떨어지는 것이 단점이다.

22 ②
목재의 수축 및 팽창은 자유수의 영향을 거의 받지 않고 결합수의 흡수 및 건조에 영향을 받으므로 섬유포화점 이하에서 현저하게 나타난다.

23 ③
퍼티(putty)
탄산칼슘이나 석고 등의 안료를 유지나 수지 등과 같은 전색제로 잘 배합하여 경도가 높은 풀 형태로 만든 것이다. 유리 고정, 가구의 구멍 메꾸기, 도장 또는 수장 하지의 구멍, 간극, 균열 보수 등에 사용하고 있다.

24 ④
벽돌량(소요량) = 단위수량 × 벽면적 × 할증률
  = 224 × 40 × 1.05
  = 9408장

25 ①
에칭 유리
유리 표면을 특수가공 처리하여 만든 유리로서 조각 유리(sculpture glass)라고도 한다. 5mm 이상의 후판 유리에 그림이나 글 등을 새겨 넣어 유리 자체에 예술성을 부여할 수 있다. 가공한 무늬에 의해 빛이 분산되어 시선이 차단되면서 채광효과를 얻는다.

26 ④
낙하물 방지망 및 수직보호망 설치 시 수평면과의 각도는 20도 이상 30도 이하를 유지하여야 한다.

27 ④
망상 아스팔트 루핑은 망상의 원지에 아스팔트를 침투시켜 만든 제품으로 돌출물 주위 보강재로 사용하며 절연 공법에 사용되는 것은 구멍 뚫린 아스팔트 루핑이다.

28 ②
화강암은 조암광물의 열평창계수 차이로 인해서 고온에서 강도가 저하된다.

29 ①
시공연도(Workability)의 결정 요인
골재의 성질, 모양, 입도, 혼화재료, 단위수량 및 단위시멘트량, 비비기 시간 등
※ 시멘트의 강도는 영향을 거의 미치지 않는다.

30 ④
테라코타
- 속을 비게 하여 소성한 점토제품으로 버팀벽, 기둥주두, 돌림띠 등에 사용한다.
- 미적인 제품으로 색도 석재보다 다채롭고 모양을 임의로 만들 수 있다.
- 화강암보다 내화도가 높고 대리석보다 풍화에 강해서 외장으로 많이 쓰인다.

31 ①
중밀도 섬유판, MDF(Medium Density Fiberboard)
- 톱밥을 압축가공해서 목재가 가진 리그닌 단백질을 이용하여 목재섬유를 고착시켜 만든 판재이다.
- 천연목재보다 강도가 크고 변형이 적다.
- 습기에 약하고 무게가 많이 나가는 것이 단점이나 마감이 깔끔하여 많이 쓰인다.
- 밀도가 균일하기 때문에 측면의 가공성이 매우 좋고 표면에 무늬인쇄가 가능하여 인테리어용으로 많이 사용된다.

32 ④
다공질 벽돌
톱밥이나 겨 등을 혼합하여 소성한 벽돌제품. 연소 후 공극이 생겨 비중이 낮고 무게가 가벼워지므로 가공이 용이해지며 보온과 흡음성이 있어 방음 및 단열용으로 사용된다.

33 ②
항복비=항복점(항복강도)÷인장강도점
※ 항복점 : 물체에 작용하는 외력이 증가하여 응력이 탄성 한도를 넘는 어떤 값에 이를 때, 외력은 거의 증가하지 않는데도 영구 변형이 급격하게 커지기 시작한다. 이 탄성 한도를 넘은 값을 항복점(항복강도)라 한다.

34 ②
도막 방수(coating water proof)
도료상태의 합성수지나 합성고무 용액·가루 등으로 만들어진 방수재를 바탕면에 여러 차례 칠하여 상당 두께의 방수막을 만드는 방수공법을 뜻한다. 치켜 올림이나 모서리 등의 복잡한 형태에도 연속된 일체형 도막을 만들 수 있는 장점이 있으며, 비보호층에 누수가 발생해도 보수가 용이하다. 반면 균일 두께 확보가 어렵고, 두꺼운 방수층 형성이 어려우며, 바탕 접착력이 나쁘면, 균열에 의해 방수층 파단이 발생할 수 있다.

35 ①
중용열 포틀랜드 시멘트
C_3S, C_3A 등의 양을 줄인 시멘트로 수화 시 발열량이 적어 수축이 적고 균열이 없어서 안정성이 높다. 내식성, 내구성이 좋으며 방사선 차단 효과가 있다. 댐 축조, 콘크리트 포장, 원자력 발전소 등 매스 콘크리트에 사용된다. 수화속도는 느린 편이다.

36 ①
래커(Lacquer)
- 원료 : 질화면+용제(아세톤, 부탄올)+수지+휘발성 용제+안료
- 건조속도가 빨라서 스프레이 작업에 적합하며, 도막이 견고하고 광택이 좋은 고급 도료이다.
- 도막이 얇으며 부착력이 다소 약하다.

37 ③
에폭시 수지 접착제
급경성의 접착제로 내수성, 내습성, 내약품성, 전기 절연성이 우수하고 금속, 도자기, 유리 등 다양한 종류의 물질을 강하게 접착시킨다. 피막이 단단하고 유연성이 부족하며 고가의 접착제이다.

38 ②
무늬유리는 불투명 제품이므로 진열용 창에는 적합하지 않다.

39 ④
납석(蠟石, agalmatolite, pyrophyllite)
점토 광물의 일종으로 카올리나이트보다 규산분이 많고 결정수가 적으며 백색, 담녹색, 담청색 등을 띠며 치밀한 왁스나 지방과 같은 느낌이 있는 덩어리를 이룬다. 강열 감량이 적기 때문에 소성 수축이 작아서 내화 벽돌 제조 시에 샤모트로 하지 않고 주원료로 직접 사용할 수 있다.

40 ②
횡선식 공정표
세로축에 공사종목별 각 공사명을 배열하고 가로축에 날짜를 표기한 후 공사명별 공사의 소요시간을 횡선의 길이로써 나타내는 공정표. 경험이 적은 사람도 쉽게 이해할 수 있다.

41 ①
균제도
휘도나 조도, 주광률 등의 분포를 나타내는 지표. 휘도나 조도, 주광률 등의 최대치에 대한 최소치의 비이다.

균제도 $U = \dfrac{(휘도, 조도, 주광률의) \text{ 최소치}}{(휘도, 조도, 주광률의) \text{ 최대치}}$

$= \dfrac{200\text{lx}}{4000\text{lx}} = 0.05$

42 ③
일사조건에 따른 건축계획
- 건축물의 체적에 비해 외피면적이 작을수록 열손실이 적다.
- 태양열을 이용하는 주택은 서쪽으로 기울어진 방위가 좋다.
- 건축물의 형태가 동서로 긴 남향으로 지어지면 여름철에는 실내로 들어오는 일사가 적고 겨울철은 많아지게 된다.
- 공동주택은 인동간격을 넓게 하여 저층부의 일사 수열량을 증대시킨다.
- 거실의 층고 및 반자 높이는 실의 용도와 기능에 지장을 주지 않는 범위 내에서 가능한 한 낮게 한다.

43 ②
열량 $Q = m \cdot c \cdot \Delta t$

m : 질량(kg)　　c : 비열(kJ/kg℃)
Δt : 온도차(℃)

∴ $Q = 0.5 \times 4.2 \times (60-5) = 115.5 \text{kJ}$

※ 구체적인 기준이 없을 경우, 물의 비중은 1로 계산한다. (0.5L 물의 질량=0.5kg)

44 ①
휘발성 유기화합물(VOCs)
주로 실내에 영향을 미치는 오염물질로서 건물증후군(Sick Building Syndrome, SBS)의 주원인이 된다. 각종 건자재에서 배출되는 휘발성 유기화합물(VOCs), 포름알데히드(HCHO) 등 각종 오염물질들이 아토피성 피부염, 두통 등 각종 질환의 원인이 되고 있다. 인체에 대한 영향으로 염증·두통·신경마비 등이 우려된다. 포름알데히드는 가구·단열재·페인트·벽지·타일 등에서 검출되고 있다.

45 ①
정측창 채광은 자연채광방식의 일종이다.

46 ①
잔향시간 $RT = K \dfrac{V}{A}$

　K : 비례상수(0.16)　　V : 실의 용적
　A : 흡음력 = $\bar{a}$(평균흡음률) × S(실내표면적)

잔향시간이 1.6초일 때 흡음력
$A = 3000 \times \dfrac{0.16}{1.6} = 300$이다.

잔향시간이 0.6초가 되려면 $A' = 3000 \times \dfrac{0.16}{0.6} = 800$

이므로 추가로 필요한 흡음력($A' - A$)은 500이다.

47 ③
글로브 온도계
- 기온과 복사의 종합효과를 측정하는 것을 목적으로 만든 온도계로 1930년 버논(H. M. Vernon)에 의해 고안되었다.
- 외부 표면을 흑색 무광택으로 처리한 직경 15cm의 속이 빈 밀폐 구리공 중심에 온도계의 구부가 위치한다.
- 풍속이 큰 곳에서는 사용이 적절하지 않다. (1m/sec 이하에서 사용)

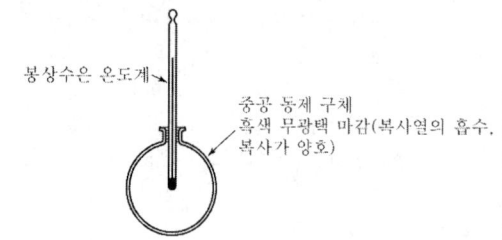

48 ①

화재감지기
- 광전식 연기감지기 : 주위 공기가 일정 농도의 연기를 포함하게 될 때 광전소자에 접하는 광량의 변화로 작동한다.
- 이온식 연기감지기 : 검지부에 연기가 들어가면 이온 전류가 변화하는 것을 이용한다.
- 차동식 열감지기 : 주위 온도가 일정 상승률 이상이 되는 경우에 작동한다. 광범위한 열 효과로 작동하는 분포형과 국소적 열효과로 작동하는 스폿형이 있다.
- 정온식 열감지기 : 주위 온도가 기준보다 높아지는 경우 작동한다. 외관이 전선으로 되어 있는 감지선형과 전선이 아닌 스폿형이 있다.
- 보상식 열감지기 : 차동식과 정온식 성능을 겸용한 것으로서 둘 중 한 기능이 작동되면 신호를 발한다.

49 ④

공기조화설비의 취출구 설계 시에는 실내기류 및 온도분포, 취출풍량, 실내의 허용소음 등을 고려하여야 한다.

50 ②

① S트랩을 사용을 자제한다.
③ 증발작용에 대한 대책이다.
④ 봉수 깊이가 과도하면 배수의 흐름이 나빠진다.

51 ③

6층 이상 층의 거실면적 합계 (S) = 36000㎡
20층 업무시설의 승용승강기 대수
$$= 1 + \frac{s - 3{,}000\text{m}^2}{2{,}000\text{m}^2} = 1 + \frac{36{,}000\text{m}^2 - 3{,}000\text{m}^2}{2{,}000\text{m}^2}$$
$$= 17.5 ≒ 18\text{대}$$
16인승은 ÷2이므로 9대

52 ④

물분무 등 소화설비를 설치해야 하는 차고·주차장에 스프링클러설비를 화재안전기준에 적합하게 설치한 경우, 그 설비의 유효범위에서 설치가 면제된다.

53 ②

문화 및 집회시설 중 공연장, 위락시설 중 주점영업의 용도로 쓰는 층으로서 그 층 거실의 바닥면적 합계 300㎡ 이상인 경우 직통계단 외에 그 층으로부터 지상으로 통하는 옥외피난계단을 따로 설치하여야 한다.

54 ②

스프링클러설비는 소화설비에 해당된다.

55 ④

방화에 장애가 되는 용도의 제한

같은 건축물에 함께 설치할 수 없는 시설		예외(①만 해당)
A	B	
① 공동주택, 의료시설, 장례식장 · 노유자시설 (아동관련 · 노인복지시설)	위락시설, 공장 위험물저장 및 처리시설 자동차 관련 시설(정비공장만 해당)	• 공동주택(기숙사만 해당)과 공장이 같은 건축물에 있는 경우 • 중심상업지역·일반상업지역 또는 근린상업지역에서 「도시 및 주거환경정비법」에 따른 도시환경정비사업을 시행하는 경우 • 공동주택과 위락시설이 같은 초고층 건축물에 있는 경우(주택의 출입구·계단 및 승강기 등을 주택 외의 시설과 분리된 구조로 할 경우)
② 노유자시설 (아동관련 · 노인복지시설)	판매시설 중 도매시장·소매시장	
③ • 단독주택(다중, 다가구주택), 공동주택 • 제1종 근린생활시설 중 조산원 또는 산후조리원	제2종 근린생활시설 중 다중생활시설	

56 ②

문화 및 집회시설(동·식물원 제외), 종교시설(주요구조부가 목조인 것 제외), 운동시설(물놀이형 시설 제외)로서 다음의 어느 하나에 해당하는 경우 모든 층에 스프링클러 설비를 설치하여야 한다.
ⓐ 수용인원이 100명 이상인 것
ⓑ 영화상영관 용도로 쓰이는 층 바닥면적이 지하층 또는 무창층인 경우 500m² 이상, 그 밖의 층은 1000m² 이상인 것
ⓒ 무대부가 지하층·무창층 또는 4층 이상의 층에 있는 경우에는 무대부의 면적이 300m² 이상인 것
ⓓ 무대부가 ⓒ 외의 층에 있는 경우에는 무대부의 면적이 500m² 이상인 것

57 ②

두께가 2mm 미만인 종이벽지는 해당되지 않는다.

58 ①

공동주택과 오피스텔의 난방설비를 개별난방방식으로 하는 경우에는 다음의 기준에 적합하여야 한다.

구분	구조 및 재료
보일러실 위치	• 거실 이외의 장소에 설치 • 보일러실과 거실 사이 경계벽은 내화구조의 벽으로 구획(출입구 제외)
보일러실 환기	• 보일러실 윗부분에 0.5m² 이상의 환기창 설치 • 윗부분과 아랫부분에 지름 10cm 이상의 공기흡입구 및 배기구 설치(항상 개방된 상태) 단, 전기보일러인 경우는 제외한다.
기름저장소	• 기름보일러의 기름저장소는 보일러실 외의 장소에 설치
오피스텔 난방구획	• 난방구획을 방화구획으로 구획할 것
보일러실 연도	• 내화구조로서 공동연도로 설치할 것
보일러실과 거실 사이 출입구	• 출입구가 닫힌 경우 가스가 거실에 들어갈 수 없는 구조일 것
가스 보일러	• 중앙집중공급방식으로 공급하는 경우에는 위 규정에도 불구하고 가스관계 법령이 정하는 기준에 따른다.(단, 오피스텔 난방구획에 대한 규정은 동일하게 지킬 것)

59 ①

공장은 해당용도 바닥면적의 합계가 2000m² 이상일 때, 주요구조부를 내화구조로 하여야 한다. (국토교통부령으로 정한 화재위험이 작은 공장은 제외)

60 ①

복도의 유효너비 기준

구분	양 옆에 거실이 있는 복도	기타
유치원·초등학교·중학교·고등학교	2.4m 이상	1.8m 이상
공동주택·오피스텔	1.8m 이상	1.2m 이상
당해 층 거실바닥면적 합계 200m² 이상	1.5m 이상 (의료시설 1.8m 이상)	1.2m 이상

CBT 복원문제 해설 및 정답

2023년 CBT 해설 및 정답

2023년 제1회

01 ①
장식은 실내디자인의 의도와 내부 공간의 성격을 고려하여 선정 및 배치한다.

02 ①

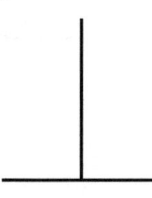

분트 도형
길이가 같은 두 개의 직선이 수직을 이루고 있을 때, 수직선이 수평선보다 더 길게 느껴진다.

03 ④
바닥은 건물형태를 위한 물리적, 시각적 기초를 제공하며 사용자가 활동하는 표면을 에워싸는 바닥을 구성하므로 구조적으로 안전해야 한다. 우리나라의 경우 온돌바닥을 통한 난방을 사용했으므로 설비에 대한 고려까지 요구된다. 벽, 천장 등 다른 요소들이 시대와 양식에 따라 현저하게 변화하는 데 비해 바닥은 고정적이다.

04 ①
밖으로 노출된 테라스나 상점의 파사드, 주택의 서비스 야드와 같은 외부 공간도 대상이 될 수 있다.

05 ④
  ㉠ 외부적 조건
  - 입지적 조건 : 프로젝트 대상 지역에 대한 교통수단, 도로관계, 상권 등 지역의 규모와 배후지에 대한 입지조건을 비롯하여 방위, 기후, 일조조건 등의 자연적 조건도 이에 포함된다.
  - 건축적 조건 : 공간의 형태, 규모, 주출입구, 개구부 현황과 채광, 방음, 파사드 등을 파악해야 한다.
  - 설비적 조건 : 위생설비, 배관위치, 급배수설비, 상하수도시설, 환기시설, 냉난방설비, 소방설비, 전기설비 등을 파악한다.
  - 기타 조건 : 건물주의 요구사항, 임차계약상황, 건물 등기 등이 해당된다.
  ㉡ 내부적 조건
  - 계획의 목적, 실의 개수와 규모, 의뢰자의 예산 및 요구사항, 공간사용자의 행위 등을 파악해야 한다.
  - 공간 사용자의 수, 행위의 흐름, 빈도, 사용시간 등을 분석하여 동선, 규모, 기능에 반영한다.

06 ①
상점의 배치 계획에서 가장 우선적으로 고려할 것은 물건을 구매하는 고객의 동선이다.

07 ④
아이디어 스케치는 디자인 단계에 해당된다.

08 ②
관람거리
- A구역 : 배우의 표정이나 동작을 상세히 감상할 수 있는 사선 거리의 생리적 한도는 15m이다.
- B구역 : 실제의 극장 건축에서는 될 수 있는 한 수용을 많이 하려는 생각에서 22m까지 제1차 허용 한도로 정한다.
- C구역 : 현재 연극, 그랜드 오페라, 발레, 뮤지컬은 배우의 일반적인 동작만 보이면 감상하는 데는 별 지장이 없으므로 이를 제2차 허용한도라고 하며 35m까지 둘 수 있다.

09 ④
캐스케이드(Cascade)
계단식 폭포를 의미하며 다른 의미로는 건축설계에서 각 층의 단면을 계단식으로 구성하는 것 또는 위치, 높이차를 두고 설치되어 단계적으로 점등, 점멸을 반복하는 조명장치를 뜻하기도 한다.

10 ④
① 피콕블루(peacock blue) : 공작새 날개의 파란 빛깔
② 세피아(sepia) : 오징어 먹물의 갈색
③ 에메랄드 그린(emerald green) : 에메랄드 보석의 초록빛

11 ③
저드(D. B. Judd)의 색채 조화론(정성적 조화론) 원리
① 질서의 원리 : 질서 있는 계획에 따라 선택될 때 색채는 조화된다.
② 친근성(숙지)의 원리 : 자연환경과 같이 관찰자에게 잘 알려져 있는 배색이 조화를 이룬다.
③ 동류(공통·유사성)의 원리 : 배색된 색들끼리 공통된 양상과 성질이 내포되어 있을 때 조화된다.
④ 비모호성(명료성)의 원리 : 색상 차나 명도, 채도, 면적의 차이가 분명한 배색이 조화롭다.

12 ①
잔상(after image)
망막이 자극을 받아서 생긴 시세포의 흥분이 중추에 전해져서 자극이 끝난 후에도 계속 남아있는 시감각 현상
㉠ 양성 잔상
 • 원자극과 색이나 밝기가 같은 잔상으로 '정의 잔상'이라고도 한다.
 • 어두운 밤에 불꽃놀이를 보면 불꽃과 같은 밝기나 색상의 잔상이 보인다.
 • 영화, 애니메이션 등에 활용된다.
㉡ 음성 잔상
 • 색이나 밝기가 원자극의 반대로 나타나는 잔상으로 '부의 잔상'이라고도 한다.
 • 무채색의 경우 반대되는 명암이 나타나며, 유채색의 경우 원자극의 보색이 잔상으로 나타난다.

 • 의사의 수술복이 녹색인 것은 혈액의 붉은색에 의해 보색 잔상이 일어나서 수술에 방해가 되는 것을 막기 위해서이다.

13 ④
디지털 이미지에 사용되는 트루 컬러는 32비트 컬러이다. 이는 사람이 볼 수 있는 풀 컬러라고도 한다. 모니터 색상은 빛의 3원색인 RGB의 배합으로 이루어지며, 이때 배합의 단위를 픽셀이라고 한다. 한 픽셀에 24비트를 할당하고 나머지 8비트는 투명도에 관련이 있는 알파 채널에 할당한다. RGB에 각각 8비트씩 할당하므로 한 번에 2의 24제곱인 16777216색을 표현할 수가 있다.

14 ②
컬러 어피어런스(color appearance)
분석적 지각이 아닌 감성적, 시각적 지각 측면에서 외양상 보이는 대로 지각하게 되는 주관적인 색의 현시 방법. 조명 조건, 재질, 관측 위치에 따라 색이 다르게 보이는 특성을 뜻하며 심리 물리학의 측면에서 보면 조명과 관찰 조건이 결합된 분광적 측면의 시각적 지각을 의미한다.

15 ④
 • 기본 색명 : 기본적 색의 구별을 나타내기 위한 색명. KS에서는 먼셀 색상환의 기본 10색에 분홍, 갈색과 무채색(흰색, 회색, 검정)을 포함하여 규정하고 있다.
 • 일반 색명 : 기본 색명에 색상을 나타내는 수식어와 톤을 나타내는 수식어를 붙여 표현하는 색명. 계통 색명이라고도 한다.
 • 관용 색명 : 오랜 시간 자연스럽게 형성되어 습관적으로 사용되고 있는 색명을 말한다.

16 ①
색역 압축 방법(color gamut compression method)은 일본의 오사키 유키 등에 의해 고안된 것으로 색역이 다른 컬러 간의 차이를 극복하기 위한 방법이다.
※ 색역 : 특정 조건에 따라 발색되는 모든 색을 포함하는 색도 그림 또는 색공간 내의 영역

17 ④

색차(color difference)
- 동일한 조건 하에서 계산하거나 측정한 두 가지 색의 감각적인 차를 말하는 것으로 주로 물체의 색에 관하여 사용된다.
- 동일한 조건이란 동일한 종류의 조명, 동일한 크기의 시료(샘플), 동일한 주변색, 동일한 관측 시간, 동일한 측색 장비, 동일한 관측자 등을 말한다.
- 색차의 계산 및 색차의 측정은 색채 관련 학계 및 산업계에서 필수적인 요소이다.

18 ④
영 · 헬름홀츠 3원색설
영국의 물리학자 토마스 영이 1892년에 발표했던 3원색설을 독일의 생리학자 헬름홀츠가 발전시킨 것이다. 영은 색광혼합의 실험 결과에서 주로 물리적인 가산혼합의 현상에 대해서 주목하여 적·녹·짙은 보랏빛(청)의 3색을 3원색으로 했으며 헬름홀츠는 망막에 분포한 적·녹·청의 3종의 시세포에 의하여 여러 색의 지각이 일어난다고 주장한 설이다.

19 ①
- 체스카 의자 : 마르셀 브로이어가 디자인한 의자로 자신의 딸 체스카(Chesca)의 이름을 인용했다. 프레임이 강철 파이프를 구부려서 지지대 없이 만든 캔틸레버 형태를 띠고 있다.
- 파이미오 의자 : 핀란드 건축가 알바 알토에 의해 디자인된 것으로 자작나무 합판을 성형하여 만들었으며 접합부위가 없고 목재가 지닌 재료의 단순성을 최대로 살린 의자이다.
- 레드 블루 의자 : 1918년 게릿 리트펠트가 디자인한 의자로 데 스틸 건축의 대표작인 슈뢰더 하우스에 비치되었다. 뼈대만 있는 형태와 빨강과 파랑의 조합이 특징이다.
- 바르셀로나 의자(Barcelona Chair) : 1929년 바르셀로나 국제 전시회인 독일 전시장에 비치된 의자로 건축가 미스 반 데어 로에가 디자인했다. 스틸 소재의 X자 다리가 인상적이다.

20 ①
②, ③, ④는 모두 고딕양식 건축물이다.

21 ③
황동(놋쇠)
- 구리와 아연(10~45%)의 합금으로 외관이 아름답고 주조 및 가공이 쉽다.
- 논슬립, 난간, 코너비드 등의 철물로 사용한다.

22 ④
바니시(Vanish)
천연수지·합성수지 또는 역청질 등을 건성유 또는 휘발성 용제로 용해한 것으로, 주로 실내 목부 바탕의 투명 도료로 사용된다.
- 유성 바니시(Oil varnish) : 유용성 수지+건성유(용제)+희석재. 무색 또는 담갈색의 투명도료로서 보통 니스라고 한다. 목재 내부용으로 쓰인다.
- 휘발성 바니시 : 수지+휘발성 용제+안료. 건조가 빠르고(약 30분), 견고성, 광택이 좋다. 내장, 가구용으로 쓰인다. 마감용으로는 부적합하다.

23 ④
에폭시 수지 접착제
급경성의 접착제로 내수성, 내습성, 내약품성, 전기 절연성이 우수하고, 금속, 도자기, 유리 등 다양한 종류의 물질을 강하게 접착시킨다. 피막이 단단하고 유연성이 부족하며 고가의 접착제이다.

24 ②
강열 감량(ignition loss)
어떤 재료가 가열되면 수분, 결정수, 탄산가스, 휘발성 물질 등은 강열에 의해서 방출되고 이로 인해 질량이 감소한다. 이런 현상을 강열 감량이라 하는데 시멘트의 경우 풍화가 진행한다거나 혼합물이 존재하면 이 값이 커진다.

25 ②
도어 클로저
문짝 상부와 벽에 장치를 설치하여 자동으로 문을 닫혀지게 한다.

26 ③
폴리카보네이트(Polycarbonate)
렉산이라 불리기도 한다. 절연성, 내충격성, 가공성 등 기계적 성질이 우수하여 기계, 전기 제품에 많이 사용된다. 투명하고 내충격성이 폴리염화비닐, 유리에 비해 높아서 보통 판유리의 대체재 또는 유리를 쓸 수 없는 곡면 등에 쓰인다. 버스 정류장이나 캐노피 투명 지붕, 각종 건축물의 외부 통로 지붕 등에 널리 사용된다.

27 ③
여물은 균열방지를 위해, 해초풀은 점도 증가를 위해 사용된다.

28 ④

타일수량= $\dfrac{12 \times 10}{(0.18+0.01)^2} \times 1.03 = 3423.8 ≒ 3424$장

29 ①

소부 도료(stoving painting)
일정 온도로 일정 시간 가열함으로써 칠한 도막 중의 합성수지를 반응 경화시켜 단단한 도막을 이루게 하는 도료. 도장작업 후 특정온도에서부터 20~30℃씩 단계적으로 온도를 높이며 가열한다.

30 ④

추락방호망의 처짐은 짧은 변 길이의 12퍼센트 이상이 되도록 한다.

31 ③

동바리 마루 설치 순서(아래 → 위)
동바리돌 → 동바리기둥 → 멍에 → 장선 → 마루널

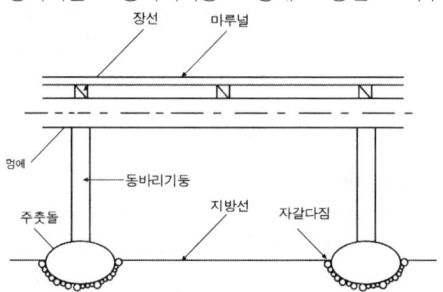

32 ③

외부 타일이 태양의 직사광선을 과도하게 받으면 오픈타임(부착 가능 시간)이 급격히 짧아질 수 있으므로 이에 대한 조치가 필요하다.

33 ①

도막방수 시공 순서
① 바탕정리 : 구배 조정, 이물질 제거, 모서리 부위 및 드레인 주변 정리
② 프라이머 도포 : 도포 후 오염 방지
③ 도막방수재 바르기
④ 방수층 검사 : 두께 확인, 담수(누수)시험, 박리 및 들뜸 확인
⑤ 보호재 시공 : 현장 타설 콘크리트, 시멘트 모르타르 등 시공. 작업 시 방수층 파손 주의

34 ④

펄라이트(perlite)
진주암(pearlite)을 분쇄하여 1000℃ 정도의 고온에서 과열·발포 처리하여 제조한 백색의 다공질 경량골재로서 비교적 입자가 작은 것은 토양개량재로 쓰인다.

35 ④

복수의 작업에 종속되는 작업의 EST는 선행작업 중 EFT의 최댓값으로 한다.

36 ③

구조용 합판(KS F 3113)의 품질 기준
휨강도, 압축강도, 접착성, 함수율, 못 접합부 전단내력, 못 인발저항, 방충성, 흡습성, 난연성

37 ④

드라이브 핀
구조체나 강재 등에 다른 부재를 고정시키기 위해 사용하는 핀으로 콘크리트용과 강재용이 있다.

38 ①

품질관리 사이클 4단계
계획(Plan) → 실시(Do) → 검토(Check) → 시정(Action)

39 ④

KS 규정 점토벽돌 품질
㉠ 1종 벽돌 : 압축강도 24.50N/mm² 이상, 흡수율 10% 이하
㉡ 2종 벽돌 : 압축강도 14.79N/mm² 이상, 흡수율 15% 이하

40 ①

목재의 인화점을 높이는 방화(염)제로는 인산암모늄, 황산암모늄, 규산나트륨, 탄산나트륨, 붕산 등이 있다.

41 ③

실내공기질 유지기준

오염물질 항목 다중이용시설	미세먼지 (PM-10) ($\mu g/m^3$)	미세먼지 (PM-2.5) ($\mu g/m^3$)	이산화탄소 (ppm)	폼알데하이드 ($\mu g/m^3$)	총부유세균 (CFU/m^3)	일산화탄소 (ppm)
지하역사·상가, 여객터미널·철도역·항만시설 대합실, 공항시설 중 여객터미널, 도서관·박물관 및 미술관, 장례식장, 목욕장, 대규모 점포, 영화상영관, 학원, 전시시설, 인터넷 컴퓨터게임시설 제공업 영업시설	100 이하	50 이하	1000 이하	100 이하	–	10 이하
의료기관, 어린이집, 노인요양시설, 산후조리원	75 이하	35 이하	–	80 이하	800 이하	–
실내주차장	200 이하	–	–	100 이하	–	25 이하
실내 체육시설, 실내 공연장, 업무시설, 둘 이상 용도에 사용되는 건축물	200 이하	–	–	–	–	–

42 ①

환기량 $Q = \dfrac{K}{C - C_0}$

K : CO_2 발생량(m^3/h)

C : 실내허용농도(m^3/m^3)

C_0 : 신선외기의 CO_2 농도(m^3/m^3)

$\therefore Q = \dfrac{0.013}{0.0009 - 0.0004} = 26 m^3/h \cdot 인$

※ $1ppm = 1/1000000 m^3$

43 ②

잦은 환기는 결로의 원인이 아니라 방지대책에 해당된다.

44 ③

코니스 조명

천장 또는 천장 가까이에 장착되고 옆면을 가려 빛이 아래쪽으로만 떨어진다. 천장이 상승하는 효과를 낼 수 있어 실내가 높아 보이며 재질감 있는 벽면의 드라마틱한 특성을 강조해 준다.

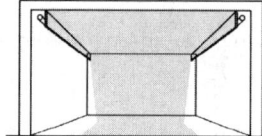

45 ④

펌프직송방식은 일반적으로 상향급수식 배관이 구성된다.

46 ①

천공판 공명기에 다공재를 넣으면 고주파수의 흡음률이 증가된다.

47 ②

세정밸브(플러시 밸브)식

- 급수관에서 플러시 밸브를 거쳐 변기 급수구에 직결되고 플러시 밸브의 핸들을 작동함으로써 일정량의 물이 사출되어서 변기 내를 세정하는 방식이다.
- 탱크가 필요없어서 화장실을 넓게 사용할 수 있지만 소음은 크게 발생한다.
- 급수관은 최소 25mm가 되어야 하므로 일반 주택에서는 거의 사용하지 않고 주로 학교, 호텔, 사무소 등의 대규모 건축물에 적합하다.

48 ③

간접조명

상향 광속이 90~100%, 하향 광속이 0~10%인 형태의 조명으로 주로 반사광으로 조도를 구하는 조명방식이어서 조명효율이 낮고 입체감은 약하나 조도분포가 균일하고 차분한 분위기를 얻을 수 있다. 국부조명에 적합한 것은 직접조명이다.

49 ③

열관류율(K) = $\dfrac{1}{\dfrac{1}{a_1} + \dfrac{d}{\lambda} + \dfrac{1}{a_2}}$ $W/m^2 \cdot K$

중공벽의 열관류율값이 $1.0W/m^2 \cdot K$이면
$\frac{1}{a_1}+\frac{d}{\lambda}+\frac{1}{a_2}=1$이란 뜻이다.

따라서 단열재를 추가할 경우

$\frac{1}{1.0+\frac{d}{0.032}}=0.5W/m^2 \cdot K$이므로

∴ d=약 32mm

50 ③

① 개방형 스프링클러 헤드 : 감열체 없이 방수구가 항상 열려져 있는 스프링클러 헤드
② 조기반응형 스프링클러 헤드 : 표준형보다 기류 온도 및 기류속도에 따라 조기에 반응하는 스프링클러 헤드
③ 측벽형 스프링클러 헤드 : 가압된 물이 분사될 때 헤드 축심을 중심으로 한 반원 상에 균일하게 분산시키는 스프링클러 헤드
④ 건식 스프링클러 헤드 : 물과 오리피스가 분리되어 동파를 방지할 수 있는 스프링클러 헤드

51 ③

주거용 주방자동소화장치를 설치하여야 하는 특정 소방대상물 : 아파트 등 및 30층 이상 오피스텔의 모든 층

52 ④

다음 각 호의 어느 하나에 해당하는 건축물의 설계자는 해당 건축물에 대한 구조의 안전을 확인하는 경우에 건축구조기술사의 협력을 받아야 한다.
㉠ 6층 이상인 건축물
㉡ 특수구조 건축물
㉢ 다중이용 건축물
㉣ 준다중이용 건축물
㉤ 국토교통부령으로 정하는 지진구역의 건축물
※ 깊이 10m 이상의 토지 굴착공사는 토목분야 기술자격 취득자의 협력을 받아야 한다.

53 ③

비상용 승강기를 설치하지 않아도 되는 건축물
• 높이 31m를 넘는 각 층을 거실 이외의 용도로 사용할 경우
• 높이 31m를 넘는 각 층의 바닥면적의 합계가 500 m^2 이하인 건축물
• 높이 31m를 넘는 부분의 층수가 4개층 이하로서 당해 각 층 바닥면적 200m^2(500m^2) 이내마다 방화구획을 한 건축물
  ※ ( ) 속의 수치는 실내의 벽 및 반자의 마감을 불연재료로 한 경우

54 ④

무창층의 개구부 면적 계산에 해당되기 위한 개구부는 반드시 내부 또는 외부에서 쉽게 파괴 또는 개방이 가능한 것이어야 한다.

55 ④

주요구조부가 내화구조 또는 불연재료로 된 주차장은 방화구획의 규정을 적용하지 않거나 그 사용에 지장이 없는 범위에서 완화하여 적용할 수 있다.

56 ④

지하가 중 터널의 경우 길이가 1000m 이상인 것에 연결송수관설비를 설치하여야 한다.

57 ①

위험물 저장 및 처리 시설 중 가스시설 또는 지하구는 비상콘센트설비 설치대상에서 제외된다.

58 ④

용적률을 산정할 때 지하층의 면적은 연면적에 포함되지 않는다.

59 ③

• 동물 및 식물관련시설 : 축사, 도축장, 가축시설, 작물 재배사, 화초 온실 등
※ 동·식물원은 문화 및 전시공간에 해당된다.

60 ④

비상용 승강기 승강장의 벽 및 반자가 실내에 접하는 부분의 마감재료는 불연재료로 해야 하며, 마감을 위한 바탕 또한 포함해야 한다.

2023년 제2회

01 ①
사무소 건축의 엘리베이터는 출발 기준층을 1개 층으로 하는 것이 적합하다.

02 ②
유기적(organic) 디자인
디자인의 모티브(Motive)를 동식물과 같은 자연적인 형태 요소에서 출발하여 발전시키는 디자인이라 할 수 있다. 직선이나 삼각형 같은 기하학적 형태보다는 곡선·부정형과 같은 불규칙한 형태가 많이 나타난다. 아르누보(Art Nouveau) 건축에서 주로 활용되었다.

03 ④
부엌의 배치에서 우선 고려되어야 할 것은 조리순서(준비대 → 개수대 → 조리대 → 가열대 → 배선대)에 따른 작업대 배열이다.

04 ④
리듬
규칙적인 요소들의 반복으로 디자인에 시각적인 질서를 부여하는 통제된 운동감각을 말하며, 리듬의 효과를 위해 사용되는 요소로 반복, 점진, 대립, 변이, 방사가 있다.

05 ②
르 코르뷔지에의 모듈러(Le modulor)
인체의 수직 치수를 기본으로 해서 황금비를 적용, 전개하고 여기서 등차적 배수를 더한 것으로서 인체 각 부위의 비례에 바탕을 둔 치수 계열이다. 르 코르뷔지에가 모듈러를 설정하고 적용한 첫 건축물은 마르세이유의 주택 단지이다.

06 ②
오픈 오피스(개방형 배치)
- 개방된 단일공간에 경영관리 및 직급에 따라 업무별로 분할해서 배치하는 형식
- 가구와 비품이 이동하기 쉽고 부서 간에 벽과 문이 없어 시설비, 관리비가 적게 든다.
- 그리드 플래닝을 적용하여 복도, 통로면적이 최소화로 절약되고 공간낭비가 없어 사용할 수 있는 면적이 커진다.
- 동선이 자유롭고 커뮤니케이션이 용이하여 업무 성격의 변화에 따른 적응성이 높으며, 일반직에 대한 관리직의 감독이 용이하다.
- 실의 길이나 깊이에 변화를 줄 수 있으며 칸막이의 재배치도 원활하다.
- 소음과 프라이버시 확보가 곤란하며, 산만한 분위기로 인한 업무능률이 저하되는 단점이 있다.

07 ②
파사드(facade)
쇼윈도, 출입구 및 홀의 입구뿐만 아니라 간판, 광고판, 광고탑, 네온사인 등을 포함한 점포 전체의 얼굴로서 기업 및 상품에 대한 첫 인상을 주는 곳으로 강한 이미지를 줄 수 있도록 계획한다.

08 ①
ㄱ자형 부엌의 규모는 개수대, 가열대, 준비대(냉장고)의 중심을 정점으로 하는 작업삼각형의 길이를 5m 내외로 하는 것이 적합하다.

09 ②
특수전시기법
㉠ 디오라마 전시 : 현장감을 가장 실감나게 표현하며 한정된 공간 속에서 배경 스크린과 실물의 종합전시로 이루어진다.
㉡ 파노라마 전시 : 벽면 전시와 오브제 전시를 병행하는 유형으로 연속적인 주제를 시간적 연속성을 가지고 연출되는 전시방법이다.
㉢ 아일랜드 전시 : 벽이나 천장을 이용하지 않고 전시물의 입체물을 중심으로 전시공간에 배치하는 방법이다.
㉣ 하모니카 전시 : 전시평면이 하모니카 흡입구처럼 동일한 공간으로 연속되어 배치되는 전시기법으로 전시내용이 통일된 형식 속에서 반복되어 나타나는 방법으로 동일 종류의 전시물을 전시할 때 유리하다.
㉤ 영상 전시 : 실물을 직접 전시하지 못할 때 영상매체를 사용하는 전시방법이다.

10 ③
실내디자인의 조건

- 기능적 조건 : 공간 규모, 동선, 공간의 용도 및 기능, 각 실 배치 등을 고려한다.
- 물리·환경적 조건 : 기상, 기후, 냉난방, 일조, 환기 등을 고려한다.
- 정서적 조건 : 사용자의 서정적 생활요소, 심리적 만족감, 예술적 가치 등을 고려한다.
- 경제적 조건 : 건축주의 경제적 상황을 고려하여, 최소 비용으로 사용자의 만족을 최대로 끌어낼 수 있도록 한다.

11 ①

색입체를 수직면으로 자르면 무채색 축 좌우에 등색상면이 보이고, 수평으로 자르면 등명도면이 보인다.

12 ①

파장이 길수록 굴절률은 작고, 파장이 짧을수록 굴절률은 크다.

13 ①

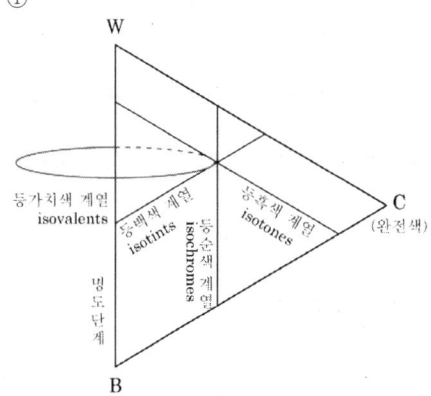

① 등백 계열 : C와 B의 평행선상
② 등흑 계열 : C와 W의 평행선상
③ 등순 계열 : W와 B의 평행선상(수직선)

14 ④

동일한 해상도에서 모니터가 커질수록 화질은 더 나빠진다.

15 ②

색채조절(Color conditioning)의 목적
- 기분전환을 유도하고 눈의 긴장과 피로를 감소시킨다.
- 생활과 작업에 활기를 높여준다.
- 보다 빠른 판단을 할 수 있다.
- 사고, 재해를 감소시키고 능률을 향상시킨다.
- 유지, 관리를 쉽게 하고 경제성을 높인다.

16 ②

순색에 흰색을 혼합하면 명도는 높아지고 채도는 낮아진다.

17 ①

각종 색과 맛의 연상
- 단맛 : 빨강, 분홍
- 짠맛 : 청록, 회색, 흰색
- 신맛 : 노랑, 연두
- 쓴맛 : 밤색, 올리브 그린

18 ②

색온도(Color Temperature)
열을 받는 물체가 전자파를 방산하면서 내는 물체색의 온도로 단위는 절대온도(K)를 사용한다. 흑체(Black Body)가 열을 받을 때의 상태를 기준으로 하여 나타낸 것으로 색온도 변화는 빨간색-주황색-노란색-흰색-파란색 순으로 높아진다.

19 ②

㉠ 와이어 프레임 모델링(wireframe modeling)
- 수많은 선으로 물체의 윤곽을 표현하는 모델링
- 데이터의 구성이 간단하고 모델링이 쉽다.
- 처리속도가 빠르고 3면 투시도의 작성이 용이하다.
- 은선 제거가 불가능하고, 단면도 작성 및 물리적 계산도 불가능해서 해석용 모델로 사용할 수 없다.

㉡ 서피스 모델링(surface modeling)
- 뼈대를 생성한 후 면처리를 해서 내부가 비어 있는 입체를 표현하는 모델링
- 은선 제거가 가능하고 단면도 작성이 용이하다.
- 복잡한 형상 표현을 할 수 있고 2면의 교선을 구할 수 있다.
- 물리적 성질을 계산하기 어렵고 FEM(유한 요소법) 적용을 위한 요소분할이 어렵다.

㉢ 솔리드 모델링(solid modeling)

- 물체의 표면 뿐 아니라 내부도 질량과 같은 데이터를 보유하도록 표현하는 모델링
- 은선 제거가 가능하고 물리적 성질 계산도 가능하다.
- 간섭 체크가 용이하며 Boolean 연산(합, 차, 적)을 통해 복잡한 형상 표현이 가능하다.
- 형상을 절단한 단면도 작성이 용이하다.
- 컴퓨터 메모리량과 데이터의 처리량이 증가한다.

20 ④
색의 무게감
- 색의 무게감은 명도의 영향을 가장 크게 받는다.
- 고명도일수록 가볍게, 저명도일수록 무겁게 느껴진다.
- 색상, 채도의 영향은 적은 편이나, 난색(빨강, 주황, 노랑 등)은 비교적 가볍고 한색(파랑, 청록, 남색 등)은 비교적 무겁게 느껴진다.

21 ④
- 무기질 단열재 : 유리섬유, 암면, 세라믹 파이버, 펄라이트판, 규산칼슘판, ALC, 기포유리, 질석, 광재면 등
- 유기질 단열재 : 셀룰로오스 섬유판, 연질 섬유판, 발포 폴리스티렌, 폴리우레탄폼, 코르크판 등

22 ②
폴리우레탄폼
폴리올(Polyol)과 이소시아네이트(Isocyanate)를 주재료로 하고 발포제, 촉매제, 안정제, 난연제 등을 혼합시켜 얻어지는 발포 생성물로서 단열성이 크고 공사현장에서 발포시공이 가능하며 화학약품에 대하여 안전한 재료이다. 그러나 사용시간이 경과함에 따라 부피가 줄어들고 점차 열전도율이 높아지는 단점이 있다. 따라서 내열성은 높지 않으나 우수한 단열성 때문에 냉동기기에 많이 사용되는 단열재이다.

23 ④
수선(medullary ray, pith ray)
나무 줄기의 중심부에서 주변으로 향하여 나오는 방사선상의 조직. 횡단면에서는 선 모양, 곧은 나뭇결에서는 띠 모양, 엇결에서는 반점 모양이 되어 나타난다. 수선은 모든 수종에 존재하지만, 수종에 따라서 현저히 발달한 것과 그렇지 않은 것이 있다. 침엽수에서는 작게 나타나서 육안으로는 확인할 수 없다. 수선을 구성하는 수선 세포는 제조되는 펄프의 품질 손상 요인이 될 수 있다.

24 ③
에나멜 페인트
유성 바니시에 안료를 혼합한 유색 불투명 도료로서 유성 페인트와 유성 바니시의 중간제품이다. 광택이 있으며 내수성, 내열성, 내유성, 내약품성이 우수하고 내후성이 좋고 경도성이 크다.

25 ②
물시멘트비 $= \dfrac{\text{단위수량}}{\text{단위 시멘트량}}$ 이므로

단위수량 $= 300\text{kg/m}^3 \times 0.6 = 180\text{kg/m}^3$

26 ③
돌로마이터 플라스터 바름
- 원료 : 돌로마이터(마그네시아 석회)+모래+여물
- 점성이 높아서 풀을 혼합할 필요가 없다.
- 응결시간이 비교적 길고 건조수축이 커서 균열이 생기므로 여물을 사용한다.
- 습기 및 물에 약해서 지하실에는 사용하지 않는다.

27 ④
폴리머 콘크리트
- 합성수지 계통인 폴리머를 결합한 콘크리트로 시멘트와 함께 쓰는 것은 폴리머 시멘트 콘크리트라 하고, 시멘트를 쓰지 않고 폴리머에 중탄산칼슘이나 플라이애시 등을 혼합한 것은 폴리머 콘크리트 또는 레진 콘크리트라고도 한다.
- 수밀성, 내화학성, 내염성이 우수하여 기존의 시멘트 콘크리트에 비하여 내구성이 좋으나 내화성은 다소 부족하다.
- 해양구조물, 각종 수로, 공장배수시설 등에 쓰인다.

28 ④
파티클 보드(particle board, chip board)
목재의 작은 조각을 모아 건조시킨 후 합성수지 접

착제 등을 첨가하여 열압 제판한 것으로, 표면에 무늬목 또는 합성수지계 시트나 도료 등을 사용하여 치장판으로 쓰기도 한다. 온도와 습도에 의한 변형이 거의 없으나 부패방지를 위해서는 방습처리가 필요하며, 음 및 열의 차단성이 우수하여 방음 및 단열재로 쓰인다.

29 ③
가장 긴 경로인 주공정선은 ① → ② → ③ → ④ → ⑥이며, 공사기간은 28일이다.

30 ③
시멘트의 응결을 방지하기 위해 되도록 개구부 면적을 최소화해야 한다.

31 ④
네트워크 공정표는 작성 경험이 많아야 하며, 작성과 검사에 필요한 특별 기능이 있다.

32 ②
②는 장선이다.

33 ②

KS F 2527 규정 부순 굵은 골재의 품질
- 골재는 깨끗하고 강하고 내구적이며, 먼지 및 흙 등의 불순물을 함유하지 않아야 한다.
- 기준 : 절대건조비중 2.5 이상, 흡수율 3% 이하, 안정성 12% 이하, 마모 감량 40% 이하, 씻기 시험 손실량 1% 이하

34 ①
② 테라코타는 주로 석재 대용 외장재로 사용된다.
③ 내화벽돌은 내화점토를 소성한 것으로 점토제품에 속한다.
④ 소성벽돌이 붉은색을 띠는 것은 산화철 성분 때문이다.

35 ①

규산질계 도포 방수재
규산소다를 주성분으로 한 방수제로, 방수재료 성분이 침투하여 콘크리트 내부 공극의 물이나 습기 등과 화학작용이 일어나 공극 내에 규산칼슘 수화물 등과 같은 불용성의 결정체를 만들어 조직을 치밀하게 한다. 혼입량이 과다할 경우 급결성이 될 수 있으므로 주의해야 한다.

36 ③
목재의 강도는 섬유포화점 이상에서 일정하며, 그 이하에서는 함수율이 감소하면 강도가 증가한다.

37 ③

할렬인장강도
쪼갬인장강도라고도 하며, 물체를 쪼개려고 하는 힘에 대한 강도를 뜻한다. 콘크리트 공시체에 직접 인장력을 가하는 것은 적합하지 않아서, 공시체를 누인 상태로 압축을 가하는 시험으로 구한다. 이 시험을 할렬인장강도시험이라 한다.

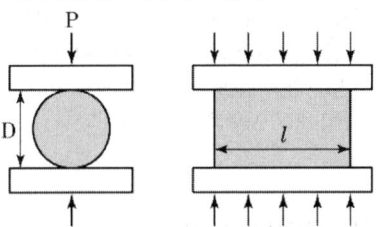

할렬인장강도 $T = \dfrac{2P}{\pi l d}$

P : 최대재하하중 l : 공시체 길이(cm)
d : 공시체 지름(cm)

38 ③

고강도 콘크리트
설계 기준 강도가 보통 콘크리트에서 40MPa 이상, 경량 콘크리트에서 27MPa 이상인 고품질 콘크리트를 말한다.

39 ③

실링재(sealing material)
- 사용 시 유동성이 있는 상태나 공기 중에서 시간 경과와 함께 탄성이 풍부한 고무상태의 물체가 된다.
- 접착력이 크고 기밀성·수밀성이 풍부하여 커튼월, 프리패브재의 접합부, 새시 부착 등의 충전재로 널리 쓰인다.
- 코킹재와 구별하기 위하여 실링재라 하고 있다.
- 유성 코킹재, 퍼티, 2액형 실링재 등으로 사용된다.

40 ③
포졸란 시멘트(실리카 시멘트)
- 포졸란(화산재, 규산백토 등의 실리카질 혼화재)를 첨가한 시멘트
- 혼화재료 자체 수경성은 없지만 물과 수산화칼슘의 화학반응으로 경화한다.
- 보통 포틀랜드 시멘트보다 수화열 및 초기 강도는 조금 작고 장기 강도는 약간 크다.
- 시멘트 성질이 개선되어 수밀성과 내구성이 좋고 화학저항성도 크다.
- 구조용 재료 또는 미장 모르타르로 널리 쓰이며 화학공장, 해수 공사에도 쓰인다.

41 ①
일사 차폐물에 의해 차폐된 후의 실내에 침입하는 일사열의 비율을 일사 차폐계수라 한다. 흡열성능이 있는 유리는 모두 기준이 되는 3mm 두께의 보통유리보다 차폐계수가 낮아진다.

42 ②
평균 연색평가 지수(Ra)
규정된 8종류의 시험 색을 표준 광원으로 조명했을 때와 시료 광원으로 조명했을 때의 CIE UCS 색도도에 의한 색도 변화의 평균값에서 구하는 지수. 평균 연색평가수(Ra)가 100에 가까울수록 연색성이 좋다.

연색지수(Ra)	램프
25	나트륨등
60	수은등
65~75	일반 형광등
75~90	메탈할라이드램프
80~90	LED 램프
85~95	3파장, 5파장 형광램프
90 이상	백열등, 할로겐램프

43 ③
다공성 흡음재는 글라스 울(glass wool), 발포 플라스틱과 같이 표면에 미세한 구멍이 있는 재료로서 흡음재료의 대부분이 여기에 속한다. 재료 표면에 입사한 음파는 좁은 틈 사이의 공기 속을 전파할 때 주위 벽과의 마찰이나 점성 저항 등에 의하여 음에너지의 일부가 열에너지로 변하여 흡음된다.

44 ②
수도직결방식
- 소규모 건물이나 낮은 건물에 쓰인다.
- 물의 오염 가능성이 가장 적으며 정전 시에도 급수가 가능하다.
- 수도 압력 변화에 따라 급수압이 변하고 단수 시에는 급수가 안 된다.
- ※ 단수 시에도 일정량의 급수가 가능한 경우는 고가탱크방식이다.

45 ④
잔향시간
- 잔향은 음의 울림이 잠시 동안 실내에 머물러 있는 현상을 말한다.
- 잔향시간은 음원에서 소리의 발원이 끝난 후 실내음 에너지가 60dB이 줄어들 때 걸리는 시간을 말한다.
- 잔향시간이 적정 시간보다 짧으면 메마르고 자연성·음악성이 결여되며, 잔향시간이 길면 명료성이 떨어진다.
- 음악(종교음악)은 좋은 음질과 적당한 여운, 풍부한 음량이 요구되므로 다소 긴 잔향시간이 필요하다.
- 짧은 것에서 긴 것 순서 : 강연, 연극 - 실내악 - 종교음악

46 ②
할로겐 램프(halogen lamp)
진공 상태의 유리구 안에 할로겐 물질을 주입하여 텅스텐의 증발을 더욱 억제한 램프. 백열전구보다 수명이 2~3배 길며 유리구 내벽의 흑화현상이 발생하지 않아 광속 저하가 낮다. 또한 전력 소모가 적고 자연광처럼 색을 선명하게 재현시킬 수 있고 백열전구에 비해 1/20 정도로 크기가 작고 가벼워 무대 조명, 백화점·미술관·상점 등의 스포트라이트 등 인테리어 조명으로 많이 사용된다. 휘도는 매우 높은 편이다.

47 ④
단열형태의 분류

- 저항형(기포형) 단열 : 기포형으로 된 단열재의 내부에서 공기를 정지시켜 대류를 막는 방식이다.
- 반사형 단열 : 중공벽 내의 저온측면에 흡수율이 낮은 광택성 금속박판을 설치하여 표면저항을 높인 방식이다.
- 용량형 단열 : 건축물 외피의 축열용량을 이용한 방식으로, 단위면적당 질량과 비열이 큰 재료를 건축물 외표면에 사용하여 건물 내부에 영향을 주는 시간을 지연시키는 방식이다.

48 ③
덕트 취출구의 종류
① 팬형 취출구 : 천장용으로 1매의 평판을 가지고 급기를 수평방향으로 바꾸어 주위로 취출하는 형식
② 노즐형 취출구 : 취출 기류의 도달거리가 길고 발생소음도 적은 형식으로, 공장이나 스튜디오 등에서 사용된다. 고속으로 넓은 공간에 취출될 수 있으며, 취출속도는 10~15m/s 정도로 사용 시 소음이 적다.
③ 아네모스탯형 취출구 : 여러 개의 콘형 날개로 구성되는 확산형 취출구로, 1차 공기에 의한 2차 공기의 유인성능이 좋고 풍속의 조절범위가 넓고 유도비가 높아 취출풍속이 크다. 확산반경이 크고 도달거리가 짧아서 천장 취출구로 많이 사용된다.
④ 브리즈 라인형 : 길이가 1~2m, 폭이 약 50mm인 가늘고 긴 선형의 취출구로, 천장에 설치하여 기류를 수직으로 하강시키며, 내부 날개에 경사를 주어 기류에 약간의 각도를 줄 수도 있다.

49 ③
① 사류식 펌프 : 상하수도용, 냉각수순환용, 공업용수용 등으로 쓰인다.
② 축류식 펌프 : 양정이 낮고(10m 이하) 송출량이 많은 곳에 사용한다.
③ 원심식 펌프 : 급수, 급탕, 배수 등 건축설비에 주로 사용한다.
④ 왕복식 펌프 : 양수량이 적고 양정이 높은 곳에 사용한다. 플런저 펌프(모래섞인 물), 워싱턴 펌프(보일러 급수용), 피스톤 펌프(공장 급수용) 등이 있다.

50 ④
전압 구분

구분	직류	교류
저압	1500V 이하	1000V 이하
고압	1500V 이상, 7000V 이하	1000V 이상, 7000V 이하
특별고압	7000V 초과	

51 ④
소방청장이 정하여 고시한 방법으로 발연량을 측정하는 경우 최대연기밀도-400 이하

52 ③
벽돌조 벽체는 두께가 19cm 이상이어야 내화구조로 인정된다.

53 ①
소방시설의 분류
- 소화설비 : 소화기, 옥내소화전, 옥외소화전, 스프링클러, 물분무 등 설비(가스계 소화설비)
- 경보설비 : 자동화재탐지설비, 자동화재속보설비, 비상방송설비, 비상경보설비, 누전경보기
- 피난구조설비 : 유도등, 비상조명등, 피난사다리, 공기호흡기, 완강기
- 소화용수설비 : 상수도소화용수, 소화수조
- 소화활동설비 : 제연설비, 연결송수관설비, 연결살수설비, 무선통신보조설비, 비상콘센트설비

54 ①
높이가 1m를 넘는 계단 및 계단참에는 양 옆에 난간(벽 또는 이에 대치되는 것 포함)을 설치하여야 한다.

55 ④
문화 및 집회시설 중 전시장에서 6층 이상 층의 거실면적 합계는 18000m²이므로
최소 승용승강기 대수
$$= 1 + \frac{18000\text{m}^2 - 3000\text{m}^2}{2000\text{m}^2} = 8.5 ≒ 9\text{대}$$

56 ③

구분	건축물의 용도	창문 등의 면적	예외 규정
채광	• 단독주택의 거실 • 공동주택의 거실	거실바닥 면적의 1/10 이상	거실의 용도에 따른 조도 이상 의 조명
환기	• 학교의 교실 • 의료시설의 병실 • 숙박시설의 객실	거실바닥 면적의 1/20 이상	기계장치 및 중 앙관리방식의 공기조화설비 를 설치한 경우

∴ 창문 등의 최소 면적 = $300m^2 \times \dfrac{1}{20} = 15m^2$

57 ②

옥내 피난계단 계단실의 실내에 접하는 부분의 마감은 불연재료로 해야 한다.

58 ②

방화구획
건축물에 화재 발생 시, 화재가 건물 전체로 확산되지 않도록 내부공간을 구획하는 것을 뜻한다.

59 ④

헬리포트의 중앙부분에는 지름 8m의 Ⓗ 표시를 백색으로 하되, "H" 표지의 선의 너비는 38cm로, "○" 표지의 선의 너비는 60cm로 해야 한다.

60 ③

차고·주차장 또는 주차용도로 사용되는 시설로 다음에 해당되는 것은 건축허가 등을 할 때 미리 소방본부장 또는 소방서장의 동의를 받아야 한다.
㉠ 차고·주차장으로 사용되는 층 중 바닥면적 200m² 이상 층이 있는 시설
㉡ 승강기 등 기계장치에 의한 주차시설로 자동차 20대 이상을 주차할 수 있는 시설

2023년 제3회

01 ③

아트리움(Atrium)
고대 로마 건축에서 지붕이 개방되어 빗물이나 물을 받기 위한 사각 웅덩이가 있는 중정을 의미한다. 초기 기독교 교회 정면에서 이어진 주랑이 사면에 있고 중앙에 세정식을 위한 분수가 있는 앞마당을 뜻하는데 근래에 와서는 최근에 지어진 호텔, 사무실 건축물 또는 기타 대형 건축물 등에서 볼 수 있는 유리로 지붕이 덮여진 실내공간을 일컫는 용어로 사용되고 있다. 사무소 건축의 거대화는 상대적으로 공적 공간의 확대를 도모하게 되고 이로 인해 특별한 공간적 표현이 가능하게 되었는데, 이러한 대공간에 자연광을 유입하여 여러 환경적 이점을 갖게 하는 공간구성기법으로 아트리움(Atrium)이 사용되고 있다.

02 ①

② 시스템 가구(system furniture)는 모듈러 계획의 일종으로 대량 생산이 용이하고 시공 기간 단축 및 공사비 절감의 효과를 가질 수 있다.
③ 시스템 키친(system kitchen)은 주부의 동선을 고려하여 가구의 크기 및 형태 등이 통합된 주방을 말한다.
④ 서비스 코어 시스템(service core system)은 주방, 화장실, 욕실 등의 배관을 한곳에 집중 배치하여 코어로 만드는 시스템으로 설비비가 절약된다.

03 ③

중복도형 아파트
• 건물의 중앙에 있는 복도 양쪽에 단위주거가 배치되는 형식으로 부지 이용률이 높고 고밀도화에 좋은 형식이다.
• 단위주거의 평면상 배치계획이 어렵고 채광, 통풍 등의 실내 환경이 불균등하다.
• 각 세대의 일조 조건이 상이하고 독립성이 낮으며 화재 시 방연 및 대피도 까다롭다.
• 주로 도시형 1인 주택 및 독신자 아파트에 적용된다.

04 ③

전시공간

공간의 이용자(관람) 동선과 관리자 동선은 서로 구분되도록 계획해야 한다.

05 ①

리빙 다이닝(Living Dining)

거실의 일부를 식사실로 구성한 형식. 거실이 접하고 있는 외부 조망이나 일조, 환기 등을 공유하는 형태로서 식사 분위기는 좋은 편이다. 단, 주방과의 동선이 길어질 수 있으며 거실의 기능을 방해할 수 있으므로 설계 시 이에 대한 고려가 선결되어야 한다.

06 ③

따뜻한 색과 같은 진출색으로 공간을 구성하면 좁아 보이는 효과가 있다.

07 ③

미스 반 데어 로에(Mies Van der Rohe : 1886~1969)
- 현대 건축의 대표적인 철과 유리를 주재료로 하여 커튼월 공법과 강철구조를 건축의 기본 형식으로 이용하였다.
- "적을수록 풍부하다(Less is More)."라는 주장대로 철과 유리라는 단순하고 제한적인 재료에 의해 다양한 건축적 언어를 구사하였다.
- 특히 철골구조의 가능성을 추구한 건축가로 보편적 공간(Universal Space) 개념을 주장한 건축가이다.
- 대표작품 : 바르셀로나 박람회 독일관(1929), I.I.T 공대 크라운 홀(1956), 시그램 빌딩(1958)

08 ④

미닫이문

상부나 바닥의 트랙으로 지지되며 여닫이와는 달리 문의 호를 위한 바닥공간이 필요 없다. 문틀의 홈이나 벽 옆의 레일로 문이 미끄러져 열고 닫히는 문. 틈새가 생기므로 실내 공간에서만 쓰인다.

09 ②

사무공간 책상 배치 유형

㉠ 동향형
- 책상을 같은 방향으로 배치하여 통로 구분이 명확해진다.
- 프라이버시 침해는 낮지만 대향형보다 면적효율이 떨어진다.

㉡ 대향형
- 책상이 서로 마주보는 형식으로 면적 효율이 좋고 커뮤니케이션에 유리하다.
- 전화, 전기 배선관리가 용이하지만 마주보기 때문에 프라이버시가 침해된다.

㉢ 좌우대향형
- 조직의 융합을 꾀하기 쉽고 정보처리나 잡무동작의 효율이 좋은 형식
- 배치에 따른 면적 손실이 크고 커뮤니케이션 형성이 다소 힘들다.

㉣ 십자형
- 4개의 책상이 맞물려 십자를 이루도록 배치한 형식으로 커뮤니케이션이 좋다.
- 그룹작업을 하는 전문 직업에 적합한 유형이다.

㉤ 자유형
- 낮은 칸막이로 1인 작업 공간이 주어지는 형태로 독립성을 요하는 전문직이나 간부급에 적당하다.

10 ②

㉠ VMD(visual merchandising) : 상품과 고객 사이에서 치밀하게 계획된 정보 전달 수단으로 장식된 시각적 요소와 고객 간에 커뮤니케이션을 꾀하고자 하는 디스플레이의 기법이다. 다른 상점과 차별화하여 상업공간을 아름답고 개성있게 하는 것도 VMD의 기본 전개 방법이다.

㉡ VMD의 구성
- IP(Item Presentation) : 기본 상품의 정리. 선반, 행거
- PP(Point of Sale Presentation) : 한 유닛에서 대표되는 상품 진열. 상단 전시, 테마 진열
- VP(Visual Presentation) : 상점의 이미지 패션테마의 종합적인 표현. 파사드, 메인스테이지, 쇼윈도

11 ④

① 스툴 체어(stool chairs) : 등받이는 없고 좌판과 다리만 있는 형태의 의자로서 가벼운 작업이나 잠시 휴식을 취할 시 유용하다.

② 카우치(couch) : 천을 씌운 긴 의자로 한쪽만 팔

걸이가 있고 기댈 수 있는 낮은 등받이가 있는 소파
③ 풀업 체어(pull-up chairs) : 이동하기 쉽고 잡기 편하며 여러 개를 겹쳐 들고 운반하기 쉬운 간이 의자이다.
④ 체스터필드(chesterfield) : 소파의 골격에 쿠션성이 좋도록 솜, 스폰지 등의 속을 많이 채워 넣고 천으로 감싼 소파로, 구조, 형태뿐만 아니라 사용에 있어서도 안락성이 매우 큰 소파를 말한다.

12 ④

오스트발트 색채조화론에서 색의 기호 중 앞의 문자와 뒤의 문자가 동일한 색은 조화될 수 있다. 예를 들어 ea와 ie의 경우, ea-gc-ie-lg-ni의 수직축으로 이어지므로 등순계열 조화에 해당되며 ea-ia-ie의 조합으로 등색상삼각형의 조화에 해당되기도 한다.

13 ②

한국의 전통색

색채	오행	절기	방위	신상
파랑(청색)	목	봄	동	청룡
빨강(적색)	화	여름	남	주작
노랑(황색)	토	토용(土用)	중앙	인황
하양(흰색)	금	가을	서	백호
검정(흑색)	수	겨울	북	현무

14 ①

색의 항상성
빛의 강도와 분광분포가 바뀌거나 눈의 순응상태가 바뀌어도 눈으로 지각되는 색이 변화하지 않는 것을 색의 항상성이라 한다. 어두운 공간에서 종이를 보면 회색이 아닌 흰색으로 인지하는 것은 항상성과 관계가 있다.

15 ④

문·스펜서의 조화론
- 1944년 미국광학협회잡지에 발표된 논문으로 구성되어 있다.
- 범위·면적 효과·배색의 미도 3가지로 나누어서 정량적으로 체계화한 것이다.
- 배색조화에 대한 면적비나 아름다움의 정도를 계산에 의한 계량이 가능하도록 시도했다.
- 복잡한 가운데 질서의 요소를 미(美)의 기준으로 보고, 색의 3속성을 고려한 독자적인 색공간을 가정하여 조화관계를 주장하였다.
- 정량적 취급을 위해 색채의 연상·기호·상징성과 같은 복잡한 요인은 생략, 단순화시켰다는 비판이 있다.

16 ②

시감도
각 파장의 단색광에 의해 생긴 밝기의 감각을 말한다. 단색광의 에너지가 같아도 인간의 눈은 같은 밝기로 느끼지 않으며 가장 밝게 느끼는 555nm의 파장인 황록색을 최대 시감도로 하고 각 파장별 감도를 비교하여 표시한 곡선을 비시감도 곡선이라 한다.

17 ②

KS(한국산업표준)의 색명은 기본색명과 계통색명을 사용한다.

18 ③

먼셀(Albert Henry Munsell)
미국의 화가 및 교사이자 색채연구가로서, 색의 3속성을 척도로 체계화시킨 '먼셀 표색계'를 1905년에 발표하였다.

19 ③

㉠ 현색계(Color appearance system)
- 색 전체를 합리적으로 질서 있게 표시하고 구체적인 색표로 나타내는 시스템이다.
- 구체적인 특정 착색물체를 색표 등으로 표준을 정하고 번호와 기호 등을 붙여 표시한다.
- 먼셀 색체계, NCS 색체계, PCCS 색체계 등이 해당된다.

㉡ 혼색계(Color mixing system)
- 색감각을 일으키는 빛의 특성을 3자극치의 양으로 나타내는 물리적 체계이다.
- 모든 색은 적절하게 선정된 3가지 색광을 가산혼합시켜 등색시킨다는 원리의 색광표시 체계이다.
- 정확한 측정이 가능하고 정밀한 색좌표를 구할

수 있다.
• 대표적인 것은 CIE 표준색체계이다.

20 ③
파버 비렌(Faber Birren)
미국의 색채학자로, 인간이 색채를 지각하는 것은 카메라나 과학 기기와 같이 자극에 대한 단순 반응이 아니라 정신적 반응에 지배된다고 전제하였다. 그 예로 색채는 어떠한 형태를 연상시킨다고 하였으며, 색 삼각형을 작도하여 순색 자리에 시각적, 심리학적 순색을 놓고 흰색과 검정을 삼각형의 각 꼭짓점에 놓음으로써 오스트발트 색채 체계 이론을 수용한 색채 조화이론을 제시하였다.

21 ④
에나멜 페인트는 안료나 휘발성 용제를 많이 혼합할수록 무광택이 된다.

22 ④
석재는 대체로 가공성이 나쁘고 장대재를 얻기 어렵다.

23 ④
스트레이트 아스팔트
증류 장치 등으로 원유의 경질분을 제거한 후 남는 물질로 역청질이 많이 함유된 것을 말한다. 고체인 블로운 아스팔트에 비해 신도, 접착성, 감온성이 높다. 탄성은 부족하고 연화점이 낮아 온도 변화에 취약하다.

24 ②
에칭 프라이머
부틸 수지, 알코올, 인산, 방청 안료 등을 주요 원료로 하는 도장재. 금속면의 화학적 표면처리용으로 적합하다. 주제와 첨가제의 2액으로 나누어져 있으며, 사용 직전에 2액을 혼합하여 사용한다.
※ 나머지는 목재의 도장, 처리에 주로 쓰인다.

25 ③
KS F 4002에서 규정하는 속빈 콘크리트 블록 성능평가 시험항목
㉠ 기건 비중 시험 : $\dfrac{블록\ 질량(g)}{블록\ 체적(ml)}$

㉡ 전 단면적에 대한 압축강도 시험
: $\dfrac{최대\ 하중}{가압\ 전\ 단면적}$

㉢ 흡수율 시험 : $\dfrac{표건\ 질량 - 절건\ 질량}{절건질량} \times 100(\%)$

26 ③
점토의 인장강도는 압축강도의 약 1/5 정도이다.

27 ①
공극률 $= (1 - \dfrac{0.8}{1.54}) \times 100(\%) \fallingdotseq 48\%$

28 ③
비계 작업발판의 폭은 40센티미터 이상으로 하고, 발판재료 간의 틈은 3센티미터 이하로 해야 한다.

29 ③
소석회는 돌로마이트 플라스터에 비해 점성이 낮아서 풀을 필요로 한다.

30 ①
질석 모르타르
시멘트에 다공질인 질석을 혼합한 모르타르로, 단열 및 방음용으로 사용한다.

31 ④
알루미늄을 혼합한 실리콘 수지 도료는 내열도료로 쓰인다.

32 ④
판유리 중 두께 6mm 이상의 두꺼운 판유리를 후판유리, 6mm 미만의 얇은 유리를 박판유리라 한다.

33 ③
석고보드는 처리방식에 따라 단열성능과 흡음성능을 부여할 수 있다.

34 ③
백화현상의 주요인은 모르타르 중의 석회분이 공기 중 탄산가스와 반응하여 탄산석회를 생성하는 것이므로 단위시멘트량이 높아지면 백화현상도 증가하

게 된다. 따라서 조립률이 큰 모래를 사용하여 단위 시멘트량을 감소시키는 것이 좋다.

35 ②

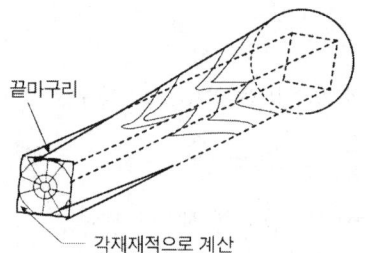

길이가 6m 미만인 통나무 재적은 말구지름을 한 변으로 하는 각재로 산정하여 계산한다.
통나무 재적 = $0.2m \times 0.2m \times 5.5m \times 5개 = 1.1m^3$

36 ②

래커는 니트로셀룰로오스(nitrocellulose) 등의 수지를 주성분으로 하여 합성수지, 가소제와 안료를 첨가한 도료이다. 여기서 색을 내는 안료가 들어가지 않은 투명한 래커를 클리어 래커라 하며, 안료를 첨가한 불투명한 래커를 래커 에나멜이라 한다.

37 ③

본드 브레이커(Bond braker)
U자형 줄눈에 충전하는 실링재를 줄눈 밑면에 접착시키지 않기 위해 붙이는 테이프. 3면 접착에 의한 파단을 방지하기 위해 사용하며, 백업재는 본드 브레이커를 겸용한다.

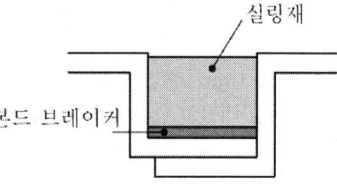

38 ②

붙임 모르타르 1회 바름 면적은 $2.0m^2$ 이하로 하고, 붙임 시간은 모르타르 배합 후 30분 이내로 한다.

39 ②

네트워크 공정표는 숙련된 작성 기술이 요구되며 작성에 많은 시간이 소요된다.

40 ④

보통유리는 산화철이 함유되어 있어 UV-A(315~400nm)를 제외한 대부분의 자외선을 차단시킨다.

41 ③

실 외벽에 개구부가 있으면 실내 공기는 위쪽으로 나가고 실외 공기는 아래로 유입되는 현상으로 굴뚝현상 또는 연돌효과라고 한다. 연돌효과는 실내 공기의 유동이 거의 없을 때에도 환기를 일으킨다. 고층 건물의 엘리베이터실과 계단실에는 천장이 높아 큰 압력차가 생겨 강한 바람이 불게 된다. 자연 환기량은 개구부 면적에 비례한다.

42 ①

중앙식 급탕설비는 원칙적으로 강제식 순환방식으로 한다.

43 ②

① 스파클(sparkle) 기법 : 어두운 배경에서 광원 자체를 이용해 흥미로운 반짝임(스파클)을 연출하는 기법이다.
② 월 워싱(wall washing) : 수직벽면을 빛으로 쓸어내리는 듯한 효과를 주기 위해 수직벽면에 균일한 조도로 빛을 비추는 기법이다. 코니스 조명과 같은 건축화 조명으로 공간 상승, 확대의 느낌을 주며 광원과 조명기구의 종류·건축화 조명 방식에 따라 다양한 효과를 가질 수 있다. 바닥이나 천장에도 조명을 비추어 같은 효과를 가질 수 있는데 이를 플로어 워싱(floor washing), 실링 워싱(ceiling washing)이라 한다.
③ 실루엣(silhouette) 기법 : 물체의 형상만을 강조하는 기법으로 눈부심이 없지만 물체의 세밀한 묘사는 할 수 없다. 광원 앞에 있는 사람의 행위가 실루엣으로 나타나므로 시각적으로 인간이 공간과 환경에 종속되는 효과를 준다. 이러한 공간은 친근하고 시적인 분위기를 자아낸다.
④ 글레이징(galzing) 기법 : 빛의 각도를 이용하는 방법으로 수직면과 평행한 광선을 벽에 비춘다. 벽면 마감재료의 재질감을 강조시키며 벽면을 분할하여 천장이 낮아 보인다. 글레이징 효과를 내기 위해 매입등은 천장 끝에서 150~300mm

정도 거리를 두고 설치한다.

44 ②

음압 레벨 $SPL = 20\log\left(\dfrac{P_1}{P_0}\right)dB$

　　P_0 : 기준 음압($2\times10^{-5}N/m^2$)
　　P_1 : 측정 음압

　∴ $SPL = 20\log\left(\dfrac{2\times10^{-3}N/m^2}{2\times10^{-5}N/m^2}\right) = 20\log\dfrac{10^2}{1} = 40dB$

45 ④

터보형 펌프

케이싱 내에서 회전차(Impeller)가 회전하므로 에너지의 교환이 이루어지는 펌프이다. 회전차의 형상에 따라 원심식 펌프, 사류식 펌프, 축류식 펌프로 분류한다.

- 원심식 펌프 : 급수, 급탕, 배수 등에 주로 사용 (볼류트 펌프, 터빈 펌프)
- 사류식 펌프 : 상하수도용, 냉각수순환용, 공업용수용
- 축류식 펌프 : 양정이 낮고(10m 이하) 송출량이 많은 경우

※ 왕복식 펌프 : 플런저 펌프, 워싱턴 펌프, 피스톤 펌프

46 ①

① 조도 : 수조면의 단위면적에 입사하는 광속, 즉 어떤 면에 투사되는 광속을 면적으로 나눈 것이다.
② 광도 : 점광원에서 어느 방향으로 그 점광원을 정점으로 하는 단위 입체각당 나오는 광속, 즉 광원으로부터 단위거리만큼 떨어진 곳에서 빛의 방향에 수직으로 놓인 단위면적을 단위시간에 통과하는 빛의 양을 말한다.
③ 휘도 : 빛을 발산하는 면을 어느 방향에서 봤을 때의 밝기를 나타내는 측광량, 즉 광원의 단위면적당 밝기의 정도. 발광원 또는 투과면이나 반사면의 표면 밝기이다.
④ 광속발산도 : 조도와는 반대로 면의 단위면적에서 발산하는 광속을 말한다. 즉, 조도는 그 면이 받은 광속을 뜻한다면 광속발산도는 받은 광속을 다시 발산하는 정도라고 할 수 있다.

47 ①

간접배수(indirect waste)

식료품·음료수·소독물 등을 저장하거나 취급하는 기기에서 배수관이 일반배수관에 직결되어 있으면, 배수관 내 흐름이 나빠지거나 막히게 되는 경우 오물이나 유해가스가 역류하여 이들 기기를 오염시킬 우려가 있다. 이것을 방지하기 위해서는 이들 기기의 배수관은 일반배수계통에 직결하지 않고 일단 대기 중에 적절한 공간을 띄우고 물받이용기(hopper)에 배수를 받은 다음 일반배수관에 접속해야 한다. 이와 같은 방식을 간접배수라 하며, 그 공간을 배수구 공간(drain outlet)이라 한다.

※ 세면기, 소변기, 대변기 등은 직접 배수관으로 연결한다.

48 ②

통기관의 설치 목적

- 사이펀 작용 등으로부터 트랩 내 봉수를 보호하고 배수의 흐름을 원활하게 한다.
- 관내 수압을 일정하게 하고 배수관 내에 신선공기를 유통시켜 관내의 청결을 유지한다.

49 ③

실온 유지를 위한 환기량 계산

$Q = \dfrac{H}{C\times r\times(t_1 - t_0)}$

　Q : 환기량　　　H : 발생열량
　C : 공기의 비중　r : 공기의 비열
　t_1 : 유지온도　　t_0 : 외기온도

발생열량에서 $1W = 1J/s$이므로 $30W = 0.03kJ/s$이며, 시간당 환기량이므로 인원과 3600초를 곱한다.

$Q = \dfrac{1000\times 0.03kJ/s\times 3600s}{1.21kJ/m^3\cdot K\times(20-10)} = 8925.6m^3/h$

※ 문제 조건에 공기 비중이 주어지지 않았으므로 1로 가정하고 계산한다.

50 ④

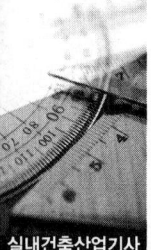

증기난방과 온수난방의 비교

구분	증기난방	온수난방
열 특성	잠열	현열
방열면적	작다	크다
예열시간	짧다	길다
동결 우려	없다	있다
온도 조절	어렵다	용이하다

51 ①

실내마감이 불연재료이고 자동식 소화설비가 설치된 경우, 10층 이하의 층은 3000m² 이내마다 방화구획하며 11층 이상의 층은 1500m² 이내마다 방화구획하여야 한다. 따라서 각 층 바닥면적이 1000m²인 업무시설의 11층은 1개 영역의 층간 방화구획으로 하면 된다.

52 ③

비상용 승강기의 설치 기준

높이 31m를 넘는 각 층의 바닥면적 중 최대바닥면적 (Sm²)	설치대수	산정 공식
1500m² 이하	최소 1대 이상	–
1500m² 초과	1대+1500m²를 넘는 3000m² 이내마다 1대씩 가산	$1 + \dfrac{S - 1500m^2}{3000m^2}$

2대 이상의 비상용 승강기를 설치하는 경우에는 화재 시 소화에 지장이 없도록 일정한 간격을 유지

높이 31m를 초과하는 층은 11층 하나이므로
$1 + \dfrac{2000m^2 - 1500m^2}{3000m^2} = 1.1666 \cdots = $ 2대가 된다.

53 ③

배연설비의 설치대상

㉠ 6층 이상인 건축물로서 다음 각 목의 어느 하나에 해당하는 용도로 쓰는 건축물
• 제2종 근린생활시설 중 공연장, 종교집회장, 인터넷컴퓨터게임시설제공업소 및 다중생활시설 (각각 해당용도 바닥면적의 합계 300m² 이상인 경우만 해당)
• 문화 및 집회시설, 종교시설, 판매시설, 운수시설
• 의료시설(요양병원 및 정신병원 제외), 교육연구시설 중 연구소
• 노유자시설 중 아동 관련 시설, 노인복지시설 (노인요양시설 제외)
• 수련시설 중 유스호스텔, 운동시설, 업무시설, 숙박시설, 위락시설, 관광휴게시설, 장례식장
㉡ 층수에 관계없이 설치해야 하는 건축물
• 의료시설 중 요양병원 및 정신병원
• 노유자시설 중 노인요양시설·장애인 거주시설 및 장애인 의료재활시설

54 ④

① 보일러의 연도는 공동연도로 설치한다.
② 보일러실의 공기 흡입구와 배기구는 항상 개방된 구조로 한다.
③ 기름보일러를 설치하는 경우에는 기름저장소를 보일러실 외의 장소에 배치한다.

55 ②

문화 및 집회시설(동·식물원 제외), 종교시설(주요구조부가 목조인 것 제외), 운동시설(물놀이형 시설 및 바닥이 불연재료이고 관람석이 없는 운동시설은 제외)로서 다음의 어느 하나에 해당하는 경우에는 모든 층에 스프링클러 설비를 설치하여야 한다.
㉠ 수용인원이 100명 이상인 것
㉡ 영화상영관의 용도로 쓰는 층의 바닥면적이 지하층 또는 무창층인 경우에는 500m² 이상, 그 밖의 층의 경우에는 1천m² 이상인 것
㉢ 무대부가 지하층·무창층 또는 4층 이상의 층에 있는 경우에는 무대부의 면적이 300m² 이상인 것
㉣ 무대부가 ㉢ 외의 층에 있는 경우에는 무대부의 면적이 500m² 이상인 것

56 ①

다음에 해당하는 건축물에는 국토교통부령으로 정하는 기준에 따라 그 건축물로부터 바깥쪽으로 나가는 출구를 설치하여야 한다.
㉠ 제2종 근린생활시설 중 공연장·종교집회장·인터넷컴퓨터게임시설제공업소(해당 용도로 쓰

는 바닥면적의 합계가 각각 300m² 이상인 경우만 해당한다)
ⓛ 문화 및 집회시설(전시장 및 동·식물원 제외)
ⓒ 종교시설, 판매시설, 위락시설, 장례식장
ⓔ 업무시설 중 국가 또는 지방자치단체의 청사
ⓜ 연면적이 5000m² 이상인 창고시설
ⓑ 교육연구시설 중 학교
ⓢ 승강기를 설치하여야 하는 건축물

57 ②
거실의 반자높이 규정

건축물의 용도	반자높이	예외 규정
일반용도의 거실	2.1m 이상	• 공장 • 창고시설 • 위험물 저장 및 처리시설 • 동물 및 식품관련시설 • 분뇨 및 쓰레기 처리 시설 • 묘지 관련 시설
• 문화 및 집회시설(전시장 및 동·식물원은 제외) • 종교시설 및 장례식장 • 위락시설 중 유흥주점 ※ 관람석 또는 집회실로서 바닥면적 200m² 이상	4.0m 이상 (노대 아래부분 : 2.7m 이상)	기계환기장치를 설치한 경우

58 ②
소방설비의 분류
ⓛ 소화설비 : 소화기, 옥내소화전, 옥외소화전, 스프링클러, 물분무 등 설비
ⓒ 경보설비 : 자동화재탐지설비, 자동화재속보설비, 비상방송설비, 비상경보설비, 누전경보기
ⓔ 피난구조설비 : 유도등, 비상조명등, 피난사다리, 공기호흡기, 완강기
ⓜ 소화용수설비 : 상수도소화용수, 소화수조
ⓑ 소화활동설비 : 제연설비, 연결송수관설비, 연결살수설비, 무선통신보조설비, 비상콘센트설비

59 ②
소방안전관리보조자를 선임하여야 하는 특정소방대상물
ⓛ 300세대 이상인 아파트
ⓒ 아파트를 제외한 연면적 15000m² 이상 특정소방대상물
ⓔ 다음 중 어느 하나에 해당하는 특정소방대상물
 ⓐ 공동주택 중 기숙사
 ⓑ 의료시설
 ⓒ 노유자시설
 ⓓ 수련시설
 ⓔ 숙박시설(숙박시설 사용 바닥면적합계가 1500m² 미만이고 관계인이 24시간 상시 근무하는 숙박시설은 제외)

60 ④
비상탈출구는 출입구로부터 3m 이상 떨어진 곳에 설치하여야 한다.

CBT 복원문제 해설 및 정답

2024년 CBT 해설 및 정답

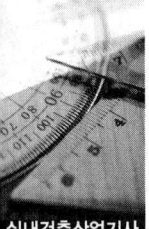

2024년 제1회

01 ③
작업면이 가장 넓은 형식은 U자형이다.

02 ④
독립코어형
별도의 동으로 코어를 처리하는 형태. 분할 및 개방이 용이하며 공간을 코어에 구애받지 않고 계획할 수 있다. 그러나 방재상 불리하며 내진구조 구성이 까다롭다. 또한, 덕트 및 배관이 길어지고 설치에 제약도 많아진다.

03 ②
창과 문의 위치는 동선의 결정에 큰 영향을 끼친다.

04 ③
① 자연적 형태 : 자연물과 같이 불변의 상태에 머물러 있지 않고 항상 변화하며 운동하고 있는 형태
② 인위적 형태 : 사용자의 요구로 형성된 타율적·인공적 형태로 그것이 속한 시대성을 가지며 재료와 함께 이것을 처리하는 기술이 요구된다.
③ 이념적 형태 : 인간의 지각, 즉 시각과 촉각 등으로 직접 느낄 수 없고 개념적으로만 제시될 수 있는 형태
④ 추상적 형태 : 구체적인 형태를 생략하거나 과장된 표현으로 재구성된 형태. 이렇게 재구성된 형태는 원형을 알아보거나 유추하기가 어렵게 된다.

05 ①
VMD(visual merchandising)
㉠ 상점 구성의 기본이 되는 상품 계획을 시각적으로 구체화시켜 상점 이미지를 경영 전략적 차원에서 고객에게 인식시키는 표현 전략

㉡ VMD의 구성
- IP(Item Presentation) : 기본 상품의 정리. 선반, 행거
- PP(Point of Sale Presentation) : 한 유닛에서 대표되는 상품 진열. 상단 전시, 테마 진열
- VP(Visual Presentation) : 상점의 이미지 패션테마의 종합적인 표현. 파사드, 메인스테이지, 쇼윈도

06 ①
거실의 위치는 남향으로 하고 햇빛과 통풍이 좋아야 하며 주택 내 다른 실의 중심적 위치가 좋다. 그러나 거실 공간 자체가 통로화되면 휴식, TV 시청, 담소와 같은 거실 본연의 기능에 지장을 주므로 금지해야 한다.

07 ②
조밀성의 변화를 통해 깊이를 느끼게 함으로써 계단처럼 보이게 된다.

08 ①
기존 건물의 기초 상태는 구조전문가가 분석해야 한다.

09 ③
국제적으로 같은 척도 조정을 사용함으로써 건축 구성재의 국제 교역을 가능하게 한다.

10 ③
3차원 모델링 기법의 비교

항목	와이어프레임(Wire Frame)	서피스(Surface)	솔리드(Solid)
모델링 요소	선	면	덩어리
단면 처리	불가능	가능	가능

항목	와이어 프레임 (Wire Frame)	서피스 (Surface)	솔리드 (Solid)
부피 계산	불가능	부피 추정	정밀 계산
공학적 계산	분석 불가능	불가능	가능
형상 표현	불가능	곡면 및 복잡한 형상 표현	모든 형상 표현
데이터 처리	빠름	중간	느림
기타	컨셉 디자인, 초기 작업	외부 표면 모델링 위주	정확한 해석과 분석 가능

11 ②

색의 시간성과 속도감
- (고명도·고채도, 난색, 장파장) 색은 시간이 길게, 속도감은 빠르게 느껴진다.
- (저명도·저채도, 한색, 단파장) 색은 시간이 짧게, 속도감은 느리게 느껴진다.

12 ②

혼색의 채도는 많이 섞을수록 낮아진다.

13 ④

SD법(Semantic Differential Method)
1959년 미국의 심리학자 찰스 오스굿이 고안한 개념의 의미 분석법. 의미 분화법, 또는 의미 미분법이라고도 번역한다. 일반적으로 [크다 - 작다], [좋다 - 나쁘다], [빠르다 - 느리다]와 같이 상반되는 의미의 형용어를 짝지은 '평정(評定) 척도'를 사용하여 사용자가 회사 상품 및 상표 등의 목적물에 대해 어떠한 이미지를 갖고 또 태도를 취하고 있는가를 측정하기 위해 사용한다.

14 ④

요리대 앞면의 벽은 작업에 필요한 조명의 반사광을 위해 저채도·고명도로 하는 것이 좋다.

15 ④

자주의 보색은 녹색, 주황의 보색은 파랑이다.

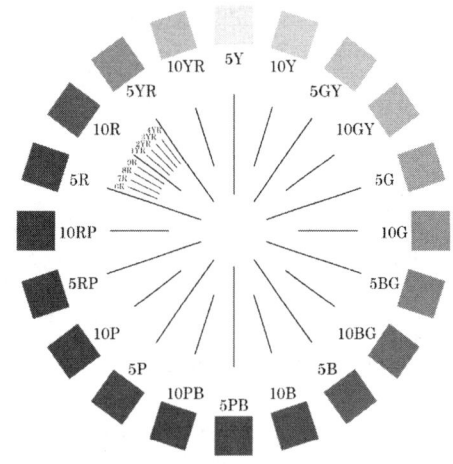

16 ①

CMYK
㉠ 인쇄물이나 그림과 같은 장치에서 사용되는 체계. 빛의 일부 파장을 흡수하고 표현색만 반사하는 잉크의 특성을 이용하여 색을 표현한다.
㉡ 감법혼합의 원리상 시안(C), 마젠타(M), 노랑(Y)을 모두 혼합해도 순수한 검정을 얻을 수 없으므로 별도의 검정(K) 잉크를 추가하여 색을 나타낸다.
㉢ RGB보다는 색의 구현 범위가 좁기 때문에 컴퓨터 프로그램을 이용한 인쇄물 디자인은 미리 CMYK 체계를 적용하고 작업해야 한다.

17 ④

보색잔상은 일종의 부의 잔상이다.

18 ③

색채를 지각하는 것은 물체가 반사시킨 파장의 빛을 시각적으로 받아들이는 것이다.

19 ③

아트리움(Atrium)
고대 로마 건축에서 지붕이 개방되어 빗물이나 물을 받기 위한 사각 웅덩이가 있는 중정을 의미한다. 현대건축에서는 호텔, 사무실 건축물, 또는 기타 대형 건축물 등에서 볼 수 있는 유리로 지붕이 덮여진 실내공간을 일컫는 용어로 사용되고 있다. 사무소 건축의 거대화는 상대적으로 공적 공간의 확대를 도모하게 되고 이로 인해 특별한 공간적 표현이 가

능하게 되었는데, 이러한 대공간에 자연광을 유입하여 여러 환경적 이점을 갖게 하는 공간구성기법으로 아트리움이 사용되고 있다.

20 ②

다이밴(Divan)
헤드보드와 풋보드가 없는 침대, 혹은 팔걸이와 등받이가 없이 긴 소파의 형태

21 ①

미장재료의 경화형태별 분류
㉠ 기경성 미장재료
- 공기 중의 탄산가스와 반응하여 경화하는 것
- 진흙, 회반죽, 돌로마이트 플라스터

㉡ 수경성 미장재료
- 물과 작용하여 경화하고 강도가 커지는 것
- 석고 플라스터, 시멘트 모르타르, 인조석 바름, 테라조 바름

22 ①

멜라민 수지
- 요소 수지와 성질이 유사하면서 더 향상된 열경화성 수지이다.
- 내열성과 기계적, 전기적 성질 등이 우수하다.
- 내수성, 내약품성, 내용제성이 좋다.
- 무색투명하며 착색이 자유롭다.

23 ③

AE제를 사용하지 않는 콘크리트 중에 함유된 부정형 기포를 갇힌 공기(entrapped air)라고 한다.

24 ①

소다석회 유리(소다 유리, 보통 유리)
- 용융하기 쉽고 풍화되기 쉽다.
- 산에 강하나 알칼리에 다소 약하며, 팽창률이 다소 큰 편이다.
- 건축 일반용 창호유리, 음료수 병의 제작에 이용된다.

25 ④

중밀도 섬유판(MDF ; Medium Density Fiberboard)
- 목재의 톱밥, 섬유질 등을 압축가공해서 목재가 가진 리그닌 단백질을 이용, 목재섬유를 고착시켜 만든 것이다.
- 비중은 0.4~0.8 정도이며, 천연목재보다 재질이 균일하면서 강도는 크고 변형이 적다.
- 습기에 약하고 무게가 많이 나가는 것이 단점이나 마감이 깔끔하여 많이 쓰인다.
- 밀도가 균일하기 때문에 측면의 가공성이 매우 좋고 표면에 무늬인쇄가 가능하여 인테리어용으로 많이 사용된다.

26 ②

바닥 타일, 외부 타일로는 주로 석기질, 자기질 타일이 사용된다.

27 ②

콘크리트 배합설계 시 골재의 수분함유상태는 표면건조 내부포수상태를 기준으로 한다.

28 ④

자유수
- 목재 내부의 세포내강이나 세포간극과 같은 빈 공간에 목재조직과 결합되지 않은 상태로 존재하는 수분
- 목재 건조 시 자유수가 먼저 증발하고 결합수만 남은 상태를 섬유포화점이라 한다.

29 ①

석고 플라스터는 시멘트에 비해 경화속도가 빠르다.

30 ④

종석 알의 크기(KS 기준)
㉠ 인조석 바름 : 5mm체 통과분 100%, 1.7mm체 통과분 0
㉡ 테라조 바름 : 15mm체 통과분 100%, 2.5mm체 통과분 0

31 ③

① 비용구배란 공기를 1일 단축할 때 증가하는 비용을 말한다.
② 시공속도를 빠르게 할수록 간접비는 감소되고 직접비는 증가한다.
④ 더 이상 단축할 수 없는 절대공기는 특급점에 위치한다.

32 ③

전색제

안료를 포함한 도료로, 고체 성분의 안료를 도장면에 밀착시켜 도막을 형성하게 하는 액체 성분을 말한다.
- 천연수지 : 로진, 댐머, 셸락, 코펄 등
- 합성수지 : 알키드, 멜라민, 페놀 등

33 ④

물시멘트비가 일정할 때 굵은 골재의 최대 치수가 클수록 콘크리트의 강도는 작아진다.

34 ②

경질섬유판은 비중 0.8 이상이다.

35 ①

고무(화) 아스팔트(rubberized asphalt)

합성고무를 분말 액상 또는 세편상으로 혼합 용해한 아스팔트. 아스팔트에 미리 첨가하는 것과 혼합물 혼입 시 골재 등과 동시에 첨가하는 것이 있다. 고무 아스팔트는 스트레이트 아스팔트에 비해 탄성·인성·내충격성이 크고, 감온성은 적어지며 골재와의 접착성은 좋아진다.

36 ③

휘발성이 있으면 목재에 충분히 침투되지 않으므로 방부 성능을 제대로 얻을 수 없다.

37 ④

- 목재의 전건재 중량
  $= 10\text{cm} \times 10\text{cm} \times 50\text{cm} \times 0.6\text{g/cm}^3 = 3\text{kg}$
- 목재의 함수율
  $= \dfrac{건조\ 전\ 중량 - 전건재\ 중량}{전건재\ 중량} \times 100(\%)$
  $= \dfrac{6\text{kg} - 3\text{kg}}{3\text{kg}} \times 100(\%) = 100\%$

38 ②

시멘트 저장고는 수분의 침투를 막기 위해 통풍을 최소화해야 한다.

39 ①

클리어 래커

- 안료를 섞지 않은 투명 래커로, 목재면의 투명 도장용으로 쓰인다.
- 도막이 얇지만, 견고하고 광택이 좋다.
- 내수성 및 내알칼리성은 큰 편이나, 내후성이 낮아서 내부용 위주로 쓰인다.

40 ②

통재기둥

1층과 2층의 기둥이 하나의 부재로 이어진 것으로 중요한 모서리나 중간에 5~7m 길이로 배치한다. 단층 목조 건축물에서는 일반적으로 사용되지 않는다.

41 ③

평균 연색평가지수(Ra)

규정된 8종류의 시험색을 표준광원으로 조명했을 때와 시료광원으로 조명했을 때의 CIE UCS 색도도에 의한 색도 변화의 평균값에서 구하는 지수. 평균 연색평가지수(Ra)가 100에 가까울수록 연색성이 좋다.

연색지수(Ra)	램프
25	나트륨등
60	수은등
65~75	일반 형광등
75~90	메탈할라이드램프
80~90	LED 램프
85~95	3파장, 5파장 형광램프
90 이상	백열등, 할로겐램프

42 ②

명료도는 잔향시간과 반비례한다.

43 ④

소음의 분류

- 정상소음 : 음압 레벨의 변동 폭이 좁고, 음의 크기가 변동하고 있다고 생각되지 않는 종류의 소음
- 간헐소음 : 일정 시간 동안 발생과 멈춤을 규칙 혹은 불규칙하게 반복하는 시간적 패턴의 소음
- 변동소음 : 소음 레벨이 시간적으로 일정하지 않고 연속적으로 상당한 범위에 걸쳐 변화하는 소음
- 충격소음 : 물리적 충격에 의해 발생하는 소음
- 생활소음 : 일상생활 중 발생하는 다양한 소음. 차

량 및 사람의 이동소음, 확성기 소음, 공사 소음, 항공기 소음 등

44 ③

국소식(개별식) 급탕설비
- 주택, 소규모 숙박시설, 작은 사무실 등에 적합한 방식이다.
- 배관이 짧고, 배관 중의 열손실이 적은 편이며, 비교적 시설비가 싸다.
- 급탕 규모가 크면 가열기가 필요하므로 유지관리가 힘들다.
- 급탕 개소마다 가열기 설치 장소가 필요하며 값싼 연료를 쓰기가 곤란하다.
- 종류 : 순간 가열 방식(순간온수기), 저탕식, 기수혼합식

45 ④

다중이용시설의 실내공기질 지정 오염물질
- 유지 기준 : 미세먼지, 이산화탄소, 포름알데히드, 부유 세균, 일산화탄소
- 권고 기준 : 이산화질소, 라돈, 석면, 오존, 휘발성 유기화합물

46 ④

정풍량 단일덕트방식
- 급기 덕트의 송풍량은 항상 일정하며 열 부하에 따라 온도와 습도만을 조절하는 가장 기본적인 공조 방식이다.
- 설치비가 싸고 보수관리가 용이한 편이나, 각 실이나 존의 부하변동에 즉시 대응할 수 없다.
- 중·소규모 건축물, 층고가 높은 극장, 공장 등의 건물에 적합하다.

47 ④

물리적 온열 4요소
기온, 습도, 기류, 복사열

48 ①

세정밸브식(Flush valve) 대변기
급수관에서 플러시 밸브를 거쳐 변기 급수구에 직결되고 플러시 밸브의 핸들을 작동함으로써 일정량의 물이 사출되어서 변기 내를 세정하는 방식이다.
- 탱크가 필요 없어서 화장실을 넓게 사용할 수 있고 연속 사용이 가능하지만, 세정 소음은 크게 발생한다.
- 역류방지기(Vaccum breaker)가 필요하며, 최소 70kPa 이상의 수압이 필요하다.
- 접속 급수관경이 25mm 이상 필요하여, 일반 주택에서는 거의 사용하지 않는다.

49 ④

전도열량(Q)

$$Q_c = \frac{\lambda}{d} \cdot A \cdot \Delta t$$

  λ : 열전도율(W/m·K)
  d : 벽체 두께(m)
  A : 벽 면적(m²)
  Δt : 내외측 온도차(℃)

$$\therefore Q = \frac{0.14 \text{W/m} \cdot \text{K} \times 1.6 \text{m}^2 \times (15-5)}{0.04 \text{m}} = 56\text{W}$$

50 ②

배수트랩은 굴곡배관 내에 봉수가 유지되도록 하여, 유해가스 등이 실내에 유입되는 것을 방지하기 위해 설치한다. 이를 위해서는 배관에 굴곡 부분과 봉수가 존재해야 하므로 트랩이 없을 경우보다 배수능력이 높은 것은 아니다.

51 ③

거실의 용도에 따른 조도 기준

거실의 용도구분	조도구분	바닥 위 85cm의 수평면의 조도 (럭스)
1. 거주	• 독서·식사·조리	150
	• 기타	70
2. 집무	• 설계·제도·계산	700
	• 일반사무	300
	• 기타	150
3. 작업	• 검사·시험·정밀검사·수술	700
	• 일반작업·제조·판매	300
	• 포장·세척	150
	• 기타	70
4. 집회	• 회의	300
	• 집회	150
	• 공연·관람	70
5. 오락	• 오락 일반	150
	• 기타	30
기타 명시되지 아니한 것		1~5항에 유사한 기준을 적용함

52 ②
외기에 직접 면하고 1층 또는 지상으로 연결된 출입문은 방풍구조로 하여야 한다. 다만, 다음 각 호에 해당하는 경우에는 그러하지 않을 수 있다.
- 바닥면적 300m² 이하의 개별 점포의 출입문
- 주택의 출입문(단, 기숙사는 제외)
- 사람의 통행을 주목적으로 하지 않는 출입문
- 너비 1.2m 이하의 출입문

53 ④
다음에 해당하는 건축물은 관람석 또는 집회실로부터의 출구를 건축관계법령에 따라 설치하여야 한다.
- 제2종 근린생활시설 중 공연장·종교집회장(해당용도 바닥면적의 합계가 각각 300m² 이상인 경우)
- 문화 및 집회시설(전시장 및 동·식물원 제외)
- 종교시설, 위락시설, 장례식장

54 ②
교실 바닥면적이 100m²이므로 요구되는 채광용 창 면적은 10m²이다. 따라서 4m²의 추가 면적이 요구된다.

55 ②
- 창 : 1.5m²×3개=4.5m²
- 문 : 2m²×3개=6m²
- 개구부 면적의 합계 : 4.5+6=10.5m²
∴ 바닥면적 300m²의 1/30 이하를 초과하므로 무창층에 해당되지 않는다.

56 ①
신축 또는 리모델링하는 30세대 이상의 공동주택은 시간당 0.5회로 환기할 수 있는 자연환기설비 또는 기계환기설비를 설치하여야 한다.

57 ①
누전경보기는 경보설비에 해당한다.

58 ③
다중이용건축물
불특정한 다수의 사람들이 이용하는 건축물로서 다음 중 하나에 해당하는 건축물을 말한다.
㉠ 다음의 어느 하나에 해당하는 용도로 쓰는 바닥면적의 합계가 5000m² 이상인 건축물
 ⓐ 문화 및 집회시설(동·식물원은 제외)
 ⓑ 종교시설, 판매시설
 ⓒ 운수시설 중 여객용 시설
 ⓓ 의료시설 중 종합병원
 ⓔ 숙박시설 중 관광숙박시설
㉡ 16층 이상인 건축물

59 ②
6층 이상 거실바닥면적의 합계
$= (2000 \times 0.8) \times 7층 = 11200 m^2$
승용승강기 최소 대수
$= 1 + \dfrac{11200 - 3000}{3000} = 3.73 ≒ 4대$

※ 비상용 승강기 대수를 묻는 문제가 아니므로 층고는 계산에 필요하지 않다.

60 ①
판매시설, 운수시설 및 창고시설(물류터미널 한정)로서 바닥면적의 합계가 5000m² 이상이거나 수용인원이 500명 이상인 경우에는 모든 층에 스프링클러설비를 설치하여야 한다.

2024년 제2회

01 ②
정방형(정사각형)의 공간은 네 변 길이가 모두 같으므로 특정 방향으로의 방향성을 거의 느낄 수 없다.

02 ①
연구소는 교육·연구시설, 호텔은 숙박시설에 해당된다.

03 ④
선의 이미지
- 수직선 : 엄격, 위엄, 절대, 신앙, 상승감
- 수평선 : 안정, 균형, 평화
- 사선 : 운동성, 약동감, 불안정, 반항감
- 곡선 : 우아함, 여성스러움, 유연함, 부드러움

04 ②
쇼룸의 공간 구성
- 어트랙션 공간 : 입구에서 관람객의 시선을 집중시켜 쇼룸의 내부로 관람객을 유인하는 역할을 한다. 전시 의도와 내용을 전달하기 위해 영상 디스플레이 장치, 모형, 동적 디스플레이 장치, 또는 실물 등의 기타 상징물이 놓여지는 공간이다.
- 상품전시공간 : 진열되는 상품을 디스플레이하기 위한 공간. 진열대와 진열기구, 연출기구 등이 필요하다.
- 상담 공간 : 관람자에게 상품에 대한 지식, 효율성 등의 정보를 설명하거나 구매상담에 응하기 위한 공간이다.
- 서비스 공간 : 전시상품에 대한 정보를 알리거나 관람자를 안내하기 위한 공간이다.
- 파사드 : 쇼윈도우의 출입구, 홀의 입구 뿐만 아니라 광고판, 광고탑, 사인 등을 포함한다.

05 ③
부엌작업대 배치 순서
준비대 → 개수대 → 조리대 → 가열대 → 배선대

06 ①
② 보우 윈도우(bow window) : 곡선 형태로 볼록하게 내밀어진 창
③ 베이 윈도우(bay window) : 평면이 돌출된 형태의 창으로 장식품이나 화분을 두거나 간이 휴식공간을 마련할 수 있는 형식의 돌출창
④ 픽처 윈도우(Picture Window) : 바닥부터 천장까지 닿은 커다란 창

07 ①
계단실형(홀형) 공동주택
- 계단실, 엘리베이터 홀에서 마주보는 두 세대가 바로 연결되는 형식이다.
- 단위 주거의 두 벽면이 외벽에 면하기 때문에 채광 및 통풍에 유리하다.
- 출입이 편리하고 독립성이 크며 통로면적이 절약되지만, 대지 및 엘리베이터 이용률이 낮다.

08 ③
아라베스크(Arabesque) 문양
이슬람 건축, 미술에서 광범위하게 볼 수 있는 곡선 장식 무늬이다. 덩굴과 같은 식물이 뒤얽힌 모양을 아름답게 도안하여 나타낸 당초무늬를 지칭하는데, 넓은 뜻으로는 복잡하게 이어지는 기하학 도형, 무늬화된 아라비아 문자도 아라베스크 문양에 포함된다. 이슬람 건축물인 모스크의 장식 문양으로 주로 사용했으며 건축물의 벽의 장식과 서책의 표지, 공예품 등에 폭넓게 사용하며 이슬람의 독특한 양식을 구축하였다.

09 ①
그리드 시스템은 일률적이고 규칙적인 설계를 적용해야 하는 사무공간에 적합하다.

10 ②
① 러프 스케치 : 간략한 음영·재질·색채·비례를 가미한 대략적 표현으로, 구성과 조형에 대한 아이디어를 비교 및 검토하는 목적으로 그려낸다. 스크래치 스케치보다는 공간적 관계 등을 구체적으로 이해할 수 있도록 개략적인 디자인을 나타낸다.
② 스크래치 스케치 : 초기 아이디어 단계에서 전체 이미지나 구성을 나타내는 스케치. 휘갈긴다는 느낌으로 초기 발상 단계를 스케치에 옮긴 것이다. 세부적, 입체적 표현은 생략하고 전체 이미

지나 구성을 연구하기 위해 약화 형식으로 표현한다.
③ 스타일 스케치 : 스케치 중 가장 정밀하고 정확하게 표현한다. 주로 외관 상태에 대해 세밀한 연구를 통해 투시 혹은 투영적 표현을 한다. 전체 및 부분에 대한 비례의 정확성과 디자인 변화 과정을 적절한 재질감과 색칠로 구체화시킨다. 정확도를 높이기 위해 여러 각도의 스케치가 요구된다.

11 ③
명도 대비
- 명도가 다른 두 색이 근접하여 서로 영향을 주는 대비현상
- 흰색 바탕 속의 회색보다 검은색 바탕 속의 회색이 더 밝게 보인다.
- 명도차가 클수록 대비 현상이 강하게 일어난다.

12 ②
① 명시성 : 두 가지 이상의 색·선·모양을 대비시켰을 때, 눈에 잘 보이는 성질
③ 메타메리즘(조건등색) : 광원의 연색성과는 달리 서로 다른 두 가지 색이 하나의 광원 아래에서 같은 색으로 보이는 현상
④ 푸르킨예 현상 : 체코의 생리·조직학자 푸르킨예가 발견한 현상. 색광에 대한 시감도가 명암순응 상태에 의해 달라지는 현상으로 여러 명암순응의 상태에서 시감도곡선을 구하면 명순응의 정도가 높아지게 됨에 따라서 시감도곡선의 극대점이 장파장 측으로 기울며 반대로 암순응의 정도가 높아지면 단파장 측으로 기운다. 그로 인해 명순응시에는 빨강이나 주홍이 상대적으로 밝게 보이며 암순응시에는 파란색이 밝게 보인다. 따라서 어두운 곳에서는 비상계단 등의 발 닿는 윗부분의 색은 파랑 계통의 밝은 색으로 하는 것이 어두운 가운데서도 쉽게 식별할 수 있다.

13 ②
L'a'b 색 체계
- CIE에서 제정한 균등 색공간(CIE L'a'b 색공간)에 의한 색채 형식이다.
- L은 명도, a는 빨강과 녹색의 보색, b는 노랑과 파랑의 보색 축으로 색을 표시한다.
- L=100은 흰색, L=0은 검정색이 된다.
- +a는 빨강, -a는 녹색, +b는 노랑, -b는 파랑이 된다. 중심에서 멀어질수록 채도가 높아진다.
- 이 형식은 RGB와 CMYK의 범위를 모두 포함하고 있으며 더 광범위하다.

14 ②
간상체와 추상체의 특성
- 간상체 : 흑백으로 인식, 어두운 곳에서 반응, 사물의 움직임에 반응 - 흑백 필름(암순응)
- 추상체(원추체) : 색상 인식, 밝은 곳에서 반응, 세부 내용파악 - 컬러 필름(명순응)

15 ④
채도가 낮은 색은 탁음을 느끼게 된다.

16 ①
저채도의 색은 넓은 면적으로, 고채도의 색은 좁은 면적으로 하면 조화된다.

17 ②
㉠ 벡터(Vector) 방식
- 점과 점의 연결로 수학적 함수관계를 통해 선과 면을 표현한다.
- 이미지를 확대·축소해도 깨지지 않는다.
- 이미지가 복잡한 계산을 필요로 할 경우 컴퓨터 연산이 느려진다.
- 비트맵 방식보다 이미지 용량이 적다.
- 일러스트레이터, 플래시 등에서 활용된다.
㉡ 비트맵(Bitmap) 방식
- 디스플레이를 구성하는 픽셀에 저장되는 비트 정보의 집합
- 많은 픽셀로 정교하고 다양한 색의 이미지를 만들 수 있다.
- 이미지의 확대·축소 시 깨질 수 있다.
- 포토샵에서 활용된다.

18 ①
① 톤온톤 배색 : 겹쳐진 톤이라는 의미로, 동일 또는 유사 색상으로 명도차를 비교적 크게 설정하는 배색을 뜻한다.
② 톤인톤 배색 : 비슷한 톤의 조합에 의한 배색. 종래의 개념은 동일 색상을 의미했으나, 최근에는

톤을 통일하고 색상은 자유롭게 선택한 배색도 톤인톤으로 분류한다.
③ 리피티션 배색 : 체크 무늬처럼 2가지 이상 색을 반복하는 배색. 2색 간에 통일성이 결여되어도 반복을 통해 질서가 부여되는 것이 특징이다.
④ 세퍼레이션 배색 : 조화되지 않는 2색 사이에 자극이 없는 무채색을 놓거나, 명도 또는 채도가 다른 색을 삽입하여 분리시키는 것만으로 새로운 효과를 얻는 배색을 뜻한다.

19 ②
① 티 테이블 : 차를 마실 때 이용되는 테이블. 소파나 의자 앞에 놓여진다.
② 엔드 테이블 : 소파나 의자 옆에 두고 손이 쉽게 닿는 범위 내에 전화기 등 필요한 물품을 올려놓는다.
③ 나이트 테이블 : 침대 맡에 스탠드, 자명종, 전화 등을 올려두는 보조 테이블
④ 익스텐션 테이블 : 크기 및 형상 조절이 가능한 테이블

20 ②
와이어프레임(wire frame) 모델링의 특징
- 처리 속도가 빠르고 데이터의 구성이 간단하고 모델링 작성이 쉽다.
- 은선 제거가 불가능하고 단면도 작성도 할 수 없다.
- 물리적 계산이 불가능하며 해석용 모델로 사용할 수 없다.

21 ①
합성수지 페인트
- 합성수지에 안료와 휘발성 용제를 혼합하여 만든다.
- 유성페인트에 비해 건조가 빠르고 도막이 단단하며 내수성·방화성·내산성·내알칼리성이 좋다.
- 유성페인트보다 고가이다.

22 ②
한중 콘크리트 시공
- 콘크리트 타설 시의 온도는 10℃ 이상이어야 한다.
- 사용 수량은 가능한 한 적게 하며 시멘트 중량의 1% 이내 범위에서 염화칼슘을 가하거나 AE제를 사용하는 것이 좋다.
- 물과 골재는 가열하는 것이 가능하지만 시멘트는 가열하여 사용해서는 안 된다.
- 빙설이 섞여 있거나 동결해가 있는 골재는 그대로 사용할 수 없다.

23 ③
방청도료
- 금속면 보호와 표면의 부식방지를 목적으로 도장하는 재료
- 광명단, 징크로메이트, 크롬산아연 등이 사용된다.

24 ③
목재의 각종 강도와의 비율 관계
※ 섬유방향 압축강도를 1로 한 비교

	섬유방향	섬유의 직각방향
압축강도	1	0.1~0.2
인장강도	2	0.07~0.2
휨 강도	1.5	0.1~0.2
전단강도	침엽수 0.16 / 활엽수 0.2	

25 ②
회반죽의 주요 배합재료
소석회, 모래, 해초풀, 여물

26 ④
석영
순수한 재료의 비중이 2.65이고 무색, 백색, 회색, 갈색, 흑색 등 여러 가지 색조를 나타내는 석재이다. 보통은 투명 또는 반투명하지만 때로는 불투명한 것도 있다. 유리상 광택이 강하며, 플루오르화수소산을 제외한 산과 알칼리에 대해 안정한 편이다. 이러한 광택과 화학적으로 안정한 성질 때문에 창문의 재료로 많이 쓰인다. 수정이라 부르는 것이 바로 석영이다.

27 ④
아스팔트 프라이머
블로운 아스팔트를 용제에 녹인 것으로 아스팔트 방수의 바탕처리재로 이용된다. 콘크리트 등의 모체에 침투가 용이하여 콘크리트와 아스팔트 부착이 잘 되도록 가장 먼저 도포한다.

28 ②
시멘트의 주요 조성화합물
① C_3S : $3CaO \cdot SiO_2$의 조성을 갖는 성분으로 시멘트의 빠른 응결에 영향을 준다. 주로 조강시멘트 계열에 많이 포함된다.
② C_2S : 시멘트가 응결하는데 가장 중요한 성분으로 $2CaO \cdot SiO_2$의 조성으로 되어 있다. 시멘트 성분 중 C_3S와 함께 가장 함량이 높으며 이 성분이 많을수록 수화열이 적고 장기강도와 내화학성이 증가된다. 중용열시멘트에 많이 포함된다.
③ C_4AF : A는 Al_2O_3, F는 Fe_2O_3를 나타낸다. 이 성분이 과다하면 급결의 원인이 되어 균열을 초래할 수 있으며 이를 조절하기 위해서 석고를 사용한다.
④ C_3A : 조성 성분은 $3CaO \cdot Al_2O_3$로 알루미네이트라고도 한다. 역시 급결의 원인이 된다.

29 ①
② AE제는 콘크리트의 워커빌리티를 개선하고 동결융해에 대한 저항성을 증가시킨다.
③ 급결제는 콘크리트의 초기 강도를 증가시킨다.
④ 감수제는 굳지 않은 콘크리트의 단위수량을 감소시키고 골재 분리 및 블리딩 현상을 방지한다.

30 ①
하위항복점까지 가력한 강재는 외력을 제거해도 변형은 원상으로 회복되지 않고 변형이 증대된다.

31 ③
직통 대재는 침엽수보다 활엽수가 많다.

32 ①
내민줄눈은 벽면이 고르지 않을 때 사용하며 거친 느낌의 질감을 만들어낸다.

33 ④
전체함수량=(습윤상태 중량)-(절건상태 중량)

34 ②
치장줄눈의 깊이는 6mm를 표준으로 한다.

35 ②
이종 금속 간의 접촉은 전기분해 현상으로 인해 부식이 발생된다.

36 ①
질석 모르타르는 경량 구조용이며, 다공질이므로 방수에는 부적합하다.

37 ②
① 고온 소성제품이 화학저항성이 크다.
③ 제품의 소성온도가 높을수록 동해저항성이 우수하다.
④ 규산 성분이 많은 점토일수록 가소성이 좋다.

38 ③
광명단
일산화납(lead monoxide)을 400~450℃로 장시간 가열하여 만든 아름다운 황적색의 분말로서 철재의 방청(防銹), 물감이나 플린트 유리(flint glass)의 제조, 기타 접합재 및 전기공업 등에 사용된다. 납이 주재료인 만큼 시공 시 중금속에 의한 토양오염이 우려되며 절단가공 작업 중에도 대기오염의 가능성이 있다. 비중이 크고 저장이 다소 까다롭다.

39 ②
강화유리는 파손 시 유리 전체가 파편으로 잘게 부서져 파편에 의한 위험이 보통유리보다 적다.

40 ③
조적식 구조인 내력벽의 기초는 줄기초로 하여야 한다.

41 ②
압력탱크식 급수법
• 높은 곳에 탱크를 설치할 필요가 없으므로 건축물의 구조를 강화할 필요가 없다.
• 탱크의 설치 위치에 제한을 받지 않는다.
• 최고, 최저압의 차가 커서 급수압이 일정하지 않다.
• 탱크는 압력에 견디어야 하므로 제작비가 비싸다.
• 저수량이 적어서 정전이나 고장 시 급수가 중단된다.
• 에어 컴프레서를 설치해서 수시로 공기를 공급해야 한다.

• 취급이 간단하지 않으며 다른 방식에 비하여 고장이 잦다.

42 ②
열수분비(enthalpy-humidity difference ratio)
기온 또는 습도가 변할 때 절대온도의 단위증가량 Δx에 대한 엔탈피의 증가량 Δi의 비율이다. 공기를 가열하거나 가습하는 경우, 그 공기는 열수분비에 따라 변화한다. $x_1 i_1$의 공기가 $x_2 i_2$로 변화할 때의 전열분비를 나타내는 식은 다음과 같다.

$$u = \frac{i_2 - i_1}{x_2 - x_1}$$

u : 열수분비, i : 엔탈피, x : 절대습도

43 ③
간접배수(indirect waste)
식료품·음료수·소독물 등을 저장하거나 취급하는 기기에서 배수관이 일반배수관에 직결되어 있으면 배수관 내 흐름이 나빠지거나 막히게 되는 경우 오물이나 유해가스가 역류하여 이들 기기를 오염시킬 우려가 있다. 이를 방지하려면 이들 기기의 배수관을 일반배수계통에 직결하지 않고, 일단 대기 중에 적절한 공간을 띄우고 물받이용기(hopper)에 배수를 받은 다음 일반배수관에 접속해야 한다. 이를 간접배수라 하며, 그 공간을 배수구 공간(drain outlet)이라 한다. 제빙기, 냉장고, 세탁기, 음료기, 식기세척기, 공기정화기 등에 쓰인다.
※ 세면기, 소변기, 대변기 등은 직접 배수관으로 연결한다.

44 ③
잔향시간 $T = K \dfrac{V}{A}$

K : 비례상수(0.161)
V : 실의 용적
A : 흡음력(평균흡음률×실내표면적)

45 ②
다공질재료의 표면을 도장하면 도장재료가 표면의 공극을 차단하게 되므로 흡음효과가 상쇄된다.

46 ④
① 실외의 풍속이 많을수록 환기량이 많아진다.
② 실내외의 온도차가 많을수록 자연환기량이 많아진다.
③ 목조주택이 콘크리트조 주택보다 환기량이 많다.

47 ①
습구온도는 포화공기(상대습도 100%)가 아닌 이상 증발로 인해 건구온도보다 낮다. 노점온도는 일반상태 공기가 냉각하여 포화공기가 되는 지점이므로 상대습도 100%가 되기 전까지는 건구온도 및 습구온도보다 낮다.

48 ③
연기감지기 설치 기준
㉠ 벽 또는 보로부터 0.6m 이상 떨어진 곳에 설치할 것
㉡ 천장 또는 반자가 낮은 실내 또는 좁은 실내에 있어서는 출입구의 가까운 부분에 설치할 것
㉢ 천장 또는 반자 부근에 배기구가 있는 경우에는 그 부근에 설치할 것
㉣ 복도 및 통로는 보행거리 30m(3종은 20m)마다, 계단 및 경사로는 수직거리 15m(3종은 10m)마다 1개 이상으로 할 것

49 ②
코브 조명
• 광원의 빛을 천장 또는 벽면으로 가려지게 하여 반사광으로 간접 조명하는 방식의 건축화 조명
• 부드럽고 균등하며 눈부심이 없는 빛을 제공하여 보조 조명으로 중요하게 쓰인다.

50 ②
다익형
날개의 끝부분이 회전방향으로 굽은 전곡형으로 동일 용량에 대해서 다른 형식에 비해 회전수가 상당히 적다. 동일 용량에 송풍기 크기가 작은 팬코일 유닛(FCU) 등에 적합하며, 저속덕트용 송풍기이다.

51 ①
5층 이상인 층이 제2종 근린생활시설 중 공연장·종교집회장·인터넷컴퓨터게임시설제공소(해당 용도 바닥면적 합계가 각각 300m² 이상인 경우), 문화 및 집회시설(전시장 및 동·식물원 제외), 종교시설, 판매시설, 위락시설 중 주점영업 또는 장례

식장의 용도로 쓰는 경우에는 피난 용도로 쓸 수 있는 광장을 옥상에 설치하여야 한다.

52 ②
내부에서 계단으로 통하는 출입구에는 60분+방화문 또는 60분 방화문을 설치해야 한다.

53 ③
복도의 유효너비 기준

구분	양 옆에 거실이 있는 복도	기타
유치원 · 초등학교 · 중학교 · 고등학교	2.4m 이상	1.8m 이상
공동주택 · 오피스텔	1.8m 이상	1.2m 이상
당해 층 거실바닥면적 합계 200m² 이상	1.5m 이상 (의료시설 1.8m 이상)	1.2m 이상

54 ④
전기, 기계, 가스 설비분야 협력대상 건축물

해당 용도 바닥면적의 합계	건축물 용도
조건 없음	아파트 및 연립주택
500m² 이상	목욕장, 실내수영장, 실내물놀이형 시설
2000m² 이상	기숙사, 의료시설, 유스호스텔, 숙박시설
3000m² 이상	판매시설, 연구소(교육연구시설), 업무시설
10000m² 이상	문화 및 집회시설(동·식물원 제외), 종교시설, 교육연구시설(연구소는 제외), 장례식장

55 ④
콘크리트블록조 또는 벽돌조의 경우에는 그 두께가 19cm 이상이어야 한다.

56 ②
객석유도등은 다음에 해당하는 특정소방대상물에 설치한다.
• 유흥주점영업시설(손님이 춤을 출 수 있는 무대가 설치된 카바레, 나이트클럽)
• 문화 및 집회시설
• 종교시설
• 운동시설

57 ①
주요구조부
내력벽, 기둥, 바닥, 보, 지붕틀 및 주계단을 말한다. 다만, 사이 기둥, 최하층 바닥, 작은 보, 차양, 옥외 계단, 그 밖에 이와 유사한 것으로 건축물의 구조상 중요하지 아니한 부분은 제외한다.

58 ④
인접 대지경계선으로부터 직선거리 2m 이내에 이웃 주택의 내부가 보이는 창문 등을 설치하는 경우에는 차면시설(遮面施設)을 설치하여야 한다.

59 ④
특정소방대상물의 관계인은 소방시설을 소방방재청장이 정하여 고시하는 화재안전기준에 따라 소방대상물의 규모, 소방대상물의 용도, 소방대상물의 수용인원 등을 고려하여 설치하여야 한다.

60 ②
비상용 승강기의 설치 기준

높이 31m를 넘는 각 층의 바닥면적 중 최대바닥면적 (Sm²)	설치대수	산정 공식
1500m² 이하	최소 1대 이상	–
1500m² 초과	1대+1500m²를 넘는 3000m² 이내마다 1대씩 가산	$1+\dfrac{S-1500m^2}{3000m^2}$

2대 이상의 비상용 승강기를 설치하는 경우에는 화재 시 소화에 지장이 없도록 일정한 간격을 유지

높이 31m를 초과하는 각 층의 바닥면적 중 최대 바닥면적이 6000m²이므로
비상용 승강기 설치 대수는

$$1+\dfrac{6000m^2-1500m^2}{3000m^2}=2.5 ≒ 3대가 된다.$$

2024년 제3회

01 ④
불규칙적 형태의 공간은 여러 개 이상의 축을 가질 수 있으며 복잡하고 불안정하다.

02 ①
드레이퍼리 커튼
창문에 느슨하게 걸려 있는 비교적 두껍고 무거운 재질의 커튼

03 ④
조건설정 단계 고려사항
의뢰인의 예산, 설계대상의 계획 목적, 공사시기 및 기간, 기존공간의 제한사항 및 주변 환경, 의뢰인 요구사항 등
※ 실내디자이너가 설계 의뢰인과 협의를 통하여 이해를 확립하는 것은 기본계획 단계이다.

04 ③
특수전시기법

디오라마 전시	현장감을 가장 실감나게 표현하며 한정된 공간 속에서 배경스크린과 실물의 종합전시로 이루어진다.
파노라마 전시	연속적인 주제를 연관성 깊게 표현하기 위해 선형으로 사진과 오브제를 연출하는 전시방법이다.
아일랜드 전시	벽이나 천장을 이용하지 않고 입체적 전시물을 중심으로 테이블 등을 이용해 전시공간에 섬의 형태로 자유로이 배치하는 방법이다.
하모니카 전시	전시내용이 통일된 형식 속에서 반복되어 나타나는 방법으로 동일 종류의 전시물을 전시할 때 유리하다.
영상 전시	실물을 직접 전시하지 못할 때 영상매체를 사용하는 전시방법이다.

05 ③
③은 경제성에 대한 설명이다.

06 ③
실내디자인의 프로그래밍 진행 단계

㉠ 목표 설정 : 문제 정의
㉡ 조사 : 문제의 조사, 자료의 수집, 예비적 아이디어의 수집
㉢ 분석 : 자료의 분류와 통합, 정보의 해석, 상관성의 체계 분석
㉣ 종합 : 부분적 해결안의 작성, 복합적 해결안의 작성, 창조적 사고
㉤ 결정 : 합리적 해결안의 결정

07 ④
버블 다이어그램(bubble diagram)
주로 공간의 계획 단계에서 각 실을 풍선모양으로 표시하여 배치 및 동선계획을 표현하기 위해 작성되는 그림. 공간의 구체적인 형태가 표현되진 않는다.

08 ①
파사드(facade)
- 건물의 주출입구가 있는 정면부
- 쇼 윈도우·출입구·간판·광고판·네온사인 등을 포함한 점포 전체의 얼굴로서 기업 및 상품에 대한 첫 인상을 주는 곳이므로 강한 이미지를 줄 수 있도록 계획한다.

09 ③
여닫이문은 일반적으로는 안여닫이로 하는 것이 프라이버시에 좋지만 비상문은 피난에 유리한 밖여닫이로 한다.

10 ②
솔리드 모델링(solid modeling)
- 모델의 선과 면은 물론이며 부피와 질량까지 표현하는 모델링을 말한다.
- 은선 제거가 가능하고 물리적 성질 계산 및 간섭 체크가 용이하다.
- 형상을 절단한 단면도 작성이 용이하다.
- 이동·회전 등을 통한 정확한 형상을 파악할 수 있다.
- 컴퓨터의 메모리량과 데이터 처리량이 많아진다.
※ 체적 계산을 위해서는 솔리드 모델링을 사용하는 것이 좋고, 서피스 모델링은 물리적 성질을 계산하기 힘들다.

11 ②

기억색(memory color)
- 대상의 표면색에 대한 무의식적 추론에 의해 결정되는 색채
- 기억하는 동안 실물보다 더 강조되어진다.
- 색상은 원색에 가까워지게 되고, 명도, 채도 또한 높아진다.

12 ④

베졸드 동화효과
회색바탕에 검정색 선을 그리면 바탕의 회색은 더 어둡게 보이고 흰색 선을 그리면 바탕의 회색이 더 밝아 보이는 현상이다. 바탕에 비해 도형이 작고 선분이 가늘고 그 간격이 좁을수록 더 효과가 나타나고 배경색과 도형의 색의 명도와 색상차이가 작을수록 효과가 현저하다.

13 ①

색채 조화의 원리
- 질서의 원리 : 색채 조화는 의식할 수 있고, 효과적인 반응을 일으키는 계획에 따라 선택된 색채들일 때 생긴다.
- 비모호성(명료성)의 원리 : 두 색 이상의 배색을 선택할 때, 모호하지 않은 명료한 색을 선택하여 배색할 때 조화가 일어난다.
- 동류의 원리 : 가까운 색채끼리의 배색은 친근감을 주고 조화를 느끼게 한다.
- 유사의 원리 : 배색된 색채들이 서로 공통되는 상태, 속성에 관계되어 있을 때 조화를 느끼게 된다.
- 대비의 원리 : 배색된 색채들이 상태와 속성이 반대됨에도 불구하고 조화를 느끼게 되는 것이다.

14 ④

주요 안전색채
- 빨강 : 방화, 금지, 정지, 고도위험
- 주황 : 위험, 재해, 항공의 보안시설
- 노랑 : 주의
- 녹색 : 안전, 구급, 구호, 대피, 비상구, 진행
- 파랑 : 전기위험, 의무적 행동, 지시, 수리
- 자주 : 방사능 표시

15 ①

인간이 물체의 색을 지각하는 3요소
광원, 관찰자, 물체

16 ②

영·헬름홀츠의 3원색설
인간의 망막에는 3종류의 색광에 감광하는 수용기가 있어서 입사하는 빛에 독자적으로 반응하며 그 반응의 대소에 따라 여러 색이 지각된다는 학설이다. 영국의 토마스 영에 의해 제창된 후 독일의 헬름홀츠에 의해 체계화된 학설로 토마스 영이 먼저 망막에 스펙트럼 중 R, G, B의 색광에 감광하는 수용기가 있다고 발표한 후, 헬름홀츠가 영의 이론을 발전시켜 각 스펙트럼에 대해 3종류의 수용기에 대한 분광감도를 구체적으로 제시하였다.

17 ③

① 가시광선의 분광배열이다.
② 발광체의 스펙트럼은 모두 동일하지 않다.
④ 장파장 쪽이 적색광이고, 단파장 쪽이 자색광이다.

18 ③

색료 혼합은 혼합할수록 명도와 채도 모두 낮아진다.

19 ②

①, ③, ④는 모두 고딕양식이다.

20 ③

① 세티(settee) : 동일한 두 개의 의자를 나란히 합해 2인이 앉을 수 있도록 한 의자이다.
② 카우치(couch) : 천을 씌운 긴 의자로 한쪽만 팔걸이가 있고 기댈 수 있는 낮은 등받이가 있는 의자를 말한다.
③ 풀업 체어(pull-up chair) : 필요에 따라 이동시켜 사용할 수 있는 간이의자로서 잡거나 들어올리기에 편하도록 경량재료로 만들어지며 여러 개를 겹쳐 이리저리 옮길 수 있도록 튼튼한 소재가 쓰인다.
④ 라운지 체어(Lounge chair) : 반쯤 기댄 자세에서 휴식을 취할 수 있는 의자이다. 팔걸이, 등받이, 머리받침 등이 갖춰져 있고 휴식과 수면을 위해 등받이가 완전히 기울어지는 것도 있다. 가장 편리한 의자의 형태.

21 ②
석재의 인장강도는 압축강도에 비해 매우 작아 장대재(長大材)를 얻기 어렵다.
※ 장대재(長大材) : 길이가 길고 단면이 큰 목재

22 ③
도장재 안료의 색
- 백색-아연화, 연백
- 흑색-흑연
- 빨강·갈색-연단, 산화철
- 황색·등색-황연, 아연황, 황토
- 청색-감청
- 녹색-산화크롬녹, 크롬녹

23 ①
채취 후 1~2년 건조된 해초풀은 염분 제거가 쉽다.

24 ③
주철은 일반 강재에 비해 내식성이 뛰어나므로 독성이 있는 오수관에 사용된다.

25 ②
세라믹 파이버(ceramic fiber)
실리카-알루미나계 등의 섬유로 이상의 고온에서도 사용할 수 있으며, 단열성·유연성·전기절연성 등이 뛰어나다. 길이 250mm 가량의 짧은 섬유가 단열용 노재 등으로 사용되었는데, 최근에는 알루미나섬유나 탄화규소섬유 등 긴 섬유도 개발되어 열에 강하고 가벼운 특성으로 인해 단열재나 우주항공기재용으로 사용되고 있다. 시멘트나 금속과 복합시켜 CFRC(탄소섬유 강화콘크리트)나 CFRM(탄소섬유 강화금속) 등이 연구되고 있다.

26 ④
에어리스 스프레이
- 컴프레서의 공기를 수십 배로 높여 도장재료에 직접 압력을 가한 후 좁은 노즐 구멍을 통하여 토출시킴으로서 도료입자를 미립자로 만들어 분사시키는 시공법
- 도장재료의 흩날림이 적고 두꺼운 도막을 얻을 수 있고 넓은 면적은 물론이며 모서리나 구석진 부분의 도장도 가능한 높은 작업능률을 가진다.

27 ①
속빈 콘크리트 블록(KS F 4002)의 검사 항목
겉모양, 치수 및 치수 허용차, 압축강도, 흡수율, 기건 비중

28 ①
백화현상(白化現象)
- 건물 외벽을 벽돌·콘크리트·시멘트 모르타르·타일 등으로 마감했을 때 그 표면에 백색 물질이 발생하는 현상
- 시멘트의 가용성 성분인 수산화칼슘이 표면으로 삐져나와 수분이 증발되면서 발생하거나 공기 중 탄산가스와 반응하여 석회석 성분인 탄산칼슘이나 황산칼슘으로 변하여 표면에 침착하여 발생한다.

※ 방지대책
- 소성이 잘 되고 흡수율이 낮은 벽돌을 사용한다.
- 벽 상부에 차양, 돌림띠, 비막이를 설치한다.
- 줄눈에 방수제를 섞어 사용한다.
- 벽 표면에 파라핀 도료를 발라서 염분 유출을 막는다.

29 ①
② PF 방부제 : 페놀과 포름알데히드의 축합물질로 PF보드를 만드는 데 쓰인다. 포름알데히드의 방출이 다소 발생하지만 요소수지를 사용한 목재에 비해서 적은 편이다.
③ CCA 방부제 : Chromated Copper Arsenate의 약자로 목재의 방부제로 쓰인다. CCA 방부 처리목은 발암물질을 유발할 수 있어 우리나라에서는 CCA 방부목 생산을 전면 금지하여 현재는 전혀 사용되지 않고 있다.
④ PCP(Penta Chloro Phenol) : 무색이어서 도장이 가능하고 방부력이 우수하지만, 독성이 강하며 고가이다.

30 ③
유효흡수율
$= \dfrac{\text{표건상태중량} - \text{기건상태중량}}{\text{절건상태중량}} \times 100(\%)$
$= \dfrac{1610 - 1550}{1500} \times 100(\%) = 4\%$

31 ①
시멘트의 수화반응은 가수 후 1시간부터 10시간까지 응결이 먼저 일어나고 이후에 경화가 진행된다.

32 ③
토대가 지반과 너무 가까우면 지면에서 올라오는 습기에 부패될 수 있으므로 20cm 이상 띄우는 것이 좋고 하부는 방부처리를 해준다.

33 ②
에폭시 수지 접착제
급경성의 접착제로 내수성·내습성·내약품성·전기절연성이 우수하고 금속, 도자기, 유리, 목재나 콘크리트 등 다양한 종류의 물질을 강하게 접착시킨다.

34 ③
1.5B 쌓기 = 190mm + 10mm + 90mm = 290mm

35 ②
소석회
수산화칼슘($Ca(OH)_2$)을 말하며 산화칼슘에 물을 첨가하여 반응시키면 발열해서 생긴다. 백색의 분말로 물에 약간 녹는데 그 수용액을 석회수라 한다. 강한 알칼리성을 띠며 이산화탄소와 쉽게 화합하여 물에 녹지 않는 탄산칼슘을 생성한다. 암모니아염에 작용해서 암모니아를 분리시키며, 산에 녹아 칼슘염을 만들고 염소를 작용시키면 표백분을 생성한다. 표백분, 모르타르의 원료, 소독제, 산성 토양의 중화, 응집 조제 등의 알칼리제로서 사용되고 있다.

36 ③
- 더미(dummy) : 작업 상호관계를 연결시키는 점선 화살표. 명목상 작업이나 시간적 요소는 없다.
- 작업(activity) : 프로젝트를 구성하는 작업단위. → 위에 작업명, 아래에 작업일수를 표시한다.

37 ③
크리스탈 유리
납유리 또는 플린트 유리(flint glass)로도 불리는 수정 모양의 맑고 투명한 양질의 유리. 수정과 같이 무색투명하고 아름다운 빛깔이 있는 유리라는 점에서 크리스탈 유리라는 이름이 붙여졌다. 15세기 경 베네치아에서 크리스탈로서 개발된 것이 아마 최초에 크리스탈 유리라고 자칭한 제품이지만 이것은 소다석회 유리였다. 현재 크리스탈 유리라고 불리고 있는 것은 주로 납 크리스탈 유리이며 그밖에 칼륨 크리스탈 유리가 있다. 크리스탈 유리는 세공이나 도금 등의 장식을 하여 식기, 화병, 샹들리에나 장식물과 같은 고급감각을 갖은 제품의 소재로서 쓰인다. 비중이 크고 산 및 열에 약하나, 빛의 굴절이 커서 광학렌즈나 장식용 모조보석으로 사용되고 순도가 높은 것은 광학 유리로 사용된다.

38 ④
할렬인장강도(T)
물체를 쪼개려고 하는 힘에 대한 강도

$T = \dfrac{2P}{\pi \cdot l \cdot d}$

$= \dfrac{2 \times 12000 kgf/cm^2}{3.14 \times 20cm \times 10cm} = 38.21 kgf/cm^2$

= 약 3.8MPa

T : 인장강도(kgf/cm^2)
P : 시험기에 나타난 최대 재하하중(kgf)
l : 공시체 길이(cm)
d : 공시체 지름(cm)

※ $10N ≒ 1kgf$, $1MPa ≒ 10kgf/cm^2$

39 ①
피로 파괴
고체재료에 반복 응력을 연속해서 가하면 인장강도보다 훨씬 낮은 응력에서 재료가 파괴되는 것을 말한다. 기계나 구조물에 있어서 실제로 일어나는 파괴에는 재료의 피로에 의한 파괴가 많으며, 재료의 강도를 파악하는데 정하중이나 충격하중 이상으로 필요한 경우가 많다.

40 ②
도막방수의 신뢰성은 낮아서 단열을 요구하는 옥상층에는 사용이 부적합하다.

41 ④
코브 조명
천장 및 벽의 구조체에 의해 광원의 빛이 천장 또는 벽면으로 가려지게 하여 반사광으로 간접 조명한다. 부드럽고 균등하며 눈부심이 없는 빛을 제공하여 보조 조명으로 중요하게 쓰인다.

42 ①

벽과 광원과의 간격

- $S \leq \dfrac{H}{2}$ (벽면을 이용하지 않는 경우)
- $S \leq \dfrac{H}{3}$ (벽면을 이용하는 경우)

※ H는 작업면에서 조명기구까지의 높이

43 ②

할로겐 램프(halogen lamp)
진공 상태의 유리구 안에 할로겐 물질을 주입하여 텅스텐의 증발을 더욱 억제한 램프이다. 일반 백열전구에 비해 수명이 2~3배 길며 백열전구에서 종종 나타나는 유리구 내벽의 흑화현상이 발생하지 않아 광속 저하가 7% 정도로 낮다. 또한 전력 소모가 적고 자연광처럼 색을 선명하게 재현시킬 수 있고 백열전구에 비해 1/20 정도로 크기가 작고 가벼워서 자동차 헤드라이트용이나 비행장의 활주로, 무대 조명, 백화점·미술관·상점 등의 스포트라이트용과 인테리어 조명의 광원으로 많이 사용된다. 휘도는 매우 높은 편이다.

44 ④

$$Q = \dfrac{K}{C - C_0} = \dfrac{0.017 \times 60}{0.001 - 0.0003}$$

$$= \dfrac{1.02}{0.0007} = 1457 m^3/h \fallingdotseq 약\ 1460 m^3/h$$

Q : 필요환기량
C : 실내허용 CO_2 농도
C_0 : 외기의 CO_2 농도

45 ②

	직접가열식	간접가열식
보일러	급탕용과 난방용 개별 설치	난방 및 급탕 겸용
내부 스케일	많이 생긴다.	거의 없다.
압력	고압 보일러	저압 보일러
가열 코일	필요 없다.	필요하다.
규모	소규모 건축물	대규모 건축물

46 ①

① 간선 : 건물로의 인입개폐기(배선용 차단기)로부터 각 층마다 설치된 분전반의 분기개폐기까지의 배선
② 나도체 : 절연처리를 하지 않은 도체(전선)
③ 절연전선 : 고무, 비닐, 에나멜 등의 절연재료로 둘러싸서 전류가 새어나가지 않게 한 전선
④ 인입 케이블 : 시내 전화, 케이블 TV, 인터넷 통신 등의 선로에서 지선 케이블이나 배선 케이블로부터 분기되어 사용자의 건물 내 단자함까지 인입되는 케이블, 또는 나선로의 교환국 및 수용가 등에서 인입용으로 사용하는 케이블

47 ①

일사 차폐계수
일사 차폐물에 의해 차폐된 후 실내에 침입하는 일사열의 비율을 일사 차폐계수라 하며, 두께 3mm의 투명한 보통유리창로부터 침입하는 일사열을 기준(1)으로 하여 계산한다.

유리	차폐계수
보통유리 3mm	1.00
보통유리 6mm	0.95
보통유리 12mm	0.85
흡수유리 6mm	0.69
흡수유리 12mm	0.53

48 ①

- 공용 통기관 : 나란히 설치되거나 등을 맞대고 설치된 양쪽 위생기구의 트랩봉수를 보호할 목적으로 설치한다.
- 습윤 통기관 : 최상류 기구의 환상통기에 연결하여 통기와 배수의 기능을 겸한다.

49 ③

배연설비 배연구의 구조 기준

- $1m^2$ 이상으로 건축물 바닥면적의 1/100 이상일 것
- 방화구획이 설치된 경우에는 그 구획된 부분의 바닥면적을 말함
- 바닥면적 산정 시 1/20 이상 환기창을 설치한 거실의 면적은 제외

50 ②

스프링클러 배관의 분류
- 주배관 : 가압송수장치 또는 송수구 등과 직접 연결되어 소화수를 이송하는 주된 배관
- 가지배관 : 헤드가 설치되어 있는 배관
- 교차배관 : 가지배관에 급수하는 배관
- 신축배관 : 가지배관과 스프링클러헤드를 연결하는 구부림이 용이하고 유연성을 가진 배관
- 급수배관 : 수원 또는 송수구 등으로부터 소화설비에 급수하는 배관
- 분기배관 : 배관 측면에 구멍을 뚫어 둘 이상의 관로가 생기도록 가공한 배관

51 ②

스프링클러설비(문화 및 집회시설, 종교시설, 운동시설)
- 수용인원 100명 이상인 것
- 영화상영관 용도로 쓰는 층의 바닥면적이 지하층 또는 무창층인 경우 500m^2 이상, 그 밖의 층의 경우에는 1천m^2 이상인 것
- 지하층, 무창층, 4층 이상의 층에 있는 무대부 면적이 300m^2 이상, 그 밖의 층에 있는 무대부 면적 500m^2 이상인 것

52 ④

판매시설의 경우 연면적 1000m^2일 때 자동화재탐지설비를 설치하여야 한다.

53 ③

방염성능기준 이상의 실내장식물 등을 설치하여야 하는 특정소방대상물
- 근린생활시설 중 의원, 조산원, 산후조리원, 체력단련장, 공연장 및 종교집회장
- 건축물의 옥내에 있는 시설로서 문화 및 집회시설, 종교시설, 운동시설(수영장은 제외)
- 의료시설, 노유자시설, 숙박시설, 다중이용업소
- 교육연구시설 중 합숙소, 숙박이 가능한 수련시설
- 방송통신시설 중 방송국 및 촬영소
- 위에 해당하지 않는 것으로서 층수가 11층 이상인 것(아파트는 제외)

54 ②

단독경보형 감지기를 설치해야 하는 특정소방대상물은 다음의 어느 하나에 해당하는 것으로 한다. 이 경우 ⑤의 연립주택 및 다세대주택에 설치하는 단독경보형 감지기는 연동형으로 설치해야 한다.
① 교육연구시설 내에 있는 기숙사 또는 합숙소로서 연면적 2천m^2 미만인 것
② 수련시설 내에 있는 기숙사 또는 합숙소로서 연면적 2천m^2 미만인 것
③ 숙박시설이 있는 수련시설로서 연면적 2천m^2 미만인 것
④ 연면적 400m^2 미만의 유치원
⑤ 공동주택 중 연립주택 및 다세대주택

55 ①

거실의 용도에 따른 조도 기준

거실의 용도구분	조도구분	바닥 위 85cm의 수평면의 조도 (럭스)
1. 거주	• 독서·식사·조리	150
	• 기타	70
2. 집무	• 설계·제도·계산	700
	• 일반사무	300
	• 기타	150
3. 작업	• 검사·시험·정밀검사·수술	700
	• 일반작업·제조·판매	300
	• 포장·세척	150
	• 기타	70
4. 집회	• 회의	300
	• 집회	150
	• 공연·관람	70
5. 오락	• 오락 일반	150
	• 기타	30
기타 명시되지 아니한 것		1~5항에 유사한 기준을 적용함

56 ①

채광을 위하여 거실에 설치하는 창문 등의 면적은 그 거실의 바닥면적의 1/10 이상이어야 한다.

57 ②

화재안전기준에 따라 소화기구를 설치하여야 하는 특정소방대상물
① 연면적 33m^2 이상인 것
② ①에 해당하지 않는 시설로서 지정문화재 및 가스시설
③ 터널

58 ②

옹벽의 높이가 2m 이상인 경우에는 이를 콘크리트 구조로 하여야 한다.

59 ③

피난층 외의 층에서 거실 각 부분으로부터의 피난층 또는 지상으로 통하는 직통계단(경사로 포함)에 이르는 보행거리

구분	보행거리
원칙	30m 이하
주요구조부가 내화구조 또는 불연재료로 된 건축물(지하층에 설치하는 바닥면적 합계 300m² 이상 공연장·집회장·관람장 및 전시장 제외)	50m 이하 (16층 이상 공동주택 : 40m 이하)
자동화 생산시설에 스프링클러 등 자동식 소화설비를 설치한 공장(국토교통부령으로 정하는 공장인 경우)	75m 이하 (무인화 공장은 100m 이하)

60 ②

당해 용도 최대층의 바닥면적

$500\text{m}^2 \times \dfrac{0.6\text{m}}{100\text{m}^2} = 3\text{m}$

실내건축산업기사 필기 문제해설

1판 1쇄 발행	2011년 2월 25일	2판 1쇄 발행	2012년 1월 20일
3판 1쇄 발행	2013년 1월 05일	4판 1쇄 발행	2014년 1월 05일
5판 1쇄 발행	2015년 1월 05일	6판 1쇄 발행	2016년 1월 20일
7판 1쇄 발행	2017년 1월 05일	8판 1쇄 발행	2018년 1월 05일
9판 1쇄 발행	2019년 1월 05일	10판 1쇄 발행	2020년 1월 05일
11판 1쇄 발행	2021년 2월 15일	12판 1쇄 발행	2022년 1월 05일
13판 1쇄 발행	2023년 1월 05일	14판 1쇄 발행	2024년 1월 05일
15판 1쇄 발행	2025년 1월 06일		

지은이 이 상 화
펴낸이 김 주 성
펴낸곳 도서출판 엔플북스
주 소 경기도 구리시 체육관로 113번길 45. 114-204(교문동, 두산)
전 화 (031)554-9334
F A X (031)554-9335

등 록 2009. 6. 16 제398-2009-000006호

정가 27,000원
ISBN 978-89-6813-418-0 13540

※ 파손된 책은 교환하여 드립니다.
　본 도서의 내용 문의 및 궁금한 점은 저희 카페에 오셔서 글을 남겨주시면 성의껏 답변해 드리겠습니다.
　http://cafe.daum.net/enplebooks